中国国家标准汇编

2014年修订-29

中国标准出版社　编

中国标准出版社

北　京

图书在版编目(CIP)数据

中国国家标准汇编:2014年修订.29/中国标准出版社编.—北京:中国标准出版社,2015.11
ISBN 978-7-5066-7944-2

Ⅰ.①中… Ⅱ.①中… Ⅲ.①国家标准-汇编-中国-2014 Ⅳ.①T-652.1

中国版本图书馆CIP数据核字(2015)第179690号

中国标准出版社出版发行
北京市朝阳区和平里西街甲2号(100029)
北京市西城区三里河北街16号(100045)

网址 www.spc.net.cn
总编室:(010)68533533 发行中心:(010)51780238
读者服务部:(010)68523946

中国标准出版社秦皇岛印刷厂印刷
各地新华书店经销

*

开本 880×1230 1/16 印张 42.75 字数 1 324 千字
2015年11月第一版 2015年11月第一次印刷

*

定价 220.00 元

出 版 说 明

1.《中国国家标准汇编》是一部大型综合性国家标准全集。自1983年起，按国家标准顺序号以精装本、平装本两种装帧形式陆续分册汇编出版。它在一定程度上反映了我国建国以来标准化事业发展的基本情况和主要成就，是各级标准化管理机构，工矿企事业单位，农林牧副渔系统，科研、设计、教学等部门必不可少的工具书。

2.《中国国家标准汇编》收入我国每年正式发布的全部国家标准，分为"制定"卷和"修订"卷两种编辑版本。

"制定"卷收入上一年度我国发布的、新制定的国家标准，顺延前年度标准编号分成若干分册，封面和书脊上注明"20××年制定"字样及分册号，分册号一直连续。各分册中的标准是按照标准编号顺序连续排列的，如有标准顺序号缺号的，除特殊情况注明外，暂为空号。

"修订"卷收入上一年度我国发布的、被修订的国家标准，视篇幅分设若干分册，但与"制定"卷分册号无关联，仅在封面和书脊上注明"20××年修订-1，-2，-3，……"字样。"修订"卷各分册中的标准，仍按标准编号顺序排列(但不连续)；如有遗漏的，均在当年最后一分册中补齐。需提请读者注意的是，个别非顺延前年度标准编号的新制定的国家标准没有收入在"制定"卷中，而是收入在"修订"卷中。

读者配套购买《中国国家标准汇编》"制定"卷和"修订"卷则可收齐由我社出版的上一年度我国制定和修订的全部国家标准。

3. 由于读者需求的变化，自1996年起，《中国国家标准汇编》仅出版精装本。

4. 2014年我国制修订国家标准共1 611项。本分册为"2014年修订-29"，收入新制修订的国家标准16项。

中国标准出版社

2015年8月

目　　录

ICS 01.040.49
V 04

中华人民共和国国家标准

GB/T 30114.2—2014

空间科学及其应用术语
第2部分:空间物理

Terminology for space science and application—Part 2:Space physics

2014-12-05 发布　　2015-04-01 实施

中华人民共和国国家质量监督检验检疫总局
中国国家标准化管理委员会　发布

前　言

GB/T 30114《空间科学及其应用术语》分为8个部分：

——第1部分：基础通用；

——第2部分：空间物理；

——第3部分：空间天文；

——第4部分：月球与行星科学；

——第5部分：空间生命科学和生物技术；

——第6部分：航天医学；

——第7部分：微重力科学；

——第8部分：空间地球科学。

本部分为GB/T 30114的第2部分。

本部分按照GB/T 1.1—2009给出的规则起草。

本部分由全国空间科学及其应用标准化技术委员会(SAC/TC 312)归口。

本部分起草单位：北京大学、中国科学院地质与地球物理研究所、中国科学院空间科学与应用研究中心、中国科学院国家天文台、国家空间天气监测预警中心。

本部分主要起草人：张东和、傅绥燕、魏勇、蔡磊、胡仲旻、李灵樨、刘立波、陈一定、徐寄遥、刘晓、陈光明、师立勤、李志陶、吕建永、赵明现、王华宁、贺晗。

空间科学及其应用术语
第2部分:空间物理

1 范围

GB/T 30114 的本部分界定了空间物理与应用领域需要统一定义的常用技术词汇和定义。

本部分适用于空间物理与应用相关标准的制定,技术文件的编制,以及有关的科技交流和工程应用。

2 太阳物理术语

2.1

光球 photosphere

位于太阳大气的最底层、对应于可见光波段看到的太阳表面。

2.2

色球 chromosphere

太阳谱线中 Hα、氦线和钙的 K 与 H 线增强的源区。

2.3

日冕 corona

太阳大气的最外层,由色球表面延伸至数百万公里的行星际空间。

2.4

冕洞 coronal hole

太阳大气中的低密度区域。

注:在日冕的软 X 射线和极紫外像上可以观察到的大片不规则的暗黑区域。

2.5

暗条 filament

受太阳大气磁场约束悬浮于色球层之上的气体团块,以较亮的日面为背景呈现为暗黑色条带。

注:当暗条在太阳边缘的时候也叫日珥。

2.6

黑子 sunspot

太阳光球上出现的暗黑斑点,具有强磁场、低温度的特性。

2.7

太阳自转周 solar rotation period

太阳自转一周所需的时间。

注:平均大约 27 天。

2.8

太阳耀斑 solar flare

太阳大气中能量突然释放过程,表现为日面上局部区域某些波段范围内辐射流量突然增强。

2.9

光学耀斑 optical flare

日面上局部区域光学波段辐射流量突然增强。

2.10

X 射线耀斑　X-ray flare

日面上局部区域 X 射线波段亮度突然增强。

2.11

日冕物质抛射　coronal mass ejection

日冕物质在较短的时间内被大量抛出，进入行星际空间的一种太阳爆发事件。

2.12

冕洞高速流　coronal hole high speed stream

来自于冕洞的速度显著高于背景太阳风速度的等离子体流。

2.13

活动区　active region

日面上具有一定寿命的活跃区域，表现为黑子、光斑、谱斑、耀斑等活动现象。

2.14

黑子相对数　relative sunspot number

用以表征太阳黑子和黑子群在日面出现多少的一种指数。

2.15

太阳活动周　solar cycle

太阳活动在黑子相对数变化中所呈现的近似 11 年的变化周期。

3　太阳风与行星际物理术语

3.1

行星际空间　interplanetary space

太阳日球层包含的数百亿千米的围绕太阳和行星的空间区域。

[GB/T 30114.1—2013，定义 2.1.4]

3.2

太阳风　solar wind

日冕气体向外膨胀而生成的等离子体流。

[GB/T 30114.1—2013，定义 2.3.2]

3.3

太阳质子事件　solar proton event

太阳活动导致地球静止轨道处能量大于 10 MeV 的质子流通量持续 15 min 以上不低于 10 pfu 的事件。

3.4

磁绳　magnetic flux rope

具有螺旋形磁场的绳状等离子体结构。

3.5

磁岛　magnetic island

磁重联后形成的岛状的磁结构。

3.6

磁云　magnetic cloud

行星际介质中的一种磁结构，具有低离子温度、磁场强度增强和磁场方向旋转的特征。

4 磁层物理术语

4.1

地球磁层 Earth magnetosphere

位于电离层以上被太阳风包围并受地磁场控制的区域。

4.2

等离子体层 plasmasphere

磁层中随地球共转的冷且相对稠密的等离子体所构成的区域。

4.3

环电流 ring current

磁赤道面附近围绕地球由东向西的电流。

注：通常分布在地心距离4～6个地球半径。

4.4

磁暴 geomagnetic storm

地磁暴

太阳风能量输入磁层所导致的环电流增强而引起的全球性地磁剧烈扰动现象。

注：通常持续1至数天，以中低纬地面磁场水平分量大幅度下降为标志性特征。

4.5

亚暴 substorm

太阳风能量输入磁层所导致的夜侧磁层与高纬电离层突发扰动现象。

注：通常持续几十分钟至几小时，以极光活动和极区高空电流系的增强为主要特征。

4.6

磁层对流 magnetospheric convection

太阳风驱动的磁层等离子体的大规模循环流动。

注：在磁层顶边界附近反日向流动，在磁层内部日向流动。

4.7

极尖区 cusp

极隙区

磁正午附近南北半球高纬处漏斗状的、开放性磁力线区域。

4.8

场向电流 field aligned current

沿着磁力线流动的电流。

4.9

等离子体片 plasmasheet

磁尾中以磁赤道平面为中心闭合磁力线包围的充满热等离子体的区域。

注：等离子体片的内边界地心距离约为5～10个地球半径。

4.10

越尾电流 cross-tail current

磁尾等离子片中沿晨—昏方向流动的大尺度电流。

4.11

偶极化 dipolarization

拉伸的磁尾向偶极场位形过渡的过程。

注：经常发生在亚暴增长相向膨胀相过渡期间。

4.12

辐射带　radiation belt

范艾伦带　Van Allen belt

地球空间中被地磁场捕获而形成的相对稳定的高能带电粒子聚集区。

注：包括内辐射带和外辐射带。

4.13

磁层顶　magnetopause

地磁场与行星际磁场的交界区域，向日面磁层顶的厚度约为 100 km～1 000 km。

4.14

舷激波　bow shock

弓激波

超声速的太阳风受到磁层阻碍形成的激波。

4.15

磁鞘　magnetosheath

磁层顶与舷激波之间的区域。

4.16

磁尾　magnetotail

太阳风与磁层相互作用在背日侧形成的磁层延伸区域。

5　电离层物理术语

5.1

电离层　ionosphere

高层大气中被太阳辐射部分电离的区域，能显著影响无线电波传播。高度大约从 60 km 到 1 000 km 之间，通常又可分为 D、E、F 区。

5.2

电离层赤道异常　equatorial ionization anomaly

电离层 F 区电子密度在磁赤道南北两侧约 12°～20°区域存在极大，在磁赤道区域存在极小的纬度分布结构。

5.3

电离层临界频率　ionospheric critical frequency

特定模式无线电波垂直入射时，电离层不同层域各自能够反射电波的最大频率。

5.4

赤道电集流　equatorial electrojet

赤道电激流

赤道电急流

在电离层发电机区位于磁赤道附近狭长区域内东西向的强电流。

5.5

电离层暴　ionospheric storm

伴随磁暴发生的全球范围内电离层剧烈扰动。

5.6

电离层不规则体　ionospheric irregularity

电离层不均匀体

电离层不规则结构

电离层中电子密度发生随机起伏的小尺度结构。

5.7

电离层闪烁　ionospheric scintillation

电磁波在电离层中受不规则体散射产生的振幅、相位等的随机起伏。

5.8

电离层吸收　ionospheric absorption

电磁波在电离层中传播时振幅衰减、能量耗散的过程。

注：由电子同中性粒子碰撞引起。

5.9

电离层突然骚扰　sudden ionospheric disturbance；SID

由太阳耀斑爆发引起的向日面电离层电子密度突然增加现象。

5.10

电离层行扰　traveling ionospheric disturbance；TID

行进式电离层扰动

大气声重力波在电离层中传播产生的行波状扰动。

5.11

偶发E层　sporadic E

不规则地出现在E区的强电离薄层。

5.12

扩展F　spread F

由F区不规则结构导致的电离图上F层回波描迹扩展的现象。

5.13

电离层发电机　ionospheric dynamo

潮汐风驱动带电粒子横越磁力线运动产生电流和电场的过程。

5.14

中纬槽　mid-latitude trough

主槽　main trough

F层电子密度在磁纬亚极光区出现极小值的区域。

5.15

电离层电导率　ionospheric electrical conductivity

表征电离层导电能力的物理量。

5.16

喷泉效应　fountain effect

磁赤道区电离层等离子体在东向电场驱动下向上漂移，在扩散和重力作用下沿磁力线向赤道两侧运动的过程。

5.17

国际参考电离层　International Reference Ionosphere；IRI

由国际无线电科学联盟(URSI)和空间研究委员会(COSPAR)联合工作组基于电离层的实测资料发展的一种描述地球电离层状态的经验模式。

5.18

电离图　ionogram

频高图

利用电离层测高仪进行垂直探测得到的电离层对电波的反射虚高与电波频率的关系，包括回波强度的信息。

5.19

总电子含量　Total Electron Content;TEC

电子柱含量

电子积分含量

单位截面电离层两点之间的总电子数。

5.20

顶部电离层　topside ionosphere

电离层电子密度峰值高度以上的区域。

5.21

极盖区　polar cap

磁力线开放的高纬电离层区域。

6　中高层大气物理术语

6.1

平流层　stratosphere

位于对流层以上大气温度随高度上升的大气层区域。

注：高度大约在 10 km～50 km 之间。

6.2

平流层顶　stratopause

平流层的上边界。

注：高度在 50 km 左右。

6.3

中间层　mesosphere

平流层顶以上气温随高度增高而下降的大气层区域。

6.4

中层顶　mesopause

中间层的上边界。

注：高度在 90 km 左右。

6.5

热层　thermosphere

中间层顶以上，温度随高度增加的区域。

6.6

外层　exosphere

逃逸层

气体中性粒子可以克服地球引力场束缚而逃逸的地球大气最外层。

6.7

均质层　homosphere

受到湍流作用充分混合的大气区域。

注：高度在 100 km～110 km 以下，包括对流层、平流层、中间层和低热层。

6.8

非均质层　heterosphere

扩散分离层

均质层以上主要以分子扩散为主的地球大气区域。

6.9

臭氧层　ozonosphere

主要分布在平流层下部的臭氧密集的大气区域。

6.10

行星波　planetary wave

周期约在两到数十天的全球尺度大气波动。

6.11

大气潮汐　atmospheric tide

由于太阳加热和日月引力的作用，产生的全球尺度周期性的大气变化。

注：主要包括日潮、半日潮、8 小时潮等。

6.12

大气重力波　atmospheric gravity wave

因重力参与波的恢复过程而维持的一种大气波动。

6.13

气辉　airglow

高层大气中通过光化学反应产生的一种微弱发光现象。

6.14

夜光云　noctilucent cloud

一种出现在夏季高纬度地区中间层由冰晶构成的云。

注：高度一般在 82 km 左右。

6.15

地冕　geocorona

由中性氢原子构成的能够散射太阳莱曼-阿尔法辐射的大气逃逸层的最外侧部分。

7　空间物理应用术语

7.1

空间环境　space environment

地表以上几十公里直至太阳表面之间的环境。

注 1：通常所说的空间环境指日地空间环境。

注 2：空间环境成分主要包括高能带电粒子、等离子体、中高层大气、电磁辐射、引力场、磁场、电场、流星体和碎片等。

7.2

空间环境模式　space environment model

对空间环境参数的时空分布和变化的定量描述，有物理模式，经验模式和半经验模式等类型。

7.3

空间环境效应　space environment effect

空间环境对人类航天活动和地面技术系统造成的影响。

7.4

空间高能粒子辐射环境　space energetic particle radiation environment

空间环境中能量高于几十千电子伏的带电粒子构成的环境。

注：主要包括银河宇宙线、太阳宇宙线和地球辐射带高能带电粒子。

7.5

空间辐射效应　space radiation effect

空间高能粒子辐射环境对在轨航天系统产生的影响。

注：主要包括总剂量效应、单粒子效应、位移损伤效应和深层充电效应等。

7.6

空间等离子体效应　space plasma effect

空间等离子体对在轨航天系统产生的影响。

注：主要包括引起航天器表面带电的表面充电效应，以及引起航天器高电压太阳电池阵系统的电流泄漏和弧光放电效应等。

7.7

南大西洋异常区　south Atlantic anomaly region

位于南美洲东侧南大西洋的负地磁异常区域。

注：该区域上空内辐射带下沉。

7.8

截止刚度　cutoff rigidity

带电粒子从磁层外到达地磁场某位置所必需具备的最小磁刚度值。

7.9

空间天气　space weather

日地空间中可影响天基和地基技术系统正常运行和可靠性的条件或状态。

7.10

太阳射电暴　solar radio burst

来自太阳的射电流量突然增强的现象。

7.11

单粒子事件　single event effect

由于单个高能粒子撞击微电子器件敏感区域而引起的器件异常。

7.12

极盖吸收　polar cap absorption

太阳质子事件期间极盖区电离层D区电子密度增加导致的强烈电波吸收现象。

7.13

临近空间　near space

高度20 km以上、200 km以下的大气层。

参 考 文 献

[1] GB/T 30114.1—2013 空间科学及其应用术语 第1部分:基础通用

索　引

汉语拼音索引

英文对应词索引

ICS 01.040.49
V 04

中华人民共和国国家标准

GB/T 30114.3—2014

空间科学及其应用术语
第3部分：空间天文

Terminology for space science and application—Part 3: Space astronomy

2014-12-05 发布　　2015-04-01 实施

中华人民共和国国家质量监督检验检疫总局
中国国家标准化管理委员会　发布

前　言

GB/T 30114《空间科学及其应用术语》分为8个部分：

——第1部分：基础通用；

——第2部分：空间物理；

——第3部分：空间天文；

——第4部分：月球与行星科学；

——第5部分：空间生命科学和生物技术；

——第6部分：航天医学；

——第7部分：微重力科学；

——第8部分：空间地球科学。

本部分为GB/T 30114的第3部分。

本部分按照GB/T 1.1—2009给出的规则起草。

本部分由全国空间科学及其应用标准化技术委员会(SAC/TC 312)归口。

本部分起草单位：中国科学院高能物理研究所、中国科学院紫金山天文台、中国科学院国家天文台、中国科学院上海技术物理研究所、中国科学技术大学、中国科学院西安光学精密机械研究所。

本部分主要起草人：宋黎明、黄跃、邓劲松、崔辰州、许春、张楠、朱青峰、杨建峰、徐鹤、聂建胤、贾淑梅、张娟、郑世界、葛明玉。

空间科学及其应用术语
第3部分:空间天文

1 范围

GB/T 30114的本部分界定了空间天文学领域需要统一定义的常用技术词汇和定义。

本部分适用于空间天文学领域相关标准的制定,技术文件的编制,以及有关的科技交流和工程应用。

2 空间天文学科术语

2.1

天文学 astronomy

对天体及其他宇宙物质进行观测和理论研究的学科。

2.2

空间天文学 space astronomy

利用空间平台,在空间进行宇宙天体观测和研究天体的形态、结构、组成、运动物理性质、演化规律的学科。

注1:空间天文观测排除了地球大气层的干扰,可实现全波段观测。

注2:空间天文学观测可采用高空飞机、平流层气球、探空火箭、人造地球卫星、行星际探测器、载人航天器等进行。

[GB/T 30114.1—2013,定义2.13]

2.3

空间射电天文学 space radio astronomy

利用空间平台接收源自天体的波长约1 mm以上的无线电波,研究天体现象的天文学分支学科。

[GB/T 30114.1—2013,定义2.14]

2.4

空间亚毫米波天文 space submillimeter wave astronomy

利用空间平台接收源自天体的波长约为0.1 mm~1 mm的无线电波,研究天体现象的射电天文学分支。

[GB/T 30114.1—2013,定义2.15]

2.5

空间红外天文 space infrared astronomy

利用空间飞行器,通过探测宇宙天体红外波段(1 μm~1 mm)电磁波辐射,研究天体的天文学分支学科。

[GB/T 30114.1—2013,定义2.16]

2.6

空间光学天文 space optical astronomy

利用空间平台,通过探测来自天体的波长0.3 μm~1 μm光学波段的电磁波辐射,开展天体研究的天文学分支学科。

[GB/T 30114.1—2013,定义2.17]

2.7

空间紫外天文　space ultra-violet astronomy

利用空间飞行器，通过探测宇宙天体波长 10 nm～0.38 μm 的紫外线辐射，研究天体的天文学分支学科。

注：对太阳系外天体的紫外观测会受到星际气体吸收影响，目前研究范围只限于约 91 nm～0.38 μm之间。

[GB/T 30114.1—2013，定义 2.18]

2.8

空间 X 射线天文　space X-ray astronomy

利用空间飞行器，通过探测宇宙天体波长 0.01 nm～10 nm(能量约 0.1 keV～100 keV)的 X 射线辐射，研究天体的天文学分支学科。

注：宇宙中辐射 X 射线的天体包括吸积双星、脉冲星、伽玛射线暴、超新星遗迹、活动星系核、太阳活动区，以及星系团周围的高温气体等。X 射线射线天文学中以电子伏特(eV)表示光子的能量，0.1 keV～10 keV 称为软 X 射线，10 keV～100 keV 称为硬 X 射线。

[GB/T 30114.1—2013，定义 2.19]

2.9

空间 γ 射线天文　space γ-ray astronomy

利用空间飞行器，通过探测宇宙天体的波长短于 0.01 nm(能量高于约 100 keV)的 γ-射线辐射，研究天体现象的天文学分支学科。

[GB/T 30114.1—2013，定义 2.20]

2.10

空间中微子天文　space neutrino astronomy

利用空间平台，通过探测天体发射的中微子获得有关天体内部的信息，研究天体上可能发生的中微子过程以及这些过程对天体结构和演化的作用的天文学分支学科。

注：中微子是一种不带电、静止质量接近于零、与物质相互作用很弱的基本粒子。

[GB/T 30114.1—2013，定义 2.21]

3　天体测量与天体力学基础术语

3.1

天球　celestial sphere

用于投影天体位置而假想的以空间某点为中心，任意长为半径的球面。

注 1：改写 GB/T 17159—2009，定义 3.4。

注 2：常用的天球有：地心天球、日心天球、站心天球等。

3.2

天顶　zenith

过地面观测点的铅垂线向上延伸后与以该点为中心的天球的交点。

3.3

地平圈　horizontal circle

过地面观测点且与该点铅垂线垂直的平面与以该点为中心的天球所交的大圆。

3.4

天极　celestial pole

过天球中心且平行于地球自转轴的直线与天球的交点。

注：改写 GB/T 17159—2009，定义 3.33。

3.5

天赤道　celestial equator

过天球中心且与地球赤道面平行的平面与天球相交的大圆。

3.6

天球子午圈　celestial meridian

过天极和天顶的大圆。

3.7

黄道　ecliptic

过天球中心且与地球公转的轨道面平行的平面与天球相交的大圆。

3.8

黄极　ecliptic polc

过天球中心且垂直于黄道所在平面的直线与天球的交点。

3.9

黄赤交角　ecliptic obliquity

黄道所在平面与天赤道所在平面的交角。

3.10

二分点　equinoxes

黄道和天赤道的两个交点。

注：春分点和秋分点的总称。

3.11

二至点　solstices

黄道上与二分点相距 90°的两个点。

注：夏至点和冬至点的总称。

3.12

春分点　vernal equinox;spring equinox

天球球面上沿黄道圈由南向北与赤道圈的交点。

注：改写 GB/T 17159—2009，定义 3.26。

3.13

银道　galactic equator

过银河系中心且与银河系自转轴垂直的平面与天球相交的大圆。

3.14

白道　moon's path

过天球中心且与月球绕地球轨道面平行的平面与天球相交的大圆。

3.15

天球坐标系　celestial coordinate system

为确定天体在天球上位置而引入的球面正交坐标系统。

注 1：改写 GB/T 17159—2009，定义 3.54。

注 2：常用的天球坐标系有：地平坐标系、赤道坐标系、黄道坐标系、银道坐标系。

3.16

地平坐标系　horizontal coordinate system

以地面上一点为天球中心，以该点的地平圈为基本平面，以天球子午圈为经向起算方向，以方位角为经向坐标、地平高度或天顶距为纬向坐标的天球坐标系。

注：改写 GB/T 17159—2009，定义 3.58。

3.17

地平高度　altitude

地平纬度

h

从地平圈沿过天球上某一点的地平经圈量到该点的弧长对应的角度。

3.18

天顶距　zenith distance

Z

天球上某一点与天顶间的大圆弧长对应的角度。

3.19

方位角　azimuth

A

过天球上某一点的地平经圈所在平面与天球子午圈所在平面之间的夹角。

3.20

赤道坐标系　equatorial coordinate system

以天赤道所在平面为基本平面，以春分点方向或天球子午圈为经向起算方向，以赤经或时角为经向坐标、赤纬为纬向坐标的天球坐标系。

注 1：改写 GB/T 17159—2009，定义 3.56。

注 2：根据所取的主点的不同，天球上任一点的位置可以用时角和赤纬表示，也可以用赤经和赤纬表示。

3.21

时角　hour angle；HA

过天球上某一点的赤经圈所在平面与天球子午圈所在平面之间的夹角。

3.22

赤经　right ascension；RA

α

天球上某一点在赤道坐标系的经向坐标，过该点的赤经圈所在平面与过春分点的赤经圈所在平面的夹角。

3.23

赤纬　declination；Dec

δ

天球上某一点在时角坐标系和赤道坐标系的纬向坐标，从天赤道沿过该点的赤经圈量到该点的弧长对应的角度。

3.24

黄道坐标系　ecliptic coordinate system

以黄道所在平面为基本平面，以春分点为经向起算点，以黄经为经向坐标、黄纬为纬向坐标的天球坐标系。

3.25

黄经　ecliptic longitude

λ

过天球上某一点的黄经圈所在平面与过春分点的黄经圈所在平面的夹角。

3.26

黄纬　ecliptic latitude

β

从黄道沿过天球上某一点的黄经圈量到该点的弧长对应的角度。

3.27

银道坐标系　galactic coordinate system

以银道所在平面为基本平面,以太阳到银心方向为经向起算方向,以银经为经向坐标、银纬为纬向坐标的天球坐标系。

3.28

银经　galactic longitude

l

以银道坐标系经向起算点起,逆时针到过银极与天球上某一点的大圆与银道交点的弧长对应的角度。

3.29

银纬　galactic latitude

b

从银道沿过银极与天球上某一点的大圆量到该点的弧长对应的角度。

3.30

质心天球参考系　Barycentric Celestial Reference System;BCRS

以广义相对论为理论框架,由 IAU2000 决议中的度规张量定义的太阳系质心系的时空参考系。

注:IAU2000 决议:国际天文学联合会第 2000 号决议。

3.31

恒星时　sidereal time;ST

由天球上的春分点周日视运动所确定的时间。

注:改写 GB/T 17159—2009,定义 6.1。

3.32

平太阳时　mean solar time

由假想的平太阳以真太阳的周年视运动的平均速度,做周日视运动所确定的时间。

注:改写 GB/T 17159—2009,定义 6.3。

3.33

世界时　universal time;UT

过格林尼治平均天文台的本初子午线上以平子夜作为零时开始的平太阳时。

注:改写 GB/T 17159—2009,定义 6.4。

3.34

原子时　atomic time;AT

以铯 ^{133}Cs 原子基态的两个超精细能级间在零磁场下跃迁辐射 9 192 631 770 周所持续的时间为基本单位的时间计量系统。

3.35

国际原子时　international atomic time;TAI

由国际时间局根据国际制秒(SI)的定义利用原子钟所建立的以 1958 年 1 月 1 日世界时零时开始的一种时间。

注:改写 GB/T 17159—2009,定义 6.6。

3.36

协调世界时　coordinated universal time;UTC

以国际制秒(SI)为基准,用正负闰秒的方法保持与世界时相差在一秒以内的一种时间。

[GB/T 17159—2009,定义 6.5]

3.37

GPS 时　GPS time;GPST

以国际制秒(SI)为基准,以协调世界时(UTC)1980 年 1 月 6 日零时为起点的时间系统。

3.38

历书时　ephemeris time;ET

以太阳系内天体公转为基准的均匀时间系统。

注:历书时秒的定义为 1900 年 1 月 0 日 12 时正回归年长度的 1/31556925.9747,起算历元为 1900 年初太阳平黄经等于 279°41′48″.04 的时刻。

3.39

力学时　dynamical time

由天体质心运动方程所确定的以国际原子时为基准的时间。

[GB/T 17159—2009,定义 6.7]

3.40

地球时　Terrestrial Time;TT

国际天文学联合会(IAU)规定作为视地心历表时间变量的地心参考系坐标时。

3.41

质心力学时　Barycentric Dynamical Time;TDB

国际天文学联合会(IAU)规定作为太阳系行星历表时间变量的太阳系质心参考系坐标时。

3.42

坐标时　coordinate time

在广义相对论的框架下,由国际天文学联合会(IAU)规定的时空参考系的时间变量。

3.43

质心坐标时　Barycentric Coordinate Time;TCB

质心天球参考系的坐标时。

3.44

儒略日　Julian day;JD

从公元前 4713 年儒略历 1 月 1 日格林尼治平正午起连续累计的平太阳日数及日的小数。

注:国际天文学联合会(IAU)于 1973 年采用简化儒略日(MJD),其定义为 MJD=JD−2400000.5。MJD 相应的起点是 1858 年 11 月 17 日世界时 0 时。

3.45

天文单位　astronomical unit;AU

长度为 149 597 870 700(3)米,约等于日地平均距离的天文学距离单位。

3.46

光年　light year;ly

长度为光在真空中一儒略年内行经的距离,等于 9 460 730 472 580 800 米的天文学距离单位。

3.47

秒差距　parsec;pc

长度为恒星周年视差为 1 角秒的距离,等于 30 856 804 799 935 500 米的天文学距离单位。

3.48

轨道根数　orbital elements

天体运动方程解算结果的六个轨道参数。

[GB/T 17159—2009,定义 6.29]

3.49

近星点 periastron

轨道椭圆长轴靠近中心天体的端点。

3.50

半长径 semi-major axis

a

轨道椭圆长轴的一半。

3.51

偏心率 eccentricity

e

轨道椭圆焦点到中心的距离与半长径之比。

3.52

轨道倾角 orbital inclination

i

轨道平面与基本坐标平面的夹角。

3.53

升交点经度 longitude of ascending node

Ω

从经度起算点方向到升交点方向的角度。

3.54

近星点幅角 argument of periastron

ω

从升交点方向到近星点方向的角度。

3.55

过近星点时刻 time of periastron passage

τ

天体经过近星点的时刻。

3.56

光度 luminosity

单位时间内天体的电磁辐射能量。

3.57

央斯基 Jansky;Jy

量值等于 10^{-26} W m^{-2} Hz^{-1} 的天体辐射流量密度单位。

3.58

星等 magnitude;m

天体亮度的一种量度。

3.59

AB 星等 AB magnitude

用单位频率的天体辐射流量计算出的星等。

3.60

热星等 bolometric magnitude

用热辐射测量方法得到的亮度计算出的星等。

3.61

视星等　apparent magnitude

从地球上观测到的天体的亮度。

3.62

绝对星等　absolute magnitude;M

假定天体距离为 10 pc 时的视星等。

4　天体物理基础术语

4.1

辐射流量　radiation flux

单位时间内通过单位面积的辐射能。

4.2

宇宙微波背景辐射　cosmic microwave background radiation;CMB

宇宙早期光子退耦后残留下来弥漫在宇宙空间的电磁辐射。

4.3

宇宙线　cosmic-rays

来自宇宙空间的高能粒子流。

注：主要成分为质子，也包括电子、原子核、伽玛射线乃至现在还未知的其他粒子，比如可能存在的暗物质粒子。

4.4

蟹状星云　Crab Nebula

超新星 SN 1054 的遗迹。

注：经常被当做空间高能探测仪器的定标源。

4.5

白矮星　white dwarf

依靠简并电子的压力与引力平衡形成的星体。

4.6

中子星　neutron star

依靠简并中子的压力与引力平衡形成的星体。

4.7

视界　horizon

广义相对论所预言的一个只允许外部物质和辐射进入而不允许物质和辐射从中逃离的边界。

4.8

黑洞　black hole

广义相对论所预言的由视界所规定范围内的时空区域。

4.9

史瓦西半径　Schwarzschild radius

不转动黑洞的视界半径。

4.10

脉冲星　pulsar;PSR

发出规则的短周期脉冲辐射的中子星。

4.11

吸积　accretion

天体以自身引力把周围空间中的物质不断吸引并积聚起来的过程。

4.12

吸积盘　accretion disk

有角动量物质被天体吸积时形成的环绕天体的盘状结构。

4.13

喷流　jet

天体喷出的狭长、高速、定向物质流。

4.14

星际消光　interstellar extinction

星际物质的吸收和散射作用引起的观测天体亮度减弱现象。

4.15

星际红化　interstellar reddening

星际尘埃对蓝光的散射比对红光强造成的观测天体变红现象。

4.16

暗物质　dark matter

天文观测推断存在于宇宙中的不产生电磁辐射但参与引力作用的物质。

4.17

暗能量　dark energy

导致现阶段宇宙加速膨胀的具有负压强的能量成分。

5　空间天文应用基础术语

5.1

近地空间　terrestrial space

从地球海平面起约 100 km 到约 323 000 km 地月系统第一拉格朗日点(L_1),地球引力范围的球壳状区域。

[GB/T 30114.1—2013,定义 2.1.2]

5.2

大气窗口　atmospheric window

电磁波辐射穿过地球大气层时,透过率较高的谱波段。

注:主要窗区分别处于可见光段、红外段和微波波段。

[GB/T 30114.1—2013,定义 3.30]

5.3

辐射带　radiation belt

范艾伦带　Van Allen belt

地球空间中被地磁场捕获而形成的相对稳定的高能带电粒子聚集区。

注:包括内辐射带和外辐射带。

[GB/T 30114.2—2014,定义 4.12]

5.4

南大西洋异常区　south Atlantic anomaly region

位于南美洲东侧南大西洋的负地磁异常区域。

注:该区域上空内辐射带下沉。

[GB/T 30114.2—2014,定义 7.7]

5.5

拉格朗日点　Lagrangian points

在两个互相绕转的大质量物体的轨道平面内，能使试验质量物体在引力作用下与大质量物体保持相对静止的五个位置点。

注：点的位置可由平面圆形限制性三体问题运动方程解出。其中位于大质量物体连线上的三个点（L_1、L_2、L_3）为不稳定平衡点，位于大质量物体连线为底的等边三角形顶点的两个点（L_4、L_5）为稳定平衡点。

5.6

天文导航　astronavigation

利用对自然天体位置、辐射等参数的测量来确定自身位置和航向的技术。

5.7

太阳系质心修正　barycentric correction

将光子到达探测器时间转换为质心坐标时的过程。

5.8

定标　calibration

标定

利用量值确定的已知信息，通过比对、校准、修正等方法，确定仪器测量数据与实际物理量之间定量关系的过程。

注：常见的定标包括辐射定标、能谱定标、几何定标等。

[GB/T 30114.1—2013，定义 4.37]

5.9

定标源　calibration source

校准基准源　reference source of calibration

已知定量参数、可以用作标准的信号源或辐射源。

[GB/T 30114.1—2013，定义 4.38]

5.10

地面定标　ground-based calibration

在地面实验室和室外场地进行的检验、校准、修正，以制定仪器设备确定的度量关系的工作。

[GB/T 30114.1—2013，定义 4.37.1]

5.11

在轨定标　in-orbit calibration

在空间飞行器上，利用定标源，对探测仪器设备进行检验、校准、修正其精度和稳定性的工作。

注：定标源可以是天体源、地面定标场或探测设备自身携带的参考源。

[GB/T 30114.1—2013，定义 4.37.4]

5.12

虚拟天文台　virtual observatory；VO

利用信息技术，将已有的海量天文观测数据和分析工具网络化成可供天文研究的平台。

注：对观测数据进行统一规范的整理、归档，构成一个全波段的数字虚拟天空；向用户提供计算工具、统计分析工具和数据挖掘工具开展科学研究。

5.13

巡天　sky survey

使用一致的观测方法对全天区、部分天区或某一类天体进行的系统性观测。

5.14

定点观测　pointed observation

观测系统对准选定目标进行的持续观测。

5.15

指向精度　pointing accuracy

观测设备指向观测目标的角度误差。

5.16

空间分辨率　spatial resolution

观测系统能够分辨的空间两个物体的最小角距。

5.17

时间分辨率　temporal resolution

观测系统能够区分的两个相邻物理事件的最短时间间隔。

5.18

能量分辨率　energy resolution

观测系统能够分辨的最小能量间隔。

注：在光学波段常称光谱分辨率，射电波段常称频谱分辨率。

5.19

死时间　dead time

系统探测到信号后恢复到可以探测下一个信号的时间间隔。

注：在此时间间隔内系统不能探测新的信号。

5.20

点扩散函数　point spread function;PSF

对点源观测时，输出像的空间强度分布。

注：点扩散函数也称脉冲响应函数。

5.21

编码孔径成像　coded aperture imaging

对经过按一定方式编排的小孔调制后的投射影像进行解码重构的成像方法。

注：主要用于硬 X 射线成像。

5.22

掠射成像　grazing incidence imaging

光子以接近 90 度的入射角在光学表面产生全反射的成像方法。

注：常用于软 X 射线成像。

5.23

空间干涉测量　space interferometry

利用电磁波的干涉原理，在空间进行相关测量的技术。

5.24

甚长基线干涉测量　very long baseline interferometry;VLBI

利用两个或两个以上远距离的独立探测系统，同步观测同一目标并进行相干处理的方法与技术。

5.25

普适图像传输系统　flexible image transport system;FITS

国际天文学联合会(IAU)推荐的一种标准天文数据格式。

注：一般由文件头和数据两部分组成。文件头内含有通用和自定义的特征字及其数值。

参 考 文 献

[1] GB/T 17159—2009 大地测量术语

[2] GB/T 30114.1—2013 空间科学及其应用术语 第1部分:基础通用

[3] GB/T 30114.2—2013 空间科学及其应用术语 第2部分:空间物理

[4] 中国大百科全书 天文学(第二版).中国大百科全书出版社,2009

[5] 牛津天文学词典.上海社会科学院出版社,2002

[6] Handbook of Space Astronomy and Astrophysics (3rd Edition). Cambridge University Press, 2006

索 引

中文索引

英文索引

ICS 01.040.49
V 04

中华人民共和国国家标准

GB/T 30114.4—2014

空间科学及其应用术语 第4部分：月球与行星科学

Terminology for space science and application—
Part 4: Lunar and planetary science

2014-12-05 发布　　2015-04-01 实施

中华人民共和国国家质量监督检验检疫总局
中国国家标准化管理委员会　发布

前　言

GB/T 30114《空间科学及其应用术语》分为8个部分：

——第1部分：基础通用；

——第2部分：空间物理；

——第3部分：空间天文；

——第4部分：月球与行星科学；

——第5部分：空间生命科学和生物技术；

——第6部分：航天医学；

——第7部分：微重力科学；

——第8部分：空间地球科学。

本部分为GB/T 30114的第4部分。

本部分按照GB/T 1.1—2009给出的规则起草。

本部分由全国空间科学及其应用标准化技术委员会(SAC/TC 312)归口。

本部分起草单位：中国科学院国家天文台。

本部分主要起草人：李春来、牟伶俐、张广良、苏彦、刘建军、左维、温卫斌、孔德庆、王芳、张舟斌、耿良。

空间科学及其应用术语
第4部分：月球与行星科学

1 范围

GB/T 30114的本部分界定了月球与行星科学领域需要统一定义的常用科学与技术词汇和定义。

本部分适用于月球与行星科学相关标准的制定，技术文件的编制，以及有关的科技交流和工程应用。

2 月球与行星科学基础术语

2.1

月球与行星科学 lunar and planetary science

研究月球与行星、行星的卫星、矮行星、小行星和彗星等各层次天体的特征、形成与演化过程的学科。

[GB/T 30114.1—2013，定义2.36]

2.2

比较行星学 comparative planetology

以地球为基础，对比研究太阳系各行星(特别是类地行星)及其卫星的地形地貌、物质组成、地质构造、表面与空间环境、物理场与内部构造、起源与演化历史的共性和特性的学科。

[GB/T 30114.1—2013，定义2.37]

2.3

宇宙化学 cosmochemistry

研究宇宙空间元素的成因、分布和丰度，以及演化的学科。

2.4

天体化学 celestial chemistry

研究各层次天体的化学成分和化学演化的学科。

2.5

宇宙年代学 cosmochronology

研究各重大宇宙事件计时的学科。

2.6

月球年代学 lunar chronology

研究月球形成和演化事件计时的学科。

2.7

天体地质学 astrogeology

研究太阳系行星与卫星的地形、地貌、物质组成、地质构造、内部结构和形成演化的一门学科。

2.8

行星地质学 planetary geology

运用地质学、地球物理学、地球化学等的理论和方法，研究太阳系各个行星及其卫星的地形地貌、物质组成、地质构造、物理场与内部构造、起源与演化历史的学科。

[GB/T 30114.1—2013,定义 2.40]

2.9

月球地质学　geology of the Moon;lunar geology

月质学　selenogeology

运用地质学的理论和方法,研究月球的地形地貌、物质组成、地质构造、物理场与内部构造、起源与演化历史的学科。

[GB/T 30114.1—2013,定义 2.41]

2.10

陨石学　meteoritics

研究从行星际空间坠落到地球上的各类陨石的元素与同位素组成、有机分子、矿物与岩石学特征、结构构造、形成和演化过程,及太阳星云的分馏、凝聚与太阳系形成演化的学科。

[GB/T 30114.1—2013,定义 2.39]

2.11

行星大地测量学　planetary geodesy

研究太阳系行星及其卫星的形状、大小和重力场等问题的科学与技术。

注:改写 GB/T 17159—2009,定义 2.13。

2.12

月球大地测量学　lunar geodesy;selenodesy

研究月球的形状、大小和重力场等问题的科学与技术。

注:改写 GB/T 17159—2009,定义 2.12。

2.13

地月空间　cislunar space

地球与月球轨道之间的空间。

2.14

行星　planet

环绕太阳运行、形状接近球体、能清空“相似轨道上”邻近区域的天体。

注:太阳系共有 8 颗行星,按轨道距离由近及远分别为水星、金星、地球、火星、木星、土星、天王星和海王星。

2.14.1

带内行星　inner planet

轨道在小行星带以内的行星。

注:包括水星、金星、地球和火星。

2.14.2

带外行星　outer planet

轨道在小行星带以外的行星。

注:包括木星、土星、天王星和海王星。

2.14.3

内行星　inferior planet

轨道在地球轨道以内的行星。

注:包括水星和金星。

2.14.4

外行星　superior planet

轨道在地球轨道以外的行星。

注：包括火星、木星、土星、天王星和海王星。

2.15

类地行星　terrestrial planet

类似地球、具有固态物质表面、形状近似球体的太阳系天体。

注：包括水星、金星、地球和火星，以及具有固态物质表面、形态为球体的大卫星、矮行星。

2.16

类木行星　Jovian planet

类似木星、具有非固态表面、形状近似球体的巨行星。

注：包括木星，土星，天王星以及海王星。

2.17

矮行星　dwarf planet

环绕太阳运行，体积介于行星和小行星之间，且形状接近球体，但未能清空"相似轨道上"其他天体的天体。

2.18

小行星　minor planet；asteroid

环绕太阳运行，体积和质量比行星和矮行星小，且不易释放出气体和尘埃的天体。

2.19

主带小行星　main-belt asteroid

轨道界于火星和木星轨道之间的所有小行星统称。

注：距离太阳约 2.17～3.64 天文单位。

2.20

近地小行星　near-Earth asteroid；Earth-approaching asteroid

运行轨道与地球轨道相交或很接近的小行星。

注：小行星的近日点距离不大于 1.3 天文单位，与地球轨道的最近距离不大于 120 个月地距离。

2.21

卫星　satellite；moon

绕行星运行的单个天体。

示例：地球唯一的天然卫星是月球。

2.22

彗星　comet

由冰冻物质、尘埃和岩石小颗粒组成，当靠近太阳时能够较长时间释放大量气体和尘埃的一种小天体。

注：俗称"扫帚星"，与小行星的区别是存在彗发或彗尾。

示例：哈雷彗星是太阳系比较著名的彗星。

3　月球与行星探测技术术语

3.1

深空探测　deep space exploration；DSE

探测器在不以地球引力为主引力场的空间进行的探测活动。

3.2

行星探测 planetary exploration

对太阳系内除地球以外的行星、矮行星、卫星、小行星与彗星以及行星际空间的探测与采样研究活动。

示例：火星探测、太阳系行星探测。

[GB/T 30114.1—2013，定义 3.1.2]

3.3

月球探测　lunar exploration

借助绕月或登月的探测器，对月球的物质组成、表面特征、物理场、内部构造、起源与演化历史等进行的观测与采样研究活动。

[GB/T 30114.1—2013，定义 3.1.1]

3.4

月球探测工程　lunar exploration program

探测、研究、开发和利用月球的航天工程。

示例：中国的绕月探测工程，美国阿波罗计划。

3.5

月球探测器　lunar spacecraft；lunar probes；lunar explorer

进入月球主引力场，对月球进行探测的航天器。

示例：飞越月球探测器、环月探测器、月球着陆探测器、月面巡视探测器和月球采样返回探测器等。

3.6

深空测控网　deep space network

对深空探测器进行跟踪、测量、控制和通信而建立的(全球分布)地面站网络。

3.7

环月轨道　lunar orbit

航天器围绕月球运动的轨道。

3.8

地月转移轨道　Earth Moon transfer orbit

月球探测器通过不断加速、脱离地球引力，从地球飞向月球开始，到被月球引力捕获、近月制动为止的轨道段。

3.9

月地转移轨道　Moon Earth transfer orbit

月球探测器通过不断加速、脱离月球引力，从月球飞向地球开始，到被地球引力捕获、制动为止的轨道段。

3.10

拉格朗日点　Lagrangian points

在两个互相绕转的大质量物体的轨道平面内，能使试验质量物体在引力作用下与大质量物体保持相对静止的五个位置点。

注：点的位置可由平面圆形限制性三体问题运动方程解出。其中位于大质量物体连线上的三个点(L_1、L_2、L_3)为不稳定平衡点，位于大质量物体连线为底的等边三角形顶点的两个点(L_4、L_5)为稳定平衡点。

3.11

着陆　landing

航天器的登陆舱或回收舱降落至地面或其他天体表面上的过程。

注：包括采取减速制动措施的软着陆和不采用减速制动措施的硬着陆。

3.12

航天器轨道控制　spacecraft orbit control

改变航天器质心运动轨迹的控制过程。

示例：轨道转移、轨道保持、轨道修正等。

3.13

航天器姿态控制　spacecraft attitude control

改变或保持航天器指向的控制过程。

3.14

空固坐标系　space-fixed coordinate system

以地心、太阳质心或太阳系质心为原点，相对河外天体无整体旋转的直角坐标系。

3.15

月固坐标系　Moon-fixed coordinate system

以月球质心为原点，月球赤道面为基本平面，Z 轴垂直于基本平面指向北极，X 轴在赤道面内指向经度原点方向（平均地球方向），Y 轴与 X 轴、Z 轴符合右手螺旋法则构成的笛卡尔直角坐标系。

3.16

月球地理坐标系　lunar geographic coordinate system; selenographic coordinate system

以月球参考椭球体的中心和球面分别为原点和基准面，本初子午面和赤道面为基本平面的坐标系，通常用月面经度 L、月面纬度 B 和月面高程 h 表示。

3.16.1

月面经度　lunar longitude

L（地理）经度

月球参考椭球面上起始子午面与某点的子午面的夹角。

3.16.2

月面纬度　lunar latitude

B（地理）纬度

月球参考椭球面上某点的法线与赤道面的夹角。

3.16.3

月面高程　lunar height; selenodetic height

h 高程

月面点沿法线到月球参考椭球面的距离。

3.17

月面站心坐标系　lunar topocentric coordinate system

以月球表面的站心位置为原点而定义的坐标系。

注：月面站心坐标系包括直角坐标系和极坐标系等。

3.18

月球赤道　lunar equator

过月球质心且垂直于其自转轴的平面与月球参考椭球面相交的大圆。

3.19

月球经度原点　origin of lunar longitude

平均地球方向在月球赤道上的投影点定义为月球的经度原点。

3.20

月球天平动　lunar libration

月球天秤动

月球相对地球表面上的观测者发生的视觉上或真实的空间摆动，包括光学天平动和物理天平动两大类。

3.21

甚长基线干涉测量　very long baseline interferometry；VLBI

利用两个或两个以上远距离的独立探测系统，同步观测同一目标并进行相干处理的方法与技术。

3.22

激光地月测距　lunar laser ranging

用激光束实施月、地之间距离测量的技术和方法。

3.23

行星遥感　planetary remote sensing

使用空间探测器对行星及其卫星等天体，进行非接触的观测、测量与分析研究。

[GB/T 30114.1—2013，定义 3.27]

3.24

行星制图学　planetary cartography

研究对地球以外的行星表面地图制图理论和技术的学科。

4　月球与行星地质学术语

4.1

太阳系形成年龄　age of the solar system

形成太阳系各类天体距今的时间。

4.2

化学演化　chemical evolution

化学成分和化学性状不断演变的过程。

4.3

行星演化　planetary evolution

太阳系中行星产生、发展和衰亡的过程。

4.4

月壳构造　lunar crust tectonics

月壳发生变形、位移而产生的褶皱、断裂、环形构造等行迹。

4.5

月球火山作用　lunar volcanism

月球内部岩浆喷发及其引起的地质效应。

4.6

月核　lunar core

月球月幔以下至月心的部分。

4.7

月幔　lunar mantle

月球内部介于月壳与月核之间的层圈。

4.8

月球莫霍面　lunar Mohorovicic discontinuity

月壳与月幔间地震波波速突然加快变化的分界面。

4.9

月壳　lunar crust

由月岩组成的莫霍面以上的月球最外层部分。

4.10

月球背面　the farside of the Moon

月球始终背向地球的一面。

4.11

月球正面　the nearside of the Moon

月球始终面对地球的一面。

4.12

月貌学　selenomorphology

研究月表形态特征及其发生、发展和分布规律的学科。

[GB/T 30114.1—2013,定义 2.42]

4.12.1

月陆　lunar Highland

月球表面大型浅色或亮的高地。

4.12.2

月洋

en　.....

la　**oceanus**

月球表面巨大的低洼平地。

示例：风暴洋。

4.12.3

月海

en　.....

la　**mare**

月球上填充熔岩的广阔低洼地区。

示例：雨海。

4.12.4

月面类月海　thassaloid

月面上较大的圆形洼地，形貌类似月海，但没有或只有部分玄武岩充填。

4.12.5

月湖

en　.....

la　**lacus**

比月海小的低洼平地。

示例：春湖、夏湖等。

4.12.6

月球环形坑　lunar crater

月球表面上形态近似圆形的闭环凹坑。

4.12.7

月球撞击坑　lunar impact crater

月球表面由于小天体及其抛洒物体或其他外力撞击形成的大小不等的环形凹坑。

示例：月面典型环形坑为撞击坑，如第谷撞击坑。

4.12.8

月球山脉　lunar montes

月球表面上连续分布的线性隆起区域。

4.12.9

月沼

en　**.....**

la　**palus**

月海伸向月陆，形貌类似于沼泽的地区。

4.12.10

月球平原

en　**.....**

la　**planitia**

月面陆地地形中海拔较低而平坦的地区。

4.12.11

月球海角

en　**.....**

la　**promontorium**

从陆地向月海突出的狭长形(三角形)月陆。

4.12.12

月谷

en　**.....**

la　**vallis**

月球表面上呈直线或弧形的宽阔谷地。

4.12.13

月沟

en　**.....**

la　**fossa**

月表上宽度较窄、长度较长、深度较浅的沟。

4.12.14

月溪

en　**.....**

la　**rima**

月表较窄、低洼的线性地物。

4.12.15

月峭

en ·····

la **rupes**

月表陡峭的山崖。

4.12.16

月湾

en ·····

la **sinus**

三面环陆的月海部分。

4.12.17

月球山脊

en ·····

la **dorsum**

月球表面山脉的线性隆起。

4.12.18

月球坑链

en ·····

la **catena**

月球表面大小和形状相近、成线性分布的撞击坑群。

4.12.19

月面多环盆地 multi-ring basin

月球表面由多环山系围绕的盆地。

4.12.20

月面辐射纹 lunar ray

从月球撞击坑向外，由抛射物溅落和滚动造成的、呈放射状延伸的、具有较高反射率的条纹。

4.13

(月面)重力地貌 gravimorphogenesis

主要在重力作用下，通过块体运动过程而产生的各种月貌。

4.14

月面永久阴影区 permanently shadowed region

月球撞击坑或其他低洼地区中太阳照射不到、一直处于阴暗寒冷的区域。

4.15

月面永久光照区 persistently illuminated region

在月球极点附近处于常年太阳光照射的地区。

4.16

月岩 lunar rock

月球上由一种或多种矿物天然形成的，具有一定结构构造的集合体。

4.17

克里普岩 KREEP

含异常高的钾(K)、稀土元素(REE)和磷(P)的月球玄武岩。

注：根据钾(K)、稀土元素(REE)和磷(P)的字头命名。

4.18

月壤　lunar regolith

月面上由凝聚性较弱的细小碎屑物质组成的混合物。

4.19

月土　lunar soil

月壤中颗粒直径小于 1 cm 的部分。

4.20

月尘　lunar dust

月球表面粒度小于 20 μm 的粉末状尘土。

4.21

陨石　meteorite

从行星际空间坠落到天体表面尚未完全烧尽的残余体。

示例：月球陨石、火星陨石。

4.21.1

月球陨石　lunar meteorite

陨落到天体表面上来源于月球的陨石。

4.21.2

火星陨石　martin meteorite

陨落到天体表面上来源于火星的陨石。

4.21.3

陨击变质作用　impact metamorphism

陨石超高速撞击形成的冲击波改变岩石的结构、构造和矿物的成分，成为一种新的岩石、矿物的转变过程。

4.21.4

落地年龄　terrestrial age

居地年龄

陨石坠落到地球以后所经历的时间。

4.22

静海石　tranquillicyite

首次在静海样品中发现并命名的一种富含锆和钇的铁钛硅酸盐矿物。

注：月岩中常见副矿物，分子式为 $Fe^{2+}(Zr+Y)_2Ti_3Si_3O_{24}$ 或 $(Fe,Y,Ca,Mn)(Ti,Si,Zr,Al,Cr)_2O_3$。

5　其他术语

5.1

宇宙成因核素　cosmogenic nuclides

暴露在宇宙线照射下的物体在行星际空间运行时，物体内部产生各种类型的高能核反应和低核能反应形成的放射性或者稳定核素的统称。

5.2

宇宙线暴露年龄　cosmic ray exposure age

物体受宇宙线照射的时间。

5.3

银河宇宙线　galactic cosmic ray

来自银河系的高能粒子，主要由质子和 α 粒子组成，能量通常超过 10^{10} 电子伏。

5.4

太阳宇宙线　solar cosmic rays；SCR

由太阳耀斑或与日冕物质抛射相关的激波加速产生的高能粒子。

注：太阳宇宙线粒子的能量范围是 10^{7} 电子伏～10^{10} 电子伏，其中绝大部分是质子，其次是 α 粒子，电荷数大于 3 的粒子很少。

5.5

太阳质子事件　solar proton event

太阳活动导致地球静止轨道处能量大于 10 MeV 的质子流通量持续 15 min 以上不低于 10 pfu 的事件。

5.6

空间风化　space weathering

行星和小行星表面的表层受到宇宙射线和太阳辐射的照射、太阳风粒子的轰击、各种小天体和微流星体的撞击等一系列变化过程的总称。

5.7

宜居带　habitable zone

恒星体系中，适合生物的生存，或像地球这样具有生命体的空间。

参 考 文 献

[1] GB/T 17159—2009 大地测量术语

[2] GB/T 30114.1—2013 空间科学及其应用术语 第1部分:基础通用

[3] 全国科学技术名词审定委员会.测绘学名词(第三版)[M].北京:科学出版社,2010.

[4] 地质出版社.地球科学大辞典 基础学科卷/应用学科卷[M].北京:地质出版社,2005.

[5] 地质矿产部地质辞典办公室.地质大辞典[M].北京:地质出版社,2005.

[6] 涂传治.日地空间物理学[M].北京:科学出版社,1988.

[7] (美)韦斯曼等.太阳系百科全书(第二版)[M].北京:科学出版社,2007.

[8] 路甬祥.现代科学技术大众百科/科学卷[M].杭州:浙江教育出版社,2001.

[9] 陈述彭.遥感大辞典[M].北京:科学出版社,1990.

[10] 中国科学院空间科学与应用研究中心.宇航空间环境手册[M].北京:中国科学技术出版社,2000.

[11] 《中国大百科全书》总编委会.中国大百科全书(第二版)[M].北京:中国大百科全书出版社,2009.

[12] Board S.S.Space Weather: A Research Perspective [M].Washington, D.C.: National Academies Press, 1997.

[13] Parker S.P.MCGRAW-HILL DICTIONARY OF ASTRONOMY [M].Arizona:Odonian Press , 1997.

索　引

汉语拼音索引

英文对应词索引

拉丁文对应词索引

ICS 01.040.49
V 04

中华人民共和国国家标准

GB/T 30114.5—2014

空间科学及其应用术语 第5部分:空间生命科学和生物技术

Terminology for space science and application—Part 5: Space life science and biotechnology

2014-12-05 发布 2015-04-01 实施

中华人民共和国国家质量监督检验检疫总局
中国国家标准化管理委员会 发布

前　言

GB/T 30114《空间科学及其应用术语》分为8个部分：

——第1部分：基础通用；

——第2部分：空间物理；

——第3部分：空间天文；

——第4部分：月球与行星科学；

——第5部分：空间生命科学和生物技术；

——第6部分：航天医学；

——第7部分：微重力科学；

——第8部分：空间地球科学。

本部分为GB/T 30114的第5部分。

本部分按照GB/T 1.1—2009给出的规则起草。

本部分由全国空间科学及其应用标准化技术委员会(SAC/TC 312)归口。

本部分起草单位：北京航空航天大学、中国科学院生物物理研究所、中国科学院动物研究所、中国科学院微生物研究所、首都师范大学、西北工业大学。

本部分主要起草人：庄逢源、江丕栋、丰美福、刘志恒、赵琦、商澎。

空间科学及其应用术语
第5部分：空间生命科学和生物技术

1 范围

GB/T 30114的本部分界定了空间生命科学和生物技术领域需要统一的常用术语及其定义。

本部分适用于空间生命科学和生物技术领域相关标准的制定，技术文件的编制，以及有关的科技交流和工程应用。

2 空间生命科学和生物技术通用术语

2.1

整合试验 integrated test

在有多个实验对象的集成性科学实验系统中，一次空间实验进行多项彼此相对独立的科学研究，以检验多个实验的相互协调性、适应性的地面验证性研究活动。

示例1：一套空间生物培养箱，有多个独立培养单元，实验对象有植物、动物、微生物、水生生物、细胞、组织等多类型生命活体，利用整套实验系统进行整合试验，检验实验对象的生物活性、时效性，以及实验单元组合可能带来的复杂生物环境的交叉影响。

示例2：一套空间材料科学实验装置中，可以进行金属合金、半导体、非金属陶瓷等多类材料的熔融结晶实验，进行整合试验，检验其对每项实验进行干预、控制、操作等功能的协调性，以及相互交叉影响。

[GB/T 30114.1—2013，定义4.21]

2.2

匹配性试验 matching test

为了检验空间实验手段和实验对象按照设计实验进程协调工作的能力，验证工程和科学设计的实验指标，进行的定性或定量测量和分析工作。

示例1：空间生命科学实验准备过程中，研究装置技术条件与研究对象生物样品的加载量、接种密度，以及气、液、光照等环境控制参数的最佳协调性，干预、控制能力等所开展的实验室试验、中间试验。

示例2：空间材料科学实验准备过程中，研究温度梯度、进样速度等实验条件和研究对象的成分、位置等的协调性，以及干预和控制能力等所开展的实验室试验、中间试验。

示例3：微重力流体物理学实验准备过程中，研究实验条件设置、干预和控制能力，以及观察和检测的诊断能力，以求得实验系统的最佳协调性而开展的实验室试验、中间试验。

[GB/T 30114.1—2013，定义4.20]

2.3

超重 super-gravity

物体处于强引力场中或物体做过载加速运动时，表现出重量高于地面常重力作用时的状态。

[GB/T 30114.1—2013，定义3.20]

2.4

微重力环境 microgravity environment

微重力条件 microgravity condition

微重力 microgravity

引力加速度为μg量级的弱引力场环境或残余加速度为μg量级的环境条件。

注：在空间实验中也泛指残余加速度小于 $10^{-2}g$ 的环境条件。

[GB/T 30114.1—2013，定义 3.21]

2.5

模拟微重力　simulated microgravity

在地面所创造的一种力学环境，它能使观察对象呈现类似于在空间微重力条件下所表现的效应。

3　空间生物学术语

3.1

空间生物学　space biology

在空间和地面模拟空间环境中研究地球生物对空间环境响应的生物学问题的学科。

[GB/T 30114.1—2013，定义 2.44]

3.1.1

微重力生物学效应　microgravity bioeffect

研究空间微重力或低重力条件下，以及“模拟微重力条件”对生物体所产生的影响。

3.1.2

微重力直接效应　direct effects of microgravity

微重力环境直接影响生物机体内感受重力作用的关键生物大分子、细胞器、细胞，继之传导信号到响应器官而产生较大范围的生物学变化。

3.1.3

微重力间接效应　indirect effects of microgravity

微重力环境引起生物机体的生物大分子、细胞器、细胞周围微环境的变化，从而产生的生物学变化。

3.2

空间发育生物学　space developmental biology

研究分析空间环境中的生物体从生殖细胞发生、受精、胚胎形成、生长、发育直至衰老死亡的过程及其机理的学科。

3.3

空间生物钟学　space chronobiology

研究生命系统周期性现象与空间自然环境节律关系的学科。

示例：太阳、地球等周期性运动对生命节律的影响。

3.4

空间磁生物学　space magnetobiology

研究空间磁场（主要是亚磁场和低频磁场）生物学效应及其机制，以及防护/应用措施的学科。

3.4.1

磁屏蔽系统　magnetic shielding system

利用高导磁率的金属屏蔽把磁力线引导到金属的内部和表面，降低腔体内部的剩余磁场，而使局部区域形成亚磁场或极弱磁场的系统。

注 1：坡莫合金是最常用的磁屏蔽金属。

注 2：放入局部环境（如光照、温度、湿度、气体浓度等）控制设备，可进行模拟空间亚磁场的生物学效应研究。

3.4.2

三轴亥姆霍兹线圈系统　three axis Helmholtz coils system

亥姆霍兹线圈是一对半径和匝数相等且间距等于半径的平行共轴线圈，给两个线圈通以同方向电流时，能够在线圈轴的中点附近小范围区域形成均匀磁场。调节通过三对其轴相互正交的亥姆霍兹线圈的电流,可以在线圈中心反向补偿地磁场的三周分量和环境的电磁场。用于模拟空间亚磁环境和亚磁场生物效应研究。

3.5

空间细胞生物学　space cell biology

研究空间环境下细胞结构、功能的变化及其规律的学科。

3.6

细胞力学信号转导　cellular mechanotransduction

细胞感受胞内外力学作用并转化为胞内信号,导致细胞形态功能变化的过程。

3.7

分叉理论　bifurcation theory

当远离平衡态动力学系统因参数值的微小变化或弱场作用,引起系统产生性质上或拓扑结构的突然变化的动力学理论。

示例:Mesland(1992)基于分叉理论提出重力整体作用概念,认为细胞通过直接与间接途径来感受重力作用。其中,细胞核与细胞骨架在重力感受中起重要作用。

4 重力生物学术语

4.1

重力生物学　gravitational biology

研究在不同重力环境下对生物影响规律的学科。

[GB/T 30114.1—2013,定义 2.46]

4.2

向地性　geotropism

植物根朝向地心(正)和茎背向地心(负)方向生长的特性。

4.3

向重性　gravitropism

向重力性

植物或真菌的根、芽和茎朝向和背向重力方向生长的特性。

4.4

趋重力性　gravitaxis

动物沿或逆重力方向运动的倾向。

示例:具有趋重力性的动物,如水母、鞭毛虫、草履虫等。

4.5

重力形态发生　gravimorphogenesis;gravimophism

重力对于植物种子萌发、生长发育以及开花结实过程中植株形态的调控。

4.6

重力刺激　gravistimulation

重力对于客体(实验对象)的作用。

4.7

重力感受性　gravity susception

重力易感性

生物体对重力作用发生生理响应的现象。

注:植物中是指重力引起平衡石运动(沉降)的过程,是重力感受(gravisensing)的第一步。

4.8

重力感受　gravisensing

生物机体由感受重力刺激起始，经过物理信号到生物化学的信号转导、传输，到表现出改变生长或运动方向的生理学全过程。

4.9

重力敏感性　gravisensitivity

重力敏感度

对重力刺激响应的能力。

注：对于植物来说重力敏感性可以用重力刺激的不同阈值来衡量：

a) 诱导偏离重力方向的植物器官重新定向所需要的最小偏离角度。如拟南芥的根重新定向所需最小和重力方向的夹角为15°；

b) 1 g 重力刺激引起显著的向重力性效应的最小刺激时间；

c) 植物器官产生向重力性在重力方向所需力的阈值。

4.10

向重力性定点角　gravitropic set-point angle;GSA

植物器官生长方向与重力方向形成的角度。

注：描述植物向重力性的参数。一般为0°～180°。典型的如植物幼苗的根GSA＝0°，其幼苗的茎GSA＝180°。侧根、侧枝的GSA则往往大于0°、小于180°。植物某个器官的GSA并非一成不变，而是随着其本身不断发育而变化着的。

4.11

重力传感器　biological gravisensor

重力感受器

重力敏感器

生物机体中(如器官、组织、细胞、细胞器和受体等)能感受并传递重力作用信号的部位或组分。

4.12

重力响应　graviresponse

生物机体接受重力刺激后产生的生物学效应。

注：如植物的向重性生长，动物的趋重性运动等。

4.13

重力响应阈时　graviresponse threshold time; gravisensitive presentation time; gravisensitive threshold time

重力引起生物机体在一定结构水平上产生反应，所需要的最短作用时间。

注1：一定结构水平是指生物大分子、亚细胞、细胞、整体，不同的水平所需要的时间不同。

注2：重力的生物效应要有一定的作用量级和作用时间的阈值。

4.14

重力感受阈值　graviresponse threshold

重力响应阈值　G-threshold

能引起生物机体一定层次上发生反应的最小重力量级。

注：重力的任何一种生物效应，除了要有一定的作用时间以外，还有个力的阈值。就是说，效应的产生不一定要1g。例如，某些植物只要$10^{-3}g$就可以表现出向地性。

4.15

重力受体　gravireceptor

生物机体中检测到环境重力刺激并且启动信号转导过程的亚细胞组分或生物大分子。

4.16

平衡石　statolith

在植物的平衡细胞内和无脊椎动物的平衡囊内，具有感受并传递重力信息功能的组分。

示例：如高等植物平衡细胞内的造粉体、轮藻中含硫酸钡($BaSO_4$)的液泡、无脊椎动物的平衡囊内的碳酸钙颗粒等。

4.17

平衡细胞　statocyte

含有平衡石，并能够特异性感受重力作用的植物细胞。

4.18

平衡囊　statocyst

水生无脊椎动物的重力和平衡感受器，具有囊状结构，囊内含有称为平衡石的矿化颗粒，囊内壁含有很多具有神经传导功能的纤毛，接受平衡石运动信息，感受重力和生物体本身的运动状态的组织。

5　空间辐射生物学术语

5.1

空间辐射生物学　space radiation biology

研究空间辐射对生命物质和生命现象的影响，及其损伤机理和修复方法的学科。

[GB/T 30114.1—2013，定义 2.47]

5.2

辐射损伤直接效应　direct injury effects of radiation

生物体受到辐射照射直接引起关键生物大分子变化所导致的损伤。

注：关键生物大分子变化如 DNA 单链、双链断裂；单、双链的交联；或者 DNA 和蛋白质的交联。

5.3

辐射损伤间接效应　indirect injury effects of radiation

辐射通过使生物机体内水分子的激发和电离所产生的离子、电子和自由基与细胞中的关键分子相互作用而导致的损伤。

5.4

耐辐射的适应性效应　radiation resistance response

生物体经受辐照后提高对辐射耐受性的一种防御机制。

5.5

相对生物学效应　relative biological effect (RBE)

产生同样程度的某一特定的生物学效应所需的 X 射线或 γ 射线吸收剂量，与所考虑的某种电离辐射的吸收剂量之比值。

5.6

空间辐射旁效应　radiation-induced bystander effect

没有直接受到辐照的细胞接受直接受照射细胞传来的信号后，表现出的凋亡、染色体不稳定等的生物学效应。

5.7

航天诱变育种　space mutagenic breeding

航天育种

利用空间环境因素使生物材料的遗传性状产生变异，经返地后的选育筛选、培育新品系或新品种的技术。

5.8

变异发生　mutagenesis

生物体子代与亲代之间在形态、生理特征和遗传性状等方面产生的差异。

5.9

空间辐射剂量人躯干模型　phantom torso for space radiation dosimetry

空间辐射人体模型　human phantom Matroshka

测量空间条件下辐射在人体各处的剂量分布的人体躯干解剖拟人装置。

示例：国际空间站的空间辐射剂量人躯干模型命名为套娃。

6　宇宙生物学术语

6.1

宇宙生物学　astrobiology；cosmobiology

天体生物学

太空生物学

研究宇宙中生命起源、进化和分布的学科。

注 1：是涉及天文学、空间物理学、空间化学和行星学、生命科学和古生物学的一门新兴交叉学科。

注 2：主要研究内容包括：

a)　生物生成元素的宇宙化学；

b)　其他天体上潜在的生命有机分子化学进化情况；

c)　地球生命的历史根源；

d)　生命早期的形成和进化；

e)　高等生物进化；

f)　生命在地球之外宇宙中的分布，空间生命探索(低等生命、智慧生命等)；

g)　宇宙环境对生物或生命生存的影响(如微重力、宇宙射线等)；

h)　太阳系行星及其卫星环境的可居住性等。

6.2

地外生物学　exobiology

研究地球以外空间中生命的起源、进化、分布及其特征的学科。

[GB/T 30114.1—2013，定义 2.52]

6.3

非生原说　abiogenesis

认为生命起源于无生命有机物的学术观点。

6.4

生原说　biogenesis

关于生物机体仅能从其他生物机体而非从无生命物质发展而来的学术观点。

6.5

有生原假说　panspermia

辐射有生原说　radiopanspermia

细菌的孢子可以借太阳风在太阳系内传输，并在另外的行星上播撒生命的推断性学术理论。

注：这一学说最早由诺贝尔奖获得者 Svante Arrhenius 在 1903 年提出。假说提出者基于星际空间充满众多尘埃颗粒，以及太阳风可以驱动直径为 1 μm～1.5 μm 的微小颗粒进入星际空间甚至于可以越出太阳系这一理论，考虑到细菌孢子的直径和那些微小颗粒相当，提出细菌的孢子可以借太阳风在太阳系内的空间甚至于在太阳系外传输，因此最早的有生原说假说最近被重新命名为"辐射有生原说"("radiopanspermia")。目前实验已清楚

地表明单纯的孢子不能在外太空长期存活，辐射有生原说的假说是不成立的。

6.6

陨石有生原说　lithopanspermia

岩石帮助的有生原说

认为生命可以借助于包埋在陨石中的微生物在太阳系内传输的学术观点。

6.7

返回污染预防　backward contamination prevention

避免地球及其生物圈因航天器带回地外物质和可能存在的地外生命体而造成污染的防护措施。

6.8

去向污染预防　forward contamination prevention

在航天活动中，避免因地球生命和其他有机物质引入其他行星而造成污染的保护措施。

6.9

生物屏障　bioshield；biobarrier

在地外生命探索设备中，阻挡微生物出入的隔离装置。

示例：美国航空航天局发射的凤凰号火星探测器机械臂装置使用了生物屏障来保证其不受污染着陆于火星。

6.10

生物污染物减量　bioburden reduction

控制及减少航天器上的细菌孢子数量。

注：防止在空间探索过程中由航天器造成的对于探索目标天体的污染。

6.11

生物征迹　biomarker；biosignature

证明有现存的生命存在或已灭绝或死亡的生命曾经存在的物质。

注：任何由近代生物或由古代生物（包括现在已灭绝的生物）产生的任何独特的现象，可以从特别的生物生成特点来确认生命的存在，或曾经存在过的证明，在宇宙生物学中特指地外生命存在的标记。

6.12

黑烟囱　black smokers

深海热液喷发口　hydrothermal vent

大洋海底富含氢、碳化氢、一氧化碳、二氧化碳和甲烷等还原性气体、各种离子和矿物质的热喷泉。

注：在海底黑烟囱附近发现了非常活跃的生态系统，成为前生物化学进化和生命起源的重要研究对象。

6.13

趋同进化　convergent evolution

无亲缘关系的生物体，长期生活在相同或相似的生态环境中，发生类似的外观、行为和器官结构的现象。

注：趋同进化表明，在相同或相似的生态环境中，不同生物个体的变异选择了相似的适应性变化，如鸟和昆虫的翅膀。趋同进化是在宇宙中其他行星上可能存在智能生命的重要理论基础。

6.14

趋异进化　divergent evolution

一个物种为适应不同环境在进化过程中逐渐产生的分化现象。

注：特别当物种迁移到不同的新环境时分别产生的适应变化。

6.15

德雷克方程　Drake equation

估算银河系中可能存在地外文明的行星数目的方程，见式(1)：

$$N = N_{HP} f_{life} f_{civ} f_{now} \quad \cdots\cdots (1)$$

式中：

N ——银河系中具有电波通讯能力的近代文明的行星数目；

N_{HP} ——银河系中可居住的行星数目；

f_{life} ——可居住的行星上确实存在的生命的比例；

f_{civ} ——有生命的行星上有近代通讯能力的比例；

f_{now} ——目前具有近代星际通讯能力的比例。

6.16

内生孢子　endospore

芽孢

逆境条件下，某些细菌在细胞内形成的一种圆形或椭圆形、含水量低、抗逆性强的休眠体。

注：内生孢子并非繁殖体，若环境适宜，可发芽成正常营养细胞。

6.17

地外生命　extraterrestrial life

地球以外曾经存在和现存的生命体。

6.18

极端环境　extreme environment

对一般生物生存是极端或致死的环境。

注1：在地球上极端环境通常包括：高温环境，如陆地热泉、浅海底热泉、深海火山口；低温环境，如极地、冰川以及常年积雪的雪山、冻土带；高盐环境，如盐湖、盐碱湖、晒盐场以及含盐浓度高的土壤、岩盐矿；酸性环境，如碳酸泉、硫磺热泉和含黄铁矿的地域；碱性环境，碱性热泉和碱性土壤；深海水域。

注2：空间环境是极端环境的一种。

6.19

嗜极菌　extremophiles

极端微生物

适合生活在极端环境中的一类微生物的总称。

6.20

生命的共同祖先　last universal common ancestor；LUCA

所有现存生物均由其进化而来的同一生命体。

注：利用关于分子演化的最新数学模型，对来自数百种现代物种的rRNA及蛋白序列所做分析所得结果表明，支持生命的共同祖先是化学自养性和极端嗜热性的微生物。

6.21

海冰反应器　sea ice reactor

在北冰洋中包括含有含盐较少的冰晶体、盐水通道、气泡等三相的一个动力学体系。它可能提供早期地球上有机分子内源性的来源。

注：这个三相动力学体系提供了温度在空间时间上的变化（10 ℃/h；10 ℃/m）、pH梯度、电势梯度和所需要的能量。因此它包含了一个随机涨落的冻结和融化，结晶和溶解的动力学过程。在模拟的海冰反应器中，模板存在时发现了寡核苷酸的形成。

6.22

地外有机分子　exogenous sources of organic molecules

从星际物质和陨石中发现氨基酸、碳氢化合物、脂肪族、芳香族、嘌呤、嘧啶等在内的有机化合物。

注：发现地外星际有机分子是探索地外生命的重大课题。截至21世纪初，科学家们已经找到了上百种星际有机分子和陨石中的有机分子。

6.23

地外智能生命　extraterrestrial intelligence

地球以外可能存在的智能生物物种。

6.24

古菌　archaea

一类栖息于生境类似于早期(原古)地球环境(如热、酸、盐等)的原核生物。

注1：根据16S rRNA序列进化树分析，这类微生物是既区别真细菌又不同于真核生物的古菌域进化分枝。原称古细菌Archaebacteria。

注2：目前包括广域菌界(Kingdom Euryarchaeota)、嗜泉古菌界(Kingdom Crenarchaeota)、初生古菌界(Kingdom Korarchaeota)。

7　空间生物技术术语

7.1

空间生物技术　space biotechnology

利用空间条件，应用生命科学研究成果，对生物或生物的成分进行改造和利用的技术。

注：空间生物技术综合分子生物学、生物化学、遗传学、细胞生物学、胚胎学、免疫学、化学、物理学、信息学、计算机等多学科技术和利用空间条件研究生命活动的规律和提供产品为社会服务。

[GB/T 30114.1—2013，定义2.48]

7.2

空间生物加工　space bioprocessing

在空间条件下，对生物材料及相关的非生物材料进行制备、处理和利用的过程。

注：空间生物加工包括生物大分子晶体生长、生物分离、空间细胞培养、空间细胞电融合技术、生物腐蚀等。

7.3

空间生物分离　space bioisolation

在空间条件下进行生物活性分子、细胞等的分离与提纯。

注：利用空间特有的微重力环境，发挥其几乎无沉降、无对流、不同密度或质量的物体可以均匀悬浮等优越性，以最终提高或达到最佳分离效果，并使地面难以区分的物质得到分离。

7.4

空间细胞生物技术　space cell biotechnology

在空间环境下，研究、开发具有特定遗传性状和功能的细胞系，以及细胞代谢产物的技术。

注：利用空间微重力环境，以细胞及其代谢物为对象，研究、开发产品，包括空间细胞/组织工程、再生医学、生物制药等方面的技术。

7.5

空间细胞工程　space cell engineering

在空间环境下，遵循细胞的遗传和生理活动规律，制造细胞及其产品的生物工程学科之一。

7.6

空间制药　space pharmaceutical production

利用空间生物技术研制开发应用于诊断、预防、治疗人体疾病的试剂和药品。

[GB/T 30114.1—2013，定义2.49]

7.7

微重力组织工程　microgravity tissue engineering

在微重力环境下，研究开发用于修复或改善人体病损组织或器官的结构、功能的生物活性替代物的一门工程科学。

7.8

空间连续自由流电泳　space continuous free-flow electrophoresis；CFFE

利用空间无沉降无对流等特点，使混悬于溶液中的生物样品连续进入和经过外加直流电场，由于溶液中的生物样品颗粒所带电荷极性与数量不同所致迁移方向和速度不同，进而达到高效、快速、高通量分离纯化的电泳技术。

注1：此技术涉及的介质及样品是全液相，无有形介质支撑。是用于纯化生物样品的制备型电泳技术。分离对象的范围广（如蛋白质分子和活细胞），对分离产物机械损伤小。可连续大批量进样、分离及收集产物。

注2：在地球重力场中，由于物质的沉降与对流不可消除，影响了产物的分离效率和制备量。此技术主要是基于物质的物理、化学性质不同而不是基于密度差异来进行分离，因此在空间使用可以减弱因地球重力场而致物质的沉降与对流的影响。

8 生态生命保障技术术语

8.1

生物圈 biosphere

地球上由动物、植物和微生物等一切生物有机体组成的系统。

8.2

环境控制与生命保障系统 environmental control and life support system

将载人航天器密封舱内的大气环境控制在人体生理要求范围之内，并提供维持人员正常生活所需条件以及应急状态下人员生命安全保障的设备、设施。

[GB/T 30114.1—2013，定义3.10]

8.3

非再生式生命保障技术 non-regenerative life support technology

维持人员生命所必需的氧气、食物和水全部由地面带到空间，而人员代谢和生活废物全部抛弃，污染物吸收剂一次性使用的技术。

[GB/T 30114.1—2013，定义3.11]

8.4

物理化学再生式生命保障技术 physical and chemical regenerative life support technology

以物理和化学原理为基础，把人员产生的二氧化碳、水汽、排泄物和生活废水等大部分废弃物转变为氧气、纯净水，大部分的污染物吸收剂再生循环使用的技术。

[GB/T 30114.1—2013，定义3.12]

8.5

受控生态生命保障系统 Controlled Ecosystem Life Support System；CELSS

应用生态学基本原理，建立的生态平衡体系，并通过生物学技术，将体系中产生的代谢物、废弃物和植物的不可食部分，转化为人员生存所需的物质和植物的营养物质的技术系统。

[GB/T 30114.1—2013，定义3.13]

8.6

整合式再生生保系统 integrated regenerative life supporting system

采用生物生态链实现水、氧气、食物再生产利用和采用化学、物理再生产水和氧气的两种方法相结合的技术支持系统。

注：是新的研究方向，也是未来建立月球基地、火星基地生保系统的可行方案。目前最先进的研究成果已经实现2～3人、4～6个月的密闭实验研究，氧气和水达到100％的再生，食物能够达到80％再生闭合程度。

[GB/T 30114.1—2013，定义3.14]

9 空间生命科学与生物技术实验条件和设备术语

9.1

生物盘 biopan

在空间进行生物学实验用的，暴露在飞行器舱外的多用户设备。

注：可以在发射和再入大气过程中密封，并加以保护，入轨后可以打开将样品暴露于严酷的太空环境。该装置装有温度、压力、辐射测量设备。分别在 1994 年光子号 9，1997 年光子号 11，1999 年光子号 12 上成功地完成了微生物学试验。

9.2

生物叠　biostack

由夹层的辐射粒子径迹探测器和生物样品相互叠合而成，在飞行器上研究高能重离子辐射对生物样品作用的设备。

注：欧空局制作的生物叠装有 200 层的径迹探测器，每层之间插有生物样本层，整个装置高约 10 cm，直径约为 10 cm。可以确定相对于生物样本的每一个 HZE 粒子的轨迹，分别研究每一个生物体单次辐射的响应，在 0.2 μm精度上，确认粒子径迹和敏感靶位之间的距离。

9.3

生物箱　biobox

用于空间生物实验的程序化运行的培养箱。

9.4

生物柜　biorack

在微重力条件下进行生物学研究的多用户共同使用的设备架(柜)。

示例 1：各用户的实验设备需放在容积为 65 mL 或 345 mL 的两种长方体形的标准密封容器内进入生物柜。标准容器分别有 2、4 个数据通道，并可由柜获得直流电源供给。插入的设备需符合其规定的机械接口(尺寸、固定方式)及电气接口(电源、电信号)。柜还有 22 ℃和 27 ℃的保温器和手套箱、有源冷却设备及实验容器的存放区域。

示例 2：在航天飞机上多次使用，最初是在 D-1、IML-1(1992)和 IML-2(1994)上使用，实验对象有细菌、酵母、培养细胞、蛙及海胆胚胎/果蝇、蠕虫及植物幼苗等。后来在航天飞机—和平号空间站联合任务中多次使用。1997 年最后一次飞行。

9.5

1 g 离心机　1 g centrifuge

在航天器上使样品受到等效于地球引力(9.8 m/s^2)的离心力作用的实验设备。

9.6

回转器　clinostat

使受试验的生物样品围绕一个轴进行缓慢旋转的设备。

注 1：为了可以使样品在与旋转轴相垂直的所有方向在不同时间接受相等的外部刺激。

注 2：是一种在地面获得微重力条件下的生物学效应的简便模拟方法，通常旋转轴是水平的。

注 3：始用于植物样品，靠它可以调节或消除外部条件如光和重力对于成长的植物的作用效果。茎和根将水平生长而不表现出典型的向地性（重力导向的)响应。

注 4：用于生长植物秧苗的回转器一般转速为 2 r/min～5 r/min，而用于对于细胞和其他微生物模拟微重力的实验，转速选为 10 r/min～15 r/min。

9.7

2D 回转器　2D clinostat

2π 回转器　2π clinostat

可以使受试验的生物样品同时绕水平和铅垂轴旋转，其中垂直轴固定的设备。

注：绕水平轴旋转可以使得生物样品在与旋转轴相垂直的各个方向在不同时间所受到重力的作用相同；可以定性地模拟微重力条件下的生物效应。绕铅垂轴旋转，可使生物样品上所受的离心力从零开始，到很大的值，用以研究离心力的生物效应。

9.8

随机定位机　random positioning machine

3 维回转器　three-dimensional clinostat

4π 回转器　4π clinostat

可以使受试验的生物样品同时绕水平和铅垂轴旋转，其中水平轴固定的设备。使实验样品所经受的重力相对于样品的方向可以在三维空间内任意、随机、连续改变。

注：在地面获得微重力条件下的生物学效应的模拟方法。

9.9

试管回转器　cuvette clinostat

使水平放置的试管围绕试管中心的水平轴旋转的设备。

9.10

快旋转回转器　fast rotating clinostat

使受试验的生物样品围绕水平轴进行较快速旋转的设备。

注：一般转速为 50 r/min～100 r/min。

9.11

抗磁悬浮　diamagnetic levitation

当抗磁性物质在磁场中受到的磁化体积力，与抗磁性物质所受重力相等时，所实现该物质的凌空悬浮现象。

注：在大梯度强磁场环境中，抗磁性物质内部的力学环境与空间微重力的力学环境基本相同（流体静压、对流等现象消失），因此可作为微重力环境的模拟手段。值得注意的是，在该模型之下，悬浮物体除了受到重力变化的作用之外，磁场的作用亦不可忽视。另外，磁化体积力并不正比于质量，悬浮物所受的重力和总的磁化体积力相等，造成悬浮，但并不完全意味着悬浮物各个微元体积，其磁化力和重力完全相等。

9.12

转壁式生物反应器　rotating wall vessel bioreactor；RWVB

微重力生物反应器　microgravity bioreactor

美国 Johnson 航天中心发明的，一类绕其处于水平位置的中心轴旋转，带有多种膜式气体交换器（氧合器）的圆柱形的细胞/组织培养容器。用于在地面模拟空间微重力环境效应的细胞/组织培养。

注 1：由于培养细胞连续在不同方向接受重力的作用，而不呈现出重力的效应。因此可以用于模拟空间微重力条件下细胞的表现。

注 2：在地面模拟“空间微重力条件下”细胞培养装置的统称。

9.13

慢旋转离心显微镜　slow rotating centrifuge microscope

安装在回转器上，可以通过高倍放大，实时观察模拟微重力效应的实验生物样品的光学设备。

示例：慢旋转离心显微镜首先由德国航天局设计制造，并命名为 niedergeschwindigkeits-zentrifugen-mikroskop NIZEMI。

参 考 文 献

[1] GB/T 30114.1—2013 空间科学与应用术语 第1部分:基础通用

索　引

汉语拼音索引

英文对应词索引

ICS 01.040.49
V 04

中华人民共和国国家标准

GB/T 30114.6—2014

空间科学及其应用术语 第6部分:航天医学

Terminology for space science and application—Part 6: Space medicine

2014-12-05 发布 2015-04-01 实施

中华人民共和国国家质量监督检验检疫总局
中国国家标准化管理委员会
发布

前　言

GB/T 30114《空间科学及其应用术语》分为8个部分：

——第1部分：基础通用；

——第2部分：空间物理；

——第3部分：空间天文；

——第4部分：月球与行星科学；

——第5部分：空间生命科学和生物技术；

——第6部分：航天医学；

——第7部分：微重力科学；

——第8部分：空间地球科学。

本部分为GB/T 30114的第6部分。

本部分按照GB/T 1.1—2009给出的规则起草。

本部分由全国空间科学及其应用标准化技术委员会(SAC/TC 312)归口。

本部分起草单位：中国航天员科研训练中心。

本部分主要起草人：吴大蔚、曹瑞霙、李莹辉、黄伟芬、吴斌、李勇枝、王林杰、白树民、员丽霞、田立平、盖宇清、何新星、王惠娟。

空间科学及其应用术语
第6部分:航天医学

1 范围

GB/T 30114的本部分界定了航天医学领域需要统一的一些常用术语及其定义。

本部分适用于航天医学领域相关标准的制定、技术文件的编制,以及有关的科技交流和工程应用。

2 航天医学通用术语

2.1

航天医学 space medicine

研究航天飞行中影响航天员安全、健康和工作效率等医学问题的综合性理论与应用学科。

[GB/T 30114.1—2013,定义2.50]

2.2

航天飞行环境 space flight environment

航天飞行中的真空、辐射等自然环境,以及超重、失重、振动、噪声等诱导环境的总称。

2.3

航天重力生理学 space gravitational physiology

研究重力环境变化对人体生理机能的影响、机制及其防护的学科。

2.4

航天环境医学 space environmental medicine

研究航天环境因素作用于人体所产生的生理和病理效应、作用机理、风险评价方法及其防护技术的学科。

2.5

航天实施医学 space operational medicine

研究航天员职业活动中医学监测、医学鉴定、疾病诊治、健康维护等相关理论与技术的学科。

2.6

航天营养学 space nutriology

研究航天员职业活动中,机体对能量与营养素的需求和物质代谢特点与变化规律的学科。

3 航天重力生理学

3.1

流体静压 hydrostatic pressure

由流体液柱重量产生的压力。

注:流体静压主要取决于液柱高度、液体质量密度及暴露的加速度值。

3.2

血液再分配 blood redistribution

重力变化时,因流体静压变化导致人体循环血液的转移异于地面状态的变化过程。

注：失重状态下，因流体静压消失导致人体循环血液从下半身向上半身转移的变化过程。

3.3

血流动力学反应　hemodynamic response

血液循环系统的血流量、阻力和血压等参数随环境因素的改变而发生的动态变化。

3.4

血液潴留　blood retention

持续正加速度作用引起的血液滞留于下半身静脉中的现象。

3.5

航天心血管功能失调　space cardiovascular deconditioning

由于重力变化使长期在地球重力环境下形成的心血管调节机制发生紊乱的现象。

3.6

立位耐力　orthostatic tolerance

人体由平卧位突然转为头高位倾斜或直立位而激发的自主神经活动的反射性调节能力。

3.7

超重　super-gravity

物体处于强引力场中或物体做过载加速运动时，表现出重量高于地面常重力作用时的状态。

[GB/T 30114.1—2013，定义 3.20]

3.8

超重耐力　acceleration tolerance；G tolerance

人体耐受加速度的能力。

注：超重耐力主要取决于加速度作用方向、幅值、增长率和持续时间。

3.9

灰视　greyout

周边视力丧失　periphery vision loss

在持续性正加速度(+Gz)作用下，出现的视敏度下降、周边视力丧失、视野逐渐缩小的现象。

3.10

黑视　blackout

中心视力丧失　central vision loss

在持续性正加速度(+Gz)作用下，出现的中心视力丧失，但意识仍清醒的现象。

3.11

红视　redout

在持续性负加速度(−Gz)作用下，出现的视物发红的现象。

3.12

G 引起的意识丧失　G-induced loss of consciousness；G-LOC

持续性正加速度(+Gz)负荷引起脑血流量减少到临界值时，所发生的意识突然丧失的知觉变化状态。

3.13

抗荷动作　anti-G straining maneuver；AGSM

人体通过全身肌肉用力和用力呼吸而提高血压，延迟或避免产生+Gz 引起的生理效应，提高+Gz 耐力的自主性防护动作。

3.14

失重　weightless

物体处于弱引力场中或物体在引力场中以引力加速度运动时，表现出重量几乎消失的状态。

[GB/T 30114.1—2013,定义 3.19]

3.15

卧床实验　head down bed rest study;head down tilt study

人体采取头低位姿态卧床以模拟失重、观测人体生理反应的方法。

3.16

浸水实验　water immersion experiment

在特制的水槽中进行的模拟失重生理效应的方法。

3.17

尾部悬吊　tail suspension

一种通过悬吊动物尾部使后肢去负荷,模拟失重生理效应的实验方法。

3.18

空间运动病　space motion sickness

航天员在航天飞行中发生的眩晕、恶心、呕吐等类似于地面运动病的症状。

3.19

空间定向障碍　space disorientation

乘员对自身及所乘运输器姿态、位置和运动状况发生的错误判断。航天任务中特指航天员在航天飞行中对自己在空间坐标系中的体位关系——状态、位置、运动的错误空间知觉。

3.20

空间运动病易感性　space motion sickness susceptibility

个体对引起航天运动病诸因素的敏感程度。

3.21

科里奥利刺激效应　Coriolis stimulation effects

科里奥利力作用于前庭半规管时所产生的翻跌、坠落等错觉、眼球震颤及运动病等一系列生理反应。

3.22

交叉耦合旋转试验　cross-coupled gyral test

通过稳定的科里奥利加速度刺激评定前庭功能、运动病易感性的方法。

3.23

眼球震颤　nystagmus

角加速度刺激半规管,反射性地引起眼外肌活动,出现的眼球颤动现象。

3.24

失匹配眼扭转　disconjugation eye torsion

重力异常状态下,因感受重力的耳石器生理上和解剖学上的不对称引起的反复无常的眼球偏转现象。

注:是预测航天运动病易感性的指标之一。

3.25

视反转试验　ocular counterrolling test

身体做左右倾斜,观察眼球向反方向偏转程度的试验。

3.26

视-前庭失匹配　visual-vestibular mismatch

视觉和前庭器官对运动和环境感觉发生矛盾的现象。

注:航天运动病诱因之一。

3.27

耳石-半规管失匹配　otolith-semicircular canal mismatch

失重条件下，耳石重量消失，使耳石和半规管感受的运动信息互相矛盾的现象。

注：航天运动病诱因之一。

3.28

感觉冲突失匹配　sensory conflict mismatch

由于长期生活在地面上形成的感觉经验相矛盾，导致视-前庭失匹配和耳石-半规管失匹配而产生相互矛盾的现象。

3.29

空间骨丢失　space bone loss

由于航天飞行中重力下降等原因引起承重骨密度下降以及骨力学性能降低的现象。

3.30

失重性肌肉萎缩　weightless muscle atrophy

长期失重条件下，人体肌肉组织，特别是下肢抗重力肌出现的废用性萎缩效应。

3.31

失重生理效应对抗措施　countermeasures in weightlessness

针对减少失重引起的骨丢失、肌肉萎缩、返回后立位耐力不良等问题及其影响而采取的各种防御手段。

3.32

下体负压裤　chibis garment

一种能在下体周围产生负压，使体液向下分布的防护装备。

3.33

下体负压　lower body negative pressure；LBNP

利用特定装置在下体周围形成负压环境，以减少体液头向转移、减轻心血管功能失调并提高立位耐力的技术。

3.34

企鹅服　penguin suit

航天飞行中使用的一种特制的防止肌肉萎缩的弹性功能服装。

3.35

套带　bracelet

通过对肢体施加一定压力，在失重状态下阻止体液回流的装具。

3.36

隔振跑台　treadmill with vibration isolation system；TVIS

用于失重条件下跑步锻炼并能有效隔离振动传递的装置。

3.37

自行车功量计　bicycle ergometer

失重条件下通过克服负荷进行蹬踏动作，作为锻炼工具防止心脏功能和骨骼肌质量下降的装置。

注：也可用于评价航天员空间飞行中心血管功能变化。

3.38

人工重力　artificial gravity

通过旋转航天器或者使用离心机，利用离心加速度的原理产生的重力环境。

注：长期飞行中微重力对抗措施之一。

4 航天环境医学

4.1

航天环境毒理学　space environmental toxicology

研究载人航天过程中作用于人体的环境污染物的毒性效应及其机制的学科。

4.2

航天最高容许浓度　space maximal allowable concentration;SMAC

航天作业环境中,在规定的暴露时间内,不影响人体健康和工作能力的某种污染物的最高浓度。

4.3

可凝性挥发物　volatile condensable material;VCM

材料或污染源解析、剥离或分解出的在低温物体表面上可凝聚的物质。

4.4

航天环境因素耐力　space environmental factor tolerance

机体对航天环境因素的生理耐受能力。

4.5

航天器微小气候　space cabin microclimate

通过控制气体压力、成分、温度、湿度、风量等所形成的航天器密闭舱内人工气候。

4.6

舒适区　comfort margin

保持人无不舒适感的环境因素的变化范围。

4.7

工效区　ergonomic margin

保持人正常工作效率的环境因素变化范围。

4.8

安全区　safety margin

保持人身安全、无生命危险的环境因素变化范围。

4.9

耐限　tolerance limit

机体不能忍受、生命处于危急状态时的环境因素极限值。

4.10

快速减压　rapid decompression

座舱内气体压力在百分之几秒至数秒钟迅速降低的过程。

4.11

减压易感性　decompression susceptibility

机体对大气压力降低的敏感程度。

4.12

减压病　decompression sickness

环境气体压力降低时,溶解在机体内的氮气过饱和游离出来形成气泡所导致的全身性病症。

4.13

屈肢症　bends

由于环境减压使四肢肌肉和关节内氮气游离形成气泡,压迫肌肉和关节,引起局部疼痛,患肢常呈保护性屈曲状态的一种减压病症状。

4.14

体液沸腾　ebullism

当机体或其局部突然暴露于绝对压力低于 6.27 kPa 环境时，机体组织、体腔和体液中的水分迅速蒸发，大量形成水蒸气的现象。

注：6.27 kPa 为体温 37 ℃条件下的水蒸气压。

4.15

气哽　chokes

环境减压时出现的胸部压迫感、憋闷、胸骨后疼痛或吸气短促、困难，偶有阵发性干咳的一种减压病症状。

4.16

吸氧排氮　preoxygenation

预吸氧　preoxygenation

低压暴露前，预先吸入纯氧，逐步降低人体组织内氮含量和氮分压，以预防减压病的过程。

4.17

缺氧耐力　hypoxia tolerance

机体对氧分压降低可能引起缺氧的承受能力。

4.18

急性缺氧症　acute anoxia

机体组织因氧气不足而引起的急性综合症状。

4.19

热应激反应　thermal stress response

各种热环境因素所引起的脱水、电解质紊乱、体温调节功能下降和工作能力下降一系列非特异性生理、生化反应。

4.20

热衰竭　heat stroke

高温环境引起的皮肤干燥、头晕、头痛、口渴、恶心、肌痉挛、甚至晕厥等一系列反应。

4.21

低温生理效应　low temperature physiological effect

机体暴露于寒冷环境时出现的外周血管交替收缩或舒张、代谢热量增加、循环功能增加等一系列生理代偿现象。

4.22

抗浸防寒服　anti-exposure suit

航天员返回后，暴露于水中或寒冷地区时穿用的具有抗浸、保暖功能的个体防护装备。

4.23

温度舒适带　thermal comfort zone

在一定湿度和风速范围内，正常机体没有显著的代偿性生理反应，可以长时间耐受的温度范围。

4.24

噪声性听力损失　noise-induced hearing loss

由于噪声暴露引起的听阈上移。

注：噪声性听阈上移分为暂时性阈移和永久性阈移。

4.25

噪声性耳聋　noise-induced deafness

噪声性听力损伤引起的听觉功能障碍。

4.26

噪声非听觉效应　non-auditory effects of noise

噪声对机体造成的烦躁、工作效率下降、心血管功能受影响等除听力损失以外的其他效应。

4.27

噪声容许限值　noise exposure limits

为保护人体听力健康而规定的、额定暴露时间内环境噪声容许的声压级。

4.28

空间电离辐射　space ionization radiation

航天飞行中能够通过直接(如质子、电子、α 粒子等)或间接(如中子、X 射线、τ 射线等)过程使作用物质产生电离的辐射。

注：航天飞行中的电离辐射源主要为地球人气层外的天然电离辐射源(如银河宇宙辐射、地磁捕获辐射和太阳质子事件)以及航天器载荷中的人工辐射源(如放射性核素、核动力装置等)。

4.29

吸收剂量　absorbed dose

任何电离辐射,授予质量为 dm 的物质的平均能量 d$\bar{\varepsilon}$除以 dm,见式(1):

$$D=\frac{\mathrm{d}\bar{\varepsilon}}{\mathrm{d}m} \quad \cdots\cdots(1)$$

式中:

D ——吸收剂量;

d$\bar{\varepsilon}$ ——平均能量;

dm ——质量。

注 1:D 是一个基本的剂量学量,其 SI 单位为焦耳每千克 (J/kg),称为戈[瑞](Gy)。

注 2:改写 GB 18871—2002,定义 J4.5 及 GB 3102.10—1993,定义 10-50.2。

4.30

剂量当量　dose equivalent

在研究的组织中,某点处的吸收剂量 D 、品质因数 Q 和其他一切修正因数 N 的乘积,见式(2):

$$H=DQN \quad \cdots\cdots(2)$$

式中:

H ——剂量当量;

D ——吸收剂量;

Q ——品质因数;

N ——修正因数。

注 1:H 为国际辐射单位与测量委员会(ICRU)使用的一个量。其 SI 单位为焦耳每千克 (J/kg),称为希[沃特](Sv)。

注 2:改写 GB 18871—2002,定义 J4.17 及 GB 3102.10—1993,定义 10-52。

4.31

当量剂量　equivalent dose

辐射 R 在器官或组织 T 内产生的平均吸收剂量与辐射权重因数的乘积,见式(3):

$$H_{\mathrm{T},R}=D_{\mathrm{T},R}\times\omega_R \quad \cdots\cdots(3)$$

式中:

$H_{\mathrm{T},R}$——当量剂量;

$D_{\mathrm{T},R}$——辐射 R 在器官或组织 T 内产生的平均吸收剂量;

ω_R ——辐射 R 的辐射权重因数。

当辐射场是由具有不同 ω_R 值的不同类型的辐射组成时，当量剂量为式(4)：

$$H_T = \sum_R D_{T,R} \times \omega_R \quad \cdots\cdots (4)$$

式中：

H_T ——当量剂量；

$D_{T,R}$ ——辐射 R 在器官或组织 T 内产生的平均吸收剂量；

ω_R ——辐射 R 的辐射权重因数。

注 1：$H_{T,R}$ 的 SI 单位为焦耳每千克 (J/kg)，称为希[沃特](Sv)。

注 2：改写 GB 18871—2002，定义 J4.6。

4.32

有效剂量　effective dose

人体各组织或器官的当量剂量乘以相应的组织权重因数后的和，见式(5)：

$$E = \sum_T \omega_T \times H_T \quad \cdots\cdots (5)$$

式中：

E ——有效剂量；

ω_T ——组织或器官 T 的组织权重因数；

H_T ——组织或器官 T 所受的当量剂量。

注 1：E 的 SI 单位为焦耳每千克 (J/kg)，称为希[沃特](Sv)。

注 2：改写 GB 18871—2002，定义 J4.8。

4.33

剂量限值　dose limit

受控实践使个人所受到的有效剂量或当量剂量不得超过的值。

4.34

辐射敏感性　radiosensitivity

生物对电离辐射作用的敏感程度，即生物体在一定剂量的电离辐射作用下其形态和机能发生相应变化的程度。

4.35

辐射监测　radiation monitoring

为评价或控制辐射或放射性物质的照射，对剂量或污染所进行的测量及对测量结果的解释。

4.36

辐射屏蔽　radiation shielding

空间电离辐射穿过物质时方向改变、能量吸收或强度减弱的过程。

5　航天实施医学

5.1

航天预防医学　space preventive medicine

研究航天环境因素对航天员健康和工效的影响及预防技术的学科。

5.2

航天临床医学　space clinical medicine

研究航天员职业活动中的疾病诊断、治疗与处置理论与技术的学科。

5.3

航天中医药学　space traditional Chinese medicine and herbs

运用中医药理论和经验，研究航天环境因素引起人体生理功能失调及病症的病因病机及其诊治规律的学科。

5.4

航天药学　space pharmacology

研究航天环境下药物的吸收、分布、代谢和排除过程的变化规律，研制适宜在航天中使用的剂型及研究航天用药标准的学科。

5.5

航天员医学鉴定　astronaut medical certification

根据相关医学标准和检查规范，对航天员的身体状况定期进行全面检查和评价，以作出医学适飞资格认证的过程。

5.6

医学放行标准　admittance medical criteria

航天员执行飞行任务所必须达到的医学指标要求。

5.7

医学中止标准　abortion medical criteria

中止航天员执行飞行任务的医学判定指标要求。

5.8

航天员健康管理　astronaut health management

对航天员及其家庭成员进行健康监测、健康评价和医学干预的过程。

5.9

航天环境因素耐力检查　space environmental factors tolerance examination

在超重、低压缺氧、前庭刺激等航天环境因素作用下对航天员的机体耐力或生理功能进行的检查。

5.10

航天员健康监测　astronaut health monitoring

通过临床检查、生理功能检查和航天环境因素耐力检查对航天员健康情况进行监测的过程。

5.11

航天卫生防疫　space epidemic prevention

对航天员生活工作环境进行卫生检查和定期消毒，定期监测航天员密切接触人员传染性疾病情况，监督航天员食堂食品卫生状况的一系列制度措施。

5.12

航天微生物检测　space microorganism detection

对航天员所处的环境以及自身体内微生物进行的检查和测量。

5.13

航天药物　space drugs

符合空间条件使用、预防及治疗航天飞行中疾病的药物。

5.14

航天药箱　space medical kit

根据航天特定环境设计的、存放航天药物的储存装置。

5.15

航天员健康风险评估　astronaut health hazard assessment

预测航天飞行环境对航天员健康产生有害影响的可能性的过程。

6 航天营养学

6.1

航天微生态学　space microecology

研究航天员职业活动中，体内微生物区系变化规律及其与健康的关系和干预措施的学科。

注：体内微生物区系主要为肠道微生物群。

6.2

航天员膳食营养素供给量标准　recommended dietary allowances for astronaut

满足航天员的正常生理需要和保证安全地摄入各种营养素及避免发生营养不良而制定的膳食营养素的供给水平。

6.3

航天员膳食营养调查　astronaut dietary nutritional survey

统计分析航天员职业活动中每人每日摄入的食物的品种和数量，判断摄取量是否满足航天员营养素供给量标准的活动。

6.4

航天员营养状况评价　astronaut nutrition evaluation

通过膳食营养调查、体格检查与生化检查等方法综合评判航天员膳食营养合理性的活动。

参 考 文 献

[1] GB 3102.10—1993 核反应和电离辐射的量和单位

[2] GB 18871—2002 电离辐射防护与辐射源安全基本标准

[3] GB/T 30114.1—2013 空间科学及其应用术语 第1部分:基础通用

[4] GJB 2496—1995 载人飞船航天工程术语

[5] GJB 2969A—2011 航天医学工程学术语

[6] NASA-STD-3001 NASA SPACE FLIGHT HUMAN SYSTEM STANDARD

索　　引

汉语拼音索引

英文对应词索引

ICS 01.040.49
V 04

中华人民共和国国家标准

GB/T 30114.7—2014

空间科学及其应用术语
第7部分：微重力科学

Terminology for space science and application—Part 7: Microgravity science

2014-12-05 发布　　2015-04-01 实施

中华人民共和国国家质量监督检验检疫总局
中国国家标准化管理委员会　发布

前　言

GB/T 30114《空间科学及其应用术语》分为8个部分：

——第1部分：基础通用；

——第2部分：空间物理；

——第3部分：空间天文；

——第4部分：月球与行星科学；

——第5部分：空间生命科学和生物技术；

——第6部分：航天医学；

——第7部分：微重力科学；

——第8部分：空间地球科学。

本部分为GB/T 30114的第7部分。

本部分按照GB/T 1.1—2009给出的规则起草。

本部分由全国空间科学及其应用标准化技术委员会(SAC/TC 312)归口。

本部分起草单位：中国科学院力学研究所、中国科学院物理研究所、中国科学院理论物理研究所、中国科学院上海光学精密机械研究所、华中科技大学。

本部分主要起草人：康琦、段俐、王双峰、潘明祥、魏炳忱、张元仲、张海潮、周泽兵、胡良。

空间科学及其应用术语 第7部分:微重力科学

1 范围

GB/T 30114 的本部分界定了空间微重力科学领域中需要统一的常用科学与技术词汇和定义。

本部分适用于空间微重力科学相关标准的制定、技术文件的编制,以及有关的科技交流和工程应用。

2 微重力通用术语

2.1

微重力环境 microgravity environment

微重力条件 microgravity condition

微重力 microgravity

引力加速度为 μg 量级的弱引力场环境或残余加速度为 μg 量级的环境条件。

注:在空间实验中也泛指残余加速度小于 $10^{-2}g$ 的环境条件。

[GB/T 30114.1—2013,定义 3.21]

2.2

微重力科学 microgravity science

研究物质在微重力环境中的运动、变化、现象与规律的学科。

示例:在空间微重力环境中研究基本物理规律,流体运动规律及燃烧特征,材料相变、结晶,生物、生命现象变化规律等。

[GB/T 30114.1—2013,定义 2.53]

2.3

微重力流体物理学 microgravity fluid physics

研究微重力环境中液体、气体以及分散体系等物质的流体形态及其物理运动规律和机理的学科。

注:其研究为空间材料科学、空间生命科学及生物技术、航天医学及基础物理学等研究提供相关流体理论指导;为航天器工程设计提供(热)流体管理、动力推进等理论支持。

[GB/T 30114.1—2013,定义 2.54]

2.4

微重力燃烧科学 microgravity combustion science

研究微重力环境中物质燃烧的现象、过程与规律的学科。

[GB/T 30114.1—2013,定义 2.55]

2.5

空间材料科学 materials science in space

在微重力、空间辐射和高真空等空间环境条件下,研究材料的结构和性能变化及制备过程的规律,以及材料物理、化学性能变化和使役行为的学科。

注:以微重力因素为主要研究条件时,也称为微重力材料科学。

[GB/T 30114.1—2013,定义 2.56]

2.6

空间基础物理学 space fundamental physics

研究空间环境中物质的物理运动规律的学科。

注：目前主要研究方向集中在检验物理基本定律、寻找新的相互作用，以及探寻量子规律的新物理规律等范畴。

[GB/T 30114.1—2013，定义 2.57]

2.7

重力 gravity

在天体附近，物体受天体的引力和随天体自转的惯性离心力的矢量和。

注：不特别说明所指的"天体"时，通常指地球重力。

[GB/T 30114.1—2013，定义 3.17]

2.8

重力加速度 acceleration of gravity

物体仅由重力作用所产生的加速度。

注：不特别说明所指的"天体"时，通常指地球重力加速度。

示例：地球重力加速度标准值被 1901 年第三次国际度量衡会议定义为 9.806 65 m/s^2；月球重力加速度约为 1.6 m/s^2；火星重力加速度约为 3.7 m/s^2。

[GB/T 30114.1—2013，定义 3.18]

2.9

失重 weightless

物体处于弱引力场中或物体在引力场中以引力加速度运动时，表现出重量几乎消失的状态。

[GB/T 30114.1—2013，定义 3.19]

2.10

超重 super-gravity

物体处于强引力场中或物体做过载加速运动时，表现出重量高于地面常重力作用时的状态。

[GB/T 30114.1—2013，定义 3.20]

2.11

低重力 low gravity

在 $1g \sim 10^{-2}g$ 时称为低重力环境(条件)。

2.12

G-跳 G-jitter

微重力环境中残余重力加速度方向、大小的陡变。

[GB/T 30114.1—2013，定义 3.22]

2.13

残余重力加速度 residual gravity acceleration

引力加速度与惯性加速度的矢量差。

2.14

重力效应 gravity effect

物体对不同重力环境所表现出的特性、特征发生变化的现象。

[GB/T 30114.1—2013，定义 3.23]

2.15

有效载荷 payload

装载于空间技术平台上，用于执行特定科学实验、科学探测与应用研究任务的仪器及设备系统。

[GB/T 30114.1—2013，定义 4.1]

2.16

浮力效应　buoyancy effect

由于浮力的作用对物质运动产生的影响。

2.17

沉降　sedimentation

组成悬浮体系的流体和悬浮物具有密度差,悬浮物沿重力方向运动。

2.18

自由悬浮　unconstrained suspension

物体不需要外部支撑和外加作用力(电、磁、流体等)即可稳定停留在一定空间位置的状态。

2.19

密度分层　density stratification

在重力场或其他加速度场中,由于密度不同产生的流体分层现象。

2.20

微重力探空火箭　microgravity sounding rocket

用于开展微重力科学实验的火箭,通常具有较好的微重力水平。

注：微重力水平为 $10^{-2}g_0$～$10^{-5}g_0$,微重力时间为 5 min～20 min。

2.21

微重力实验气球　microgravity experimental balloon

用于提升微重力科学实验落舱的高空气球。

注：微重力水平为 $10^{-2}g_0$～$10^{-4}g_0$,微重力时间为 5 s～1 min。

2.22

抛物线飞机　parabolic aircraft

为获得低重力环境而做抛物线飞行的飞机。

注：微重力水平为 $10^{-1}g_0$～$10^{-3}g_0$。单次抛物线飞行的微重力时间为 20 s～30 s,另有加速超重飞行时间段。通常飞机每次起降实施多个抛物线飞行。

2.23

落塔　drop tower

提供物体自由下落条件的地面上的微重力实验设施。

注：微重力水平一般为 $10^{-3}g_0$～$10^{-5}g_0$,微重力时间为 2 s～10 s。

2.24

落井　drop shaft

提供物体自由下落条件的地面下的微重力实验设施。

注：微重力水平一般为 $10^{-3}g_0$～$10^{-5}g_0$,微重力时间为 5 s～10 s。

2.25

落管　drop tube

提供物体自由下落条件的微重力实验竖直管。

注：微重力水平一般为 $10^{-3}g_0$～$10^{-6}g_0$,微重力时间为 2 s～6 s。

3　微重力流体物理科学与技术术语

3.1

动态邦德数　dynamic Bond number

表征浮力驱动的对流与表面张力梯度驱动的对流强度之比的无量纲参数。

3.2

静态邦德数 static Bond number

表征重力与表面张力之比的无量纲参数。

3.3

马朗哥尼数 Marangoni number

表征毛细对流引起的热输运与由热传导引起的热输运之比的无量纲参数。

3.4

普朗特数 Prantl number

表征流体动量扩散率和热传导率之比的无量纲参数。

3.5

瑞利数 Rayleigh number

表征热迁移率和热传导率之比的无量纲参数。

3.6

韦伯数 Weber number

表征惯性力和表面张力之比的无量纲参数。

3.7

毛细数 capillary number

表征黏性力和表面张力之比的无量纲参数。

3.8

界面张力 interface tension

沿着不相溶的两相(液-固、液-液、液-气)间界面液体表面层,由于分子引力不均衡而产生的沿界面垂直作用在单位长度液体表面上的任一界线上的收缩力。

注 1:液-气间,界面张力也称为表面张力。

注 2:界面张力方向单位长度界面张力的变化量为界面张力梯度。

3.9

界/表面张力系数 surface tension coefficient

垂直界/表面张力方向单位长度的表面张力的数值。

3.10

毛细对流 capillary convection

由于表面张力不均匀而驱动的流动,是与自由面或界面相关联的。

示例:界面(表面)温度梯度引起的表面张力不均匀导致的对流是热毛细对流。组分浓度梯度引起的表面张力不均匀导致的对流是浓度毛细对流。电场梯度引起的表面张力不均匀导致的对流是电毛细对流。

3.11

浮区热毛细对流 floating zone thermocapillary convection

来源于制备半导体晶体的浮区晶体生长方法的微重力流体液桥研究模型,由于表面张力的不均匀驱动流体在表面从高温部分向低温部分运动而形成的对流。

3.12

半浮区液桥热毛细对流 half floating zone thermocapillary convection

加热器使液桥的上部或下部加热,不均匀的表面张力驱动流体在表面从高温部分向低温部分运动,从而驱动的对流。

3.13

热毛细振荡对流 oscillatory thermocapillary convection

当流体表面温差超过一个临界值时,这种表面张力梯度驱动的热毛细对流可以由定常流转变为振荡流,其速度、温度和自由面等会产生振荡现象。

3.14

浮力对流　buoyancy convection

流体内部由于浮力引起的流体相对运动。

3.15

自然对流　natural convection

没有外部机械力的作用情况下,由于流体的温度差或者组分的浓度差等引起的流动。

3.16

马朗哥尼对流　Marangoni convection

有自由面或界面的流体层,由于垂直于流体层方向存在温度梯度导致流体表面张力分布不均匀,使得自由表面上的流体趋于往较大表面张力处运动,从而形成的对流。

3.17

伯纳德-马朗哥尼对流　Bénard-Marangoni convection

对一个有自由面的液层从底部均匀加热,由浮力和表面张力耦合效应驱动的流动。

3.18

皮尔森对流　Pearson convection

当微重力环境中流体存在一个自由面时,如果存在垂直于自由面的温度差,当温度差超过某一临界值时,初始静止的流体会出现对流,对流呈胞元状结构,由表面张力梯度所驱动。

3.19

对流不稳定性　convective instability

当对流系统经受瞬间扰动后,不能恢复到初始的运行状态,而是稳定在新的状态,或者不定期地无规律地返回到初始的运行状态,或者在流动惯性和其他反馈效应作用下发生周期性变化,并且有稳定的或发散的振幅。

3.20

热流体波　hydrothermal wave

在流体自由面不变形时,流体由温度梯度驱动的从冷端向热端运动的行波。

3.21

体积效应　volume effect

液体的体积与流体实验模型的体积之比对流动的影响。

示例:液桥的体积是一个重要的几何参数,通常用液桥的充液体积与同样高为 h,半径为 r 的圆柱体积之比(V/V_0)来表示。不同的液桥体积使液桥具有不同的形状,因而有不同的表面应力状态和不同的临界温差 ΔTc。

3.22

尺度比　aspect ratio

流体模型的特征尺寸之比对流动的影响。

示例:Bénard 对流中 $A=l/d$(l 和 d 分别为液池的厚度和长度);液桥实验中 $A=l/d$(l 和 d 分别为液桥的高度和液桥圆柱体的直径)。该尺度比对流动的转捩过程有重要影响,是微重力流体力学中的研究内容之一,被研究对象的几何特征的比值。

3.23

转捩　transition

流体由一种流动状态转变到另一种状态。

3.24

临界条件　critical condition

流体由一种状态转变到另一种状态,某物理量所应具备的最基本条件。

3.25

界面振荡　surface oscillation

表面振荡

流体表面或界面存在的周期性形变。

3.26

表面波　surface wave

具有波动特性的自由面形变(振荡)。

3.27

界面相变　interface phase transition

在流体自由面或流-固耦合面上物质的存在形式(气、液、固)间的转化。

3.28

液滴/气泡动力学　drop/bubble dynamics

研究液滴或气泡在母液中的平衡、变形、迁移、相互作用、合并、以及母液流场特征及耦合等流体问题的科学。

3.29

马朗哥尼迁移　Marangoni migration

液体中存在液滴或气泡时,由温度梯度等原因引起液液界面或气液界面表面张力分布不均匀导致的液滴(气泡)迁移运动。

3.30

复杂流体　complex fluid

软物质

介于理想固体和理想流体之间有复杂本构关系的物质。

示例:各种非牛顿流体和黏弹性材料。所辖范围主要为液晶、聚合物、双亲分子、生物膜、胶体、乳液、泡沫、浸润与附着、颗粒物质以及生命体系等主要分支。

3.31

接触角　contact angle

在固、液、气三相接触达到平衡时,三相接触周边的任一点上,液气界面切线与固液交界线并包含液体的夹角。

3.32

接触线　contact line

被液体浸润部分的表面的分界线。

3.33

动态接触角　dynamic contact angle

接触线相对于固体表面移动时的接触角。它通常是相对移动速度的函数。

3.34

浸润　wetting

液体与固体发生接触时,液体附着在固体表面或渗透到固体内部的现象。

3.35

毛细流动　capillary flow

浸润性(接触角)和表面张力起重要作用的液体流动。

3.36

扩散传质　diffusion mass transfer

不均匀的热场和浓度场区域均匀化的过程。

3.37

密度匹配　density matching

在地面模拟微重力效应实验中，使用密度相近的流体介质，减小重力的影响实验方法。

3.38

沸腾传热　boiling heat transfer

使液体沸腾汽化的传热过程。

3.39

池沸腾　pool boiling

液体在大容器内气化，加热面上不存在明显的外加流动现象。

注：根据液气相变特征与伴随的流动模式，池沸腾现象可以划分为单相自然对流、核态沸腾、过渡沸腾和膜态沸腾四个不同种类。

3.40

膜态沸腾　film boiling

加热面产生连续的蒸气膜的现象。

注：膜态沸腾因蒸气热导率很低，传热热阻大大增加，加热面温度会急剧升高。

3.41

核态沸腾　nucleate boiling

加热面某些位置(核化点)产生气泡，并随着时间生长、脱落、运动的现象。

注：核态沸腾形成有效的传热，加热面温度较低。

3.42

临界热流密度　critical heat flux

控制热流密度逐渐升高时，核态沸腾向膜态沸腾转变所对应的热流密度。

3.43

自由表面蒸发　free surface evaporation

液体内部没有明显气泡生成，只在自由表面处发生汽化(气相区只有液体蒸气)或蒸发(气相区除液体蒸气外还含有其他成分)。

注：此时，液体温度要高于气相区蒸气分压对应的液体饱和温度。

3.44

强迫对流沸腾　forced convection boiling

液体在强迫对流过程中被加热气化。

注：流动形态包括管道内部流动、流体横掠管道外的流动和板间流动等。沿着流动方向存在不同的沸腾现象，蒸气含量一直在增加，直至液体全部气化成连续的单相蒸气流为止。

3.45

凝结　condensation

物质由气相(蒸气)向液相的转变过程。

注：当蒸气接触或流经处于饱和温度之下的壁面时，会被冷却凝结，并在壁面形成冷凝液，根据壁面润湿特性，冷凝液可能表现为完整的液膜或者离散的液珠。通常情况下，膜状凝结传热系数远小于珠状凝结。

3.46

膜状凝结　film condensation

冷却壁面上凝结成完整液膜的过程。

注：液膜会因重力或外边界气流剪切作用等而流动。

4 微重力燃烧科学与技术术语

4.1

燃烧　combustion

可燃物与氧化剂发生强烈化学反应。一般伴有发光发热的现象。

注：燃烧的发生需要同时具备三个要素，即可燃物、氧化剂和温度（点火源），它们被称为燃烧三要素。

4.2

持续燃烧　sustained combustion

燃烧持续时间大于规定时间长度的燃烧。

注：在不同的测试试验和测试标准中，规定时间长度会有变化。

［ISO 13943：2008，定义 4.319］

4.3

火焰　flame

燃烧现象中存在的可见（发光）气态区域。

4.4

持续火焰　sustained flame

持续时间大于规定时间的火焰。

注：在不同的测试试验和测试标准中，规定时间长度会有变化。

4.5

预混火焰　premixed flame

燃料和氧化剂在充分混合条件下燃烧产生的火焰。

4.6

扩散火焰　diffusion flame；non-premixed flame

燃料和氧化剂在彼此分离条件下形成的火焰。

4.7

有焰燃烧　flaming combustion

气相的燃烧，通常伴随着发光。

［ISO 13943：2008，定义 4.148］

4.8

火焰锋面　flame front

有焰燃烧中燃料和氧化剂发生激烈化学反应的区域。

4.9

火焰传播　flame propagation

预混气体火焰锋面向未燃气体混合物的运动。

4.10

表面火焰蔓延　surface spread of flame

火焰锋面沿液体或固体表面的运动。

4.11

火焰传播速度　flame speed

预混火焰相对于火焰锋面的法向传播速度。

4.12

火焰拉伸　flame stretch

由于流场不均匀性、火焰弯曲和流场或者火焰不稳定引起的对火焰锋面的拉伸作用。

4.13

层流火焰传播速度　laminar flame speed

理想状态下，一维、定常、无拉伸、无辐射热损失之外的层流预混火焰的火焰传播速度。

4.14

着火　ignition

燃烧开始。狭义地讲，持续燃烧或持续火焰开始。

4.15

点燃　ignite

使燃烧开始。

4.16

点火源　ignition source

使燃烧开始的能量源。

4.17

点燃时间　ignition time

特定条件下，从测试样品暴露于点火源到开始出现持续燃烧所用的时间。

[ISO 13943:2008，定义 4.190]

4.18

自燃　spontaneous ignition

在没有外部点火源的条件下，可燃物因受热或自身发热而发生的燃烧。

4.19

阴燃　smoldering combustion

闷烧

一种没有火焰的固体材料燃烧现象。

注：阴燃与有焰燃烧的根本区别在于，阴燃发生在固体表面，而有焰燃烧发生在气体中，但在一定条件下阴燃可以转变为有焰燃烧。与有焰燃烧相比，阴燃的特征温度、放热速率和传播速度要低得多。

4.20

热解　pyrolysis

物质由于温度升高发生的相变和化学成分改变。

4.21

碳黑　soot

燃烧过程中产生的由碳组成的微粒状物质。

4.22

烟　smoke

燃烧或热解产生的气体和气溶胶（包括悬浮颗粒）中的可见部分。

4.23

自燃温度　auto-ignition temperature; spontaneous ignition temperature; autogenous ignition temperature

材料发生自燃的最低温度。

注：典型单位为摄氏度（℃）。

[ISO 13943:2008，定义 4.19]

4.24

氧指数　oxygen index

特定试验条件下，温度为 23 ℃±2 ℃的氧气和氮气混合气中能支持材料进行有焰燃烧的氧气体积含量的最低值。

注：通常用百分数表示。

[ISO 13943:2008，定义 4.249]

4.25

燃烧热　heat of combustion

单位质量的物质燃烧所释放的热量。

注：典型单位为千焦/克(kJ/g)。

[ISO 13943:2008，定义 4.174]

4.26

有效燃烧热　effective heat of combustion

指定时间段内，测试样品燃烧所释放的热量除以样品的质量损失。

注：典型单位为千焦/克(kJ/g)。

[ISO 13943:2008，定义 4.74]

4.27

热释放速率　heat release rate

燃烧产生热能的速率。

注：典型单位为瓦(W)。

[ISO 13943:2008，定义 4.177]

4.28

热释放总量　total heat released

测试样品从点燃到燃烧终止所释放的热量总和。

注：典型单位为千焦(kJ)。

4.29

烟气生成速率　smoke production rate

火灾或火灾试验中，单位时间内产生的烟气量。

注：典型单位为平方米/秒(m^2/s)。

[ISO 13943:2008，定义 4.296]

4.30

热辐射　thermal radiation

物体由于具有一定温度而辐射电磁波的现象。

4.31

热迁移　thermophoresis

热泳

在有温度梯度的流体介质中，固体粒子向较冷区域运动的现象。

4.32

球对称火焰　spherically symmetric flame

中心点对称、火焰面呈球形的火焰。

4.33

可燃极限　flammability limit

能够维持层流预混火焰传播对应的燃料浓度最小值和最大值。

注：最低的燃料浓度称为贫燃极限，最高的燃料浓度称为富燃极限；极限值与测量方法有关，严格意义上所对应的火焰应该是一维、定常、无拉伸、无辐射热损失之外的层流预混火焰。

4.34

自熄灭　self-extinguish

没有外部干预时燃烧反应终止。

［ISO 13943:2008,定义 4.285］

4.35

熄灭极限　extinction limit

能够维持火焰处于燃烧状态对应的燃料浓度最小值和最大值。

4.36

近极限火焰　near-limit flame

燃料浓度接近可燃极限的火焰。

4.37

火焰球　flame ball

可燃气体混合物中出现的微小、稳定和静止的球对称火焰。

注：只在对流消失(微重力)条件下接近熄灭极限、Lewis 数远小于 1 的可燃混合物中发生。

4.38

微重力燃烧诊断　diagnostics for microgravity combustion

在微重力实验中对燃烧现象进行观察,对温度、流场、气体成分和浓度、固体颗粒成分和浓度等参数进行测量,并通过数据处理对燃烧过程进行分析的技术。

4.39

航天器火灾　fire accident in spacecraft

航天器舱内因失火而造成的灾害。

4.40

航天器防火安全　fire safety for spacecraft;spacecraft fire safety

将航天器火灾造成人员伤害和航天器损失的风险减低。

4.41

航天器防火安全规范　fire safety specification for spacecraft

规定与航天器防火安全相关的产品、过程或管理需要满足的要求的文件。

4.42

航天器火灾预防　fire prevention in spacecraft

通过对航天器舱内失火发生的各要素的安全管理过程,预先降低火灾出现的风险。

注：航天器舱内发生失火的三个要素分别为可燃物、氧气和点火源。

4.43

材料可燃性　flammability of materials

材料在规定条件下进行燃烧反应的能力。

4.44

材料可燃性评价　material evaluation for flammability

对材料在规定条件下的可燃性进行的测试和判断。

4.45

燃烧长度　burned length

特定条件下,材料被燃烧或热解损坏部分在指定方向上的最大长度。

注：在测试试验中,通过可视化观察、试验的视频记录、试验后的试样检查和(或)其他方法确定燃烧长度。

4.46

燃烧碎片　flaming debris

火灾或火灾试验中,从燃烧物体上分离出的有焰燃烧材料。

［ISO 13943:2008,定义 4.149］

4.47

最劣预期使用条件　worst-case anticipated use conditions

实际中可能出现的、失火燃烧可能性最大的材料应用状况，通常包括环境气氛、压力、温度和材料厚度等因素。

4.48

氧气兼容性评估　oxygen compatibility assessment

识别并解决氧气系统中火灾危险的系统方法，其过程着重于着火机制的评估和材料测试数据的应用。

4.49

航天器火灾响应　spacecraft fire response

对航天器舱内发生的失火或火灾影响采取的应对活动。

4.50

航天器火灾探测　fire detection in spacecraft

通过仪器对航天器舱内是否存在失火进行的判断，或者失火发生后对其进行的考察和测量。

注：用于火灾探测的仪器称为火灾探测器(fire detector)。

4.51

火灾信号　fire signatures

失火现象具有的可被人觉察或由仪器探测的特征。

4.52

火灾警报　fire alarm

针对失火的报警通知或信号。

4.53

航天器火灾控制　spacecraft fire control

使航天器舱内的失火燃烧和火灾造成的影响不任意发展。

5　空间材料科学与技术术语

5.1　装置与实验技术

5.1.1

超声悬浮　ultrasonic levitation

利用声场的驻波特性将物质悬浮在空间固定位置的一种方法。

5.1.2

电磁悬浮　electromagnetic levitation

利用高频电磁场将物质悬浮在空间固定位置的一种方法。

注：金属中的涡流所产生的焦耳热还可以使金属熔化，从而达到无容器熔炼金属的目的。

5.1.3

静电悬浮　electrostatic levitation

利用静电场中带电样品所受的库仑力抵消所受的重力实现物质悬浮的方法。

5.1.4

气悬浮　gas levitation

利用相反重力方向对物体吹气的方式实现其悬浮的方法。

5.1.5

无容器加工　containerless processing

利用悬浮方法使熔体不与容器相接触进行晶体生长与凝固的过程。

5.1.6

准无容器熔炼　quasi-containerless melting

用助熔剂将材料熔体与坩埚壁隔开，以消除坩埚对熔体的污染并抑制坩埚壁产生的异质形核作用的熔炼方法。

5.1.7

梯度加热炉　gradient heating furnace

温度梯度炉　temperature gradient furnace

在炉膛轴向提供需要的温度梯度进行材料的晶体生长或定向凝固等的材料制备装置。

5.1.8

布里奇曼晶体生长　Bridgman crystal growth method

在具有特定温度分布的热环境中使材料熔体由一端到另一端按一定的速度结晶的晶体生长方法。

注：控制结晶速度的方式有：加热器移动、熔体移动或两者均不动而采用温区移动法使温度场“移动”。采用的材料生长方向有垂直、水平两种类型。

5.1.9

降温法生长　temperature reduction method

利用物质较大的正溶解度温度系数，在晶体生长过程中逐渐降温，使析出的溶质不断在晶体上生长。

5.1.10

模板法晶体生长　crystal growth by template

按特定形状和结构的模板生长制备出与模板一样形状和结构的人工晶体的方法。

注：自然界中也存在天然的微纳米尺度的模子和模板，如蛋白石、沸石晶体。

5.1.11

定向凝固　directional solidification

熔体沿固定方向顺序凝固的过程。

5.1.12

平衡凝固　equilibrium solidification

材料在极其缓慢的冷却条件下从熔态经结晶方式凝固的过程。

注：该过程的一个显著特点是凝固界面附近结晶出的固相与尚未结晶的熔体中的成分始终保持热力学平衡。理想的平衡凝固一般是很难实现的，通常能做到的是比较接近平衡凝固的过程，称为近平衡凝固。

5.1.13

非平衡凝固　non-equilibrium solidification

在快速凝固条件下，扩散过程乃至平衡相的析出被抑制，获得热力学非平衡凝固组织的凝固过程。

5.1.14

分凝系数　partition coefficient

在晶体生长过程中，固液界面处的固相成分与液相成分之比。

注：对于金属合金凝固过程，该比值称为溶质分配系数。

5.1.15

自组装　self-assembly

基本结构单元自发形成有序结构的过程。

5.1.16

皮壳法　shell technique

在要熔化和结晶的晶锭外表形成一种不与熔体起化学反应的硬壳抑制单晶生长条纹的方法。

5.1.17

区熔法　zone-melting method

使用窄温区加热方式在材料中产生狭窄熔区并使其按需要的速度移动而生长晶体的方法。

5.1.18

溶胶-凝胶法　sol-gel method

把可水解的(金属)化合物配制成能凝胶化的悬浮液(溶胶),控制其凝胶化过程形成三维空间网络结构的凝胶体,再将其经一定温度烧结分解得到所需材料的方法。

5.1.19

熔剂法　melt fluxing method

将生长晶体的组分在高温下熔融于低熔点助熔剂中以形成均匀的饱和溶液,然后通过缓慢降温或其他办法形成过饱和溶液使晶体析出的方法。

5.1.20

水热法晶体生长　hydrothermal growth

在高温高压下从过饱和热水溶液中培养晶体的方法。

5.1.21

提拉法晶体生长　pulling method crystal growth

丘克拉斯基方法

将旋转着的籽晶引入熔体微熔后,再缓慢提拉籽晶而使籽晶不断从熔体中提拉生长变大的方法。

5.1.22

液相外延法　liquid phase epitaxy

由溶液中析出固相物质并沉积在衬底上生成薄层单晶的方法。

注:薄层材料和衬底材料相同的称为同质外延,反之称为异质外延。

5.1.23

移动加热器法晶体生长　travelling heater method crystal growth

通过移动加热器来实现样品局部区域熔融和生长晶体的方法。

5.1.24

蒸发法晶体生长　growth of evaporation

将溶液中的溶剂不断蒸发移去使溶液保持在过饱和状态而实现晶体生长的方法。

示例:古代煮海水为盐就是用的蒸发法。

5.1.25

自蔓延燃烧合成　self-propagating high-temperature synthesis;SHS

利用化学反应自身放热产生高温来制备材料的一种方法。

5.2　结晶反应和相变过程

5.2.1

成核　nucleation

从熔体或液相中形成新的晶体(固体)核心的过程。

5.2.2

均匀形核　homogeneous nucleation

在均匀单一的液相中随机形成新的结晶相核心的过程。

5.2.3

非均匀形核　heterogeneous nucleation

新相依附于液相中的杂质或外来固体表面形核。

5.2.4

奥斯瓦尔德熟化　Ostwald ripening

液液或固相中较小的晶体因表面曲率较大而能量较高，其会逐渐溶解并在较大的晶体表面重新析出长大或粗化的现象。

5.2.5

固溶体　solid solution

溶质原子溶入溶剂晶格中而仍保持溶剂晶格类型的一种合金相。

注：通常合金相中含量高的组元称为溶剂，而含量低的组元即为溶质。

5.2.6

共晶反应　eutectic reaction

从一定成分的液相中同时结晶出两种或多种各自成分固定的固相反应过程。

5.2.7

包晶反应　peritectic reaction

从一种成分的固相与另一种成分的液相反应生成另外一种新固相的过程。

5.2.8

偏晶反应　monotectic reaction

在液相在冷却到某个温度时的过程中该液相等温分解形成一种成分的固相和另一种成分的液相组成的两液固相混合物的过程。

5.2.9

温度-时间-转变曲线　temperature-time-transformation curve

三 T 曲线　TTT curve

C 曲线　C curve

描述在一特定转变温度点以下某个温度等温时相变的开始和终了时间、转变产物和转变量与温度、时间之间的关系曲线。因其曲线图的形状通常像英文字母“C”，故也称其为 C 曲线。

5.2.10

亚稳态　metastable state

一个孤立的体系相对于它的热力学平衡而言处于自由能过剩的热力学状态。

5.2.11

亚稳材料　metastable materials

热力学上处于亚稳态的材料。

5.2.12

液相分离　liquid-liquid phase separation

单一液相在冷却过程中分解为两种或多种成分不同且互不相溶的液相的过程。

5.2.13

枝晶　dendritic crystal

材料凝固过程中形成的一种呈树枝状的组织形态。

5.2.14

胞晶　cellular crystal

晶体或晶粒内部的一种类似细胞状的组织形态。

5.2.15

柱状晶　columnar crystal；columnar grain

材料在凝固过程中形成的晶体形状近圆柱状的组织形态。

注：柱状晶包括柱状树枝晶和柱状胞晶。

5.2.16

等轴晶　equiaxed crystal

各个晶轴方向尺寸相差不大(一般两倍以内)的晶体。

5.2.17

二次枝晶臂间距　secondary dendrite arm spacing

一次枝晶主干上生长出的二次枝晶枝晶臂之间的距离。

5.2.18

多孔材料　porous materials

一种由相互贯通或封闭的孔洞状结构组成的材料。

5.2.19

块体亚稳材料　bulk metastable material

三维尺寸都在毫米尺度及以上的亚稳材料。

示例：从熔态物质直接形成的块体亚稳材料的结构为非晶态时则称其为块体金属玻璃或块体非晶。

5.2.20

非晶合金　amorphous alloy

原子处于长程无序、短程有序排列结构的金属和合金。

注：其中由液态经凝固过程形成的非晶合金也称为金属玻璃。

5.2.21

光子晶体　photonic crystal

光子带隙晶体

一种由介电常数不同的介质在空间呈周期性排列而形成的长程有序结构，其排列周期与光的波长处于同一量级，由于这种排列相似于晶体中的原子排列且具有许多有用的光学效应而称之为光子晶体。

5.2.22

胶体晶体　colloidal crystal

由一种或多种单分散胶体粒子组装并规整排列而成的二维或三维有序结构的物质。

5.2.23

晶锭　ingot

由液体凝固而成的多晶或单晶块体材料。

5.2.24

过冷　undercooling

液体或熔体冷却到平衡凝固点(或液相线温度)以下而没有凝固的状态。

注1：平衡凝固点或液相线温度与过冷液相发生凝固转变的温度之差称为过冷度。当过冷度较高时称为深过冷。

注2：过冷是非平衡状态，较平衡状态的自由能高，有转变成平衡态的自发倾向。

5.2.25

偏析　segregation

合金中各组成元素在结晶时分布不均匀的现象。

注：按偏析分布的范围大小又分为宏观偏析和微观偏析两大类。前者指整个物体范围而言，也称区域偏析，只在凝固过程中产生；后者指物体的显微组织中成分的不均匀分布，一般是由凝固或固态相变或两者共同产生的。

5.2.26

生长条纹　growth striation

在晶体生长过程中由于温度或生长速率的起伏等引起溶质浓度的起伏，导致在形成的晶体表面呈现出与这种起伏相对应的带状或条状缺陷。

5.3　其他

5.3.1

原子氧腐蚀　atomic oxygen corrosion

含有原子态氧的气体环境与物质发生相互作用而引起物质(材料)结构的剥蚀老化过程。

注1：在低地球轨道(通常认为 200 km～700 km 高度)高度上，气体总压力为 10^{-5} Pa～10^{-7} Pa，其组分含 N_2、O_2、Ar、He、H 及 O 等，相应的粒子密度约为 106 cm^{-3}～109 cm^{-3}，其中原子氧占主要成分。

注2：低地球轨道上的原子氧是太阳光中紫外光线与氧分子相互作用并使其分解而形成的。

5.3.2

安瓿　ampoule

专门设计用于封装实验样品的(柱状)容器。

5.3.3

坩埚　crucible

用耐火(耐高温)材料，如石英、石墨、陶瓷或难熔金属等制成的器皿盛放样品进行材料熔炼或熔化与结晶或凝固。

5.3.4

自扩散　self-diffusion

在没有化学浓度梯度情况下，仅仅由于热振动而产生的原子或分子迁移过程。

5.3.5

互扩散　interdiffusion

化学扩散

体系中由于化学浓度梯度而产生的物质宏观流。

5.3.6

扩散系数　diffusion coefficient

描述在物质扩散方向的扩散物质流与沿扩散方向的浓度梯度成比例关系的比例系数。

5.3.7

剪切胞技术　shear cell technique

一种能够将扩散实验后的柱状熔体样品快速分切成多个小单元，待其凝固后用于进行扩散物质分布分析的实验方法。

6　空间基础物理科学与技术术语

6.1　相对论与引力物理术语

6.1.1

相对论　relativity

爱因斯坦的四维时空理论。

注：狭义相对论和广义相对论的统称。

6.1.2

狭义相对论　special relativity;SR

爱因斯坦于1905年以狭义相对性原理和光速不变原理为基础建立的四维平直时空理论。

注1：该理论以惯性系之间的洛伦兹坐标变换代替牛顿物理理论中的伽利略变换，进而要求一切物理定律在洛伦兹坐标变换下保持不变(即“狭义相对性原理”)。狭义相对论是现代物理不可缺少的基础理论之一。

注2：通过大量的实验手段已经验证了检验狭义相对论的基本假设和预言；四种基本相互作用(引力、电磁、强、弱)的现代物理理论的成功也是对狭义相对论的验证；狭义相对论的直接实验检验主要有：光速不变原理的检验、时钟变慢效应的检验、惯性质量与运动速度的关系的检验、能量与质量的关系的检验、光子静止质量的检验等。

6.1.3

光速不变原理　principle of the constancy of the speed of light

光在真空中总是以确定的速度 c 传播且与光源的运动无关。

注1：爱因斯坦狭义相对论的基本假设之一。

注2：光速不变原理的实验检验是指利用实验手段检验光在真空中传播速度与光源或观测者的运动状态以及与光源的频率等是否有关，包括检验双程平均光速的常数性质(单向光速的各向同性原则上不可能被实验检验)。

6.1.4

时间膨胀　time dilation

相对观测者运动的时钟的速率变慢。

注1：验证时钟变慢的实验包含电磁波频率的二阶多普勒移动实验、环球飞行的原子钟实验、运动介子的寿命延长实验等。

注2：与引力红移相比，由运动时钟变慢导致的光谱线的红移又称为速度红移。

6.1.5

广义相对论　general relativity;GR

爱因斯坦于1916年建立的一种四维弯曲时空的引力理论。

注1：比牛顿万有引力定律和牛顿力学更为精确地描写引力相互作用的运动规律。

注2：是迄今为止公认的正确描述引力相互作用的标准引力理论。

6.1.6

等效原理　equivalence principle;EP

弱等效原理、强等效原理、甚强等效原理(以及新型等效原理)的统称。

6.1.7

弱等效原理　weak equivalence principle

一切(宏观的或微观的)物质无论它们的质量和材料如何，在给定的外部引力场中都具有相同的自由落体加速度，也可表述为一切物质其惯性质量等于引力质量。

注：又称之为伽利略等效原理。

6.1.8

强等效原理　strong equivalence principle

在引力场中的任何位置和任何时刻都能找到一个局部惯性系，在该惯性系中一切物理定律与其在没有引力场时的惯性系中的形式相同。

注1：广义相对论的基本假设之一，又称之为爱因斯坦等效原理或局部等效原理。

注2：强等效原理包含弱等效原理。

6.1.9

新(型)等效原理　new equivalence principle

一切物体(或微观粒子)无论它们的自转速度(或自旋)如何，在给定的外部引力场中都具有相同的自由落体加速度。

注：有挠率场的引力理论(如引力规范理论)预言了新(型)等效原理的破坏。

6.1.10

等效原理实验检验　test of equivalence principle

利用实验手段来检验等效原理。

注：等效原理实验检验手段有自由落体法、单摆法、扭秤法、冷原子干涉法、月地测距法以及空间检验。空间检验是指使用安装在空间飞行器(卫星、空间站等)中的实验装置来检验等效原理。

6.1.11

引力红移　gravitational redshift

电磁波在引力场的作用下波长变长的现象。

注1：广义相对论的预言之一。

注2：波长变长，频率变低，在可见光波段即颜色向红端移动。

注3：引力红移本质上是时钟变慢效应，引力场中时钟比真空中的时钟走得要慢。

6.1.12

陀螺自转轴进动的测地线效应　geodetic effect of the precession of the spin axes of a gyroscope

天体周围的时空弯曲使得绕其运动的陀螺自转轴发生的进动现象。

示例：广义相对论的预言，在640 km的地球极轨道上运动的卫星中的陀螺自转轴相对于远方天体的方向在轨道平面内发生的进动为－6 606.1 mas/yr；引力探测器(GP-B)验证了这个预言，地球卫星LAGEOS也证实了这种效应。

注：$1\ \text{mas}=4.848\times10^{-9}\ \text{rad}$。

6.1.13

陀螺自转轴进动的坐标系拖曳效应　frame-dragging effect of the precession of the spin axes of the gyroscope

天体的转动引起其周围弯曲时空变得扭曲而使陀螺自转轴发生的进动现象。

示例：广义相对论的预言，地球转动效应造成在640 km极地轨道上运动的陀螺自转轴在垂直于轨道平面方向上的进动为－39.2 mas/yr；引力探测器(GP-B)验证了这个预言，地球卫星LAGEOS也证实了这种效应。

注1：天体转动引起其周围时空的弯曲效应称为坐标系拖曳效应。

注2：由坐标系拖曳效应产生的上述陀螺的进动又称之为Lense-thirring效应。

6.1.14

磁型引力效应　gravitomagnetism

引力磁场效应

磁型引力场的引力效应。

注1：在低速弱场近似下广义相对论的引力场方程可以写成与麦克斯韦电磁场方程类似的形式；引力场分为引力电场(或说电型引力场)和引力磁场(或称为磁型引力场)，它们分别由质量密度分布和质量流密度分布决定。进而，检验质量的测地线方程在这一近似下可以写为类似于洛伦兹电磁力的形式。与引力磁场相关的效应称为引力磁场效应(或磁型引力效应)。

注2：坐标系拖曳效应是一种磁型引力效应。

6.1.15

引力理论　theories of gravitation

描述引力相互作用的物理理论。

注：牛顿万有引力定律给出了引力相互作用的最低次近似；广义相对论更精确地描述了引力相互作用并被大量实验所验证；此外，基于理论物理中的各种考虑以及宇宙学相关观测数据，还存在其他的候选引力理论，例如标量-张量引力理论、$f(R)$理论、引力规范理论、超引力等，这些理论的预言与广义相对论的差别有待未来的实验进行检验。

6.1.16

引力实验　gravitational experiments

利用实验手段对引力规律、引力理论假设等进行的检验。

示例：牛顿万有引力常数 G 的测量；牛顿引力的反平方定律的实验检验；对广义相对论预言（引力红移、行星近日点进动、雷达回波的时间延迟、光线弯曲和引力透镜、陀螺自转轴的进动等）的实验检验、后牛顿参数的测量等。

6.1.17

超越爱因斯坦的理论　beyond Einstein theories

超出爱因斯坦相对论的新的物理学理论。

注：大统一理论（例如超弦理论）、高维时空理论、引力规范理论、超引力等新理论包含了广义相对论的物理学，又给出了超出广义相对论的新的物理学，这些新物理学有待未来的实验进行证实。

6.1.18

大统一理论　grand unified theories

把引力相互作用、电磁相互作用、弱相互作用、强相互作用这四种基本相互作用统一描写的物理理论。

示例：超弦理论、高维时空理论等。

6.1.19

高维时空理论　higher dimensional space-time theory

维数大于 4 的时空理论（时间维数为 1，空间维数大于 3）。

注 1：我们的物理时空是 4 维时空（1 维时间和 3 维空间）。

注 2：超出 3 维空间的空间维度称为额外维度。

6.1.20

牛顿引力反平方定律的偏离　deviation from the Newtonian inverse-square law

相对静止的物体之间的引力规律不同于牛顿引力反平方定律。

注 1：一些超越广义相对论的引力理论，在弱场近似下，给出的物体之间的引力规律不同于牛顿引力反平方定律。

注 2：近距离牛顿引力反平方定律的实验检验有助于寻找新的相互作用并有助于检验一些超越广义相对论的引力理论。

6.1.21

引力规范理论　gauge theories of gravitation

包含度规引力场和挠率引力场的理论。

注 1：广义相对论中的引力场只有一种，即度规场。

注 2：引力规范理论预言了与挠率场相关的新型引力（它来源于自旋物质）。这种新型力的存在破坏了新（型）等效原理：在引力场中自旋粒子的运动或转动物体的质心运动将偏离测地线运动；或者说，自旋不同的物质在引力场中具有不同的引力加速度。

6.1.22

自旋物质的等效原理实验检验　test of the equivalence principle for spin matters

检验自旋物质与非自旋物质在引力场中的自由落体运动规律是否相同。

注 1：物质的自旋与引力场的耦合会造成新型等效原理的破坏，即自旋不同的物质在引力场中具有不同的引力加速度。

注 2：使用两个用相同材料做成的球体（或柱体），一个高速转动，另一个基本不转动，使它们在地球引力场中同时自由下落，探测它们的自由落体加速度的差别即可以检验新型等效原理。

注 3：用来做实验的物体也可选用微观自旋粒子。

6.1.23

激光干涉测量　laser interferometric measurement

利用光波的干涉，以激光波长为长度基准，对距离或位移等长度几何量进行测量。

注：激光干涉测量的仪器常称之为干涉仪。激光干涉测量可分为零差干涉测量和外差干涉测量。如果激光干涉测量中的两束干涉光束频率是相同的，称之为零拍干涉测量。如果激光干涉测量中的两束干涉光束频率具有一

固定的频率差，则是激光外差干涉测量。

6.1.24

惯性传感器　inertial sensor

基于惯性原理工作的传感器，包括加速度计和陀螺仪。

注：加速度计用来测量运动平台的线加速度和角加速度；陀螺仪测量运动平台的运动角速度。

6.1.25

陀螺-加速度计　gyro-type accelerometer

用转动物体作为敏感物体的加速度计。

6.1.26

微牛推力器　micro-Newton thruster

产生微牛顿数量级或者更小推力的装置。

6.1.27

无拖曳控制　drag-free control

利用推力补偿或者抵消航天器受到的非保守力的技术。

注：无拖曳控制技术是一项航天技术，其目的是当航天器的飞行相对检验质量的运动产生偏离时，通过推进器作用控制航天器跟着检验质量运动，最终使得航天器平台的残余扰动力足够小。一般而言，无拖曳控制系统包括惯性参考物体、无拖曳控制器和微推进器三部分。惯性参考物体提供测地线参考，其受到的非引力必须尽可能小，其轨迹尽可能沿着测地线运动。微牛推进器产生微小的推力，用来补偿卫星的残余扰动力。无拖曳控制器是根据惯性传感器的输出(即卫星偏离惯性参考物体的运动)来控制微推进器产生合适的推力。

6.2　冷原子物理术语

6.2.1

激光冷却　laser cooling

利用激光和原子的相互作用使原子的动量降低而获得冷原子的技术。

6.2.2

光的力学效应　mechanical effects of light

光对原子等物质表现出的作用力效应。

注1：这种作用与原子的内部状态有关，通过原子内部状态的变化可实现外部自由度运动的改变。

注2：光的力学效应有两种。一种是光对原子的辐射压力，另一种是偶极力。

6.2.3

辐射压力　radiation pressure

原子多次吸收一个方向的光子然后再向全空间自发辐射光子而获得净的动量改变。

注1：由于自发辐射的各向同性，原子在多次自发辐射过程中获得的平均动量改变为零。辐射压力的方向即为光的波矢方向。

注2：辐射压力也叫散射力。它不是保守力，是耗散力。辐射压力的应用之一就是利用激光减速原子束。

6.2.4

偶极力　dipole force

光诱导的原子电偶极矩与空间变化的光场发生的偶极相互作用力。

注1：偶极力的大小和方向既和光强的空间分布有关，也和光子频率对原子跃迁的失谐量有关。当光的失谐量为正亦即蓝失谐时，原子所受偶极力的方向指向光强最弱的地方；当光的失谐量为负亦即为红失谐时，原子所受偶极力的方向指向光强最强的地方。

注2：偶极力是保守力，其大小与光场在空间上的梯度有关，也称为梯度力。

6.2.5

光频移　light frequency shift

光照射到原子上使原子的能级发生移动。

注：物理本质是交流斯达克(AC-Stark)效应。

6.2.6

光抽运　optical pumping

在热平衡状态下，原子按能级的布居遵从玻尔兹曼分布。利用原子对光的选择吸收可改变原子在能级上的正常布居，使某些能级上的原子抽空，集中到另一些能级上。

6.2.7

多普勒冷却机制　Doppler cooling mechanism

逆着原子束运动方向射一束近共振的红失谐激光时，原子将由于光的辐射压力而减速。

注：当两束红失谐的激光从相反方向对射于原子时，运动原子因多普勒效应而感受到迎面来的光子频率将变高，接近共振，原子吸收光子跃迁到激发态，然后通过自发辐射释放一个处于共振的光子。原子吸收低能量(红失谐)光子，释放高能量光子，导致其动能降低，从而使得整个原子云的温度降低。

6.2.8

多普勒冷却极限温度　Doppler cooling limit temperature

当光场为红失谐且失谐量等于自然线宽的一半时，原子通过多普勒冷却机制可获得的最低温度。

注：在多普勒冷却过程中，原子吸收和自发辐射的随机性也造成原子云的加热。原子的冷却和加热效应相互竞争，最终达到动态平衡。在平衡状态下的温度由光场的失谐量和原子激发态的自然宽度决定。

6.2.9

亚多普勒冷却　sub-Doppler cooling

利用激光冷却使原子云温度达到低于多普勒冷却极限温度的冷却机制。

注：多普勒冷却机制的极限温度是基于简单的二能级原子模型，而真实原子是多能级系统。低于多普勒冷却极限的现象与原子的多能级特性有关。

6.2.10

偏振梯度冷却　polarization gradient cooling

基于光偏振的空间变化而实现的一种亚多普勒冷却机制。

注1：亚多普勒冷却机制很复杂，偏振梯度冷却是最典型的一种，它依赖于四个条件：原子的多能级结构、原子基态的光位移、原子在基态之间的光抽运以及光场偏振状态的空间变化。在三维六束光场交汇处，光的偏振是随着空间位置变化的，此所谓“偏振梯度”。原子的感生偶极矩在光场中的能量随着它与电矢量之间的夹角变化。电场方向与偶极矩方向平行时，相互作用能最小。在运动过程中，原子感受到的电场方向在变化，若其电偶极矩跟不上电场的变化，相互作用能就会增加，相应的通过动能降低来补偿。原子在运动一段时间后可能在光场的作用下跃迁到激发态，然后再通过自发辐射回到基态。这样周而复始的降低原子的动能，从而降低原子系统的温度。

注2：在偏振梯度冷却中有两种激光偏振构型。一种是由偏振方向互相垂直的一对线偏振光对射组成，称为linear⊥linear构型，其冷却机制也叫“Sisyphus”冷却。另外一种是由旋转方向相反的一对圆偏振光对射组成，$\sigma^+-\sigma^-$构型。这两种构型的冷却温度都与光场的强度成正比，与失谐量成反比。

注3：对简并的基态能级，各个子能级与光场相互作用的强度不同，光频移效应会造成原子基态的分裂。

6.2.11

光子反冲极限温度　the photon recoil temperature

亚多普勒冷却极限温度

激光冷却中对应于光子反冲能量的原子云温度。

注：自发辐射限制了亚多普勒冷却的温度不可能低于光子反冲引起的最低温度。亚多普勒极限温度根据能量均分定理从原子的反冲能量得到。

6.2.12

冷原子　cold atoms

温度接近多普勒冷却极限的原子云。

6.2.13

超冷原子　ultra-cold atoms

温度在 nK～μK 量级的冷原子云。

注：超冷原子的量子特性将很明显。在空间微重力情况下，超冷原子云的温度预期可达到 fK 量级。

6.2.14

磁光阱　magneto-optical trap；MOT

利用不均匀静磁场与对射的光场构成的用于捕获中性原子的复合型势阱。

注 1：磁光阱工作时依赖于辐射的选择定则和非均匀磁场进行的光抽运，可提供很强的辐射压力。

注 2：磁光阱既可捕获原子又能实现原子冷却。通过磁光阱可以捕获到温度为几十 mK 量级的冷原子云。

6.2.15

光学黏胶　optical molasses

六束正交对射的红失谐激光的交汇区域。

注：辐射压力是耗散力，故光学黏胶并不是一个势阱。

6.2.16

囚禁势　confinement potential

原子与光场或磁场相互作用而产生的对原子具有囚禁作用的势能。

6.2.17

静磁阱　magneto-static trap

基于 Stern-Gerlach 效应，利用磁场梯度囚禁带有磁矩的中性原子的势阱。

注：在自由空间，不存在静磁场极大值点，静磁阱只能囚禁弱场趋寻态原子。

6.2.18

光阱　optical trap

利用光的偶极力产生的原子势阱。

注：红失谐光阱将原子囚禁在光强极大值处，蓝失谐光阱将原子囚禁在光强极小值处。实验上采用远失谐激光作为光阱。

6.2.19

时间飞行法　time-of-flight measurements；TOF

将原子云从囚禁势阱中释放后自由飞行，通过探测原子云在不同的自由飞行时间后的尺寸大小，以得到原子云的温度。

6.2.20

原子芯片　atom chip

将原子光学元器件集成到一块芯片上来完成超冷原子的制备、探测和操纵。

注：把量子光学、物质波光学理论和微制造技术结合起来，可简化实验装置。原子芯片可提供更紧的束缚和更小的磁阱尺寸，可对原子进行复杂且精确的操纵，甚至控制原子之间的相互作用。

6.2.21

蒸发冷却　evaporative cooling

利用不断降低囚禁势阱深度的方法强迫一部分动能高于阱深的原子蒸发出去，剩下的原子由于弹性碰撞重新趋向热平衡而实现逐步冷却的方法。

注：蒸发冷却可进一步降低激光冷却了的原子云的温度，同时还可提高相空间密度。

6.2.22

玻色-爱因斯坦凝聚　Bose-Einstein Condensate；BEC

自旋为整数的全同粒子（即玻色子，包括由费米子构成的复合型玻色子），在温度极低的情况下，自发地聚集在体系能量最低的量子态(基态),使基态具有宏观数量的粒子数布居,形成一个宏观的量子状态。

注1:温度低到一定程度,原子的波动性就呈现出来,原子的行为更像一个一个的波包。当温度降低到临界温度时,原子波包的德布罗意波长与原子之间的距离相当,这些波包重叠无法分开,玻色-爱因斯坦凝聚开始形成。理论上,当温度达到绝对零度时,所有的原子都聚集到系统的基态,成为一个纯粹的玻色-爱因斯坦凝聚体,这是一个宏观的物质波,可以用一个波函数来描述。

注2:典型的相变温度值大约在几百 nK,具体数值与囚禁阱的参数包括粒子的质量有关。利用激光冷却技术、中性原子的囚禁技术加上蒸发冷却技术可实现玻色原子稀薄气体的玻色-爱因斯坦凝聚。

6.2.23

相干物质波　coherent matter waves

具有相干性质的物质波。

注:物质波亦称德布罗意波,它描述了微观实物粒子的波动特性。

示例:玻色-爱因斯坦凝聚体。

6.2.24

费米简并　Fermi degenerate

在超低温条件下,受泡利不相容原理限制,费米子只能一个粒子占一个自旋态,并尽可能从最低能态开始依次逐渐占满费米能级下的量子态。

6.2.25

费米凝聚　Fermionic condensate

在超低温条件下,费米子配对成为具有玻色子性质的“费米子对”而占据体系的同一量子态,形成费米子凝聚体。

6.2.26

光晶格　optical lattice

利用相对传播的激光光束在空间中所形成的周期性光场分布。

注:因 Stark 频移产生的周期性势阱可把原子聚集在势阱的极小值点。红失谐光阱将原子囚禁在光强极大值处,蓝失谐光阱将原子囚禁在光强极小值处。

6.2.27

量子相变　quantum phase transitions

由量子涨落引起的发生在绝对零度的相变现象。

6.2.28

原子激射　atom laser

高度相干的原子束,束中所有的原子都处于同一量子态。

注:实验上可从玻色-爱因斯坦凝聚体的囚禁态耦合输出为非囚禁态来产生原子激射。

6.2.29

宏观量子效应　macroscopic quantum effects

在超低温等某些特殊条件下,由大量粒子组成的宏观系统呈现出的整体量子现象。

示例:原子气体的玻色-爱因斯坦凝聚、超流性、超导电性和约瑟夫逊效应。

6.2.30

混合量子气体　mixed quantum gases

玻色子和费米子处于同一个系统中,在温度极低的情况下,两种气体都达到量子简并的混合气体。

注:在超低温下,全同费米子因泡利不相容原理导致蒸发冷却困难,实验上采用玻色子作为中介,在蒸发冷却阶段,通过两者之间的碰撞使费米子达到量子简并。

6.2.31

冷原子干涉仪　cold atom interferometry

冷原子束以两个不同的拓扑路径传播,构成类似于光学 Mach-Zehnder 型的干涉仪,可测量两原子束通过不同路径引起的相位差。

注：热原子和冷原子均可实现原子干涉。冷原子相干长度更长，其测量灵敏度比热原子会高很多。

6.2.32

冷原子陀螺仪　cold atom gyroscope

以冷原子为工作介质，基于Sagnac效应形成的相对于惯性空间的旋转指示器。

注1：Sagnac效应指出，当物质波在一个环路中前进时，如果这个环形通道本身具有一个转动速度，那么物质波沿转动的方向前进所需要的时间要比沿着相反的方向前进所需要的时间要多。通过测量两条路径的相位差，就可以获得环路系统相对于惯性空间的旋转角速度。

注2：在同样环路面积下，理论上原子陀螺仪的灵敏度比光学陀螺仪可提高10个数量级。

6.2.33

原子钟　atomic clock

以原子特定能级跃迁辐射的电磁波频率为参考频率，通过电子学频率自动控制方法，对实用频率源进行频率或相位锁定，从而得到便于使用的与原子参考标准同样准确和稳定的标准频率信号。

注1：这是该术语的通常含义，该含义在狭义上的严格称谓是原子频标。在原子频标的基础上，再将频率信号一个周期一个地周期累加起来，再规定好一个起点，就成为严格意义上的原子钟。原子钟是最精确的频率和时间标准装置。

注2：若采用的原子参考频率处于微波频段，则相应的原子钟叫微波钟。若采用的原子参考频率处于光学频段，则相应的原子钟就叫光钟。光钟是通过冷原子或离子提供频率参考，将单一频率的光学振荡利用飞秒激光光梳技术传递到其他光学波段和微波波段进行计数，从而获得比微波原子钟高四个数量级精度的频率标准。

6.2.34

空间冷原子钟　space cold atomic clock

利用冷原子为工作物质，同时可装载于空间站工作的原子钟。

注1：微重力环境使得空间冷原子钟在频率准确度和稳定度方面，都将具有比地面原子钟更理想的性能，可以用作时间频率的基准钟，用于定义时间单位“秒”。地面上的冷原子钟，多借助重力而采用喷泉运行方式，即所谓冷原子喷泉钟。

注2：星载冷原子钟(cold atomic clock on-board satellites)指载荷在卫星上以冷原子为工作物质的原子钟，既能够提供高精度的时间频率信号，也符合卫星载荷要求。

6.2.35

拉姆齐条纹　Ramsey fringes

原子与微波场两次作用所产生的干涉条纹。

注：它用来确定原子的跃迁频率，两次作用时间的间隔越长，干涉产生的线宽就越窄，原子钟的准确度就越高。

6.2.36

空间时频系统　time-frequency standard system in space

在空间微重力条件下的时间和频率标准系统。

注：没有重力影响，其运行精度很高。

6.3　低温与凝聚态物理部分术语

6.3.1

氦3和氦4　^{3}He and ^{4}He

在物理和化学性质上表现出较多一致性但又具有多方面不同物理性质的氦的两种同位素。

注1：氦(He)属于元素周期表中的0族元素，总共存在8种同位素，从氦3到氦10，其中只有氦3及氦4较稳定，其他同位素都具有放射性。

注2：氦3和氦4的差异之例：^{4}He的核自旋为偶数，是玻色子；而氦3的核自旋为奇自旋，是费米子；氦4遵循玻色一爱因斯坦(BE)统计，在2.172 K下发生玻色一爱因斯坦凝聚转变为超流态；而氦3遵循费米一狄拉克统计，在2.6 mK下才能发生类似超导体的BCS型凝聚而转变为超流态。

6.3.2

氦Ⅰ和氦Ⅱ　He Ⅰ and He Ⅱ

在低温下呈常流氦相性质的氦4称为氦Ⅰ(He Ⅰ)，呈超流氦相性质的氦4称为氦Ⅱ(He Ⅱ)。

注：超流氦是一种量子流体；常流氦是一种普通的低温流体，其性质和液氮等低温流体的性质类似。

6.3.3

脉管循环制冷机　pulse tube refrigerator

通过周期性地对一端封闭的管子充气压缩—放气膨胀而获得低温的一种方法。

6.3.4

斯特林循环　stirling cycle

由两个定容吸热过程和两个定温膨胀过程组成的可逆循环。

6.3.5

回热式制冷机　regenerative refrigerator；cryocooler

采用^3He作工质以获得比^4He作工质时更低的制冷温度和更大的制冷量的一种(机械式)低温制冷机。

6.3.6

卡皮查热阻　Kapitza heat resistance

固体和液氦之间、金属和电介质之间及两电介质之间的界面热阻。

6.3.7

稀释制冷　dilution refrigerator

用超流氦4稀释氦3的制冷方法。

6.3.8

氦膜　Helium film

氦气体(氦3、氦4和氦3—氦4混合气)吸附在固体表面形成的一种膜。

6.3.9

饱和态超流氦　saturated superfluid helium；saturated He Ⅱ

将He Ⅰ采用沿氦4元素的温度-压力相图上液-气相界线(即饱和蒸气压线)进行减压方式获取的He Ⅱ相。

6.3.10

过冷态超流氦　subcooled superfluid helium

通过加压等方法将饱和态He Ⅱ处于氦Ⅱ相区中的(不在边界处)的氦Ⅱ相。

6.3.11

二流体模型　two-fluid model

针对超流氦发生超导热、黏性为零等奇异性质进行解释而提出的一种模型。

注：二流体模型将He Ⅱ看成是由常流体和超流体两种流体组成的。事实上，He Ⅱ并不是由两种事实存在的流体组成，而仅仅是为了方便描述所采用的方法。

6.3.12

氦Ⅱ的超常导热　extraordinary thermal conductivity of helium Ⅱ

超流氦Ⅱ所具有的能大量传递热量的一种能力。

6.3.13

氦Ⅱ的机械热效应　mechanocaloric effect of He Ⅱ

对用毛细管连通的两个盛放氦Ⅱ的容器中的一个施加压力，由于氦Ⅱ的超流效应导致两个容器中的氦Ⅱ产生温度差。

6.3.14

氦Ⅱ的热机械效应　thermomechanical effect of He Ⅱ

对用毛细管连通的两个盛放氦Ⅱ的容器中的一个加热，由于氦Ⅱ的超流效应导致这两个容器产生液面的高度(压强)差。

6.3.15

约瑟夫森效应　Josephson effect

当两块超导体之间存在弱耦合构成结时，在没有任何电压作用的情况下库柏电子对可穿越其间的势垒层而形成隧道电流的超流效应。

6.3.16

临界指数　critical exponent

在物理体系状态发生变化(如相变)的临界点附件区域内，某些热力学量间的关系可用幂指数形式表示的指数。

6.3.17

λ相变　λ-phase transition

λ点　λ point

低温下液体氦4在某个温度附件发生高温的氦Ⅰ相向低温的氦Ⅱ相转变的等容比热曲线呈希腊字母λ(lambda)状的尖峰而称之。

6.3.18

氦3的常流-超流转变　transition from normal-fluid to superfluid of ^{3}He

当温度降至3 mK以下，液体氦3相变成超流体氦3相的过程。

6.3.19

超流流体动力学　superfluid hydrodynamics

以超流氦等超流体为对象，对其液滴振荡、阻尼、旋转、粗化特性，旋转的超流氦中涡旋、湍流和临界性质等这些特性及温度和压力因素的影响进行的研究。

6.3.20

量子液体　quantum liquid

不仅服从量子力学效应且遵从量子统计性质的多粒子体系。

注：对遵从量子统计性质的粒子所组成的量子液体而言，又可区分为费米液体(如^{3}He液体)和玻色液体(如^{4}He液体)两类(参见“氦Ⅰ和氦Ⅱ”)。

6.3.21

临界行为的普适性　universality of critical behavior

不同的物理体系在临界状态时发生的行为若能够用相同的空间维数和序参量维数来描述，则假定其具有相同的临界行为及属于同一普适类。

注：普适性假设的依据是：物理上不同的体系、不同的晶体结构、不同的相互作用，或属于不同的二类相变，它们的临界指数却十分接近。这表明，对于临界行为，某些共性起主导作用，而代表特殊物质、特殊相变的一些差别似乎不起作用。

6.3.22

标度理论　scaling theory

描述不同临界现象的临界指数之间具有确定关系的理论。

注：微重力标度理论(microgravity scaling theory)是指在微重力环境这一更简化条件下用具有标度率性质的体系对标度率的预言进行更精确的测试，其结果将改进我们对标度理论有效性范围的理解。

6.3.23

分形维　fractal dimensions

用几何空间维数的概念来描述一个分形几何对空间填充程度的统计量。

6.3.24

尘埃等离子体　dusty plasma

复杂等离子体　complex plasma

尘埃颗粒漂浮于等离子环境中的这种由尘埃颗粒和等离子体组成的体系。

6.3.25

等离子晶体　plasma crystal

库仑晶体　Coulomb crystal

尘埃等离子体颗粒间及与环境的强耦合库仑势作用而使粒子自身按一定规律排列成类似晶体结构的规则分布状态。

6.3.26

颗粒物质　granular matter

颗粒材料　granular materials

尺度在1微米以上且通过摩擦、碰撞相互作用的大量固体颗粒的集合体。

6.3.27

拥塞　jamming

颗粒物质体系、形成玻璃的体系、泡沫和其他复合流体随着密度的增加或温度的降低等变化而形成刚性的无序固体的物理过程。

参 考 文 献

[1] GB/T 30114.1—2013 空间科学及其应用术语 第1部分:基础通用
[2] ISO 13943:2008 Fire safety—Vocabulary

索　引

汉语拼音索引

英文对应词索引

ICS 17.160
J 04

中华人民共和国国家标准

GB/T 30173.2—2014/ISO 2017-2:2007
代替 GB/T 8540—1987

机械振动与冲击　弹性安装系统 第2部分：轨道交通系统隔振应用需交换的技术信息

Mechanical vibration and shock—Resilient mounting systems—Part 2: Technical information to be exchanged for the application of vibration isolation associated with railway systems

(ISO 2017-2:2007, IDT)

2014-06-24 发布　　2015-03-01 实施

中华人民共和国国家质量监督检验检疫总局
中国国家标准化管理委员会　发布

前　言

GB/T 30137《机械振动与冲击　弹性安装系统》分为两个部分：

——第1部分：用于交换的隔振系统的技术信息；

——第2部分：轨道交通系统隔振应用需交换的技术信息。

本部分为GB/T 30137的第2部分。

本部分按照GB/T 1.1—2009给出的规则起草。

本部分代替GB/T 8540—1987《振动与冲击　隔离器　确定特性要求导则》，与GB/T 8540—1987相比主要技术变化如下：

——将标准名称改为"机械振动与冲击　弹性安装系统 "；

——增加了"1 范围"及其相关内容，将GB/T 8540—1987 "引言"内容修改到"范围"；

——增加了"2 规范性引用文件"及其相关内容；

——将"术语"改为"术语和定义"，增加了"轨道交通系统"、"受振体"、"用户"、"制造商"、"隔振装置供应商"、"基础隔离"术语及其定义，删除了"隔离系统"、"载荷范围"、"静刚度"的内容；

——增加了"轨道交通系统的振动"、"隔振的目的"、"隔振对象"、"隔振的适用性"、"振动状态的测量与评价"、"轨道交通系统管理机构提供的信息"等章的内容；

——将"用户应提供的资料"修改为"由受振体使用者和生产商提供的信息"，并将原"隔离问题的一般说明"、"设备安装资料"、"支承结构的数据"和"环境数据"4条修改为"建筑物"和"敏感设备"2条；

——将"生产厂应提供用以确保隔离器正确使用的下列资料"修改为"隔振系统供应商提供的信息"，并将原"物理数据"、"性能数据"、"环境资料"和"维护资料"4条修改为"隔振系统性能"和"隔振系统的物理数据"、"动态性能"、"耐久性"、"环境数据"和"维护数据"6条；

——增加了"隔振性能验证指南"一章。

本部分使用翻译法等同采用ISO 2017-2:2007《机械振动与冲击　弹性安装系统　第2部分：轨道交通系统隔振应用需交换的技术信息》(英文版)。

与本部分规范性引用的国际文件有一致性对应关系的我国文件如下：

——GB/T 2298—2010　机械振动、冲击与状态监测　词汇(ISO 2041:2009,IDT)

——GB/T 11349.1—2006　振动与冲击　机械导纳的试验确定　第1部分：基本定义与传感器(ISO 7626-1:1986,IDT)

——GB/T 13441.2—2008　机械振动与冲击　人体暴露于全身振动的评价　第2部分：建筑物内的振动(1 Hz～80 Hz)(ISO 2631-2:2003,IDT)

——GB/T 14124—2009　机械振动与冲击　建筑物的振动　振动测量及其对建筑物影响的评价指南(ISO 4866:1990,IDT)

——GB/T 14125—2008　机械振动与冲击　振动与冲击对建筑物内敏感设备影响的测量和评价(ISO 8569:1996,IDT)

——GB/T 19846—2005　机械振动　列车通过时引起铁路隧道内部振动的测量(ISO 10815:1996,IDT)

——GB/T 19847—2005　机械振动与冲击　评价机械系统冲击阻抗的分析方法　分析的提供者和使用者之间的信息交换(ISO 9688:1990,IDT)

——GB/T 19875—2005　机械振动与冲击　固定结构的振动　在振动测量和评价方面质量管理

的具体要求(ISO 14964:2000,IDT)

本部分由全国机械振动、冲击与状态监测标准化技术委员会(SAC/TC 53)提出并归口。

本部分起草单位:中国铁道科学研究院节能环保劳卫研究所、铁道部产品质量监督检验中心机车车辆检验站、中国船舶重工集团公司第七一一研究所、中国飞机强度研究所、中国船舶重工集团公司第七〇三研究所。

本部分主要起草人:刘静茹、范荣华、孙成龙、步青松、彭锋、马筠、张泉南、周英、陈峙东、王彬文、尹逊民、张小华。

本部分代替 GB/T 8540—1987,本次为第一次修订。

引　言

GB/T 30137 的本部分只适用于弹性装置。

某些振动冲击隔振器(弹性底座)的供应商有着丰富的应用经验,在大多数情况下,他们非常愿意利用这些背景资料帮助用户解决隔振器使用的问题。但如果用户、涉及到振源或受振体的使用者或制造商未能充分提供应用方面的信息,则供应商往往难以提供这种服务。

另一方面,由于供应商没有提供足够多的技术信息,用户有时难以合理使用隔振器。因此用户必须自行进行隔振器的评估试验,很可能无意中重复了供应商已完成过的工作。

当制造商对一些振源或受振体提供隔振系统时,制造商需从用户那里获得有关应用、地点和环境的详细信息。

本部分旨在针对轨道交通系统振动和冲击隔离技术,为用户、弹性装置的供应商和涉及振源或受振体的制造商提供相应的技术信息交换指南,以便其正确地应用隔振系统。

本部分中的弹性装置定义为设备与支承结构之间的一种弹性元件或系统,目的用于衰减轨道交通系统向结构传递的冲击或振动。

机械振动与冲击　弹性安装系统 第2部分:轨道交通系统隔振应用 需交换的技术信息

1　范围

为保证轨道交通系统振动与冲击隔离应用技术信息的正确交换,本部分规定了相应的要求。

本部分既适用于新建轨道交通系统,也适用于既有轨道交通系统,包括由于既有轨道系统老化、新用地规划实施,或者靠近既有轨道交通系统振动敏感用地开发所引起的新的振动问题。

本部分适用于轨道交通环境振动问题,但不涉及轨道车辆自身的振动。

本部分目的是对生产商和使用者共同关注的一些问题给出适当的回答(例如隔离机械系统振动的原因、对象、时机和方法)。

2　规范性引用文件

下列文件对于本文件的应用是必不可少的。凡是注日期的引用文件,仅注日期的版本适用于本文件。凡是不注日期的引用文件,其最新版本(包括所有的修改单)适用于本文件。

ISO 2041　机械振动、冲击与状态监测　词汇(Mechanical Vibration,shock and condition monnitonring—Vocabulary)

ISO 2631-2　机械振动与冲击　人体暴露于全身振动的评价　第2部分:建筑物内的振动(1 Hz～80 Hz)[Mechanical vibration and shock—evaluation of human enposure to whole-bady Vibration—Part 2:vibration in buildings(1 Hz～80 Hz)]

ISO 4866　机械振动与冲击　建筑物的振动　振动测量及其对建筑物影响的评价指南(Mechanical vibration and shock—Vibration of buildings—Guidelines for the measurement of vibrations and evaluation of their effects on buildings)

ISO 7626-1　机械振动与冲击　机械导纳的试验确定　第1部分:基本定义和传感器(Mechanical vibration and shock—Experimental determination of mechanical mobility—Part 1: Basic definitions and transducers)

ISO 8569　机械振动与冲击　振动与冲击对建筑物内敏感设备影响的测量和评价(Mechanical vibration and shock—Measurement and evaluation of shock and vibration effects on sensitive equipment in buildings)

ISO 9688　机械振动与冲击　评价机械系统冲击阻抗的分析方法　分析的提供者和使用者之间的信息交换(Mechanical vibration and shock—Analytical methods of assessing shock resistance of mechanical systems—Information exchange between suppliers and users of analyses)

ISO 10815　机械振动　列车通过时引起铁路隧道内部振动的测量(Mechanical vibration—Measurement of vibration generated internally in railway tunnels by the passage of trains)

ISO 10846(所有部分)　声与振动　弹性元件的振动—声传输特性的实验室测量(Acoustics and vibration-Laboratory measurement of vibro-acoustic transfer properties of resilient elements)

ISO 14837-1　机械振动　轨道系统产生的地面诱导声和振动　第1部分:一般指南(Mechanical

vibration—Ground-borne noise and vibration arising from rail systems—Part 1:General guidance)

ISO 14964 机械振动与冲击 固定结构的振动 在振动测量和评价方面质量管理的具体要求(Mechanical vibration and shock—Vibration of stationary structures—Specific requirements for quality management in measurement and evaluation of vibration)

3 术语和定义

ISO 2041、ISO 7626-1、ISO 9688、ISO 10846 和 ISO 14837-1 中界定的以及下列术语和定义适用于本文件。

3.1

轨道交通系统 railway system

在开阔空间或隧道内产生或传播振动的所有列车、轨道和其他轨道交通设施。

3.2

受振体 vibration receiver

对内部或外部振源释放的振动能量产生响应的所有结构或结构元件。

3.3

用户 customer

产品(用于建筑、机器等隔振)的使用者或购买者。

3.4

制造商 producer

通过内部或外部方式隔振且具有一定市场销量的产品的建造者或制造者。

3.5

隔振装置供应商 isolation supplier

负责提供和安装满足客户减振需求的隔振系统的组织。

注1:某些情况下,制造商和供应商可以是同一组织。

注2:三方中任何一方都可以委任承包商去完成工作或采购设备单元。三方都应对项目事务负法律责任。

3.6

基础隔离 base isolation

用于将结构固定在支承地面或将设备固定在支承结构上的产品或支承方式,并使结构或设备免受冲击和(或)振动。

4 轨道交通系统的振动

列车通过时产生的地面振动,其机理各不相同,通常与列车-轨道的相互作用有关。

列车可视为一个移动荷载。如果沿轨道方向支承刚度没有变化,则列车通过时只出现静荷载。当车速低于轨道和土壤中波的传播速度时,将出现持续荷载,需要通过隔振来解决。

实际上,钢轨用轨道扣件固定在埋入道床内的轨枕上,以固定间隔支承。因此,钢轨对于移动荷载具有变化的支承刚度。

因此,在离散支承的点位,静荷载出现或者消失,其周期性是车速、轴距和离散支承间距的函数。

由于刚度等参数会发生变化,因此,这种荷载通常被看作是准静态的或参数化的。

轨道沿线振动测量结果表明,频谱中的峰值与轨枕、轮轴通过频率有关。

这些由离散支承引起的地面振动,其峰值频率往往低于 80 Hz(与车速有关),这是造成轨道沿线有感振动的原因之一。

此外，另一个机理还涉及到车轮和钢轨的粗糙度，与制造公差或运行中的磨耗有关。在车轮上有因制动逐步形成的车轮扁疤，钢轨表面可出现波浪形磨耗。当车轮通过此不平顺钢轨时，簧下质量(轮对)被加速，从而产生激励。

这种粗糙度会产生随机振动。可用设备测量波长在 5 mm～2.5 m 的不平顺钢轨轨面的粗糙度。钢轨表面粗糙度的评定参数是随机函数。

还有一种机理涉及到钢轨接缝或不连续引起的冲击，一般由钢轨接头、转辙器和辙叉产生。

后面的这些机理是动力学问题，是造成较高频地面振动的主要原因，这种振动形成的二次结构诱导声通常是地下列车运行产生振动的主要问题。

在加速、减速过程，或通过轨道曲线时因转向架机构工作造成的不规则运动会产生其他的力。冲击也会激励车辆动态变化，如弹跳的频率，以及车辆的弯曲模态。

5 隔振的目的(为什么隔离机械系统)

隔振的目的是通过在振源和受振体之间采取措施，以减少人、结构和其他机械系统受到的振动和冲击。在轨道交通系统中，隔振的目的可包括以下内容：

a) 确保轨道交通系统周围建筑物的结构完整性；

b) 确保可能受到振动激励影响的临时或永久住所内人们的舒适性；

c) 确保上述结构中敏感设备的功能要求；

d) 确保被隔振设备的正常运转；

e) 确保符合相关法律规定。

6 隔振对象

6.1 振源隔离

通过改变振源振级输入达到隔振的目的。这与列车、轨道和轨道支承有关。沿轨道传播的振动主要来自列车运行中的轮轨接触。

列车长期运行，钢轨波浪形磨耗和车轮变形几乎无法避免。

隔离振源的可行性、局限性、约束条件和成本可能很重要，所以需要大量维修保养来控制因接触表面恶化引起的振动。与车轮保养相比，定期打磨敏感区内长轨道区间的钢轨费用昂贵。

已经开发出相当多的效果和成本显著不同的减振技术。对于板式轨道系统，钢轨和底座垫片主要提供了轨道所需的弹性，并非降低噪声和振动辐射。在减少振动和噪声辐射方面，其他隔振系统可能更有效。

6.2 受振体的隔振

当隔离振源非常困难或不切实际时，可以对受振体进行隔振。当土地开发出现与其邻近既有轨道设施不相容时，同样可以隔离接收端。有时这是一种经济的折中方式。可能涉及到：

a) 敏感建筑(音乐厅、实验室或敏感设施)；

b) 位于轨道或隧道附近的新建建筑(桥梁、塔楼等)或结构单元；

c) 敏感设备(激光工作台、计算机磁盘或电子显微镜等)的支承。

7 隔振的适用性(何时采用结构或机械系统的隔振)

隔振系统可以用来辅助其他减振设计措施。

在城市区域，地下、地面或高架轨道交通产生的振动以及结构振动诱导的噪声会降低邻近建筑物的使用性质量。这些因素包括：

——地面结构振动对建筑结构的影响；

——居民对地面结构振动的感知；

——居民对二次辐射噪声(25 Hz～500 Hz)的感知；

——振动对建筑物内敏感设备的影响。

对振源进行隔振，可降低振动对邻近区域的影响程度。

下列情况可采用振源隔离：

a) 在建筑或结构物附近设计建造新的轨道交通系统时；

b) 交通状况(荷载、速度)发生改变时；

c) 轨道结构发生改变时；

d) 轨道结构和周围环境间的振动传播路径发生改变时；

e) 在振源区域工作和生活的人群提出抱怨时；

f) 振动超过法定的限值时；

g) 采用受振体隔振困难甚至无法实现时。

在既有轨道近旁新建结构、建筑或设备时，一般采用受振体隔振，而非振源隔离。

8 振动状态的测量与评价

为选择和设计合适的隔离安装系统，需要分析轨道交通系统的动态特性，并在现场实地进行振动的前期测试和评价。

测量应在振源或受振体所处位置的相应环境条件下进行。测量和分析应有助于理解问题的根源并提出可能的解决方案。

设计新轨道系统时，这些测量及相关分析还可用于评估受振体接收的最大允许振级。测量应依照相关的国家标准或国际标准(ISO 2631-2，ISO 4866，ISO 8569 或 ISO 10815)，并应明确采用的标准。

测量位置应在合同中明确，测试报告中应有传感器的安装位置及测量方向。

测量时间应涵盖并大于列车通过时间。

在振源测试中，对传递和接受振动的结构进行频率响应分析，将有助于避免振源主频率和结构固有频率重合。

对于受振体的测量，应测定背景振动，以便了解原有振动水平；测量值低于背景振动时，一般不需要采取措施。

9 选择隔振安装系统的信息

轨道交通系统中通常用天然/合成橡胶或其他复合材料制造的或采用钢盘簧成型的支座隔振器，但不排除使用其他类型隔振系统的可能性。

橡胶支座可看作为典型的离散块。安装橡胶支座时宜确保其不承受拉伸荷载。

尽管也可使用弹性垫，但它们通常产生比钢盘簧更高的刚度。钢盘簧能够产生最低的刚体固有频率，也能采用预应力安装，易更换或调整。当评价不同的隔离器时，宜注意其动态性能取决于动态刚度和截止频率(应在 5 Hz～15 Hz 间)，而不是取决于这些特性如何具体实现。

隔振器位置的选择与多种因素有关，如待隔离的区域、其他的连接路径、被隔离建筑物的动态特性，必要时能够进行检查和更换。

为了选择合适的隔振器并正确装配，生产商、隔振器供应商和轨道交通管理机构之间需交换信息。

第10章～第12章列出为优化隔振所需的信息。

在选择隔振系统时，不仅应考虑到被隔离结构的静态特性，同时也应考虑它的动态特性及其周围结构的动态特性和其他振源。

隔振系统供应商有必要向用户询问更详细的信息，以提供最佳的可行解决方案。

振源隔离或受振体的隔振所需的信息是不同的。

宜从具有资质的专业声学和结构工程领域的专家/工程师那里获取必要的信息。以下各方都需要密切协调：

a） 轨道交通管理机构；
b） 隔振装置供应商；
c） 轨道交通周围的结构和敏感设备的所有者；
d） 监管机构；
e） 工程建筑承包商；
f） 声学和结构工程领域的专家/工程师。

10 轨道交通系统管理机构提供的信息

以下信息应由轨道交通系统管理机构尽可能地提供：

a） 现场地质勘察报告（地形、土质、地下水位）；
b） 对于新的轨道交通系统，详细介绍拟建轨道结构（隧道等），其中包括基础和结构设计的比选方案；
c） 由列车移动荷载（准静态）激励产生的轨道挠曲；
d） 由粗糙度产生的激励，包括激励的频率范围；轮轨接触表面的随机不平顺引起的车辆/轨道系统的受迫激励：
  ——对于有枕轨道，车轮移动引起刚度沿轨道不同位置发生变化；移动的动态力激励车辆与轨道；
  ——车速和轨枕间距影响轨枕通过频率；
  ——车辆和轨道系统上车辆的固有频率；
e） 在区域远期开发中任何有关噪声与振动政策的细节；
f） 有缝或无缝轨道的数量；
g） 轨道基础类型；
h） 当前使用情况（货运、高速等）以及对运量、运输种类或轨道类型预期的或计划的改变；
i） 轨道的静态和动态特性，包括轨道的设置、钢轨水平和垂直方向的倾斜。

轨道交通系统的振动和隔振设计是一个涉及大量专业技术的高度专业化领域。对于在既有轨道线路设施附近的新开发项目，上述所列更多有关振动技术的细节，可由具有专业资质的项目顾问决定。

11 由受振体使用者和制造商提供的信息

11.1 建筑物

当振动的主要接收者为既有建筑时，由于隔离既有建筑物在技术上不切实际，因此隔离轨道系统是一种可行方案。

在没有隔离轨道系统的情况下，对新建筑和敏感设备主要采取受振体隔振。制造商和供应商会根据用户的需要设计隔离系统。

为了完全掌握拟建隔振系统的技术细节，需要提供简要说明，包括以下内容：

a) 结构图,详细描述支座单元(钢、混凝土、钢筋混凝土结构)的性质、尺寸和位置;
b) 拟建基础的类型(浅、深);
c) 相对于隧道或交通道路的基础位置;
d) 地下水位;
e) 拟建建筑物的功能(办公室、实验室、住所、特殊设备制造);
f) 居民、建筑物结构及设备能够承受的最大容许振动水平;
g) 相应结构或建筑物的平面位置图;
h) 拟建隔振系统的详细资料;
i) 振动测量的描述,包括传感器的位置、使用的仪器、被测列车的描述和测量结果。

11.2 敏感设备

在建筑物内设有敏感设备时,应提供下述信息:
a) 被隔振设备的类型;
b) 安装设备建筑物的结构类型;
c) 建筑物内设备的位置;
d) 有关支承结构的数据资料(固有频率等);
e) 隔振效率的容许准则;
f) 周围建筑物内关于三个正交方向振动幅值、频率和持续时间的描述;
g) 环境条件(温度、湿度等)。

为了便于用户选择设备安装的最佳位置,敏感设备生产商应提供以下信息:
——总体尺寸;
——总质量和重心位置;
——可行的结构连接点(通常三点确定一个隔离系统的位置);
——在设备基础测得的容许振动水平;
——设备基础需要避开的特殊固有频率。

12 隔振系统供应商提供的信息

12.1 隔振系统性能

供应商和用户之间制定的合同应包括:隔振系统的性能和经隔振系统衰减后输出振级的测试值要求。第13章将会对其进行验证。

12.2 隔振系统的物理数据

隔振系统供应商应提供有关隔振系统特性的详细信息:
a) 隔振系统类型;
b) 隔振系统材料;
c) 隔振系统质量;
d) 安装水平特性;
e) 隔振器的静刚度和动刚度;
f) 运行状态下最大和最小承载力;
g) 隔振系统的尺寸、结构、质量、位置和方位(如图纸),包括任何中间结构;
h) 隔振器相对于荷载和时间的蠕变;
i) 空气弹簧隔振系统的特殊要求;

j) 防火性能,易燃性和产生危险气体的风险。

12.3 动态性能

供应商应采用动刚度描述隔振系统的平移和旋转动态特性。同时,应描述获得荷载-变形数据时的环境条件和加载速率,并给出公差。必要时,作为替代,供应商也可采用通过试验测得的传递率来描述动态特性,但需对该试验系统进行详细说明。动态性能可能与下列参数变化有关:

a) 与荷载有关的共振频率;

b) 幅值;

c) 温度;

d) 阻尼:相关方向的动刚度和阻尼(所关注的方向和频率范围,见 ISO 10846)。

供应商应描述在三个主要方向上的隔振效果,说明适用频率。

12.4 耐久性

供应商应提供以下关于产品耐久性(物理特性变化)的信息:

a) 与重复变形和冲击有关的耐久性极限;

b) 蠕变(永久变形)数据;其适用条件,数据获取方式;

c) 在指定存放环境中(包括最高和最低温度)的老化效应;

d) 无需限位时的最大允许位移;

e) 隔振装置的维护保养工作流程。

12.5 环境数据

为了确保隔振器的正确使用,供应商应提供以下关于隔振器的必要信息:

a) 高、低温极限:超过该温度极限时,隔振器在额定荷载下不能正常工作或其特性发生永久性变化;

b) 隔振器的耐腐蚀或抗老化能力。腐蚀和老化是由如湿度、水、盐雾、霉菌、臭氧、油和燃料、腐蚀性气体、光照等因素造成;

c) 恶劣环境适应能力,例如在充满沙尘的空气环境里;

d) 允许的存放环境。

12.6 维护数据

供应商应提供所有维护、定期检查和服务要求的详细信息。

13 隔振性能验证指南

一般情况下,为保证对振源或受振体自身周边结构的隔振性能,隔振系统供应商应提供合同或担保,并采用以下的试验方法评价这一性能:

a) 安装前,依据 ISO 14964 标准,由独立的第三方专家对振动进行预测、测试和评价;

b) 确定并给出测量位置、方向和条件;

c) 隔振系统供应商必须接受合同条款中所明确的振动限值;

d) 安装隔振器后进行振动监测,测量位置和条件应与给定的一致;

e) 测试值应与合同中的限值进行比较,以验证隔振器的性能。

注:为了改善既有振动环境,依据第 8 章规定的相同条件在指定位置进行测试。测量位置宜选取那些敏感目标(操作人员或工作人员的工作位置、办公楼地板、邻近建筑物等)。

根据第 8 章,用户和供应商之间宜通过合同约定容许限值。

改善后,宜按第 8 章所述进行测量,并将测量结果与合同规定的限值相比较。

对于比较复杂的情况,则需要更详细的测量。

参 考 文 献

［1］ DIN 4150 (all parts) Vibrations in buildings

［2］ VDI 2716 Luft-und Körperschall bei Schienenbahnen desöffentlichen Personennahverkehrs (Airborne and structure-borne noise of local public transport railways) Bilingual

［3］ VDI 3837 Erschütterungen durch oberirdische Schienenbahnen—Spektrales Prognoseverfahren (Groundborne vibration arising from rail systems at-grade—Spectral prediction method) Bilingual

ICS 33.040.40
L 78

中华人民共和国国家标准

GB/T 30246.5—2014

家庭网络　第5部分:终端设备规范 家用和类似用途电器

Home network—Part 5: Terminal device specification—Home appliances and similar electrical appliances

2014-06-24 发布　　2015-02-01 实施

中华人民共和国国家质量监督检验检疫总局
中国国家标准化管理委员会　发布

前　言

GB/T 30246《家庭网络》分为如下11个部分：

——第1部分：系统体系结构及参考模型；

——第2部分：控制终端规范；

——第3部分：内部网关规范；

——第4部分：终端设备规范　音视频及多媒体设备；

——第5部分：终端设备规范　家用和类似用途电器；

——第6部分：多媒体与数据网络通信协议；

——第7部分：控制网络通信协议；

——第8部分：设备描述文件规范　XML格式；

——第9部分：设备描述文件规范　二进制格式；

——第10部分：多媒体与数据网络接口一致性测试规范；

——第11部分：控制网络接口一致性测试规范。

本部分为GB/T 30246的第5部分。

本部分按照GB/T 1.1—2009给出的规则起草。

请注意本文件的某些内容可能涉及专利。本文件的发布机构不承担识别这些专利的责任。

本部分由中国轻工业联合会提出。

本部分由全国家用电器标准化技术委员会(SAC/TC 46)归口。

本部分起草单位：中国家用电器研究院、海尔集团公司、中国电子技术标准化研究所、中山大学、诺基亚(中国)投资有限公司、三星电子(中国)研发中心、广州市聚晖电子科技有限公司、西门子(中国)有限公司。

本部分主要起草人：郦旭卫、赵鹏、冯承文、顾清坤、张红、田晨燕、陈任、王星杰、余荣、黄楚嘉、邓义宏、贾东耀、王劲松、熊张亮、矫伟、范一兵。

引　言

家庭网络是指将家庭范畴里的音视频设备、家用电器、信息设备、水电气暖计量表、照明系统、安防报警求助系统等连接在一起组成的一种局域网，各种终端设备通过家庭网络实现网络化，能够互联互通，实现各种网络化的管理和服务，实现资源和服务的共享，组成家庭信息、娱乐、控制的互联系统。

GB/T 30246 参考了 SJ/T 11316—2005《家庭网络体系结构和参考模型》、SJ/T 11312—2005《家庭主网通讯协议规范》、SJ/T 11313—2005《家庭主网接口一致性测试规范》、SJ/T 11314—2005《家庭控制子网通讯协议规范》、SJ/T 11315—2005《家庭控制子网接口一致性测试规范》、SJ/T 11317—2005《家庭网络设备描述文件规范》以及 QB/T 2836—2006《网络家电通用要求》，对家庭网络系统标准进行了补充和扩展。

本部分对家庭网络终端设备中的家用和类似用途电器提出技术规范，对网络家电的软硬件接口、功能、性能、安全、检测等多方面所遵循的技术规格进行了规定。

家庭网络　第5部分:终端设备规范 家用和类似用途电器

1　范围

GB/T 30246的本部分规定了家庭网络终端设备中家用和类似用途电器(以下简称网络家电)的通用要求,以及该类产品的功能、性能、软硬件接口、安全性、标志、产品编号等的技术规范。

本部分适用于家庭及类似室内场所网络中使用的家用和类似用途电器。

2　规范性引用文件

下列文件对于本文件的应用是必不可少的。凡是注日期的引用文件,仅注日期的版本适用于本文件。凡是不注日期的引用文件,其最新版本(包括所有的修改单)适用于本文件。

GB 4343.1　家用电器、电动工具和类似器具的电磁兼容要求　第1部分:发射

GB 4343.2　家用电器、电动工具和类似器具的电磁兼容要求　第2部分:抗扰度

GB 4706(所有部分)　家用和类似用途电器的安全

GB 4943　信息技术设备的安全

GB 7000(所有部分)　灯具

GB 9254　信息技术设备的无线电骚扰限值和测量方法

GB 11714—1997　全国组织机构代码编制规则

GB/T 17618　信息技术设备抗扰度限值和测量方法

GB 17625.1　电磁兼容　限值　谐波电流发射限值(设备每相输入电流≤16 A)

GB 17625.2　电磁兼容　限值　对每相额定电流≤16 A且无条件接入的设备在公用低压供电系统中产生的电压变化、电压波动和闪烁的限制

GB/Z 17625.5—2008　电磁兼容　限值　中、高压电力系统中波动负荷发射限值的评估

GB/T 17626.3　电磁兼容　试验和测量技术　射频电磁场辐射抗扰度试验

GB/T 17626.4　电磁兼容　试验和测量技术　电快速瞬变脉冲群抗扰度试验

GB/T 17626.6　电磁兼容　试验和测量技术　射频场感应的传导骚扰抗扰度

GB 17743—2007　电气照明和类似设备的无线电骚扰特性的限值和测量方法

GB/T 18595　一般照明用设备电磁兼容抗扰度要求

GB/T 30246.6—2013　家庭网络　第6部分:多媒体与数据网络通信协议

GB/T 30246.7—2013　家庭网络　第7部分:控制网络通信协议

GB/T 30246.9—2013　家庭网络　第9部分:设备描述文件规范

3　术语、定义和缩略语

3.1　术语和定义

下列术语和定义适用于本文件。

3.1.1

终端设备 terminal device

能够被家庭内部网关或家庭网络控制终端控制、管理的家庭网络设备。

注：如信息设备、娱乐设备、家用电器、自动化设备、照明设备、保安(监控)装置及水电气热表、家庭求助报警设备、健康保健设备等。

3.1.2

网络家电 network appliance

在网络层面上具有信息互联、互通或互操作特征的家庭网络及类似场所网络使用的家用和类似用途电器产品。

3.1.3

通信模块 network terminal communication module

终端设备实现网络通信功能的接口单元。

注：通信模块可以采用与网络家电分离的结构，也可采用与网络家电一体化的结构。

3.1.4

内置通信模块 internal communication module

放置在终端设备内部的通信模块。

3.1.5

外置通信模块 external communication module

与终端设备分离的通信模块。通信模块通过终端设备上的接口与其连接形成一个整体。

3.1.6

设备描述文件 device description file

用来描述家庭网络设备自身功能和命令等的数据结构文件。

注1：家庭网络设备都有描述自身功能和控制命令的设备描述文件。该文件描述了设备的各项控制、状态参数，对相关参数进行读取与设置的命令，以及对应图标，文字和语音等信息资源的索引信息等内容。

注2：设备描述文件的形式根据需要可以是二进制文件或XML文件等，存储位置可以是设备自身的存储器、通信模块、控制终端、家庭内部互联网关、外部网络服务器或者其他存储位置。

3.1.7

控制终端 control terminal

一种能够生成或者获得家庭网络中的设备注册表，并通过友好的人机交互界面，在家庭网络的范围内，实现家庭网络设备的注册、控制、管理、设备间资源共享等功能的家庭网络设备。

3.2 缩略语

下列缩略语适用于本文件。

ACK：确认信号(Acknowledgement)

lsb：最低有效位(Least Significant bit)

msb：最高有效位(Most Significant bit)

4 网络家电的一般模型

4.1 概述

网络家电的一般模型主要包括：人机交互模块、控制模块、执行模块和通信模块，其一般模型如图1所示。

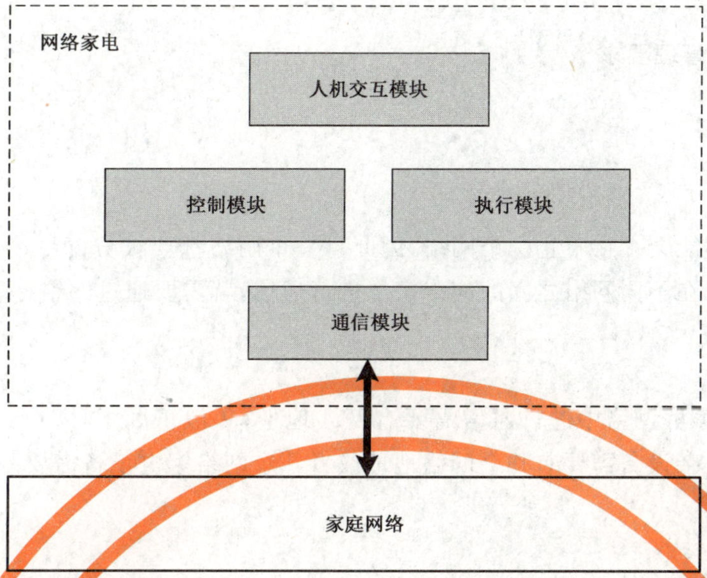

图 1 网络家电的一般模型

4.2 通信模块

通信模块是提供网络家电与家庭网络之间的通信服务。

4.3 控制模块

控制模块应实现对网络家电的各种控制服务。

4.4 执行模块

执行模块执行控制模块发出的命令,实现网络家电的各种基本功能服务,如:加热、洗衣等。

4.5 人机交互模块

人机交互模块应实现使用者与网络家电之间所有的交互功能服务。可以通过传统的按键、屏幕、语音等方式进行人机交互,还可以通过网络进行本地或远程的人机交互,比如:计算机、电话、PDA 均可以成为网络家电的人机交互方式。

5 要求

5.1 通用要求

网络家电应符合本章要求,并应按产品规范规定程序批准的图样和技术文件制造,通用要求如下:

a) 网络家电在正常工作时符合产品规范的各项产品功能、性能要求,并且不能影响周围其他产品的使用。
b) 网络家电软硬件接口具有开放性、可扩展性和兼容性的基本特征。
c) 具有网络化功能后的电器不能影响或降低产品原有性能指标。
d) 网络家电按用途划分,应至少符合其对应的现有国家、行业的安全、性能和电磁兼容等方面标准要求。
e) 网络家电的通信模块应支持 GB/T 30246.6—2013 和 GB/T 30246.7—2013,或其他通用通信

协议规范。

5.2 网络家电的网络管理要求

5.2.1 地址和标识

5.2.1.1 网络标识

在家庭网络中，可能会存在不止一个网络，因此每一个网络都要被分配一个网络标识号，当家庭网络中存在几个网络时，在不同网络之间的网络家电进行通信，就需要通过网络标识来区分。

5.2.1.2 网络地址

网络家电设备在家庭网络中进行通信需要有网络地址，一般情况下，每个设备需要有一个网络地址，但也存在着一个复杂设备需要有几个网络地址或者几个网络家电设备需要一个网络地址的情况。

5.2.1.3 设备 ID

设备 ID 是指设备出厂时厂家分配给此台家电的一个序列号码，是网络家电产品的唯一标识，以此来同其他厂商、型号的设备进行区别。该设备 ID 和网络地址不同，只在设备未加入家庭网络时区分设备使用。具体要求见 7.2。

5.2.2 加入家庭网络的功能

网络家电具有加入到家庭网络的功能，按照制造厂提供的技术要求和说明，能够将网络家电设备加入到相应的网络中并获得网络标识和网络地址，在网络家电设备上有加入网络的指示。网络家电加入网络的方式有两种：

a) 自动加入：一台新的网络家电设备通电后，将自动完成加入家庭网络的过程，无需人工干预。自动加入过程可以由网络家电发出申请，也可以由家庭网络发出申请。

b) 人工加入：一台新的网络家电必须由人工发出加入申请，通过人工干预完成加入家庭网络的过程。

5.2.3 退出网络的能力

网络家电具有从网络中离开的能力，能够将网络家电设备从网络中断开，清除掉相应的网络信息，在网络家电设备上有断开网络的指示。退出网络的方式有两种：

a) 自动断开：已加入到网络中的网络家电在规定时间 T 内与该网络无法正常通信联系，将会自动清除掉该网络家电的网络信息。

注：T 由制造商提供相应数据。

b) 人工断开：已加入到网络中的网络家电在人工的干预下发出断开申请，完成断开家庭网络的过程，清除掉相应的网络信息。

5.2.4 设备重新连接网络的能力

网络家电在断电或其他原因引起的与家庭网络断开后，要有能够重新恢复与家庭网络连接的能力。

5.2.5 网络状态判断的能力

网络家电具有判断与家庭网络连接状态的能力，判断该网络家电处于正常的网络通信状态还是异常的通信状态。当网络家电设备与家庭网络连接出现异常状态后，网络家电设备上有相应的网络指示。

5.3 网络家电的通信控制功能

5.3.1 概述

网络家电应具有与家庭网络中其他网络家电设备建立会话的能力,在系统正常情况下至少保持基本会话。网络家电能够通过网络接收来自其他网络家电的输入信息或者通过网络将自身的信息传送出去。

5.3.2 控制

控制终端支持对网络家电的控制,通过设备注册表和设备描述文件的解析,获得网络家电的控制指令,通过家庭网络,按照通信协议的格式发送给终端设备,从而实现对已经添加且在线的所有网络家电的控制和操作。

当对网络家电进行控制时,如果网络家电在接收后判断格式错误或者控制终端在规定的时间内没有收到网络家电发送的确认信息,则按照通信协议重新发送命令。

5.3.3 网络家电状态

控制终端支持对网络家电的状态查询,可以通过以下两种方式进行:

a) 控制终端通过设备注册表和设备描述文件的解析,获得网络家电的查询指令,通过家庭网络,按照通信协议的格式发送给网络家电,网络家电将当前的状态反馈给控制终端,控制终端更新该网络家电的状态信息。

b) 网络家电状态发生变化后,主动通过家庭网络向控制终端进行汇报,使控制终端获得最新的网络家电状态信息。

5.3.4 故障反馈

支持网络家电的故障反馈,可以通过以下两种方式进行:

a) 控制终端支持接收网络家电自动发回的故障信息,将故障信息解析后,根据用户设置,以多种不同的报警方式发送信息,包括:发送故障邮件、电话通知等方式。

b) 控制终端定期轮询网络家电,检测到相关的故障信息后,根据用户设置,以多种不同的报警方式发送信息,包括:发送故障邮件、电话通知等方式。

5.3.5 联动

不同网络家电之间可以支持建立联动,当某一个或几个网络家电达到控制参数的设置限值时,将会触发其他网络家电的某项控制操作。例如:当环境温度传感器查询当前温度为 30 ℃,则控制终端将会自动打开空调电源进行制冷操作。

5.4 自描述能力

网络家电应具有向家庭网络中内部互联网关、控制终端和其他网络家电设备描述自身功能以及服务内容的能力,而相应的设备要有能够理解该描述内容的能力。

每一类家电设备都有一个描述自身功能和控制命令的设备描述文件,是用来描述家庭网络设备自身功能和命令的数据结构文件。

设备描述文件的形式根据需要可以是二进制文件或 XML 文件等,存储位置可以是设备自身的存储器、通信模块、控制终端、家庭内部互联网关、外部网络服务器或者其他存储位置。设备描述文件格式应遵循 GB/T 30246.9—2013 的规定。

5.5 网络访问级别

网络家电需求：

a） 网络家电可以不支持家庭网络访问，只支持用户的本地操作；

b） 网络家电可以支持家庭网络的访问，并支持用户的本地操作，但不支持家庭外部网络的远程访问；

c） 网络家电可以支持家庭网络的访问，并支持用户的本地操作，并同时支持家庭外部网络的远程访问；

d） 网络家电根据不同的网络访问级别可以提供不同的网络服务。

5.6 网络家电指令优先级

家庭网络中传输信息较多，对网络家电的网络指令按照优先级分类。

如下举例，按优先级从高到低排列：

a） 故障类指令；

b） 管理类指令；

c） 一般控制类指令。

另外，本地指令优先级高于远程发送的指令。

5.7 人机交互界面的要求

网络家电保留原有家电设备的人机交互界面功能，如：按键、旋钮、屏幕等；

网络家电可以支持通过集中控制终端（包括移动的控制终端和固定的控制终端）的人机交互界面进行交互，该人机交互界面支持自动生成或人工订制；

网络家电可以支持通过远程的计算机、手机、电话等设备进行交互，该人机交互界面支持自动生成或人工订制。

5.8 存储功能

网络家电有存储数据的能力，存储的信息根据需要随时可以修改，有断电记忆能力。包括基本存储功能、扩展存储功能。

a） 基本存储如：网络家电 ID、网络地址等；

b） 扩展存储如：网络家电的执行信息和参数等。

5.9 网络家电节能要求

网络家电节能要求：

a） 网络家电在增加网络通信功能后，不能引起自身功耗的增加；

b） 网络家电可以通过网络方式来集中或远程控制家电的开关和各种设置来实现节能；

c） 网络家电可以通过家庭网络与电力测试部件进行网络连接，通过电力测试部件对网络家电进行电力测量和分析，能够完成用电量统计，并通过管理软件来管理网络家电的运行情况，从而减少了家电的用电，达到了对家庭电力的节能处理。

5.10 安全性和电磁兼容性要求

网络家电不应因为其增加通信模块和网络功能，而使其安全性能和电磁兼容性能降低到对应国家标准要求如下：

a） 控制终端、分离的通信模块、信息技术设备应满足：GB 4943、GB 9254、GB/T 17618、GB 17625.1、

GB 17625.2 的要求；

b) 家用和类似用途电器产品应满足：GB 4706、GB 4343.1、GB 4343.2、GB 17625.1、GB 17625.2 的要求；

c) 照明设备应满足：GB 7000，GB 17743、GB/T 18595、GB 17625.1、GB 17625.2 的要求。

5.11 结构与设计要求

5.11.1 一般要求

网络家电除具备一般电器产品的结构要求和材料要求外，还应有其他一些特殊要求。

通信模块（或通信器件）安装位置、控制板和通信模块之间的连接线走线时应避开继电器、电磁阀等容易产生较大电磁干扰的器件，连接线和接插件要求接触良好，不松动。

对于需要防水、防潮、防尘处理的电器设备，通信模块需安装在模具盒中并进行防水处理。

5.11.2 网络家电的结构

网络家电的结构主要指通信模块和电控主板的空间关系。网络家电有三种结构：一体化结构、外置式和内置式。三种结构见图 2、图 3 和图 4。

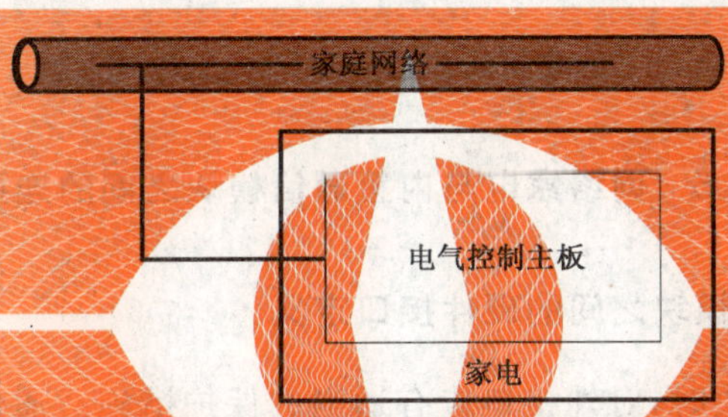

图 2 网络家电一体化结构

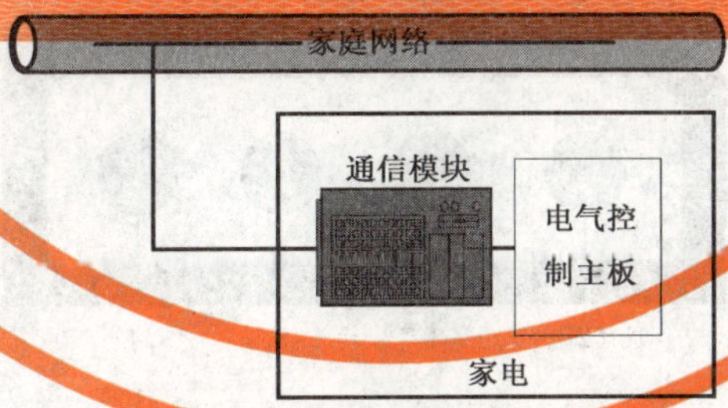

图 3 网络家电内置通信模块式结构

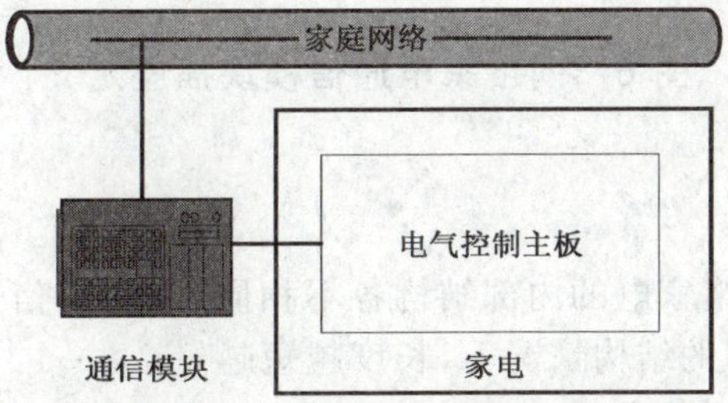

图 4 网络家电外置通信模块式结构

5.11.3 通信模块与网络家电之间硬件接口要求

5.11.3.1 网络家电与内置通信模块之间的硬件接口

通信模块和网络家电(根据设备类型的不同可以是显示板或主控板)之间采用四线制连接,分别为TX、RX、地、电源,如图5所示。其中,使用的模块电压、模块电流、信号接收电平、发送电平及接口方式应在网络家电及通信模块上给予明确标识。

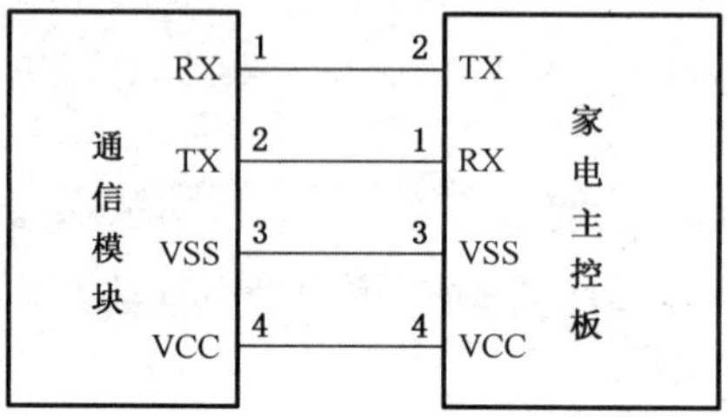

说明:
1——RX 信号接收;
2——TX 信号发送;
3——VSS 电源地;
4——VCC 电源 5 V。

图5 网络家电与内置通信模块之间的连接

5.11.3.2 网络家电与外置通信模块之间的硬件接口定义

网络家电没有安装通信模块时,对外接口应有适当的保护措施。通信模块插入时应确保安全;插入后,通信模块应与设备实现可靠电气连接。具体插头尺寸由各制造商自行定义。

通信模块插入网络家电的一端外壳带有槽状卡口结构,外置模块接口为阳插座,设备接口为阴插座。模块合适位置设有通信接口。插座定义如图6所示。

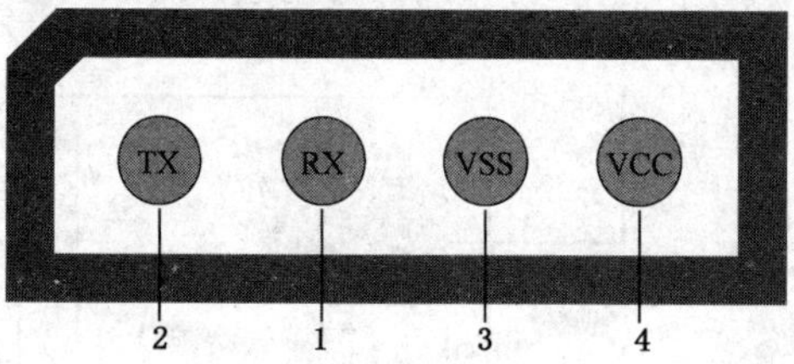

说明:
1——RX 信号接收;
2——TX 信号发送;
3——VSS 电源地;
4——VCC 电源 5 V。

图6 网络家电通信模块插座定义

5.11.3.3 其他要求

网络通信线的长度:由于网络家电的内部结构各不相同,为保证信号的有效传输,连接设备电控板和通信模块的网络通信线在合理的结构情况下,长度越短越好。

模块的固定:通信模块必须安装牢固、安全,必要时可将其安装在专用的模具盒中,并保证通信模块不会因网络家电运行引起的振动而松动脱落,不会引起设备的安全问题。

接插线接口:网络家电的网络接口使用兼容端子和接插件。

对于洗衣机、热水器等防进水类家电电控板，应有防水措施，预留接线端口应与兼容端子匹配。

引脚等效说明：在该通信模块采用 I^2C 总线方式与设备电控板通信时，TX 脚作为 SCL 脚即时钟端，RX 脚作为 SDA 脚即数据端。在该通信模块采用 USB 总线方式与设备电控板通信时 TX 脚等效为 D－脚，RX 脚等效为 D＋脚。

5.11.4 通信模块与网络家电之间控制信号通信协议要求

本部分不对网络通信模块与网络终端间的控制信号通信协议作具体规定。

一种网络通信模块与网络家电之间控制信号通信协议示例可参见附录 B。

6 测试方法

6.1 例行试验

所有的网络家电在完成生产后，应根据产品特点在生产的关键质控点进行 100％的例行试验。

国家技术法规或认证要求的对于增加通信模块和网络功能的产品必须进行的试验。

网络功能试验：确认产品的通信功能正常，可实现在网络家电系统内的控制。

6.2 安全测试项目

产品未增加网络功能前的安全标准中的试验项目仍适用，增加网络功能后还应进行 GB 4943 中相关试验项目的测试。

6.3 电磁兼容性测试要求和测试方法

6.3.1 试验条件和要求

根据网络家电最终的安装使用环境来选择其电磁兼容的试验等级，一般选择等级 2 作为终端设备的外部电磁使用环境（等级 2：中等的电磁辐射环境）。使用低功率的便携收发机（通常功率小于 1 W），但限定在设备附近使用，是一种典型的商业环境。对于无线终端设备应选择其周围 1 km 以内没有广播台或电视台，3 km 以内没有国家电视台，附近没有雷达设备、大功率发射机或工科医射频设备。

6.3.2 测试规则

当网络家电进行电磁兼容测试时，先将网络家电与其系统连接起来，并使设备处于满负荷的工作状态。通过生产厂商设定的触发方式，使通信模块进入到测试状态，在此状态下通信模块连续发送通信信号，使被测设备处于最大功率。

6.3.3 测试项目

产品未增加网络功能前的电磁兼容标准中的试验项目仍适用。

如果设备电磁兼容标准中没有对硬件端口的测试要求，增加 GB 9254、GB/T 17618 中对于信号端口适用的相关试验项目。

6.3.4 可靠性原则核查测试项目

针对设备的网络功能对网络家电进行抗扰度测试，测试项目见表 1，在测试过程中和测试后，设备的网络功能均不能受到影响，也不应出现功能性的误动作和安全意义上的损坏。

表 1　抗扰度测试项目一览表

测试项目	测试参数和规定	单　　位	引用标准
射频电磁场 幅度调制	≤80～1 000 3 80	MHz V/m(rms 未调制) %AM(1 kHz)	GB/T 17626.3
电快速瞬变	0.5 5/50 5	kV(峰值) Tr/Th ns kHz(重复频率)	GB/T 17626.4
浪涌	1.5 kV(线—线) 4 kV(线—地) 10/700	kV(峰值) kV(峰值) Tr/Th μs	GB/Z 17625.5
射频连续波传导	0.15～80 3 80	MHz V/m(rms 未调制) %AM(1 kHz)	GB/T 17626.6

6.4　其他

网络家电的网络管理功能、网络通信控制功能和自描述能力测试可遵照《控制网络通信协议规范》要求进行。

7　标志和设备编号

7.1　标志

网络家电在产品及产品包装的明显位置上应增加特殊标志进行标识。网络家电铭牌或说明书除了需要按照国家有关技术法规要求标注普通设备的各项技术参数，还需要注明网络家电标识、通信介质类型等。

7.2　设备编号(ID)

网络家电 ID 是网络家电产品的唯一标识，该 ID 应包括版本号、厂商代码、产品序列号和预留码段。

网络家电产品 ID 长度为 128 位，其结构如表 2 所示。

表 2　设备编码(ID)结构

版本	厂商代码	产品序列号	预留码段
4 位	54 位	64 位	6 位

版本：目前版本 00。

厂商代码：依据 GB 11714—1997，每个企业都有自己唯一的机构代码。将企业 9 位机构代码(省略连字符)按位转换为二进制代码，ID 的厂商代码中每 6 位对应一位代码。例如：机构代码 D2143569-X，其对应的厂商代码结构如图 7 所示。

lsb

0	0	1	1	0	1	0	0	0	0	1	0	0	0	0	0	0	1	0	0	0	1	0	0	0	0	0	0	1	1

0	0	0	1	0	1	0	0	0	1	1	0	0	0	1	0	0	1	1	0	0	0	0	1

msb

图 7　厂商代码示例

序列号:厂家生产的网络家电产品的唯一序列号。

预留码段:为未来发展需要,预留出的码段。

附 录 A
（资料性附录）
网络命令定义参考示例

以下列出了几种常见网络家电的网络命令定义示例,供生产企业在设计、生产过程中参考使用。

A.1 电冰箱

电冰箱控制命令见表 A.1。

表 A.1 电冰箱控制命令表

序号	控制功能		控制命令说明	返回命令说明
1	查询命令		4d01	6d01+all status
2	工作模式	正常控制	4d02+mode (0000)	6d01+all status
		速冻控制	4d02+mode (0001)	6d01+all status
		人工智能	4d02+mode (0002)	6d01+all status
3	锁定		4d05	6d01+all status
	解锁		4d06	6d01+all status
4	冷藏室关闭		4d07	6d01+all status
	冷藏室打开		4d08	6d01+all status
5	微冻室关闭		4d09	6d01+all status
	微冻室打开		4d0a	6d01+all status
6	冷藏室档位设置		5d01+clevel (1 word)	6d01+all status
7	冷冻室档位设置		5d02+dlevel (1 word)	6d01+all status
8	微冻室档位设置		5d03+wlevel (1 word)	6d01+all status
9	时间设置		5d04+time (2 word)	6d01+all status

时间参数参照命令定义中有关时间格式描述。

返回状态格式:6d01+冷藏室温度(1 word)+微冻室温度(1 word)+冷冻室温度(1 word)+冷藏室档位设置(1 word)+微冻室档位设置(1 word)+冷冻室档位设置(1 word)+时间(2 word)+WORDA。

字 A:WORDA (1 word):

A1A0:表示字 A 的第 1、0 位,为“00”时,表示“正常控制”。
为“01”时,表示“速冻控制”。
为“10”时,表示“人工智能”。

A2:表示字 A 的第 2 位,为“1”,表示“锁定”。
为“0”,表示“解锁”。

A3:表示字 A 的第 3 位,为“1”,表示“冷藏关闭”。
为“0”,表示“冷藏打开”。

A4:表示字 A 的第 4 位,为“1”,表示“微冻关闭”。

为“0”,表示“微冻打开”。

A15:表示字 A 的第 15 位,为“1”,表示无效命令。

为“0”,表示有效命令。

电冰箱报警命令见表 A.2。

表 A.2 电冰箱报警命令表

序 号	指令含义	指令代码	备 注
1	冷藏蒸发传感器坏	0f5a+F0	
2	环境传感器坏	0f5a+F1	
3	冷藏空间传感器坏	0f5a+F2	
4	冷冻传感器坏	0f5a+F3	
5	微冻传感器坏	0f5a+F4	
6	冰温室传感器故障	0f5a+F5	
7	冷冻温度超温报警	0f5a+F6	
8	冷藏温度超温报警	0f5a+F7	

A.2 空调器

空调器控制命令见表 A.3。

表 A.3 空调器控制命令表

序号	控制功能		控制命令说明	返回命令说明
1	查询命令		4d01	6d01+all status
2	开机		4d02	6d01+all status
	关机		4d03	6d01+all status
3	辅助电加热 无		4d04	6d01+all status
	辅助电加热 有		4d05	6d01+all status
4	保留		4d06	6d01+all status
	保留		4d07	6d01+all status
5	健康 无		4d08	6d01+all status
	健康 有		4d09	6d01+all status
6	人感 取消		4d0a	6d01+all status
	人感 设定		4d0b	6d01+all status
7	温度		5d01+temp(1 word)	6d01+all status
8	强力/安静	无	4d0c+qlaj (0000)	6d01+all status
		强力	4d0c+qlaj(0001)	6d01+all status
		安静	4d0c+qlaj(0002)	6d01+all status

表 A.3（续）

序号	控制功能		控制命令说明	返回命令说明
9	定时	无	4d1a＋time(0000)	6d01＋all status
		关	4d1a＋time(0001)	6d01＋all status
		开	4d1a＋time(0002)	6d01＋all status
		开/关	4d1a＋time(0003)	6d01＋all status
	设置定时关机时间		5d03＋TMoff(2 word) （设置定时关机时间段）	6d01＋all status
	设置定时开机时间		5d04＋TMon(2word) （设置定时开机时间段）	6d01＋all status
10	风速	高风	5d07＋wind(0000)	6d01＋all status
		中风	5d07＋wind(0001)	6d01＋all status
		低风	5d07＋wind(0002)	6d01＋all status
		自动	5d07＋wind(0003)	6d01＋all status
11	模式	自动	5d08＋mode(0000)	6d01＋all status
		制冷	5d08＋mode(0001)	6d01＋all status
		制热	5d08＋mode(0002)	6d01＋all status
		送风	5d08＋mode(0003)	6d01＋all status
		除湿	5d08＋mode(0004)	6d01＋all status
12	停电补偿　无		4d12	6d01＋all status
	停电补偿　有		4d13	6d01＋all status
13	加湿　无		4d14	6d01＋all status
	加湿　有		4d15	6d01＋all status
14	换新风(加氧)　无		4d1e	6d01＋all status
	换新风(加氧)　有		4d1f	6d01＋all status
15	自然风　无		4d20	
	自然风　有		4d21	
16	横摆叶	横摆自动摆　有	4d22＋solidh(0000)	6d01＋all status
		横摆自动摆　无	4d22＋solidh(0001)	6d01＋all status
		健康上吹	4d22＋solidh(0002)	6d01＋all status
		健康下吹	4d22＋solidh(0003)	6d01＋all status
17	竖摆叶自动摆　无		5d09＋solid(0000)	6d01＋all status
	竖摆叶自动摆　有		5d09＋solid(0001)	6d01＋all status
18	组控制命令		4d5f	6d01＋all status

时间参数参照命令定义中有关时间格式描述。

返回状态格式：6d01＋temp＋TMon(2 word)＋TMoff(2 word)＋mode＋wind＋solidh＋WORDA

+WORDB+hum+stemp。

ALL STATUS：表示所有状态和参数。

设定温度：stemp(1 word)；

当前温度：temp(1 word)；

当前湿度：hum(1 word)；

开机时间：TMon(2 word)剩余定时开机时间段；

关机时间：TMoff(2 word)剩余定时关机时间段；

注：当只有面板定时，开机时间和关机时间单元发送“00”；

模式：mode(1 word) 0000～0004；

风速：wind(1 word) 0000～0003；

立体送风：solidh(1 word) 0000～0003。

字 A：WORDA(1 word)：

A0：表示字 A 的第 0 位，为“0”时，表示“关机”。
为“1”时，表示“开机”。

A1：表示字 A 的第 1 位，保留。

A2：表示字 A 的第 2 位，保留。

A3：表示字 A 的第 3 位，为“0”时，表示“健康　无”。
为“1”时，表示“健康　有”。

A5A4：表示字 A 的第 5、第 4 位，为“00”时，表示“强力安静指示　无”或紫外线。
为“01”时，表示“强力安静指示　强力”。
为“10”时，表示“强力安静指示　安静”。

A7A6：表示字 A 的第 7、第 6 位，为“00”时，表示“定时　无”。
为“01”时，表示“定时　关”。
为“10”时，表示“定时　开”。
为“11”时，表示“定时　开/关”。

A10A9：表示字 A 的第 10、第 9 位，为“00”时，表示“换新风　无”。
为“01”时，表示“换新风　自动”。
为“10”时，表示“换新风　连续”。

A11：表示字 A 的第 11 位，为“0”时，表示“停电补偿　无”。
为“1”时，表示“停电补偿　有”。

A13A12：表示字 A 的第 13、第 12 位保留。

A14：表示字 A 的第 14 位保留。

A15：表示字 A 的第 15 位保留。

字 B：WORDB(1 word)：

B0：表示字 B 的第 0 位，为“0”时，表示“无加氧(换新风)”。
为“1”时，表示“有加氧(换新风)”。

B1：表示字 B 的第 1 位，保留。

B2：表示字 B 的第 2 位，为“0”时，表示“横摆叶自动摆　无”。
为“1”时，表示“横摆叶自动摆　有”。

空调器报警命令见表 A.4。

表 A.4 空调器报警命令表

序 号	指令含义	指令代码	备 注
1	室内温度	0f5a+F0	
2	室内热交温度	0f5a+F1	
3	室内辅助热交温度	0f5a+F2	
4	室外温度	0f5a+F3	
5	室外热交温度	0f5a+F4	
6	压机温度	0f5a+F5	
7	室内管温传感器故障	0f5a+F6	
8	室内制热过载保护	0f5a+F7	
9	室内制冷结冰保护	0f5a+F8	
10	室内/外板通信故障	0f5a+F9	
11	面板与内机通信故障	0f5a+F10	
12	模块故障	0f5a+F11	
13	无负载	0f5a+F12	
14	压机过热	0f5a+F13	
15	CT 电流异常	0f5a+F14	
16	外环传感器故障	0f5a+F15	
17	外热交传感器故障	0f5a+F16	
18	电源超	0f5a+F17	
19	欠压保护	0f5a+F18	
20	压力保护	0f5a+F19	
21	外蒸发传感器故障	0f5a+F20	
22	制冷过载	0f5a+F21	
23	EEPROM 故障	0f5a+F22	
24	外回气传感器故障	0f5a+F23	
25	压机传感器故障	0f5a+F24	
26	室内蒸发温度	0f5a+F25	
27	排水故障	0f5a+F26	
28	电源三相故障	0f5a+F27	
29	湿度传感器故障	0f5a+F28	
30	室内风机故障	0f5a+F29	
31	室外风机故障	0f5a+F30	
32	压力保护	0f5a+F31	
33	电子膨胀阀故障	0f5a+F32	
34	除尘网需清洗	0f5a+F33	
35	缺水保护	0f5a+F34	
36	满水保护	0f5a+F35	
37	室内温度传感器故障	0f5a+F36	

A.3 波轮洗衣机

波轮洗衣机控制命令见表 A.5。

表 A.5 波轮洗衣机控制命令表

序号	控制功能		控制命令说明	返回命令说明
1	查询		4d01	6d01+all status
2	开机		4d02	6d01+all status
	关机		4d03	6d01+all status
3	启动		4d04	6d01+all status
	暂停		4d05	6d01+all status
4	程序	标准	5d01+program(0000)	6d01+all status
		大物	5d01+program(0001)	6d01+all status
		轻柔	5d01+program(0002)	6d01+all status
		速洗	5d01+program(0003)	6d01+all status
5	过程	洗漂脱	5d02+proc(0000)	6d01+all status
		洗	5d02+proc(0001)	6d01+all status
		洗漂	5d02+proc(0002)	6d01+all status
		漂脱	5d02+proc(0003)	6d01+all status
		脱	5d02+proc(0004)	6d01+all status
		浸洗漂脱	5d02+proc(0005)	6d01+all status
6	预约		5d03+TM (2 word)	6d01+all status
7	水位设定		5d04+ww (1 word)	6d01+all status
8	蜂鸣音	无	5d05+bb(0000)	6d01+all status
		低	5d05+bb(0001)	6d01+all status
		中	5d05+bb(0002)	6d01+all status
		高	5d05+bb(0003)	6d01+all status
9	童锁		5d06	6d01+all status
10	解锁		5d07	6d01+all status

1. 水位设定 ww=0～11　　　00:第一挡位
2. 预约 TM=0～23　　　00:无预约时间

返回状态格式:6d01+TM(2 word)+WORDA(1 word)+ww1(1 word)+ww2(1 word)+bb(1 word)。

TM(2 word):剩余的预约时间及洗衣总时间

WORDA(1 word):

A0:表示字 A 的第 0 位,为“0”时,表示“关机”。

为“1”时,表示“开机”。

A1:表示字 A 的第 1 位,为"0"时,表示"暂停"。
为"1"时,表示"启动"。
A5A4A3A2:表示字 A 的第 5～第 2 位,为"0000"时,表示"标准"。
为"0001"时,表示"大物"。
为"0010"时,表示"轻柔"。
为"0011"时,表示"速洗"。
A9A8A7A6:表示字 A 的第 9～第 6 位,为"0000"时,表示"洗漂脱"。
为"0001"时,表示"洗"。
为"0010"时,表示"洗漂"。
为"0011"时,表示"脱"。
为"0100"时,表示"浸洗漂脱"。
A10:表示字 A 的第 10 位,为"0"时,表示"童锁功能"。
为"1"时,表示"解除童锁"。
ww1(1 word):当前实际水位,1～11 表示当前的水位,为"0"时表示无水。
ww2(1 word):设定水位 1～11 表示当前的水位,为"0"时表示无水。
bb(1 word):蜂鸣音,为"00"时表示声音关。
为"01"时表示低音蜂鸣音。
为"02"时表示中音蜂鸣音。
为"03"时表示高音蜂鸣音。
波轮洗衣机报警命令见表 A.6。

表 A.6 波轮洗衣机报警命令表

序号	指令含义	指令代码	备注
1	进水超时	0F5A+F0	
2	排水超时	0F5A+F1	
3	开盖报警	0F5C+F2	提示信息
4	不平衡报警	0F5A+F3	
5	预约开盖	0F5C+F4	
6	水位传感器异常	0F5A+F5	解除命令不能解除这个报警,需要关机

附 录 B
（资料性附录）
网络通信模块与家电之间控制信号通信协议示例

B.1 概述

通信模块和低速控制类网络家电电控板之间通信采用异步串行通信方式，通信波特率可以采用了2400 bps或9600 bps两种数据传输速率，其中9600 bps为缺省数据传输速率，1个起始位，1个停止位，无校验，半双工方式。

B.2 通信协议

B.2.1 通信模块与家电之间的通信协议帧格式

通信模块与家电之间的通信协议帧格式如表B.1所示。

表 B.1 通信协议帧格式

<table>
<tr><td>B7</td><td>B6</td><td>B5</td><td>B4</td><td>B3</td><td>B2</td><td>B1</td><td>B0</td></tr>
<tr><td colspan="8">帧头 FF FFH
(2 Bytes)</td></tr>
<tr><td colspan="8">帧长
(1 Byte)</td></tr>
<tr><td colspan="2">帧类型</td><td colspan="6">数据类型</td></tr>
<tr><td colspan="8">有效信息
(0～252 Bytes)</td></tr>
<tr><td colspan="8">校验和
(1 Byte)</td></tr>
</table>

B.2.2 帧格式内容

帧头内容如表B.2所示，内容如下：

a) 帧头：表示一个帧的开始，内容为FF FFH，帧头长度为2个字节。

b) 帧长：表示包括帧类型、数据类型、有效信息和校验和在内的整个帧长度的字节数，帧长域长度为1个字节，取值范围2～253。

c) 帧类型：占用2个比特位，定义了帧的功能，具体规格见表B.2。

d) 数据类型：占用6个比特位，定义了帧数据的功能，具体规格见表B.2。

e) 有效信息：为家电所需要的信息，有效信息长度为0～252字节。在设备文件中规定的家电控制命令。包括控制命令、状态命令、设置信息、状态信息、报警命令、故障信息等。

f) 校验和：由帧长、帧类型和有效信息按字节相加所得到的校验和。

表 B.2 帧格式内容

帧说明		帧格式	
帧类型	数据类型与数据流向	帧类型＋数据类型	有效信息
00:通信命令帧	000001：控制帧，通信模块→家电	01H	XXXX
	000010：状态帧，家电→通信模块	02H	XXXX
	000011：无效(失败)帧，家电→通信模块	03H	XXXX
	000100：故障报警帧，家电→通信模块	04H	XXXX
	000101：确认(ACK)帧，通信模块→家电	05H	无
	000110：汇报帧，家电→通信模块	06H	XXXX
	001001：停止故障报警帧，通信模块→家电	09H	无
	后续保留，供扩展用		
	000001：读取设备 ID 命令帧，通信模块→家电	41H	4944H
	000010：设备 ID 回应帧，家电→通信模块	42H	8bytesID
	000011：链路测试命令帧，通信模块→家电	43H	无
	000100：链路测试应答帧，家电→通信模块	44H	无
	000101：读取设备通信速度帧，通信模块→家电	45H	无
	000110：通信速度回应帧，家电→通信模块	46H	01 代表：9600 bps 02 代表：2400 bps 03 代表：1200 bps
	后续保留，供扩展用		
注："XXXX"表示非特定用户数据。			

如果传输信息的时候有与帧头 FFFFH 相同的数值(包括校验和)，则在此数值后面传输一个数值为 55H 的数据。

例如，应发送数据为：FF FF 07 02 6D 01 05 FF FF 7A，实际发送数据为：FF FF 07 02 6D 01 05 FF 55 FF 55 24。其中，两个"55H"为后加入的，"24"为校验和，其计算方法为 07＋02＋6D＋01＋05＋FF＋55＋FF＋55＝324，取低字节数据 24，此 55 不在长度计算当中。但此字节数据应在计算"校验和"时计算在里面。终端设备网络命令在定义时避免命令或参数中出现"FF"。

B.3 通信流程

B.3.1 通信管理帧的流程

通信管理帧的流程如图 B.1 所示。

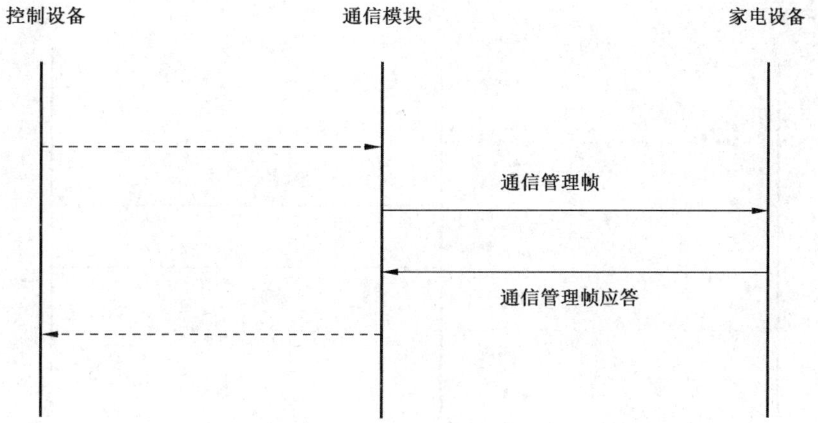

图 B.1 通信管理帧的流程

其具体流程如下：

a) 读取设备 ID 命令：该命令用于网络家电刚上电时或断电重新启动时，由通信模块发送给网络家电。该命令通信模块向家电发送帧的有效信息为 2 个字节，其内容为“4944H”，家电返回的有效信息依据各厂家而定。

b) 链路测试命令：该命令用于测试家电的通信是否工作正常。测试设备发送给命令到通信模块，然后转发给家电。家电正确接收到该命令以后返回链路测试应答帧，模块再将应答信息发送给测试设备，如果模块在规定的时间内不能正确接收到应答，将发送模块与设备通信失败报警帧。该命令的发送和应答都不含有有效信息域。

c) 读取设备通信速率命令帧：该命令用于新网络家电的工作初始由通信模块向网络家电发送的命令，如果通信模块已知通信速率则不需使用该条命令。缺省先使用 9600 bps 发送命令，如没有应答则使用 2400 bps 发送命令。该命令通信模块向家电发送时不含有有效信息，家电向通信模块返回时含有一个字节的有效信息帧——速率代码。当速率代码为 1 时，代表通信速率为 9600 bps，当通信速率代码为 2 时，代表通信速率为 2400 bps，当通信速率代码为 3 时，代表通信速率为 1200 bps。

B.3.2 控制命令帧流程

控制节点接收到控制信息后，按照控制帧格式将控制信息的内容打包，通过无线通信方式(或有线通信)将数据包发送给通信模块，通信模块接收到来自上层设备发送的控制信息以后，将控制帧信息发送给家电电控板，接收到此控制帧后，按照上述控制帧格式将信息帧解包。如果判断为正确的控制帧，则发送相应的状态帧给通信模块，如果收到的控制帧校验不正确，则不发送状态帧。如果收到的控制帧无法执行或者控制逻辑错误则发送无效帧。具体流程如图 B.2 所示。

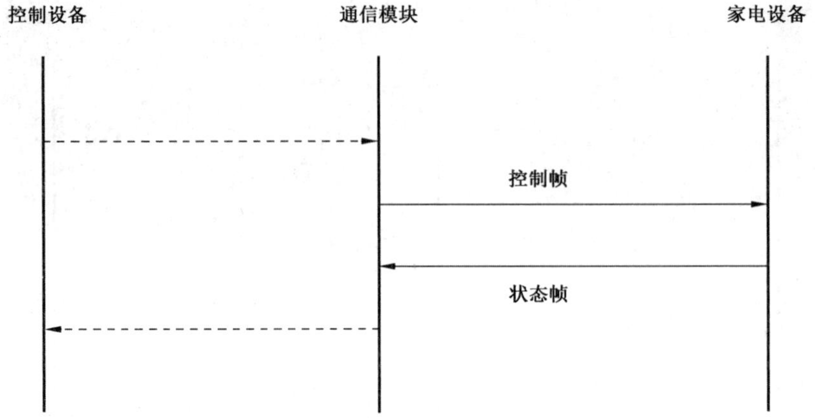

图 B.2 控制命令帧流程

当家电电控板接收到正确的控制帧后，提取帧类型和有效信息，对家电进行设置及相应的动作，并将设置后的家电的当前状态按状态帧格式打包，在限定的时间内(20 ms)发送给通信模块。通信模块在一定的时间间隔后(200 ms)没有收到状态帧，则模块认为家电与模块之间通信异常发送模块与设备通信失败报警。

B.3.3 状态发布帧的流程

当家电有信息要发送给通信模块时，按照状态发布帧格式把汇报信息打包，发送给通信模块。当通信模块接收到汇报帧后，在限定的时间内(20 ms)发送 ACK 控制帧，家电按照一定的时间间隔(200 ms)重新发送汇报信息，直到收到通信模块发送的 ACK 控制帧。流程如图 B.3 所示。

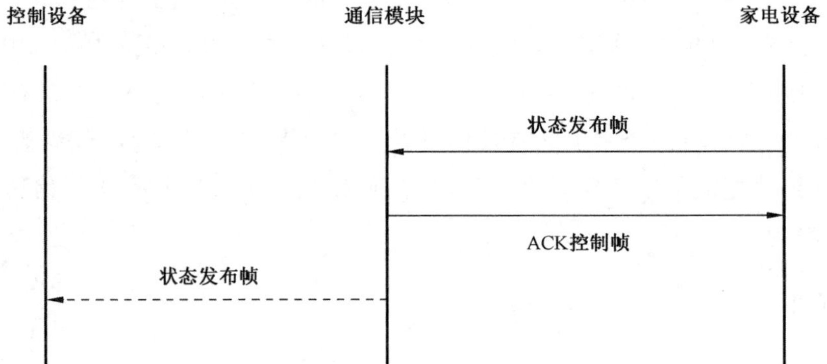

图 B.3 状态发布帧的流程

B.3.4 故障报警流程

当家电有报警信息要发送给通信模块时，按照报警帧格式把报警信息打包，并发送给通信模块。通信模块接收到报警帧后，在限定的时间内(20 ms)发送 ACK 确认帧给家电，如家电未收到 ACK 确认帧，则家电继续发送故障报警帧直至接收到 ACK 确认帧。如果在接到 ACK 确认帧后的一段时间(5 000 ms)内，并没有解除警报(未接收到主控器发送的停止报警命令帧)，则继续发送报警帧。

上层设备或控制节点收到家电的报警信息后，需要向终端设备下达停止报警的命令。当家电接收到通信模块发送的停止报警帧后，不再向控制节点发送相同的报警信息(家电在处理时，若直接收到停止报警命令可以直接停止报警)。如图 B.4 所示。

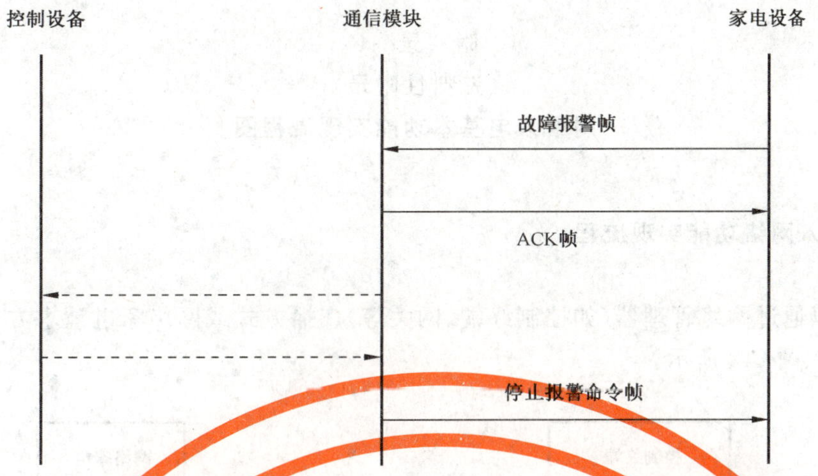

图 B.4 故障报警流程

B.4 其他说明

其他说明如下：

a) 时间间隔：从终端设备接收到控制命令帧到开始返回正确的状态发布帧的时间应少于 20 ms，通信模块接收到状态发布帧，返回完整正确的 ACK 控制帧应少于 20 ms。

b) 重发时间间隔：控制命令帧和状态发布帧每次重发时间间隔应为 200 ms。

c) 重发次数：控制命令帧和状态帧的重发次数为 3 次。

d) 特殊情况处理：当终端设备在故障下发送报警帧时不接收控制命令。如果在收到停止报警命令后收到控制帧，若无法执行则返回无效帧。

附 录 C
（资料性附录）
网络家电基本功能实现流程图

C.1 网络家电加入网络功能实现流程

网络家电可以通过网络管理器（如控制终端、网关等）广播方式或网络家电请求方式加入家庭网络，应用流程如图 C.1、图 C.2 所示。

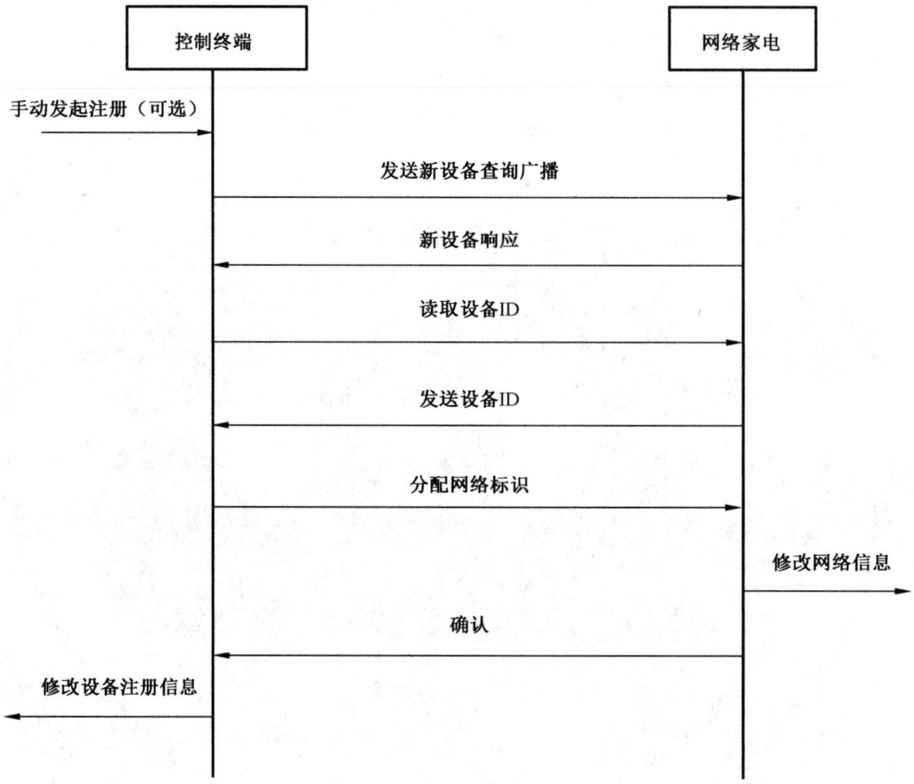

图 C.1 网络管理器发起设备注册

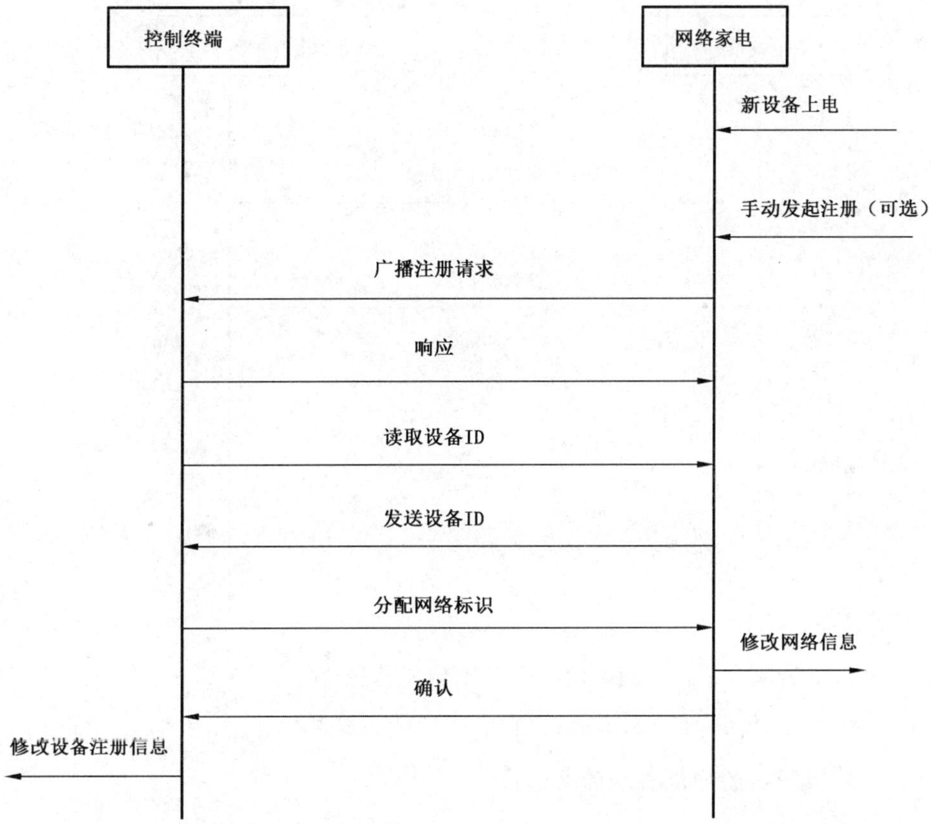

图 C.2　网络家电请求注册

C.2　网络家电退出网络功能实现流程

网络家电可以通过网络管理器(如控制终端、网关等)发起方式或网络家电请求方式进行网络注销，应用流程如图 C.3、图 C.4 所示。

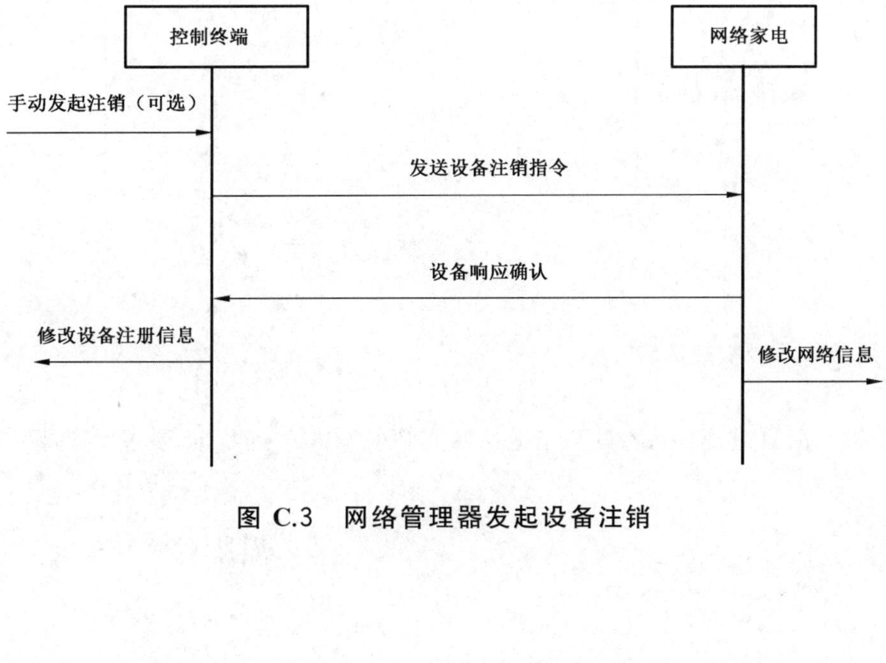

图 C.3　网络管理器发起设备注销

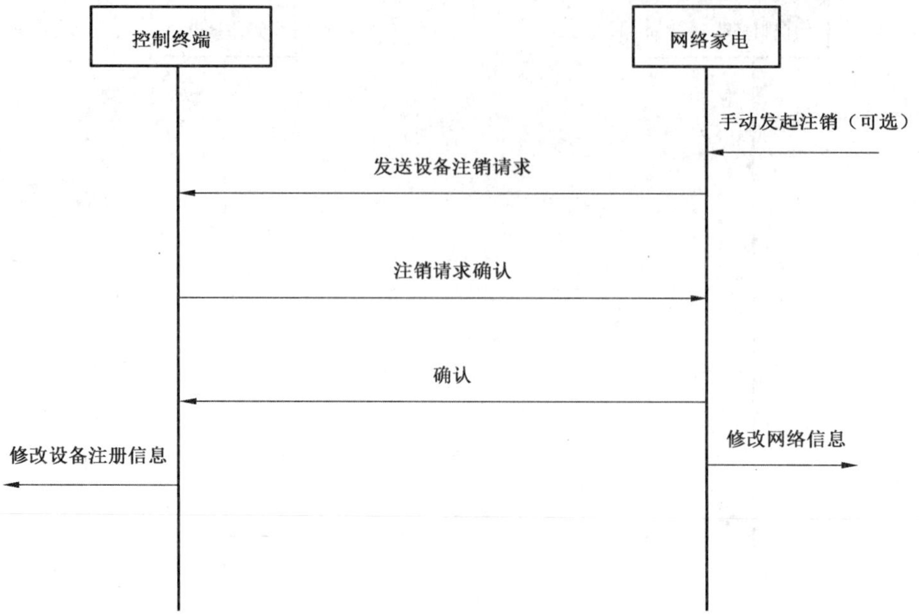

图 C.4　网络家电发起注销

C.3　网络家电重新连接网络的功能实现流程

网络家电与家庭网络断开后，可以重新恢复连接，应用流程如图 C.5 所示。

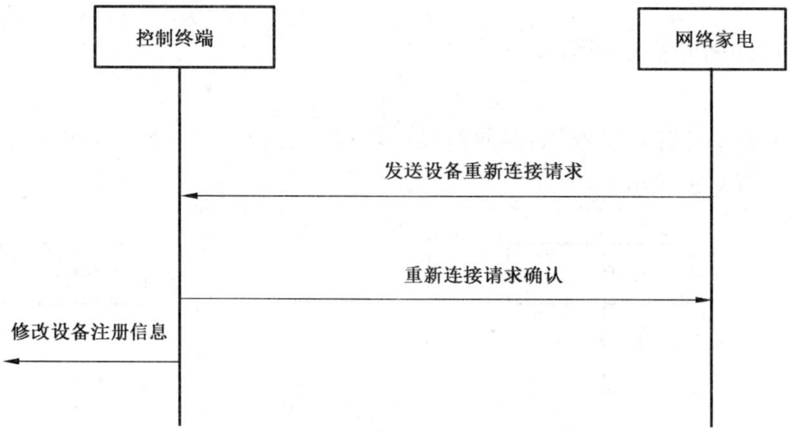

图 C.5　设备重新连接网络

C.4　网络状态判断的功能实现流程

网络家电能够判断自身处于正常的网络通信状态还是异常的通信状态，应用流程如图 C.6、图 C.7 所示。

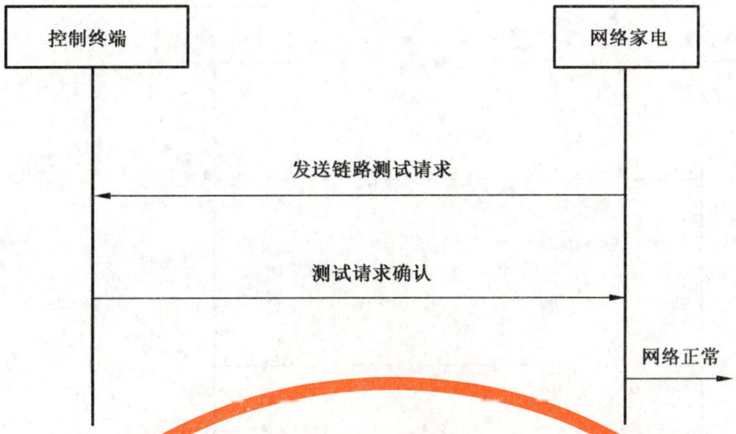

图 C.6 网络家电判断网络连接状态正常

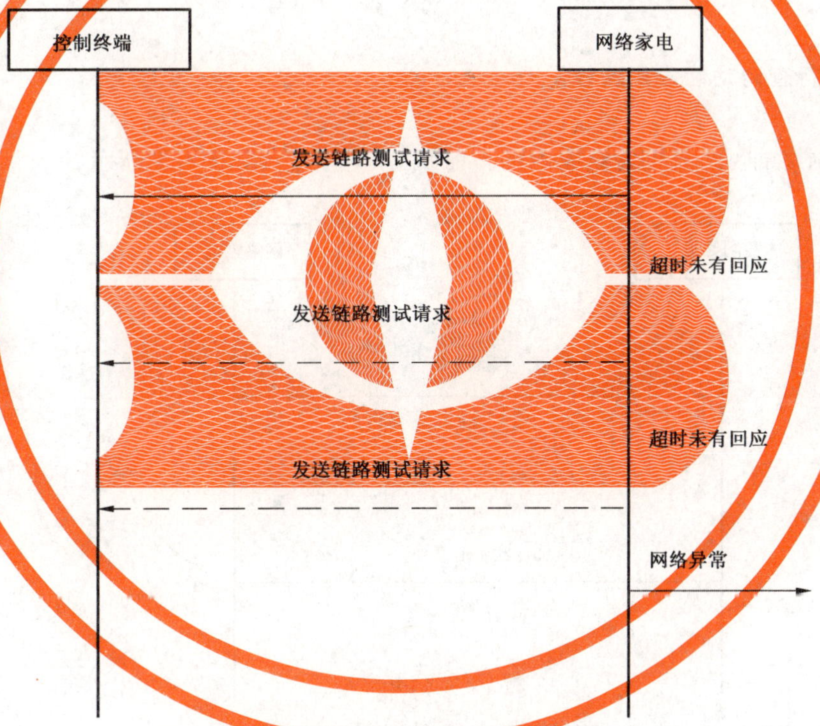

图 C.7 网络家电判断网络连接状态异常

C.5 网络家电执行控制功能应用流程

用户通过控制终端可以控制网络家电执行某些操作,应用流程如图 C.8 所示。

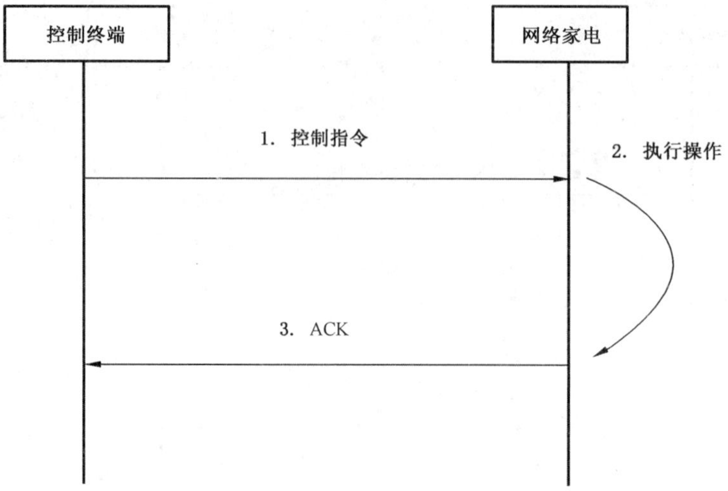

图 C.8 网络家电执行控制功能应用流程

C.6 网络家电执行查询功能应用流程

用户通过控制终端可以查询网络家电的当前状态,应用流程如图 C.9 所示。

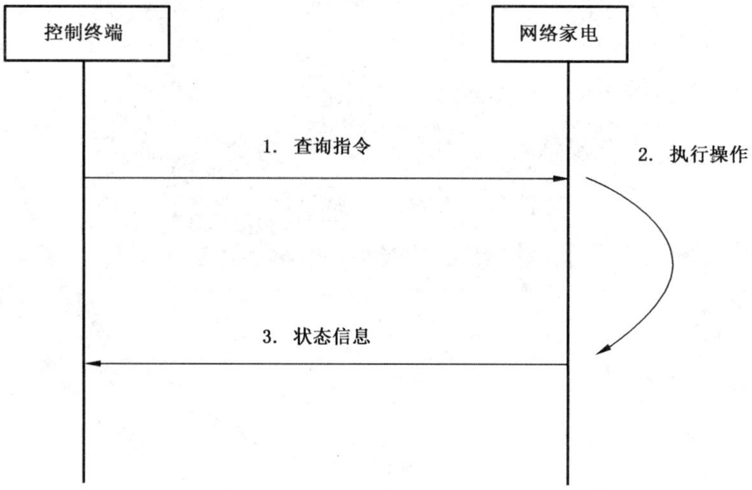

图 C.9 网络家电执行查询功能应用流程

C.7 网络家电发送故障信息功能应用流程

C.7.1 网络家电向控制终端发送故障信息

网络家电发生故障时,可向网络管理器(如控制终端、网关等)发送故障信息,应用流程如图 C.10 所示。

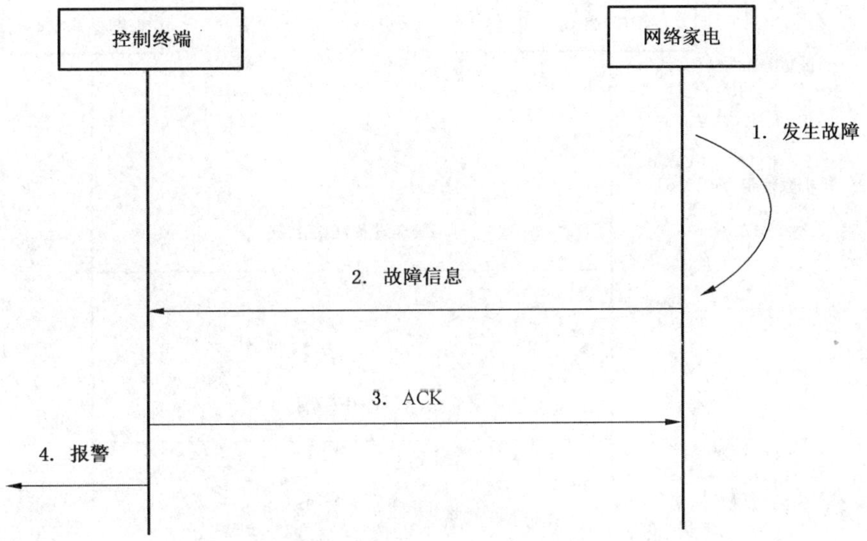

图 C.10 网络家电向控制终端发送故障信息

C.7.2 控制终端向网络家电查询故障信息

网络家电发生故障时，网络管理器(如控制终端)可向其发送故障查询指令，网络家电反馈故障信息，应用流程如图 C.11 所示。

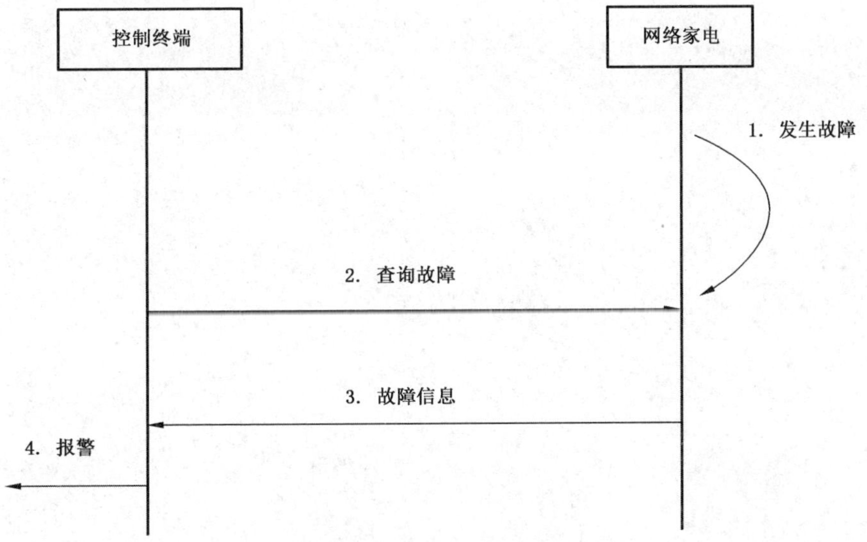

图 C.11 控制终端向网络家电查询故障信息

C.8 网络家电联动功能应用流程

不同网络家电之间可以支持建立联动，联动过程如图 C.12 所示。

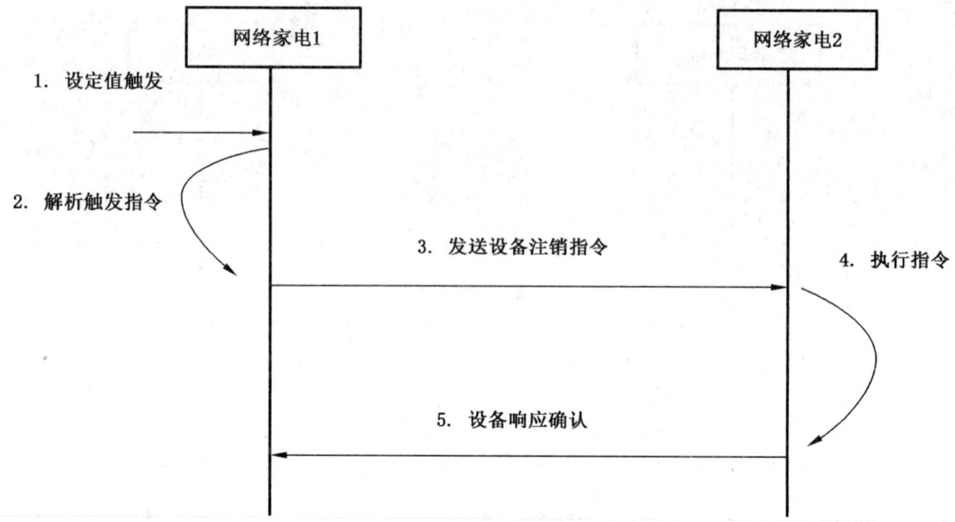

图 C.12 网络家电联动

ICS 35.110
L 79

中华人民共和国国家标准

GB/T 30269.301—2014

信息技术 传感器网络 第301部分：通信与信息交换：低速无线传感器网络网络层和应用支持子层规范

Information technology—Sensor networks—Part 301: Communication and information exchange: Network layer and application support sublayer technical specifications for low-rate wireless sensor networks

2014-12-05 发布 2015-04-01 实施

中华人民共和国国家质量监督检验检疫总局
中国国家标准化管理委员会 发布

前　言

GB/T 30269《信息技术　传感器网络》分为以下几部分：

——第1部分：参考体系结构和通用技术要求；

——第2部分：术语；

——第301部分：通信与信息交换：低速无线传感器网络网络层和应用支持子层规范；

——第302部分：通信与信息交换：高可靠性传感器网络媒体访问控制和物理层规范；

——第303部分：通信与信息交换：基于IP的网络层规范；

——第304部分：通信与信息交换：面向视频的媒体访问控制层和物理层规范；

——第401部分：协同信息处理：支撑服务及接口；

——第501部分：标识：传感结点标识符编制规则；

——第502部分：标识：传感结点标识符解析和管理规范；

——第503部分：标识：传感结点标识符注册规程；

——第601部分：信息安全：通用技术规范；

——第602部分：信息安全：网络传输安全技术规范；

第701部分：传感器接口：信号接口；

——第702部分：传感器接口：数据接口；

——第801部分：测试：通用要求；

——第802部分：测试：低速无线传感器网络媒体访问控制和物理层；

——第803部分：测试：低速无线传感器网络网络层和应用支持子层；

——第901部分：网关：通用技术要求；

——第1001部分：中间件：传感器网络结点数据交换规范。

本部分是GB/T 30269的第301部分。

本部分由全国信息技术标准化技术委员会(SAC TC 28)提出并归口。

本部分起草单位：中国电子技术标准化研究院、深圳市海思半导体有限公司、大唐移动通信有限公司、华为技术有限公司、无锡物联网产业研究院、中科院上海微系统与信息技术研究所、北京邮电大学、重庆邮电大学、东南大学、北京交通大学、中国科学院嘉兴无线传感网工程中心。

本部分主要起草人：刘培、卓兰、徐勇、黄河清、王浩、邹卫霞、徐平平、李凤、李旭。

引　言

本文件的发布机构提请注意，声明符合文件时，可能涉及5.1中“基于分簇和Mesh结合的无线传感器网络组网方法”、6.4与“协调器变换”“报警信息路由”和“路由负反馈”、7.6与“分段重传”等相关授权的和正在申请的专利的使用。

本文件的发布机构对于该专利的真实性、有效性和范围无任何立场。

该专利持有人已向本文件的发布机构保证，他们愿意同任何申请人在合理且无歧视的条款和条件下，就专利授权许可进行谈判。该专利持有人的声明已在本文件的发布机构备案。相关信息可以通过以下联系方式获得：

专利持有人	联系地址	联系人
中国科学院嘉兴无线传感网工程中心	浙江省嘉兴市亚太路778号2号楼(200335)	高彦
华为技术有限公司	北京市海淀区上地信息产业基地信息路五街甲九号奎科大厦(100085)	刘培
东南大学	南京市四牌楼2号东南大学移动通信国家重点实验室李文正楼五层(210096)	徐平平

请注意除上述专利外，本文件的某些内容仍可能涉及专利。本文件的发布机构不承担识别这些专利的责任。

信息技术　传感器网络　第301部分：通信与信息交换：低速无线传感器网络网络层和应用支持子层规范

1　范围

GB/T 30269的本部分规定了低速率无线传感器网络的网络层和应用支持子层协议和服务。

本部分适用于不用电池或仅用非常有限的电池电源的固定的、便携的、移动的设备，并主要工作在有限的个人空间(0～10 m)。

2　规范性引用文件

下列文件对于本文件的应用是必不可少的。凡是注日期的引用文件，仅注日期的版本适用于本文件。凡是不注日期的引用文件，其最新版本(包括所有的修改单)适用于本文件。

GB/T 15629.15—2010　信息技术　系统间远程通信和信息交换局域网和城域网　特定要求　第15部分：低速无线个域网(WPAN)媒体访问控制和物理层规范

GB/T 30269.2—2013　信息技术　传感器网络　第2部分：术语

3　术语和定义

GB/T 30269.2—2013界定的以及下列术语和定义适用于本文件。

3.1

访问控制清单　access control list

对于某一设备，用于确定对哪些设备授权可对其执行特定操作的表格。

注：该表格也可用来存储与其他设备安全通信所需要的安全数据(如安全密钥、帧计数、密钥计数和安全级别信息)。

3.2

应用支持子层协议数据单元　application support sublayer protocol data unit

按一定协议可在对等实体的应用支持子层之间交互的数据单元。

3.3

应用支持子层命令帧　application support sublayer command frame

用于指令将某一设备的应用支持子层管理实体发送到另一设备的对等实体的帧。

3.4

属性　attribute

表示物理数量或状态的数据实体。属性使用命令与其他设备进行交互。

3.5

绑定　binding

创建由源端点或簇标识对到目标端点的单向逻辑链路的操作。

注：绑定可存在于一个或不止一个设备中。

3.6

广播　broadcast

向特定个域网每一节点设备的消息传输。

注：这些节点设备都属于一个静态定义的广播组，例如所有的路由器，并在一跳的给定传输半径内。

3.7

广播抖动　broadcast jitter

设备在中继广播事务时引起的随机时延。

3.8

广播事务记录　broadcast transaction record

由某一设备始发或中继的广播消息的本地接收记录。

3.9

广播事务表　broadcast transaction table

广播事务记录的集合。

3.10

群集标识符　cluster identifier

一种用于表示分类属性序列的16位串。

3.11

设备　device

可执行实现的传感器网络协议栈的任何实体。

3.12

直接寻址　direct addressing

帧的目的地址完全在该帧中指定的寻址模式。

3.13

直接传输　direct transmission

使用直接寻址模式进行的帧传输。

3.14

解关联　disassociation

由媒体访问控制层提供，用于解除设备在网络中关联关系的服务。

3.15

终端设备绑定　end-device binding

由构成链接的终端设备创建和撤销绑定的过程。

3.16

端点　endpoint

终端单元的特定组成部分。

注：一个传感器网络设备可支持多达254个端点。

3.17

扩展个域网标识符　extended personal area network identification；PAN ID

个域网在全局网络中的64位唯一性标识符。

注：唯一性是为了避免不同网络的个域网标识符相冲突。

3.18

间接寻址　indirect addressing

源设备的一种无需知道目的设备地址而交由协调器进行通信的能力。

注：消息由源设备直接发送给协调器，消息中只包含源终端字段，并设置应用支持子层协议数据单元（APDU）的间

接寻址位。协调器负责在其绑定表中查询源地址-终端-群集标识符，并向每一个相应的目的地址即终端重新发送消息。

3.19

信息库 information base

用于定义某一层中特定行为的变量的集合。

注：该变量的值可通过该层的管理服务来规定或获取。

3.20

多播 multicast

将消息传向特定个域网的一组设备的通信模式。

注：其中设备均属于一个动态定义的广播组，并在一个跳的给定传输半径内。

3.21

多跳网络 multihop network

消息的发送方和接收方不一定直接相连，而应由中间设备承担选路功能的特定无线网。

3.22

邻居表 neighbor table

传感器设备用于跟踪个人操作空间内其他设备的表格。

3.23

网络地址 network address

网络层分配给设备，由网络层用于在路由器之间的选路的地址。

3.24

网络广播投递时间 network broadcast delivery time

给定网络中广播事务到达接收设备所需的时间。

3.25

网络管理者 network manager

完成网络管理功能的个人或功能单元。

注：管理功能包括解决个域网标识符冲突、快速测量面临干扰时的频率等。

3.26

网络协议数据单元 network protocol data unit

在两个对等实体的网络层之间按一定协议交换的数据单元。

3.27

网络服务数据单元 network service data unit

通过网络服务接入点投递的信息单元。

3.28

节点 node

集成在同一功能单元中，共享 GB/T 15629.15—2010 中定义的独立于射频的设备描述和设备应用的集合。

3.29

空 null

未分配、未定义或未知的参数或变量值。

注："空"的确切值是由实现特定的，并且不能与其他变量值或参数冲突。

3.30

变孤设备 orphaned device

与传感器网络中的通信断开，失去与个域网关联的设备(特别是传感器网络终端设备)。

3.31

个域网协调器 PAN coordinator

网络协调器 network coordinator

基于GB/T 15629.15—2010中的定义,负责网络构建的首要网络控制设备。这种协调器应是全功能设备(FFD)。

3.32

个域网信息库 PAN information base

GB/T 15629.15—2010标准中变量的集合,这些变量在各层之间传输,用于信息交换。

注:这种信息库可以包括存储安全材料的访问控制清单。

3.33

协议数据单元 protocol data unit

对等实体间交换的数据单元。

3.34

路由发现 route discovery

一种由传感器网络的协调器或者路由器执行的操作,通过发出路由请求命令帧尝试发现一条通向远端设备的路由。

3.35

路由发现表 route discovery table

传感器网络协调器或者路由器用以存储路由发现过程中使用的临时信息。

3.36

路由回复 route reply

一种用于响应路由请求的网络层命令。

3.37

路由请求 route request

一种用于发现通过传感器网络的路径,以投递后续消息的网络层命令。

3.38

路由器 router

传感器网络中,一种提供设备之间选路消息,并支持关联的全功能设备。

注:路由器虽不是协调器,但在其操作范围内可完成协调器承担的工作。

3.39

选路表 routing table

一种由协调器或路由器用于存储帧路由选择所需消息的表格。

3.40

汇点 sink

网络中数据流向的终点。

3.41

单播 unicast

将消息传向网络中单个设备的通信方式。

4 缩略语

下列缩略语适用于本文件:

AIB: 应用支持层信息库(Application Support Layer information base)

APDU： 应用支持子层协议数据单元（Application Support Sublayer Protocol Data Unit）
APL： 应用层（Application Layer）
APS： 应用支持子层（Application Support Sublayer）
APSDE： 应用支持子层数据实体（Application Support Sublayer Data Entity）
APSDE-SAP：应用支持子层数据实体—服务接入点（Application Support Sublayer Data Entity - Service Access Point）
APSME： 应用支持子层管理实体（Application Support Sublayer Management Entity ）
APSME-SAP：应用支持子层管理实体—服务接入点（Application Support Sublayer Management Entity - Service Access Point）
ASDU： 应用支持子层服务数据单元（APS Service Data Uint）
BTR： 广播事务记录（Broadcast Ttransaction Record）
BTT： 广播事务表（Broadcast Transaction Table）
CSMA/CA： 带避撞的载波侦听多址（Carrier Sense Multiple Access with Collision Avoidance）
EPID： 扩展的个域网标识符（ID Extened PAN ID）
FFD： 全功能设备（Full-Function Device）
GTS： 保证时隙（Guaranteed Time Slot ）
HDR： 头部（Header）
LQI： 链路质量指标（Link Quality Indicator）
LR-WPAN： 低速率无线个域网（Low-Rate Wireless Personal Area Network）
LPR： 低功耗路由器（Low-Power Router）
MAC： 媒体访问控制（Medium Access Control）
MCPS-SAP： MAC 公共部分子层—服务接入点（Medium Access Control Common Part Sublayer-Service Access Point）
MLME-SAP：MAC 子层管理实体—服务接入点（Medium Access Control Sublayer Management Entity-Service Access Point）
MSC： 消息序列图（Message Sequence Chart）
MSDU： MAC 协议子层数据单元（Medium aAccess Control Sublayer Service Data Unit）
MSG： 消息服务类型（Message Service Type）
NBDT： 网络广播投递时间（Network Broadcast Delivery Time）
NFB： 负反馈（Negative Feedback）
NHLE： 邻近高层实体（Next Higher-Layer Entity）
NIB： 网络层信息库（Network-Layer Information Base）
NLDE： 网络层数据实体（Network-Layer Data Entity）
NLDE-SAP： 网络层数据实体—服务接入点（Network-Layer Data Entity-Service Access Point）
NLME： 网络层管理实体（Network-Layer Management Entity）
NLME-SAP： 网络层管理实体—服务接入点（Network-Layer Management Entity - Service Access Point）
NPDU： 网络层协议数据单元（Network-Layer Protocol Data Unit）
NSDU： 网络服务数据单元（Network Service Data Unit）
NWK： 网络层（Network Layer）
PAN： 个域网（Personal Area Network）
PD-SAP： 物理层数据—服务接入点（Physical-Layer Data-Service Access Point）
PDU： 协议数据单元（Protocol Data Unit）

PHY：　物理层（Physical Layer）
PIB：　个域网信息库（Personal Area Network Information base）
PLME-SAP：物理层管理实体—服务接入点（Physical Layer management Entity-Service Access Point）
QoS：　服务质量（Quality of Service）
RFD：　简化功能设备（Reduced-Function Device）
RREP：　路由应答（Route Reply）
RREQ：　路由请求（Route Request）
SAP：　服务接入点（Service Access Point）

5 总体描述

5.1 综述

无线传感器网络的协议构架是基于开放系统互连七层模型建立的。每一层都分别为邻居的上一层提供一系列特定服务，主要包括数据实体提供数据传输服务和管理实体提供除数据传输之外的其他各种服务。每一服务实体都通过SAP向其邻居的上一层提供一个接口，每一SAP都支持不同的服务原语以实现不同的功能要求。

本部分规定了设备加入和离开网络的机制、路由机制及算法、设备之间在网络层上的相互发现和路由维持、一跳邻居设备的发现和相关邻居设备信息的存储等的机制和算法、新网络的建立方式以及新加入网络设备地址的分配方法等。

同时，针对不同应用，还定义了相应的数据服务和管理服务。数据传输服务主要提供面向连接的可靠服务，并提供流量、差错和序列三方面的控制，以实现两个节点设备间传输的报文无差错、无丢失、无重复和不乱序。

5.2 网络拓扑

5.2.1 网络结构

无线传感器网络可组成星状网络或对等网络，如图1所示。

在星状网络中，所有普通设备都与中心设备即网络协调器直接通信。网络协调器一般由持续电力系统供电，而其他设备以电池供电。星状网络适用于家庭自动化、微型计算机的外设以及个人健康护理器材等有限范围的室内应用。

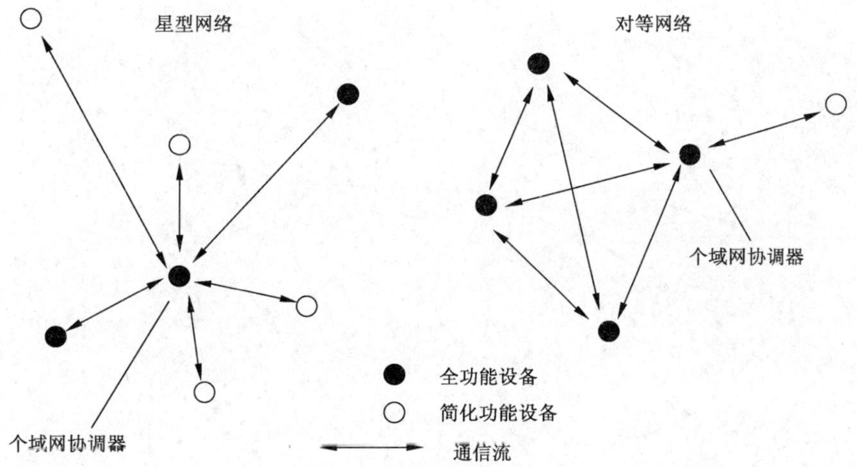

注：在 GB/T 15629.15—2010 中支持具有不同通信能力的两种设备，即全功能设备(FFD)和简化功能设备(RFD)。FFD 之间以及 FFD 与 RFD 之间都可通信。RFD 之间不能直接通信，只能与 FFD 通信，或通过 FFD 向外转发数据。

图 1 星状网络和对等网络

与星状网络不同，对等网络只要彼此都在对方的无线辐射范围之内，任何两个设备之间都可以直接通信。对等网络中也需要网络协调器，用于管理链路状况信息，鉴别设备身份等。对等网络可支持自组织网络通信方式，允许通过多跳路由在网络中传输数据。但本部分不涉及自组织网络。对等网络可构造更复杂的网络拓扑，以适应设备分布范围广的应用。

在星状网络与对等网络基础上，可构建混合网络拓扑，即包括两类设备：路由器与节点设备。路由器是一些节点设备的父节点，处于彼此无线辐射范围内的路由器之间可直接通信，节点设备与其对应的路由器可直接通信或通过多跳转发通信。

5.2.2 网络拓扑

5.2.2.1 星状网络拓扑

本条主要规定无线传感器网络对形成网络拓扑提供的支持，并详细地描述星状网络的形成过程。星状网络以网络协调器为中心，所有其他设备都只能与网络协调器进行通信，如图 1 所示。在星状网络形成过程中，一旦有一个全功能设备(FFD)被启动，便以此建立网络并转为网络协调器。选择标识符后，网络协调器就允许其他设备加入自己的网络，并为这些设备转发数据帧。

5.2.2.2 对等网络拓扑

对等网络中，任意两个设备均可直接通信。对等网络中仍需有一个网络协调器来完成设备注册和访问控制等网络管理功能，如图 1 所示。

树状结构网络是对等网络的一种典型拓扑，如图 2 所示。

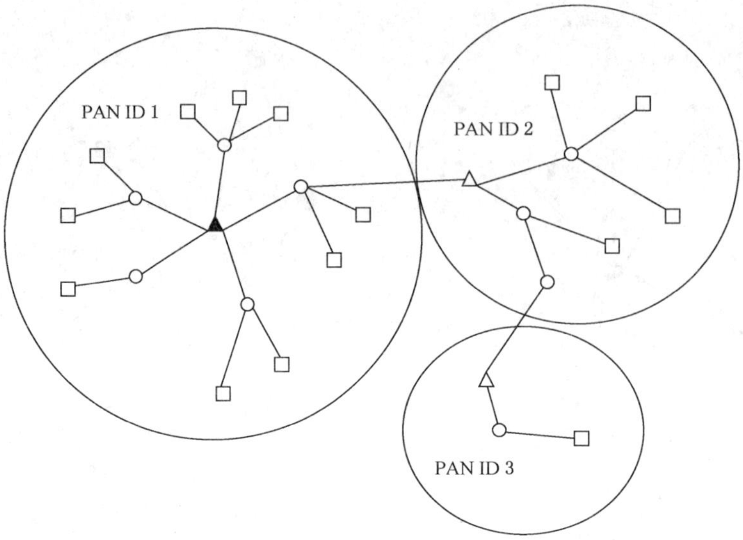

说明：

▲——第一个 PAN 协调器；

△——PAN 协调器；

○——路由器；

□——节点设备。

注：PAN ID n 表示多级簇树网络第 n 个 PAN。

图 2　多级树状网络

在树状网络中，多数设备是 FFD，而 RFD 总是作为树状网络的叶子设备连接到网络中。任意一个 FFD 都可以作为 RFD 协调器或网络协调器，为其他设备提供同步信息。在这些协调器中，只有一个可以充当整个对等网络的网络协调器。网络协调器首先为该树选择一个未被使用的 PAN 网络标识符，形成网络中的第一个树。接着，网络协调器开始广播信标帧。如果存在两个或两个以上 FFD 同时申请成为网络协调器，则使用竞争算法，具体竞争算法本部分不涉及。邻近节点设备收到信标帧后，就可以申请加入该树。由网络协调器决定节点设备是否成为树成员。如果请求被允许，则该节点设备将作为树的子节点设备加入网络协调器的邻居列表。新加入的节点设备会将父节点设备作为它的父节点设备加入到自己的邻居列表中。

在无线个域网中的网络协调器可指定另一个节点设备成为邻近的新父节点设备，以此形成更多的树。新父节点设备同样可以选择其他节点设备成为父节点设备，进一步扩大网络的覆盖范围。但是过多的父节点设备会增加树间消息传递的延迟和通信开销。为了减少延迟和通信开销，父节点设备可以选择最远的通信设备作为相邻树的父节点设备。

5.2.2.3　混合网络拓扑

本条描述混合网络的形成过程，如图 3 所示。

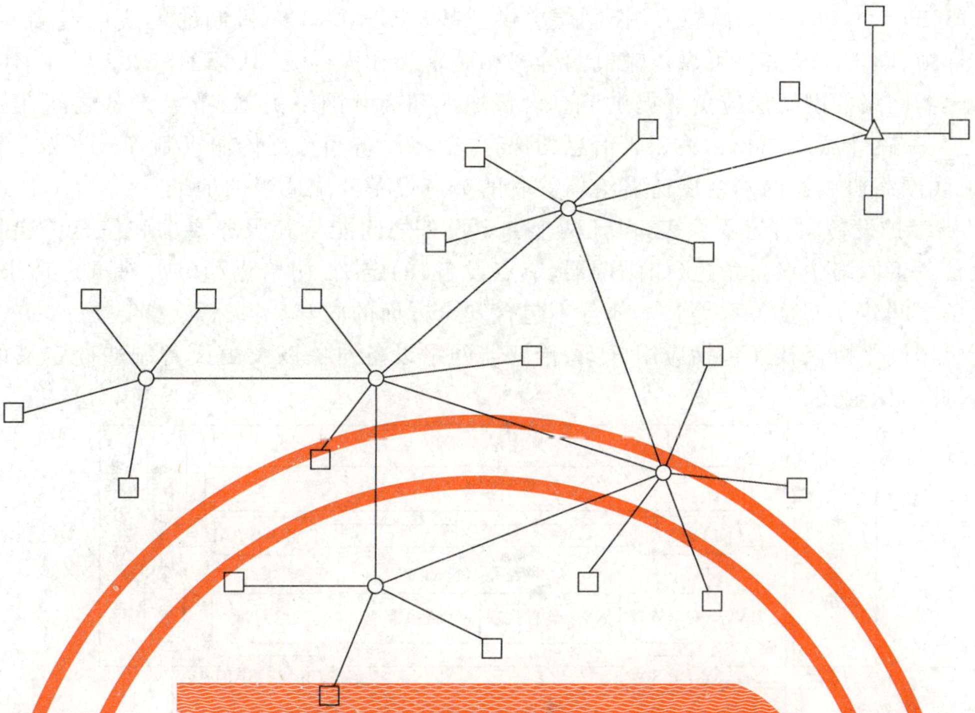

说明：
△——PAN 协调器；
○——路由器；
□——节点设备。

图 3　混合网络

在混合网络形成中，可采用两种机制，即集中式与分布式两种混合网络结构形成机制。

集中式混合网络结构形成过程中，网络中由一个全功能设备充当整个网络的网络协调器，负责为其他协调器分配标识符。网络协调器首先为该网络选择一个未被使用的个域网标识符，并形成网络中的第一个群组。接着，网络协调器开始发起新群组建立过程，使用新群组路由器选择算法（本部分不涉及）决定邻居的新群组路由器并分配群组标识符，新群组路由器同样可选择其他设备成为群组路由器，从而形成路由器混合，进一步扩大网络的覆盖范围。节点设备在接收到邻居协调器（或路由器）的信标帧之后，就可申请加入该群组，由协调器（或路由器）决定节点设备是否成为群组成员，如果请求被允许，则该节点设备将作为协调器（或路由器）的子节点设备加入其邻居清单。新加入的节点设备会将协调器（或路由器）作为其父节点设备加入到自己的邻居清单中。如果该节点设备为全功能设备，则可继续广播带有该群组标识符的信标帧，接受其邻居节点设备的加入请求，从而形成节点设备混合。

分布式混合网络结构中没有充当整个网络的网络协调器的节点设备，群组路由器基于分布式竞争方式产生，各群组路由器自主完成初始化及节点设备入网过程，群组路由器间连接关系对等。任意一个群组路由器均可成为网络的汇聚节点设备，以此为中心发起路由扩散过程。基于网络梯度（节点设备至汇聚节点设备的跳数）建立多对一的汇聚型路由，路由扩散半径可调，以提高网络的适应性，例如支持不同速率的移动汇聚节点设备。

5.3　协议栈结构

无线传感器网络协议栈由各层及其模块组成，如图 4 所示。

GB/T 15629.15—2010 的物理层提供了多种物理层定义，可以工作在不同频段：314 MHz～316 MHz、430 MHz～434 MHz、779 MHz～787 MHz。

GB/T 15629.15—2010 的媒体访问控制层提供了基于 CSMA-CA 机制的无线信道接入控制定义，包括发送信标帧、同步以及提供可靠传输机制等。相关定义和内容见 GB/T 15629.15—2010。

无线传感器网络的网络层应负责提供节点设备加入和离开网络机制、节点设备之间在网络层的路由发现和维护、一跳邻居发现和相关邻居信息的保存、节点设备间数据传输机制等。当需要发起一个新的网络时，无线网络协调器的网络层还需给新关联的节点设备分配适当的地址。

APS 提供维护设备间绑定关系表，保证两个绑定设备之间能与其服务要求和信息传递相匹配。传感器网络设备负责网络中设备角色(如协调器、节点设备)的定义、初始化和(或)对绑定请求的响应、在两个网络设备之间建立安全关系等。本部分不包含安全方面的内容。

无线传感器网络协议栈还包括应用框架、传感器网络设备对象以及由设备制造商定义的应用对象等，本部分对此不做定义。

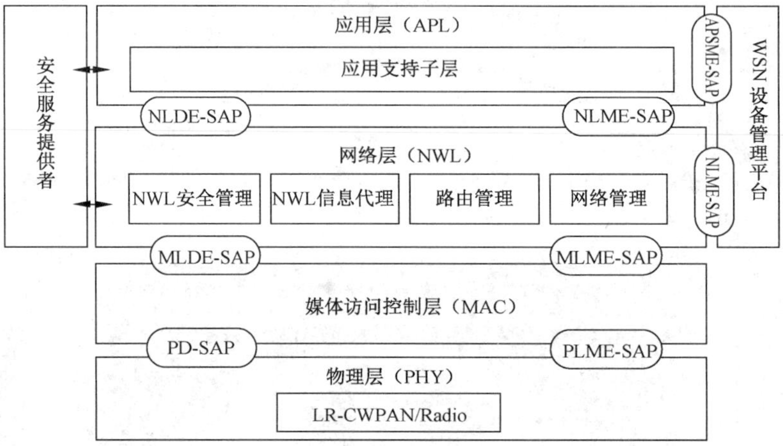

图 4 无线传感器网络协议栈结构

6 网络层

6.1 概述

6.1.1 网络层概述

网络层应提供相应的功能以保证 GB/T 15629.15—2010 媒体访问控制层的正确操作，并为应用层提供合适的服务接口。网络层包括 NLDE 和 NLME。其中，NLDE 通过与其关联的 NLDE-SAP 提供数据传送服务。NLME 通过与其关联的 NLME-SAP 提供管理服务。NLME 使用 NLDE 来获得管理任务，并维护 NIB。

6.1.2 NLDE

NLDE 应提供一种数据服务，以允许在两个或更多个设备之间传输 APDU 的应用。这些设备本身应位于同一网络。

NLDE 应提供以下服务：

a) 产生网络层的 NPDU：应能通过为 APS 的协议数据单元增加适当的协议头来产生 NPDU；

b) 拓扑指定的路由：应能发送一个 NPDU 给适当的设备，即通信的最终目的地或通信链中指向最终目的地的下一跳节点设备；

c) 安全：保证传输的真实性和机密性。

6.1.3 NLME

NLME 应提供管理服务以使应用与协议栈相互作用。

NLME 应提供以下服务：

a) 配置新设备：为所需的操作配置足够的协议栈。配置选项包括启动网络协调器或让一个已存在的网络加入；
b) 建立新网络；
c) 加入、重新加入和离开网络，以及网络协调器或路由器请求节点设备离开网络；
d) 分配地址：网络协调器和路由器给新加入网络的节点设备分配地址；
e) 邻居发现：发现、记录和报告关于节点设备一跳范围内邻居节点的设备信息；
f) 路由发现：发现并记录通过网络的路径，借此可有效转发消息；
g) 接收控制：节点设备能具有控制接收机何时工作以及工作多长时间，从而使 MAC 子层能进行同步或直接接收；
h) 路由：使用不同的路由机制在网络中高效地交换数据，例如单播、广播、多播或多对一传播。

6.2 服务规范

6.2.1 概述

网络层提供两种服务，即网络层数据服务和网络层管理服务，这两种服务通过两个 SAP 进行访问。前者可经 NLDE-SAP 访问，后者可经 NLME-SAP 访问。这两种服务在应用层与 MAC 子层间经 MCPS-SAP 和 MLME-SAP 接口提供接口。除这些外部接口外，在 NLME 和 NLDE 间还隐含一种接口，允许 NLME 使用网络层数据服务。图 5 给出了网络层参考模型。

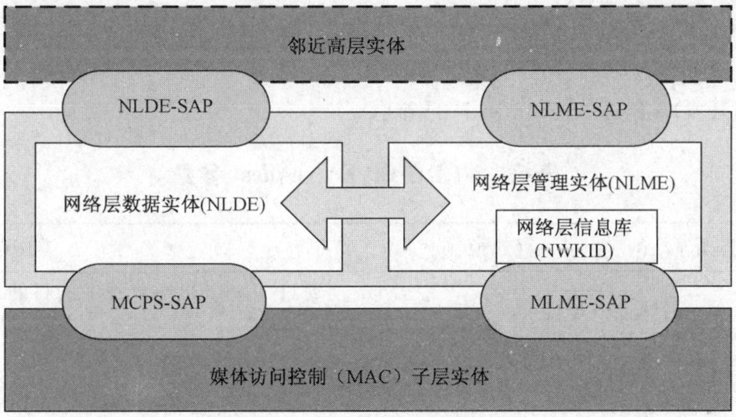

图 5 网络层参考模型

6.2.2 网络层数据服务

6.2.2.1 概述

NLDE-SAP 支持在对等的应用实体之间传送 APDUs。表 1 列出了 NLDE-SAP 支持的原语。

表 1 NLDE-SAP 原语

NLDE-SAP 原语	请求	证实	指示
NLDE-DATA	6.2.2.2	6.2.2.3	6.2.2.4

6.2.2.2 NLDE-DATA.request

6.2.2.2.1 服务原语的语义

本原语请求从本地 APS 实体传送一个 NSDU 到一个或不止一个对等的 APS 实体。

本原语的语义如下：

```
NLDE-DATA.request {
                DstAddrMode,
                DstAddr,
                NsduLength,
                Nsdu,
                NsduHandle,
                Radius,
                NonmemberRadius,
                DiscoverRoute,
                SecurityEnable,
                IsAlarm,
                SymLinkFlag,
                StableRouterFlag
                }
```

表 2 给出了 NLDE-DATA.request 原语的参数。

表 2 NLDE-DATA.request 参数

名称	类型	有效范围	描述
DstAddrMode	整型	0x01 或 0x02	通过 DstAddr 参数提供的目的地址类型；这可能取以下两值之一： 0x01：16 位多播地址； 0x02：节点设备的 16 位网络地址或者一个 16 位广播地址
DstAddr	16 位地址	0x0000～0xFFFF	目的地址
NsduLength	整型	小于 aMaxMACFrameSizenwk-(cMinHeaderOverhead +nwkcMACFrameOverhead)	组成要传送的 NSDU 的八位位组数。考虑到网络层不使用扩展的寻址模式，这已被 GB/T 15629.15—2010 中的 aMaxMACFrameSize 限定所修改。这使得头闲置的部分被用于有效载荷
Nsdu	八位位组集	—	组成要传送的 NSDU 的八位位组集
NsduHandle	整型	0x00～0xff	要通过网络层实体发送的与 NSDU 相关联的句柄
Radius	无符号整型	0x00～0xff	帧允许通过网络传输的距离，以跳数为单位

表 2（续）

名称	类型	有效范围	描述
Discover-Route	整型	0x00～0x01	DiscoverRoute 参数允许用于控制传输该帧的路由发现操作(见 6.6.3.6)： 0x00：禁用路由发现； 0x01：启用路由发现
Nonmember-Radius	整型	0x00～0x07	多播帧将通过非组成员的节点设备转发的距离，以跳数为单位；0x07 视为无穷
Security- Enable	布尔型	TRUE 或 FALSE	SecurityEnable 参数允许用于启用当前帧的网络层安全处理，如果安全级别在 NIB 中的 NwkSecurityLeve 属性为 0，即为无安全处理机制，则将这一参数忽略；否则，TRUE 表示将进行应用安全级指定的安全处理，FALSE 表示将不会进行安全处理
IsAlarm	布尔型	TRUE 或 FALSE	IsAlarm 参数可用于对邻近高层传来的数据单元启用报警机制
StableRouterFlag	布尔型	TRUE 或 FALSE	StableRouterFlag 用于标识稳定路由选项，当 StableRouterFlag 设置为 true 时，表示请求一条稳定的路由；StableRouterFlag 设置为 false 时表示请求一条普通的路由
SymLinkFlag	布尔型	TRUE 或 FALSE	SymLinkFlag 允许启用对称路由发现操作，当 SymLinkFlag 设置为 true 时表示为请求一条对称的路由，当 SymLinkFlag 设置为 false 时表示为请求一条非对称路由

6.2.2.2.2 产生条件

当把 NSDU 传送给对等的 APS 实体时，本原语由本地的 APS 实体产生。

6.2.2.2.3 收后效果

如果本原语被当前没有关联的节点设备接收，该节点设备的网络层将发出一个状态为 INVALID_REQUEST 的 NLDE-DATA.confirm 原语。

在收到本原语时，NLDE 首先构造一个 NPDU，以发送所提供的网络服务数据单元(NSDU)。如果在处理期间，NLDE 在传输 NSDU 之前发出了 NLDE-DATA.confirm 原语，则中止所有的进一步处理。在构造新的 NPDU 时，网络层帧头部的目的地址字段将设置为 DstAddr 参数提供的值，且源地址字段值设置为该节点设备 MACPIB 中的 *macShortAddress* 的值。网络层帧头部帧控制字段所发现的路由子字段将设置为 DiscoverRoute 参数提供的值。如果所提供的 Radius 参数值不为零，那么网络层帧头部的半径字段就设置为 Radius 参数的值。如果 Radius 参数值为零，就设置为网络层 NIB 中 *nwkMaxDepth* 属性值的两倍。如 6.3.2.6 所述，网络层将为帧产生一个序列号，且帧的网络层帧头部的序列号字段将设置为这个序列号的值。网络层帧头部的多播标志字段将根据 DstAddrMode 参数的值设置。如果 DstAddrMode 参数值为 0x01，则网络层帧头部将包含一个多播控制字段，该字段设置如下：

a) 如果该节点设备是 DstAddr 参数所指定的组的一个成员，则将该字段设置为 0x01；
b) 否则，将该字段设置为 0x00；
c) 非成员半径和最大非成员半径字段将设置为 NonmemberRadius 参数的值。

一旦构造了 NPDU,如果网络服务数据单元(NSDU)是单播的,则使用 6.6.3.4 所述的过程为其选路;如果 NSDU 是广播的,则使用 6.6.5 所述的过程选路;如果 NSDU 是多播的,则使用 6.6.6.3 所述的过程选路。当选路过程指定要发送 NSDU 时,可以通过发出 MCPS-DATA.request 原语来完成,且 SrcAddrMode 和 DstAddrMode 参数均设置为 0x02,表示使用 16 位的网络地址。SrcPanId 和 DstPanId 参数都可设置为 MAC PIB 的 *macPanId* 的当前值。SrcAddr 参数将设置为 MAC PIB 的 *macShortAddr* 值。DstAddr 参数的值是下一跳的地址,由选路过程确定。如果消息是单播的,则 TxOptions 参数的 b0 位应设置为 1,表示需要确认回复。在接收到 MCPS-DATA.confirm 原语时,NLDE 发出 NLDE-DATA.confirm 原语,状态值等于从 MAC 子层收到的状态值。

如果 NSDU 包括了报警信息,则应将 IsAlarm 字段设置为 TRUE。

6.2.2.3 NLDE-DATA.confirm

6.2.2.3.1 服务原语的语义

本原语证实请求从本地 APS 实体传送 NSDU 到对等应用支持子层子层实体的结果。

本原语的语义如下:

```
NLDE-DATA.confirm        {
                         Status
                         NsduHandle,
                         TxTime
                         }
```

表 3 给出了 NLDE-DATA.confirm 原语的参数。

表 3 NLDE-DATA.confirm 参数

名称	类型	有效范围	描述
Status	状态	从安全套件或 MCPSDATA. confirm 原语返回的 INVALID_ REQUEST, MAX_FRM_COUNTER, NO_KEY, BAD_CCM_OUTPUT, ROUTE_ERROR, BT_TABLE_FULL, FRAME_NOT_BUFFERED 或任何状态值(见 GB/T 15629.15—2010)	相应请求的状态
NsduHandle	整型	0x00~0xff	与被证实的 NSDU 关联的句柄
TxTime	整型	由实体指定	基于本地时钟的被发送包的时间指示。对给定实现中被发送的包,时间基点可以相同。该值只有在 nwkTimeStamp 设置为 TRUE 后才提供

6.2.2.3.2 产生条件

本原语由本地 NLDE 产生,以响应收到 NLDE-DATA.request 原语。其状态字段反映相应请求的状态,见 6.2.2.2.3 中的描述。

6.2.2.3.3 收后效果

在接收到本原语时,发起方的 APS 被告知其请求发送的结果。如果传输尝试成功,则将状态参数设置为 SUCCESS。否则,状态参数将指示错误。

6.2.2.4 NLDE-DATA.indication

6.2.2.4.1 服务原语的语义

本原语指示从网络层到本地 APS 实体传送 NSDU。

本原语的语义如下：

```
NLDE-DATA.indication    {
                        DstAddrMode,
                        DstAddr,
                        SrcAddr,
                        NsduLength,
                        Nsdu,
                        LinkQuality
                        RxTime
                        SecurityUse
                        IsAlarm
                        }
```

表 4 给出了 NLDE-DATA.indication 原语的参数。

表 4 NLDE-DATA.indication 参数

名称	类型	有效范围	描述
DstAddrMode	整型	0x01 或 0x02	DstAddr 参数提供的目的地址类型。允许取以下两个值之一： 0x01：16 位多播地址； 0x02：节点设备的 16 位网络地址或 16 位广播地址
DstAddr	16 位地址	0x0000～0xFFFF	NSDU 的目的地址
NsduLength	整型	< aMaxMACFrameSize ～（nwkcMACFrameOverhead ＋nwkcMinHeaderOverhead）	组成表示 NSDU 的八位位组数。考虑到传感器网络的网络层不使用扩展的寻址模式已被 GB/T 15629.15—2010 中的 aMaxMACFrameSize 限定所修改。这使得头闲置的部分可用于净荷
Nsdu	八位位组集	—	组成表示 NSDU 的八位位组集
SrcAddr	16 位地址	除广播地址外的任何有效的节点设备地址	产生 NSDU 的单个源节点设备地址
LinkQuality	整型	0x00～0xff	链路质量指示通过在 MAC 上接收到的帧时作为 MCPS-DATA. indication 原语的参数传递（见 GB/T 15629.15—2010）
RxTime	整型	与执行相关	基于本地时钟接收数据包的时间指示。对于给定执行，所有接收数据包的时间基点均可相同，该值只有在 nwkTimeStamp 设置为“真”时才提供
SecurityUse	布尔型	“TRUE”或“FALSE”	指示接收的数据帧是否使用安全处理，如果使用了安全处理，本值设置为“真”，如果未进行安全处理，则设置“假”
IsAlarm	布尔型	“TRUE”或“FALSE”	IsAlarm 参数可用于对邻居 的上一层传来的数据单元启用报警机制

6.2.2.4.2 产生条件

当接收到本地 MAC 子层实体发送的地址匹配数据帧时，本原语由 NLDE 产生并发给 APS。

6.2.2.4.3 收后效果

在接收到本原语时，告知 APS 数据到达了该设备。

6.2.3 网络层管理服务

6.2.3.1 概述

NLME-SAP 为其邻近高层和 NLME 之间传输管理命令提供接口。表 5 列出了 NLME 通过 NLME-SAP 接口支持的原语，以及包含这些原语细节的章条。

表 5 通过 NLME-SAP 访问的原语概述

名称	在本部分中的章条号			
	请求	指示	响应	证实
NLME-NETWORK-DISCOVERY	6.2.3.2			6.2.3.3
NLME-NETWORK-FORMATION	6.2.3.4			6.2.3.5
NLME-PERMIT-JOINING	6.2.3.6			6.2.3.7
NLME-START-ROUTER	6.2.3.8			6.2.3.9
NLME-ED-SCAN	6.2.3.10			6.2.3.11
NLME-JOIN	6.2.3.12	6.2.3.13		6.2.3.14
NLME-DIRECT-JOIN	6.2.3.15			6.2.3.16
NLME-LEAVE	6.2.3.17	6.2.3.18		6.2.3.19
NLME-RESET	6.2.3.20			6.2.3.21
NLME-SYNC	6.2.3.23			6.2.3.25
NLME-SYNC-LOSS		6.2.3.24		
NLME-GET	6.2.3.27			6.2.3.28
NLME-SET	6.2.3.29			6.2.3.30
NLME-NWK-STATUS		6.2.3.31		
NLME-ROUTE-DISCOVERY	6.2.3.32			6.2.3.33
NLME-GROUP-FORMATION	6.2.3.34	6.2.3.36		6.2.3.35
NLME-ROUTER-SELECTION	6.2.3.37	6.2.3.39		6.2.3.38

6.2.3.2 NLME-NETWORK-DISCOVERY.request

6.2.3.2.1 服务原语的语义

本原语允许网络层的邻近高层请求网络层来发现正在运行的网络。

本原语的语义如下：

NLME-NETWORK-DISCOVERY.request {

ScanChannels,
ScanDuration
}

表 6 给出了 NLME-NETWORK-DISCOVERY.request 原语的参数。

表 6 NLME-NETWORK-DISCOVERY.request 参数

名称	类型	有效范围	描述
ScanChannels	位图	32 位	最高有效的五位(b27,…,b31)是保留位;最低有效的27位(b0,b1,…b26)指示将要扫描的有效信道(1 表示扫描;0 表示不扫描)(见 GB/T 15629.15—2010)
ScanDuration	整型	0x00～0x0e	用于计算扫描每个信道花费的时间。 扫描每个信道花费的时间为[aBaseSuperframeDuration×(2^n+1)],n 是 ScanDuration 参数的值;MAC 子层扫描的更多信息见 GB/T 15629.15—2010

6.2.3.2.2 产生条件

本原语由一个传感器网络设备的邻近高层产生,发给其 NLME 来请求发现在设备工作范围内运行的网络。

6.2.3.2.3 收后效果

网络层层接收到该原语,通过在 Scan Channels 变量中规定的信道上,执行持续达 ScanDuration 参数规定周期的有效扫描,试图在设备的个人操作空间内发现网络运行。该扫描是通过 MLME-SCAN.request 原语执行。

在接收到 MLME-SCAN.confirm 原语后,NLME 发出 NLME-NETWORK-DISCOVERY.confirm 原语,该原语包含关于所发现的网络信息,其状态参数的值等于 MLME-SCAN.confirm 返回的值。

6.2.3.3 NLME-NETWORK-DISCOVERY.confirm

6.2.3.3.1 服务原语的语义

本原语报告一个网络发现操作的结果。

本原语的语义如下:

NLME-NETWORK-DISCOVERY.confirm {
Status
NetworkCount,
NetworkDescriptor,
}

表 7 给出了 NLME-NETWORK-DISCOVERY.confirm 原语的参数。

表 7 NLME-NETWORK-DISCOVERY.confirm 参数

名称	类型	有效范围	描述
Status	状态	MLME-SCAN. confirm 原语返回的任何状态值。	见 GB/T 15629.15—2010

表 7（续）

名称	类型	有效范围	描述
NetworkCount	整型	0x00～0xff	给出了通过搜索发现的网络的个数
NetworkDescriptor	网络描述符的清单	清单包含通过 NetworkCount 参数给出的事件数	描述符清单，用于描述发现的网络，表 8 给出了各条目的内容的一个详细描述

表 8 给出了 NetworkDescriptor 参数的网络描述符的详细内容。

表 8　网络描述符信息字段

名称	类型	有效范围	描述
ExtendedPanId	整型	0x0000000000000001～0xfffffffffffffffe	网络的 64 位个域网标识符
LogicalChannel	整型	选自物理层支持的可用的逻辑信道（见 GB/T 15629.15—2010）	目前被网络占用的逻辑信道
StackProfile	整型	0x00～0x0f	用于表示被发现的传感器网络使用的协议栈的标识符
WirelessSensor Network Version	整型	0x00～0x0f	在被发现的网络中使用的传感器网络协议的版本
BeaconOrder	整型	0x00～0x0f	该描述符给出网络中给定的设备在 MAC 子层发送信标的频度；MAC 子层信标命令的讨论（见 GB/T 15629.15—2010）
SuperframeOrder	整型	0x00～0x0f	信标指示网络，即信标序列小于 15，该参数代表超帧的活动周期的长度；MAC 子层超帧命令的讨论（见 GB/T 15629.15—2010）
PermitJoining	布尔	TRUE 或 FALSE	TRUE 表示在当前网络中至少有一个路由器允许加入，即网络层已经发出一个 NLME-PERMIT-JOINING 原语并且如果规定时间限制，尚未过期
RouterCapacity	布尔	TRUE 或 FALSE	如果设备能够从具有路由器功能的设备接受加入请求，值设置为 TRUE，否则设置为 FALSE
EndDeviceCapacity	布尔	TRUE 或 FALSE	如果设备能够从终端设备接受加入请求，值设置为 TRUE，否则设置为 FALSE
NetworkFunction	整型	0x0000～0xffff	网络的功能信息，指示网络的应用属性

6.2.3.3.2　产生条件

当完成由一个 NLME-NETWORK-DISCOVERY.request 原语发起的发现任务时，本原语由 NLME 产生并发给其邻近高层。

6.2.3.3.3　收后效果

网络层的邻近高层接收到该原语后，就可得到网络的搜索结果。

6.2.3.4 NLME-NETWORK-FORMATION.request

6.2.3.4.1 服务原语的语义

本原语允许邻近高层请求该设备以它本身作为协调器启动一个新的传感器网络，并随后修改其超帧的配置。

本原语的语义如下：

```
NLME-NETWORK-FORMATION.request      {
                                     ScanChannels,
                                     ScanDuration,
                                     BeaconOrder,
                                     SuperframeOrder,
                                     BatteryLifeExtension
                                     }
```

表 9 给出了 NLME-NETWORK-FORMATION.request 原语的参数。

表 9 NLME-NETWORK-FORMATION.request 参数

名称	类型	有效范围	描述
ScanChannels	位图	32 位	最高有效的五位(b27,…,b31)是保留位；最低有效的 27 位(b0,b1,…b26)指示将要扫描的有效信道(1 表示扫描；0 表示不扫描)(见 GB/T 15629.15—2010)
ScanDuration	整型	0x00～0x0e	用于计算扫描每个信道花费的时间。 扫描每个信道花费的时间为[aBaseSuperframeDuration×(2^n+1)]，n 是 ScanDuration 参数的值；MAC 子层扫描的更多信息见 GB/T 15629.15—2010
BeaconOrder	整型	0x00～0x0f	更高层形成的网络信标序号
SuperframeOrder	整型	0x00～0x0f	更高层形成的网络超帧序号
BatteryLife Extension	布尔	TRUE 或 FALSE	如果该值设为 TRUE,NLME 将请求网络协调器启动支持电池寿命扩展模式；如果该值为 FALSE,NLME 将请求网络协调器启动不支持电池寿命扩展模式

6.2.3.4.2 产生条件

本原语由一个具有网络协调器功能的设备的邻近高层产生，发给其 NLME 来请求初始化自身为一个新传感器网络的协调器。

6.2.3.4.3 收后效果

一个不能成为网络协调器的设备收到本原语时，NLME 发出 NLME-NETWORK-FORMATION.confirm 原语，其状态参数设置为 INVALID_REQUEST。

如果设备被初始化为一个网络协调器，NLME 请求 MAC 子层首先执行一个能量检测扫描，随后在指定的信道集上执行一个主动扫描。为此，NLME 向 MAC 子层发出 MLME-SCAN.request 原语，该原语中的 ScanType 参数设置为表示能量检测扫描，然后再次发出原语，ScanType 参数设置为表示主动扫描。在执行主动扫描之后，从 MAC 子层收到 MLME-SCAN.confirm 原语时，NLME 选择一个合适的信道。网络层将挑选一个不与任何运行在选定信道上的已知网络相互冲突的个域网标识符。一旦找到合适的信道和个域网标识符，NLME 将选择 0x0000 作为 16 位短 MAC 地址，并通知 MAC 子层。为此，NLME 给 MAC 子层发出 MLME-SET.request 原语，以设置 MAC PIB 属性 macShortAddress。如果 NIB 属性 nwkExtendedPanId 等于 0x0000000000000000，这个属性将被初始化具有 MAC 常量 macExtendedAddress 的值。如果找不到合适的信道或个域网标识符，NLME 发出状态参数设置为 STARTUP_FAILURE 的 NLME-NETWORK-FORMATION.confirm 原语。

如果在邻近高层请求中只提供一个信道，NLME 不需要在开始网络之前进行能量扫描。主动扫描仍然执行以保证选择一个个域网标识符，并保持与已知的正在操作的网络并不冲突。

然后 NLME 向 MAC 子层发出 MLME-START.request 原语。MLME-START.request 原语的 PANCoordinator 参数设置为 TRUE。BeaconOrder、SuperframeOrder 和 BatteryLifeExtension 参数的值将和 NLME-NETWORK-FORMATION.request 原语给定的值相同。如果发出该原语用于开始一个新的个域网，MLME-START.request 原语中的 CoordRealignmen 参数设置为 FALSE。如果发出该原语用于修改任何的个域网配置属性，MLME-START.request 原语中的 CoordRealignment 参数设置为 TRUE。在接收到相关的 MLME-START.confirm 原语时，NLME 向邻近高层发出 NLME-NETWORK-FORMATION.confirm 原语，它的状态值是 MLMESTART.confirm 原语返回的状态值。

6.2.3.5 NLME-NETWORK-FORMATION.confirm

6.2.3.5.1 服务原语的语义

本原语报告请求在一个网络中初始化一个网络协调器的结果。

本原语的语义如下：

NLME-NETWORK-FORMATION.confirm {
Status
}

表 10 给出了 NLME-NETWORK-FORMATION.confirm 原语的参数。

表 10 NLME-NETWORK-FORMATION.confirm 参数

名称	类型	有效范围	描述
Status	状态	从 MLME-START. confirm 原语返回的 INVALID_REQUEST，STARTUP_FAILURE 或任何状态值	尝试初始化网络协调器的结果

6.2.3.5.2 产生条件

本原语由 NLME 产生并发给其邻近高层，以响应一个 NLME-NETWORK-FORMATION.request 原语。本原语返回一个 INVALID_REQUEST、STARTUP_FAILURE 状态值或 MLME-START.confirm 原语返回的任何状态值。这些返回值的条件见 6.2.3.4.3 所述。

6.2.3.5.3 收后效果

在接收到本原语时，邻近高层被告知其请求初始化设备为一个网络协调器的结果。如果 NLME 成功，状态参数将被设置为 SUCCESS。否则状态参数指示错误。

6.2.3.6 NLME-PERMIT-JOINING.request

6.2.3.6.1 服务原语的语义

当可以接受设备加入其网络时，本原语在一定时间内许可一个网络协调器或路由器的邻近高层设置其 MAC 子层的关联允许标志。

服务原语的语义如下：

```
NLME-PERMIT-JOINING.request    {
                                PermitDuration
                                }
```

表 11 给出了 NLME-PERMIT-JOINING.request 原语的参数。

表 11 NLME-PERMIT-JOINING.request 参数

名称	类型	有效范围	描述
PermitDuration	整型	0x00～0xff	网络协调器或者路由器将允许关联的以秒为单位的时间长度；0x00 和 0xff 分别表示允许是禁用或者启用的，没有一个特定的时间限制

6.2.3.6.2 产生条件

当允许或不允许新设备加入网络时，一个网络协调器或路由器的邻近高层产生本原语并发给其 NLME。

6.2.3.6.3 收后效果

只允许一个网络协调器或路由器的邻近高层发出本原语。一个传感器网络终端节点设备的网络层收到本原语时，NLME-PERMIT-JOINING.confirm 原语返回一个 INVALID_REQUEST 状态。

在收到本原语并且其 PermitDuration 参数设置为 0x00 时，NLME 通过给 MAC 子层发出 MLME-SET.request 原语，设置 MAC PIB 属性 macAssociationPermit 为 FALSE。一旦收到 MLME-SET.confirm 原语，NLME 发出 NLME-PERMIT-JOINING.confirm 原语，状态值等于从 MAC 子层收到的状态值。

在收到本原语并且 PermitDuration 参数设置为 0xff 时，NLME 通过给 MAC 子层发出 MLME-SET.request 原语，设置 MAC PIB 属性 macAssociationPermit 为 TRUE。一旦收到 MLMESET.confirm 原语，NLME 发出 NLME-PERMIT-JOINING.confirm 原语，状态值等于从 MAC 子层收到的状态值。

在收到本原语并且 PermitDuration 参数设置是除 0x00 和 0xff 外的任何值时，NLME 设置 MAC PIB 属性 macAssociationPermit 为 TRUE，如上所述。在收到 MLME-SET.confirm 原语之后，NLME 启动一个计时器，在 PermitDuration 秒后过期。一旦设置了计时器，NLME 发出 NLME-PERMIT-JOINING.confirm 原语，状态值等于 MAC 子层收到的状态值。计时器过期时，NLME 通过发出 MLME-SET.request 原语，设置 macAssociationPermit 为 FALSE。

邻近高层每次发出的 NLME-PERMIT-JOINING.request 原语会替代之前所有的请求。

6.2.3.7 NLME-PERMIT-JOINING.confirm

6.2.3.7.1 服务原语的语义

本原语允许一个网络协调器或路由器的邻近高层被告知其请求允许接受设备加入网络的结果。

本原语的语义如下：

NLME-PERMIT-JOINING.confirm {
Status
}

表 12 给出了 NLME-PERMIT-JOINING.confirm 原语的参数。

表 12 NLME-PERMIT-JOINING.confirm 参数

名称	类型	有效范围	描述
Status	状态	从 MLME-SET. confirm 原语返回的 INVALID_REQUEST 或者任何状态（见 GB/T 15629.15—2010）	相应请求的状态

6.2.3.7.2 产生条件

本原语由网络协调器或路由器的 NLME 产生，发给其邻近高层，以响应一个 NLME-PERMIT-JOINING.request。状态参数指示从 MAC 子层收到的状态，或一个 INVALID_REQUEST 的错误代码。这些状态值产生的原因描述见 6.2.3.6。

6.2.3.7.3 收后效果

在接收到本原语时，启动设备的邻近高层被告知其请求允许设备加入网络的结果。

6.2.3.8 NLME-START-ROUTER.request

6.2.3.8.1 服务原语的语义

本原语允许路由器的邻近高层启动路由器预期的活动，包括为数据帧选路、路由发现和接受其他设备加入网络的请求。

本原语的语义如下：

NLME-START-ROUTER.request {
BeaconOrder,
SuperframeOrder,
BatteryLifeExtension
}

表 13 给出了 NLME-START-ROUTER.request 的参数。

表 13 NLME-START-ROUTER.request 参数

名称	类型	有效范围	描述
BeaconOrder	整型	0x00～0x0f	更高层期待形成的网络信标序号
SuperframeOrder	整型	0x00～0x0f	更高层期待形成的网络超帧序号
BatteryLife Extension	布尔	TRUE 或 FALSE	如果该值设为 TRUE，NLME 将请求网络协调器启动支持电池寿命扩展模式，如果该值设为 FALSE，NLME 将请求网络协调器启动不支持电池寿命扩展模式

6.2.3.8.2 产生条件

本原语由一个新设备的邻近高层产生，发给其 NLME 来请求把自身初始化为一个路由器。

6.2.3.8.3 收后效果

如果不作为路由器加入一个传感器网络的设备收到本原语，其 NLME 会发出 NLME-START-ROUTER.confirm 原语，状态参数设置为 INVALID_REQUEST。

如果作为路由器加入一个传感器网络网络的设备收到本原语，其 NLME 发出 MLME-START.request 原语给 MAC 子层。MLME-START.request 原语的 BeaconOrder、SuperframeOrder 和 BatteryLifeExtension 参数值设为 NLME-START-ROUTER.request 中相应的参数值。如果首次作为一个路由器启动并发出原语，MLME-START.request 原语中的 CoordRealignment 参数设置为 FALSE。如果发出该原语用来修改个域网配置属性，MLME-START.request 原语的 CoordRealignment 参数设置为 TRUE。

在收到相关的 MLME-START.confirm 原语后，NLME 给邻近高层发出 NLME-START-ROUTER.confirm 原语，状态值是 MLME-START.confirm 原语返回的状态值。仅当 MLME-START.confirm 原语返回的状态值是 SUCCESS，设备允许开始从事路由器的活动，包括为数据帧选路、路由发现、路由修复和接受其他设备加入网络的请求。否则，设备被明确不允许从事这些活动。

6.2.3.9 NLME-START-ROUTER.confirm

6.2.3.9.1 服务原语的语义

本原语报告请求初始化或修改一个路由器的结果。

本原语的语义如下：

```
NLME-START-ROUTER.confirm    {
                             Status
                             }
```

表 14 给出了 NLME-START-ROUTER.confirm 的参数。

表 14 NLME-START-ROUTER.confirm 参数

名称	类型	有效范围	描述
Status	状态	从 MLMESTART.confirm 原语返回的 INVALID_REQUEST 或者任何状态值	尝试初始化路由器的结果

6.2.3.9.2 产生条件

本原语由 NLME 产生并发给其邻近高层，以响应 NLME-START-ROUTER.request 原语。本原语返回 INVALID_REQUEST 的状态值，或 MLME-START.confirm 原语返回的任何状态值。这些值可以返回的条件描述见 6.2.3.8.3。

6.2.3.9.3 收后效果

在接收本原语时，邻近高层被告知其请求初始化路由器的结果。如果 NIME 初始化成功，Status 参数将设置为 SUCCESS。否则，Status 参数指示错误。

6.2.3.10 NLME-ED-SCAN.request

6.2.3.10.1 服务原语的语义

本原语允许设备邻近高层请求能量监测来评估本地的信道。

本原语的语义如下：

```
NLME-ED-SCAN.request    {
                        ScanChannels,
                        ScanDuration,
                        }
```

表 15 给出了服务原语的参数。

表 15 NLME-ED-SCAN.request 参数

名称	类型	有效范围	描述
ScanChannels	位图	32 位	最高有效的五位(b27,…,b31)是保留位；最低有效的 27 位(b0,b1,…,b26)指示将要扫描的有效信道(1 表示扫描；0 表示不扫描)(见 GB/T 15629.15—2010)
ScanDuration	整型	0x00～0x0e	用于计算扫描每个信道花费的时间。 扫描每个信道花费的时间为[aBaseSuperframeDuration×(2^n+1)]，n 是 ScanDuration 参数的值；MAC 子层扫描的更多信息见 GB/T 15629.15—2010

6.2.3.10.2 产生条件

设备邻近高层产生这个原语请求执行信道的一个能量扫描。

6.2.3.10.3 收后效果

当前网络中的设备接收到本原语后，设备会暂时停止当前操作而去执行一次能量扫描操作。为此，NLME 会发出 MLME-SCAN.request 原语到 MAC 子层，ScanType 参数设置为指示能量检测扫描，ScanChannels 和 ScanDuration 来自 NLME 请求。

6.2.3.11 NLME-ED-SCAN.confirm

6.2.3.11.1 服务原语的语义

本原语提供给邻近高层能量扫描的结果。

本原语的语义如下：

```
NLME-ED-SCAN.confirm    {
                        Status,
                        EnergyDetectList,
                        }
```

表 16 给出了服务原语的参数

表 16 NLME-ED-SCAN.confirm

名称	类型	有效范围	描述
Status	状态	SUCCESS 或任何来自 MAC 的有效代码	尝试初始化路由器的结果
EnergyDetect-List	整型清单	每个整型值 0x00～0xff	能量测量表和 GB/T 15629.15—2010 一致，每个信道一个

6.2.3.11.2 产生条件

本原语由传感器网络设备的 NLME 产生，以响应 NLME-ED-SCAN.request。该原语的状态指示从 MAC 子层的 MLME-SCAN.confirm 原语中接收到的状态值。EnergyDetectList 包含了对信道进行能量检测扫描的结果（整数清单，0x00～0xff），符合 GB/T 15629.15—2010。

6.2.3.11.3 收后效果

在接收到本原语之后，邻近高层被告知能量检测扫描的结果。

6.2.3.12 NLME-JOIN.request

6.2.3.12.1 服务原语的语义

本原语允许设备邻近高层通过该原语请求加入或者重新加入一个网络，或者为在一个正在运行的网络中的设备改变操作信道。

本原语的语义如下：

```
NLME-JOIN.request        {
                          ExtendedPanId,
                          RejoinNetwork,
                          ScanChannels,
                          ScanDuration,
                          CapabilityInformation,
                          SecurityEnable
                          }
```

表 17 给出了 NLME-JOIN.request 原语的参数。

表 17 NLME-JOIN.request 参数

名称	类型	有效范围	描述
ExtendedPanId	整型	0x0000000000000001～0xfffffffffffffffe	要加入的网络的 64 位个域网标识符
RejoinNetwork	整型	0x00～0x03	该参数控制加入网络的方法：如果设备通过关联请求加入网络，参数是 0x00；如果设备用孤立过程直接加入或重新加入网络，参数是 0x01；如果设备执行网络重新加入过程，参数是 0x02；如果设备将操作信道改为 ScanChannels 参数中标识的信道，参数是 0x03

表 17（续）

名称	类型	有效范围	描述
ScanChannels	位图	32 位	最高有效的五位(b27,…,b31)是保留位;最低有效的 27 位(b0,b1,…,b26)指示将要扫描的有效信道(1 表示扫描;0 表示不扫描)(见 GB/T 15629.15—2010)
ScanDuration	整型	0x00～0x0e	用于计算扫描每个信道花费的时间。扫描每个信道花费的时间为[aBaseSuperframeDuration×(2^n+1)],n 是 ScanDuration 参数的值;MAC 子层扫描上的更多信息见 GB/T 15629.15—2010
Capability- Information	位图	见表 56	直接加入设备的操作能力
SecurityEnable	布尔	TRUE 或 FALSE	如果 RejoinNetwork 值设为 0x02,且该值设为 TRUE,设备会尝试安全地重新加入。否则设置为 FALSE

6.2.3.12.2 产生条件

一个设备的邻近高层产生本原语,以请求:

a) 使用 MAC 关联过程加入一个网络;

b) 使用孤立过程加入或重新加入一个网络;

c) 使用网络层重新加入过程加入或重新加入一个网络;

d) 为加入网络的设备切换操作信道。

6.2.3.12.3 收后效果

一个当前已经加入网络的设备收到本原语,且 RejoinNetwork 参数等于 0x00,其 NLME 发出 Status 参数设置为 INVALID_REQUEST 的 NLME-JOIN.confirm 原语。

一个当前没有加入网络的设备收到本原语,且 RejoinNetwork 参数等于 0x00,设备尝试加入 64 位 ExtendedPanId 参数指定的网络,如 6.6.1.5.2.2 所述。

如果设备收到本原语,且 RejoinNetwork 参数等于 0x01,那么设备尝试使用孤立过程加入或重新加入网络,如 6.6.1.5.4.2 所述。

如果设备收到本原语,且 RejoinNetwork 参数等于 0x02,设备尝试重新加入由 ExtendedPanId 参数给出的 64 位扩展个域网标识符的网络。如 6.6.1.5.3 所述。

一旦设备成功加入一个网络,nwkExtendedPanId NIB 属性将被设置为所加入网络的扩展个域网标识符。

如果设备收到本原语,RejoinNetwork 参数等于 0x03,且设备支持设置 phyCurrentChannel 的值,则设备尝试更换操作信道为 ScanChannels 中描述的信道。如果 ScanChannels 参数提供不止一个信道,NLME 发送了 Status 参数设置为 INVALID_REQUEST 的 NLME-JOIN.confirm 原语。如果信道改变成功,设备会发出 NLME-JOIN.confirm 原语,Status 参数设置为 SUCCESS。如果设备不支持直接设置 phyCurrentChannel,那么 NLME 发出 Status 参数设置为 UNSUPPORTED_ATTRIBUTE 的 NLME-JOIN.confirm 原语。

6.2.3.13 NLME-JOIN.indication

6.2.3.13.1 服务原语的语义

本原语允许网络协调器或路由器的邻近高层被告知一个新设备成功地通过关联加入网络或使用网

络层重新加入过程重新加入网络,见 6.6.1.5.4。

本原语的语义如下:

```
NLME-JOIN.indication     {
                         NetworkAddress,
                         ExtendedAddress,
                         CapabilityInformation,
                         RejoinNetwork
                         SecureRejoin
                         }
```

表 18 给出了 NLME-JOIN.indication 原语的参数。

表 18 NLME-JOIN.indication 参数

名称	类型	有效范围	描述
NetworkAddress	网络地址	0x0001~0xfff7	已经被加入到网络的实体的网络地址
ExtendedAddress	64 位 IEEE 地址	任何 64 位,IEEE 地址	已经被加入到网络的实体的 64 位 IEEE 地址
RejoinNetwork	整型	0x00~0x03	该参数指示加入网络使用的方法:如果设备通过关联加入网络,参数是 0x00;如果设备直接加入或用孤立过程重新加入网络,参数是 0x01;如果设备使用网络重新加入过程,参数是 0x02
Capability -Information	位图	见 GB/T 15629.15—2010	指定加入设备的操作能力
SecurityRejoin	布尔	TRUE 或 FALSE	如果以安全状态重新加入网络,则该值设为 TRUE;否则为 FALSE

6.2.3.13.2 产生条件

在使用图 55 所示的 MAC 关联过程,成功增加一个新设备到网络,或使用网络层重新加入过程,允许一个设备重新加入网络时,本原语由一个网络协调器或路由器的 NLME 产生,发给其邻近高层。

6.2.3.13.3 收后效果

在接收到本原语时,一个网络协调器或路由器的邻近高层被告知一个新设备已经加入到它的网络。

6.2.3.14 NLME-JOIN.confirm

6.2.3.14.1 服务原语的语义

本原语允许邻近高层被告知其请求加入一个网络的结果。

本原语的语义如下:

```
NLME-JOIN.confirm      {
                       Status
                       NetworkAddress,
                       ExtendedPANID,
                       ActiveChannel
                       }
```

表 19 给出了 NLME-JOIN.confirm 原语的参数。

表 19 NLME-JOIN.confirm 参数

名称	类型	有效范围	描述
Status	状态	从 MLME-ASSOCIATE.Confirm 和 MLME-SCAN.Confirm 原语返回的 INVALID_REQUEST，NOT_PERMITTED，NO_NETWORKS 或任何状态值	相应请求的状态
NetworkAddress	整型	0x0001～0xfff7 和 0xffff	分配给设备的 16 位网络地址；如果加入尝试未成功，参数值将等于 0xffff
ExtendedPANID	整型	0x0000000000000001～0xfffffffffffffffe	设备作为一个成员其所在网络的 64 位扩展个域网标识符
ActiveChannel	整型	物理层支持的任意信道的编号，见 GB/T 15629.15—2010	PHY PIB 的 phyCurrentChannel 的值，等于所加入网络的当前信道的值

6.2.3.14.2 产生条件

本原语由发起 NLME 产生，发给其邻近高层，以响应一个 NLME-JOIN.request 原语。如果请求成功，Status 参数值应为 SUCCESS。否则，Status 参数指示一个错误代码，即由 MLME-ASSOCIATE.confirm 原语或 MLME-SCAN.confirm 原语返回的 INVALID_REQUEST，NOT_PERMITTED，NO_NETWORKS 或任何状态值。这些状态值产生原因的完整描述见 6.2.3.14.3。

6.2.3.14.3 收后效果

在接收到本原语后，发起方的邻近高层被告知其使用 MAC 子层关联过程请求加入网络，或使用 MAC 子层孤立过程直接加入网络，或当它一旦成为孤立节点设备时重新加入网络的结果。

6.2.3.15 NLME-DIRECT-JOIN.request

6.2.3.15.1 服务原语的语义

本可选的原语允许一个网络协调器或路由器的邻近高层请求另一个设备直接加入它的网络。

本可选原语的语义如下：

```
NLME-DIRECT-JOIN.request      {
                              DeviceAddress,
                              CapabilityInformation
                              }
```

表 20 给出了 NLME-DIRECT-JOIN.request 原语的参数。

表 20 NLME-DIRECT-JOIN.request 参数

名称	类型	有效范围	描述
DeviceAddress	64 位 IEEE 地址	任何 64 位 IEEE 地址	直接加入设备的 IEEE 地址
CapabilityInformation	位图	见表 56	直接加入设备的操作能力

6.2.3.15.2 产生条件

一个网络协调器或路由器的邻近高层产生本原语用来直接增加一个新设备到它的网络。这个过程不需要任何无线传输。

6.2.3.15.3 收后效果

在接收到本原语后，NLME 将尝试把 DeviceAddress 参数指定的设备增加到其邻居表中。CapabilityInformation 参数将包含被加入设备的一个描述。执行本规范的设备中的备用个域网协调器位设置为 0。如果设备是一个路由器，设备类型位设置为 1；或者如果它是一个终端节点设备，设备类型位设置为 0。如果设备使用交流供电，电源来源位设置为 1；否则设置为 0。如果设备在空闲期间没有禁用其接收机，空闲时接收机开启位设置为 1；否则设置为 0。如果设备能够在安全模式运行，安全功能位设置为 1，否则设置为 0。

如果 NLME 成功把设备增加到其邻居表中，NLME 发出状态为 SUCCESS 的 NLME-DIRECT-JOIN.confirm 原语。如果 NLME 发现被请求的设备已经出现在其邻居表中，NLME 发出状态为 ALREADY_PRESENT 的 NLME-DIRECT-JOIN.confirm 原语。如果设备清单中没有增加一个新设备的可用空间，NLME 发出状态为 NEIGHBOR_TABLE_FULL 的 NLME-DIRECT-JOIN.confirm 原语。

6.2.3.16 **NLME-DIRECT-JOIN.confirm**

6.2.3.16.1 服务原语的语义

本原语允许一个网络协调器或路由器的邻近高层被告知其请求另一个设备直接加入其网络的结果。

本原语的语义如下：

```
NLME-DIRECT-JOIN.confirm     {
                                  Status
                                  DeviceAddress,
                                  }
```

表 21 给出了 NLME-DIRECT-JOIN.confirm 原语的参数。

表 21 NLME-DIRECT-JOIN.confirm 参数

名称	类型	有效范围	描述
DeviceAddress	64 位 IEEE 地址	任何 64 位 IEEE 地址	NLME-DIRECT-JOIN. request 中的 64 位 IEEE 地址
Status	状态	SUCCESS, ALREADY_PRESENT, NEIGHBOR_TABLE_FULL	相关请求的状态

6.2.3.16.2 产生条件

本原语由发起 NLME 产生发给其邻近高层，以响应一个 NLME-DIRECT-JOIN.request 原语。如果请求成功，状态参数指示一次成功的加入尝试。否则，状态参数指示 ALREADY_PRESENT 或 NEIGHBOR_TABLE_FULL 的错误代码。这些状态值的原因的完整描述见 6.2.3.15.3。

6.2.3.16.3 收后效果

接收本原语后，发起方的邻近高层被告知其请求另一个设备直接加入到一个网络的结果。

6.2.3.17 NLME-LEAVE.request

6.2.3.17.1 服务原语的语义

本原语允许邻近高层请求本身或另一个设备离开网络。

本原语的语义如下：

```
NLME-LEAVE.request      {
                        DeviceAddress,
                        RemoveChildren,
                        Rejoin,
                        Change parent
                        }
```

表 22 给出了 NLME-LEAVE.request 原语的参数。

表 22 NLME-LEAVE.request 参数

名称	类型	有效范围	描述
DeviceAddress	设备地址	任何 64 位 IEEE 地址	从网络中被移除设备的 64 位 IEEE 地址，如果设备要从网络中移除自己，该值设为 NULL
RemoveChildren	布尔	TRUE 或 FALSE	如果设备被要求离开网络，其子设备也被要求离开，参数的值设为 TRUE；否则其值设为 FALSE
Rejoin	布尔	TRUE 或 FALSE	如果设备被要求离开当前父设备而重新加入网络，该参数值设为 TRUE；否则，该参数值设为 FALSE
Change parent	布尔	TRUE 或 FALSE	如果设备要求离开当前父设备而通过新的父节点设备重新加入网络，该参数值设为 TRUE；否则，该参数值设为 FALSE

6.2.3.17.2 产生条件

一个设备的邻近高层产生本原语，以请求离开网络。一个网络协调器或路由器的邻近高层也可以产生本原语从网络中移去一个设备。

6.2.3.17.3 收后效果

如果一个当前没有加入任何网络的设备的 NLME 收到本原语，NLME 发出状态值为 INVALID_REQUEST 的 NLME-LEAVE.confirm 原语。

如果一个当前已经加入网络的设备的 NLME 收到本原语，且 DeviceAddress 参数等于 NULL，RemoveChildren 参数等于 FALSE，NLME 将使用 6.6.1.11.2 描述的过程从网络中去除设备本身。然后 NLME 将清除其路由表和路由发现表，并给 MAC 层发出一个 MLME-RESET.request 原语。NLME 还将把与其之前的父节点设备相对应的邻居表条目中的关系字段设置为 0x03，表示没有关系。如果收到 NLME-LEAVE.request 原语，且 DeviceAddress 参数等于 NULL，RemoveChildren 参数等于 TRUE，那么 NLME 将尝试去除设备的子节点设备，见 6.6.1.11.3。

如果一个网络协调器或路由器收到本原语，且 DeviceAddress 参数不等于 NULL，NLME 确定指定的设备是否是一个子节点设备。如果被请求的设备不存在，NLME 发出状态值为 UNKNOWN_DEVICE 的 NLME-LEAVE.confirm 原语。如果被请求的设备存在，NLME 将尝试使用 6.6.1.11.3 所述的过程从网络中去除它。如果 RemoveChildren 参数等于 TRUE，那么被请求设备也将被请求去除其子节点设备。在去除之后，NLME 将发出 NLME-LEAVE.confirm 原语，它的 DeviceAddress 等于被去除设备的 64 位 IEEE 地址，状态参数等于 MCPS-DATA.confirm 原语所提供的状态。如果对应离开设备的邻居表条目的关系字段值为 0x01，那么就改为 0x04 表示过期子节点设备。如果值设为 0x05，表示该子节点设备尚未经过验证，它就被改为 0x03，表示没有关系。

6.2.3.18 NLME-LEAVE.indication

6.2.3.18.1 服务原语的语义

如果传感器网络设备已经离开网络，或一个相邻设备已经离开网络，本原语允许一个传感器网络设备的邻近高层收到该通知。

本原语的语义如下：

```
NLME-LEAVE.indication        {
                             DeviceAddress,
                             Rejoin
                             }
```

表 23 给出了 NLME-LEAVE.indication 原语的参数。

表 23 NLME-LEAVE.indication 参数

名称	类型	有效范围	描述
DeviceAddress	64 位 IEEE 地址	任何 64 位 IEEE 地址	若设备自行离开网络，值设为自身 64 位 IEEE 地址；若设备被父设备从网络中移除，值设为 NULL
Rejoin	布尔	TRUE 或 FALSE	若设备被请求离开其父设备并重新加入网络，值设为 TRUE；否则为 FALSE

6.2.3.18.2 产生条件

在收到一个设备的广播离开命令时，该设备所属个域网内的一个网络协调器或路由器的 NLME 产生本原语，发给其邻近高层。它还可以由一个路由器或终端设备产生，发给其邻近高层，来指示它已经被其相关路由器或网络协调器从网络中成功去除。

6.2.3.18.3 收后效果

在接收到本原语时，一个网络协调器或路由器的邻近高层被告知，之前在网络上的一个设备已经离开。该原语还可以通知一个路由器或终端设备的邻近高层，它已经被其相关路由器或网络协调器从网络中去除。在这种情况下，Rejoin 参数的值指示邻近高层父节点设备上的对等实体是否希望已被移除的设备重新加入同一个网络。

6.2.3.19 NLME-LEAVE.confirm

6.2.3.19.1 服务原语的语义

本原语允许发起方的邻近高层被告知其请求自身或另一个设备离开网络的结果。

本原语的语义如下：

NLME-LEAVE.confirm {
Status
DeviceAddress，
}

表 24 给出了 NLME-LEAVE.confirm 原语的参数。

表 24 NLME-LEAVE.confirm 参数

名称	类型	有效范围	描述
DeviceAddress	64 位 IEEE 地址	任何 64 位 IEEE 地址	值设为 NLME-LEAVE.request 中的 64 位 IEEE 地址；若设备自行离开网络，值设为 NULL
Status	Status	SUCCESS，INVALID_REQUEST，UNKN-OWN_DEVICE 或者通过 MCPSDATA.confirm 原语返回的任何状态	相关请求的状态

6.2.3.19.2 产生条件

本原语由发起 NLME 产生，发给其邻近高层，以响应一个 NLME-LEAVE.request 原语。如果请求成功，状态参数表示一个成功的离开尝试。否则，状态参数指示一个 INVALID_REQUEST，UN-KNOWN_DEVICE 的错误代码，或 MCPS-DATA.confirm 原语提供的一个状态。这些状态值产生的原因的完整描述见 6.2.3.17.3。

6.2.3.19.3 收后效果

接收本原语后，发起方的邻近高层被告知其请求自身或一个子节点设备离开网络的结果。

6.2.3.20 NLME-RESET.request

6.2.3.20.1 服务原语的语义

本原语允许邻近高层请求网络层执行一个复位操作。

本原语的语义如下：

NLME-RESET.request {
WarmStart
}

表 25 给出了 NLME-REST.request 原语的参数。

表 25 NLME-RESET. request 参数

名称	类型	有效范围	描述
WarmStart	布尔	TRUE 或 FALSE	如果该值设为 FALSE，则复位到初始默认值；如果该值设为 TRUE，则设备根据 NIB 设置恢复到该请求之前的操作

6.2.3.20.2 产生条件

本原语由邻近高层产生，发给其NLME来请求复位网络层到其初始设置，或者根据NIB设置恢复到该请求之前的操作。

6.2.3.20.3 收后效果

在接收到本原语时，如果WarmStart参数设置为FALSE，NLME给MAC层发出SetDefaultPIB参数设置为TRUE的MLME-RESET.request原语。在收到MAC层返回的MLME-RESET.confirm原语后，网络层通过清除所有的内部变量，路由表和路由发现表条目，以及把所有的NIB属性设置为其默认值来复位。一旦网络层复位，NLME发出NLME-RESET.confirm，如果MAC层成功复位，状态参数设置为SUCCESS，否则设置为DISABLE_TRX_FAILURE。

在接收到本原语时，如果WarmStart参数设置为TRUE，网络层不能改变任何NIB值，而应恢复正常的网络操作，认为自己成为NIB指定的网络的一部分。路由表值和邻居表值应被清除。网络和MAC层属性值的预配置方法取决于实现。

如果本原语发给当前已经加入网络的某个设备的NLME，任何使用NLME-LEAVE.request原语请求断开连接，都由邻近高层进行优先判断。

6.2.3.21 NLME-RESET.confirm

6.2.3.21.1 服务原语的语义

本原语允许邻近高层被告知其请求复位网络层的结果。

本原语的语义如下：

```
NLME-RESET.confirm        {
                          Status
                          }
```

表26给出了NLME-RESET.confirm原语的参数。

表26 NLME-RESET.confirm 参数

名称	类型	有效范围	描述
Status	状态	从MLME-RESET.confirm原语返回的任何状态值	复位操作的结果

6.2.3.21.2 产生条件

本原语由NLME产生，发给其邻近高层，以响应一个NLME-RESET.request原语。如果请求成功，状态参数值为SUCCESS。否则，状态参数指示一个DISABLE_TRX_FAILURE的错误代码。这些状态值产生的原因的完整描述见6.2.3.20.3。

6.2.3.21.3 收后效果

在接收本原语时，邻近高层被告知其请求复位网络层的结果。

6.2.3.22 网络层复位消息序列图

图6说明了网络层复位所需消息的序列。

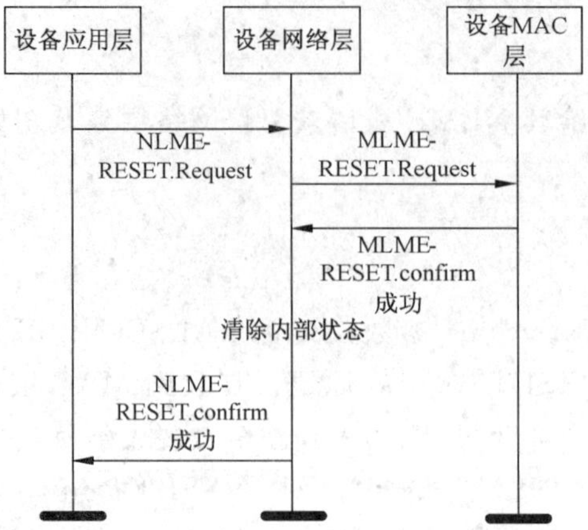

图 6　网络层复位消息序列图

6.2.3.23　**NLME-SYNC.request**

6.2.3.23.1　**服务原语的语义**

设备应用层使用本原语与网络协调器或路由器进行同步，或从它的网络协调器或路由器中得到数据。

本原语的语义如下：

```
NLME-SYNC.request        {
                         Track
                         }
```

表 27 给出了 NLME-SYNC.request 原语的参数。

表 27　**NLME-SYNC.request 参数**

名称	类型	有效范围	描述
Track	布尔	TRUE 或 FALSE	是否应与未来信标保持同步

6.2.3.23.2　**产生条件**

当邻近高层希望在其网络协调器或路由器中未处理的数据获得同步或进行检验时，产生本原语。

6.2.3.23.3　**收后效果**

如果 Track 参数设置为 FALSE，且设备运行在一个非信标起动的网络上，NLME 向 MAC 层发出 MLME-POLL.request 原语。在收到相应的 MLME-POLL.confirm 原语时，NLME 向邻近高层返回 NLME-SYNC.confirm 原语，状态参数设置为 MLME-POLL.confirm 报告的值。

如果 Track 参数设置为 FALSE，且设备运行在一个使用信标的网络上，NLME 首先通过向 MAC 层发出 MLME-SET.request 原语，在 MAC 层中设置 macAutoRequestPIB 属性。然后它向 MAC 层发出 TrackBeacon 参数设置为 FALSE 的 MLME-SYNC.request 原语。最后 NLME 向邻近高层返回状态参数设置为 SUCCESS 的 NLME-SYNC.confirm 原语。

如果 Track 参数设置为 TRUE，且设备运行在一个非信标的网络上，NLME 向邻近高层返回状态参数设置为 INVALID_PARAMETER 的 NLME-SYNC.confirm 原语。

如果 Track 参数设置为 TRUE，且设备运行在一个使用信标的网络上，NLME 首先通过向 MAC 层发出 MLME-SET.request 原语，在 MAC 层中设置 macAutoRequestPIB 属性。然后它向 MAC 层发出 TrackBeacon 参数设置为 TRUE 的 MLME-SYNC.request 原语。最后 NLME 向邻近高层返回状态参数设置为 SUCCESS 的 NLME-SYNC.confirm 原语。

6.2.3.24 NLME-SYNC-LOSS.indication

6.2.3.24.1 服务原语的语义

本原语向邻近高层通告 MAC 层丢失网络同步信号。

本原语的语义如下：

```
NLME-SYNC-LOSS.indication {
                          }
```

NLME-SYNC-LOSS.indication 原语没有参数。

6.2.3.24.2 产生条件

当从 MAC 层收到一个丢失同步的通知原语（LossReason 设置为 BEACON_LOST 的 MLME-SYNC-LOSS.indication 原语）之后，产生本原语。该原语跟随之前发送到 NMLE 的 NLME-SYNC.request 原语之后。

6.2.3.24.3 收后效果

邻近高层被告知丢失了同步信标。

6.2.3.25 NLME-SYNC.confirm

6.2.3.25.1 服务原语的语义

本原语允许邻近高层被告知其请求从其网络协调器或路由器中同步或提取数据的结果。

本原语的语义如下：

```
NLME-SYNC.confirm      {
                       Status
                       }
```

表 28 给出了 NLME-SYNC.confirm 原语的参数。

表 28 NLME-SYNC.confirm 参数

名称	类型	有效范围	描述
Status	状态	从 MLME_POLL.confirm 原语返回的 SUCCESS，INVALID_PARAMETER，MLME_POLL.confirm 等原语返回值	请求同步或从网络协调器或路由器中提取数据的结果

6.2.3.25.2 产生条件

本原语由 NLME 产生，发给其邻近高层，以响应一个 NLME-SYNC.request 原语。如果请求成功，状态参数指示一个成功的同步尝试。否则，状态参数指示一个错误代码。

6.2.3.25.3 收后效果

在接收到本原语时，邻近高层被告知其请求同步或从其网络协调器或路由器中提取数据的结果。

如果 NLME 成功,状态参数将设置为 SUCCESS。否则,状态参数指示错误。

6.2.3.26 同步的消息序列图

图 7 和图 8 说明了一个设备成功与一个网络协调器或路由器同步所需消息的顺序。图 7 说明了一个非信标网络的情况,图 8 说明了一个信标网络的情况。

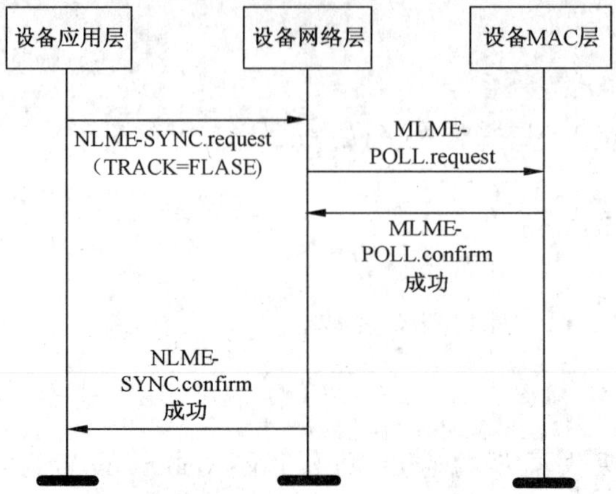

图 7 非信标网络同步的消息序列图

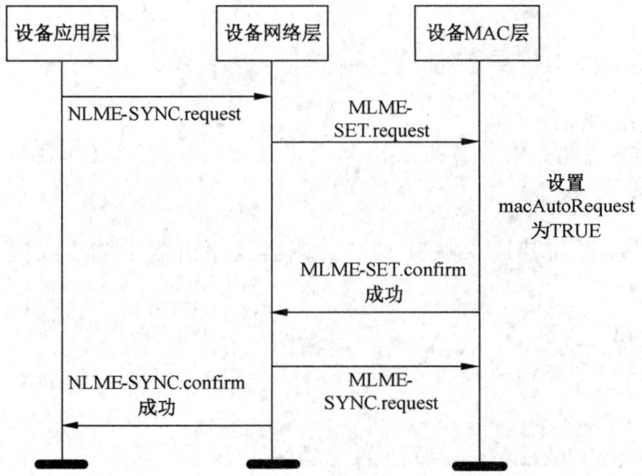

图 8 信标网络同步的消息序列图

6.2.3.27 NLME-GET.request

6.2.3.27.1 服务原语的语义

本原语允许邻近高层从 NIB 中读取一个属性的值。

本原语的语义如下:

```
NLME-GET.request        {
                        NIBAttribute
                        }
```

表 29 给出了 NLME-GET.request 原语的参数。

表 29 NLME-GET.request 参数

名称	类型	有效范围	描述
NIBAttribute	整型	见表 53	读取 NIB 属性的标识符

6.2.3.27.2 产生条件

本原语由邻近高层产生，发给其 NLME，以从 NIB 中读取一个属性。

6.2.3.27.3 收后效果

在接收到本原语时，NLME 尝试从其数据库中检索被请求的 NIB 属性。如果在数据库中没有找到 NIB 属性的标识符，NLME 发出状态值为 UNSUPPORTED_ATTRIBUTE 的 NLME-GET.confirm 原语。如果成功检索到被请求的 NIB 属性，NLME 发出状态为 SUCCESS 的 NLME-GET.confirm 原语，并含有 NIB 属性标识符和值。

6.2.3.28 NLME-GET.confirm

6.2.3.28.1 服务原语的语义

本原语报告尝试从 NIB 中读取一个属性值的结果。

本原语的语义如下：

```
NLME-GET.confirm          {
                          Status,
                          NIBAttribute,
                          NIBAttributeLength,
                          NIBAttributeValue
                          }
```

表 30 给出了本原语的参数。

表 30 NLME-GET.confirm 参数

名称	类型	有效范围	描述
Status	枚举	SUCCESS 或 UNSUPPORTED_ATTRIBUTE	请求读取 NIB 属性值的结果
NIBAttribute	整型	见表 53	被读取的 NIB 属性的标识符
NIBAttributeLength	整型	0x0000～0xffff	返回的属性值的长度以八位位组为单位
NIBAttributeValue	变量	由属性规定(见表 53)	被读取的 NIB 属性的值

6.2.3.28.2 产生条件

本原语由 NLME 产生，发给其邻近高层，以响应一个 NLME-GET.request 原语。本原语返回一个 SUCCESS 状态，指示请求读取一个 NIB 属性成功，或一个错误代码 UNSUPPORTED_ATTRIBUTE。这些状态值产生的理由的完整描述见 6.2.3.27.3。

6.2.3.28.3 收后效果

在接收到本原语时，邻近高层被告知其请求读取一个 NIB 属性的结果。如果请求读取一个 NIB 属性成功,状态参数将设置为SUCCESS,否则,状态参数指示错误。

6.2.3.29 NLME-SET.request

6.2.3.29.1 服务原语的语义

本原语允许邻近高层在NIB中写入一个属性的值。

本原语的语义如下:

```
NLME-SET.request    {
                    NIBAttribute,
                    NIBAttributeLength,
                    NIBAttributeValue
                    }
```

表31给出了本原语的参数。

表31 NLME-SET.request参数

名称	类型	有效范围	描述
NIBAttribute	整型	见表53	被写的NIB属性的标识符
NIBAttributeLength	整型	0x0000～0xffff	设置的属性值的长度以八位位组为单位
NIBAttributeValue	变量	由属性规定(见表53)	被写的NIB属性的值

6.2.3.29.2 产生条件

本原语由邻近高层产生,发给其NLME,以在NIB中写入一个属性值。

6.2.3.29.3 收后效果

在接收到本原语时,NLME尝试把给定值写入在其数据库中指定的NIB属性。如果NIBAttribute参数给出了一个数据库中找不到的属性,NLME发出状态为UNSUPPORTED_ATTRIBUTE的NLME-SET.confirm原语。如果NIBAttribute参数给出了一个在指定属性的有效值之外的值,NLME发出状态为INVALID_PARAMETER的NLME-SET.confirm原语。

如果被请求的NIB属性成功写入,NLME发出状态为SUCCESS的NLME-SET.confirm原语。

6.2.3.30 NLME-SET.confirm

6.2.3.30.1 服务原语的语义

本原语报告尝试在NIB中写入一个属性的值的结果。

本原语的语义如下:

```
NLME-SET.confirm    {
                    Status,
                    NIBAttribute
                    }
```

表32给出了本原语的参数。

表 32　NLME-SET.confirm 参数

名称	类型	有效范围	描述
Status	枚举	SUCCESS,INVALID_PARAMETER 或 UNSUPPORTED_ATTRIBUTE	请求写 NIB 属性的结果
NIBAttribute	整型	见表 53	被写的 NIB 属性的标识符

6.2.3.30.2　产生条件

本原语由 NLME 产生,发给其邻近高层,以响应一个 NLME-SET.request 原语。本原语返回一个 SUCCESS 状态,表示被请求的值成功写入到指定的 NIB 属性,或一个错误代码 INVALID_PARAMETER 或 UNSUPPORTED_ATTRIBUTE。这些状态值产生的原因的完整描述见 6.2.3.29.3。

6.2.3.30.3　收后效果

在接收本原语时,邻近高层被告知其请求写入一个 NIB 属性的值的结果。如果被请求的值写入到指定的 NIB 属性,状态参数将设置为 SUCCESS。否则,状态参数指示错误。

6.2.3.31　NLME-NWK-STATUS.indication

6.2.3.31.1　服务原语的语义

本原语允许邻近高层被告知网络失败。

本原语的语义如下:

```
NLME-NWK-STATUS.indication    {
                                Status
                                NetworkAddr,
                              }
```

表 33 给出了本原语的参数。

表 33　NLME-NWK-STATUS.indication 参数

名称	类型	有效范围	描述
Status	状态	任何网络状态代码(见表 50)	与失败有关的错误代码
NetworkAddr	整型	0x0000～0xFFF7	与状态信息有关的设备的 16 位网络地址

6.2.3.31.2　产生条件

当发生下列情况之一时,本原语由一个设备的网络层产生,传递给邻近高层:

a) 设备没有成功发现或修复一条到 NetworkAddr 参数给定的目的地址的路由;

b) 由于表 50 给定的原因之一,该设备的网络层没有成功投递一个帧到其最终设备子节点设备,即 NetworkAddr 参数给定的 16 位网络地址;

c) 网络层收到一个送往该设备的网络状态命令帧。在这种情况下,NetworkAddr 和 Status 参数的值将反映目的地址的值和命令帧的错误代码字段。

6.2.3.31.3　收后效果

邻近高层被告知一次与标识设备的通信失败。

6.2.3.32 NLME-ROUTE-DISCOVERY.request

6.2.3.32.1 服务原语的语义

本原语允许邻近高层发起路由发现。

本原语的语义如下：

```
NLME-ROUTE-DISCOVERY.request    {
                                DstAddrMode,
                                DstAddr,
                                Radius
                                NoRouteCache
                                MultipathRoute
                                SymLinkFlag
                                StableRouterFlag
                                }
```

表 34 给出了本原语的参数。

表 34 NLME-ROUTE-DISCOVERY.request 参数

名称	类型	有效范围	描述
DstAddrMode	整型	0x00 或 0x02	参数给出了提供目的地址的种类。 DstAddrMode 参数允许是下列三个值中的一个： 0x00：没有目的地址； 0x01：16 位网络多播地址； 0x02：单个设备 16 位网络地址
DstAddr	16 位 网络地址	任何网络地址或者多播地址	路由发现的目的地。 如果 DstAddrMode 参数值为 0x00 那么将不提供 DstAddr.这代表路由发现将是一个设备发出发现命令作为目的的多对一的发现。如果 DstAddrMode 参数值为 0x01，指示多播路由发现，那么目的地应是一个多播的 16 位网络地址。如果 DstAddrMode 参数的值为 0x02，这就代表单播路由发现。DstAddr 是将要被发现的设备的 16 位网络地址
Radius	整型	0x00～0xff	此可选参数描述了路由请求通过网络传输的跳数
NoRouteCache	布尔	TRUE 或 FALSE	当 DstAddrMode 值为零的情况下，指示多对一路由发现，本标志决定 NWK 是否应建立一个路由记录表。TRUE：不建立路由记录表 FALSE：建立一个路由记录表
MultipathRoute	布尔	TRUE 或 FALSE	当 DstAddrMode 值为零的情况下，指示多对一路由发现。TRUE：建立多路径路由 FALSE：不建立多路径路由
StableRouterFlag	布尔	TRUE 或 ALSE	StableRouterFlag 即稳定路由标识选项，即当 StableRouterFlag 设置为 true 表示为请求一条稳定的路由，而当 StableRouterFlag 设置为 false 则表示为请求一条普通的路由
SymLinkFlag	布尔	TRUE 或 ALSE	SymLinkFlag 即对称路由标识选项，即当 SymLinkFlag 设置为 true 表示为请求一条对称的路由，而当 SymLinkFlag 设置为 false 则表示为请求一条非对称路由

6.2.3.32.2 产生条件

本原语由一个网络协调器或路由器的邻近高层产生，发给其 NLME 来请求发起路由发现。

6.2.3.32.3 收后效果

传感器网络设备的 NLME 收到本原语时，NLME 应给邻近高层发出状态值为 INVALID_REQUEST 的 NLME-ROUTE-DISCOVERY.confirm 原语。

NLME 收到本原语，且 DstAddrMode 参数不等于 0x00，DstAddr 参数等于广播地址时，NLME 应给邻近高层发出状态值为 INVALID_REQUEST 的 NLME-ROUTE-DISCOVERY.confirm 原语。

一个路由器或网络协调器的 NLME 收到本原语，且没有选路功能，DstAddrMode 参数等于 0x01 或 0x02 时，NLME 将给邻近高层发出状态值为 ROUTE_ERROR 的 NLME-ROUTED-DISCOVERY.confirm 原语，NetworkStatusCode 值为 0x04 指示没有路由功能。

路由器或网络协调器收到本原语，且具有选路功能，DstAddrMode 参数等于 0x02 时，NLME 应在当前设备和 DstAddr 参数给定的 16 位网络层地址的网络设备之间，发起一个单播路由的发现。发起一个单播路由的发现的过程见 6.6.3.6.2。

路由器或网络协调器收到本原语，且具有选路功能，DstAddrMode 参数等于 0x01 时，NLME 应首先检查设备是否是 DstAddr 参数标识的多播组的一个成员。即它将检查在 NIB 属性 nwkGroupIDTable 中是否有一个条目对应于目的地址。如果设备是一个多播组的成员，那么 NLME 将立即发出状态值为 SUCCESS 的 NLME-ROUTE-DISCOVERY.confirm 原语，并停止进一步处理 NLME-ROUTE-DISCOVERY.request 原语。如果设备不是一个多播组的成员，NLME 将在当前设备和 DstAddr 参数标识的多播组之间，发起一个单播路由的发现。

一个路由器或网络协调器收到本原语，且 DstAddrMode 参数等于 0x00 时，NLME 应发起多对一的路由发现。发起多对一的路由发现的过程见 6.6.3.6.2。

在以上描述的三种实际的路由发现中，NLME 将通过使用 MAC 子层的 MCPS-DATA.request 原语，尝试发送一个路由发现命令帧来发起路由发现。如果提供了一个值给可选的 Radius 参数，该值将被放在向外发送的帧的网络层帧头的 Radius 字段中。如果没有提供一个值，那么网络层帧头的 Radius 字段将设置为网络层 NIB 的 NwkMaxDepth 属性值的两倍，如同数据帧传输的情况。如果 MAC 子层因为任何原因发送路由请求命令帧失败，NLME 将给邻近高层发出 ROUTE-DISCOVERY.confirm 原语，状态参数值等于 MCPS-DATA.confirm 返回的值。如果路由发现命令帧成功发送，且如果 DstAddrMode 参数值为 0x00，指示多对一的路由发现，NLME 将立即发出值为 SUCCESS 的 ROUTE-DISCOVERY.confirm 原语。否则，NLME 将一直等待，直到收到一个路由响应命令帧，或直到如 6.6.3.6 所述的路由发现操作超时。如果在路由发现操作超时之前收到一个路由响应命令帧，NLME 将向邻近高层发出状态值为 SUCCESS 的 NLME-ROUTE-DISCOVERY.confirm 原语。如果操作超时，它将发出状态为 ROUTE_ERROR 的 NLME_ROUTE-DISCOVERY.confirm 原语，NetworkStatusCode 值反映失败的原因，见表 50。

6.2.3.33 **NLME-ROUTE-DISCOVERY.confirm**

6.2.3.33.1 服务原语的语义

本原语通知邻近高层关于尝试发起路由发现的结果。

本原语的语义如下：

NLME-ROUTE-DISCOVERY.confirm {

Status

NetworkStatusCode
}

表 35 给出了 NLME-ROUTE-DISCOVERY.confirm 原语的参数。

表 35　NLME-ROUTE-DISCOVERY.confirm 参数

名称	类型	有效范围	描述
Status	状态值	从 MCPS-DATA.confirm 原语返回的 INVALID_REQUEST,ROUTE_ERROR 或者任何状态值	尝试发起路由发现的状态
NetworkStatusCode	网络状态码	见表 50	当 Status 参数值为 ROUTE_ERROR,本码给出本错误的更多信息,否则可以被忽略

6.2.3.33.2　产生条件

本原语由 NLME 产生,传递给邻近高层,作为尝试发起路由发现的结果。

6.2.3.33.3　收后效果

邻近高层被告知其尝试发起路由发现的状态。状态参数可能的值和产生的环境描述见 6.2.3.32.3。

6.2.3.34　NLME-GROUP-FORMATION.request

6.2.3.34.1　服务原语的语义

本原语允许传感器网络协调器邻近高层发起混合网络构建过程,或者路由器发起路由器竞争过程。

本原语的语义如下:

NLME-GROUP-FORMATION.request　　{
ExtendedPanId
}

表 36 给出了本原语的参数。

表 36　NLME-GROUP-FORMATION.request 参数

名称	类型	有效范围	描述
ExtendedPanId	整型	0x0000000000000001～0xfffffffffffffffe	网络的 64 位个域网标识符

6.2.3.34.2　产生条件

本原语由一个网络协调器或路由器的邻近高层产生,传递给其 NLME 来请求发起新路由器竞争。

6.2.3.34.3　收后效果

一个传感器网络终端设备的 NLME 收到本原语时,NLME 应给邻近高层发出状态值为 INVALID_REQUEST 的 NLME-GROUP-FORMATION.confirm 原语。

一个路由器或网络协调器收到本原语,NLME 应发起新路由器竞争过程,其过程见 6.6.1.15。

NLME 将通过使用 MAC 子层的 MCPS-DATA .request 原语,尝试发送一个竞争路由器指示命令帧来发起新路由器竞争。如果 MAC 子层因为任何原因发送命令帧失败，NLME 将给邻近高层发出 NLME-GROUP-FORMATION.confirm 原语，状态参数值等于 MCPS-DATA.confirm 返回的值。如果命令帧成功发送，NLME 直接返回状态值为 SUCCESS 的 NLME-GROUP-FORMATION.confirm 原语。

6.2.3.35 NLME-GROUP-FORMATION.confirm

6.2.3.35.1 服务原语的语义

本原语报告了请求在一个网络中发起新路由器竞争的结果。

本原语的语义如下：

```
NLME-GROUP-FORMATION.confirm        {
                                     Status
                                     }
```

表 37 给出了 NLME-GROUP-FORMATION.confirm 原语的参数。

表 37 NLME-GROUP-FORMATION.confirm 参数

名称	类型	有效范围	描述
Status	状态值	从 MCPS-DATA.confirm 原语返回的 INVALID_REQUEST，SUCCESS 或者任何状态值	发起新路由器竞争的结果

6.2.3.35.2 产生条件

本原语由 NLME 产生，传递给邻近高层，以响应一个 NLME-GROUP-FORMATION.request 原语。本原语返回一个 INVALID_REQUEST、SUCCESS 状态值或 MCPS-DATA.confirm 原语返回的任何状态值。

6.2.3.35.3 收后效果

在接收本原语时，邻近高层被告知其请求发起新路由器竞争的结果。如果 NLME 成功，状态参数将被设置为 SUCCESS。否则状态参数指示错误。

6.2.3.36 NLME-GROUP-FORMATION.indication

6.2.3.36.1 服务原语的语义

本原语告知邻近高层，设备接收到协调器/路由器发送的竞争新路由器指示。

本原语的语义如下：

```
NLME-GROUP-FORMATION.indication        {
                                        DeviceAddr
                                        }
```

表 38 给出了 NLME-GROUP-FORMATION.indication 原语的参数。

表 38 NLME-GROUP-FORMATION.indication 参数

名称	类型	有效范围	描述
DeviceAddr	16 位网络地址	任何网络地址	发起新路由器竞争的设备网络地址

6.2.3.36.2 产生条件

设备接收到其他设备发送的 NLME-GROUP-FORMATION.request 原语后，由 NLME 生成 NLME-GROUP-FORMATION.indication 原语，传递给邻近高层，告知接收到其他设备发送的发起新路由器竞争过程的指示。

6.2.3.36.3 收后效果

邻近高层被告知其接收到发起新路由器竞争过程的指示。

若设备是非协调器/路由器的全功能设备，且尚未加入网络，则应发起 NLME-ROUTER-SELECTION.request 原语。

若设备是精简功能设备，则将该设备作为其潜在父节点设备加入邻居表项。

6.2.3.37 NLME-ROUTER-SELECTION.request

6.2.3.37.1 服务原语的语义

全功能设备邻近高层可通过该原语向协调器或路由器请求成为新的路由器。

本原语的语义如下：

```
NLME-ROUTER-SELECTION.request    {
                                  ExtendedPanId,
                                  DstAddr
                                  }
```

表 39 给出了 NLME-ROUTER-SELECTION.request 原语的参数。

表 39 NLME-ROUTER-SELECTION.request 参数

名称	类型	有效范围	描述
ExtendedPanId	整型	0x0000000000000001 ～0xfffffffffffffffe	网络的 64 位个域网标识符
DstAddr	16 位网络地址	任何网络地址	路由器竞争发起方地址

6.2.3.37.2 产生条件

一个未加入网络的非路由器的全功能设备的邻近高层在接收到其他协调器或路由器发出的 NLME-GROUP-FORMATION.request 之后产生本原语。用于向发起方请求将自身作为新的路由器。

6.2.3.37.3 收后效果

一个当前已经加入网络的设备收到本原语，其 NLME 发出一个状态参数设置为 INVALID_REQUEST 的 NLME-ROUTER-SELECTION.confirm 原语。

一个当前没有加入网络的全功能设备收到本原语，且设备非路由器，则 NLME 将通过使用 MAC 子层的 MCPS-DATA.request 原语，尝试发送一个竞争路由器请求命令帧来参与新路由器竞争，发送时延依据 NIB 属性值 nwkRouterSelectValue 决定。如果 MAC 子层因为任何原因发送命令帧失败，NLME 将给邻近高层发出 NLME-ROUTER-SELECTION.confirm 原语，状态参数值等于 MCPS-DATA.confirm 返回的值。如果竞争路由器请求命令帧成功发送，NLME 将向邻近高层发出状态值为 SUCCESS 的 NLME-ROUTER-SELECTION.confirm 原语，表示设备成功竞争成为了新的路由器设备。

6.2.3.38 NLME-ROUTER-SELECTION.confirm

6.2.3.38.1 服务原语的语义

本原语通知邻近高层关于尝试竞争成为新路由器的结果。

本原语的语义如下：

NLME-ROUTER-SELECTION.confirm {
Status
}

表 40 给出了 NLME-ROUTER-SELECTION.confirm 原语的参数。

表 40 NLME-ROUTER-SELECTION.confirm 参数

名称	类型	有效范围	描述
Status	状态值	从 MCPS-DATA .confirm 原语返回的 INVALID_REQUEST，SUCESS 或者任何状态值	竞争成为新路由器的状态

6.2.3.38.2 产生条件

本原语由 NLME 产生，传递给邻近高层，作为尝试参与新路由器竞争的结果。

6.2.3.38.3 收后效果

邻近高层被告知其尝试竞争成为新路由器的状态。

6.2.3.39 NLME-ROUTER-SELECTION.indication

6.2.3.39.1 服务原语的语义

本原语告知邻近高层，设备接收到其他设备发送的竞争新路由器请求。

本原语的语义如下：

NLME-ROUTER-SELECTION.indication {
RouterAddr
}

表 41 给出了 NLME-ROUTER-SELECTION.indication 原语的参数。

表 41 NLME-ROUTER-SELECTION.indication 参数

名称	类型	有效范围	描述
RouterAddr	16 位网络地址	任何网络地址	新路由器竞争成功的设备网络地址

6.2.3.39.2 产生条件

设备接收到其他设备发送的 NLME-ROUTER-SELECTION. request 原语后，由 NLME 生成 NLME-ROUTER-SELECTION.indication 原语，传递给邻近高层，作为接收到其他设备竞争新路由器成功的结果。

6.2.3.39.3 收后效果

邻近高层被告知其尝试竞争成为新路由器的状态。

若设备是协调器或路由器，则更新邻居表，为该设备建立相应的邻居清单。

若设备已发起 NLME-ROUTER-SELECTION.request 原语，正在等待 NLME-ROUTER-SELECTION.confirm，则取消本次 NLME-ROUTER-SELECTION.request，并更新其邻居表项。

若设备是精简功能设备，则将该路由器作为其潜在父节点设备加入邻居表项。

6.2.3.40 NLME-COORCHANGE. request

6.2.3.40.1 服务原语的语义

本原语允许协调器的邻近高层要求与协调器发起一个协调器变换过程，要求与协调器关联的子节点设备变换协调器。

本原语的语义如下：

NLME-COORCHANGE.request {
}

6.2.3.40.2 产生条件

当协调器判断自身不再适合承担协调器功能时，由其邻近高层生成该原语，要求与协调器的子节点设备进行协调器变换。

6.2.3.40.3 收后效果

该原语只有协调器的邻近高层可以发送，如果协调器节点设备的 NLME 接收到该原语，那么，该节点设备的 NLME 就发送 NLME-COORCHANGE.confirm 原语，携带状态 INVALID_REQUEST。在接收到 MCPS-DATA.confirm 之后，协调器的 NLME 应向其邻近高层发送 NLME-COORCHANGE.confirm 原语，其状态参数 Status 设置与 MCPS-DATA.confirm 原语返回的 Status 相同。如果 MCPS-DATA.confirm 返回的 Status 为 SUCCESS，协调器则需要查找其邻居清单，并把其中 relationship 为 0x01 的相应条目的 relationship 修改为 0x04，指示协调器变换后，协调器的子节点设备都将变成前子节点设备。

6.2.3.41 NLME-COORCHANGE.indication

6.2.3.41.1 服务原语的语义

本原语通知协调器或者设备的邻近高层，接收到一个协调器变换命令帧。

本原语的语义如下：

NLME-COORCHANGE.indication {
DeviceAddress
}

表 42 给出了 NLME-COORCHANGE.indication 原语的参数。

表 42 NLME-COORCHANGE.indication 参数

名称	类型	有效值	描述
DeviceAddress	64 位 IEEE 地址	任何有效的 64 位 IEEE 地址	发送协调器变换的协调器的地址

6.2.3.41.2 产生条件

在接收到广播的协调器变换命令后，由设备的 NLME 生成并发送给其邻近高层，通知其邻近高层收到一个协调器变换命令。

6.2.3.41.3 收后效果

接收到该原语后，设备或者协调器的邻近高层获知 NLME 接收到一个协调器变换命令。

6.2.3.42 NLME-COORCHANGE.confirm

6.2.3.42.1 服务原语的语义

本原语允许协调器的邻近高层获知其发起的协调器变换的结果。

本原语的语义如下：

NLME-COORCHANGE.confirm {
Status
}

表 43 给出了 NLME-COORCHANGE.confirm 原语的参数。

表 43 NLME-COORCHANGE.confirm 参数

名称	类型	有效值	描述
Status	状态值	从 MCPS-DATA. confirm 原语返回的 INVALID_ REQUEST，SUCESS 或者任何状态值	响应请求的状态

6.2.3.42.2 产生条件

该原语由发起协调器变换的协调器的 NLME 生成，并传递给邻近高层，以响应 NLME-COORCHANGE.request 原语。如果请求成功，参数 Status 指示成功的协调器变换。否则，状态参数指示错误代码 INVALID_REQUEST，或者从 MCPS-DATA.confirm 原语返回的状态。

6.2.3.42.3 收后效果

接收到该原语后，发起协调器变换的协调器，将获知其要求进行协调器变换的结果。

6.3 帧格式

6.3.1 概述

本条给出了网络层帧(NPDU)的格式。每个网络层帧包括以下基本成分：

a) 一个网络层帧头，包括帧控制，寻址和序列信息；

b) 一个网络层净荷，长度可变，包含帧类型指定的信息。

网络层的帧被描述为一系列具有特定顺序的字段。本条中的所有帧格式按照它们由 MAC 子层发送的顺序描述，从左至右，最左边的位首先被发送。每个字段中的位从 0 开始编号(最左边和最低位)直到 k-1(最右边和最高位)，这里该字段的长度为 k 位。长于一个八位位组的字段按照低位八位位组到高位八位位组的顺序发送给 MAC 子层。

6.3.2 通用 NPDU 帧格式

6.3.2.1 结构

网络层帧格式包含一个网络层帧头和一个网络层净荷。网络层帧头的字段以一个固定顺序出现。但是,多播控制字段仅在多播标志值为 1 的时候出现。网络层帧应按照图 9 所示的格式编排。

八位位组数:2	2	2	1	1	0/8	0/8	0/1	可变的	可变的
帧控制	目的地址	源地址	半径	序列号	目的 IEEE 地址	源 IEEE 地址	多播控制	源路由子帧	帧净荷
网络层帧头									净荷

图 9 通用网络帧格式

6.3.2.2 帧控制字段

6.3.2.2.1 格式

帧控制字段长度为 16 位,包含定义帧类型、寻址、序列字段和其他控制标识的信息。帧控制字段按图 10 所示的格式编排。

位数:0～1	2～5	6～7	8	9	10	11	12	13～15
帧类型	协议 版本	发现 路由	多播 标记	安全	源路由	目的 IEEE 地址	源 IEEE 地址	保留

图 10 帧控制字段

表 44 给出了网络层数据帧的允许的帧控制子字段的配置,注意下面列出的所有帧的帧类型子字段都等于 00,指示数据和协议版本子字段反映执行的传感器网络协议版本。

表 44 允许的帧控制子字段配置

数据传输方法	发现路由	多播	安全	目的 IEEE 地址	源 IEEE 地址
单播	00 或者 01	0	0 或者 1	0 或者 1	0 或者 1
广播	00	0	0 或者 1	0	0 或者 1
多播	00	1	0 或者 1	0	0 或者 1
源路由	00	1	0 或者 1	0 或者 1	0 或者 1

6.3.2.2.2 帧类型子字段

帧类型子字段长度为 2 位,应设置为表 45 所列的非保留值之一。

表 45 帧类型子字段的值

帧类型值 b1b0	帧类型名称
00	数据
01	网络命令
10	报警信息
11	保留

6.3.2.2.3 协议版本子字段

协议版本子字段长度为 4 位，应设置为反映使用的传感器网络网络层协议版本的一个数字。

一个设备使用的协议版本应可以作为网络层常量 nwkcProtocolVersion 的值。

6.3.2.2.4 发现路由子字段

发现路由子字段用于为帧的发送控制路由发现操作(见 6.6.3.6)，子字段值见表 46。

表 46 发现路由子字段的值

发现路由字段的值	字段含义
0x00	不允许路由发现
0x01	允许路由发现
0x02,0x03	保留

对于网络层命令帧，发现路由子字段应设置为 0x00，指示不允许路由发现。

6.3.2.2.5 多播标志子字段

多播标志子字段长度为 1 位。如果该帧是一个单播或广播，帧值为 0，如果它是一个多播，帧值为 1。仅当多播标志值为 1，网络层帧头的多播控制字段才会出现。

6.3.2.2.6 安全子字段

当且仅当该帧启用网络层安全操作时，安全子字段值为 1。如果在另一个层为该帧实现了安全功能，或完全禁用，它的值应为 0。

6.3.2.2.7 源路由子字段

当且仅当一个源路由子帧出现在网络层帧头中时，源路由子字段值为 1。如果源路由子帧没有出现，源路由子字段值为 0。

6.3.2.2.8 目的 IEEE 地址子字段

当且仅当网络层帧头包含目的设备完整的 IEEE 地址时，目的 IEEE 地址子字段值为 1。

6.3.2.2.9 源 IEEE 地址子字段

当且仅当网络层帧头包含源设备完整的 IEEE 地址时，源 IEEE 地址子字段值为 1。

6.3.2.3 目的地址字段

目的地址字段应总是出现，且长度为 2 个八位位组。如果帧控制字段的多播标志子字段值为 0，目的地址字段为目的设备的 16 位网络地址或广播地址(见表 64)。如果多播标志子字段值为 1，目的地址字段为目的多播组的 16 位组 ID。注意一个设备的网络地址应设置为 MAC PIB 属性 macShortAddress 的值。

6.3.2.4 源地址字段

源地址字段应总是出现。它的长度为 2 个八位位组，并应持有帧中源设备的网络地址。注意一个设备的网络地址应设置为 MAC PIB 属性的 *macShortAddress* 的值。

6.3.2.5 半径字段

半径字段应出现。它的长度为 1 个八位位组,指定一个传输的半径范围。该字段应被每个接收方减 1。

6.3.2.6 序列号字段

序列号字段出现在每个帧中,长度为 1 个八位位组。序列号的值将在每次发送新的帧后加 1。源地址的值和帧的序列号字段,作为一对,允许在序列号的 1 个八位位组长度范围的限制之内,用于唯一标识一个帧。关于使用序列号字段更多的详细信息,见 6.6.2。

6.3.2.7 目的 IEEE 地址字段

如果目的 IEEE 地址字段存在的话,包含网络层帧头目的地址字段所含的 16 位网络地址对应的 64 位 IEEE 地址。在收到包含 64 位 IEEE 地址的帧后,可以检查 nwkAddressMap 和邻居表的内容,必要的时候更新。6.6.1.10.3 描述了检测地址冲突时采取的行动。如果 16 位网络地址是个广播或者多播地址的话,那么目的 IEEE 地址字段就不能出现。

6.3.2.8 源 IEEE 地址字段

如果源 IEEE 地址字段存在的话,包含网络层帧头源地址字段所含的 16 位网络地址对应的 64 位 IEEE 地址。在收到包含 64 位 IEEE 地址的帧后,可以检查 nwkAddressMap 和邻居表的内容,必要的时候更新。6.6.1.10.3 描述了检测地址冲突时采取的行动。

6.3.2.9 多播控制字段

6.3.2.9.1 格式

多播控制子字段长度为 1 个八位位组,仅当多播标志子字段值为 1 时出现。如图 11 所示,它分为三个子字段。

位:0～1	2～4	5～7
多播模式	NonmemberRadius	MaxNonmemberRadius

图 11 多播控制字段的格式

6.3.2.9.2 多播模式子字段

多播模式子字段指示帧是否使用成员或非成员模式发送。成员模式用于在目的组成员的设备之间传播多播帧。非成员模式用于从一个不是多播组成员的设备到一个属于多播组成员的设备,发送一个多播帧。多播模式子字段的值见表 47。

表 47 多播模式子字段的值

多播模式字段的值	字段含义
0x00	非成员模式
0x01	成员模式

表 47(续)

多播模式字段的值	字段含义
0x02	保留
0x03	保留

6.3.2.9.3 NonmemberRadius 子字段

当一个成员模式多播被不属于目的组成员的设备中继时,NonmemberRadius 子字段表示中继的范围。属于目的组成员的接收方将设置该字段为 MaxNonmemberRadius 子字段的值。如果 NonmemberRadius 字段值为 0,不属于目的组成员的接收方将丢弃该帧,如果 NonmemberRadius 字段值在 0x01 和 0x06 的范围之间,将递减该字段。值 0x07 指示一个无限范围,且不再递减。NonmemberRadius 子字段的值将不会超越 MaxNonmemberRadius 子字段的值。

6.3.2.9.4 MaxNonmemberRadius 子字段

这个帧的 NonmemberRadius 字段的最大值。

6.3.2.10 源路由子帧字段

6.3.2.10.1 格式

源路由子帧字段仅当帧控制字段的源路由子字段值为 1 时出现。如图 12 所示,它分为三个子字段。

八位位组:1	1	可变的
中继计数	中继索引	中继清单

图 12 源路由子帧格式

6.3.2.10.2 中继计数子字段

中继计数子字段指示源路由子帧的中继清单子字段所含的中继次数。

6.3.2.10.3 中继索引

中继索引子字段指示中继清单子字段中数据包将被发送到的下一个中继的索引。该字段由数据包的发起方初始化为中继次数少 1,且被每个中继转发一次,其值减 1。

6.3.2.10.4 中继清单子字段

中继清单子字段包含一个中继地址的清单,最接近目的地址的中继先被列出。最接近发起方的中继最后被列出。

6.3.2.11 帧净荷字段

帧净荷字段长度可变,包含指定不同帧类型的信息。

6.3.3 网络层帧类型

6.3.3.1 概述

定义了三种网络层帧类型:数据帧、网络层命令帧和报警信息帧。

6.3.3.2 数据帧

6.3.3.2.1 格式

数据帧按图 13 所示的格式编排。

八位位组:2	可变的	可变的
帧控制	路由字段	数据净荷
网络层帧头		网络层净荷

图 13 数据帧格式

数据帧的字段的顺序应遵守图 13 所示的通用网络层帧格式的顺序。

6.3.3.2.2 数据帧网络层帧头字段

网络层帧头字段应包含帧控制字段,并根据需要结合一个适当的路由字段。

在帧控制字段中,帧类型子字段应包含指示一个数据帧的值,如表 45 所示。所有其他子字段应根据数据帧的预定用途设置。

路由字段应根据帧控制字段的设置,适当地结合一个地址字段和广播字段(见图 10)。

6.3.3.2.3 数据净荷字段

一个数据帧的数据净荷字段应包含邻近高层请求网络层发送的八位位组序列。

6.3.3.3 网络层命令帧

6.3.3.3.1 格式

网络层命令帧格式应按图 14 所示的格式编排。

八位位组:2	可变的	1	可变的
帧控制	路由字段	网络命令标识符	网络命令净荷
网络层帧头		网络层净荷	

图 14 网络命令帧的格式

网络层命令帧的字段的顺序应遵守图 9 所示的通用网络层帧格式。

6.3.3.3.2 网络层命令帧的网络层帧头字段

网络层命令帧的网络层帧头字段应包含帧控制字段,并根据需要结合的一个合适的路由字段。

在帧控制字段中,帧类型子字段应包含指示一个网络层命令帧的值,如表 45 所示。所有其他子字段应根据网络层命令帧的预定用途设置。

路由字段应根据帧控制字段的设置,并根据需要适当地结合一个地址字段和广播字段。

6.3.3.3.3 网络层命令标识符字段

网络层命令标识符字段指示使用的网络层命令。该字段应设置为表 48 所列的非保留值之一。

6.3.3.3.4 网络层命令净荷字段

6.3.3.4 报警信息帧

6.3.3.4.1 格式

报警信息帧格式应按图 15 所示的格式编排。

八位位组:2	可变的	1	可变长
帧控制	路由字段	类型标识符	报警信息净荷
网络层帧头		网络层净荷	

图 15 报警信息帧的格式

报警信息帧的字段的顺序应遵守图 9 所示的通用网络层帧的格式。

6.3.3.4.2 报警信息帧的网络层帧头字段

报警信息帧的网络层帧头字段应包含帧控制字段，并根据需要结合一个适当的路由字段。

在帧控制字段中，帧类型子字段应包含指示一个报警信息帧的值，如表 45 所示。所有其他子字段应根据报警信息帧的预定用途设置。

路由字段应根据帧控制字段的设置，并根据需要适当地结合一个地址字段和广播字段。

6.3.3.4.3 报警信息帧类型标识符字段

报警信息帧类型标识符字段包含指示报警信息类型的值。该字段应设置为表 51 所列的非保留值之一。

6.3.3.4.4 报警信息帧命令净荷字段

一个报警信息帧的网络层命令净荷字段应包含报警相关信息，如求助回复命令净荷格式所示。

6.4 命令帧

6.4.1 概述

网络层定义的命令帧如表 48 所示。本条介绍 NLME 如何构造需传输用的单个命令。在每个命令的网络层帧头相关章条中未明确规定时，以下条件适用于所有的命令。

a) 网络层帧控制字段的帧类型子字段应设置为指示该帧是一个网络层命令帧；

b) 网络层帧头中的发现路由子字段应设置为不允许路由发现(见表 46)；

c) 网络层帧头中的源地址字段应设置为发起方的地址。

表 48 网络命令帧

命令帧标识符	命令名称	章条
0x01	路由请求	6.4.2
0x02	路由响应	6.4.3
0x03	网络状态	6.4.3.6
0x04	离开	6.4.4

表 48（续）

命令帧标识符	命令名称	章条
0x05	路由记录	6.4.5
0x06	重新加入请求	6.4.6
0x07	重新加入响应	6.4.7
0x08	链路状态	6.4.8
0x09	网络报告	6.4.9
0x0a	网络更新	6.4.10
0x0b	路由扩散	6.4.11
0x0c	竞争路由器指示	6.4.12
0x0d	竞争路由器请求	6.4.13
0x0e	协调器变换	6.4.14
0x0f	拥塞状态	6.4.16
0x10	求助消息	6.4.17
0x11	求助回复	6.4.18
0x12	邻接个域网报告	6.4.19
0x13	低功耗路由查询	6.4.20
0x14	低功耗路由应答	6.4.21
0x15	路由负反馈	6.4.15
0x20～0xff	保留	—

6.4.2 路由请求命令

6.4.2.1 格式

路由请求命令允许一个设备请求在无线设备范围内的其他设备参与查找一个特定的目的设备，以便在网络中建立一条稳定的使信息更快更经济地到达目的设备的路由。路由请求命令的净荷应按照图16所示的格式编排。

八位位组：1	1	2	1	0/8	2	1	1
命令选项	路由请求标识符	目的地址	路由代价	目的 IEEE 地址	首跳	路由需求标识符	最小跳数
NWK 命令净荷							

图 16 路由请求命令帧的格式

6.4.2.2 MAC 数据服务请求

为了使用 GB/T 15629.15—2010 定义的 MAC 数据服务发送该命令，应提供以下信息：

a) 目的个域网标识符应设置为所要查找的目的设备所在个域网的标识符；

b) 目的地址应设置为广播地址 0xffff；

c) 源地址和源个域网标识符应设置为发送路由请求命令的设备的地址和个域网标识符,该设备不一定是命令的发起方;

d) 由于任何从网络层发出的加密的帧应使用网络层安全功能,帧控制字段应设置为指定该帧是一个 MAC 数据帧,且禁用 MAC 安全功能;

e) 寻址模式和个域网内部的标志应设置为支持这里描述的寻址字段。

6.4.2.3 网络层帧头字段

为了使路由请求到达它的目的设备并正确完成路由发现过程,应提供下列信息:

a) 网络层帧头的目的地址字段应设置为所有路由器和协调器广播的地址 macRxOnWhenIdle 为 TRUE(见表 53);

b) 帧控制字段的源 IEEE 地址子字段应设置为 1,网络层帧头的源 IEEE 地址字段应存在且应包含帧发起方的 64 位 IEEE 地址。

6.4.2.4 网络层净荷字段

6.4.2.4.1 概述

网络层净荷包含一个命令标识符字段、一个命令选项字段、路由请求标识符字段、预定目的地址、一个最新的路径代价汇总和目的 IEEE 地址。

命令帧标识符应包含指示它是一个路由请求命令帧的值。

6.4.2.4.2 命令选项字段

命令选项字段的格式如图 17 所示。

位:0～2	3～4	5	6	7
保留	多对一	目的 IEEE 地址	多播	保留

图 17 路由请求命令选项字段

a) 多对一:many-to-one 子字段应包含表 49 中的一个非保留值。

表 49 many-to-one 子字段值

值	描述
0	路由请求不是一个多对一路由请求
1	路由请求是一个多对一路由请求,发送设备支持一个路由记录表
2	路由请求是一个多对一路由请求,发送设备不支持一个路由记录表
3	路由请求是一个多对一路由请求,发送设备支持多个路由记录表

b) 目的 IEEE 地址:目的 IEEE 地址字段是一个仅有 1 位的字段。当且仅当命令帧包含目的 IEEE 地址时,值为 1。如果已知目的 IEEE 地址字段,则它可以始终被加上。

c) 多播子字段:多播子字段是一个仅有 1 位的字段。当且仅当路由请求命令帧请求到一个多播组的路由时,该字段的值为 1,此时目的地址字段包含组 ID。

6.4.2.4.3 路由请求标识符

路由请求标识符是一个 8 位的序列号,一个特定设备的网络层每发出一个路由请求,它就增加 1。

6.4.2.4.4 目的地址

目的地址指示路由请求命令帧的预定目的地址，长度为2个八位位组。

6.4.2.4.5 路径代价

路径代价字段长度为8位，当一个路由请求命令帧在网络中传递时，用于累加路由代价信息（见6.6.3.6.3）。

6.4.2.4.6 目的IEEE地址

目的IEEE地址指示路由请求命令帧的目的IEEE地址，长度应为8个八位位组。只有在命令帧选项字段的目的IEEE地址子字段值为1时才会出现。

6.4.2.4.7 路由需求标识符

路由需求标识符应该是8个八位位组，代表路由请求命令帧中的设备在网络路由申请的时候对特定需求的路由请求进行标识。路由需求标识符如图18所示。

位：0	1	2	3	4～7
保留	标识对称路由	标识低功耗路由	标识稳定路由	稳定路由项有效时间

图18 路由需求标识符

6.4.2.4.8 最小跳数

最小跳数在命令选项字段中的多对一字段值为3时有效，在命令帧创建时初始化，初始值为0。

6.4.3 路由响应命令

6.4.3.1 格式

路由响应命令允许一个路由请求命令指定的目的设备通知路由请求的发出者，该请求已经被接收；允许路由器沿着路由请求采取的路径，建立使源设备更有效地向目的设备传输帧的状态信息。路由响应命令的净荷应按图19所示的格式编排。

八位位组：1	1	2	2	1	0/8	0/8	0/2
命令选项	路由请求标识符	发起方地址	响应设备地址	路由代价	发起方IEEE地址	响应设备IEEE地址	边界路由节点设备地址
NWK命令净荷							

图19 路由响应命令格式

6.4.3.2 MAC数据服务需求

为了使用GB/T 15629.15—2010定义的MAC数据服务发送这个命令，以下信息应包含在MAC帧的头：

a) 目的MAC地址和目的个域网标识符应分别设置为路由请求命令帧的发起方的路径第一跳的网络地址和个域网标识符。目的个域网标识符应和发起方的个域网标识符相同；

b) 源MAC地址和源个域网标识符应设置为发出路由响应命令的设备的网络地址和个域网标识

符，它可以是或可以不是发起命令的设备；

c) 由于从网络层发出的加密的帧应使用网络层安全功能，帧控制字段应设置为指示该帧是一个MAC数据帧的值，且MAC安全功能禁用。传输选项应设置为请求确认。寻址模式和个域网内部的标志应设置为支持这里描述的寻址字段。

6.4.3.3 网络层帧头字段

为了使这个路由响应到达其目的设备，且路由发现过程能正确完成，应提供以下信息：

a) 网络层帧头中的源地址应设置为发送帧设备的16位网络地址；

b) 网络层帧头的目的地址字段应设置为回到相应路由请求的发出设备的第一跳网络地址；

c) 因为这是一个网络层命令帧，帧控制字段的源IEEE地址子字段应设置为1，网络层帧头中的源IEEE地址字段应包含帧发起方的64位IEEE地址。帧控制字段的目的IEEE地址子字段应设置为1，网络层帧头中的目的IEEE地址字段应包含回到相应路由请求发起方第一跳的64位IEEE地址。

6.4.3.4 网络层净荷字段

6.4.3.4.1 概述

网络层帧的净荷包含一个命令标识符字段、一个命令选项字段、路由请求标识符、发起方地址、响应设备地址和一个最新的路径代价汇总。

命令帧标识符应包含指示一个路由响应命令帧的值。

6.4.3.4.2 命令选项字段

命令选项字段的格式如图20所示。

位：0～2	3	4	5	6	7
保留	边界路由节点设备地址	发起方IEEE地址	响应设备IEEE地址	多播	保留

图20 路由响应命令选项字段

6.4.3.4.3 边界路由节点设备地址

边界路由节点设备地址子字段是仅有1位的字段。当且仅当边界路由节点设备地址包含在净荷中时，它的值为1。

6.4.3.4.4 发起方IEEE地址

发起方IEEE地址子字段是仅有1位的字段。当且仅当发起方IEEE地址包含在净荷中时，它的值为1。当nwkUniqueAddr是FALSE，这个位应设置。

a) 响应者IEEE地址

响应设备IEEE地址子字段是仅有1位的字段。当且仅当响应设备IEEE地址包含在净荷中，它的值为1。当nwkUniqueAddr是FALSE，这个位应设置，并且多播子字段应设置。

b) 多播子字段

多播子字段是一个1位的字段。当且仅当路由响应命令帧响应一个多播路由请求时，该字段的值为1，此时响应地址字段包含组ID。

6.4.3.4.5 路由请求标识符

路由请求标识符是该帧所响应的路由请求的 8 位序列号。

6.4.3.4.6 发起方地址

发起方地址字段包含该帧所响应的路由请求命令帧发出设备的 16 位网络地址，长度为 2 个八位位组。

6.4.3.5 响应者地址

6.4.3.5.1 概述

响应设备地址字段和相应的路由请求命令帧的目的地址字段的值相同，长度为 2 个八位位组。

6.4.3.5.2 路径代价

路径代价字段用于累加路由响应命令帧在网络中传输的链路代价（见 6.6.3.6.4）。

6.4.3.5.3 发起方 IEEE 地址

发起方 IEEE 地址字段长度为 8 个八位位组，应包含所响应路由请求命令帧发起方的 64 位扩展地址。命令选项字段的发起方 IEEE 地址子字段值为 1 时，这个字段才能出现。

6.4.3.5.4 响应设备 IEEE 地址

响应设备 IEEE 地址字段长度应为 8 个八位位组，应包含响应路由请求命令帧的设备的 64 位扩展目的地址。命令选项字段的响应设备 IEEE 地址子字段值为 1 时，这个字段才能出现。

6.4.3.5.5 边界路由节点设备地址

边界路由节点设备地址字段长度应为 2 个八位位组，应包含转发响应路由请求命令帧的最近一个边界路由器节点设备的 16 位短地址。命令选项字段的边界路由节点设备地址子字段值为 1 时，这个字段才能出现。

6.4.3.6 网络状态命令

设备使用网络状态命令将特定设备的网络层出现的错误和其他情况向网络中其他设备的对等网络层实体报告。网络层状态命令还可以用来诊断网络问题，例如地址冲突。一个网络状态命令的净荷应按图 21 所示的格式编排。

<table>
<tr><td>八位位组：1</td><td>2</td></tr>
<tr><td>状态代码</td><td>目的地址</td></tr>
<tr><td colspan="2">网络命令净荷</td></tr>
</table>

图 21 网络状态命令帧的格式

6.4.3.7 MAC 数据服务需求

为了使用 GB/T 15629.15—2010 定义的 MAC 数据服务发送这个命令，应提供以下信息：

a) 目的 MAC 地址和目的个域网标识符应相应地设置为到达命令帧目的设备路径上第一跳设备的地址和个域网标识符，或者当命令帧是在网络层广播时，设置为广播地址；

b) 源 MAC 地址和源个域网标识符应设置为发送网络状态命令的设备的网络地址和个域网标识符；
c) 由于网络层发出的任何加密的帧应使用网络层安全功能，帧控制字段应设置为指定帧是一个 MAC 数据帧，且 MAC 安全功能禁用。如果目地 MAC 地址是广播地址 0xffff，传输选项不能被设置为请求确认；
d) 寻址模式和个域网内部的标志应设置为支持这里描述的寻址字段。

6.4.3.8 网络层帧头字段

网络状态命令可以是单播或广播的。网络层帧头字段应设置如下：
a) 源地址字段应始终设置为命令帧发起方的 16 位网络地址；
b) 帧控制字段的源 IEEE 地址于字段应设置为 1，并且网络层帧头的源 IEEE 地址字段应存在并设为帧的发起方的 64 位 IEEE 地址；
c) 当路由错误时，网络层帧头的目的地址字段应设置为与遭遇传输失败的数据帧源地址相同的值；
d) 当且仅当网络状态命令帧不是广播的，帧控制字段的目的 IEEE 地址子字段值应为 1，如果 IEEE 地址已知，网络层帧头的目的 IEEE 地址字段应存在，包含对应于目的地址字段 16 位网络地址的 64 位 IEEE 地址。

6.4.3.9 网络层净荷字段

6.4.3.9.1 概述

网络状态命令帧的网络层帧净荷包含一个命令帧标识符字段、一个状态代码字段和一个目的地址字段。命令帧标识符字段应包含指示这是一个网络状态命令帧的值(见表 50)。

6.4.3.9.2 状态代码

状态代码应设置为表 50 所示的非保留值之一。

表 50 网络状态命令帧的状态代码

值	状态代码
0x00	无可用路由
0x01	树连接失败
0x02	非树连接失败
0x03	低电池电量
0x04	无路由能力
0x05	无间接能力
0x06	间接传送到期
0x07	目的设备不可用
0x08	目的地址未分配
0x09	父节点设备链接失败
0x0a	可用路由
0x0b	源路由失败

表 50（续）

值	状态代码
0x0c	多对一路由失败
0x0d	地址冲突
0x0e	验证地址
0x0f	个域网识别符更新
0x10	网络地址更新
0x11	不匹配帧计数器
0x12	不匹配密钥序列号
0x13	稳定路由建立失败
0x14	对称路由建立失败
0x15～0xff	保留

这些状态代码可用于一个路由状态命令帧的状态代码字段的值和 NLME-NWK-STATUS.indication 原语的状态参数的值。每个状态的简单解释如下：

a) 无可用路由：已经尝试了路由发现和/或修复，仍没有发现到预定目的地址的路由；
b) 树连接失败：尝试沿着树为该帧选路失败，发生路由失败；
c) 非树连接失败：路由失败的发生不是因为尝试沿着树选路；
d) 低电池电量：中继设备电池电力不足，帧没有被中继；
e) 无路由能力：中继设备没有路由能力，发生失败；
f) 无间接能力：尝试为一个睡眠的终端设备子节点设备缓存一个帧，但中继设备没有缓存可以使用，发生失败；
g) 间接传送到期：为一个睡眠终端设备子节点设备缓存的帧因为超时被丢弃；
h) 目的设备不可用：中继设备的一个终端设备子节点设备因为某种原因不可用；
i) 目的地址未分配：目的地址是中继设备一个不存在的终端设备子节点设备；
j) 父节点设备链接失败：因为到设备的父节点设备 RF 连接失败，发生此次失败；
k) 可用路由：目的地址字段确定的多播路由应是有效的；
l) 源路由失败：源路由可能由于其中的一个连接失败而失败；
m) 多对一路由失败：一个多对一的路由请求建立一条路由失败；
n) 地址冲突：目的地址字段中的地址被两个或两个以上设备使用；
o) 验证地址：源设备 IEEE 地址已包含在源 IEEE 地址字段中，如果目的 IEEE 地址字段存在，其期望值是目的 IEEE 地址；
p) 个域网识别符更新：设备的可操作个域网识别符已经被更新；
q) 网络地址更新：设备的网络地址已经被更新；
r) 坏帧计数器：接收帧的计数器有值小于或等于 *nwkSecurityMaterialSet*；
s) 不匹配密钥序列号：接收帧的密钥序列号与 *nwkActiveKeySeqNumber* 不匹配；
t) 稳定路由建立失败：稳定路由请求建立一条稳定路由失败；
u) 对称路由建立失败：对称路由请求建立一条对称路由失败。

6.4.3.9.3 目的地址

目的地址字段长度为 2 个八位位组，当且仅当网络状态命令帧因为了响应路由失败而发送时才存在。在此情况下，应包含转发失败的数据帧的目的地址。

6.4.4 离开命令

6.4.4.1 格式

NLME使用离开命令通知网络中的其他设备一个设备正要离开网络，或请求一个设备离开网络。离开命令的净荷应按图22所示的格式编排。

八位位组：1
命令选项
NWK命令净荷

图22 离开命令帧格式

6.4.4.2 MAC数据服务需求

为了使用GB/T 15629.15—2010定义的MAC数据服务发送该命令，应提供以下信息：

a) 目的MAC地址和个域网标识符应分别设置为帧要被送到的相邻设备的网络地址和个域网标识符，或者如果网络层帧头也包含一个广播地址，发送到MAC广播地址0xffff；

b) 源MAC地址和个域网标识符应设置为发送离开命令的设备的地址和个域网标识符；

c) 由于网络层发出的任何加密的帧应使用网络层安全功能，帧控制字段应设置为指定该帧是一个MAC数据帧，且禁用MAC安全功能。应请求一个确认；

d) 寻址模式和个域网内部的标志应设置为支持这里描述的寻址字段。

6.4.4.3 网络层帧头字段

离开命令帧的网络层帧头字段应设置如下：

a) 帧控制字段的源IEEE地址子字段应设置为1，网络层帧头的源地址字段应存在，且应包含帧发起方的64位IEEE地址；

b) 如果命令选项字段的请求子字段设置为1，那么网络层帧头的目的地址字段应设置为请求离开的子设备的网络地址；

c) 如果请求子字段设置为0，网络层帧头的目的地址字段应设置为0xfffd，这样指令就被macRxOnWhenIdle等于TRUE的设备接收；

d) 当且仅当命令帧不是广播的，帧控制字段的目的IEEE地址子字段应设置为1，目的IEEE地址字段应设置为被请求离开的设备的IEEE地址；

e) 半径字段应设置为1。

6.4.4.4 网络层净荷字段

离开命令帧的网络层净荷包含一个命令帧标识符字段和一个命令选项字段。命令帧标识符字段应设置为指定它是表48所述的离开命令帧。

八位的命令选项字段的格式如图23所示。

位：0～3	4	5	6	7
保留	Change parent	Rejion	Request	Remove Children

图23 离开命令选项字段

a) Rejoin子字段：

Rejoin 子字段是 1 位字段,位置在第 5 位。如果该子字段的值为 1,从其当前父节点设备离开的设备将重新加入网络。如果该子字段的值为 0,设备不再重新加入网络。

b) Request 子字段:

Request 子字段是 1 位字段,位置在第 6 位。如果该子字段的值为 1,那么离开命令帧请求另一个设备离开网络。如果该子字段的值为 0,那么离开命令帧指示发送设备将离开网络。

c) Remove Children 子字段:

RemoveChildren 子字段是 1 位字段,位置在第 7 位。如果该子字段的值为 1,那么离开网络的设备的子节点设备也将被移除。如果子字段有一个值为 0,那么离开网络的设备的子节点设备不被移除。

d) Change parent 子字段:

Changeparent 子字段是 1 位字段,位置在第 4 位。该子字段只有在 Rejoin 子字段为 1 时有效。当 Rejoin 子字段为 1 时,如果该子字段的值为 1,则从当前父节点设备离开的设备将变更父节点设备并重新加入网络。如果该子字段的值为 0,设备将不变更父节点设备。

6.4.5 路由记录命令

6.4.5.1 格式

路由记录命令允许把一个单播包在通过网络时采取的路由记录在命令净荷中,并发给目的设备。路由记录命令的净荷应按图 24 所示的格式编排。

八位位组:1	可变的
中继计数	中继清单
网络命令净荷	

图 24 路由记录命令格式

6.4.5.2 MAC 数据服务需求

为了使用 GB/T 15629.15—2010 定义的 MAC 数据服务发送该命令,应提供以下信息:

a) 目的 MAC 地址和个域网标识符应分别设置为帧要被送到的相邻设备的网络地址和个域网标识符;

b) 源 MAC 地址和个域网标识符应设置为发送路由记录命令的设备的网络地址和个域网标识符;

c) 由于网络层发出的任何加密的帧应使用网络层安全功能,帧控制字段应设置为指定该帧是一个 MAC 数据帧,且禁用 MAC 安全功能。应需要确认;

d) 寻址模式和个域网内部的标志应设置为支持这里描述的寻址字段。

6.4.5.3 网络层帧头字段

路由记录命令帧的的网络层帧头字段应设置如下:

a) 如果路由记录由 NLDE-DATA.request 原语启动,源地址字段应设置为帧发起方的 16 位网络地址。如果路由记录由代表一个终端子设备中继数据帧启动,源地址字段应包含终端子设备的 16 位网络地址;

b) 帧控制字段的源 IEEE 地址子字段应设置为 1,网络层帧头的源 IEEE 地址字段应存在,且应包含在源地址字段内的 16 位网络地址对应的 64 位 IEEE 地址;

c) 网络层帧头的目的地址字段应设置为汇聚点的 16 位网络地址,该节点设备即帧的目的设备;

d) 帧控制字段的目的 IEEE 地址子字段应设置为 1,如果地址已知,目的 IEEE 地址字段应设置

为汇聚点的 IEEE 地址,汇聚点即帧的目的设备;

e) 帧控制字段的源路由子字段应设置为 0。

6.4.5.4 网络层净荷

网络层帧净荷包含一个命令标识符字段、一个中继计数器字段和一个中继清单字段。命令帧标识符应包含指示它是一个路由记录命令帧的值。

中继计数字段包含路由记录命令的中继清单字段的中继次数。如果路由记录由来自邻近高层的 NLDEDATA.request 原语启动,中继计数字段初始化为 0。如果路由记录由代表一个终端设备子节点设备中继数据帧启动,中继计数字段初始化为 1。在任何情况下,每个接收中继对中继计数字段递增 1。

中继清单字段是一个清单,包含中继该数据包的节点设备的 16 位网络地址。如果路由记录由代表一个终端设备子节点设备中继数据帧启动,发起方将会用自己的 16 位网络地址初始化本字段。接收中继节点设备在转发数据包之前添加其网络地址到清单中。

6.4.6 重新加入请求命令

6.4.6.1 格式

重新加入请求命令允许一个设备重新加入它的网络。这通常用来响应一次通信失败,比如当一个终端设备不能再与其原始父节点设备通信的时候。重新加入请求命令帧格式如图 25 所示。

八位位组:1
能力信息
NWK 命令净荷

图 25 重新加入请求命令帧格式

6.4.6.2 MAC 数据服务需求

为了使用 GB/T 15629.15—2010 定义的 MAC 数据服务发送该命令,应提供以下信息:

a) 目的 MAC 地址和个域网标识符应分别设置为未来的父节点设备的网络地址和个域网标识符;

b) 源 MAC 地址和个域网标识符应设置为发送重新加入命令帧的设备之前的网络地址和个域网标识符;

c) 传输选项应设置为需求确认;

d) 寻址模式和个域网内部的标志应设置为支持这里描述的寻址字段。

6.4.6.3 网络层帧头字段

重新加入请求命令帧的的网络层帧头字段应设置如下:

a) 网络层帧头的源地址字段应设置为发出请求的设备的 16 位网络地址;

b) 帧控制字段的源 IEEE 地址子字段应设置为 1,源 IEEE 地址字段应设置为发出请求设备的 IEEE 地址;

c) 网络层帧头的目的地址字段应设置为期望的父设备的 16 位网络地址;

d) 帧控制字段的目的 IEEE 地址子字段应设置为 1 如果期望的父设备的 IEEE 地址为已知,则目的 IEEE 地址字段应设置为该地址;

e) 半径字段应设置为 1。

6.4.6.4 网络层净荷字段

网络层帧净荷包含一个命令标识符字段和一个能力信息字段。命令帧标识符应包含指示它是一个重新加入命令帧的值。

能力信息字段这个八位位组的字段的格式和 GB/T 15629.15—2010 的关联请求命令中的能力信息字段相同,也描述在表 56 中。

6.4.7 重新加入响应命令

6.4.7.1 格式

重新加入响应命令由一个设备发送,通知一个子节点设备其网络地址和重新加入状态。重新加入响应命令帧格式如图 26 所示。

八位位组:2	1
网络地址	重新加入状态
NWK 命令净荷	

图 26 重新加入响应命令帧的格式

6.4.7.2 MAC 数据服务需求

为了使用 GB/T 15629.15—2010 定义的 MAC 数据服务发送该命令,应提供以下信息:

a) 目的 MAC 地址和个域网标识符应分别设置为请求重新加入网络的设备之前的网络地址和个域网标识符;
b) 源 MAC 地址和个域网标识符应设置为接收并处理重新加入命令帧的设备的网络地址和个域网标识符;
c) 应请求一个确认;
d) 寻址模式和个域网内部的标志应设置为支持这里描述的寻址字段。如果重新加入请求命令的 Capability Information 的 Receiver on when idle 位等于 0x00,TXOptions 将请求使用"间接传输";否则将使用"直接传输"。

6.4.7.3 网络层帧头字段

重新加入响应命令帧的网络层帧头字段应设置如下:

a) 源地址字段应设置为发送响应的设备的 16 位网络地址;
b) 帧控制字段的源 IEEE 地址子字段应设置为 1,源 IEEE 地址字段应存在,且包含发送请求的父设备的 64 位 IEEE 地址;
c) 网络层帧头的目的地址字段应设置为重新加入设备的当前网络地址,此设备即发送加入请求的设备,而此帧则为对请求的响应;
d) 帧控制字段的目的 IEEE 地址子字段应设置为 1,网络层帧头的目的 IEEE 地址字段应存在,且应包含子节点设备的 64 位 IEEE 地址,它是重新加入请求命令的源,此帧为响应;
e) 网络层应把重新加入响应命令帧的安全性和收到的重新加入请求命令帧的(前者为对后者的响应)安全性设置为同一个安全等级。

6.4.7.4 网络层净荷字段

6.4.7.4.1 网络地址字段

如果重新加入成功，这个2个八位位组的字段为分配给重新加入设备的新的网络地址。如果重新加入不成功，本字段的广播地址设为0xffff。

6.4.7.4.2 重新加入状态字段

这个八位位组字段应包含GB/T 15629.15—2010给出的非保留的关联状态值之一。

6.4.8 链路状态命令

6.4.8.1 概述

链路状态命令允许相邻的路由器通报自己的外入链路代价，见6.6.3.5。链路状态帧通过单跳广播无重传发送。

6.4.8.2 MAC数据服务需求

为了使用GB/T 15629.15—2010定义的MAC数据服务发送该命令，应提供以下信息：

a) 目的个域网标识符应设置为发送链路状态命令的设备的个域网标识符；
b) 目的地址应设置为广播地址0xffff；
c) 源MAC地址和个域网标识符应设置为发送链路状态命令的设备的网络地址和个域网标识符；
d) 由于任何从网络层发出的加密的帧应使用网络层安全功能，帧控制字段应设置为指定帧是一个MAC数据帧，且MAC安全功能禁用；因为帧是广播的，不能指定请求确认；
e) 寻址模式和个域网内部的标志应设置为支持这里描述的寻址字段。

6.4.8.3 网络层帧头字段

链路状态命令帧的网络层帧头字段应设置如下：

a) 帧控制字段的源地址字段，源IEEE地址子字段，网络层帧头的源IEEE地址应按照一般的网络层命令帧设置；
b) 网络层帧头的目的地址应设置为仅路由器广播地址(见表64)；
c) 帧控制字段的目的IEEE地址子字段应是0，网络层帧头的目的IEEE地址字段不应出现；
d) 半径字段应设置为1。

6.4.8.4 网络层净荷字段

6.4.8.4.1 格式

链路状态命令的网络层净荷字段格式如图27所示。

八位位组:1	可变
命令选项	链路状态清单
NWK命令净荷	

图27 链路状态格式

6.4.8.4.2 链路状态选项字段

八位链路状态选项字段的格式如图 28 所示。

位:0～4	5	6	7
条目数	第一帧	最后帧	保留

图 28 链路状态选项字段

命令选项字段的条目数子字段指示了链路状态清单中的链路状态条目数。如果这是发送设备链路状态的第一帧,第一帧子字段应设置为 1;如果这是发送设备链路状态的最后帧,最后帧子字段应设置为 1;如果发送设备链路状态正好为一帧,第一帧和最后帧位都应设置为 1。

6.4.8.4.3 链路状态清单字段

链路状态清单条目格式如图 29 所示。

八位位组:2	1
邻居网络地址	链路状态

图 29 链路状态清单条目的格式

链路状态清单条目按网络地址以递增顺序排序。如果所有的邻居路由器的链路状态不只一个帧,应发送多个帧。当发送多个帧时,帧 N 的链路状态清单的最后网络地址等于帧 $N+1$ 的链路状态清单的第一个网络地址。

每个链路状态清单条目包含一个路由器邻居的网络地址,最不重要的八位位组优先,随后是链路状态八位位组。外入代价字段包含设备的邻居链路代价估计,这是 1～7 之间的一个值。外出代价字段包含来自邻居表的外出代价字段的值。

链路状态清单条目的链路状态字段的格式如图 30 所示。

位:0～2	3	4～6	7
外入代价	保留	外出代价	保留

图 30 链路状态字段的格式

6.4.9 网络报告命令

6.4.9.1 格式

网络报告命令允许设备报告网络事件给 NIB 属性 *nwkManagerAddr* 所含地址指定的设备。这类事件是无线设备信道条件和个域网标识符冲突。网络报告命令的净荷格式如图 31 所示。

八位位组:1	8	可变
命令选项	EPID	报告信息
NWK 命令净荷		

图 31 网络报告命令帧格式

6.4.9.2 MAC 数据服务需求

为了使用 GB/T 15629.15—2010 定义的 MAC 数据服务发送该命令,以下信息应包含在 MAC 帧的头:

a） 目的个域网标识符应设置为发送网络报告命令的设备的个域网标识符；

b） 目的地址应设置为路由表条目中下一跳地址字段的值，其中该条目的目的地址字段的值和NIB属性nwkManagerAddr的值相同。如果没有这样的路由表条目，那么网络层会尝试路由发现，见6.6.3.6；

c） 源MAC地址和个域网标识符应设置为发送网络报告命令的设备的地址和个域网标识符，该设备不一定是发送命令的源设备；

d） 由于任何从网络层发出的加密的帧应使用网络层安全功能，帧控制字段应设置为指定帧是一个MAC数据帧的值，且MAC安全功能被禁用；需要请求确认。

6.4.9.3 网络层帧头字段

网络报告命令帧的网络层帧头字段应设置如下：

a） 帧控制字段的源地址字段，源IEEE地址子字段和网络层帧头字段的源IEEE地址子字段应按照一般的网络层命令帧设置；

b） 网络层帧头的目的地址字段应设置为NIB属性nwkManagerAddr所含的16位网络地址；

c） 帧控制字段的目的IEEE地址子字段的值应为1，网络层帧头的目的IEEE地址字段应存在，包含NIB中nwkManagerAddr属性所含的16位网络地址对应的64位IEEE地址。

6.4.9.4 网络层净荷字段

6.4.9.4.1 概述

网络层帧净荷包含一个命令标识符字段、一个命令选项字段、EPID字段和一个报告信息净荷。命令帧标识符应包含指示这是一个网络报告命令帧的值。

6.4.9.4.2 命令选项字段

命令选项字段的格式如图32所示。

位：0～4	5～7
报告信息计数	报告命令标识符(见图33)

图32 网络报告命令选项字段

6.4.9.4.3 报告信息计数

报告信息计数子字段包含一个整数，指示报告信息字段所含的记录个数。记录大小取决于报告命令标识符的值。

6.4.9.4.4 报告命令标识符

报告命令标识符子字段包含一个整数，指示报告信息命令的类型。图33包含可以插入本字段的值。

报告命令标识符值	报告类型
0x00	个域网标识符冲突
0x01～0x07	保留

图33 报告命令标识符子字段

6.4.9.4.5 EPID 字段

EPID 字段包含 64 位 EPID，它标识报告设备是哪个网络的成员。

6.4.9.4.6 报告信息

报告信息字段提供要报告的信息，本字段格式取决于报告命令标识符子字段的值。

如果报告命令标识符子字段指示有一个个域网标识符冲突，那么报告信息字段格式如图 34 所示。

八位位组：2	2	2
第 1 个个域网标识符	……	第 *n* 个个域网标识符

图 34 个域网标识符冲突报告

个域网标识符冲突报告应由运行在报告设备邻居区域内的 16 位个域网标识符清单组成。个域网标识符冲突报告中的个域网标识符个数应等于命令选项字段的报告信息计数子字段的值。

6.4.10 网络更新命令

6.4.10.1 格式

网络更新命令允许 NIB 中 *nwkManagerAddr* 属性指定的设备把配置信息的变化广播给网络中所有设备。例如，广播网络正准备改变它的短个域网标识符。网络更新命令的净荷格式如图 35 所示。

八位位组：1	8	1	可变
命令选项	EPID	更新 ID	更新信息
NWK 命令净荷			

图 35 网络更新命令帧的格式

6.4.10.2 MAC 数据服务需求

为了使用 GB/T 15629.15—2010 定义的 MAC 数据服务发送该命令，以下信息应包含在 MAC 帧头里：

a) 为了使命令帧到达没有收到这个更新命令的网络设备，目的个域网标识符应设置为网络协调器的旧个域网标识符。目的地址应根据 6.3.2.3 所述的广播发送的规程设置；

b) 源 MAC 地址和个域网标识符应设置为发送网络报告命令的设备的网络地址和旧个域网标识符，该设备不一定是发起命令的源设备；

c) 由于网络层发起的任何加密帧都使用网络层安全服务，帧控制字段应指定帧是 MAC 数据帧，且 MAC 安全禁用。

6.4.10.3 网络层帧头字段

网络更新命令帧的网络层帧头字段设置如下：

a) 帧控制字段的源地址字段，源 IEEE 地址子字段和网络层帧头字段的源 IEEE 地址子字段应按照一般的网络层命令帧设置；

b) 网络层帧头字段的目的地址应设置为广播地址 0xffff；

c) 帧控制字段的目的 IEEE 地址子字段值应为 0，网络层帧头字段的目的 IEEE 地址子字段不应存在。

6.4.10.4 网络层净荷字段

6.4.10.4.1 概述

网络层帧净荷包含一个命令标识符字段、一个命令选项字段、一个 EPID 字段和一个更新信息变量字段。

命令帧标识符应包含指示这是一个网络更新命令帧的值。

6.4.10.4.2 命令选项字段

命令选项字段的格式如图 36 所示。

位:0~4	5~7
更新信息计数	更新命令标识符(见图 37)

图 36 网络更新命令选项字段

更新信息计数子字段包含一个整数,指示更新信息字段的记录个数。记录大小取决于更新命令标识符子字段的值。

更新命令标识符子字段包含一个整数,指示更新信息命令的类型,如图 37 所示,包含可以插入该字段的值:

更新命令标识符值	报告类型
0x00	个域网标识符更新
0x01~0x07	保留

图 37 更新命令识别符子字段

6.4.10.4.3 EPID 字段

EPID 字段包含 64 位 EPID,标识要被更新的网络。

6.4.10.4.4 更新 Id 字段

更新 Id 字段反映发送此帧的设备的 *NwkUpdateIdr* 属性的当前值。

6.4.10.4.5 更新信息

更新信息字段提供要更新的信息,该字段的格式取决于更新命令标识符子字段的值。如果更新命令标识符子字段的值指示有一个个域网标识符更新,那么更新信息字段的格式如图 38 所示。

八位位组:2
新的个域网标识符

图 38 个域网标识符更新

个域网标识符更新由一个 16 位个域网标识符组成,它是这个网络使用的新个域网识别符。

更新信息计数子字段应等于 1,因为更新信息字段只含有一个个域网识别符。

6.4.11 路由扩散命令

6.4.11.1 格式

路由扩散命令由协调器发出，通过扩散的方式，实现网络中各协调器的信息交换，用于建立各协调器至源协调器的多对一的路由。路由扩散命令应按照图 39 所示的格式编排。

八位位组：1	1	1
路由扩散帧序列号	设备梯度	生存时间
NWK 命令净荷		

图 39 路由扩散命令帧的格式

6.4.11.2 MAC 数据服务需求

为了使用 GB/T 15629.15—2010 定义的 MAC 数据服务发送该命令，在 MAC 帧的帧头应包含以下信息：

a) 目的个域网标识符应设置为发送路由扩散命令的设备的个域网标识符；
b) 目的地址应设置为广播地址 0xffff；
c) 源地址和个域网标识符应设置为发送路由广播命令的设备的地址和个域网标识符，该设备不一定是命令的发起方；
d) 由于任何从网络层发出的加密的帧应使用网络层安全功能，帧控制字段应设置为指定帧是 MAC 数据帧的值，且 MAC 安全功能禁用；因为帧是广播的，不能指定确认请求；
e) 寻址模式和个域网内部的标志应设置为支持这里描述的寻址字段。

6.4.11.3 网络层帧头字段

为了使路由请求到达它的目的设备以正确完成路由发现规程，要求提供下列信息：

a) 网络层帧头的目的地址字段应设置为所有路由器和协调器广播的地址 macRxOnWhenIdle 为 TRUE(见表 64)；
b) 帧控制字段的源 IEEE 地址子字段应设置为 1，网络层帧头的源 IEEE 地址字段应存在且应包含帧发起方的 64 位 IEEE 地址。

6.4.11.4 网络层净荷字段

6.4.11.4.1 概述

网络层帧净荷包含命令标识符字段、路由扩散帧序列号字段、设备梯度字段和路由信息的生存时间字段(以超帧周期为基本计时单位)。

命令帧标识符应包含指示它是一个路由扩散命令帧的值。

6.4.11.4.2 路由扩散帧序列号

路由扩散帧序列号是一个 8 位的序列号，源协调器设备的网络层每发出一个路由扩散，它就增加 1。

6.4.11.4.3 设备梯度

该字段长度为 8 位，当一个路由扩散命令帧在网络中移动时，用于累加转发设备距离源设备的跳数,即梯度信息。

6.4.11.4.4 路由信息生存时间

该字段长度为8位,指示路由信息的生存时间,以超帧周期为基本计时单位。

6.4.12 竞争路由器指示命令

6.4.12.1 格式

由一个协调器或路由器设备生成,以广播方式发送,用于指示在其无线辐射范围内的全功能设备竞争成为新的路由器设备。竞争路由器指示命令应按照图40所示的格式编排。

八位位组:1	8
竞争路由器指示帧序列号	源 IEEE 地址
NWK 命令净荷	

图 40 竞争路由器指示命令的格式

6.4.12.2 MAC数据服务需求

为了使用GB/T 15629.15—2010定义的MAC数据服务发送该命令,应提供以下信息:

a) 目的个域网标识符应设置为发送指示命令的设备的个域网标识符;

b) 目的地址应设置为广播地址0xffff;

c) 源地址和个域网标识符应设置为发送指示命令的设备的地址和个域网标识符;

d) 由于任何从网络层发出的加密的帧应使用网络层安全功能,帧控制字段应设置为指定帧是MAC数据帧的值,且MAC安全功能禁用;

e) 因为帧是广播的,不能指定确认请求;

f) 寻址模式和个域网内部的标志应设置为支持这里描述的寻址字段。

6.4.12.3 网络层帧头字段

竞争路由器请求命令帧的网络层帧头字段应设置如下:

a) 源地址字段应设置为发送指示的设备的16位网络地址;

b) 帧控制字段的源IEEE地址子字段应设置为1,源IEEE地址字段应存在;

c) 网络层帧头的目的地址字段应设置为广播地址。

6.4.12.4 网络层净荷字段

网络层帧净荷包含一个帧序列号,一个源IEEE地址字段。

竞争路由器指示帧序列号是一个8位的序列号,一个特定设备的网络层每次发出一个竞争路由器指示,它就增加1。

源IEEE地址的长度应为8个八位位组,指示竞争路由器指示命令帧的源IEEE地址。

6.4.13 竞争路由器请求命令

6.4.13.1 格式

在接收到的竞争路由器指示命令后,由一个FFD设备生成,以单播方式发送给发出竞争路由器指示命令的设备,用于在其无线辐射范围内竞争成为新的路由器设备。竞争路由器请求命令的净荷应按照图 41 所示的格式编排。

八位位组:1	8
竞争路由器指示帧序列号	源 IEEE 地址
NWK 命令净荷	

图 41 竞争路由器请求命令的格式

6.4.13.2 MAC 数据服务需求

为了使用 GB/T 15629.15—2010 定义的 MAC 数据服务发送该命令,应提供以下信息:

a) 目的 MAC 地址设置为广播地址;

b) 目的个域网标识符应和发起方的个域网标识符相同;

c) 源地址和个域网标识符应设置为发送请求命令的设备的地址和个域网标识符;

d) 寻址模式和个域网内部的标志应设置为以支持这里描述的寻址字段。

6.4.13.3 网络层帧头字段

竞争路由器请求命令帧的网络层帧头字段应设置如下:

a) 源地址字段应设置为发送请求的设备的 16 位网络地址;

b) 帧控制字段的源 IEEE 地址子字段应设置为 1,源 IEEE 地址字段应存在;

c) 网络层帧头的目的地址字段应设置为广播地址。

6.4.13.4 网络层净荷字段

网络层帧净荷包含一个竞争路由器指示帧序列号以及源 IEEE 地址字段。

源 IEEE 地址的长度应为 8 个八位位组,指示竞争路由器请求命令帧的源 IEEE 地址。

6.4.14 协调器变换命令

6.4.14.1 格式

一个不再适合承担协调器功能的协调器使用协调器变换命令发起一个协调器变换过程,通知其下属子节点设备进行协调器变换。协调器变换命令应按照图 42 所示的格式进行编排。

八位位组:2	1	k	8	1	…	8	1
NETWORK-Function	节点设备数目	安全位图	节点设备 1 IEEE 地址	节点设备 1 Capability-Information	…	节点设备 n IEEE 地址	节点设备 n Capability-Information

图 42 协调器变换命令帧格式

6.4.14.2 MAC 数据服务要求

为使用 GB/T 15629.15—2010 定义的 MAC 数据服务发送该命令,应提供下述信息:

a) 目的 MAC 地址应设置为 0xffff,并且,NWK 头也应相应的包含广播地址;

b) 源 MAC 地址和个域网标识符应设置为发送协调器变换命令的设备的网络地址和个域网标识符;

c) 由于由 NWK 层发起的帧应使用 NWK 层安全机制,帧控制字段中应设置该帧是不使用安全功能的 MAC 数据帧；

d) 寻址模式和 intra-PAN 标识的设置应支持这里描述的寻址字段。

6.4.14.3 网络层帧头字段

协调器变换命令帧 NWK 头字段应按照如下设置：

a) 帧控制字段的源 IEEE 地址子字段应设置为 1，并且 NWK 头的源 IEEE 地址应出现并包含帧的发送设备的 64 位 IEEE 地址；

b) NWK 头的目的地址字段应设置为 0xfffd，以指示 *macRxOnWhenIdle* 为 TRUE 的设备可由接收到该命令帧；

c) 半径字段应设置为 1。

6.4.14.4 网络层净荷字段

协调器变换命令的 NWK 的净荷包含命令帧标识字段、Networkfunction 字段、节点设备数量字段、安全位图字段、节点设备 IEEE 地址字段和节点设备的 CapabilityInformation 字段。其中：

a) 命令标识：设置为 0x0e；

b) NetworkFunction：网络功能信息，指示网络的功能类型；

c) 节点设备数目：设置为命令帧后面携带的节点设备的地址的数目；

d) 安全位图：前 n 位用于指示后面 n 个地址对应的节点设备是否与原协调器有安全关系。K 为 Ceiling(n/8)；

e) 节点设备 i IEEE 地址：指示即将参与协调器变换的、原协调器下面关联的节点设备的地址，其中 $i=1,\cdots,n$；

f) 节点设备 i CapabilityInformation：指示即将参与协调器变换的、原协调器下面关联的节点设备的 capability information 信息，其中 $i=1,\cdots,n$。

6.4.15 路由负反馈命令

6.4.15.1 格式

路由负反馈(NFB)命令允许设备在自身状态变化(如能量值减少)时，向所有上游节点设备反馈此状态变化，收到该命令帧的上游节点设备，将以此改变路由表条目中的状态等级 StateLevel。这将使得对数据进行概率转发时，允许信息更均衡、合理地通过不同路径传输到目的设备。路由负反馈命令的净荷应按图 43 所示的格式编排。

八位位组：2	2	1	可变
源地址	目的地址	NFB 类型	NFB 值
NWK 命令净荷			

图 43 路由负反馈命令帧格式

6.4.15.2 MAC 数据服务请求

为了使用 GB/T 15629.15—2010 定义的 MAC 数据服务发送该命令，以下信息应包含在 MAC 帧的帧头：

a) 目的 MAC 地址和个域网标识符应分别设置为要送到的相邻设备的网络地址和个域网标识，或者如果网络层帧头也包含一个广播地址，发送到 MAC 广播地址 0xffff；

b) 源 MAC 地址和个域网标识符应设置为发送该命令帧的设备的网络地址和个域网标识符；

c) 寻址模式和个域网内部的标志应设置为支持这里描述的寻址字段。

6.4.15.3 网络层帧头字段

路由负反馈命令帧的网络层帧头字段应设置如下：

a) 帧控制字段的源 IEEE 地址子字段应设置为 1，网络层帧头的源地址字段应存在，且应包含帧发起方的 64 位 IEEE 地址；
b) 半径字段应设置为 1。

6.4.15.4 网络层净荷字段

6.4.15.4.1 概述

路由负反馈命令帧的网络层净荷包含一个命令标识符字段，发送设备和目标设备的网络地址，NFB 类型字段，NFB 值。

命令帧标识符应包含指示它是一个路由负反馈命令帧的值。

6.4.15.4.2 源地址

源地址字段应长为 2 个八位位组，且应包含该路由负反馈命令帧发起方的 16 位网络地址。

6.4.15.4.3 目的地址

目的地址字段应长为 2 个八位位组，且应包含该路由负反馈命令帧目标设备的 16 位网络地址。

6.4.15.4.4 NFB 类型字段

NFB 类型字段是 1 个八位位组，标识着路由负反馈命令帧所要反馈的内容。NFB 类型字段如图 44 所示。

位数：0	1～7
剩余能量	保留

图 44 NFB 类型字段格式

其中能量字段值为 0 时表示不携带剩余能量反馈值，为 1 时表示携带剩余能量反馈值。

6.4.15.4.5 NFB 值

NFB 值字段的长度为 1～8 个八位位组，是可变的，字段中的每 1 个八位位组表示一个反馈值，各反馈值分别对应于 NFB 类型字段中置 1 的位。

收到此路由负反馈命令帧的上游节点设备，将以此值来改变路由表项中的状态等级 StateLevel。

6.4.16 拥塞状态命令

6.4.16.1 格式

拥塞状态命令允许一个设备在自身拥塞状态变化时，向上游设备发送拥塞状态帧通报状态变化，拥塞状态可分为拥塞发生和拥塞解除。拥塞状态命令的净荷应按照图 45 所示的格式编排。

八位位组：1
拥塞状态类型标识符
NWK 命令净荷

图 45 拥塞状态命令净荷格式

6.4.16.2 MAC 数据服务需求

为了使用 GB/T 15629.15—2010 给出的 MAC 数据服务发送该命令，以下信息应包含在 MAC 帧头里：

a) 目的 MAC 地址和个域网标识符应分别设置为相邻上游设备的网络地址和个域网标识，或者如果命令帧在网络中广播，广播地址为 0xffff；
b) 源 MAC 地址和个域网标识符应设置为发送该命令的设备的网络地址和个域网标识符；
c) 寻址模式和个域网内部的 标志应设置为支持这里描述的寻址字段。

6.4.16.3 网络层帧头字段

拥塞状态命令帧的网络层帧头字段应设置如下：

a) 帧控制字段的源 IEEE 地址子字段应设置为 1，网络层帧头的源地址字段应存在，且应包含帧发起方的 64 位 IEEE 地址。帧控制字段的目的 IEEE 地址字段应设置为 1，网络层帧头中的目的 IEEE 地址应指定，应包含相邻上游设备的 64 位 IEEE 地址；
b) 网络层帧头中的源地址字段应设置为发送帧设备的 16 位网络地址；
c) 网络层帧头中的目的地址字段应设置为目的设备的 16 位网络地址；
d) 若以广播方式发起命令，则半径字段应设置为 1。

6.4.16.4 网络层净荷字段

拥塞状态命令帧的网络层净荷包含一个命令标识符字段和一个拥塞状态类型标识符。

命令标识符字段应设置为标志该命令是一个拥塞状态命令的值。

拥塞状态类型标识符是 1 个八位位组，标志着拥塞状态的内容。拥塞状态类型标识符如图 46 所示。

拥塞状态类型标识符	状态名称
0x00	拥塞解除
0x01	拥塞发生
0x02～0xff	保留

图 46 拥塞状态类型标识符格式

6.4.17 求助消息命令

6.4.17.1 格式

求助消息命令允许设备在接收到含有拥塞发生标志的拥塞状态命令帧时，向所有邻居节点设备广播求助消息。求助消息命令的净荷应按照图 47 所示的格式编排。

八位位组:1
到源协调器设备深度
NWK 命令净荷

图 47 求助消息命令净荷格式

6.4.17.2 MAC 数据服务需求

为了使用 GB/T 15629.15—2010 给出的 MAC 数据服务发送该命令,以下信息应包含在 MAC 帧头里:

a) 因该命令帧在网络中广播,MAC 地址应设置为广播地址 0xffff;

b) 源 MAC 地址和个域网标识符应设置为发送该命令的设备的网络地址和个域网标识符;

c) 寻址模式和个域网内部的标志应设置为支持这里描述的寻址字段。

6.4.17.3 网络层帧头字段

求助消息命令帧的网络层帧头字段应设置如下:

a) 地址帧控制字段的源 IEEE 地址子字段应设置为 1,网络层帧头的源地址字段应存在,且应包含帧发起方的 64 位 IEEE 地址;

b) 网络层帧头中的源地址字段应设置为发送帧设备的 16 位网络地址;

c) 网络层帧头中的目的地址字段应设置为广播的 16 位网络地址;

d) 半径字段应设置为 1。

6.4.17.4 网络层净荷字段

求助消息命令帧的网络层净荷包含一个命令帧标识符字段和发送设备到源协调器设备的深度。

命令标识符字段应设置为标志它是一个求助消息命令的值。

到源协调器设备深度是 1 个八位位组,由网络层信息字段(见表 66)中的 Device depth 字段获得。

6.4.18 求助回复命令

6.4.18.1 概述

求助回复命令允许设备在接收到求助消息命令帧时,根据自身状态选择是否发送求助回复命令帧。求助回复命令的净荷应按照图 48 所示的格式编排。

八位位组:1	1	1
到源协调器设备深度	剩余能量	队列长度
NWK 命令净荷		

图 48 求助回复命令净荷格式

6.4.18.2 MAC 数据服务需求

为了使用 GB/T 15629.15—2010 给出的 MAC 数据服务发送该命令,以下信息应包含在 MAC 帧头里:

a) 目的 MAC 地址和个域网标识符应分别设置为求助设备的网络地址和个域网标识;

b) 源 MAC 地址和个域网标识符应设置为发送该命令的设备的网络地址和个域网标识符;

c) 寻址模式和个域网内部的标志应设置为支持这里描述的寻址字段。

6.4.18.3 网络层帧头字段

求助回复命令帧的网络层帧头字段应设置如下：

a) 帧控制字段的源 IEEE 地址子字段应设置为 1，网络层帧头的源地址字段应存在，且应包含帧发起方的 64 位 IEEE 地址。帧控制字段的目的 IEEE 地址字段应设置为 1，网络层帧头中的目的 IEEE 地址应指定，应包含求助设备的 64 位 IEEE 地址；
b) 网络层帧头中的源地址字段应设置为发送帧设备的 16 位网络地址；
c) 网络层帧头中的目的地址字段应设置为目的设备的 16 位网络地址。

6.4.18.4 网络层净荷字段

求助回复命令帧的网络层净荷包含一个命令帧标识符字段，以及发送设备到源协调器设备的深度、剩余能量和队列长度。

a) 命令标识符字段应该设置为标志它是一个求助回复命令的值；
b) 到源协调器设备深度是 1 个八位位组，由网络层信息字段(见表 66)中的 Device depth 字段获得；
c) 剩余能量是 1 个八位位组，标志着发送设备的剩余能量信息；
d) 队列长度是 1 个八位位组，标志着发送设备的加权平均队列长度信息，队列长度信息本部分不定义。

6.4.19 邻接个域网报告

6.4.19.1 格式

邻接个域网报告命令帧允许边界路由节点设备把其所在的各个个域网的信息广播给其所在的各个个域网中的所有设备。邻接个域网报告命令的净荷应按照图 49 所示的格式编排。

<table>
<tr><td>八位位组：1</td><td>1</td><td>1</td><td>可变</td></tr>
<tr><td rowspan="2">网络命令标识符</td><td>路径消耗</td><td>邻接个域网数量</td><td>邻接个域网标识符清单</td></tr>
<tr><td colspan="3">网络命令净荷</td></tr>
<tr><td colspan="4">网络层净荷</td></tr>
</table>

图 49 邻接个域网报告命令帧格式

6.4.19.2 MAC 数据服务需求

为了使用 MAC 数据服务发送该命令，GB/T 15629.15—2010 给出，应提供以下信息：

a) 目的 MAC 地址设置为广播地址 0xffff；
b) 目的个域网标识符应和发起方的个域网标识符相同；
c) 源地址和个域网标识符应设置为发送请求命令的设备的地址和个域网标识符；
d) 寻址模式和个域网内部的标志应设置为支持这里描述的寻址字段。

6.4.19.3 网络层帧头字段

邻接个域网报告命令帧的网络层帧头字段设置如下：

a) 帧控制字段的源地址字段，源 IEEE 地址子字段和网络层帧头字段的源 IEEE 地址子字段应按照一般的网络层命令帧设置；

b) 网络层帧头字段的目的地址应设置为广播地址 0xffff。

6.4.19.4 网络层净荷字段

6.4.19.4.1 概述

网络层帧净荷包含一个网络命令标识符字段、一个路径消耗字段、一个邻接个域网数量字段和可变的相邻个域网标识符清单字段。

命令帧标识符应包含指示这是网络相邻个域网报告命令帧的值 0x12。

6.4.19.4.2 路径消耗字段

路径消耗字段长度为 8 位，当一个邻接个域网报告命令帧在网络中传送时，用于累加路由跳数信息。

6.4.19.4.3 邻接个域网数量字段

邻接个域网数量字段包含了一个整数，指示相邻个域网标识符清单字段中包含的个域网标识符数量，即边界路由节点设备所在的个域网的数量。

6.4.19.4.4 邻接个域网标识符清单字段

本字段列出包含边界路由节点设备所在的所有个域网的标识符，本字段是可变字段，大小由邻接个域网数量字段确定。

6.4.20 低功耗路由器查询命令

6.4.20.1 概述

低功耗路由器查询命令允许一个低功耗路由器查询命令以广播方式发给周围设备，用于获取周围设备中小于查询命令中携带的代价参数，并且可以到达目地址的设备地址。低功耗路由查询命令的净荷应按图 50 所示的格式编排。

八位位组：1	2	1	0/2
命令帧标识：0x0f	路由的目的地址	代价参数	同步信息
网络层命令净荷			

图 50 低功耗路由器查询命令

6.4.20.2 MAC 数据服务需求

为了使用 GB/T 15629.15—2010 定义的 MAC 数据服务发送该命令，应提供以下信息：

a) 目的个域网标识符应设置为发送低功耗路由查询命令的设备的个域网标识符；

b) 目的地址应设置为广播地址 0xffff；

c) 源 MAC 地址和个域网标识符应设置为低功耗路由查询命令设备的网络地址和个域网标识符；

d) 由于任何从网络层发出的加密的帧应使用网络层安全功能，帧控制字段应设置为指定帧是 MAC 数据帧，且 MAC 安全功能禁用；因为帧是广播的，不能指定请求确认；

e) 寻址模式和个域网内部的标志应设置以支持这里描述的寻址字段。

6.4.20.3 网络层帧头字段

功耗路由器查询命令帧的网络层帧头字段应设置如下：

a) 帧控制字段的源地址字段，源 IEEE 地址子字段和网络层帧头字段的源 IEEE 地址子字段应按照一般的网络层命令帧设置；

b) 网络层帧头的目的地址字段应设置为广播地址 0xffff。

6.4.20.4 网络层净荷字段

网络层帧净荷包含一个路由目的地址、一个代价参数和一个同步信息字段。

命令帧标识符应包含指示这是一个低功耗路由查询命令帧的值 0x13。

路由的目的地址字段应长为 2 个八位位组，且应包含该路由请求命令帧中目标设备的 16 位网络地址。

代价参数的字段包含当前设备到达目的设备的累计路径代价。代价参数可在路由发现过程中从路由发现表中获得，并记录在路由表中。

同步信息字段包含发送设备从唤醒到下次进入休眠状态的时间。同步信息参数允许接收到本查询命令的设备计算发送设备的工作时间。

6.4.21 低功耗路由器应答命令

6.4.21.1 格式

在接收到的低功耗路由器查询命令后，由周围设备生成，以单播方式发送给发出低功耗路由器指示命令的源设备，用于给出在其无线辐射范围内可以选择的路由转发设备。低功耗路由器请求命令的净荷应按照图 51 所示的格式编排。

八位位组：1	2	1	0/2
命令帧标识：0x1f	路由的目的地址	代价参数	同步信息
网络层命令净荷			

图 51 低功耗路由器应答命令

6.4.21.2 MAC 数据服务需求

为了使用 GB/T 15629.15—2010 定义的 MAC 数据服务发送该命令，应提供以下信息：

a) 目的 MAC 地址和个域网标识符应设置为低功耗路由查询命令设备的网络地址和个域网标识；

b) 源 MAC 地址和个域网标识符应设置为低功耗路由应答命令设备的网络地址和个域网标识符；

c) 由于任何从网络层发出的加密的帧应使用网络层安全功能，帧控制字段应设置为指定帧是一个 MAC 数据帧，且 MAC 安全功能禁用。

6.4.21.3 网络层帧头字段

功耗路由器应答命令帧的网络层帧头字段应设置如下：

a) 帧控制字段的源地址字段，源 IEEE 地址子字段和网络层帧头字段的源 IEEE 地址子字段应按照一般的网络层命令帧设置；

b) 网络层帧头的目的地址字段应设置为低功耗路由应答命令设备的 16 位网络地址。

6.4.21.4 网络层净荷字段

网络层帧净荷包含一个路由目的地址、一个代价参数和一个同步信息字段。命令帧标识符应包含指示这是一个低功耗路由应答命令帧的值 0x14。

路由的目的地址字段应长为 2 个八位位组，且应包含该路由请求命令帧中目标设备的 16 位网络地址。

代价参数字段包含当前设备到达目的设备的累计路径代价。代价参数可在路由发现过程中从路由发现表中获得，并记录在路由表中。

同步信息字段包含发送设备从醒来到下次进入休眠状态的时间。同步信息参数允许接收到本查询命令的设备节点设备计算发送节点设备的工作时间。

6.4.22 报警信息帧

6.4.22.1 格式

网络层定义的报警信息帧列在表 51 中。对于这样的每个报警信息类型，以下条件适用于网络层帧头字段，除非各个报警信息类型中有特殊规定：

a) 网络层帧控制字段的帧类型子字段应设置为指示该帧是一个报警信息帧；

b) 网络层帧头中的源地址字段应设置为发送该帧的设备的地址；

c) 网络层帧头中的目的地址字段应设置为接收该帧的设备的地址。

表 51 报警信息帧

报警信息帧标识符	报警信息名称	章条
0x01	报警发现	6.4.22.2
0x02	报警确认	6.4.22.7
0x03～0xff	保留	—

6.4.22.2 报警发现

6.4.22.3 格式

当路由设备获得所管理的普通设备发送的报警信息或自身基于某种策略产生报警信息后，该路由设备负责构建报警信息帧，设置其标识符为 0x01，并上报给特定的目标节点设备、汇聚点或信息采集节点设备等网络设备。报警发现帧的净荷应按照图 52 所示的格式编排。

八位位组：2	2	可变
发起方地址	响应设备地址	信息特征
报警信息净荷		

图 52 报警发现帧的格式

6.4.22.4 MAC 数据服务需求

为了使用 GB/T 15629.15—2010 定义的 MAC 数据服务发送报警发现帧，以下信息应包含在 MAC 帧的帧头：

a) 目的 MAC 地址和个域网标识符应分别设置为到响应设备的路径的下一跳的 MAC 地址（或

者广播地址 0xffff)和个域网标识符，目的个域网标识符应和发起方的个域网标识符相同；

b) 源地址和个域网标识符应设置为发送报警发现帧的设备的地址和个域网标识符，该设备不一定是报警发现帧的发起方；

c) 帧控制字段应设置为指定该帧是一个 MAC 数据帧的值，传输选项应根据目的 MAC 地址的类型进行设置，如果为广播地址，则不指定确认请求，其他情况下则指定确认请求；

d) 寻址模式和个域网内部的标志应设置为支持这里描述的寻址字段。

6.4.22.5 网络层帧头字段

为了使这个报警发现帧从发起方到达其响应设备，要求提供以下信息：

a) 网络层帧头中的源地址字段应设置为发送该帧设备的 16 位网络地址；

b) 网络层帧头中的目的地址字段应设置为到响应设备的路径的下一跳的 16 位网络地址。

6.4.22.6 网络层净荷字段

网络层帧的净荷包含一个报警信息帧标识符字段，发起方和响应设备地址以及信息特征字段。

报警信息帧标识符应包含指示一个报警发现帧的值。

发起方地址字段为 2 个八位位组，且应包含该报警发现帧发起方的 16 位网络地址。

响应设备地址字段为 2 个八位位组，且应包含该报警发现帧响应设备的 16 位网络地址。

信息特征字段长度可变，包含信息特征指示信息，具体由高层提供。

6.4.22.7 报警确认

当报警接收设备接收到报警信息帧后，需要向报警发起方回复报警确认帧。在该帧中需设置其标识符为 0x02。报警确认帧的净荷应按照图 53 所示的格式编排。

八位位组：可变
信息特征

图 53 报警确认帧净荷的格式

6.5 常量和 NIB 属性

6.5.1 网络层常量

定义网络层特点的常量列在表 52 中。

表 52 网络层常量

常量	描述	值
nwkcCoordinatorCapable	一个布尔标志，指示该设备是否能成为传感器网络的协调器；0x00 指示设备不能成为协调器，0x01 指示设备能成为协调器	取决于配置
nwkcDiscoveryRetryLimit	路由发现重试的最大次数	0x03
nwkcMinHeaderOverhead	通过网络层到 NSDU 添加的最小八位位组数	0x08
nwkcProtocolVersion	设备上的传感器网络网络层协议的版本	0x02
nwkcWaitBeforeValidation	在接收路由响应和发送有效路由信息之间，多播路由请求发送设备维护的一个等待持续时间(单位为 ms)	0x500

表 52（续）

常量	描述	值
nwkcRouteDiscoveryTime	路由发现到期之前持续的时间，以毫秒为单位	0x2710
nwkcMaxBroadcastJitter	以毫秒为单位的最大的广播抖动测量时间	0x40
nwkcInitialRREQRetries	首次广播发送的路由请求命令帧重试的次数	0x03
nwkcRREQRetries	广播发送路由请求命令帧通过中间的路由器或者网络协调器中继重传的次数	0x02
nwkcRREQRetryInterval	在广播路由请求命令帧之间重试的毫秒数	0xfe
nwkcMinRREQJitter	路由请求命令帧广播重传的最小抖动，以 2ms 时隙为单位	0x01
nwkcMaxRREQJitter	路由请求命令帧广播重传的最大抖动，以 2ms 时隙为单位	0x40
nwkcMACFrameOverhead	传感器网络网络层使用的 MAC 头大小	0x0b

6.5.2 NIB

NIB 包含管理一个设备网络层所需的属性。这些属性的每一个都可以分别使用 NLME-GET.request 和 NLME-SET.request 原语读或写，除了在只读栏包含一个值为 Yes 的属性外。在只读情况下，属性值可以使用 NLME-GET.request 原语读，但不能使用 NLMESET.request 原语设置。一般地，这些只读属性通过其他机制设置。例如，nwkSequenceNumber 属性根据 6.3.2.6 进行设置，网络层每次发送一个帧就增加 1。NIB 的属性见表 53，路由记录表条目格式见表 54，网络地址映射图见表 55。

表 53 NIB 属性

属性	ID	类型	只读	范围	描述	默认
nwkSequenceNumber	0x81	整型	Yes	0x00～0xff	一个序列号用于标识发出的帧（见 6.6.2）	范围内的随机值
nwkPassiveAckTimeout	0x82	整型	No	0x0000～0x2710	父设备和所有子设备重发广播信息允许的最大时间，以毫秒为单位（被动确认超时）	定义在栈 profile 中
nwkMaxBroadcastRetries	0x83	整型	No	0x00～0x05	广播传输失败后允许重传的最大数	0x03
nwkMaxChildren	0x84	整型	No	0x00～0xff	设备在它的当前网络每段地址空间中允许拥有的子节点设备数。注意当 *nwkAddrAlloc* 值为 0x02 时，指示随机分配地址，这个属性的值取决于执行规程	定义在栈 profile 中
nwkMaxDepth	0x85	整型	Yes	0x00～0xff	设备可以有的最大深度	定义在栈 profile 中
nwkMaxRouters	0x86	整型	No	0x01～0xff	任何一个设备拥有路由子节点设备数目的上限；网络协调器为网络中所有设备确定这个值。如果 nwkAddrAlloc 是 0x02，不使用这个值	定义在栈 profile 中

表 53（续）

属性	ID	类型	只读	范围	描述	默认
nwkNeighborTable	0x87	集合	No	可变的	设备上邻居表目录的当前设置(见表 57)	空集
nwkNetworkBroad-castDeliveryTime	0x88	整型	No	0～0xff	需要围绕整个网络的广播信息的延时,以秒为单位。这个值是根据其他 NIB 属性计算的	NA
nwkReportConstant-Cost	0x89	整型	No	0x00～0x01	如果设为 0,网络层应使用 MAC 层报告的 LQI 值计算来自所有邻居节点设备的链路代价;否则,它应报告一个恒定的值	0x00
nwkRouteDiscovery-RetriesPermitted	0x8a	整型	No	0x00-0x03	在失败路由请求之后允许重试的最大次数	NwkcDiscov-eryRetryLimit
nwkRouteTable	0x8b	集合	No	可变的	设备路由表目录的当前设置(见表 61)	空集
nwkSymLink	0x8e	布尔型	No	TRUE 或 FALSE	目前路由对称设置: TRUE 意思是路由被看作由对称链路组成。路由发现期间创建了向前和向后的路由,他们是相同的。FALSE 指示路由不被看作由对称链路组成。路由发现期间只存储向前的链路	FALSE
nwkCapabilityInfor-mation	0x8f	位向量	Yes	见表 56	包含网络连接期间建立的设备能力信息	0x00
nwkAddrAlloc	0x90	整型	No	0x00～0x02	一个值,决定分配地址使用的方法:0x00:使用分布式地址分配;0x01:保留;0x02:使用随机地址分配	0x00
nwkUseTreeRouting	0x91	布尔	No	TRUE 或 FALSE	一个标志,决定网络层是否应承担使用分层路由的能力:TRUE:承担分层路由的能力 FALSE:绝不使用分层路由	TRUE
nwkManagerAddr	0x92	整型	No	0x0000～0xfff7	指定网络信道管理器功能地址	0x0000
nwkMaxSourceRoute	0x93	整型	No	0x00～0xff	源路由的最大跳数	0x0c
nwkUpdateId	0x94	整型	No	0x00～0xFF	指示操作节点设备网络设置的快照取值	0x00
nwkTransactionPersis-tenceTime	0x95	整型	No	0x0000～0xffff	通过协调器存储并且通过它的信标指示的最大时间(在超帧周期里)。该属性反映了 MAC PIB 属性 MacTransactionPersistence Time 的值(见 GB/T 15629.15—2010)和更高层所做的任何修改也将反映在 MAC PIB 属性里	0x01f4

表 53（续）

属性	ID	类型	只读	范围	描述	默认
nwkNetworkAddress	0x96	整型	No	0x0000～0xfff7	设备用于和个域网通信的 16 位地址。该属性反映了 MAC PIB 属性 macShortAddress 的值（见 GB/T 15629.15—2010）和更高层所做的任何修改也将反映在 MACPIB 属性里	0xffff
nwkStackProfile	0x97	整型	No	0x00～0x0f	该设备使用的传感器网络栈 profile 标识符	
NwkBroadcast-TransactionTable	0x98	集合	Yes	-	设备中广播事务表的当前设置（见表 65）	空集
nwkGroupIDTable	0x99	集合	No	Variable	组标识符的集合，范围 0x0000～0xffff,本设备是该组一个成员	空集
nwkExtendedPANID	0x9a	64 位扩展地址	No	0x0000000000000000～0xfffffffffffffffe	设备所在的个域网的扩展个域网标识符。0x0000000000000000 意思为扩展个域网标识符是未知的	0x0000000000000000
nwkUseMulticast	0x9b	布尔	No	TRUE 或 FALSE	一个标志，决定多播信息发生的层。TRUE：多播发生在网络层；FALSE：多播发生在 APS 层并使用 APS 头	TRUE
nwkRouteRecordTable	0x9c	集合	No	Variable	路由记录表（见表 54）	空集
nwkIsConcentrator	0x9d	布尔	No	TRUE 或 FALSE	一个标志，决定设备是否是汇聚点。TRUE：设备是汇聚点；FALSE：设备不是汇聚点	FALSE
nwkConcentratorRadius	0x9e	整型	No	0x00～0xff	汇聚点路由发现的跳数范围	0x0000
nwkConcentratorDis-coveryTime	0x9f	整型	No	0x00～0xff	汇聚点路由发现的时间间隔，以秒为单位。如果设置为 0x0000，在启动时发现，只能由邻近高层使用	0x0000
nwkLinkStatusPeriod	0xa6	整型	No	0x00～0xff	链路状态命令帧的间隔时间，以秒为单位	0x0f
nwkRouterAgeLimit	0xa7	整型	No	0x00～ 0xff	复位链路代价为零之前错过的链路状态命令帧数	3
nwkUniqueAddr	0xa8	布尔	No	TRUE 或 FALSE	一个标志，决定网络层是否应检测和校正冲突的地址。 TRUE：假定地址是唯一的； FALSE：地址可能不唯一 TRUE	
nwkAddressMap	0xa9	集合	No	可变的	64 位 IEEE 到 16 位网络地址映射图的当前集合（见表 55）	空集
nwkTimeStamp	0x8C	布尔	No	TRUE 或 FALSE	一个标志，决定在外入和外出数据包中是否提供时间戳指示。TRUE：提供时间指示；FALSE：不提供时间指示	FALSE

表 53（续）

属性	ID	类型	只读	范围	描述	默认
nwkPanId	0x80	16 位个域网标识符	No	0x0000～0xffff	这个 NIB 属性应一直和 macPanId 有一样的值	0xffff
nwkTxTotal	0x8D	整型	No	0x0000～0xffff	这个设备上 NWK 层单播传输的次数。每次 NWK 层通过调用 MAC 子层 MCPSDATA. request 原语发送一个单播帧，它应增加此计数器。如果 NHL 对此属性执行一个 NLME-SET. request 请求，或如果 nwkTxTotal 回到 0xffff，NWK 层都应把包含在邻居表中的每个发送失败字段复位为 0x00	0
nwkNetworkFunction	0xaa	整型	Yes	0x0000～0xffff	该属性描述设备的网络功能信息，即设备可以加入的网络类型	0x0000
nwkDefAlarmRadius	0xaa	整型	No	0x00 ～ nwkMaxDepth	默认的报警广播半径	1
nwkMaxRoutingPath	0xab	整型	No	0x00～0xff	多路径路由中到同一目的设备下一跳允许的最大数目	3
nwkDefStateLevel	0xac	整型	No	0x00～0xff	默认的 StateLevel 值	定义在 profile 中
nwkCongestionDT	0xab	整型	No	0x00～0xff	求助机制中，用作拥塞判定时间，即拥塞定时器的定时时间应设置为 nwkCongestionDT	
nwkDistributionValue	0xac	整型	No	0x00～0xff	用以定义求助机制中的分流比例，分流比例为 1/nwkDistributionValue	
nwkFitnessCoefficient	0xad	整型	No	0x01～0x0a	用来定义适应度系数，系数 α 为 nwkFitnessCoefficient/10	

表 54　路由记录表条目格式

字段名称	字段类型	有效范围	参考
NETWORK- Address	整型	0x0000～0xfff7	本路由记录的目的网络地址
Relay Count	整型	0x0000～0xffff	从汇聚点到目的设备的中继节点设备数目
字段名称	字段类型	有效范围	参考
Path	网络地址集合		代表从汇聚点到目的设备路由的网络地址集

表 55 网络地址映射图

64 位 IEEE 地址	16 位网络地址
一个有效的 64 位 IEEE 地址或如果未知为空值	0x0000～0xfff7

广播传输的总传送时间，即广播被传送到网络中每个设备需要的时间，按照式(1)计算：

$$NwkBroadcastDeliveryTime = 2 \times NwkMaxDepth \times [(0.05 + (NwkcMaxBroadcast)itter/2)] + nwkPassiveAckTimeout \times nwkBroadcastRetries/1000 \quad \cdots\cdots\cdots\cdots (1)$$

6.6 功能描述

6.6.1 网络和设备维护

6.6.1.1 概述

所有的传感器网络设备应提供以下功能：

a) 加入一个网络；

b) 离开一个网络；

c) 重新加入一个网络。

网络协调器和路由器应提供以下附加的功能：

a) 允许设备使用以下方法加入网络：
   1) 来自于 MAC 的连接指示；
   2) 来自于应用层的明确的加入请求；
   3) 重新加入请求。

b) 允许设备使用以下方法离开网络：
   1) 网络离开命令帧；
   2) 来自于应用层的明确的离开请求。

c) 参与分配逻辑网络地址；

d) 维护一个相邻设备的清单。

网络协调器应提供建立新网络的功能。路由器和终端设备应提供在网络中的可携带性支持。

6.6.1.2 建立一个新网络

通过使用发出 NLME-NETWORK-FORMATION.request，建立一个新网络的过程。只有 nwkcCoordinatorCapable 常量值为 0x01 的设备和当前没有加入一个网络的设备才可以尝试建立一个新网络。如果这个过程在任何其他设备上发起，NLME 将终止该过程，并通知邻近高层这一不合法的请求。这通过发出状态参数设置为 INVALID_REQUEST 的 NLME-NETWORKFORMATION.confirm 原语实现。

当发起这个过程时，NLME 应首先请求 MAC 子层在一组指定的信道或如 PHY 层(见 GB/T 15629.15—2010)所规定的默认的全部可用信道上执行一个能量检测扫描，以寻找可能的干扰。通过给 MAC 子层发出 MLME-SCAN.request 原语来发起一个信道扫描，ScanType 参数设置为能量检测扫描。其结果通过 MLME-SCAN.confirm 原语送回。如果仅给出了一个信道，就不需要这个扫描。

在收到一个成功的能量检测扫描结果时，NLME 应根据递增的能量测量把信道排序，并丢弃那些能量级别超出可接受的级别的信道。一个可接受能量级别的选择留给执行规程。然后 NLME 应通过发出 MLME-SCAN.request 原语执行一个主动扫描，ScanType 参数设置为主动扫描，且 ChannelList 设置为可接受信道的清单，以寻找其他的传感器网络设备。为了确定建立一个新网络最好的信道，

NLME 应审查返回的个域网描述符清单，找到现有网络数目最小的第一个信道，优先选择一个没有检测到网络的信道。

如果没有找到合适的信道，NLME 应终止该规程，并通知邻近高层这次启动的失败。这通过发出状态参数设置为 STARTUP_FAILURE 的 NLME-NETWORK-FORMATION.confirm 原语实现。

如果找到了一个合适的信道，NLME 应为新网络选择一个个域网标识符。为此设备应选择一个小于 0xffff 的、在已选的信道上还未被使用的随机个域网标识符。一旦 NLME 做了选择，它应通过发出 MLME-SET.request 原语，设置 MAC 子层的 macPANID 属性为这个值。

如果没有唯一的个域网标识符可以选择，NLME 应终止该规程，并通过发出状态参数设置为 STARTUP_FAILURE 的 NLME-NETWORK-FORMATION.confirm 原语，通知邻近高层这次启动的失败。

一旦选定了一个个域网标识符，NLME 应选择一个等于 0x0000 的 16 位网络地址，并设置 MAC 子层的 macShortAddress NIB 属性等于选定的网络地址。

一旦选定了一个网络地址，NLME 应检查 NIB 的 nwkExtendedPanId 属性的值。如果该值是 0x0000000000000000，这个属性被初始化为 MAC 常量 aExtendedAddress 的值。

一旦检查了 nwkExtendedPanId 的值，NLME 应通过给 MAC 子层发出 MLME-START.request 原语，开始运行新的个域网。MLME-START.request 原语的参数应根据 NLME-NETWORK-FORMATION.request 传递的那些参数值来设置，即信道扫描的结果和选定的个域网标识符。个域网启动的状态通过 MLME-START.confirm 原语返回。

在收到个域网启动状态时，NLME 应通知邻近高层其请求初始化网络协调器的状态。这通过发出 NLME-NETWORK-FORMATION.confirm 原语来实现，状态参数设置为从 MAC 子层返回的 MLME-START.confirm 原语的状态值。

建立一个新网络的过程如图 54 所示。

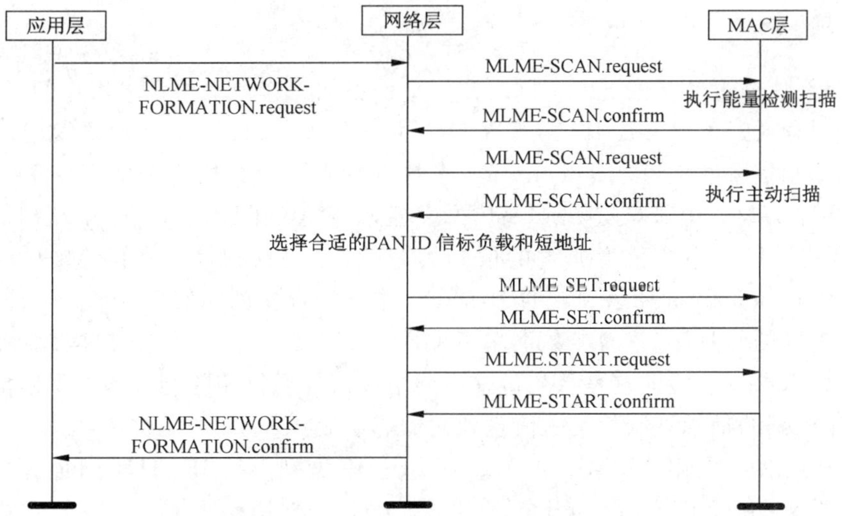

图 54 建立一个新网络的消息顺序图

6.6.1.3 允许设备加入一个网络

允许设备加入一个网络的过程通过 NLME-PERMIT-JOINING.request 原语发起。只有网络协调器或一个路由器设备可以尝试允许设备加入网络。

当发起这个过程，且 PermitDuration 参数设置为 0x00，NLME 应设置 MAC 子层的 *macAssociationPermitPIB* 属性为 FALSE。通过发出 MLME-SET.request 原语来发起设置一个 MAC 子层属性。

当发起这个过程，且 PermitDuration 参数设置为 0x01 和 0xfe 之间的一个值，NLME 应设置 MAC 子层的 *macAssociation*Permit PIB 属性为 TRUE。然后 NLME 应启动一个计时器，在指定的持续时间后过期。在这个计时器到期后，NLME 应设置 MAC 子层的 *macAssociationPermit* PIB 属性为 FALSE。

当发起这个过程，且 PermitDuration 参数设置为 0xff，NLME 应设置 MAC 子层的 *macAssociationPermit* PIB 属性为 TRUE，指示一个无限期的时间，除非发出另一个 NLMEPERMITJOINING.request 原语。

允许设备加入一个网络的过程在图 55 中说明。

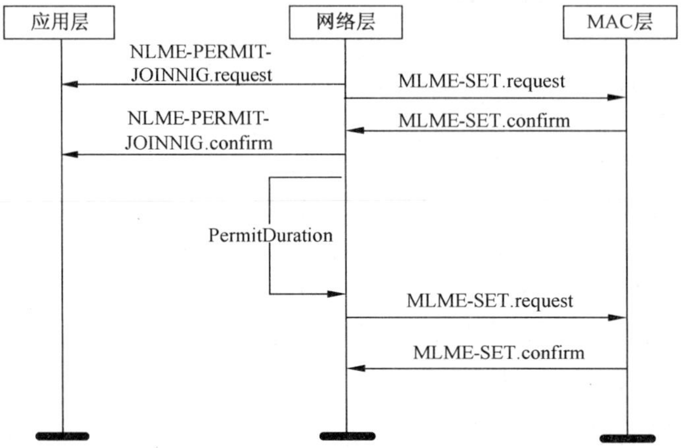

图 55 允许设备加入网络

6.6.1.4 网络发现

如果有，网络层使邻近高层发现哪个网络在一个设备的工作范围中是可操作的。

网络发现的过程通过发出 NLME-NETWORK-DISCOVERY.request 原语发起。ScanChannels 参数设置为指示网络扫描哪些信道，ScanDuration 参数设置为指示扫描每个信道花费的时间。在收到本原语时，网络层会发出 MLME-SCAN.request 原语，请求 MAC 子层执行一个主动扫描。

扫描期间收到的每个净荷长度非零的信标帧，都会导致从扫描设备的 MAC 子层发出 MLME-BEACON-NOTIFY.indication 原语到它的 NLME。本原语包含例如信标设备的寻址信息，它是否允许连接和信标净荷这样的信息(完整的参数清单见 GB/T 15629.15—2010)。扫描设备的 NLME 应检查信标净荷中的协议 ID 字段，验证它是否与传感器网络协议标识符相匹配。如果不匹配，信标被忽略；否则，设备会从每个收到的信标复制相关的信息到它的邻居表。

一旦 MAC 子层通过发出 MLME-SCAN.confirm 原语到 NLME，表明扫描完成，网络层应发出 NLME-NETWORK-DISCOVERY.confirm 原语，包含每个被侦听网络的描述。每个网络描述包含传感器网络版本、profile、扩展个域网标识符、个域网标识符、逻辑信道、是否允许加入的信息以及网络的功能信息等。

6.6.1.5 加入一个网络

6.6.1.5.1 概述

当一个设备在网络中有资格允许新设备加入时，一个父子关系就形成了。加入时，新设备变为子节点设备，而第一个设备变为父节点设备。

6.6.1.5.2 通过关联加入一个网络

6.6.1.5.2.1 概述

本条给出了一个设备(或子节点设备)如果选择使用 MAC 层提供的基本连接功能加入一个网络应遵守的规程,以及一个网络协调器或路由器(或父节点设备)从 MAC 层接收 MLME-ASSOCIATE.request 原语应遵守的规程。

6.6.1.5.2.2 子节点设备过程

使用 MAC 层关联过程加入一个网络应用 6.6.1.4 描述的网络发现过程进行。在收到 NLME-NETWORK-DISCOVERY.confirm 原语之后,邻近高层应选择一个已发现网络去加入或者重做一遍网络发现。一旦选择了一个网络,然后它就发出一个 NLME-JOIN.request 原语,RejoinNetwork 参数设置为 0x00,JoinAsRouter 参数设置为指示设备是否会作为一个路由器设备加入。

只有那些还没加入到网络的设备可以启动加入过程。如果任何其他设备发起了这个过程,NLME 应终止该过程,并通过发出状态参数设置为 INVALID_REQUEST 的 NLME-JOIN.confirm 原语通知邻近高层这一不合法的请求。

对于一个还未加入一个网络的设备,NLME-JOIN.request 原语应令网络层为一个合适的父节点设备查询其邻居表。一个合适的父节点设备应满足下列条件:

a) 设备属于 ExtendedPanId 参数标识的网络;

b) 设备可接收加入请求,并正广播其正确的设备类型的功能;

c) 按照 6.6.3.2 所述的计算,从这个设备收到的帧的链路质量产生的链路代价至多为 3;

d) 如果邻居表条目包含这个设备的一个潜在父节点设备字段,这个字段值应是 1,指示该设备是一个潜在父节点设备;

e) 设备应有最新的 ID,其中需要考虑到最新 ID 可能会返回到 0。特别是在考虑到翻转补偿的情况下设备的信标净荷中的最新 ID 应大于或等于 NIB 的 nwkUpdateIdr 属性值。

如果邻居表不包含合适的父节点设备,NLME 应以状态参数为 NOT_PERMITTED 的 NLME-JOIN.confirm 原语响应。如果邻居表有不止一个可以作为一个合适父节点设备的设备,应选择至网络协调器深度最小的设备。如果不止一个设备具有最小的深度,网络层从它们中间自由选择。

一旦确定了合适的父节点设备,NLME 应给 MAC 子层发出一个 MLME-ASSOCIATE.request 原语。MLME-ASSOCIATE.request 原语的 LogicalChannel 参数应设置为从邻居表条目中找到的对应潜在父节点设备的协调器的地址。CapabilityInformation 参数的位字段包含表 56 所示的值,能力信息存储为 *nwkCapabilityInformation* NIB 属性的值。如有多个设备满足这些要求,则加入设备可以选择网络深度最小的父节点设备。

表 56 能力信息位字段

位	名称	描述表 56 能力信息位字段
0	Alternate PAN coordinator	执行本规范时该字段值总是 0
1	Device type	如果加入设备是路由器,该字段为 1。如果设备是传感器网络终端设备,或者是作为终端设备加入的具有路由器功能的设备,值为 0
2	Power source	该字段设置为传递给 NLME-JOIN.request 原语的 PowerSource 参数最低位的值。值是: 0x01:主电源供电的设备; 0x00:其他电源

表 56(续)

位	名称	描述表 56 能力信息位字段
3	Receiver on when idle	该字段设置为传递给 NLME-JOIN.request 原语的 RxOnWhenIdle 参数最低位的值。 0x01:设备空闲时,接收器能工作; 0x00:设备空闲时,接收器不允许工作
4~5	保留	执行本规范时该字段总是 0
6	Security capability	如果设备运行在标准的安全模式下该字段为 0,如果设备运行在高级安全模式下为 1。注意这优先于 GB/T 15629.15—2010 中指定的默认含义
7	Allocate address	执行本规范时该字段为 1,指示加入设备应被分配一个 16 位网络地址,除了设备以安全模式方式,第一次使用 NWK 重新加入命令加入网络时,自己选择地址。在这种情况下值为 0

否则,NLME 发出 NLME-JOIN.confirm,状态参数设置为 MLME-ASSOCIATE.confirm 原语返回的状态参数值。

如果 RejoinNetwork 参数是 0x00,JoinAsRouter 参数设置为 TRUE,设备在网络中作为一个路由器加入。如果 JoinAsRouter 参数是 FALSE,那么它作为一个终端设备加入,且不参与路由。

MLME-ASSOCIATE.request 原语的寻址参数应设置为设备从邻居表中选择的寻址信息。连接的状态通过 MLME-ASSOCIATE.confirm 原语被送回 NLME。

如果尝试加入不成功,网络层应从 MAC 子层接收一个状态参数指示错误的 MLME-ASSOCIATE.confirm 原语。如果状态参数指示一部分邻近设备拒绝加入(即个域网容量达到最大或个域网拒绝访问),那么尝试加入的设备把相应的邻居表条目的 Potential parent 位设置为 0,指示一个加入尝试失败。设置 Potential parent 位为 0 以确保网络层不会发出另一个请求来关联同一个相邻设备。每次发出一个 MLME-SCAN.request 原语,邻居表中的每个条目的 Potential parent 位应设置为 1。

如果潜在父节点设备不允许新的路由器连接并且加入设备设置 JoinAsRouter 参数为 TRUE(例如,与设备相连接的路由器可能已经达到最大个数 nwkMaxRouters),那么一个加入请求也可能不成功。在这种情况下,NLME-JOIN.confirm 原语将指示一个 NOT_PERMITTED 状态。

在这种情况下子节点设备的应用规程可以希望尝试作为一个终端设备再次加入,通过发出另一个 JoinAsRouter 参数设置为 FALSE 的 NLME-JOIN.request。

如果尝试加入不成功,NLME 应尝试从邻居表中找到另一个合适的父节点设备。如果找不到这样的设备,NLME 应发出 NLME-JOIN.confirm 原语,状态参数设置为 MLME-ASSOCIATE.confirm 原语返回的值。

如果尝试加入不成功,且有第二个相邻设备可以作为一个合适的父节点设备,网络层应为第二个设备发起 MAC 子层关联规程。网络层应重复这个规程直到它成功加入个域网,或用完它加入个域网的选择。

如果设备不能成功加入邻近高层指定的个域网,NLME 应通过发出 NLME-JOIN.confirm 原语终止规程,状态参数设置为收到的最后一个 MLME-ASSOCIATE.confirm 原语返回的值。在这种情况下,设备不能收到有效的逻辑地址,也不能在网络上发送。

如果尝试加入成功,网络层发出状态值为 SUCCESS 的 NLME-JOINconfirm 原语。在这种情况下,网络层收到的 MLME-ASSOCIATE.confirm 原语应包含一个 16 位的逻辑地址,在该网络中是唯一的,子节点设备可以在未来的传输中使用。然后网络层应在相应的邻居表条目中设置 Relationship 字段，来指示该邻居是它的父节点设备。到这个时候，父节点设备应把每个新设备增加到其邻居表中。此外，网络层将在 NIB 中更新 nwkNetworkAddress、nwkUpdateIdr 和 mwkPanId 的值。

如果设备尝试加入一个安全的网络且它是一个路由器，它将需要在发送信标之前等待，直到其父节点设备对它进行认证。因此设备应等待从邻近高层发出一个 NLME-START-ROUTER.request 原语。在接收这个原语时，如果它是一个路由器 NLME 应发出一个 MLME-START.request 原语。如果 NLME-START-ROUTER.request 原语在一个终端设备上发出，网络层应发出一个状态值设置为 INVALID_REQUEST 的 NLME-START-ROUTER.confirm 原语。

一旦设备成功加入网络，如果它是一个路由器，且邻近高层已经发出了一个 NLME-START-ROUTER.request，网络层应给其 MAC 子层发出 MLME-START.request 原语。PANId、LogicalChannel、BeaconOrder 和 SuperframeOrder 参数应设置为等于其父节点设备邻居表条目中相应的值。网络深度的设置至少要比父节点设备网络深度大 1，除非父节点设备网络深度值为 0x0f，即信标净荷的 4 位设备深度字段的最大值。在这种情况下，网络深度也设置为 0x0f。PANCoordinator 和 CoordRealignment 参数都应设置为 FALSE。在接收 MLME-START.confirm 原语时，网络层应发出一个具有相同状态值的 NLME-START-ROUTER.confirm 原语。通过关联加入网络的过程如图 56 所示。

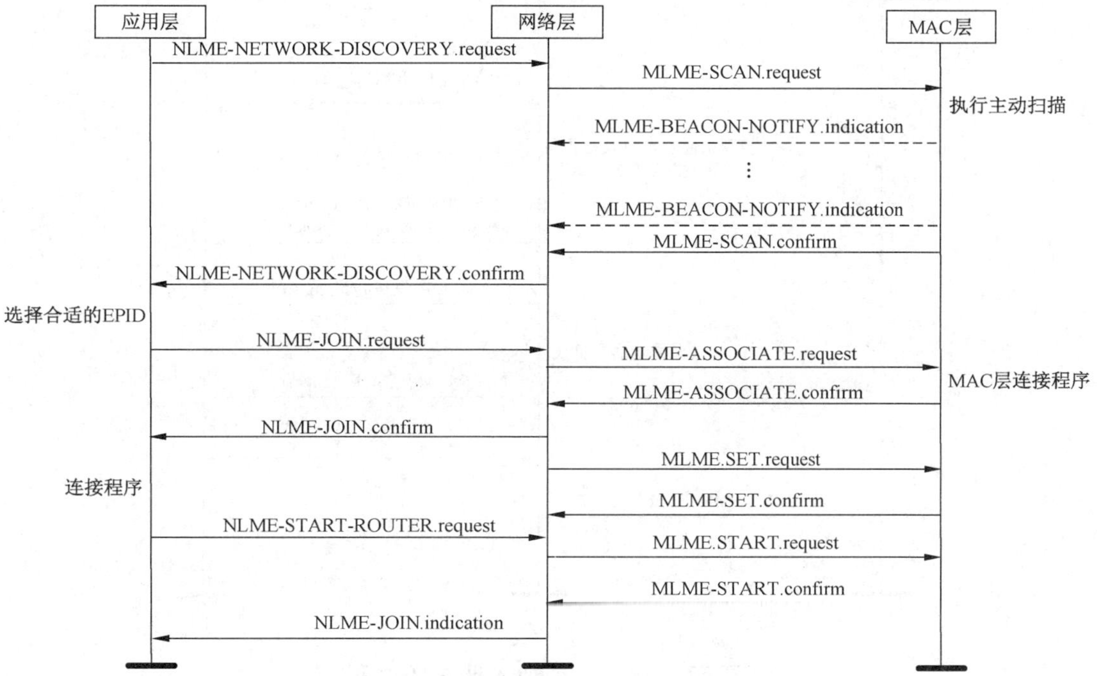

图 56 通过关联加入网络的过程

6.6.1.5.2.3 父节点设备过程

网络协调器或路由器加入一个设备到其网络，是使用 MAC 子层的 MLME-ASSOCIATE.indication 原语发起的 MAC 子层关联规程实现的。只有网络协调器或路由器以及允许设备加入网络的那些设备可以发起这个过程。如果这个过程在任何其他设备上发起，NLME 应终止该过程。

当发起本过程，潜在父节点设备的 NLME 应首先确定希望加入的设备是否已经存在于它的网络上。为此，NLME 应查询其邻居表以寻找一个匹配的 64 位扩展地址，如果找到了匹配的扩展地址，NLME 检查所提供的 DeviceCapabilities 参数是否匹配记录在邻居表中的设备类型。如果设备类型也匹配 NLME，那么它就获得相应的 16 位网络地址，并发出一个关联响应给 MAC 子层。如果没有找到设备类型匹配，NLME 移除它的邻居表中设备的所有记录，并重新启动 MLME-ASSOCIATION.indication 的过程。如果没有找到匹配的扩展地址,如果可能的话,NLME 为新设备分配一个 16 位网络地址。关于地址分配机制的解释见 6.6.1.7 和 6.6.1.8。

如果潜在父节点设备没有容量接受更多的子节点设备,NLME 应终止该过程并在随后给 MAC 子层的 MLME-ASSOCIATE.response 原语中返回指示个域网的容量已经达到最大值的状态参数。

如果加入请求得到批准,父节点设备的 NLME 应使用所提供的设备信息,在其邻居表中为该子节点设备创建一个新的条目,并在随后给 MAC 子层的 MLME-ASSOCIATE.response 原语中指示一个成功的关联。如果 nwkSecurityLevel 值是 0x00,新的邻居表条目的 Relationship 字段设置为值 0x01,指示邻居是一个子节点设备;否则,设置为 0x05,指示一个未认证的子节点设备。发送给子节点设备的响应状态通过 MLME-COMM-STATUS.indication 原语返回给网络层。

如果传输不成功(即 MLME-COMM-STATUS. indication 原语所含的状态参数不等于 SUCCESS),NLME 应终止该过程。如果传输成功,NLME 应通过发出 NLMEJOIN.indication 原语,通知邻近高层一个子节点设备刚刚加入网络。

成功加入一个设备到网络的过程如图 57 所示。

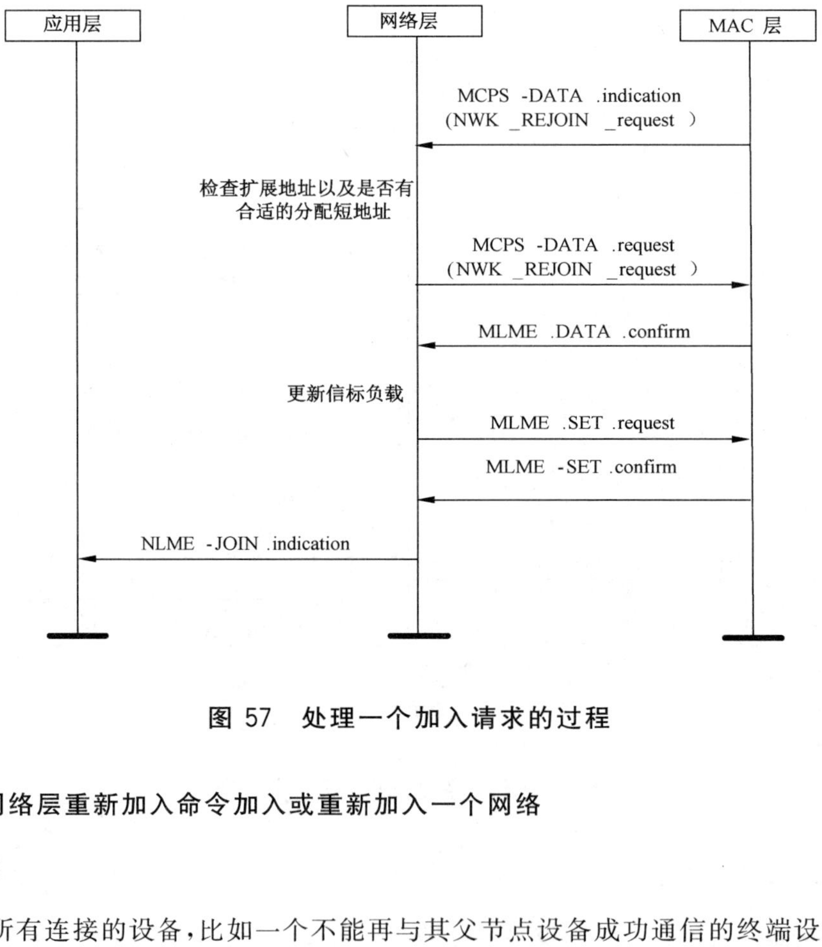

图 57 处理一个加入请求的过程

6.6.1.5.3 使用网络层重新加入命令加入或重新加入一个网络

6.6.1.5.3.1 概述

失去与网络所有连接的设备,比如一个不能再与其父节点设备成功通信的终端设备,可以使用网络层重新加入请求命令和网络层重新加入响应命令重新加入网络。重新加入过程和上节描述的关联过程一样,除了 MAC 关联过程被重新加入请求和重新加入响应命令的交互所代替,且因为网络层命令使用了网络层安全功能,所以不执行认证步骤。使用这些命令而不是 MAC 过程允许一个设备重新加入一个当前不允许新设备加入的网络。首次加入网络的设备也可使用以下描述本过程的一个派生过程。

6.6.1.5.3.2 子节点设备过程

使用网络层重新加入命令加入或重新加入一个网络的过程应通过发出 NLME-JOIN.request 原语

发起，如图58所示，且RejoinNetwork参数设置为0x02，ExtendedPanId参数设置为要重新加入的网络的ExtendedPAN ID。如果设备想要作为一个路由器加入，CapabilityInformation参数的设备类型字段设置为1；否则置0。

设置ScanChannels参数，指示为找到这个网络要扫描的信道，ScanDuration参数设置为指示扫描每个信道的时间。

在接收本原语之后，网络层应发出一个MLME-SCAN.request原语，请求MAC子层执行一个主动扫描。

进行扫描的设备在扫描期间收到的每个净荷长度不为零的信标帧都将导致设备的MAC子层向其NLME发出MLME-BEACON-NOTIFY.indication原语。扫描设备的NLME应检查信标净荷所含的ExtendedPanId。如果ExtendedPanId正确，则检查信标净荷中包含的网络功能信息NetworkFunction与扫描设备的网络功能信息是否一致。如果ExtendPanId不正确，或者信标净荷中包含的NetworkFunction信息与扫描设备的网络功能信息不一致，设备则丢该该信标帧；否则，设备应从每个收到的信标中复制相关信息到其邻居表中。

一旦MAC子层给NLME发出MLME-SCAN.confirm原语，标志扫描完成，网络层应查询其邻居表寻找一个合适的父节点设备。一个合适的父节点设备应公布JoinAsRouter参数中的请求类型的设备能力，具有最近更新的ID，并有一个最多为3的链路代价(见6.6.3.2)。如果邻居表中不包含合适的父节点设备，NLME应响应一个状态参数为NOT_PERMITTED的NLME-JOIN.confirm原语。如果邻居表中有不止一个可以作为一个合适的父节点设备，应选择从网络协调器开始深度最小的设备或者信道状况最好的设备。

一旦标识了一个合适的父节点设备，NLME应构造一个网络层重新加入请求命令帧。网络层帧头的目的地址字段值应等于从邻居表中所选的父节点设备候选设备的16位网络地址。网络层帧头的源地址字段应设置为NIB属性nwkNetworkAddress的值。源IEEE地址字段和目的IEEE地址字段都应出现在网络层帧头中。如果设备是首次加入这个网络，且它的NIB属性nwkNetworkAddress的值是0xffff，指示它目前没有加入这个网络，设备应为自己选择一个16位网络地址，并设置nwkNetworkAddress属性为这个值。地址应根据6.6.1.8所述的规程随机选择。在这种情况下，以及NIB属性nwkAddrAlloc的值都为0x02的任何情况下均指示随机寻址，命令净荷的能力信息字段的分配地址子字段应设置为0，指示自己选择地址。如果设备是变更父节点设备而加入这个网络，它的NIB属性nwkNetworkAddress的值是0x02，指示它以前已经加入这个网络，只是变更父节点设备申请重新加入网络，设备应等待父节点设备为其分配一个16位网络地址，并设置nwkNetworkAddress属性为这个值。使用MAC数据服务成功发送了重新加入请求命令后，网络层将载入一个倒计时的计数器，值为aResponseWaitTime(GB/T 15629.15—2010)。如果这个计时器在收到一个重新加入响应命令帧之前超时，那么重新加入不成功。如果CapabilityInformation参数的receiver on when idle字段等于0，设备应发出一个MLME-POLL.request给潜在父节点设备，来索取重新加入响应命令。如果receiver on when idle字段等于1，就不需要发起询问。

收到一个重新加入响应命令时，在上述规程之后或任何其他时间，设备应检查命令帧净荷中的重新加入设备的IEEE地址字段和父节点设备的IEEE地址字段。如果重新加入设备的IEEE地址字段的值不等于接收方的IEEE地址字段，或如果父节点设备的IEEE地址字段的值不等于一个重新加入请求命令帧送到的最近潜在父节点设备的IEEE地址(或在一个未经同意的重新加入响应下的当前的父节点设备)，那么重新加入响应命令帧应被丢弃，不再进一步处理。

如果重新加入响应命令帧的重新加入状态字段指示邻居设备拒绝重新加入(即个域网容量达到最大值或个域网拒绝访问)，那么应在相应的邻居表条目中将尝试加入的设备的potential parent位设置为0，指示一个失败的加入尝试。设置potential parent位为0以保证网络层不会给同一邻居设备发出另一个请求来重新加入。如果尝试加入不成功，NLME应尝试从邻居设备中找到另一个合适的父节点设备。如果找不到这样的设备，NLME 应发出状态参数设置为 NOT_PERMITTED 的 NLME-JOIN.confirm 原语。

如果尝试加入不成功，且有第二个邻居设备可以作为一个合适的父节点设备，网络层应为第二个设备发起网络层重新加入规程。网络层应重复该规程直到它成功的重新加入个域网，或用完了它加入个域网的选择。如果设备不能成功的重新加入邻近高层指定的个域网，NLME 应通过发出状态参数设置为 NOT_PERMITTED 的 NLME-JOIN.confirm 原语终止该规程。在这种情况下，设备不能收到一个有效的逻辑地址，并不允许在网络上发送。如果尝试重新加入网络成功，网络层收到的网络层重新加入响应命令应包含一个在该网络中是唯一的、子节点设备可以在未来的传输中使用的 16 位逻辑地址。注意这个地址应和存储在 NIB 属性 nwkNetworkAddress 中的设备的当前 16 位网络地址一样。然后网络层应在相应的邻居表条目中设置 Relationship 字段，指示该邻居是其父节点设备。到这个时候，父节点设备应把每个新设备增加到其邻居表中。此外，如果必要的话，网络层将在 NIB 中更新 nwkShortAddress、nwkUpdateIdr 和 nwkPanId 的值。

子节点设备重新加入过程如图 58 所示。

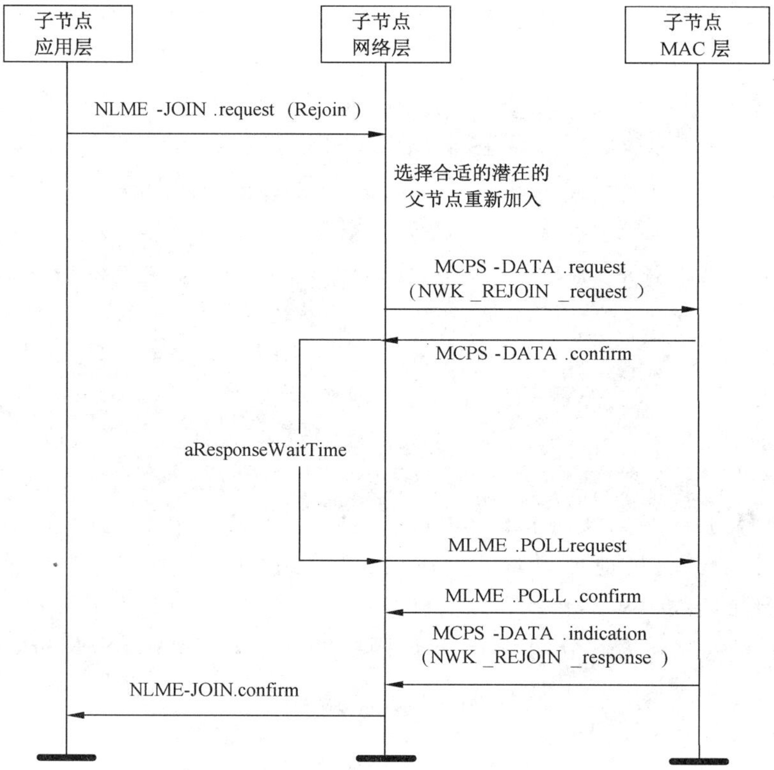

图 58　子节点设备重新加入过程

6.6.1.5.3.3　父节点设备过程

一个网络协调器或路由器通过 MAC 数据服务接收一个网络层重新加入命令帧发起网络层重新加入过程以把一个设备重新纳入其网络。只有网络协调器或路由器可以发起该过程。如果该过程在任何其他设备上发起，NLME 应终止该过程。当发起该过程，一个潜在父节点设备的 NLME 应首先确定它是否已经知道了请求设备的信息。为此，NLME 应查询其邻居表，以确定是否可以找到一个匹配的 64 位扩展地址。如果找到了一个扩展地址匹配，NLME 检查所提供的 DeviceCapabilities 是否匹配邻居表中记录的设备类型。如果设备类型匹配，NLME 认为加入尝试成功，并使用在其邻居表中找到的 16 位网络地址作为加入设备的网络地址。如果没有找到一个设备类型匹配，NLME 在它的邻居表中去除该设备的所有记录，并重新启动网络层重新加入命令。

如果潜在父节点设备没有空间接受加入设备，NLME 应终止该过程，并在随后的重新加入响应命令中指示这一事实。这个命令的状态参数应指示个域网容量达到最大值。

如果重新加入请求被批准，父节点设备的 NLME 使用所提供的设备信息，在它的邻居表中为这个子节点设备创建一个新的条目，或如果这样一个条目已经存在的话，修改已有的条目，并通过回复请求设备一个网络层重新加入响应命令，指示一个成功的重新加入。如果 NIB 属性 *nwkAddrAlloc* 的值为 0x00，指示树寻址，NLME 应为加入设备新分配一个 16 位网络地址。如果 NIB 属性 *nwkAddrAlloc* 的值为 0x02，设备为变更父节点设备申请重新加入网络，指示树寻址，NLME 应为加入设备新分配一个 16 位网络地址，并更新路由信息。关于地址分配机制的解释见 6.6.1.7 和 6.6.1.8。

如果 NIB 属性 nwkAddrAlloc 的值不是 0x00，重新加入请求命令帧净荷的能力信息字段的分配地址子字段的值应是 0，指示网络地址是自己指派或预先存在的。在这种情况下，对于所有的网络层命令帧，应结合网络层帧头的源 IEEE 地址字段的 64 位 IEEE 地址检查网络层帧头的源地址字段的 16 位网络地址，防止 6.6.1.10 所述的地址冲突。如果发现一个地址冲突，就为加入设备选择一个新的、不冲突的地址，并放在发出的重新加入响应命令帧的命令帧净荷的网络地址字段中。否则，应将接收的重新加入请求命令帧的源地址字段的内容放在发出的重新加入响应命令帧的命令帧净荷的网络地址字段中。

然后 NLME 应通过发出 NLME-JOIN.indication 原语，通知邻近高层一个子节点设备刚刚重新加入了网络。把一个设备成功地重新纳入一个网络的过程在图 59 所示的 MSC 中说明。

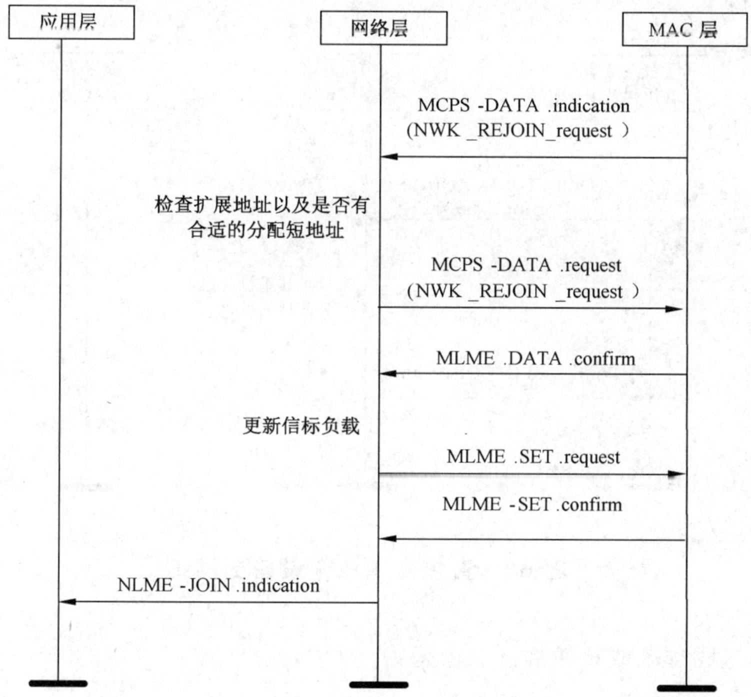

图 59　父节点设备重新加入规程

6.6.1.5.4　直接加入一个网络

6.6.1.5.4.1　概述

本条说明了一个设备如何被一个之前指定的父节点设备（网络协调器或路由器）直接增加到一个网络。在这种情况下，父节点设备预先配置了子节点设备的 64 位地址。以下文字描述了如何使用这个预置地址来建立父子关系。

对于一个网络协调器或路由器，把一个设备直接纳入其网络的过程是通过发出 NLME-DIRECT-JOIN.request 原语发起的，且 DeviceAddress 参数设置为要被纳入网络的设备的地址。

只有网络协调器或路由器可以发起该过程。如果这个过程在任何其他设备上发起，NLME 应终止该过程，并通过发出状态参数设置为 INVALID_REQUEST 的 NLME-DIRECT-JOIN.confirm 原语，通知邻近高层该请求非法。

当发起该过程，父节点设备的 NLME 应首先确定指定设备是否已经存在于它的网络中。为此，NLME 应查询其邻居表，以确定是否可以找到一个匹配的 64 位扩展地址。如果找到一个匹配，NLME 应终止该过程，并通过发出状态参数设置为 ALREADY_PRESENT 的 NLME-DIRECT-JOIN.confirm 原语，通知邻近高层该设备已经出现在设备清单中。

如果没有找到匹配，如果可能的话，NLME 应为新设备分配一个 16 位网络地址以及一个新的邻居表条目。地址分配机制的解释见 6.6.1.7 和 6.6.1.8。如果父节点设备的邻居表没有空间了，NLME 应终止该规程，并通过发出状态参数设置为 NEIGHBOR_TABLE_FULL 的 NLME-DIRECT-JOIN.confirm 原语，通知邻近高层没有可用的容量。如果有可用的容量，NLME 应通过发出状态参数设置为 SUCCESS 的 NLME-DIRECT-JOIN.confirm 原语，通知邻近高层设备已经加入了网络。

一旦父节点设备把子节点设备增加到它的网络，还需要为子节点设备建立和父节点设备的关联，以完成父子关系的建立。子节点设备应通过发出 6.6.1.5.4.2 所描述的孤过程满足这一要求。

一个支持直接加入的父节点设备应遵循图 60 所示的过程，以成功地直接纳入一个设备到网络。该过程不需要任何无线发送。

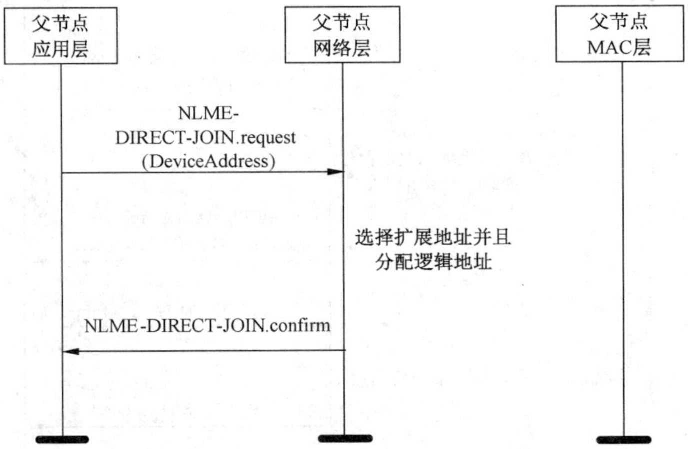

图 60　直接加入一个设备到网络

6.6.1.5.4.2　通过孤过程加入或重新加入一个网络

本条说明了如何由一个已经直接加入一个网络的设备(通过孤过程加入)，或之前加入了一个网络，但与其父节点设备失去联系的设备(通过孤过程重新加入)发起孤过程。

一个已经被直接增加到一个网络的设备应发起孤过程以完成和其父节点设备的关系建立。设备上的应用过程将确定是否发起该过程，并且如果发起的话，将在上电时通知网络层。

对于一个之前加入了一个网络的设备，如果其 NLME 从它的 MAC 子层重复收到通信失败的通知，它可以选择发起孤过程。

6.6.1.5.4.3　子节点设备过程

可选的通过孤过程加入由一个设备使用 NLME-JOIN.request 原语发起，RejoinNetwork 参数设置为 0x01。

当发起本过程，NLME 应首先请求 MAC 子层在 ScanChannels 参数给定的一组信道上执行一个孤扫描。通过给 MAC 子层发出 MLME-SCAN.request 原语发起一个孤扫描，结果通过 MLME-SCAN.confirm 原语返回 NLME。

如果子节点设备找到了它的父节点设备，孤扫描成功，NLME 应通过发出状态参数设置为 SUCCESS 的 NLME-JOIN.confirm 原语，通知邻近高层其请求加入或重新加入网络成功。

注意如果子节点设备是第一次加入，或如果子节点设备之前已经加入网络但没有保留 6.7 所述的树深度信息和网络功能信息，如果不采取措施恢复这一信息它可能无法在网络中正确运行，该信息的恢复措施超出本规范的范围。

如果孤子节点设备扫描不成功（父节点设备没有找到），NLME 应终止该过程，并通知邻近高层没有找到网络。这通过发出状态参数设置为 NO_NETWORKS 的 NLME-JOIN.confirm 原语实现。

一个子节点设备通过孤过程成功加入或重新加入一个网络的过程在图 61 的 MSC 中说明。

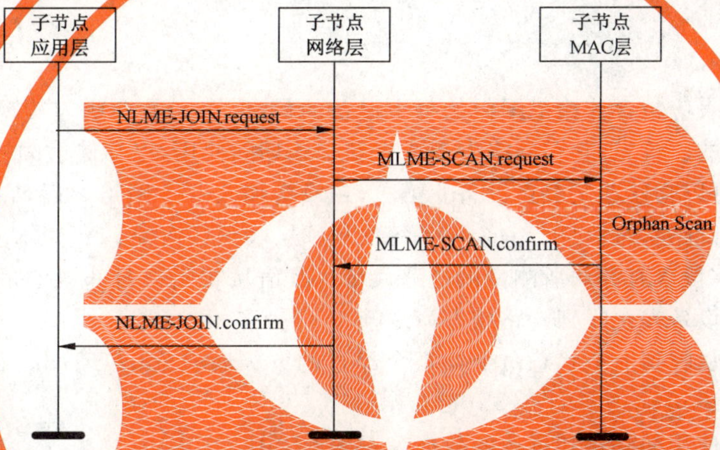

图 61　通过孤加入或重新加入网络的子过程

6.6.1.5.4.4　父节点设备过程

当一个设备从 MAC 子层收到 MLME-ORPHAN.indication 原语，它被告知出现了一个孤设备。只有是网络协调器或路由器（即设备具有作为父节点设备的能力）的设备可以发起该过程。如果该规程在任何其他设备上发起，NLME 应终止该过程。

当发起该过程，NLME 应首先确定孤设备是否是它的子节点设备。这通过比较孤设备的扩展地址和其邻居表中记录的子节点设备的地址来完成。如果找到一个匹配（孤设备是它的子节点设备），NLME 应取得相应的 16 位网络地址和网络功能信息，并把其包含在其随后给 MAC 子层的孤响应中。发给 MAC 子层的孤响应通过发出 MLME-ORPHAN.response 原语发起，且发送的状态通过 MLME-COMM-STATUS.indication 原语返回 NLME。

如果没有找到地址匹配（孤设备不是它的子节点设备），应终止此过程，且不通知邻近高层。一个父节点设备加入或重新加入其孤节点设备到其网络的过程在图 62 所示的 MSC 中说明。

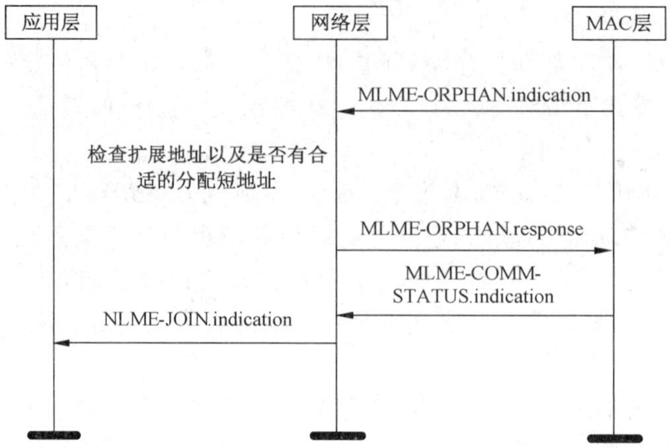

图 62 通过孤加入或重新加入一个设备到网络的父过程

6.6.1.6 邻居表

一个设备的邻居表应包含传输范围内的每个设备的信息,直到受一些与实现相关的限制。邻居表在两种情况下是有用的。首先,它在网络发现或重新加入期间使用,以存储射频接收范围内关于路由器的信息,这些路由器可以是候选父节点设备。第二,在设备加入一个网络之后,它用于存储该网络中有关邻居设备的关系和链路状态信息。一个设备每次从邻居收到任何帧,就应更新一个相应的条目。

Outgoing Cost 字段含有邻居所测量的链路代价。其值从收到来自邻居的最近链路状态的命令帧获得。值 0 指示这个设备没有收到链路状态命令帧。

Age 字段指示自从收到上个状态命令帧至今经过的 *nwkLinkStatusPeriod* 间隔的时间,最大值不超过 *nwkRouterAgeLimit*。

常用网络操作中使用的必备和可选的数据列在表 57 中。

表 57 邻居表条目格式

字段名称	字段类型	有效范围	描述
Extendedaddress	整型	扩展 64 位 IEEE 地址	每个设备唯一的 64 位 IEEE 地址;如果邻居是一个父设备或者设备的子节点设备该字段应被指定
Networkaddress	网络地址	0x0000～0xffff	邻居设备的 16 位网络地址,该字段应在每个邻居表条目中指定
Devicetype	整型	0x00～0x02	邻居设备的类型: 0x00:网络协调器; 0x01:路由器; 0x02:传感器网络终端设备。 该字段应在每个邻居表条目中指定
RxOnWhenIdle	布尔	TRUE 或 FALSE	指示邻居设备的接收器在空闲时段是否处于使能状态。TRUE:接收器打开,FALSE:接收器关闭。该字段应指定记录路由器或者网络协调器的父节点设备或子节点设备的条目

表 57（续）

字段名称	字段类型	有效范围	描述
Relationship	整型	0x00～0x04	当前设备和邻居设备间的关系： 0x00：邻居设备是父节点设备； 0x01：邻居设备是子节点设备； 0x02：邻居设备是同属节点设备； 0x03：以上都不是； 0x04：前一个子节点设备。 该字段应在每个邻居表条目中指定
Transmit Failure	整型	0x00～0xff	一个值指示前一个传输到设备是否成功，值越大则表明失败越多。在每个邻居表中都存在该子字段
LQI	整型	0x00～0xff	该字段应在每个邻居表条目中指定
Outgoing Cost	整型	0x00～0xff	由邻居测量到的发出链路的代价。值为 0 指示没有向外代价可用。如果 nwkSymLink：TRUE 该字段是必备的
Age	整型	0x00～0xff	自从收到一个链路状态命令，经过的时间间隔 nwkLinkStatusPeriod。如果 nwkSymLink：TRUE 该字段是必备的
Incoming beacon timestamp	整型	0x000000～0xffffff	从邻居接收的最后信标帧、时间、符号。该值等于信标帧被接收时的时间戳，就像 GB/T 15629.15—2010 描述的那样该字段是可选的
Beacon transmission time offset	整型	0x000000～0xffffff	在邻居的信标和它的父节点设备的信标之间时间差以符号形式传输。该时间差去计算邻居设备的父节点设备时可能扣除相应的传入时间戳。该字段是可选的
NetworkFunction	Integer	0x0000～0xffff	描述邻居设备的网络功能信息，指示邻居设备可以加入的网络类型
MaxRadius	整型	0x00～0xff	描述中转邻居设备的数据包功能信息，指示自身承担转发邻居设备数据包的范围

如上所述，网络发现和重新加入期间可能用到的信息见表 58。所有显示为可选的字段在 NLME 选定一个网络加入之后就不再保留。同样的，不是所选网络成员的设备相对应的邻居表条目也需被丢弃。

表 58 附加的邻居表字段

字段名称	字段类型	有效范围	描述
Extended PAN ID	整型	0x0000000000000001～0xfffffffffffffffe	设备属于网络的 64 位唯一标识符
Logical channel	整型	从 PHY 支持的可变逻辑信道中选择	逻辑通道上的网络操作
Depth	整型	0x00～0xff	邻居设备的树深度
Beacon order	整型	0x00～0x0f	设备的 GB/T 15629.15—2010 信标命令
Permit joining	布尔	TRUE 或 FALSE	表明该设备是否接受加入请求。TRUE：设备允许加入请求；FALSE：设备不允许加入请求
Potential parent	整型	0x00～0x01	指示是否设备已被排除作为一个潜在的父设备。0x00 代表设备不是潜在的父节点设备；0x01 代表设备是潜在的父节点设备

6.6.1.7 分布式地址分配机制

当 NIB 属性 nwkAddrAlloc 的取默认值 0x00 时，使用一种分布式地址方案分配网络地址，它设计为给每个潜在父节点设备提供一个有限的网络地址子块。这些地址在一个特定的网络内是唯一的，由一个父节点设备给它的子节点设备。网络协调器确定在网络内每段地址空间中允许的任何设备子节点设备的最大个数。这些子节点设备中，最大值为 nwkMaxRouters 的设备可以是路由器功能设备。其余设备应保留为终端设备。每个设备有一个关联深度，指示只使用父子链路发送的一个帧到达网络协调器，应经过的最少跳数。网络协调器本身的深度是 0，而其子节点设备深度是 1。多跳网络最大深度大于 1。网络协调器还确定了网络的最大深度。

给定父节点设备在每段地址空间中可以有的子节点设备最大个数的值 nwkMaxChildren(C_m)，网络的最大深度 nwkMaxDepth(L_m)，和父节点设备可以有的路由器子节点设备的最大个数 nwkMaxRouters(R_m)，可以计算出函数 $C_{skip}(d)$ 的值，该函数值即为在给定的网络深度 d 和路由器功能的子节点设备数的条件下，每个父节点设备在每段地址空间中可分配的地址子块的大小，计算方法见式(2)：

$$C_{skip}(d)=\begin{cases}1+C_m\cdot(L_m-d-1), & R_m=1,\\ \dfrac{1+C_m-R_m-C_m\cdot R_m^{L_m-d-1}}{1-R_m}, & R_m\neq 1\end{cases} \qquad \cdots\cdots(2)$$

网络协调器每段地址空间的大小，计算方法见式(3)：

$$S_{skip}=R_m\cdot\left(\frac{1+C_m-R_m-C_m\cdot R_m^{L_m-1}}{1-R_m}\right)+C_m-R_m \qquad \cdots\cdots(3)$$

如果一个设备的 $C_{skip}(d)$ 值为 0，或者设备地址大于 S_{skip}，那么它不能再接受子节点设备，且应被看做一个传感器网络终端设备。设备的 NLME 应设置 MAC 子层信标净荷的 End deviceCapacity 和 Router Capacity 子字段为 0。

$C_{skip}(d)$ 值大于 0 的父节点设备可以接收子节点设备，并根据子节点设备是否具有路由器功能给它们分配不同的地址。

对于具有路由功能的子节点设备，在同一段地址空间中，将 $C_{skip}(d)$ 的值作为一个偏移地址，对其分配网络地址。计算方法见式(4)：

$$A_r=A_{sr}\cdot S_{skip}+A_{parent}+C_{skip}(d)\cdot(n_{thr}-1)+1,1\leqslant n_{thr}\leqslant R_m \qquad \cdots\cdots(4)$$

式中：

$A_{sr}=\lfloor(Cr_{current})/R_m\rfloor$

$$n_{thr}=\begin{cases}(Cr_{current}+1)\%R_m,(Cr_{current}+1)\%R_m\neq 0\\ R_m,(Cr_{current}+1)\%R_m=0\end{cases}。$$

式中：

$Cr_{current}$——当前父节点设备所拥有的具有路由功能的子节点设备的数目；

A_{parent}——父节点设备地址；

A_r——子节点路由设备地址；

A_{sr}——子节点路由设备地址空间扩展次数；

n_{thr}——子节点路由设备加入网络的顺序。

并且，当 $A_r>65536$ 时，不向节点设备分配地址。

对于新加入的子节点设备，其网络地址计算方法见式(5)：

$$A_e=A_{se}\cdot S_{skip}+A_{parent}+C_{skip}(d)\cdot R_m+n_{the},1\leqslant n_{thr}\leqslant C_m-R_m \qquad \cdots\cdots(5)$$

式中：

$A_{se}=|(Ce_{current})/(C_m-R_m|$

$$n_{the}=\begin{cases}(Ce_{current}+1)\%(C_m-R_m),(Ce_{current}+1)\%(C_m-R_m\neq0\\C_m-R_m,(Ce_{current}+1)\%(C_m-R_m)=0\end{cases}(求余)$$

$Ce_{current}$——当前父节点设备所拥有的子节点设备的数目；

A_{parent}——父节点设备地址；

A_e——终端子节点设备地址；

A_{se}——终端子节点设备地址空间扩展次数；

n_{the}——终端子节点设备加入网络的顺序。

并且，当 $A_e>65536$ 时，不向节点设备分配地址。

图 63 描述了一个网络实例，其中 nwkMaxChildren＝8，nwkMaxRouters＝4，nwkMaxDepth＝3，Cskip(d)计算出的值列在表 59 中。

表 59　网络深度的寻址偏移实例

网络深度，d	偏移值 Cskip(d)
0	41
1	9
2	1
3	0

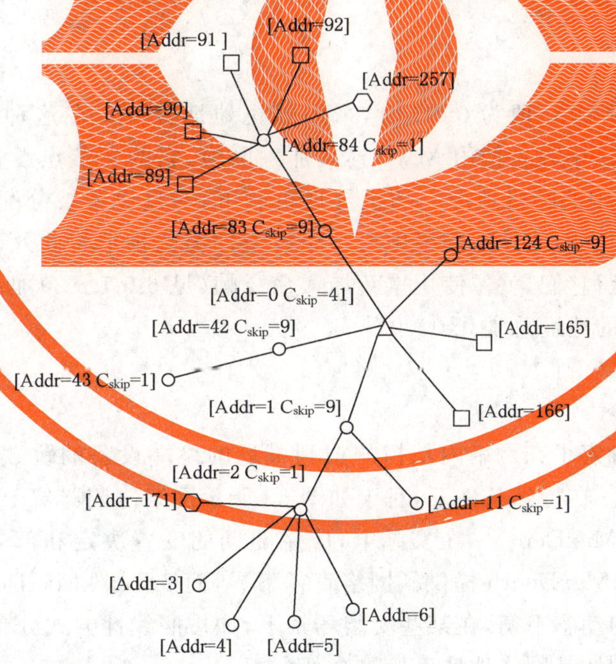

说明：

△——PAN 协调器；

○——路由器；

□——节点设备；

⬡——路由器节点或终端节点数大于 4 后分配地址的节点。

图 63　网络中的地址分配实例

因为一个地址子块不能在设备之间共享,有可能一个父节点设备用完了它的地址清单,而另一个父节点设备的地址还未使用。一个没有可用地址的父节点设备通过设置 MAC 子层信标净荷的 End Device Capacity 和 Router Capacity 子字段为 0,不允许一个新设备加入网络。在这种情况下,新设备应找到另一个父节点设备。如果在新设备的传输范围内没有其他设备可用,设备不能加入网络,除非它物理位置移动或有其他一些变化。

父节点设备可以对子节点设备地址清单进行必要的管理,特别是当地址资源将要耗尽的时候,可以回收非正常离开网络子节点设备或长期处于闲置状态的子节点设备的地址资源,并将回收来的地址资源分配给待加入网络的新节点设备。

在回收地址的过程中,父节点设备根据一个或多个子节点设备的业务使用情况获取其的网络地址的使用状态,当子节点设备的业务使用情况未达到预设标准,即子节点设备使用业务的时间或者使用的业务量没有达到预先设定的标准,父节点设备收回处于闲置状态的子节点设备网络地址,即父节点设备从邻居表中删除被收回网络地址的子节点设备标识与被收回的网络地址之间的对应关系信息,同时需要向该子节点设备发送一个离开网络命令,见 7.2.5,该命令通知子节点设备离开网络并将所使用的网络地址收回给父节点设备。在回收地址的过程中,父节点设备还可以向一个或多个子节点设备发送需要应答的离开网络命令,通过一个或多个子节点设备对该消息的应答情况获取子节点设备的网络地址的使用状态。

如果该网络地址的子节点设备在预设的时间内未对查询消息进行有效应答,父节点设备收回该子节点设备的网络地址,并且父节点设备删除邻居表中被收回网络地址的子节点设备信息。

被收回网络地址的子节点设备需要与原来网络中的父节点设备通信时,该节点设备需要启动新的加入网络的过程获得新的网络地址,再与该网络中的节点设备进行正常通信。

6.6.1.8 随机地址分配机制

当 NIB 属性 nwkAddrAlloc 值为 0x02 时,采用随机地址分配。在这种情况下地址分配与 nwkMaxRouter 的值无关。当一个设备使用 MAC 连接加入网络,它的父节点设备选择一个尚未出现在父节点设备 NIB 的任何条目中的随机地址。随机寻址机制下,一旦设备被分配了一个地址,就应一直保留该地址,除非它收到一个它的地址与网络中另一个设备冲突的指示。此外,随机寻址机制下,设备可以自己分配随机地址并保留它们,就像使用重新加入命令帧(见 6.6.1.5.3)加入网络的情况一样。没有父节点设备的网络协调器的地址总是 0x0000。

6.6.1.9 安装与寻址

nwkMaxDepth 大致确定了在网络内从树的根到最远的终端设备的跳数。原则上,nwkMaxDepth 也确定了整个网络的直径。在特殊条件下,对于如图 63 所示网络协调器位于网络的中心的理想网络布局,网络直径应为 2×nwkMaxDepth。在实际上,应用驱动的安置决定和部署顺序可能导致网络直径减小。在这种情况下,nwkMaxDepth 提供了网络直径下界,而 2×nwkMaxDepth 提供了上界。

最后,由于不支持树的动态平衡,在某些安装场景下,如按照线性方式分布的网络设备,可能在远远没有到达真正的网络容量时,其网络地址已经被全部分配。

随机地址分配机制下,nwkMaxDepth 和跨越网络的跳数有关。在使用随机地址分配的网络中这不是一个受控制的值。

6.6.1.10 地址冲突

6.6.1.10.1 概述

当同一个网络中的两个设备的 nwkNetworkAddress 具有相同值时,发生地址冲突。使用树地址分配及不允许重新使用已分配地址等手段并非总是可以防止这类冲突的。本条描述了如何检测地址冲突及解决方法。如果 NIB 属性 nwkUniqueAddr 值是 FALSE,地址冲突检测应使能。

如果一个设备收到一个广播数据帧,接收后发现地址冲突,如 6.6.1.10.3 所述,在采取 6.6.1.10.4 所述的解决方案之前,它不转发这个帧,而应丢弃。

6.6.1.10.2 获取地址信息

网络层从接收消息(包括网络层控制命令和数据消息)中获取地址信息,来源于数据消息的地址信息被添加到 NIB 中的网络地址映射表,然后传递到网络层。

可通过将目的 IEEE 地址和源 IEEE 地址字段之一,或二者都添加到消息的网络层帧中来提升检测地址冲突的功能。当 nwkUniqueAddr 值是 FALSE,所有网络层控制命令都应包含源 IEEE 地址,且如果源设备知道目的 IEEE 地址的话,还要包含目的 IEEE 地址。

当 nwkUniqueAddr 值是 FALSE,路由请求命令应在 Sender IEEE 地址字段中包含发送设备的 IEEE 地址。这能确保设备知道它们的邻居的 IEEE 地址。

6.6.1.10.3 检测地址冲突

加入一个网络之后,或由于冲突修改地址之后,设备在发送消息之前应发起一个路由发现。

收到网络层帧头包含 64 位 IEEE 地址的一个帧时,应检查 NIB 属性 nwkAddressMap 和邻居表的内容是否一致。

如果接收帧的网络层帧头的目的地址字段等于 NIB 属性 *nwkNetworkAddress* 的值,网络层应比对目的 IEEE 地址字段(如果给出的话)和 aExtendedAddress 的值。如果这两个 IEEE 地址不一样,那么就检测到 nwkNetworkAddress 上的一个本地地址冲突。

如果邻居表或地址映射条目位于 64 位地址是空 IEEE 地址(0x00....00)的表,可以更新表中的 64 位地址。但是,如果 64 位地址不是空 IEEE 地址,且不对应收到的 16 位地址,设备就在网络中其他地方检测到一个冲突。

当收到创建一个新的 BTR 的广播帧,如果网络层帧头的源地址字段等于 NIB 属性 nwkNetworkAddress,那么就检测到 nwkNetworkAddress 上的一个本地地址冲突。地址冲突的解决方案见 6.6.1.10.4。

6.6.1.10.4 解决地址冲突

如果一个网络协调器或路由器确定一个不属于自己的地址有多个用户,它应广播一个状态代码是 0x0d 的指示地址冲突的网络状态命令通知网络,该命令目的地址字段是违规的地址,广播地址为 0xFFFD,即所有 macRxOnWhenIdle 为 TRUE 的设备。设备通过 nwkcMaxBroadcastJitter 界定的一个随机抖动数,延迟发起这个广播。如果在这个延迟期间收到了一个具有同样净荷的网络状态帧,设备就取消自己的广播。

如果一个设备通过除接收到状态代码是 0xd 的网络状态命令之外的方法获知了冲突存在,它应通过广播一个状态代码是 0x0d 的网络状态命令通知网络,指示地址冲突,该命令的目的地址字段为其之前的地址,广播地址为 0xFFFD,即所有 macRxOnWhenIdle 为 TRUE 的设备。设备通过 nwkcMax-BroadcastJitter 界定的一个随机抖动数,延迟发起这个广播。如果在这个延迟期间收到了一个具有同样净荷的网络状态帧,设备就取消自己的广播。无论该设备如何获知冲突,其执行 6.6.1.10.3 描述的地址冲突检测规程。

如果在一个传感器网络终端设备上检测到冲突,或 *nwkAddrAlloc* 不等于随机地址分配,那么设备应执行一个重新加入以获得一个新的地址。除此之外,设备亦可在所有 NIB 条目中出现的地址外随机选择一个新的地址。

如果一个父节点设备检测到或被告知一个子节点设备存在地址冲突,父节点设备应为子节点设备选择一个新的地址,并发送一个未经请求的重新加入响应命令帧来通知子节点设备这个新的地址。同时,发送一个状态参数是 Network Address Update,且 ShortAddr 参数的值为新的网络地址的 NLME-NWK-STATUS.indication 原语通知邻近高层发生了一个地址改变。

6.6.1.11 离开一个网络

6.6.1.11.1 概述

本条规定了一个设备从网络中移除自身和一个设备的父节点设备请求移除它的子节点设备的规程。在这两种情况下,被移除设备的子节点设备(如果有的话)也应被移除。

6.6.1.11.2 设备发起从网络中去除自身的过程

本条描述了一个设备如何发起从网络中移除自身,以响应邻近高层的一个 NLME-LEAVE.request 原语,如图 64 所示。

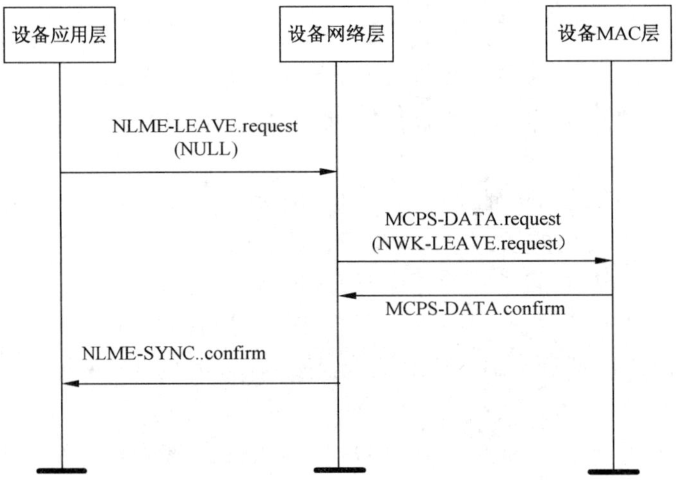

图 64 发起离开过程

当一个路由器或网络协调器的网络层收到 DeviceAddress 参数等于 NULL(指示设备移除自身)的 NLME-LEAVE.request 原语,设备应使用 MCPS-DATA.request 原语发送一个离开命令帧,DstAddr 参数设置为 0xffff,指示其为一个 MAC 广播。离开命令帧的命令选项字段的请求子字段应设置为 0。离开命令帧的命令选项字段的移除子节点设备子字段的值应反映 NLME-LEAVE.request 原语的 RemoveChildren 参数的值,且离开命令的 Rejoin 子字段的值应反映 NLME-LEAVE.request 原语的 Rejoin 参数的值,离开命令的 Change Parent 子字段的值应反映 NLME-LEAVE.request 原语的 Change Parent 参数的值。在发送离开命令帧之后,它应给邻近高层发出一个 NLME-LEAVE.confirm 原语,其中 DeviceAddress 参数等于 NULL。如果离开命令帧成功发送,状态参数为 SUCCESS。否则,NLME-LEAVE.confirm 原语的状态参数值应和 MCPS-DATA.confirm 原语返回的状态参数值相同。

如果接收 NLME-LEAVE.request 原语的设备是一个传感器网络终端设备,那么设备应使用 MCPS-DATA.request 原语发送一个离开命令帧,且 DstAddr 参数设置为其父节点设备的 16 位网络地址,指示其为一个 MAC 单播。离开命令帧的命令选项字段的请求和移除子节点设备子字段都应设置为 0。在发送离开命令帧之后,它应设置 NIB 属性 nwkExtendedPanId 为 0x0000000000000000,并给邻近高层发出一个 NWK-LEAVE.confirm 原语,且 DeviceAddress 参数等于 NULL。如果离开命令帧成功发送,状态参数为 SUCCESS。否则,NLME-LEAVE.confirm 原语的状态参数值应和 MCPS-DATA.

confirm 原语返回的状态参数值相同。

如果设备为一个传感器网络移动设备，应检测与其父节点设备之间的链路质量；当所述链路质量达到预置的门限时，移动设备的 MAC 子层应向网络层发送 NLME-LEAVE.request 原语，设备应使用 MCPS-DATA.request 原语向其父节点设备发送离开命令帧，申请变更父节点设备，指示其父节点设备释放该移动设备的网络标识并更新路由信息；离开命令帧 DstAddr 参数设置为其父节点设备的 16 位网络地址，指示其为一个 MAC 单播。离开命令帧的命令选项字段的请求和移除子节点设备子字段都应设置为 0，如果移动设备变更父节点设备，Change parent 子字段设置为 1。

6.6.1.11.3 设备从网络中移除其子节点设备的过程

本条描述了一个设备如何发起从网络中移除它的其中一个子节点设备，以响应从邻近高层收到一个 NLME-LEAVE.request 原语，如图 65 所示。

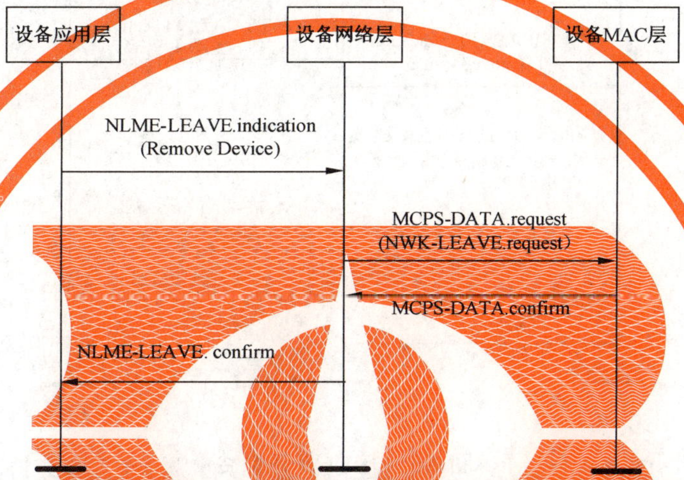

图 65 设备移除它的子节点设备的过程

一个网络协调器或路由器的网络层收到 NLME-LEAVE.request 原语，且 DeviceAddress 参数等于一个子节点设备的 64 位 IEEE 地址时，如果对应于子节点设备的邻居表条目的 Relationship 字段值不是 0x05，指示该子节点设备未经验证，设备应使用 MCPS-DATA.request 原语，发送一个网络离开命令帧，其中 DstAddr 参数设置为该子节点设备的 16 位网络地址。离开命令帧的命令选项的请求子字段值应为 1，指示一个离开网络的请求。离开命令帧的命令选项的移除子节点设备子字段的值反映 NLME-LEAVE.request 原语的 RemoveChildren 参数的值，且离开命令的 Rejoin 子字段反映 NLME-LEAVE.request 原语的 Rejoin 参数的值。

如果对应于被移除设备的邻居表条目的 Relationship 字段值为 0x05，指示它是一个未经验证的子节点设备，设备就不能发送一个网络离开命令帧。

网络层应发出 NLME-LEAVE.confirm 原语，且 DeviceAddress 参数设置为要被移除的子节点设备的 64 位 IEEE 地址。如果没有发送离开命令帧，即子节点设备未经验证的情况下，NLME-LEAVE.confirm 原语的状态参数值为 SUCCESS，否则，NLME-LEAVE.confirm 的状态参数值应和 MCPS-DATA.confirm 原语返回的状态参数值一样。

子节点设备被移除之后，父节点设备的网络层应修改其邻居表，和关于该子节点设备的任何其他内部数据结构，以指示该设备不再在网络上。在一个子节点设备已经被移除之后，邻近高层寻址和给它发送帧都是错误的。

如果一个未经认证的子节点设备在被该子节点设备认证之前设备从网络移除，那么之前该设备使用的地址被要求保留，可以分配给随后加入网络的其他设备。

传感器网络终端设备没有子节点设备可以移除，且不能接收 DeviceAddress 参数非空的 NLME-LEAVE.request 原语。

6.6.1.11.4 接收离开命令帧

网络层通过 MCPS-DATA.indication 原语接收离开命令帧时，如图 66 所示，设备应检查命令帧的命令选项的请求子字段的值。如果请求子字段值为 0，那么网络层应给邻近高层发出 NLME-LEAVE.indication 原语，且设备地址参数等于离开命令帧的离开设备 IEEE 地址子字段所含的值。设备修改其邻居表，和关于离开设备的任何其他内部数据结构，以指示它不再在网络上。在一个设备已经离开网络之后，邻近高层寻址和给它发送帧都是错误的。

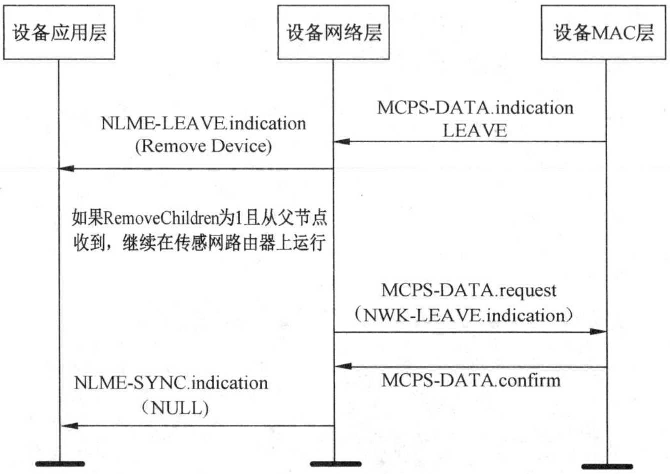

图 66 接收离开命令

如果一个路由器的网络层收到如上所述的一个离开命令帧时，该命令帧的 MCPS-DATA.indication 的 SrcAddr 参数是接收方的父节点设备的 16 位网络地址，且发现命令选项字段的请求子字段的值为 1，或发现命令选项字段的移除子节点设备子字段的值为 1，那么接收方使用 MCPS-DATA.request 原语发送一个离开命令帧，DstAddr 参数设置为 0xffff，指示一个 MAC 广播。离开命令帧的命令选项字段的请求子字段设置为 0。

要发送的离开命令帧的命令选项字段的移除子节点设备子字段的值反映外入离开命令帧相同字段的值。在发送一个离开命令帧之后，它设置 NIB 属性 nwkExtendedPanId 的值为 0x0000000000000000，并给邻近高层发出一个 NLME-LEAVE.indication 原语，且 DeviceAddress 参数等于 NULL。

如果请求子字段值为 1，离开命令帧的源是接收方的父节点设备以外的一个设备，帧被立即且丢弃。

如果一个传感器网络终端设备收到了如上所述的一个离开命令帧，且交付该命令帧的 MCPSDATA.indication 的 SrcAddr 参数是接收方的父节点设备的 16 位网络地址，它设置 NIB 属性 nwkExtendedPanId 的值为 0x0000000000000000，并给邻近高层发出一个 NLME-LEAVE.indication 原语，且 DeviceAddress 参数等于 NULL。

6.6.1.12 改变网络协调器配置

如果一个网络协调器设备的邻近高层希望改变网络的配置，它应请求 MAC 子层在其 PIB 中发起改变。网络协调器配置由以下项目组成：

a) 设备是否希望成为传感器网络父节点设备；

b） MAC超帧的信标顺序；

c） MAC超帧的超帧顺序；

d） 是否使用电池寿命扩展模式。

对网络协调器的改变通过给 NLME 发出 NLME-NETWORK-FORMATION.request 原语发起。尝试的状态通过 NLME-NETWORK-FORMATION.confirm 原语返回。

关于这种改变对 MAC 子层的影响的更多详细信息，见 GB/T 15629.15—2010。

6.6.1.13 复位一个设备

一个设备的网络层应在初始上电之后，在尝试加入一个新网络之前，应在设备尝试离开并不打算重新加入的网络之后立即复位。这个过程不能在任何其他时间发起。通过给 NLME 发出 NLME-RESET.request 原语发起一个复位，尝试的状态通过 NLME-RESET.confirm 原语返回。复位过程应清除设备的路由表条目。

一些设备可以把网络层数据存储在非易失存储器中，在一个复位之后恢复它们。NLME-RESET.request 的 WarmStart 参数也可用于这个目的。当 nwkAddrAlloc 等于 0x00，设备总是在加入或重新加入时从它的父节点设备得到一个网络地址。新的网络地址可能和其旧的网络地址不同。因此，任何与已经复位的设备通信的设备应使用更高层的协议来重新发现该设备。当 nwkAddrAlloc 等于 0x02，设备重新加入一个网络时可以使用同样的地址，因此复位时不能丢弃它的地址，除非它不打算重新加入同一个网络。

6.6.1.14 管理 PAN Id 冲突

6.6.1.14.1 概述

由于 16 位 PAN Id 不是唯一的，就有可能出现一个 PAN ID 冲突。下一条说明了通过使用网络报告和网络更新命令帧如何更新一个网络的 PAN ID 的规程。

6.6.1.14.2 检测一个 PAN ID 冲突

任何运行在一个网络上的设备，接收到一个 MLME-BEACON-NOTIFY.indication，其中信标净荷的个域网标识符与它自己的个域网标识符相匹配，但是信标净荷所含的 EPID 值不出现，或不等于 nwkExtendedPANID，则视为检测到一个个域网标识符冲突。

检测到一个个域网标识符冲突的节点设备应构造一个网络报告命令帧，类型是 PAN IdentifierConflict，发送给由 nwkManagerAddr NIB 属性给出的地址确定的设备。报告信息字段含有一个本地邻居区使用的所有 16 位个域网标识符的一个清单。如何创建这个清单在本规范的范围之外，但建议根据 ACTIVE 类型的 MLME-SCAN.request 的结果来创建。

6.6.1.14.3 接收一个网络报告命令帧

NIB 参数 *nwkManagerAddr* 所含的 16 位网络地址确定的设备是接收网络报告命令帧的设备，命令帧类型是 PAN identifier conflict。

接收网络报告命令帧时，指定的网络层功能管理器应为网络选择一个新的 16 位个域网标识符。新的个域网标识符是随机选择的，但是需要进行检查以确保所选的个域网标识符尚未用于本地附近区字段，而且不含在网络报告命令帧的报告信息字段中。

一旦一个新的个域网标识符已经选定，指定的网络层功能管理器首先增加 NIB 属性 nwkUpdateId（如果必要的话回到 0），然后构造一个网络更新命令帧，类型是 PAN identifier update。更新信息字段设置为新的个域网标识符的值。

发送出命令帧之后，指定的网络功能层管理器启动一个定时器，值等于 nwkNetworkBroadcastDeliveryTime 秒。当定时器超时，网络协调器通过重发出带有新的 PANID 的 MLME-START.request，把它当前的个域网标识符 修改为新选择的个域网标识符。

发送网络更新命令帧时，指定的网络层功能管理器应创建一个 NLME-NWK-STATUS.indication 原语，且 NetworkAddr 参数设置为 0，状态参数设置为 PAN Identifier Update。

6.6.1.14.4 接收一个网络更新命令帧

收到类型为 PAN identifier update 的一个网络更新命令帧时，设备启动一个定时器，值等于 nwkNetworkBroadcastDeliveryTime 秒。当定时器超时，设备把它当前的个域网标识符修改为 Update Information 字段所含的值。

发送网络更新命令帧时，设备创建一个 NLME-NWK-STATUS.indication 原语，NetworkAddr 参数设置为 0，状态参数设置为 PAN Identifier Update。

从 NIB 属性 nwkManagerAddr 确定的设备收到一个网络更新命令，update id 字段所含的值存储在 NIB 属性 nwkUpdateId 中。信标净荷也应更新。

6.6.1.15 建立新群组

6.6.1.15.1 概述

建立新群组的规程通过使用 NLME-GROUP-FORMATION.request 原语发起。只有 *nwkcCoordinatorCapable* 常量值为 0x01 的设备且当前没有加入网络或一个群组的设备才可以尝试建立一个新群组。如果这个规程在任何其他设备上发起，NLME 将终止该规程，并通知邻近高层这一不合法的请求。通过发出状态参数设置为 INVALID_REQUEST 的 NLME-GROUP-FORMATION.confirm 原语实现。

在发起这个规程之前，NLME 应首先执行 6.6.1.4 描述的网络发现规程。

6.6.1.15.2 竞争新路由器过程

在网络中，协调器及路由器均为某个群组的根设备。

在某个协调器或者路由器通过 NLME-GROUP-FORMATION.request 原语生成竞争路由器指示命令帧，并以广播方式发送，其无线辐射半径内的设备均将参与此次规程。

一个当前没有加入网络的 FFD 设备收到 NLME-GROUP-FORMATION.request 原语，且设备不是路由器或协调器，则 NLME 生成 NLME-ROUTER-SELECTION.request 原语，通过使用 MAC 子层的 MCPS-DATA.request 原语，尝试发送一个竞争路由器请求命令帧来参与新路由器竞争，发送时延依据 NIB 属性值 nwkRouterSelectValue 决定，nwkRouterSelectValue 值依据前期网络发现获取的局部网络信息计算获得，其计算方法超出本规范范围。

如果 MAC 子层因为任何原因发送命令帧失败，NLME 将给邻近高层发出 NLME-ROUTER-SELECTION.confirm 原语，状态参数值等于 MCPS-DATA.confirm 返回的值。

如果竞争路由器请求命令帧成功发送，NLME 将向邻近高层发出状态值为 SUCCESS 的 NLME-ROUTER-SELECTION.confirm 原语，表示设备成功竞争成为了新的路由器设备。

如果在等待发送竞争路由器请求命令帧过程中，设备收到其他设备发送的竞争路由器请求命令帧，则终止该规程，返回参数为 Failure 的 NLME-ROUTER-SELECTION.confirm 原语，并更新邻居表，为该设备建立相应的邻居表项。

若设备是精简功能设备，则将该路由器作为其潜在父节点设备加入邻居表项。

新的路由器设备继续发起该规程，从而完成网络中路由器设备的选择过程。

一个新路由器竞争的规程的信息顺序图(MSC)如图 67 所示。

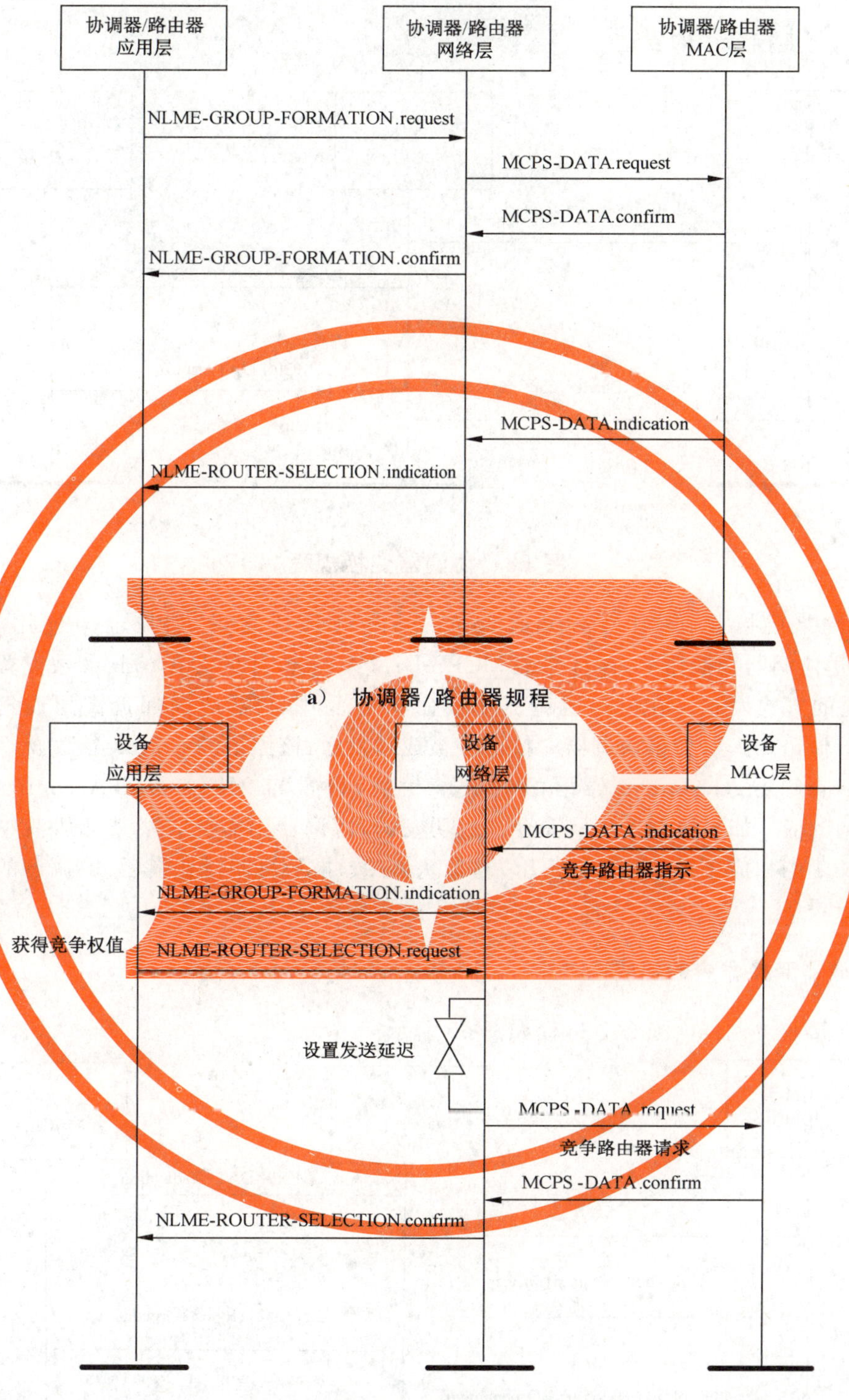

图 67 新路由器竞争规程

6.6.1.16 协调器变换

6.6.1.16.1 概述

该条将描述协调器发起一个协调器变换过程的规程，如图 68 所示。主要描述协调器在接收到

NLME-CoorChange.request 原语之后，如何进行协调器变换过程。

6.6.1.16.2　协调器变换命令的发送

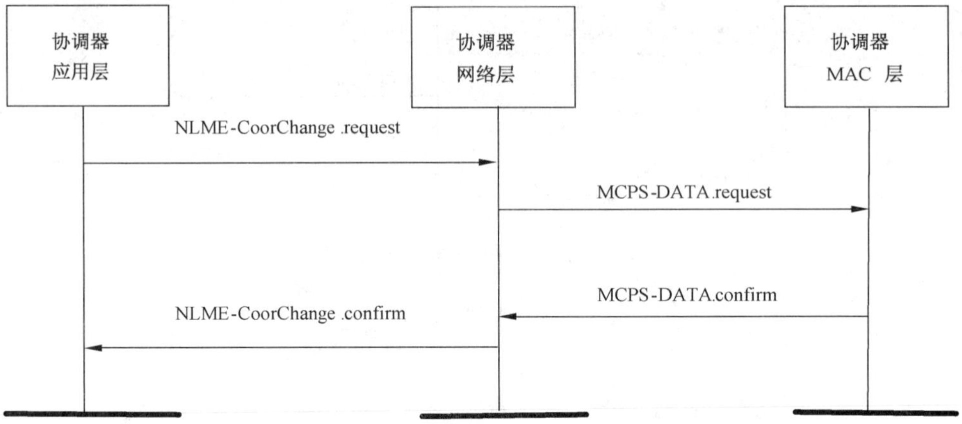

图 68　协调器变换规程

协调器的网络层接收到 NLME-CoorChange.request 原语之后，协调器应使用 MCPS-DATA.request 原语发送协调器变换命令，并且原语 MCPS-DATA.request 的 DstAddr 参数设置为 0xffff，指示使用 MAC 广播的方式发送。在发送协调器变换命令之后，协调器应向邻近高层发送 NLME-CoorChange.confirm 原语，并且，如果协调器变换命令被成功发送，该原语的 Status 参数设置为 SUCCESS；否则，NLME-CoorChange.confirm 原语的 Status 参数，设置与 MCPS-DATA.confirm 原语返回的 Status 参数相同的值。如果协调器变换命令被成功发送，协调器则需要查找其邻居清单，并把其中 relationship 为 0x01 的相应条目的 relationship 修改为 0x04，指示协调器变换后，协调器的子节点设备都将变成前子节点设备。

6.6.1.16.3　协调器变换命令的接收

子节点设备接收协调器变换命令过程如图 69 所示。

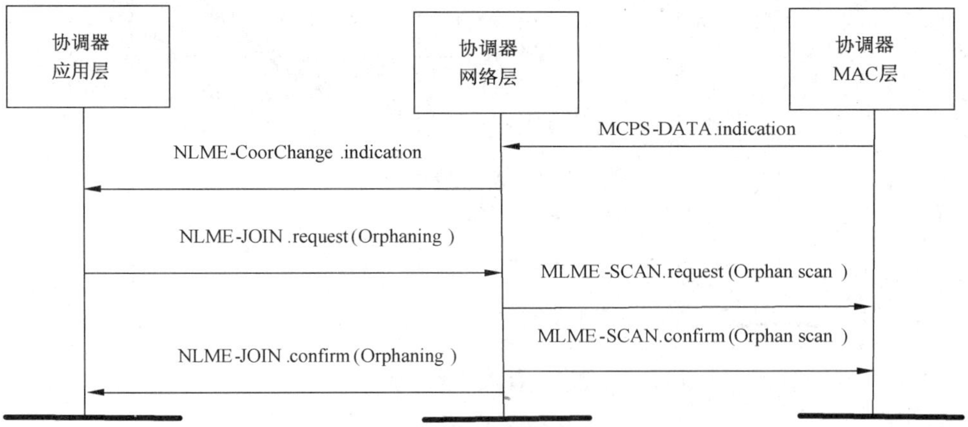

图 69　子节点设备接收协调器变换命令过程

节点设备或协调器通过 MCPS-DATA.indication 原语接收协调器变换命令。

如果 MCPS-DATA.indication 原语的 SrcAddr 参数为接收节点设备的父节点设备的 16 位地址，那么，节点设备应查找其邻居清单，把邻居清单中对应关系为 0x00 的记录中的对应关系修改为 0x03 指示与其关系不再是父子关系，把 Devicetype 修改为 0x02 指示发送协调器变换命令的节点设备将转变成终端节点设备。同时，把 *nwkExpendPanId* 设置为 0x0000000000000000，指示父节点设备未知。然后节点设备的 NWK 向邻近高层发送 NLME-CoorChange.indication 原语，携带发送协调器变换命令的节点设备的 64 位地址。节点设备的邻近高层接收到 NLME-Coordinator.indication 原语之后，如果自身具备承担协调器的能力，则发送 NLME-NETWORK-FORMATION.request 发起网络构建过程，组建自己的网络，并在网络构建完成之后，把协调器变换命令中包含的全部或部分指定的设备的信息加入到其邻居清单中；如果节点设备不具备承担协调器的能力，则发送 NLME-JOIN.request，并设置原语的 RejoinNetwork 参数为 0x01，发起孤立加入网络过程。

如果是协调器接收到上述协调器变换命令帧，根据命令帧中包含的网络功能信息 NetworkFunction，判断命令帧发送协调器的网络功能是否与协调器自身的网络功能一致，如果一致，则把命令帧中包含的全部或部分指定的设备的信息加入到其邻居清单中。否则，丢弃该命令帧。

如果节点设备接收到协调器变换命令帧，并且发送协调器变换命令帧的设备不是节点设备的父节点设备，则节点设备判断自身是否具备承担协调器的能力，如果节点设备具备承担协调器的能力，节点设备则根据命令帧中包含的网络功能信息，判断命令帧发送协调器的网络功能与节点设备自身的网络功能是否一致，如果节点设备不具有承担协调器的能力，或者节点设备的网络功能与命令帧发送协调器的网络功能不一致，则节点设备丢弃该命令帧；否则，节点设备发送 NLME-NETWORK-FORMATION.request 发起网络构建过程，组建自己的网络，并在网络构建完成之后，把协调器变换命令中包含的全部或部分指定的设备的信息加入到其邻居清单中。

6.6.1.17 邻接个域网报告

6.6.1.17.1 概述

本条描述边界路由器发起一个邻接个域网报告过程的规程。如果一个路由器确定自己属于多个域网网络中，它应该广播一个邻接个域网报告命令帧通知它属于的多个网络。

6.6.1.17.2 个域网路由表

一个路由器或一个网络协调器可以维护一个个域网路由表，一个传感器的个域网路由应存储的条目如表 60 所示。

表 60 个域网路由表

字段名	描述
目的个域网标识符	目的个域网的 16 位网络标识符
当前个域网标识符	当前个域网的 16 位网络标识符
边界路由节点设备地址	到达目的个域网需经过的边界路由节点设备地址

6.6.1.17.3 接收一个邻接个域网报告命令帧

节点设备通过 MCPS-DATA.indication 原语接收邻接个域网报告命令帧。然后，它应检查其路由表，寻找一个对应发送邻接个域网报告命令帧的边界路由节点设备地址条目。如果有这样一个条目存在，设备应比较邻接个域网报告命令帧路径消耗字段值加 1 和路由表条目 Residual Cost 字段：如果前者大于后者，邻接个域网报告命令帧应被丢弃；否则，路由表条目应做如下更新：替换下一跳字段为转发邻接个域网报告命令帧的上一跳设备的地址；更新 Residual Cost 字段为邻接个域网报告命令帧路径消耗字段的值加 1。

如果不存在这样一个条目，设备则创建一个路由表条目。并设置条目的 Destination address 字段为邻接个域网报告命令帧的源地址字段；设置 Destination PANID 字段为邻接个域网报告命令帧的源个域网标识符字段；设置 Status 字段为 0x00，指示为 ACTIVE；设置 Next-hop address 为发送邻接个域网报告命令帧给当前设备的上一跳设备的地址；设置 Residual Cost 为邻接个域网报告命令帧中的路径消耗字段加 1；设置 Many-to-one 字段为 TRUE；其他字段设置参考 Many-to-one 字段为 TRUE 时接收到路由响应命令帧设置。

节点设备接收到邻接个域网报告命令帧后，检查其个域网路由表，寻找与邻接个域网报告命令帧中包含的各个相邻个域网标识符字段对应的条目。如果有相应的条目存在，设备应比较个域网路由表边界路由节点设备地址字段和发送邻接个域网报告命令帧的边界路由节点设备的地址。如果两者相等，丢弃邻接个域网报告命令帧。如果不相等，设备应检查其路由表寻找对应边界路由节点设备地址的条目，比较邻接个域网报告命令帧路径消耗字段值加 1 和路由表条目 Residual Cost 字段的大小。如果前者小于后者，更新个域网路由表的边界路由节点设备地址字段为发送邻接个域网报告命令帧的边界路由节点设备地址。否则，丢弃接收到的邻接个域网报告命令帧。

如果节点设备检查其个域网路由表不存在对应邻接个域网报告命令帧包含的某个个域网标识符的条目，设备应创建立一个个域网路由表条目，并设置条目的目的个域网标识符字段为邻接个域网报告命令帧中的相应个域网标识符字段的值，设置条目的当前个域网标识符字段为 NIB 属性中 nwkPANId 的值，设置条目的边界路由节点设备地址字段为发送邻接个域网报告命令帧的边界路由节点设备的地址。

6.6.2 发送和接收

6.6.2.1 发送

只有当前互相连接的设备可以从网络层发送数据帧。如果一个没有连接的设备收到一个发送一个帧的请求，它应丢弃该帧，并通过发出一个状态为 INVALID_REQUEST 的 NLDE-DATA.confirm 原语，通知邻近高层这一错误。

所有在网络层内处理或产生的帧应根据图 9 指定的通用帧格式构造，并使用 MAC 数据服务发送。

除了源地址和目的地址字段，所有的网络层发送应包含一个半径字段和一个序列号字段。对于一个更高层发出的数据帧，半径字段的值可以使用 NLDE-DATA.request 原语的 Radius 参数来提供。如果没有提供一个值，那么网络层帧头的半径字段应设置为网络层 NIB 的 nwkMaxDepth 属性值的两倍(见 6.5)。每个设备的网络层应保持一个由随机值初始化的序列号。序列号应在每次网络层构造一个新的网络层帧时增加 1，即因为邻近高层请求发送一个新的网络层数据帧，或当它需要构造一个新的网络层命令帧时。增加之后，序列号的值应插入帧的网络层帧头的序列号字段中。

当构造了该帧且准备传输，它应被传递到 MAC 数据服务。通过给 MAC 子层发出一个 MCPS-DATA.request 原语发起一个 NPDU 传输。然后 MCPS-DATA.confirm 原语返回传输的结果。

6.6.2.2 接收和拒绝

为了接收数据，一个设备应开启它的接收器。邻近高层可以使用 NLME-SYNC.request 原语发起接收。在一个开启信标的网络中，网络层接收本原语将导致一个设备与其父节点设备的下一个信标同步，且可选地跟踪未来的信标。网络层应通过发出一个 MLME-SYNC.request 给 MAC 子层来完成。在一个没有开启信标的网络中，NLME-SYNC.request 将导致 macRxOnWhenIdle 设定为 FALSE 的设备的网络层使用 MLME-POLL.request 原语轮询设备的父节点设备。

在一个没有开启信标的网络中，一个网络协调器或路由器的网络层应保证，在最大程度的可行情况下，所有设备不在发送的时候，接收器都是开启的状态。在一个开启信标的网络中，网络层应保证，在它自己的超帧和它父节点设备的超帧的活跃期间，当设备不发送时接收器开启。为此网络层可以使用

MAC PIB 的 macRxOnWhenIdle 属性。

一旦接收器开启，网络层将开始通过 MAC 数据服务接收帧。在接收每一帧的过程中，网络层帧头的半径字段应减 1。如果因为该值减少变成 0，在任何情况下，该帧都不能被重传。但是它可以传递给邻近高层，或以由网络层其他方式处理，它属于本规范以外的概述。以下数据帧应使用 NLDE-DATA.indication 原语传递给邻近高层：

a) 广播帧，且该广播地址与该设备所在广播组相匹配；

b) 单播数据帧和源寻址数据帧，且目的地址字段与设备的网络地址相比配；

c) 多播数据帧，其中多播组 ID 列在 nwkGroupIDTable 中。

如果接收方是一个网络协调器或一个运行的路由器，即一个已经调用了 NLME-START-ROUTER.request 原语的路由器，它应按照如下处理数据帧：

a) 广播和多播数据帧应根据 6.6.5 和 6.6.6 所述的规程进行转发；

b) 单播的数据帧，且目的地址与设备的网络地址不匹配，应根据 6.6.3.4 所述的规程进行转发(在所有其他情况下，单播数据帧应被立即丢弃)；

c) 源路由的数据帧，且目的地址与设备的网络地址不匹配，应根据 6.6.3.4.3 所述的规程转发；

d) 处理路由请求命令的规程概述见 6.6.3.6.3；

e) 处理目的地址与设备的网络地址相匹配的路由响应命令帧的规程见 6.6.3.6.4；

f) 目的地址与设备的网络地址不匹配的路由响应命令帧应被立即丢弃。网络状态命令帧应和数据帧以同样的方式处理。

网络层应使用 NLDE-DATA.indication 原语向上一层指示数据帧的接收。

6.6.3 路由

6.6.3.1 概述

网络协调器和路由器应提供以下功能：

a) 作为更高层转发数据帧；

b) 作为其他路由器转发数据帧；

c) 为随后的数据帧建立路由参与路由发现；

d) 作为终端设备参与路由发现；

e) 参与路由修复；

f) 在路由发现中使用传感器网络路由代价指标。

网络协调器或路由器可以提供以下功能：

a) 维护路由表以记住最佳可用路径；

b) 作为更高层启动路由发现；

c) 作为其他路由器启动路由发现；

d) 启动路由修复；

e) 实施邻居路由。

6.6.3.2 路由代价

传感器网络路由算法在路由发现和维护期间使用路由代价指标作为路径比较。为了计算这个指标，链路代价与路径中的每条链路都有关，并且链路代价值总和为此路径产生的整体代价。

如果定义设备顺序为[D_1，D_2…D_L]的长度为 L 的路径 P，和链路[D_i，D_{i+1}]表示长度为 2 的子路径，那么路由代价见式(6)：

$$C\{P\}=\sum_{i=1}^{L-1}C\{[D_i,D_{i+1}]\} \quad \cdots\cdots\cdots\cdots(6)$$

其中每一个$C\{[D_i,D_{i+1}]\}$值均代表一个链路代价。链路l的链路代价$C\{l\}$是一个取值范围为[0…7]的函数,具体定义见式(7):

$$C\{l\}=\begin{cases}7\\ \min\left[7,\mathrm{round}\left(\frac{1}{p_l^4}\right)\right]\end{cases} \qquad \cdots\cdots (7)$$

式中,p_l定义为链路l上的数据包转发概率。

因此,实现者可以报告一个值为7的常量作为链路代价,或报告一个反映接收概率p_l的值——特别是,概率的倒数——它应反过来反映每次使用这个链路得到一个数据包的期望尝试次数。提供这两种选择的设备可以通过设置NIB属性nwkReportConstantCost的值为TRUE,强制它报告一个常量链路代价。如果NIB属性nwkSymLink值为TRUE,那么nwkReportConstantCost属性值应为FALSE,且网络层应按照上述方式计算路由代价。

如何估计或测量p_l。这是一个实现问题,实现者可以自由运用他们的构思。p_l可以通过一段时间内接收信标和数据帧的实际次数来评估,并观察对应的序列号来检测丢失的帧。这通常被看做接收概率最精确的测量方法。但是,最简单的方法,且对所有情况都可用,是根据GB/T 15629.15—2010 MAC和PHY提供的每帧LQI的平均值形成估计。即使使用了其他一些方法,最初的代价估计应基于平均的LQI。表驱动函数可以用于映射平均LQI值到$C\{l\}$的值。强烈建议实现者检查他们表中的硬件生产测试中获得的数据,因为不准确的代价将妨碍传感器网络路由算法的运行能力。

6.6.3.3 路由表

路由器或网络协调器可以维护一个路由表。传感器网络路由表中应存储的条目如表61所示。为了回收不再使用的表项空间,可以使用路由表中条目的老化和失效处理;但是这在本部分的范围之外。

表61 路由表条目

字段名称	大小	描述
Destination address	2个八位位组	此路径的16位网络地址或组ID;如果目的设备是一个传感器网络的路由器、协调器或终端设备,并且nwkAddrAlloc的值是0x02,此字段应包含那个设备的实际16位地址;如果目的设备是一个终端设备,并且nwkAddrAlloc的值是0x00,此字段应包含那个设备父节点设备的16位网络地址
Destination PANID	2个八位位组	此路径的16位个域网标识符;如果目的设备是一个传感器网络的路由器、协调器或终端设备,并且nwkAddrAlloc的值是0x02,此字段应包含那个设备的所在的个域网的标识符;如果目的设备是一个终端设备,并且nwkAddrAlloc的值是0x00,此字段应包含那个设备父节点设备所在个域网的16位标识符
Status	3位	路由的状态。见表62中的值
No route cache	1位	指示这个地址所指示的目的设备没有存储源路由的标志
Many-to-one	1位	指示目的设备是一个发出多对一路由请求的汇聚点的标志
Route record required	1位	指示路由记录命令帧应该在下一个数据包之前发送至目的设备的标志
GroupID flag	1位	指示目的地址是一个组ID的标志
Next-hop address	2个八位位组	到目的设备的下一跳的16位网络地址
StateLevel	1个八位位组	下一跳的状态等级值,在路由表创建时为默认nwkDefStateLevel值
Residual Cost	1个八位位组	当前设备到目的设备的累计路由代价

表 62 枚举了 Status 字段的值。

表 62　路由状态值

数值	状态
0x0	ACTIVE
0x1	DISCOVERY_UNDERWAY
0x2	DISCOVERY_FAILED
0x3	INACTIVE
0x4	VALIDATION_UNDERWAY
0x5	PRIORITY
0x6	STABLE ROUTER
0x7	保留

本条描述了路由算法。"路由表容量"表示设备有能力使用其路由表来建立到特定目的设备的一条路由。如果一个设备具备以下条件，就说它具有路由表容量：

a）　它是一个网络协调器或路由器；

b）　它维护一个路由表；

c）　它有一个空闲的路由表条目或它已经有一个对应于目的地址的路由表条目。

如果路由器或网络协调器维护一个路由表，它也应维护一个包含表 63 所示的信息的路由发现表。路由表条目具有较长的生存时间，而路由发现表条目仅能持续一个路由发现操作的时间，并可以重复使用。

表 63　路由发现表条目

字段名称	大小	描述
Route request ID	1 个八位位组	每次设备初始化一个路由请求时，路由请求命令帧中自动增加的序列号
Source address	2 个八位位组	路由请求的发起方的 16 位网络地址
Sender address	2 个八位位组	条目中最近发送的最低代价路由请求命令帧对应的路由请求标识符和源地址所指示的设备的 16 位网络地址，该字段用来确定最终路由应答命令帧应遵循的路径
Forward Cost	1 个八位位组	路由请求的源设备到当前设备的累计路由代价
Residual cost	1 个八位位组	当前设备到目的设备的累计路由代价
Expiration time	2 个八位位组	直到路由发现超限为止，以毫秒数指示的倒数计时器，其初始化值是 nwkcRouteDiscoveryTime
First hop address	2 个八位位组	记录路由请求发起方的首跳设备地址
Minimal hop	1 个八位位组	记录当前转发节点设备允许的最小转发跳数

如果一个设备具备以下条件，就说它具有"路由发现表容量"：

a）　它维护一个路由发现表；

b）　在它的路由发现表中有空闲条目。

如果一个设备既具有路由表容量又具有路由发现表容量，那么可以说它具有"路由容量"。

路由发现期间,一个路由器或网络协调器需要进行信息维护,以便于参与发现分布在一个路由表条目和一个路由发现表条目之间某个特定路由的信息。一旦发现完成,只有路由表条目需要维护,以便网络层沿着所发现的路由实现路由寻找。在本条中,提到了一个路由表条目及其"对应"路由发现表条目之间的这种关系,反之亦然。这一对应的维护取决于实现者,因为表中的条目没有任何共同之处,但是值得注意的是定义一个路由发现的唯一"要素",是路由发现命令帧的源地址和由该设备生成、并在命令帧净荷中携带的路由请求 ID。

如果设备有容量发起一个多对一路由请求,它还允许维护一个路由记录表(见表 54)。

6.6.3.4 接收一个单播帧

6.6.3.4.1 概述

在接收一个来自 MAC 子层的单播帧,或来自邻近高层的 NLDE-DATA.request 时,网络层根据以下步骤为它选路。

如果接收方是一个路由器或网络协调器,且帧的目的设备既是一个传感器网络终端设备,又是接收方的子节点设备,那么该帧应使用 MCPS-DATA.request 原语直接送给目的地址,如 6.6.6.3 所述。帧还应设置下一跳目的地址等同于最终的目的地址。否则,如果它是一个路由器或协调器或终端设备且 nwkAddrAlloc 值为 0x02,就定义 routing address 为这个设备的网络地址,如果它是一个终端设备且 nwkAddrAlloc 值为 0x00,就定义 routing address 为这个设备的父节点设备的网络地址。定义一个帧的 routing destination 为该帧的网络层目的的路由地址。注意分布式地址分配使得能够从它的地址获取任何设备的路由地址。详细信息见 6.6.1.7。

路由器或网络协调器可以检查邻居表,以寻找对应帧的路由目的设备的一个条目。如果有这样一个条目,设备允许使用 6.6.6.3 所述的 MCPS-DATA.request 原语直接路由该帧到这个目的设备。

具有路由容量的设备应检查其路由表寻找一个对应帧的路由目的设备的条目。如果有这样的一个条目,且如果该条目 Status 字段的值为 ACTIVE 或 VALIDATION_UNDERWAY,设备应使用 MCPS-DATA.request 原语中继该帧,且如果该条目的 Status 还不是该值,设置它为 ACTIVE。如果路由表条目中的 many-to-one 字段设置为 TRUE,网络层应按照 6.6.3.6.5 所述的规程确定是否应发送一个路由记录命令帧。如果路由表中有多个这样的条目,且如果这些条目 Status 字段的值为 ACTIVE 或 VALIDATION_UNDERWAY,设备根据路由表中 StateLevel 的值分别计算每一条目的转发概率,以概率选择一个条目使用 MCPS-DATA.request 原语中继该帧。

各条目的转发概率计算见式(8):

$$p_j = f(L_j;L) = \frac{L_j}{\sum L}, L = \{L_1, L_2, \Lambda, L_N\} \qquad \cdots\cdots(8)$$

其中 p_j 为第 j 个条目的转发概率,L_j 为第 j 个条目包含的 StateLevel 值,L 为所有条目的 StateLevel 值的集合。

当中继一个单播数据帧时,MCPS-DATA.request 原语的 SrcAddrMode 和 DstAddrMode 参数的值应都为 0x02,指示 16 位地址。SrcPanId 和 DstPanId 参数的值应都是中继设备 MAC PIB 属性 macPanId 提供的值。SrcAddr 参数设置为中继设备 MAC PIB 属性 macShortAddress 的值,且 DstAddr 参数应是对应于路由目的的路由表条目的下一跳地址字段的值。TxOptions 参数的位 b0 设置为 1,指示这是一个有确认的发送。

如果设备有一个路由表条目对应帧的路由目的,但是该条目 Status 字段的值是 DISCOVERY_UNDERWAY,设备就通过查询它的发现表确定是否是设备自己发起的路由发现。如果是,应视为是为该帧发起的路由发现;否则,设备发起 6.6.3.6.2 所述的路由发现。设备可以缓冲挂起路由发现并缓存接收帧,或者如果 NIB 属性 nwkUseTreeRouting 值为 TRUE,使用分层路由沿着树进行路由。如果该帧沿着树进行路由，网络层帧头帧控制字段的发现路由子字段应设置为 0x00。

如果设备有一个路由表条目对应帧的路由目的，但是该条目的 Status 字段值为 DISCOVERY_FAILED 或 INACTIVE，设备可以使用分层路由沿着树对该帧进行路由，条件是 NIB 属性 nwkUseTreeRouting 值为 TRUE。如果设备没有对应于路由目的、状态值为 ACTIVE 或 VALIDATION_UNDERWAY 的一个路由表条目，且它从邻近高层收到该帧，它应检查其源路由表，寻找对应路由目的的一个条目。如果找到了这样的一个条目，并且其长度小于 nwkMaxSourceRoute，设备应使用 6.6.3.4.2 所述的源路由发送该帧。如果设备没有对应路由目的的路由表条目且不是它使用源路由发起该帧，并且设备的 NIB 属性 nwkPANId 与帧的目的个域网标识符一致，或者设备的 NIB 属性 nwkPANId 与帧的目的个域网标识符不一致，但在设备的个域网路由表中没有目的个域网标识符字段与帧的目的个域网标识符一致的条目，设备应检查网络层帧头帧控制字段的发现路由子字段。如果发现路由子字段值为 0x01，设备应发起路由发现，如 6.6.3.6.2 所述。如果发现路由子字段值为 0，NIB 属性 nwkUseTreeRouting 值为 TRUE，则设备应该使用分层路由沿着树路由该帧。如果发现路由子字段值为 0，NIB 属性 nwkUseTreeRouting 值为 FALSE，且没有对应帧的路由目的的路由表，该帧应被丢弃，且 NLDE 应发出状态值为 ROUTE_ERROR 的 NLDE-DATA.confirm 原语。如果设备没有对应路由目的的路由表条目且不是它使用源路由发起该帧，并且设备的 NIB 属性 nwkPANId 与帧的目的个域网标识符不一致，但在设备的个域网路由表中存在目的个域网标识符字段与帧的目的个域网标识符一致的条目，则提取相应条目的边界路由节点设备地址字段，查找路由表，找到指向所提取的边界路由节点设备地址的路由表条目，并根据找到的路由表条目，把帧发送到边界路由节点设备。

对于没有路由容量的设备，如果 NIB 属性 nwkUseTreeRouting 的值为 TRUE，应使用分层路由沿着树对帧进行路由；如果 NIB 属性 nwkUseTreeRouting 的值是 FALSE，就丢弃接收帧。如果帧是由来自当前设备的 NHL 的 NLDE-DATA.request 原语产生的，NLDE 应发出状态值为 ROUTE_ERROR 的 NLDE-DATA.confirm 原语。如果代表其他设备中继接收帧，NLME 应向帧的源设备发送一个网络状态命令帧，状态为 0x04，指示缺少路由容量。它还应向邻近高层发送 NLME-NWK-STATUS.indication，NetworkAddr 参数等于帧的 16 位网络地址，状态参数等于 0x04，指示缺少路由容量。

对于树状路由，如果目的设备是设备的一个子孙，设备应把帧送到合适的子节点设备。如果目的设备是一个子节点设备，且它还是一个终端设备，该帧的投递可能因为子节点设备的 macRxOnWhenIdle 状态而失败。如果子节点设备的 macRxOnWhenIdle 值设置为 FALSE，可以使用 GB/T 15629.15—2010 描述的间接传输来投递该帧。如果目的设备不是一个子孙，设备应把帧送给其父节点设备。

网络中的其他每个设备都是网络协调器的一个子孙，且网络中没有设备是任何传感器网络终端设备的子孙。当一个地址为 A 深度是 d 的具有路由容量的设备收到一个单播帧后，在选择该帧的下一跳节点设备之前，根据设备的地址 A 和单播帧的目的地址 D 计算 A_{skip} 和 D_{skip}：

$A_{skip}=A\%S_{skip}$；$D_{skip}=D\%S_{skip}$；

如果以下逻辑表达式为真：

$A_{skip}<D_{skip}<A_{skip}+C_{skip}(d-1)$

那么地址是 D 的目的设备是一个子孙，对于 $C_{skip}(d)$ 和 S_{skip} 的定义，见 6.6.1.7。

如果确定了目的设备是接收方的一个子孙，则给定下一跳设备的地址 N：$N=D$，对于传感器网络终端设备，$D_{skip}>A_{skip}+R_m\times C_{skip}(d)$；否则，$N$ 的计算式见式(9)：

$$N=A+1+\left[\frac{D-(A+1)}{C_{skip}(d)}\right]\times C_{skip}(d) \qquad \cdots\cdots(9)$$

如果一个路由器或协调器的网络层因为任何原因投递一个单播或多播数据帧失败，路由器或协调器应尽力报告这次失败。投递一个 NLME-NWK-STATUS 失败不报告。报告可以采取两种形式之一。如果因为邻近高层的请求而转发失败的数据帧，那么网络层应给邻近高层发出一个带有错误指示的 NLDE-DATA.confirm 原语。该原语 NetworkAddr 参数的值应是帧的目的设备的地址。如果是代表另一个设备转发该帧,那么转发设备应帧的源设备发送一个网络状态命令帧。网络状态命令帧的目的地址字段应使用失败数据帧的目的地址字段。

在任一种情况下,可能报告的失败原因见表 50。

6.6.3.4.2 发起一个源路由数据帧

当从邻近高层收到一个数据帧时,如果确定可以使用如上所述的源路由传输该帧,就从源记录表中检索源路由。

如果没有中间的中继节点设备,帧应通过使用 MCPS-DATA.request 原语,直接发送给路由目的,且 DstAddr 参数值指示路由目的地址。

如果有至少一个中继节点设备,网络层帧头帧控制字段的源路由标志应设置,且网络层帧头源路由子字段应出现。源路由子帧的中继次数子字段值应等于中继清单中的中继次数。中继索引子字段值应等于 1,小于中继次数。中继清单子字段应包含中继地址的清单,最低八位位组优先。接近目的设备的中继应首先列出。接近发出设备的中继应最后列出。

设备应使用 MCPS-DATA.request 原语中继该帧。DstAddr 参数的值应为中继清单中最后的中继地址。

6.6.3.4.3 中继一个源路由数据帧

如 6.6.3.4.1 所述,从 MAC 子层收到一个源路由数据帧时,如果源路由子帧的中继索引子字段值为 0,设备应检查帧的网络层帧头的目的地址字段。如果帧的网络层帧头的目的地址字段等于 NIB 属性 nwkNetworkAddress 的值,那么帧应使用 NLDE-DATA.indication 原语被传递给邻近高层。如果目的地址字段不等于 NIB 属性 nwkNetworkAddress 的值,且接收方是一个路由器或网络协调器,设备就使用 MCPS-DATA.request 原语直接中继该帧到网络层帧头目的设备,否则,帧被丢弃。

如果中继索引子字段值非 0,设备应比较它的网络地址和中继清单的中继索引找到的地址。如果这两个地址不匹配,帧被丢弃,不采取进一步行动。否则,设备把中继索引子字段减 1,并立即中继该帧到中继清单子字段中它自己的地址前面的那个地址。

当中继一个源路由数据帧,设备的网络层还应检查对应于帧的源地址的路由表条目。如果没有路由表条目的 no route cache 字段值为 FALSE,那么路由表条目的 route record required 字段应设置为 FALSE。

6.6.3.5 链路状态信息

6.6.3.5.1 概述

无线链路可能是不对称的,即它们可以在一个方向上很好地工作而其他方向不行。这可能导致路由应答失败,因为它们是沿着路由请求所发现的链路往回传播的。

对于多对一路由和双向路由发现(nwkSymLink 为 TRUE),要求发现路由在两个方向上都是可靠的。要达到这个目标,路由器是通过定期传输作为一个单跳广播的链路状态帧来与它们的邻居交换测量到的链路代价信息的。然后反向链路代价信息用于路由发现期间,以确保所发现的路由在两个方向都使用了高质量的链路。

6.6.3.5.2 发起一个链路状态命令帧

当加入一个网络,一个路由器或协调器应每过 nwkLinkStatusPeriod 秒定期发送一个没有重试的单跳广播的链路状态命令。如果需要的话允许发送地更为频繁一些,应增加随机抖动以避免与其他节点设备同步。链路状态命令帧的格式见 6.4.8。

终端设备不发送链路状态命令帧。

6.6.3.5.3 接收一个链路状态命令帧

一个路由器或协调器接收一个链路状态命令帧,对应发送设备的邻居表条目的 age 字段就复位为 0。一个帧所涵盖的地址清单由链路状态清单中的第一个和最后一个地址,以及命令选项字段的第一个帧和最后一个帧位确定。如果接收方的网络地址在帧所涵盖的范围之外,帧就被丢弃,处理即告终止。如果接收方的网络地址在帧所涵盖的范围内,那么就查询链路状态清单。如果找到了接收方的地址,对应发送设备的邻居表条目的 outgoing cost 字段设置为链路状态条目的输入代价的值。如果没有找到接收方的地址,outgoing cost 字段设置为 0。

终端设备不处理链路状态命令帧。

6.6.3.5.4 邻居表的老化

对于使用链路状态信息的设备,每过 nwkLinkStatusPeriod 邻居表中的路由器的 age 字段就增加。如果这个值超过了 nwkRouterAgeLimit,邻居表条目的 outgoing cost 字段就设置为 0。如果一个设备在 nwkRouterAgeLimit 内从一个路由器邻居接收链路状态信息连续失败,旧的输出代价信息就被丢弃。在这种情况下,邻居条目就被视为是陈旧的,如果必要的话就允许重新使用,为一个新的邻居腾出空间。终端设备不发出链路状态信息,因此应从不被视为陈旧的。

如果 nwkAddrAlloc 值为 0x00,邻居的邻居表条目就不被视为是陈旧和不可重复使用的。

6.6.3.6 路由发现

6.6.3.6.1 概述

路由发现是网络设备通过网络层进行合作找到并建立路由的过程。单播路由发现总是在某个源设备和某个目的设备之间实现的。多播路由发现是在某个源设备和多播组之间实现的。多对一路由发现是由一个源设备实现的,以在一个给定的半径内,从所有路由器和网络协调器建立到它自身的路由。发起多对一路由发现的源设备被指定为一个汇聚点。在整个 6.6.3.6 中,一个目标地址可以是一个 16 位广播地址,某个设备的 16 位网络层地址,或一个 16 位多播地址,也叫做一个多播组 ID。一个路由请求命令,其中目的地址是某个设备路由地址,路由请求选项字段没有设置多播位,它就是一个单播路由请求。一个路由请求命令,其中路由请求选项字段设置了多播位,它就是一个多播路由请求。一个多播路由请求的目的地址字段应是一个多播组 ID。一个路由请求命令净荷,其中目的地址子字段是一个广播地址(见表 64),它就是一个多对一路由请求。一个多对一路由请求的路由请求选项字段的多播位应设置为 0。一个路由请求命令,其中路由需求标识符设置了对于路由发现不同的特殊需求,可以要求对发现的路由设置成稳定路由、低功耗路由、以及对称与非对称路由。

6.6.3.6.2 发起路由发现

一个设备的单播路由发现规程应由一个路由器或网络协调器发起:当其网络层从邻近高层收到一个 DstAddrMode 参数值为 0x02 的 NLDE-ROUTE-DISCOVERY.request 原语时;或从邻近高层收到一个 DstAddrMod 参数设置为 0x02、发现路由子字段设置为 0x01 的 NLDE-DATA.request 原语,且没有路由表条目对应目的设备的路由地址(DstAddr 参数指定的 16 位网络地址),也没有个域网路由条目对应 DstAddr 参数指定设备所在的个域网;或从 MAC 子层收到一个帧,且网络层帧头目的地址字段的值不是当前设备的地址,当前设备的终端设备子节点设备的地址,或一个广播地址,以及以下情况时:

a) 帧控制字段的发现路由子字段的值为 0x01;

b) 且没有路由表条目对应路由帧的目的;

c) 且没有个域网路由条目对应路由帧的目的设备所在个域网;

d) 且收到帧的网络层帧头的源地址字段的值和当前设备的一个终端设备子节点设备的16位网络地址相同;

e) 或NIB属性nwkUseTreeRouting的值为TRUE。

一个多播地址的路由发现过程应由网络层发起,以响应从邻近高层收到一个NLMEROUTE-DISCOVERY.request原语,其中DstAddrMode参数值为0x01,或执行6.6.6.3.3指定的规程。

每个路由请求发现命令可以确定是否需要建立稳定路由。如果需要建立一个稳定路由,则需要在路由请求命令中的路由需求标识中,携带用于建立稳定路由要求的指示信息以及所需的稳定路由的有效时间,并且需要在路由表中记录对应的稳定路由项,根据确定的稳定路由的有效时间进行老化,该稳定路由的有效时间大于普通路由的有效时间。

如果发起路由发现的设备没有路由表条目对应目的设备的路由地址,它应建立一个路由表条目,状态等于DISCOVERY_UNDERWAY。如果设备有一个现存的路由表条目对应目的设备的路由地址,且状态等于ACTIVE或VALIDATION_UNDERWAY,该条目应被使用,且状态字段应保持该条目的当前值。如果它有一个现存的路由表条目,且状态不是ACTIVE,该条目应被使用,且该条目的状态应设置为DISCOVERY_UNDERWAY。如果具有相同发起方和路由请求ID的相应的路由发现表条目尚未存在,设备还要建立一个路由表条目。如果发起路由发现的设备没有个域网路由表条目对应目的设备所在个域网的标识符,它应建立一个个域网路由条目,目的个域网标识符字段设置为目的设备所在个域网的标识符,当前个域网标识符字段设置为当前设备所在个域网的标识符。

每个发出一个路由请求命令帧的设备应维护一个计数器,用于产生路由请求标识符。当一个新的路由请求命令帧创建时,路由请求计数器加1,且值存储在设备的路由发现表的Route request标识符字段中。路由表中和路由发现表的其他字段设置为0所述的值。

网络层可以缓冲收到的帧,挂起路由发现,或者,当该帧是一个单播帧,且NIB属性*nwkUseTreeRouting*值为TRUE时,设置网络层帧头的帧控制字段的发现路由子字段为0,沿着树转发该数据帧。

一旦设备创建了路由发现表条目、路由表条目和个域网路由条目,路由请求命令帧应按图16描述的净荷创建。不同的字段的设置如下:

a) 命令帧标识符字段应设置为指示命令帧是一个路由请求,见表48;

b) 路由请求标识符字段应设置为存储在路由发现表条目中的值;

c) 多播标志和目的地址字段应根据要被发现的路由的目的地址设置;

d) 目的个域网标识字段应根据目的地址的个域网标识符设置;

e) 路由代价字段应设置为0。

一旦创建,路由请求命令帧就准备广播,使用MCPS-DATA.request原语传递给MAC子层。如果目的个域网标识字段与设备NIB属性nwkPANId值不一致,设备应检查其路由表寻找边界路由器对应的条目。如果存在这样的条目,则提取条目中的边界路由节点设备地址,根据相应的路由表条目把路由请求命令帧发送到所提取的边界路由节点设备;否则,发送路由请求命令帧到设备所在个域网内的所有边界路由节点设备。

当发起路由发现,广播一个路由请求命令帧时,网络层应在初始的广播之后,重试广播nwkcInitialRREQRetries次,由此产生一个最大nwkcInitialRREQRetries+1次的发送。重试将以nwkcRREQRetryInterval毫秒的时间间隔分开。

多对一的路由发现过程应由一个路由器或协调器的网络层,从邻近高层收到一个NLME-ROUTE-DISCOVERY.request原语,且DstAddrMode参数值为0x00时发起。一个多对一的路由请求命令帧不能重试;但是,仍然创建一个发现表条目以在nwkcRouteDiscoveryTime周期期间内提供循环检测。如果NLME-ROUTE-DISCOVERY.request原语的NoRouteCache参数是TRUE,命令帧净荷的命令选项字段的many-to-one子字段应设置为2。否则,many-to-one子字段设置为1。注意在这种情况下，网络层应维护一个路由记录表。如果 NLME-ROUTE-DISCOVERY.request 原语的 MultipathRoute 参数是 TRUE 则命令帧净荷的命令选项字段的 many-to-one 子字段应设置为 3。在这种情况下接受设备允许建立多路径路由。网络层帧头的目的地址字段应设置为 0xfffc，即所有路由器的广播地址。广播半径设置为 nwkConcentratorRadius 的值。发起多对一路由发现的源设备指定为一个汇聚点，且 NIB 属性 nwkIsConcentrator 设置为 TRUE。如果设备的 nwkIsConcentrator 为 TRUE，且 nwkConcentratorDiscoveryTime 是非零值，网络层就每过 nwkConcentratorDiscoveryTime 发出一个路由请求命令帧。

6.6.3.6.3 接收一个路由请求命令帧

收到一个路由请求命令帧时，如果设备是一个终端设备，它应丢弃该帧。否则，它应确定它是否有路由容量。

如果设备没有路由容量，且路由请求是一个多播的路由请求或一个多对一的路由请求，路由请求应被丢弃，路由请求过程应终止。

如果 nwkAddrAlloc 是 0x00，设备没有路由容量，且路由请求是一个单播的路由请求，设备应检查该帧是否是沿着一个合法的路径被接收的。如果该帧从设备子节点设备之一接收，且源设备是该子节点设备的一个子孙，或如果该帧从设备父节点设备接收，且源设备不是该设备的一个子孙，路径就是合法的。如果路由请求命令帧不是沿着一个合法的路径接收，它应被丢弃。否则，设备应检查它是否是目的设备。如果该设备有设备子节点设备，它还应通过比较路由请求命令帧净荷的目的地址字段和它每一个设备子节点设备的地址，检查命令帧的目的地址是否是它的设备子节点设备之一。如果该设备或它的设备子节点设备之一是路由请求命令帧的目的设备，它应以一个路由应答命令帧响应。当以一个路由应答命令帧响应一个路由请求时，设备应构造一个帧，帧类型字段设置为 0x01。路由应答的源地址应设置为创建路由应答的设备的 16 位网络地址，目的地址应为路由请求发出设备的地址。从下一跳设备到当前设备的链路代价应按照6.6.3.2描述的进行计算，并插入路由应答命令帧的路由代价字段中。路由应答命令帧应通过发出一个 MCPS-DATA.request 原语单播给下一跳设备。

如果设备不是路由请求命令帧的目的设备，设备应计算从之前发送该帧的设备的链路代价，如6.6.3.2所述。这个值应增加到存储在路由请求命令帧的路由代价值上面。然后路由请求命令帧应使用 MCPS-DATA.request 服务原语单播给目的设备。这个单播发送的下一跳以同样的方式确定，就像该帧是一个发送给设备的数据帧，地址由净荷中目的地址字段确定。如果有稳定路由的需求，该设备根据路由请求命令中稳定路由指示信息建立稳定路由，路由保持时间为路由发现命令中所携带的稳定路由时间。

如果设备有路由容量，且收到的请求是一个单播路由请求，设备应通过比较路由请求命令帧净荷的目的地址字段和它自己的地址，检查它是否是命令帧的目的设备。如果该设备有设备子节点设备，它还要通过比较路由请求命令帧净荷的目的地址字段和它每个设备子节点设备的地址，检查命令帧的目的地址是否是它的设备子节点设备之一。如果设备或它的设备子节点设备之一都不是路由请求命令帧的目的设备，设备应确定，是否有一个路由发现表（见表 63）条目，具有相同的路由请求标识符和源地址字段。如果不存在这样的条目，应创建一个。设备还应确定是否有一个对应路由请求目的设备所在个域网的个域网路由条目，如果不存在，则应创建一个这样的条目，目的个域网标识符字段设置为路由请求目的设备所在个域网的标识符，当前个域网标识符字段设置为当前设备所在个域网的标识符。设备应通过检查路由请求命令帧净荷的首跳是否为空，若为空则写入自己的地址，若不为空则将该首跳地址与自己保存的路由发现表中的首跳地址比较，若不同则丢弃。

如果设备有路由容量，且收到的路由请求帧的路由请求命令选项字段的多播子字段指示一个多播路由请求，设备应确定在 nwkGroupIDTable 中是否已经存在一个条目，其中多播组 ID 字段和帧的目的地址匹配。如果找到一个匹配条目，设备应确定是否存在一个路由发现表（见表 63）条目，它具有相同的路由请求标识符和源地址字段。如果没有这样的条目存在,应创建一个。设备还应确定是否有一个对应路由请求目的设备所在个域网的个域网路由条目,如果不存在,则应创建一个这样的条目,目的个域网标识符字段设置为路由请求目的设备所在个域网的标识符,当前个域网标识符字段设置为当前设备所在个域网的标识符。

对于多对一路由请求,以及常规的路由请求,如果 nwkSymLink 参数是 TRUE,接收一个路由请求命令帧时,查询邻居表,寻找对应发送设备的一个条目。如果没有找到这样的条目,或如果条目的输出代价字段值为 0,帧就被丢弃,路由请求过程终止。取邻居的输入和输出代价的最大值用于路由代价的计算,而不是输入代价。这包含转发之前路由请求帧的路由代价字段增加的值。

当创建路由发现表条目时,各个字段设置为路由请求命令帧的相应的值。唯一例外的是重传代价字段,它通过使用命令帧之前的发送设备来计算链路代价,如 6.6.3.2 所述,并把它增加到路由请求命令帧所含的路由代价上面。以上计算的结果存储在新创建的路由发现表条目的 Forward cost 字段中。如果 nwkSymLink 属性设置为 TRUE,设备还应创建一个路由表条目,它的目的地址字段设置为路由请求命令帧的源地址,下一跳字段设置为之前传输命令帧的设备的地址,状态字段应设置为 ACTIVE。然后设备应给路由请求命令帧的源发出一个路由应答命令帧。对于源地址和路由请求标识符对,在设备已经有一个路由发现表条目的情况下,设备应确定路由请求命令帧的路由代价是否小于存储在路由发现表条目中的 Forward cost。比较的完成是通过首先计算之前发送该帧的设备的链路代价,如 6.6.3.2所述,然后把它增加到路由请求命令帧的路由代价值上面。如果该值大于路由发现表条目中的值,帧应被丢弃,不再需要进一步处理。否则,在路由发现表中的 Forward cost 和 sender address 字段被更新为新的代价和之前转发路由请求命令帧的设备的地址。

如果 nwkSymLink 属性设置为 TRUE 且收到的路由请求命令帧是一个单播的路由请求,设备也应创建一个路由表条目,它的目的地址字段设置为路由请求命令帧的源地址,下一跳字段设置为之前转发该命令帧的设备的地址,状态字段应设置为 ACTIVE。然后设备应响应一个路由应答命令帧。在这两种情况下,如果设备代表它的设备子节点设备之一响应,路由应答命令帧净荷的响应设备地址应设置为等于该设备子节点设备的地址,而不是响应设备的地址。

当一个设备有路由容量,但它不是收到的路由请求命令帧的目的设备,它应确定是否有一个路由发现表条目(见表 63),且该条目有相同的 route requrest ID 和源地址字段。如果没有这样的条目存在,应创建一个。路由请求计时器应设置为在 nwkcRouteDiscoveryTime 毫秒后超时。如果存在一个路由表条目和目的路由地址相对应,且它的状态不是 ACTIVE 或 VALIDATION_UNDERWAY,状态应设置为 DISCOVERY_UNDERWAY。如果不存在这样的条目,且该帧是一个单播的路由请求,应创建一个条目,且它的状态设置为 DISCOVERY_UNDERWAY。

如果帧是一个多对一路由请求,设备也应创建一个路由表条目,通过设置下一跳字段为之前发送该命令帧的设备的地址,使目的地址字段等于路由请求命令帧的源地址。如果帧是一个多对一的路由请求(即命令帧净荷的命令选项字段的 many-to-one 子字段的值非零),路由表条目的 many-to-one 字段应设置为 TRUE,且如果命令帧净荷净荷的命令选项字段的 many-to-one 子字段的值为 2,没有路由缓存标志设置为 TRUE,或如果值为 1,路由缓存标志设置为 FALSE。如果路由表条目是新的,或如果没有路由缓存标志设置为 TRUE,或如果 next-hop address 字段改变了,路由记录请求字段就设置为 TRUE,否则它不变。状态字段应设置为 ACTIVE。当路由请求计时器到期,设备从路由发现表中删除 Route request ID 条目。当这个发生时,如果它的状态字段值为 DISCOVERY_UNDERWAY,且路由发现表中没有为该目的地址的路由发现创建其他的条目,对应目的路由地址的路由表条目也应被删除。

如果命令帧净荷的命令选项字段的 many-to-one 子字段的值为 3,设备允许创建多个路由表条目,首次接受到路由请求命令帧时,将命令帧中更新过的最小跳数字段的值记录在路由发现表条目的 Minimal hop 中。如果之前收到过路由请求命令帧,则将新帧内更新后的最小跳数值与 Minimal hop 的值进行比较,若小于则删除路由表中所有路由信息,并根据该帧创建一个路由条目,同时根据新帧的最小跳数值重设 Minimal hop 值;若等于且为同一目的设备创建的路由数量小于最大上限 nwkMaxRoutingPath,则创建一个路由条目;若等于且为同一目的设备创建的路由数量等于最大上限 nwkMaxRoutingPath,则应丢弃该帧;若大于,则直接丢弃该帧。

如果路由发现表中已经存在一个条目,路由请求命令帧的路由代价应和路由发现表条目的 Forward cost 值相比较。比较的完成是通过计算之前设备的链路代价,如 6.6.3.2 所述,并把它增加到路由请求命令帧的路由代价值上面。如果路由代价更大,路由请求命令帧被丢弃,不再需要进一步处理。否则,路由发现表中的 Forward cost 和 sender address 字段被更新为新的代价和之前转发该路由请求命令帧的设备的地址。另外,路由请求命令帧的路由代价字段应更新为比较之后计算出来的代价。如果 nwkSymLink 属性设置为 TRUE,且收到的路由请求命令帧是一个单播的路由请求,设备也应更新所有 Destination address 字段设置为路由请求命令帧的源地址的路由条目,且 next-hop address 字段设置为之前传输该命令帧的设备的地址,状态字段应设置为 ACTIVE。然后设备应使用 MCPS-DATA.request 原语广播该路由请求命令帧。

如果设备的 NIB 属性 nwkPANId 值与路由请求命令帧的目的个域网标识符值不一致,设备应确定在个域网路由表中是否已经存在一个条目,其中目的个域网标识符字段和帧的目的个域网标识符匹配。如果找到这样一个条目,设备应使用这个条目中继路由请求命令帧到条目的边界路由节器地址指示的边界路由节点设备,并给路由请求命令帧的源发出一个路由应答命令帧。如果没有这样一个条目存在,把该路由请求命令帧发送到设备的所有边界路由节点设备。

当广播一个路由请求命令帧时,网络层应根据下式计算出的一个随机抖动量延迟重传:

$$2\times R[nwkcMinRREQJitter, nwkcMaxRREQJitter]$$

其中 $R[a,b]$是一个随机的函数,间隔为$[a,b]$。这个抖动量的单位是毫秒。实现者可以调整这个抖动量。网络层应在最初的转发之后重试广播 nwkcRREQRetries 次,这样可能导致最大值 nwkcRREQRetries+1 次转发。如果一个具有相同的源和路由请求标识符的帧到达,且它的路由代价比等待重传的那个帧更低,在这种情况下,实现者可以选择丢弃等待重传的路由请求命令帧。

设备可以把和净荷中目的字段的路由地址相对应的路由表条目的状态字段设置为 DISCOVERY_UNDERWAY。如果不存在这样的条目,它应被创建。

当以一个路由应答命令帧响应一个路由请求时,一个有路由发现表条目对应路由请求的源地址和路由请求标识符的设备应构造一个命令帧,帧类型字段设置为 0x01。网络层帧头的源地址字段应设置为当前设备的 16 位网络地址,目的地址字段应设置为对应的路由发现表条目中的 sender address 字段的值。构造路由应答的设备应以以下方式填入净荷字段。

a) 网络层命令标识符应设置为路由应答;

b) 路由请求标识符字段应设置为和路由请求命令帧的路由请求标识符字段相同的值;

c) 发出设备地址字段应设置为路由请求命令帧的网络头的源地址;

d) 从路由发现表条目中使用对应路由请求命令帧的网络头的源地址的发送设备地址字段。

设备应计算 6.6.3.2 所述的链路代价。这个链路代价应送入路由代价字段。然后通过使用 MCPS-DATA.request 原语,和从路由发现表中获得的发送设备地址作为下一跳,把路由应答命令帧单播到目的设备。

6.6.3.6.4 接收一个路由响应命令帧

在接收一个路由应答命令帧时,设备应执行以下规程。

如果接收方没有路由容量且它的 NIB 属性 nwkUseTreeRouting 值为 TRUE,它应使用树路由转发该路由应答,就像它是一个数据帧。如果接收方没有路由容量且它的 NIB 属性 nwkUseTreeRouting 值为 FALSE,它应丢弃该命令帧。在转发路由应答命令帧之前,设备应通过计算从下一跳设备到它本身的链路代价更新净荷中的路由代价字段，如6.6.3.2所述，并把它增加到路由应答的路由代价字段的值上面。

如果接收方有路由容量，它应通过比较命令帧净荷中发出设备地址字段的内容和它自己的地址，检查它是否是路由应答命令帧的目的设备。如果是的话，它应查询其路由发现表，寻找对应于路由应答命令帧净荷的路由请求标识符的条目。如果没有这样的条目，路由应答命令帧应被丢弃，路由应答过程应终止。如果存在一个路由发现表条目，设备应查询其路由表，寻找一个 Destination address 字段等于对应的路由应答命令帧的响应设备地址的路由地址的条目。

如果没有这样的路由表条目，路由应答命令帧应被丢弃，如果对应路由应答命令帧的路由请求标识符的一个路由发现表存在，它还应被删除，路由应答过程应终止。如果一个路由表条目和一个路由发现表条目存在，且如果路由表条目的状态字段设置为 DISCOVERY_UNDERWAY，当路由表条目的 GroupId 标志为 TRUE 时，路由表条目的状态字段应修改为 VALIDATION_UNDERWAY，当路由表条目的 GroupId 标志为 FALSE 时，路由表条目的状态字段应修改为 ACTIVE。路由表中的 next-hop address 字段应设置为之前转发路由应答命令帧的设备。路由发现表条目的剩余代价字段应设置为路由应答净荷中的路由代价字段。源节点设备接收路由应答命令，并根据所述路由应答命令在路由表中记录对应所述稳定路由的路由项。

如果状态字段已经设置为 ACTIVE 或 VALIDATION_UNDERWAY，设备应比较路由应答命令帧的路由代价和路由发现表条目中记录的剩余代价，且如果路由应答命令帧的代价较小的话，更新路由表条目的剩余代价字段和 next-hop address 字段。如果路由应答的路由代价不是更小，路由应答命令帧应被丢弃，不再采取进一步处理。

如果收到路由应答的设备不是目的设备，设备应找到路由发现表条目中对应路由命令帧净荷中发出设备地址和路由请求标识符的条目。如果不存在这样路由发现表条目，路由应答命令帧应被丢弃。如果存在一个路由发现表条目，应比较路由应答命令帧的路由代价值和路由发现表条目的剩余代价字段。如果路由发现表条目的值小于路由应答的值，路由应答命令帧应被丢弃。

否则，设备应找到路由表条目，其中 Destination address 字段等于路由应答命令帧的响应设备地址相应的路由地址。如果路由发现表条目存在，但没有相应的路由表条目，路由应答命令帧应被丢弃。路由表条目应通过替换 next-hop address 字段为之前转发路由应答命令帧的地址，进行更新。路由发现表条目也应通过替换剩余代价字段为路由应答命令帧的值，进行更新。

每当收到一个路由应答时导致相应的路由表条目的 next-hop address 字段被修改，且路由表条目的 GroupId 标志是 TRUE 时，设备应设置相应的路由发现表条目的过期时间字段，如果设备是路由应答的目的设备，在 nwkcWaitBeforeValidation 毫秒后超时，如果它不是，在 nwkcRouteDiscoveryTime 毫秒后超时。

如果接收方有路由容量，并且在其路由发现表中存在，对应于路由应答命令帧净荷的路由请求标识符的条目，在其路由表中存在 Destination address 字段等于路由应答命令帧的响应设备地址的路由地址的条目，那么设备应查询其个域网路由表。如果在个域网路由表中存在对应于响应命令帧的响应设备字段指示设备所在个域网的标识符的条目，并且，条目的边界路由节点设备地址字段为空，则用路由应答命令帧中的边界路由节点设备地址字段更新条目中的边界路由节点设备地址字段。如果所查询到的条目的边界路由节点设备地址字段不为空，则比较路由应答命令帧的路由代价值和路由发现表条目的剩余代价字段。如果路由发现表条目的值大于路由应答的值，则使用路由应答命令帧中的边界路由节点设备地址字段更新条目中的边界路由节点设备地址字段。

如果设备判定自己是边界路由节点设备，并且接收到的路由应答命令帧中发起方字段对应的设备，与响应设备字段对应的设备，所对应的个域网标识符不一致，设备则设置路由应答命令帧的路由应答命令选项字段的边界路由节点设备地址子字段为1，并设置边界路由节点设备地址字段为设备自身的地址。

在更新它自己的路由条目之后，设备应转发路由应答给目的设备。在转发路由应答之前，路由代价值应更新。发送设备应通过查询路由发现表找到和路由请求指示符和源地址符合的条目并提取发送设备地址,找到路由应答目的设备的下一跳。它应使用这个下一跳地址来计算链路代价,如 6.6.3.2 所述。这个代价应加到路由应答的路由代价字段上面。命令帧网络头的目的地址应设置为下一跳地址,且帧应使用 MCPS-DATA.request 原语单播给下一跳设备。MCPS-DATA.request 原语的 DstAddr 参数应设置为路由发现表的下一跳地址。

如果 NIB 属性 nwkSymLink 的值为 TRUE,且如果一个反向路由表条目尚未存在,网络层应在中继路由应答命令帧时也创建一个反向路由表条目。路由表条目的 Destination address 字段的值应对应路由应答命令帧的发出设备地址字段的值,状态字段值应为 ACTIVE。下一跳地址字段值应对应正被转发的路由应答命令的下一跳地址,如在上一段中已经确定的那样。如果反向路由表条目已经存在,必要的话,下一跳地址字段应被更新。

6.6.3.6.5 发起和处理一个路由记录命令帧

如果一个路由器或网络协调器的网络层通过邻近高层的 NLDE-DATA.request 发起了一个单播数据帧,且对应帧的目的地址的路由表条目的 many-to-one 字段值为 TRUE,那么网络层应检查同一个路由表条目的路由记录请求字段。如果路由记录请求字段的值也是 TRUE,网络层应在发送数据帧之前单播一个路由记录命令给目的设备。

如果一个路由器或网络协调器的网络层正在代表其终端子节点设备之一转发一个单播数据帧,且目的设备的路由表条目的 many-to-one 字段值为 TRUE,那么设备应在转发数据帧之前单播一个路由记录帧给目的设备。

有一个可选的优化,即路由器或协调器可以保持跟踪它的哪个设备从某个汇聚点收到了源路由数据帧,从而可以减少它代表其设备子节点设备发送给汇聚点的路由记录命令的数量。

收到路由记录命令的每个中继节点设备应把它的网络地址附加在命令净荷中,增加中继次数,并转发该消息。如果没有可用的下一跳,或如果下一跳失败,或如果净荷中没有足够的空间来存放网络地址,命令帧应被丢弃,而不产生错误命令。

一旦目的设备接收到路由记录命令,应把路由存储在源路由表中。到信息源或中间节点设备的任何已有源路由应被替换为新的路由信息。

6.6.3.7 一个路由发现表条目的过期

当创建一个路由发现表条目时,超时计时器应设置为在 nwkcRouteDiscoveryTime 毫秒之后超时,对于路由表相应条目的 GroupId 标志为 TRUE 的那些条目,当收到一个路由应答导致下一跳被修改,且如果设备是路由应答的目的设备,相应的路由发现表条目的过期时间字段设置为在 nwkcWaitBeforeValidation 毫秒之后超时,如果它不是,设置为 nwkcRouteDiscoveryTime 毫秒。当计时器超时,设备应从路由发现表中删除路由请求条目。

如果设备是路由请求的发出设备,且对应目的地址的路由表条目状态字段值为 VALIDATION_UNDERWAY,那么设备应发送一个消息以验证该路由;即一个缓冲挂起的路由发现或一个错误代码为 0x0a(验证路由)的路由错误命令。如果对应目的地址的路由表条目状态字段值不是 ACTIVE 或 VALIDATION_UNDERWAY,且路由发现表中没有其他具有相同目的字段值的条目,该路由表条目也应被删除。

6.6.3.8 路由维护

6.6.3.8.1 概述

一个设备网络层应为每个邻居维护一个失败计数器,这些邻居都有一个输出的链路,即它已经被请求发送数据帧。如果输出链路被归为一条失败链路，那么设备应启动路由修复，如以下章节所述。实现者可以选择一个简单的失败计数方案来产生这个失败计数器的值，或它们可以使用一个更精确的时间窗口方案。注意重要的是不要太频繁地发起路由修复，太多的修复操作可能导致其他业务中断。使链路失效并停止保持跟踪它们的链路计数器的过程在本规范的范围之外。

6.6.3.8.2 链路失败的情况

如果当一个设备设置使用一个路由表条目的 many-to-one 字段为 TRUE，正在转发一个单播数据帧时，遇到一条失败的链路，应产生一个网络状态命令帧，状态代码是 0x0c，指示多对一路由失败。网络状态命令帧的网络层帧头的目的地址字段应等于导致错误的帧的网络层帧头的目的地址字段。网络状态命令净荷的目的地址字段应等于发生错误的帧的网络层帧头的源地址字段。网络状态命令帧使用 MCPS-DATA.request 原语单播给一个随机的路由器邻居。因为它是一个多对一路由，希望所有邻居都有到目的设备的一个路由表条目。在接收网络状态命令帧时，如果没有目的设备的路由表条目存在，或如果把网络状态命令帧交付给路由表条目的下一跳失败了，网络状态命令帧应使用 MCPS-DATA.request 原语重新单播给一个随机的路由器邻居。网络层帧头的半径计数器将限制网络状态命令帧转发的最大次数。目的设备在接收网络状态命令帧时，应使用 NLME-NWK-STATUS.indication 原语把它传递给邻近高层。由于路由错误网络层不会自动重新发现多对一路由。

如果设备正在使用正常单播路由转发一个单播帧时，遇到一个失败的链路，设备就给源设备送回一个网络状态命令帧，状态代码指示失败的原因（见表 50），并发出一个 NLME-NWK-STATUS.indication 给邻近高层，状态代码指示失败的原因。

如果接收一个网络状态命令帧的路由器是命令的指定目的设备，其中命令帧净荷的状态代码是 0x01 或 0x02，指示一个链路失败。如果对应命令帧净荷的目的地址的路由表条目存在的话，网络层将删除它，并使用带有同样状态代码的 NLME-NWK-STATUS.indication 把这个失败通知给邻近高层。

如果接收一个网络状态命令帧的路由器是命令指定目的设备的终端设备的父节点设备，其中命令帧净荷的状态代码字段是 0x01 或 0x02，指示一个链路失败。如果对应命令帧净荷的目的地址的路由表条目存在的话，网络层将删除它。然后像往常一样转发该帧到终端设备。

如果一个终端设备接收一个网络状态命令帧，网络层就使用 NLME-NWK-STATUS.indication 把这个失败通知给邻近高层。

如果一个终端设备遇到到其父节点设备的一条失败链路，终端设备就使用 NLME-NWK-STATUS.indication 原语通知邻近高层，状态参数值为 0x09，指示父节点设备链路失败（见表 50）。

同样地，如果一个没有路由容量的路由器，且 nwkUseTreeRouting 值为 TRUE，遇到到其父节点设备的一条失败链路，它应使用 NLME-NWK-STATUS.indication 原语通知邻近高层，状态参数值为 0x09，指示父节点设备链路失败。

6.6.3.9 报警信息的接收和传输

6.6.3.9.1 概述

网络和网络监控对象的突发情况可能造成报警信息，这种信息需要以高可靠性的方式从报警源节点设备传输至网络协调器。

6.6.3.9.2 报警信息的发起

只有互相连接的设备可以从网络层发送报警信息帧。如果一个没有连接的设备收到一个发送报警信息帧的请求，它应丢弃该帧，并通过发出一个状态为 INVALID_REQUEST 的 NLDE-DATA.confirm 原语，通知邻近高层这一错误。

报警信息帧应根据图 9 指定的通用帧格式构造，并使用 MAC 数据服务发送。

报警信息帧的发起，应将目的地址字段设为广播地址 0xffff。除了源地址和目的地址字段，报警信息帧的发送应包含一个半径字段和一个序列号字段。半径字段的值可以使用 NLDE-DATA.request 原语的 Radius 参数来提供。如果没有提供一个值，那么网络层帧头的半径字段应设置为网络层 NIB 的 nwkDefAlarmRadius 属性值(见表 53)。每个设备的网络层应保持一个由随机值初始化的序列号。序列号值应在每次网络层构造一个新的网络层帧时增加 1，即因为邻近高层请求发送一个新的报警信息帧时。增加之后，序列号的值应插入帧的网络层帧头的序列号字段中。

当构造了该帧且准备传输，它应被传递到 MAC 数据服务。通过给 MAC 子层发出一个 MCPS-DATA.request 原语发起一个 NPDU 传输。然后 MCPS-DATA.confirm 原语返回传输的结果。

发起报警信息帧的设备发送出这个命令帧之后，指定的网络功能层管理器启动一个定时器，值等于 nwkNetworkBroadcastDeliveryTime×2 毫秒。如果发起报警发现帧的设备在定时器超时之前没有收到报警确认帧，则当定时器超时，报警信息发起方将重新构造一个报警信息帧，新的报警信息帧具有和原报警信息帧相同的源地址和目的地址字段，但应具有新的序列号字段，半径字段应在原报警信息帧半径字段上增加 1，然后将新的序列号的值和半径字段的值分别插入到网络层帧头的响应字段中。当构造了该帧且准备传输，它应被传递到 MAC 数据服务。通过给 MAC 子层发出一个 MCPS-DATA.request 原语发起一个 NPDU 传输。然后 MCPS-DATA.confirm 原语返回传输的结果。

6.6.3.9.3 报警信息的接收

6.6.3.9.3.1 概述

为了接收数据，一个设备应开启它的接收器。邻近高层可以使用 NLME-SYNC.request 原语发起接收。在一个使用信标的网络中，网络层接收本原语将导致一个设备与其父节点设备的下一个信标同步，且可选地跟踪未来的信标。网络层应通过发出一个 MLME-SYNC.request 给 MAC 子层来完成。在一个非信标的网络中，NLME-SYNC.request 将导致 macRxOnWhenIdle 设定为 FALSE 的设备的网络层使用 MLME-POLL.request 原语轮询设备的父节点设备。

在一个非信标的网络中，一个网络协调器或路由器的网络层应保证，在最大程度的可行情况下，所有设备不发送的时候，接收器都是开启的状态。在一个使用信标的网络中，网络层应保证，在它自己的超帧和它父节点设备的超帧的活跃期间，当设备不发送时接收器开启。为此网络层可以使用 MAC PIB 的 macRxOnWhenIdle 属性。

一旦接收器开启，网络层将开始通过 MAC 数据服务接收报警信息帧。在接收每一帧的过程中，网络层帧头的半径字段应减 1。

6.6.3.9.3.2 报警发现帧的接收

如果响应设备地址与该设备地址相匹配，且响应设备之前没有收到过具有相同发起方地址及序列号的报警发现帧，则该报警发现帧应使用 NLDE-DATA.indication 原语传递给邻近高层，并发起报警信息的确认(见 6.6.3.9.4)。如果该帧发起方地址及序列号与之前所收报警发现帧相同，该帧应被立即丢弃。

如果响应设备地址与该设备地址不相匹配，应按以下处理该报警发现帧。

如果该帧发起方地址及序列号与之前所收报警发现帧相同，该帧应被立即丢弃。

如果接收帧的目的地址为广播地址，且半径字段值减 1 后大于 0，则以广播方式进行转发；如果接收帧的目的地址为广播地址，且半径字段值减少变成 0，则将目的地址字段替换为报警信息帧净荷中的响应设备地址(即将广播帧转为单播帧)，同时半径字段设置为网络层 NIB 的 nwkMaxDepth 属性值的两倍(见表 53)，并将帧控制字段中的路由发现项置为 0x01(见表 44)，然后以单播方式进行转发。如果接收帧的目的地址为单播地址，且半径字段值减 1 后大于 0，则以单播方式进行转发；如果接收帧的目的地址为单播地址，且半径字段值减少变成 0，该报警发现帧应被立即丢弃。在单播过程中，如果需要发起路由发现，其规程概述见 6.6.3.6.2。

6.6.3.9.3.3 报警确认帧的接收

如果目的地址与该设备地址相匹配，则该报警确认帧应使用 NLDE-DATA.indication 原语传递给邻近高层。将响应设备的网络层功能管理器中维护的定时器复位。

如果目的地址与该设备地址不相匹配，应按以下处理该报警确认帧。

接收帧的半径字段减 1 后大于 0，则以单播方式进行转发；如果接收帧的半径字段减少变成 0，该报警确认帧应立即丢弃。

如果需要发起路由发现，其规程概述见 6.6.3.6.2。

6.6.3.9.4 报警信息的确认

当以一个报警确认帧确认一个报警信息时，一个具有与报警信息源地址及报警信息标识符相应的路由发现表的设备，应构造一个报警确认帧，帧类型字段设置为 0x10。网络层帧头的源地址字段应设置为当前设备的 16 位网络地址，目的地址字段应设置为对应的路由发现表条目中的 Sender address 字段的值。构造报警确认的设备应在网络层净荷字段中填入报警信息类型标识符，其值应设置为 0x02。在报警确认帧净荷中信息特征字段内填入与所对应报警信息帧净荷中信息特征字段对应的值。

然后通过使用 MCPS-DATA.request 原语，把报警确认帧单播到目的设备。

6.6.3.10 求助信息的接收和处理

6.6.3.10.1 概述

网络中突发大量的数据流量可能导致某些链路产生拥塞状况，这时需要对数据流量进行分流以提高网络的传输性能。

6.6.3.10.2 求助消息的发起

只有互相连接的设备可以从网络层发送求助消息命令帧。如果一个没有连接的设备收到一个发送求助消息帧的请求，它应丢弃该帧，并通过发出一个状态为 INVALID_REQUEST 的 NLDE-DATA.confirm 原语，通知邻近高层这一错误。

当一个设备接收到含有拥塞发生标识的拥塞状态命令帧，就会发起一个求助消息。求助消息命令帧应根据图 9 指定的通用帧格式构造，并使用 MAC 数据服务发送。

求助消息命令帧的发起，应将目的地址字段设为广播地址 0xffff，半径字段设置为 1。除了源地址和目的地址字段，求助消息命令帧的发送应包含一个到汇聚点深度字段。到汇聚点深度字段可由网络层信息字段(见表 66)中的 Device depth 字段获得。

当构造了该帧且准备传输，它应被传递到 MAC 数据服务。通过给 MAC 子层发出一个 MCPS-DATA.request 原语发起一个 NPDU 传输。然后 MCPS-DATA.confirm 原语返回传输的结果。

6.6.3.10.3 求助消息的接收与回复

为了接收数据，一个设备应开启它的接收器。邻近高层可以使用 NLME-SYNC.request 原语发起接收。在一个使用信标的网络中，网络层接收本原语将导致一个设备与其父节点设备的下一个信标同步，且可选地跟踪未来的信标。网络层应通过发出一个 MLME-SYNC.request 给 MAC 子层来完成。在一个非信标的网络中，NLME-SYNC.request 将导致 macRxOnWhenIdle 设定为 FALSE 的设备的网络层使用 MLME-POLL.request 原语轮询设备的父节点设备。

在一个非信标的网络中,一个网络协调器或路由器的网络层应保证,在最大程度的可行情况下,所有设备不发送的时候,接收器都是开启的状态。在一个使用信标的网络中,网络层应保证,在它自己的超帧和它父节点设备的超帧的活跃期间,当设备不发送时接收器开启。为此网络层可以使用 MAC PIB 的 macRxOnWhenIdle 属性。

一旦接收器开启,网络层将开始通过 MAC 数据服务接收求助消息命令帧。

当一个设备接收到一个求助消息命令帧时,如果该设备处于拥塞状态,则该帧应被立即丢弃。如果该设备不处于拥塞状态,但其到汇聚点的深度值大于求助消息命令帧净荷中所携带的求助设备到汇聚点的深度值,则该帧应被立即丢弃。否则该设备应发起一个求助回复命令帧。

求助回复命令帧的发起,应将源地址字段设置为当前设备的 16 位网络地址,目的地址设置为求助设备的 16 位网络地址。求助回复命令帧的发送应包含以下三个字段:到汇聚点的深度、剩余能量、队列长度。

6.6.3.10.4 求助回复的接收与处理

当求助设备接收到多个邻居设备反馈的求助回复命令帧后,应按以下方式选择一个设备作为辅助设备。

如果只接收到一个设备反馈的求助回复命令帧,则将该设备作为辅助设备。

如果接收到多个设备反馈的求助回复命令帧,则选取其中到汇聚点的深度最小的设备作为辅助设备,若有多个设备到汇聚点的深度都为最小,则选取适应度最高的设备作为辅助设备。适应度的计算如式(10):

$$\text{fitness} = \alpha \frac{1}{L_q} + (1-\alpha)E_r, \alpha \in [0,1] \qquad \cdots\cdots(10)$$

其中 L_q 为队列长度;E_r 为剩余能量;α 为预设的取值 0~1 之间的加权系数,默认值为可通过 NIB 中的属性值 nwkFitnessCoefficient 获得。

通过上述方式选取辅助设备后,即以以下分流机制将向拥塞设备发送的数据流转发给辅助设备。

初始时指定的网络功能层管理器启动一个定时器,值设置为 nwkCongestionDT×1 毫秒,并将向拥塞设备发送的数据流按预设的比例 $1-m$ 转发给辅助设备,其中 m 设置为 1/nwkDistributionValue。若在定时器超时前未收到来自于拥塞设备的含有拥塞解除标识的拥塞状态命令帧,则将向辅助设备转发数据流的比例更新为 $1-m^{n+1}$,其中,n 为所述将向辅助链路发送的数据流的比例更新的次数,然后重置定时器以开始新一轮的计时。

若在某一轮计时中,在定时器超时之前收到了来自于拥塞设备的含有拥塞解除标识的拥塞状态命令帧,则将向辅助设备转发数据流的比例更新为 $1-m^{n+1}$,其中 n 更新为 $n-1$,且此后每次更新令 n 自减 1,然后重置定时器以开始新一轮的计时,直到向辅助设备转发的数据流减少为 0。若某一轮计时中,再次收到来自于拥塞设备的含有拥塞发生标识的拥塞状态命令帧,则回到上述 n 自加 1 的流程。

若经过 n 自减 1 的流程后,最终致 n 等于 0,则标志着此次拥塞已彻底解除,此时关闭定时器,结束上述求助机制。

6.6.4 调度信标传输

信标调度在一个多跳拓扑中和一个树状网络拓扑时信标调度是必需的,但实现一个网状网络拓扑时不是必需的。

网络协调器应为网络中每个设备确定信标指数和超帧指数(详见 GB/T 15629.15—2010)。因为多跳信标网络的目的之一是允许路由节点设备有机会休眠以节省电力,信标指数应设置为远远大于超帧指数。以这种方式设置属性可以在任何邻居调度每个设备超帧的活动部分,以便它们不会在一定时间重叠。换句话说，时间被大概分成(macBeaconInterval/macSuperframeDuration)多个非重叠时段，网络中每个设备超帧的活动部分应占据这些非重叠时段之一。对于一个信标设备，图70示出一个由此产生的单信标设备的超帧结构的一个例子。

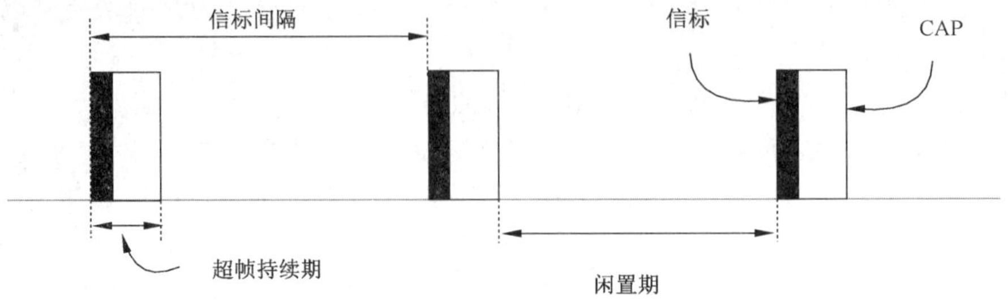

图70　信标设备的典型的帧结构

一个设备的信标帧应在它的非重叠时段启动的时候传输，传输时间是根据相应的父节点设备的信标传输时间来衡量的。这个时间偏移值应包含在一个多跳信标网络每个设备的信标净荷中(见6.6.7)。因此收到一个信标帧的设备应知道邻居设备和邻居设备父节点设备的信标传输时间。接收方应在其邻居表中存储信标帧的本地时间戳，以及信标净荷所含的偏移值。让一个设备知道何时它的父节点设备是活动的目的是通过减轻隐藏节点设备问题，维护父子通信链路的完整性。

在一个树状网络中的通信应使用父子链路沿着树选路来完成。每个子节点设备跟踪它的父节点设备的信标，从一个父节点设备到其子节点设备的传输应使用间接传输机制来完成。从一个子节点设备到其父节点设备的传输应在父节点设备的CAP期间完成。详见GB/T 15629.15—2010。

一个希望加入网络的新设备应遵守6.6.1.5.2所述的过程。在加入网络的步骤中，新设备应根据在MAC扫描过程期间收集的信息，建立它的邻居表。使用这个信息，新设备应为它的信标传输选择一个合适的时间和CAP(它的超帧结构的活动部分)，这样它的超帧结构的活动部分不会和任何邻居或任何邻居父节点设备的超帧活动部分重叠。如果在邻居区没有可用的非重叠时间槽，设备不能传输信标，应作为一个终端设备在网络上运行。如果有一个可用的非重叠信标，应选择父节点设备和新设备信标帧之间的一个时间偏移值，且包含在新设备的信标净荷中。选择信标传输时间以避免在它的邻居和其父节点设备的超帧活动部分期间进行信标传输的任何算法都可以使用，只要能保证互操作性。

为了抵消漂移，新设备应跟踪它的父节点设备的信标，并调整它自己的信标传输时间，这样使得时间偏移值在两个不变的常量之间。因此网络中每个设备的信标帧基本上与网络协调器的信标帧是同步的。图71说明了一个父节点设备和其子节点设备的活动超帧部分之间的关系。

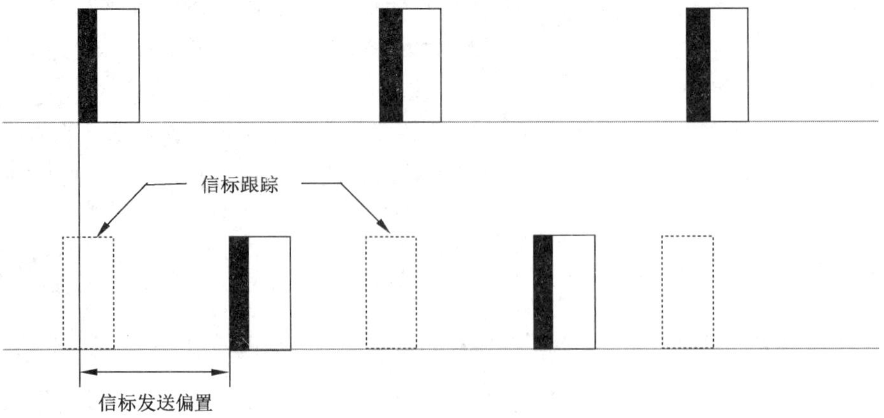

图71　父子节点设备超帧定位关系

网络可支持的设备密度是和超帧指数与信标指数之比成反比的。比例越小，非活跃时期越长，可以使更多的设备在同一邻居区传输信标帧。建议一个树网络使用一个为0的超帧指数，即当运行在2.4 GHz带宽时，超帧持续时间为15.36 ms，信标指数在6～10之间，即当在2.4 GHz带宽时，信标间隔在0.983 04 s～15.728 64 s之间，不考虑频带的情况下，对应网络中设备的典型工作周期将在2%～0.1%之间。

6.6.5 广播通信

本条指明了在一个传感器网络网络内，一个广播传输是如何完成的。这个机制用于广播所有的网络层数据帧。一个网络中的任何设备均可以向同一个网络中的其他设备发起一个广播传输。一个广播传输由本地APS实体通过设置DstAddr参数为表64所示的广播地址，使用NLDE-DATA.request原语发起，或由网络层通过使用同样的这些广播地址构造一个输出的网络层帧头时发起。

表64 广播地址

广播地址	目的设备组
0xffff	个域网中所有设备
0xfffe	保留
0xfffd	macRxOnWhenIdle 为 TRUE
0xfffc	所有路由器和协调器
0xfffb	仅对低功耗路由器
0xfff8～0xfffa	保留

为了传输一个广播MSDU，一个路由器或网络协调器的网络层给MAC子层发出一个MCPS-DATA.request原语，通过将DstAddrMode参数设置为0x02（16位网络地址）且DstAddr参数设置为0xffff实现。对于一个传感器网络终端设备，广播帧的MAC目的地址应等于终端设备父节点设备的16位网络地址。PANId参数应设置为传感器网络网络的PANId。本规范不支持多个网络间的广播。广播传输不能使用MAC子层确认；而是使用一个消极确认机制。消极确认意味着每个路由器和网络协调器保持跟踪它的邻居设备是否成功转发了广播消息。通过设置TxOptions参数的确认传输标志为FALSE来禁用MAC子层确认。TxOptions参数的所有其他标志应根据网络配置来设置。

网络协调器、每个路由器和那些macRxOnWhenIdle等于TRUE的传感器网络终端设备应保持任何新广播事务的一个记录，新广播可以从本地发起或从一个邻居设备收到。这个记录叫做广播事务记录（BTR）并应至少包含广播帧的序列号和源地址。广播事务记录存储在表65所示的nwkBroadcast-TransactionTable（BTT）中。

表65 广播事务记录

字段名称	大小	描述
Source Address	2个八位位组	广播发起方的16位网络地址
Sequence Number	1个八位位组	发起方的广播信息的NWK层序列号
Expiration Time	1个八位位组	倒计数的定时器，指示多少秒后这个条目过期；起始值是nwkNetwork-BroadcastDeliveryTime
Hop Count	1个八位位组	广播帧的跳数参数

当一个设备从一个邻居设备收到一个广播帧，它应比较帧的目的地址和它的设备类型。如果目的地址不对应于表64所列的接收方设备类型，帧应被丢弃。如果目的地址对应接收方的设备类型，设备将把它的广播帧的序列号和源地址与其在BTT中的记录相比较。如果设备在它的BTT中有这个广播帧的一个BTR，它可以更新BTR，把邻居设备标记为已经中继了广播帧。同时比较当前接收到的这个广播帧能够被转发的次数和BTR中之前存储的广播帧的跳数参数，即该广播帧能够被转发的次数。

如果当前接收到的广播帧能够被转发的次数小于或等于之前存储接的广播帧的跳数参数，则丢弃当前接收到广播帧；如果当前接收到的广播帧能够被转发的次数大于之前存储的广播帧跳数参数，更换之前存储的广播帧跳数参数为当前接收到广播帧的跳数参数，更换之前存储的广播帧跳数参数为当前接收到广播帧的跳数参数，并继续转发该广播帧，即使当前所储存的广播帧跳数参数为0，也需要更换之前存储的广播帧跳数参数为当前接收到广播帧的跳数参数，并继续转发该广播帧。

如果没有找到这样的记录，它应在它的BTT中创建一个新的BTR，存储接收到的广播帧携带的标识符和跳数参数，并可以把邻居设备标记为已经中继了广播。然后网络层应使用NLDE-DATA.indication指示邻近高层，一个新的广播帧已经被接收。如果半径字段值大于0或如果设备不是一个传感器网络终端设备，它应重发该帧。否则，它应丢弃该帧。在重发之前，它应等待一个称为“广播抖动”的随机时间段。这个时间段应由nwkcMaxBroadcastJitter属性的值界定。macRxOnWhenIdle等于FALSE的传感器网络终端设备不能参与转发广播帧，也不需要为它们发出的广播帧维护一个BTT。

在设备中继广播帧的时候，需要判断该广播帧是否符合本地中转跳数限制条件。对符合本地跳数限制的广播帧，继续转发该广播帧。对不符合本地跳数限制的广播帧实现必要的处理操作。设备根据自身存储的邻居表中邻居设备广播跳数中转限制信息判定该广播帧是否符合相邻设备的跳数限制阈值，即比较该广播帧能够被转发的次数和本地邻居表中所记录的最大转发限制MaxRadius参数。如果当前接收到的广播帧能够被转发的次数小于或等于所记录的MaxRadius参数，则继续转发该广播帧；如果当前接收到的广播帧能够被转发的次数大于所记录的MaxRadius参数，则该设备根据跳数限制阈值重新设置该数据包中的跳数限制信息，并判断重新设置后的跳数限制信息是否符合允许继续转发的条件，是否继续转发，否则丢弃该数据包，不做中继转发，同时向该广播帧发出的节点设备回复一个限制转发的应答。

如果在接收一个广播帧时，网络层发现BTT满了，且不包含过期条目，那么帧应被丢弃。在这种情况下，帧不能被重发，也不能传给邻近高层。

一个运行在非信标传感器网络网络上的网络协调器或路由器，将重传一个之前的广播帧最多nwkMaxBroadcastRetries次。如果设备不支持消极确认，那么它应把该帧重传nwkMaxBroadcastRetries次。如果设备支持消极确认，且它的任何邻居设备没有在nwkPassiveAckTimeout秒内中继广播帧，那么它应继续重传该帧，最多可达nwkMaxBroadcastRetries次。

一个设备应在信息已创建nwkNetworkBroadcastDeliveryTime秒过去后修改一个BTT条目的状态。该条目应把状态修改为过期，因此如果一个收到新的广播需要空间时，可以重写该条目。

当macRxOnWhenIdle MAC PIB属性设置为FALSE的一个路由器，收到一个广播传输的时候，它应使用一个不同于以上所述的流程来重传。它应使用MAC层单播的方式，无延迟地分别重传给它的每一个邻居，即MCPS-DATA.request原语的DstAddr参数设置为接收方的地址，而不是广播地址。同样地，macRxOnWhenIdle MAC PIB属性设置为TRUE的一个路由器或协调器，且它有macRxOnWhenIdle MAC PIB属性设置为FALSE的一个或多个邻居，在目的地址为0xffff指示广播给所有设备的情况下，除了实现之前章节说明的更常用的广播规程外，依次地像MAC层单播一样把广播帧重传给每一个邻居。可以使用GB/T 15629.15—2010所述间接传输，以保证这些单播到达它们的目的设备。

每个路由器应有能力在网络层缓冲至少1个帧，以便于重传广播帧。

图72展示了在一个设备和两个邻居设备之间的一个广播业务。

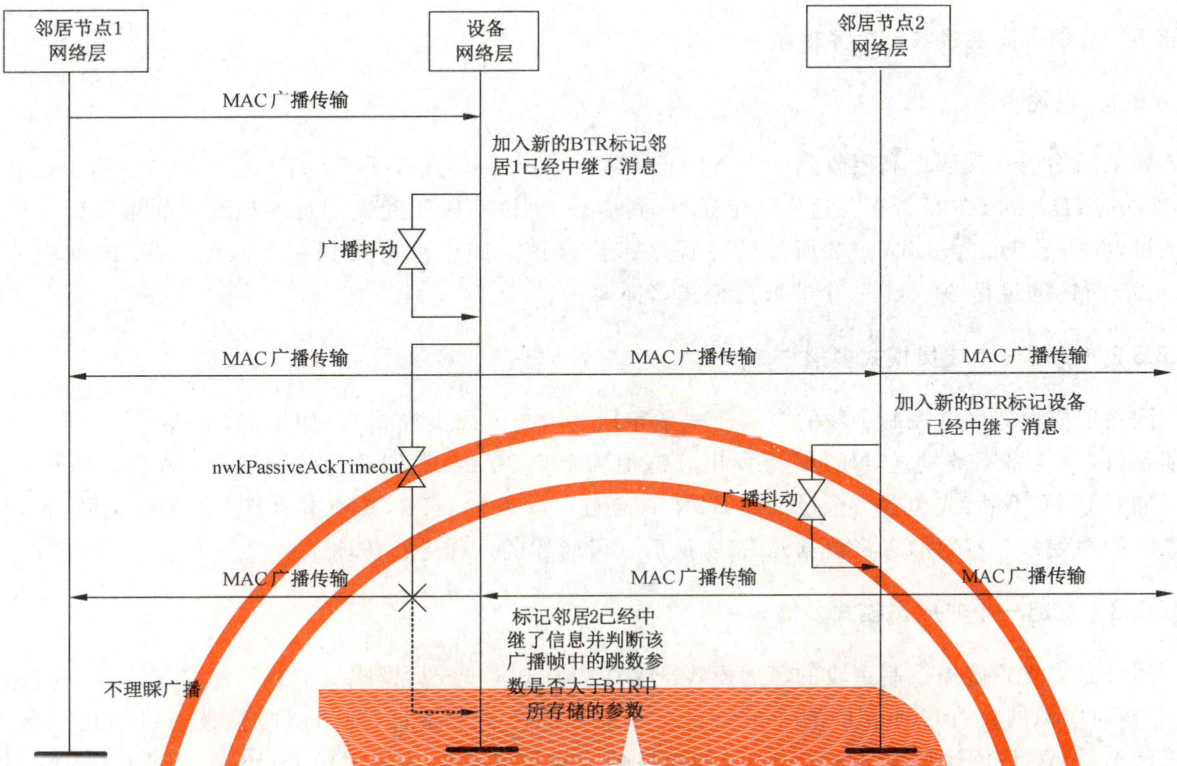

图 72　广播传输信息序列图

6.6.6　多播通信

6.6.6.1　概述

本条指明了一个传感器网络网络内多播传输是如何完成的。多播寻址使用 16 位多播组 ID 完成。多播组是所有已登记在同一个多播组 ID 下的节点设备的集合,这些节点设备之间的物理距离不超过半径为 MaxNonMemberRadius 的一跳范围。一个多播信息发送给一个特定的目的组,由它们的多播表中该组的 ID 所列的所有设备接收。只有数据帧是多播的——没有网络层命令帧是多播的。

多播帧既可以由目的多播组的成员和非成员通过网络来传播。一个数据包可以用两种方式之一发送,这由数据包的一个模式标志指定,确定中继到下一跳的方式。如果原始消息由组的成员创建,就被视为处于“成员模式”,按广播方式中继。如果原始消息不是由组成员的设备创建,就被视为处于“非成员模式”,按单播播给一个组成员的方式中继。一旦一个非成员消息到达目的组的任何成员,就立即转换为成员模式类型(在该数据包的生存期内),不管由谁来中继该数据包。

多播帧可以由终端设备发起,但是不发送给 macRxOnWhenIdle 等于 FALSE 的设备。

6.6.6.2　组 ID 表

设备的网络层可以维护一个组 ID 表,nwkGroupIDTable,可作为表 53 所示的 NIB 属性。如果 nwkGroupIDTable NIB 属性出现,那么应含有一组 16 位多播组 ID,其中设备是这个组的一个成员。

可选的 nwkGroupIDTable NIB 属性的功能和必备的 APS 组表有一定的功能性重叠。如果设备对这两个表设备都做维护,那么要使用网络层多播作为接收组寻址帧的方法,应保证 APS 组表中出现的每个 16 位多播组 ID 也出现在网络层多播组 ID 表中。

6.6.6.3 从邻近高层接收一个多播帧

6.6.6.3.1 概述

如果网络层从其邻近高层收到一个NLDE-DATA.request，且多播控制字段是0x01，网络层应确定*nwkGroupIDTable*中是否存在这样一个条目，其多播组ID字段匹配帧的目的地址。如果找到一个匹配条目，网络层应根据6.6.6.3.2所述的过程来多播该帧。如果没有找到一个匹配条目，该帧应使用6.6.6.3.3所述的过程，来发起一个非成员模式多播。

6.6.6.3.2 发起一个成员模式多播

网络层应设置多播控制字段的多播模式子字段为0x01(成员模式)。如果BTT表满了，且不包含过期条目，信息将不被发送，NLDE应发出状态值为BT_TABLE_FULL的NLDE-DATA.confirm原语。如果BTT不满，或包含一个过期的BTR，应创建一个新的BTR，其中本地节点设备作为源，且含有多播帧的序列号。然后信息将根据6.6.6.4最后一段所述的过程进行传输。

6.6.6.3.3 发起一个非成员模式多播

网络层应设置多播控制字段的多播模式子字段为0x00(非成员模式)。然后，网络层应检查其路由表，寻找对应帧的目的GroupID的一个条目。如果有这样一个条目，网络层应检查条目的状态字段。如果状态是ACTIVE，那么设备应(重新)传输该帧。如果状态是VALIDATION_UNDERWAY，那么状态应改为ACTIVE，设备应根据6.6.6.5最后一段所述的规程传输该帧，且NLDE应发出NLDE-DATA.confirm原语，状态值为从MCPS-DATA.confirm原语收到的状态值。如果没有对应帧的目的GroupID的一个条目，且DiscoverRoute参数的值为0x00(抑制路由发现)，帧应被丢弃，NLDE发出状态值为ROUTE_DISCOVERY_FAILED的NLDE-DATA.confirm原语。如果DiscoverRoute参数的值为0x01(启用路由发现)，且没有路由表条目对应帧的目的GroupID，那么设备应根据6.6.3.6.2所述，立即发起路由发现。帧可以有选择地缓冲等待路由发现。如果它没有被缓冲，帧应被丢弃，NLDE应发出状态值为FRAME_NOT_BUFFERED的NLDEDATA.confirm原语。

6.6.6.4 接收一个成员模式多播帧

当一个设备从一个邻居设备接收一个成员模式多播帧时，它应将多播帧的序列号和源地址与其在BTT中的记录相比较。如果设备的BTT中有这个多播帧的BTR，它应丢弃这个帧。如果没有找到记录，且BTT满了，并不包含过期的条目，它应丢弃这个帧。如果没有找到记录，且BTT不满或包含一个过期的BTR，它应创建一个新的BTR，并按以下段落所述继续处理信息。

当从一个邻居收到一个成员模式多播帧，并增加到了BTT，然后网络层应确定nwkGroupIDTable中是否存在这样一个条目，其多播组ID字段匹配帧的目的组ID。如果找到一个匹配条目，信息将被传递给邻近高层，多播控制字段的多播模式子字段应设置为0x01(成员模式)，NonmemberRadius子字段的值将设置为多播控制字段的MaxNonmemberRadius子字段的值，信息将按下述进行发送。

如果没有找到一个匹配条目，网络层应检查帧的多播NonmemberRadius字段。如果多播NonmemberRadius字段的值为0，信息以及新增加的BTR将被丢弃。否则，如果NonmemberRadius子字段小于0x07，其值将被降低，帧将按以下段落所述传输。如果该值一直降低到0，则无论何种情况该帧都不再被重传。

每个成员模式多播信息应传输nwkMaxBroadcastRetries次。对于不是在本地设备上发出的成员模式多播帧，最初的传输应被延迟一个由NwkcMaxBroadcastJitter属性的值界定的一个随机的时间延迟。一个设备在某个成员模式多播信息两次重发期间应延迟nwkPassiveAckTimeout秒的时间。多播信息没有消极确认。传感器网络设备不能参与多播帧的中继。

要传输一个成员模式多播 MSDU,网络层给 MAC 子层发出一个 MCPS-DATA.request 原语,DstAddrMode 参数设置为 0x02(16 位网络地址),DstAddr 参数设置为 0xffff,这是广播的网络地址。PANId 参数应设置为传感器网络网络的 PANId。成员模式多播传输不能使用 MAC 子层确认,或广播使用的消极确认。通过设置 TxOptions 参数的确认传输标志为 FALSE 来禁用 MAC 子层确认。TxOptions 参数的所有其他标志应根据网络配置来设置。

6.6.6.5 接收一个非成员模式多播帧

当一个设备从一个邻居设备收到一个非成员模式多播帧时,那么网络层应确定 NwkGroupID Table 中是否存在这样一个条目,其组 ID 字段匹配帧的目的组 ID。如果找到一个匹配条目,多播控制字段应设置为 0x01(成员模式),信息按照作为一个成员模式多播接收的方式处理。如果没有找到匹配的 *nwkGroupIDTable* 条目,设备应检查它的路由表,寻找对应帧的 GroupID 的一个条目。如果没有这样的路由表条目,信息应被丢弃。如果有这样一个条目,网络层应确定条目的状态字段。如果状态是 ACTIVE,那么设备应(重新)发送该帧。

如果状态是 VALIDATION_UNDERWAY,那么状态应改为 ACTIVE,且设备应(重新)传输该帧。要传输一个非成员模式多播 MSDU,网络层给 MAC 子层发出一个 MCPS-DATA.request 原语,DstAddrMode 参数设置为 0x02(16 位网络地址),且 DstAddr 参数设置为匹配路由表条目确定的下一跳。PANId 参数应设置为传感器网络网络的 PANId。应通过设置 TxOptions 参数的确认传输标志为 TRUE 来启用 MAC 子层确认。TxOptions 参数的所有其他标志应根据网络配置来设置。

6.6.7 MAC 信标中的网络信息

本条给出了网络层如何使用一个 MAC 子层信标帧的信标净荷,来把网络层特定的信息传达给邻居设备。

信标净荷所含的信息见表 66。这使得网络层给执行网络发现的新设备提供了额外的信息,允许这些新设备更有效地选择一个网络和某个邻居加入。关于网络发现规程的详细描述见 6.6.1.5.2.2。

表 66 网络层信息字段

名称	类型	有效范围	描述
Protocol ID	整型	0x00～0xff	该字段给出了网络层使用的协议,为施行本规范应始终设置为 0,代表传感器网络协议;0xff 应保留为了将来使用传感器网络联盟的协议
Stack profile	整型	0x00～0xff	传感器网络 profile 标识符
nwkcProtocolVersion	整型	0x00～0xff	传感器网络协议版本
Router capacity	布尔	TRUE 或 FALSE	如果该设备能够接收从路由使能设备发来的加入请求,则该值设置为 TRUE,否则该值设置为 FALSE
Device depth	整型	0x00～0x0f	该设备的树深度 0x00 代表该设备是网络中的网络协调器
End device capacity	布尔	TRUE 或 FALSE	如果该设备能够接收从试图寻找网络的终端设备发来的加入请求,则该值设置为 TRUE,否则该值设置为 FALSE

表 66（续）

名称	类型	有效范围	描述
nwkExtendedPanId	64 位扩展地址	0x0000000000000001～0xfffffffffffffffe	标识设备作为个域网成员的全球唯一 ID。默认情况下，该值是形成网络的网络协调器的 64 位网络地址，但是其他值也是允许的并且对地址结构没有要求
TxOffset	整型	0x000000～0xffffff	该值代表在设备的信标传输时间和它的父节点设备的信标传输时间之间的以符号形式度量的时间差；该值可能会从设备的信标传输时间减去，用以计算父节点设备的信标传输时间。在无信标的网络该参数被设置为缺省值 0xFFFFFF
nwkUpdateId	整型	0x00～0xFF	反映 NIB 属性 nwkUpdateId 的值
NetworkFunction	整形	0x0000～0xffff	描述设备的网络功能信息，指示设备可以加入的网络类型

网络协调器的网络层应在网络形成以后立即更新信标净荷。所有其他传感器网络设备应在加入完成，以及任何时间网络配置(见表 10)改变之后，立即更新它。信标净荷使用 MLME-SET.request 原语写入到 MAC 子层 PIB。macBeaconPayloadLength 属性设置为信标净荷的长度，指示信标净荷的八位位组序列要写入到 macBeaconPayload 属性。

指示信标净荷的八位位组序列的格式如图 73 所示。

位：0～7	8～11	12～15	16～17	18	19～22	23	24～87	88～111	112～119	120～135
Protocol ID	Stack profile	nwkcProcol-Version	保留	Router capacity	Device depth	Enddevice Capacity	NwkExtendedPanId	TxOffset	nwkUpdateId	NETWORKFunction

图 73　MAC 子层信标净荷的格式

6.6.8　可持续数据

在某个区字段运行的设备可以手动或由维修人员编程复位，或可以由于某些原因意外复位，包含局部或网络范围停电，正常维护期间的电池更换，碰撞等等。以下信息应当在复位期间保存，以维持一个网络的运行：

a)　设备的 PAN Id 和扩展 PAN Id；

b)　设备的 16 位网络地址；

c)　每个相关设备的 64 位 IEEE 地址和 16 位网络地址，如果 NwkAddrAlloc 等于 0，还有每个相关的路由器子节点设备；

d)　对于终端设备，父节点设备的 16 位网络地址；

e)　使用的 profile；

f)　设备的深度。

这些数据持续保存的方法超出了本部分的范围。

6.6.9　LPR

低功耗路由器定义为通过定期关断它们的无线设备，靠电池运行多年的路由器。通过在加入阶段查看以下能力信息位字段(见表 56)，LPR 应被高功耗路由器所识别：

a) 设备类型设置为1；

b) 空闲时接收器开启设置为FALSE。

LPR设备能够接收在网络中广播的网络命令帧。这可以通过在网络层帧头设置目标地址为发向所有路由器和协调器的广播地址实现(见表64)。

网络中的路由器可以采用低功耗路由方式转发数据，也可以采用一般的路由方式转发数据。当网络中存在低功耗路由器节点设备时，在路由发现的过程中可以采用低功耗路由方式建立路由，即不记录下一跳节点设备的地址，而是将路由发现表中的Residual cost参数记录在路由表中作为代价参数。

在转发数据的时候，低功耗路由器存储的到达目的节点设备的路由表中没有保存下一跳节点设备的地址时，即根据路由表中标记位判断发送节点设备存储的到达目的节点设备的路由表中没有保存下一跳节点设备的地址，可以采用低功耗路由方式。发送节点设备向邻居节点设备广播发送低功耗路由查询命令 见6.4.20，该命令中包含数据帧的目的地址、发送节点设备到达目的节点设备的代价参数以及同步信息，见图50。

邻居节点设备接收到查询命令后，查询路由表中的是否包含目的节点设备的地址。如果包含目的节点设备的地址并且该地址在路由表中对应的代价参数小于查询命令中的代价参数，该相邻节点设备以单播形式返回的应答命令，见6.4.21。返回的应答命令中需要包含目的节点设备的地址，该节点设备的路由表中记录的到达目的节点设备的代价参数以及同步信息。如果相邻节点设备不包含目的节点设备的地址，或者包含目的节点设备的地址但是相应的代价参数大于查询命令中的代价参数，则不做应答。

低功耗路由器从返回应答命令的相邻节点设备中，选择一个相邻节点设备作为数据转发的下一跳节点设备，被选择为下一跳节点设备的相邻节点设备的条件应满足代价参数比发送节点设备存储的到达目的节点设备的路由表中代价参数低。低功耗路由器节点设备可以从返回应答命令的邻居节点设备中，选择代价参数最低的邻居节点设备作为数据发送的下一跳节点设备或者从返回应答命令的邻居节点设备中，选择第一个返回应答信息的相邻节点设备作为数据发送的下一跳节点设备。选定下一跳转发节点设备后，低功耗路由器在限定的时间内将数据转发给所选定的邻居节点设备。

当低功耗路由节点设备存储的到达目的节点设备的路由表中保存下一跳节点设备的地址时，可以按正常的路由方式传递数据。

当低功耗路由节点设备未接收到任何邻居节点设备返回的应答消息，或者无法选择到合适的下一跳节点设备时，需要进行路由修复，见6.6.3.8。

6.7 网络层状态值

网络层确认原语通常包含一个报告请求状态的参数，该确认使用了该请求。网络层状态参数的值如表67所示。

表67 网络层状态值

名称	值	描述
SUCCESS	0x00	已经成功执行的了的一个请求
INVALID_PARAMETER	0xc1	一个无效或者超出范围的参数被传递到来自于高层的原语
INVALID_REQUEST	0xc2	考虑到网络层目前的状态，高层发送的请求原语无效或者不能执行
NOT_PERMITTED	0xc3	NLME-JOIN.request不被接受
STARTUP_FAILURE	0xc4	NLME-NETWORK-FORMATION.request启动网络失败

表 67（续）

名称	值	描述
ALREADY_PRESENT	0xc5	提供给 NLME-DIRECT-JOIN.request 原语的设备地址已经存在于该 NLME-DIRECT-JOIN.request 原语发送设备的邻居表中
SYNC_FAILURE	0xc6	用于说明 NLME-SYNC.request 在 MAC 层中已经失败
NEIGHBOR_TABLE_FULL	0xc7	NLME-JOIN-DIRECTLY.request 已经失败，因为在邻居表中没有更多的空间
UNKNOWN_DEVICE	0xc8	NLME-LEAVE.request 已经失败，因为发出原语的设备地址不在邻居表中的参数清单中
UNSUPPORTED_ATTRIBUTE	0xc9	NLME-GET.request 或者 NLME-SET.request 以未知属性标识符的形式已被发出
NO_NETWORKS	0xca	NLME-JOIN.request 已发送到没有网络可探测的环境中
保留	0xcb	
MAX_FRM_CNTR	0xcc	输出帧尝试安全处理失败，因为帧计数器达到最大值
NO_KEY	0xcd	输出帧尝试安全处理且失败，因为对于处理没有有效的密钥
BAD_CCM_OUTPUT	0xce	输出帧尝试安全处理且失败，因为安全引擎产生一个错误的输出
NO_ROUTING_CAPACITY	0xcf	由于缺少路由表或者发现路由表能力，尝试发现路由失败
ROUTE_DISCOVERY_FAILED	0xd0	试图发现一个路由失败，由于缺乏路由能力
ROUTE_ERROR	0xd1	由于发送设备路由失败导致 NLDE-DATA.request 原语失败；或者 NLMEROUTE-DISCOVERY.request 原语失败
BT_TABLE_FULL	0xd2	由于在 BTT 中没有足够的空间，尝试发送一个广播帧或成员模式多点传送失败
FRAME_NOT_BUFFERED	0xd3	由于没有足够的缓存，一个 NLDE-DATA.request 失败。在等待路由发现期间非成员模式多播帧被丢弃

7 APS

7.1 概述

APS 定义了数据服务与管理服务，数据服务允许应用对象传输数据，管理服务提供了绑定机制。另外，还定义了 APS 的帧格式和帧类型规范。

本章的目的是定义无线传感器网络 APS 的功能。APS 应提供相应的功能以保证网络层的正确操作，以及制造商定义的应用对象所要求的功能。

APS 通过一组为传感器网络设备对象和制造商定义的应用对象共用的服务，提供网络层和应用层之间的接口。这些服务通过两个数据服务和管理服务实体提供。APSDE 通过其关联的 SAP 即 APSDE-SAP 提供数据传输服务。APSME 通过其相关的 SAP 即 APSME-SAP 提供了管理服务，并维护被管理对象的数据库，后者称 AIB。

7.1.1 APSDE

APSDE 应为网络层、设备对象和应用对象提供数据服务，以便于使应用程序的 PDU 在两个或多个设备之间传输。设备本身应处于同一个网络。

APSDE将提供以下服务：

a) APDU的产生：APSDE应将应用PDU通过增加合适的协议标头产生APS PDU；
b) 绑定：一旦绑定两个设备，APSDE就可将消息从一个绑定设备传送到另一个设备；
c) 组地址过滤：这提供了根据是否是端点组的成员过滤组地址消息的功能；
d) 可靠传输：采用端到端重传，以增加单向NWK层所获得的可靠性；
e) 拒绝重复：传输提供的消息不会接受一次以上；
f) 分段：可以分段和重组长于单个NWK层帧有效载荷的信息。

7.1.2 APSME

APSME应提供管理服务，允许应用与栈相互作用。

APSME根据服务和需求提供将两个设备匹配在一起的功能。这种服务叫做绑定服务，APSME应建立和维护一个表来存储该信息。

另外，APSME将提供以下服务：

a) 绑定管理：根据两个设备的服务和需求将它们匹配在一起的能力；
b) AIB管理：在设备的AIB中获取并设置属性的能力；
c) 安全：通过使用安全密钥，与其他设备建立认证关系的能力；
d) 组管理：提供了使用单一的组地址由访问多个设备共享，以及在组中增加设备和移除设备的能力。

7.2 服务规范

7.2.1 概述

APS通过一组服务提供了其邻近高层NHLE和NWK层之间的一个接口。这些服务由两个实体提供：数据服务和管理服务。APSDE通过它关联的的SAP提供数据传输服务，称为APSDE-SAP。APSME通过它关联的SAP提供管理服务，称为APSME-SAP。APSME通过激发子层管理功能提供服务接口。APSME还负责维护一个管理有关APS对象的数据库，称为APS信息库(AIB)。图74示出了APS的组件和接口。这两种服务通过NLDE-SAP和NLME-SAP接口(在有限的范围内)(见6.1)，提供了NHLE和NWK层之间的接口。NWK层和APS之间的NLME-SAP接口只支持NLME-GET和NLME-SET原语。除了这些外部的接口，在APSME和APSDE之间还有隐含的接口，它允许APSME使用APS数据服务。

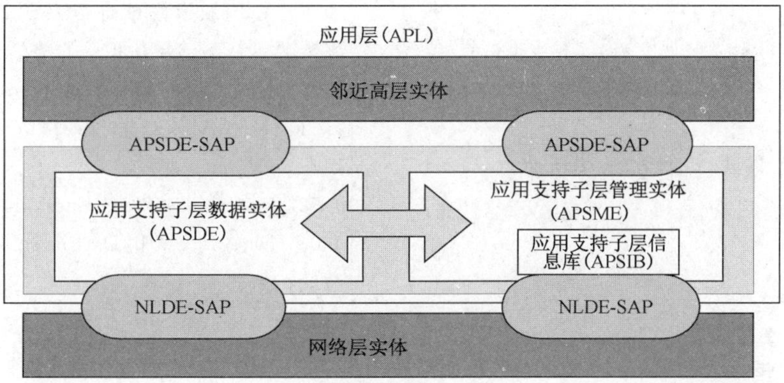

图74 APS参考模型

7.2.2 APS 数据服务

APSDE-SAP 支持应用协议数据单元在对等应用实体之间的运输。表 68 列出了 APSDE-SAP 支持的原语。每个原语将在下面的条中进行描述。

表 68 APSDE-SAP 原语

APSDE-SAP 原语	请求	证实	指示
APSDE-DATA	7.2.2.1	7.2.2.2	7.2.2.3

7.2.2.1 APSDE-DATA.request

7.2.2.1.1 服务原语的语义

本原语请求从本地 NHLE 传送 ASDU 到一个或多个对等 NHLE 实体。

本原语的语义如下：

```
APSDE-DATA.reques        {
                         DstAddrMode,
                         DstAddress,
                         DstEndpoint,
                         ProfileId,
                         ClusterId,
                         SrcEndpoint,
                         AsduLength,
                         Asdu,
                         TxOptions,
                         RadiusCounter,
                         }
```

表 69 指明了 APSDE-DATA.request 原语的参数。

表 69 APSDE-DATA.request 参数

名称	类型	有效范围	描述
DstAddrMode	整型	0x00～0xff	本原语使用的目的地址以及传送 APDU 的寻址模式。该参数可从下清单中取一个非保留值： 0x00：DstAddress 和 DstEndpoint 不存在； 0x01：DstAddress 是 16 位组地址，DstEndpoint 不存在； 0x02：DstAddress 和 DstEndpoint 都存在，是 16 位地址； 0x03：DstAddress 和 DstEndpoint 都存在，是 64 位扩展地址； 0x04～0xff：保留
DstAddress	地址	通过 DstAddrMode 参数指定	ASDU 要被传送到的实体的单个设备地址或者组地址

表 69（续）

名称	类型	有效范围	描述
DstEndpoint	整型	0x00～0xff	当且仅当 DstAddrMode 参数的值为 0x02 或者 0x03 时，该参数才存在，如果存在，该参数是 ASDU 要被传送到的实体的单个端点的编号，或者是广播端点(0xff)
ProfileId	整型	0x0000～0xffff	帧要被传送到的 profile 的标识符
ClusterId	整型	0x0000～0xffff	帧要被传送到的那个对象的标识符
SrcEndpoint	整型	0x00～0xfe	来自被传送的 ASDU 实体的单个端点
AsduLength	整型	0x00～256×(NsduLength—apscMinHeader Overhead)	构成被传送的 ASDU 的八位位组数。单个 APS 帧净荷的最大长度由 NsduLength－apscMinHeaderOverhead 给定。如果使用分段，用 256 个这样的块组成单个最大的 ASDU。
Asdu	八位位组集	—	构成被传送的 ASDU 的八位位组集
TxOptions	位图	0000 xxxx (x 为 0 或 1)	被传送的 ASDU 的传输选项。是下面一个或多个按位逻辑或运算： 0x01：启用安全传输； 0x02：使用网络密钥； 0x04：确认传输； 0x08：允许分段
RadiusCounter	无符号整型	0x00～0xff	允许一个被发送的帧通过网络进行传输的距离，以跳为单位

7.2.2.1.2 产生条件

每当一个 ASDU 要被传送给一个或多个对等的 NHLE 时，该原语由一个本地的 NHLE 产生。

7.2.2.1.3 收后效果

—接收此原语时，APS 实体开始传送所提供的 ASDU。

如果 DstAddrMode 参数量为 0x00，见此原语曾被支持绑定的表的设备的 APDE 接受，便利用分别在 SrcEndpoint 和 ClusterId 参数中规定的端点和 cluster 标识符，在绑定表中进行搜索，寻找相关的表项。如果未找到绑定表表项，APSDE 便发出带有 NO_BOUND_DEVICE 状态的 APSDE-DATA.confirm 证实原语。如果找到一个或多个表项，APSDE 便在每一种绑定表表项中检查目的地址信息。如果该信息指示为本身，APSDE 应发出带有 DstEndpoint 参数的 APSDE-DATA.indication 原语到邻近高层，发出 DstEndpoint 参数设置为绑定表表项中的目的地端点的地址的 APDU(如果存在)。并且当经过 NWK 层发送帧时，要使用绑定表表项的目的地地址信息。如果存在一个以上的绑定表表项，APSDE 将按照上述处理每一绑定表表项，直到没有更多的绑定表项存在。如果该原语由不支持绑定表的设备的 APSDE 接收，APSDE 便发出带有 NOT_SUPPORTED 状态的 APSDE-DATA.confirm 原语。

如果 DstAddrMode 参数设置为 0x03，DstAddress 参数则包含一个扩展的 64 位 IEEE 地址，并首先通过使用 NIB 的 nwkAddressMap 属性将 DstAddress 参数映射为对应的 16 位 NWK 地址。如果找不到对应的 16 位 NWK 地址，APSDE 便发出带有 NO_SHORT_ADDRESS 状态的 APSDE-DATA.confirm 原语。如果找到了对应的 16 位 NWK 地址，它将在调用 NLDE-DATA.request 原语中使用，并且 DstEndpoint 参数的值应被置于结果 APDU 中。在这种情况下，APS 标头的帧控制字段的投递方式字段值应是 0x00。

如果 DstAddrMode 参数的值是 0x01，指示组寻址，DstAddress 参数将被解释为一个 16 位的组地址。该地址将被放在 APS 头的组地址字段中，DstEndpoint 参数将被忽略，目的端点字段将从 APS 头中省略。在这种情况下，APS 头的帧控制字段的投递模式子字段值应是 0x03。

如果 DstAddrMode 参数设置为 0x02，DstAddress 参数包含一个 16 位的 NWK 地址，且提供 DstEndpoint 参数。在目的 NWK 地址用于立即应用响应的情况下，邻近高层只可使用 DstAddrMode 值为 0x02 的模式，且 NWK 地址不再为以后的数据传输请求保留。

应用程序允许通过设置 NLDE-DATA.request 原语的 RadiusCounter 参数为一个非零值，限制一个帧允许通过网络转发的跳数。

如果 DstAddrMode 参数的值是 0x01，指示组寻址，或 DstAddrMode 参数的值是 0x00 且相应的绑定表条目包含一个组地址，那么 APSME 检查 NIB 的 nwkUseMulticast 属性(见表 52)的值。如果这个属性值为 FALSE，那么由此产生的 APDU 的帧控制字段的投递模式子字段设置为 0b11，目的组的 16 位地址将被放在外出帧的 APS 头的组地址字段中，且 NSDU 帧将被作为一个广播帧发送。就是说，广播到 macRxOnWhenIdle 为 TRUE 的所有设备，值 0xfffd 被提供给用来发送帧的 NLDE-DATA.request 参数。如果 nwkUseMulticast 属性值为 TRUE，那么外出帧使用 NWK 层多播发送，此时 APDU 的帧控制字段的投递方式子字段设置为 0b10，目的端点字段设置为 0xff，在 APS 标头中设置组地址。

如果 TxOptions 参数指明要求安全传输，APS 应使用安全服务提供商来加密 ASDU。如果加密过程失败，APSDE 应发出状态值为 SECURITY_FAIL 的 APSDE-DATA.confirm 原语。

APSDE 通过给 NWK 层发出 NLDE-DATA.request 原语来发送所构造的帧。当 APSDE 完成所有和这个传输请求相关的操作时，包括按照需要发送帧，所有重传，以及接收任何确认或确认超时时，则 APSDE 应发出 APSDE-DATA.confirm 原语(见 7.2.2.2)。如果一个或多个 NLDE-DATA.confirm 原语失败，那么状态参数应设置为从 NWK 层收到的状态。否则，如果没有正确收到一个或多个 APS 确认，那么状态参数应设置为 NO_ACK。如果 ASDU 成功传送到所有预定目标，那么状态参数设置为 SUCCESS。

如果使用了 NWK 层多播，NLDE-DATA.request 原语的 NonmemberRadius 参数应设置为 apsNonmemberRadius。

APSDE 通过每次发出 NLDE-DATA.request 原语时，设置它的 DiscoverRoute 参数值为 0x01，将确保网络层路由发现功能总是被启用。

如果要发送的 ASDU 大于一个合适的帧且不能分段，那么 ASDU 就不被发送，APSDE 应发出状态值为 ASDU_TOO_LONG 的 APSDE-DATA.confirm 原语。如果没有请求带有确认的传输，或 TxOptions 字段的分段允许标志设置为 0，或 ASDU 太大而不能被 APSDE 处理，就不可能分段。

如果要发送的 ASDU 大于一个合适的帧，存在请求带有确认的传输，且 TxOptions 字段的分段允许标志设置为 1，同时 ASDU 不是太大而不能被 APSDE 处理，那么 ASDU 应被分成多个 APDU，如 7.6.4.5所述。在请求传输和安全处理的场合，传输和处理应对每个 APDU 独立地实现。注意，除非相关较高层文档和/或交互明确指示，对发送的帧允许分段，并指示在另一端能按照块数目和总的传输尺寸接收分段的传输，原则不应使用分段。

7.2.2.2 APSDE-DATA.confirm

7.2.2.2.1 服务原语的语义

本原语报告请求从一个本地 NHLE 传送一个 ASDU 到一个或多个对等 NHLE 的结果。

本原语的语义如下：

```
APSDE-DATA.confirm      {
                        DstAddrMode,
                        DstAddress,
                        DstEndpoint,
                        SrcEndpoint,
                        Status,
                        TxTime
                        }
```

表 70 指明了 APSDE-DATA.confirm 原语的参数。

表 70　APSDE-DATA.confirm 参数

名称	类型	有效范围	描述
DstAddrMode	整型	0x00～0xff	该原语和被传送的 PDU(APDU)使用的目的地址寻址模式。该参数可从下清单中取一个非保留值： 0x00：DstAddress 和 DstEndpoint 不存在 0x01：DstAddress 是 16 位组地址；DstEndpoint 不存在 0x02：DstAddress 和 DstEndpoint 都存在，是 16 位地址 0x03：DstAddress 和 DstEndpoint 都存在，是 64 位扩展地址 0x04-0xff：保留
DstAddress	地址	通过 DstAddrMode 参数来指定	ASDU 要被传送到的实体的单个设备的地址或者组地址
DstEndpoint	整型	0x00～0xff	当且仅当 DstAddrMode 参数的值为 0x02 或者 0x03 时，该参数才存在，如果存在，该参数是 APDU 要被传送到的实体的单个端点
SrcEndpoint	整型	0x00～0xfe	APDU 要被传送到的实体的单个端点
Status	枚举	SUCCESS，NO_SHORT_ADDRESS，NO_BOUND_DEVICE，SECURITY_FAIL，NO_ACK，ASDU_TOO_LONG 以及从 NLDE-DATA.confirm 原语返回的任何状态返回值	相应请求的状态
TxTime	整型	特定实现	基于由 NWK 层所提供的本地时钟的被发送包的时间指示

7.2.2.2.2　产生条件

本原语由本地 APS 实体在响应一个 APSDE-DATA.request 原语时产生。本原语返回一个状态值 SUCCESS，指示发送请求成功，或一个 NO_SHORT_ADDRESS，NO_BOUND_DEVICE 或 SECURITY_FAIL 的错误代码，或任何 NLDE-DATA.confirm 原语返回的状态值。这些状态值的理由在 7.2.2.1.3 中做了详细描述。

7.2.2.2.3 收后效果

在接收本原语后，发起方的邻近高层被通知其请求发送的结果。如果传输尝试成功，状态参数将被设置为 SUCCESS。否则，状态参数将指示错误。

7.2.2.3 **APSDE-DATA.indication**

7.2.2.3.1 服务原语的语义

本原语指示从 APS 传送一个 ASDU 到本地应用实体。

本原语的语义如下：

```
APSDE-DATA.indication     {
                          DstAddrMode,
                          DstAddress,
                          DstEndpoint,
                          SrcAddrMode,
                          SrcAddress,
                          SrcEndpoint,
                          ProfileId,
                          ClusterId,
                          AsduLength,
                          Asdu,
                          Status,
                          SecurityStatus,
                          LinkQuality,
                          RxTime
                          }
```

表 71 指明了 APSDE-DATA.indication 原语的参数。

表 71 APSDE-DATA.indication 参数

名称	类型	有效范围	描述
DstAddrMode	整型	0x00～0xff	该原语和收到的 APDU 使用的目的地址寻址模式。此参数可以从下面的清单中取一个非保留值： 0x00：保留； 0x01：DstAddr 是 16 位组地址，DstEndpoint 不存在； 0x02：DstAddress 是 16 位地址且 DstEndpoint 存在； 0x03～0xff：保留
DstAddress	地址	通过 DstAddrMode 所指定	ASDU 指向的单个设备地址或组地址
DstEndpoint	整型	0x00～0xfe	ASDU 指向的本地实体的目标端点

表 71(续)

名称	类型	有效范围	描述
SrcAddrMode	整型	0x00～0xff	该原语和收到的 APDU 使用的源地址寻址模式。此参数可以从下面的清单中取的一个非保留值: 0x00 :保留; 0x01 :保留; 0x02 :SrcAddress 和 SrcEndpoint 都存在是 16 位短地址; 0x03:SrcAddress 和 SrcEndpoint 都存在是 64 位扩展地址; 0x04～0xff:保留
SrcAddress	地址	通过 SrcAddrMode 参数指定	来自接收到的 ASDU 的实体的单个设备的地址或组地址
SrcEndpoint	整型	0x00～0xfe	来自接收到的 ASDU 的实体的单个端点的编号
ProfileId	整型	0x0000～0xffff	发起这一帧的 profile 的标识符
ClusterId	整型	0x0000～0xffff	接收对象的标识符
AsduLength	整型		APSDE 指示的构成 ASDU 的八位位组数
Asdu	八位位组集	—	APSDE 指示的构成 ASDU 的八位位组集
Status	枚举	SUCCESS, DEFRAG_UNSUPPORTED, DEFRAG_DEFERRED 或者帧安全处理返回的任何状态	外入帧处理的状态
SecurityStatus	枚举	UNSECURED, SECURED_NWK_KEY, SECURED_LINK_KEY	如果在没有任何安全情况下接收 ASDU,是 UNSECURED 如果接收到的 ASDU 用网络密钥加密,是 SECURED_NWK_KEY 如果 ASDU 使用一个连接密钥加密,是 SECURED_LINK_KEY
LinkQuality	整型	0x00～0xff	NLDE 投递的链路质量指示
RxTime	整型	由实现规定	对基于本地时钟的接收包的时间指示,如 NWK 层所提供的那样

7.2.2.3.2 产生条件

ASP 子层一收到来自本地 NWK 层实体的合适寻址的数据帧,或接受到 APSDE-DATA.request,该原语中的 DstAddrMode 参数量为 0x00,并且绑定表项已引导帧到设备自身,该 ASP 子层便产生该 APSDE-DATA.request 原语,并且发送到邻近高层。

当从本地 NWK 实体收到一个合适的寻址的数据帧时,或随后收到一个 DstAddrMode 参数设置为 0x00 且绑定表条目指示帧送到设备本身的 APSDE-DATA.request 时,本原语由 APS 产生并发送到邻近高层。

由 APS 实体要求通过使用 NIB 的 nwkAddressMap 属性(见表 52),应尝试把收到的帧的源地址映射为它相应的扩展 64 位 IEEE 地址。如果相应的 64 位 IEEE 地址找到,APSDE 发出本原语,SrcAddrMode 参数设置为 0x03，且 SrcAddress 参数设置为相应的 64 位 IEEE 地址。如果相应的 64 位 IEEE 地址找不到，APSDE 发出本原语，SrcAddrMode 参数设置为 0x02，且 SrcAddress 参数设置为收到的帧所包含的 16 位源地址。

7.2.2.3.3 收后效果

在接收到本原语后，邻近高层被通知数据到达设备。

7.2.3 APS 管理服务

APSME-SAP 支持邻近高层和 APSME 之间管理命令的传输。表 72 总结了 APSME 通过 APSME-SAP 接口支持的原语。见以下条获得更多关于各个原语的信息。

表 72 通过 APSME-SAP 访问的综述

名称	请求	指示	响应	证实
APSME-BIND	7.2.4.2			7.2.4.3
APSME-UNBIND	7.2.4.4			7.2.4.5
APSME-GET	7.2.5.2			7.2.5.3
APSME-SET	7.2.5.4			7.2.5.5
APSME-ADD-GROUP	7.2.6.2			7.2.6.3
APSME-REMOVE-GROUP	7.2.6.4			7.2.6.5
APSME-REMOVE-ALL-GROUPS	7.2.6.6			7.2.6.7

7.2.4 绑定原语

7.2.4.1 概述

本组原语定义了设备的邻近高层如何往其本地绑定表中增加（提交）一个绑定记录，或从其本地绑定表中去除一个绑定记录。

只有支持绑定表或绑定表缓存的设备，才可以处理这些原语。如果任何其他设备从邻近高层接收到这些原语，原语将被拒绝。

7.2.4.2 APSME-BIND.request

如果支持的话，本原语通过在本地绑定表中创建一个条目允许邻近高层，请求把两个设备绑定到一起，或绑定一个设备到一个组。

7.2.4.2.1 服务原语的语义

本原语的语义如下：

```
APSDE-BIND.request    {
                      SrcAddr,
                      SrcEndpoint,
                      ClusterId,
                      DstAddrMode,
                      DstAddr,
```

DstEndpoint

}

表 73 指明了 APSDE-BIND.request 原语的参数。

表 73 APSDE-BIND.request 参数

名称	类型	有效范围	描述
SrcAddr	IEEE 地址	有效的 64 位 IEEE 地址	绑定条目的源 IEEE 地址
SrcEndpoint	整型	0x01～0xfe	绑定条目的源端点
ClusterId	整型	0x0000～0xffff	将要绑定到目的设备的源设备上的群多播组 ID
名称	类型	有效范围	描述
DstAddrMode	整型	0x00～0xff	该原语使用的目的地址寻址模式。此参数可以从下面的清单中取一个非保留值： 0x00：保留； 0x01：DstAddr 16 位组地址，DstEndpoint 不存在； 0x02：保留； 0x03：DstAddr 和 DstEndpoint 都存在，是 64 位扩展地址； 0x04～0xff：保留
DstAddr	地址	通过 DstAddrMode 参数来指定	绑定条目的目的地址
DstEndpoint	整型	0x01～0xff	当且仅当 DstAddrMode 参数值为 0x03 时，该参数才存在，如果存在，该参数将是绑定条目的目的端点

7.2.4.2.2 产生条件

本原语由邻近高层实体产生，发给 APS，目的是在一个支持绑定表的设备上发起一个绑定操作。

7.2.4.2.3 收后效果

当前没有加入到网络或不支持绑定表的一个设备接收到本原语后，APSME 发出 Status 参数设置为 ILLEGAL_REQUEST 的 APSME-BIND.confirm 原语。

如果支持绑定表的设备的 APS 从 NHLE 接收到本原语，APSME 尝试在其绑定表中直接创建一个规定的条目。如果条目可以创建，APSME 发出 Status 参数为 SUCCESS 的 APSME-BIND.confirm 原语。如果因为绑定表容量缺乏条目不能创建，APSME 发出 Status 参数为 TABLE_FULL 的 APSME-BIND.confirm 原语。

7.2.4.3 APSME-BIND.confirm

7.2.4.3.1 服务原语的语义

本原语允许邻近高层被通知其请求绑定两个设备，或绑定一个设备到一个组的结果。

本原语的语义如下：

APSME-BIND.confirm {

Status,

SrcAddr,

SrcEndpoint,
ClusterId,
DstAddrMode,
DstAddr,
DstEndpoint
}

表 74 指明了 APSME-BIND.confirm 原语的参数。

表 74 APSME-BIND.confirm 参数

名称	类型	有效范围	描述
Status	枚举	SUCCESS, ILLEGAL_REQUEST, TABLE_FULL, NOT_SUPPORTED	绑定请求结果
SrcAddr	IEEE 地址	有效的 64 位 IEEE 地址	绑定条目的源 IEEE 地址
SrcEndpoint	整型	0x01～0xfe	绑定条目的源端点
ClusterId	整型	0x0000～0xffff	将要绑定到目的设备的源设备群多播组 ID
DstAddrMode	整型	0x00～0xff	该原语使用的目的地址寻址模式。此参数可以从下面的清单中取一个非保留值: 0x00:保留; 0x01:DstAddr16 位组地址,DstEndpoint 不存在; 0x02:保留; 0x03: DstAddr 和 DstEndpoint 都存在,是 64 位扩展地址; 0x04-0xff:保留
DstAddr	地址	通过 DstAddrMode 参数来指定	绑定条目的目的地址
DstEndpoint	整型	0x01～0xff	当且仅当 DstAddrMode 参数值为 0x03 时,该参数才存在,如果存在,该参数将是绑定条目的目的端点

7.2.4.3.2 产生条件

本原语由 APSME 产生,发给其 NHLE,以响应一个 APSME-BIND.request 原语。如果该请求成功,Status 参数将指示一个成功的绑定请求。否则,Status 参数指示 NOT_SUPPORTED,ILLEGAL_REQUEST 或 TABLE_FULL 中的一个错误代码。

7.2.4.3.3 收后效果

收到本原语,邻近高层被告知其绑定请求的结果。如果绑定请求成功,状态参数为 SUCCESS,否则,状态参数指示错误。

7.2.4.4 APSME-UNBIND.request

7.2.4.4.1 服务原语的语义

如果支持的话,本原语允许邻近高层通过移除其本地绑定表中的一个条目,请求解除绑定两个设备，或从组中解除绑定一个设备。

原语的语义如下：

```
APSME-UNBIND. request        {
                              SrcAddr,
                              SrcEndpoint,
                              ClusterId,
                              DstAddrMode,
                              DstAddr,
                              DstEndpoint
                              }
```

表 75 指明了 APSME-UNBIND. request 原语的参数

表 75　APSME-UNBIND. request 参数

名称	类型	有效范围	描述
SrcAddr	IEEE 地址	有效的 64 位 IEEE 地址	绑定条目的源 IEEE 地址
SrcEndpoint	整型	0x01～0xfe	绑定条目的源端点
ClusterId	整型	0x0000～0xffff	绑定到目的设备的源设备上的群组标识符
DstAddrMode	整型	0x00～0xff	源地址寻址模式用于该原语，此参数可以从下面的清单中取一个非保留值： 0x00：保留； 0x01：DstAddr 是 16 位组地址，DstEndpoint 不存在； 0x02：保留； 0x03：DstAddr 和 DstEndpoint 都存在，是 64 位扩展地址； 0x04～0xff：保留
DstAddr	地址	通过 DstAddrMode 参数指定	绑定条目的目的地址
DstEndpoint	整型	0x01～0xff	当且仅当 DstAddrMode 参数值为 0x03 时，该参数才存在，如果存在，该参数将是绑定条目的目的端点

7.2.4.4.2　**产生条件**

本原语由邻近高层产生，发给 APS，目的是在一个支持绑定表的设备上发起一个解除绑定的操作。

7.2.4.4.3　**收后效果**

当前没有加入网络或不支持绑定表的一个设备接收到本原语时，或任何参数的值超出了范围，APSME 发出 Status 参数设置为 ILLEGAL_REQUEST 的 APSME-UNBIND. confirm 原语。

如果支持绑定表的设备的 APS 从 NHLE 接收到本原语，APSME 在其绑定表中寻找指明的条目。如果该条目存在，APSME 移除该条目，并发出 Status 参数设置为 SUCCESS 的 APSME-UNBIND. confirm 原语(见 7.2.4.5)。如果找不到该条目，APSME 发出 Status 参数设置为 INVALID_BINDING 的 APSME-UNBIND. confirm 原语。

7.2.4.5 APSME-UNBIND. confirm

7.2.4.5.1 服务原语的语义

本原语允许邻近高层被通知其请求解除绑定两个设备，或从一个组中解除绑定一个设备的结果。

本原语的语义如下：

```
APSME-UNBIND.confirm      {
                          Status,
                          SrcAddr,
                          SrcEndpoint,
                          ClusterId,
                          DstAddrMode,
                          DstAddr,
                          DstEndpoint
                          }
```

表 76 指明了 APSME-UNBIND.confirm 原语的参数。

表 76 APSME-UNBIND.confirm 参数

名称	类型	有效范围	描述
Status	枚举	SUCCESS, ILLEGAL_REQUEST, ILLEGAL_BINDING	解除绑定请求的结果
SrcAddr	IEEE 地址	有效的 64 位 IEEE 地址	绑定条目的源 IEEE 地址
SrcEndpoint	整型	0x01～0xfe	绑定条目的源端点
ClusterId	整型	0x0000～0xffff	绑定到目的设备的源设备上的群组标识符
DstAddrMode	整型	0x00～0xff	该原语使用的源地址寻址模式。此参数可以从下面的清单中取一个非保留值： 0x00：保留； 0x01：DstAddr 是 16 位组地址，DstEndpoint 不存在； 0x02：保留； 0x03：DstAddr 和 DstEndpoint 都存在，是 64 位扩展地址； 0x04～0xff：保留
DstAddr	地址	通过 DstAddrMode 参数来指定	绑定条目的目的地址
DstEndpoint	整型	0x01～0xff	绑定条目的目的端点

7.2.4.5.2 产生条件

本原语由 APSME 产生，发给其 NHLE，以响应一个 APSME-UNBIND. request 原语。如果该请求成功，Status 参数将指示一个成功的解除绑定请求。否则，Status 参数指示一个 ILLEGAL_REQUEST 或 INVALID_BINDING 的错误代码。

7.2.4.5.3 收后效果

在接收到本原语时，邻近高层被通知其解除绑定请求的结果。如果解除绑定请求成功，Status 参数设置为 SUCCESS。否则，Status 参数指示错误。

7.2.5 信息库维护

7.2.5.1 概述

该组原语定义了设备的邻近高层如何在 AIB 中读取和写入的属性。

7.2.5.2 APSME-GET. request

7.2.5.2.1 服务原语的语义

本原语允许邻近高层从 AIB 中读取一个属性的值。

本原语的语义如下：

```
APSME-GET. request      {
                        AIBAttribute
                        }
```

表 77 指明了本原语的参数。

表 77　APSME-GET. request 参数

名称	类型	有效范围	描述
AIB 属性	整型	见表 91	要读取的 AIB 属性的标识符

7.2.5.2.2 产生条件

本原语由邻近高层产生，发给其 APSME，目的是从 AIB 中读取一个属性。

7.2.5.2.3 收后效果

在接收到本原语时，APSME 尝试从其数据库中检索被请求的 AIB 属性。如果在数据库中找不到 AIB 属性的标识符，APSME 发出状态值为 UNSUPPORTED_ATTRIBUTE 的 APSME-GET. confirm 原语。

如果被请求的 AIB 属性检索成功，APSME 发出状态值为 SUCCESS 的 APSME-GET. confirm 原语，它包含了 AIB 属性标识符和值。

7.2.5.3 APSME-GET. confirm

7.2.5.3.1 服务原语的语义

本原语报告尝试从 AIB 中读取一个属性值的结果。

本原语的语义如下：

```
APSME-GET.confirm       {
                        Status,
                        AIBAttribute,
                        AIBAttributeLength,
```

AIBAttributeValue

}

表 78 指明了本原语的参数。

表 78 APSME-GET. confirm 参数

名称	类型	有效范围	描述
Status	枚举	SUCCESS 或 UNSUPPORTED_ATTRIBUTE	请求读取 AIB 属性值的结果
AIBAttribute	整型	见表 91	被读取的 AIB 属性的标识符
AIBAttributeLength	整型	0x0000～0xffff	返回属性值的长度，以八位位组为单位
AIBAttributeValue	可变	由属性规定(见表 91)	被读取的 AIB 属性的值

7.2.5.3.2 产生条件

本原语由 APSME 产生，发给其邻近高层，以响应一个 APSME-GET. request 原语。本原语返回一个 SUCCESS 的状态，指示请求读取一个 AIB 属性成功，或返回一个错误代码 UNSUPPORTED_ATTRIBUTE，这些状态值的原因在 7.2.5.2.3 中做了详细描述。

7.2.5.3.3 收后效果

在接收本原语时，邻近高层被通知其请求读取一个 AIB 属性的结果，如果请求读一个 AIB 属性成功，Status 参数将被设置为 SUCCESS，否则，Status 参数指示错误。

7.2.5.4 APSME_SET. request

7.2.5.4.1 服务原语的语义

本原语允许邻近高层往 AIB 写入一个属性值。

本原语的语义如下：

```
APSME-SET. request    {
                      AIBAttribute,
                      AIBAttributeLength,
                      AIBAttributeValue
                      }
```

表 79 指明了本原语的参数。

表 79 APSME-SET. request 参数

名称	类型	有效范围	描述
AIBAttribute	整型	见表 91	被读取的 AIB 属性的标识符
AIBAttributeLength	整型	0x0000～0xffff	返回属性值的长度，以八位位组为单位
AIBAttributeValue	可变	具体属性(见表 91)	被读取的 AIB 属性的值

7.2.5.4.2 产生条件

本原语由邻近高层产生，发给其 APSME，目的是往 AIB 写入一个属性值。

7.2.5.4.3 收后效果

在接收到本原语时，APSME 尝试在其数据库中给指明的 AIB 属性写入给定的值。如果在数据库中找不到 AIBAttribute 参数指明的属性，APSME 发出状态值为 UNSUPPORTED—_ATTRIBUTE 的 APSME-SET. confirm 原语，如果 AIBAttribute 参数指明的属性在给定属性的合法范围之外，APSME 发出状态值为 INVALID_PARAMETER 的 APSME-SET. confirm 原语。

如果被请求的 AIB 属性成功写入，APSME 发出状态值为 SUCCESS 的 APSME-SET. confirm 原语。

7.2.5.5 APSME-SET. confirm

7.2.5.5.1 服务原语的语义

本原语报告尝试写入一个 AIB 属性值的结果。

本原语的语义如下：

```
APSME-SET. confirm      {
                        Status,
                        AIBAttribute
                        }
```

表 80 指明了本原语的参数。

表 80 APSME-SET. confirm 参数

名称	类型	有效范围	描述
Status	枚举	SUCCESS，INVALID_PARAMETER 或 UNSUPPORTED_ATTRIBUTE	请求写入 AIB 属性值的结果
AIBAttribute	整型	见表 91	被写入的 AIB 属性的标识符

7.2.5.5.2 产生条件

本原语由 ASPME 产生，发给其邻近高层，以响应一个 APSME_SET. request 原语。本原语返回一个状态值 SUCCESS，指示该请求值被写入指明的 AIB 属性，或返回指示一个 INVALID_PARAMETER 或 UNSUPPORTED_ATTRIBUTE 的错误代码。这些状态值的原因在 7.2.5.4.3 中做了详细描述。

7.2.5.5.3 收后效果

在接收到本原语时，邻近高层被通知其请求写入一个 AIB 属性值的结果，如果请求值写入指定的 AIB 属性，Status 参数将被设置为 SUCCESS，否则，Status 参数显示错误。

7.2.6 组管理

7.2.6.1 概述

该组原语允许邻近高层通过增加和去除组表中的条目，为当前设备上的端点进行组成管理员。

7.2.6.2 APSME-ADD-GROUP. request

7.2.6.2.1 服务原语的语义

本原语允许邻近高层为某个特定端点请求往某个特定的组增加组成员。

本原语的语义如下：

```
APSME-ADD-GROUP. request    {
                            GroupAddress,
                            Endpoint
                            }
```

表 81 指明了本原语的参数。

表 81　APSME-ADD-GROUP. request 参数

名称	类型	有效范围	描述
GroupAddress	16 位组地址	0x0000～0xffff	正添加的组的 16 位地址
Endpoint	整型	0x01～0xfe	正要添加的给特定组的端点

7.2.6.2.2　产生条件

本原语由邻近高层产生，当希望给一个端点增加某个特定组成员时，这样，要传送到该组的帧将可以被投递到该端点。

7.2.6.2.3　收后效果

如果 APSME 收到本原语，发现 GroupAddress 参数在有效范围之外，那么 APSME 将给邻近高层发出 Status 值为 INVALID_PARAMETER 的 APSME-ADD-GROUP.confirm 原语。类似的，如果 Endpoint 参数值为 0x00，或者列举了不在当前设备上未实现的端点，APSME 将发出 Status 值为 INVALID_PARAMETER 的 APSME-ADD-GROUP.confirm 原语。

按上述检查参数之后，APSME 将检查组表，查看是否已经存在一个包含 GroupAddress 和 Endpoint 参数给定值的条目。如果这样的条目存在于表中，那么 APSME 将给邻近高层发出 Status 值为 SUCCESS 的 APSME-ADD-GROUP. confirm 原语。如果没有这样的条目，且表中还有另外条目的空间，那么 APSME 将给组表增加一个带有 GroupAddress 和 Endpoint 参数给定值的新条目。APS 组表增加条目之后，如果 NWK 层正维护一个组表，那么 APSME 通过发出 NLME-SET. request 原语，确保相应的 NWK 组表中的 nwkGroupIDTable 属性和 APS 组表所含的组地址清单一致。一旦这两个表一致，APSME 将给邻近高层发出 Status 值为 SUCCESS 的 APSME-ADD-GROUP.confirm 原语。如果没有给定 GroupAddress 和 Endpoint 所示的条目，但是组表中没有另外条目的空间，那么 APSME 将给邻近高层发出 Status 值为 TABLE_FULL 的 APSME-ADD-GROUP. confirm 原语。

7.2.6.3　APSME-ADD-GROUP. confirm

7.2.6.3.1　服务原语的语义

本原语允许邻近高层被告知其请求给一个端点增加一个组的结果。

本原语的语义如下：

```
APSME-ADD-GROUP. confirm    {
                            Status,
                            GroupAddress,
                            Endpoint
                            }
```

表 82 指明了本原语的参数。

表 82 **APSME-ADD-GROUP. confirm 参数**

名称	类型	有效范围	描述
Status	枚举	SUCCESS,INVALID_PARAMETER 或 TABLE_FULL	添加一个组的请求的状态
GroupAddress	16 位组地址	0x0000～0xffff	被添加的组的 16 位地址
Endpoint	整型	0x01～0xfe	被添加的特定组的端点

7.2.6.3.2 产生条件

本原语由 APSME 产生,发给邻近高层,以响应一个 APSME-ADD-GROUP. request 原语,如果 APSME-ADD-GROUP. request 成功,那么 Status 参数值将是 SUCCESS。如果 APSME-ADD-GROUP. request 原语的参数中有无效的值,那么 Status 参数值将被设置为 INVALID_PARAMETER。如果 APSME 尝试增加一个组表条目,但是表中没有另外条目的空间,那么 Status 值将为 TABLE_FULL。

7.2.6.3.3 收后效果

在接收到本原语时,邻近高层被告知其请求增加一个组的状态,Status 参数值如上文所述。

7.2.6.4 APSME-REMOVE-GROUP. request

7.2.6.4.1 服务原语的语义

本原语允许邻近高层请求为某个特定端点去除在某个特定组中的组成员。

本原语的语义如下:

```
APSME-REMOVE-GROUP. request      {
                                 GroupAddress,
                                 Endpoint
                                 }
```

表 83 指明了本原语的参数。

表 83 **APSME-REMOVE-GROUP. request 参数**

名称	类型	有效范围	描述
GroupAddress	16 位组地址	0x0000～0xffff	被去除的组的 16 位地址
Endpoint	整型	0x01～0xfe	被去除的特定组的端点

7.2.6.4.2 产生条件

本原语由邻近高层产生,这时邻近高层希望从一个端点上去除某个组的成员使得要送到该组的帧不再递交到该端点。

7.2.6.4.3 收后效果

如果 APSME 接收到本原语,发现 GroupAddress 参数在合法范围之外,那么它便将给邻近高层发出 Status 值为 INVALID_PARAMETER 的 APSME-REMOVE-GROUP. confirm 原语。同样,如果

Endpoint 参数值为 0x00，或者列举了不在当前设备上的端点，APSME 将发出 Status 为 INVALID_PARAMETER 的 APSME-REMOVE-GROUP.confirm 原语。类似地，如果 Endpoint 参数的值超出了范围，或计算的端点未在当前的设备上实现，APSME 将发出状态为 INVALID PARAMEIER 的 APSME-REMOVE-GROUP.confirm 原语。

APSME 按上述检查参数之后，APSME 将检查组表，查看是否已经存在一个包含 GroupAddress 和 Endpoint 参数给定值的条目，如果这样的条目存在于表中，条目将被移除。如果 NWK 层维护一个组表，那么 APSME 通过发出 NLME_SET. Request 原语，保证 NWK 组表中的 nwkGroupIDTable 属性和 APS 组表所含的组地址清单一致。一旦这两个表一致，APSME 将给邻近高层发出 Status 值为 SUCCESS 的 APSME-REMOVE-GROUP. Confirm 原语。如果没有这样的条目，APSME 将给邻近高层发出 Status 值为 INVALID_GROUP 的 APSME-REMOVE-GROUP. Confirm 原语。

7.2.6.5 APSME-REMOVE-GROUP. Confirm

7.2.6.5.1 服务原语的语义

本原语允许邻近高层被通知其请求从一个端点移除一个组的结果。

本原语的语义如下：

```
APSME-REMOVE-GROUP. Confirm        {
                                   Status,
                                   GroupAddress,
                                   Endpoint
                                   }
```

表 84 指明了本原语的参数。

表 84 APSME-REMOVE-GROUP. Confirm 参数

名称	类型	有效范围	描述
Status	枚举	SUCCESS，INBALID_ GROUP 或 INVALID _PARAMETER	移除一个组的请求的状态
GroupAddress	16 位组地址	0x0000～0xffff	被移除的组的 16 位地址
Endpoint	整型	0x01～0xfe	被移除的组的端点

7.2.6.5.2 产生条件

本原语由 APSME 产生，发给邻近高层，以响应一个 APSME-REMOVE-GROUP. request 原语，如果 APSME-REMOVE-GROUP. request 成功，Status 参数值将是 SUCCESS。如果因为不存在包含 GroupAddress 和 Endpoint 参数给定值的一个条目，APSME-REMOVE-GROUP. request 不成功，那么状态值将是 INVALID_GROUP。如果 APSME-REMOVE-GROUP. request 原语的参数之一有无效的值，那么 Status 值将是 INVALID_PARAMETER。

7.2.6.5.3 收后效果

在接收到本原语时，邻近高层被通知其请求去除一个组的结果，Status 参数值如上文所述。

7.2.6.6 APSME-REMOVE-ALL-GROUPS. request

7.2.6.6.1 服务原语的语义

本原语由邻近高层产生，这时邻近高层希望从一个端点移除所有组的成员使得组寻址的那些帧不再被投递到该端点。

本原语的语义如下：

```
APSME-REMOVE-ALL-GROUPS. request        {
                                        Endpoint
                                        }
```

表 85 指明了本原语的参数。

表 85 APSME-REMOVE-ALL-GROUPS. request 参数

名称	类型	有效范围	描述
Endpoint	整型	0x01～0xfe	被移除的特定组的端点

7.2.6.6.2 产生条件

本原语由邻近高层产生，当它希望从一个端点移除所有组的成员时，这样不再有送到那些组的帧被投递到该端点。

7.2.6.6.3 收后效果

如果 APSME 接收到本原语，Endpoint 参数值为 0x00 超出了范围，或者枚举的端点不在当前设备上，APSME 将发出 Status 值为 INVALID_PARAMETER 的 APSME-REMOVE-ALL-GROUPS. confirm 原语。

APSME 按上述检查 Endpoint 参数之后，APSME 将从组表中移除与该端点相关的所有条目，APSME 通过发出 NLME_SET. request 原语，保证 NWK 组表中的 nwkGroupIDTable 属性和 APS 组表所含的组地址清单一致，一旦这两个表一致，APSME 给邻近高层发出 Status 值为 SUCCESS 的 APSME REMOVE-ALL-GROUPS. confirm 原语。

7.2.6.7 APSME-REMOVE-ALL-GROUPS. confirm

7.2.6.7.1 服务原语的语义

本原语允许邻近高层被告知其请求从一个端点移除所有组的结果。

本原语的语义如下：

```
APSME-REMOVE-ALL-GROUPS.confirm         {
                                        Status,
                                        Endpoint
                                        }
```

表 86 指明了本原语的参数。

表 86 APSME-REMOVE-ALL-GROUPS. confirm 参数

名称	类型	有效范围	描述
Status	枚举	SUCCESS,INVALID_PARAMETER	移除所有组的请求的状态
Endpoint	整型	0x01～0xfe	从所有组中被移除的端点

7.2.6.7.2 产生条件

本原语由 APSME 产生,发给邻近高层,以响应一个 APSME-REMOVE-ALL-GROUPS. request 原语。如果 APSME-REMOVE-ALL-GROUPS.request 成功,那么 Status 参数值将是 SUCCESS。如果 APSME-REMOVE-ALL-GROUPS.request 的 Endpoint 参数是一个无效的值,那么 Status 值将是 INVALID_PARAMETER。

7.2.6.7.3 收后效果

在接收到本原语时,邻近高层被通知其请求从一个端点移除所有组的状态。Status 参数值如上文所述。

7.3 帧格式

7.3.1 概述

本条描述了 APS 帧(APDU)的格式。每个 APS 帧由下述基本组成部分组成:

a) 一个 APS 帧头,它包括帧控制和寻址信息;

b) 一个 APS 净荷,长度可变,它包括特定帧类型的信息。

APS 的帧被描述为有特定顺序的一系列字段。本小节中所有的帧格式按照它们在 NWK 层发送的顺序描述,从左至右,最左边的位首先发送。每个字段中的位从 0(最左边和最低位)到 $k-1$(最右边和最高位来计数),这样字段的长度就是 k 位。长于一个八位位组的字段被送往 NWK 层时,按照从编号最低的八位位组到编号最高的八位位组的顺序来发送。

当传输时,所有标记为保留的字段都设置为零,当接收时,应检查本规范版本中所有标记为保留的字段是否等于零。如果这样的一个保留字段不等于零,就不再对该帧进行进一步处理,且丢弃该帧。

7.3.2 通用的 APDU 帧格式

7.3.2.1 概述

APS 帧格式包括一个 APS 帧头和一个 APS 净荷。APS 帧头的字段以固定顺序出现,但是,地址字段可能不会包括在所有的帧中。通用的 APS 帧应按图 75 所示的格式编排。

<table>
<tr><td>八位位组:1</td><td>0/1</td><td>0/2</td><td>0/2</td><td>0/2</td><td>0/1</td><td>1</td><td>0/可变</td><td>可变</td></tr>
<tr><td rowspan="2">帧控制</td><td>目的端点</td><td>组地址</td><td>Cluster
标识符</td><td>Profile
标识符</td><td>源端点</td><td rowspan="2">APS
计数器</td><td rowspan="2">扩展头</td><td rowspan="2">帧净荷</td></tr>
<tr><td colspan="5">寻址字段</td></tr>
<tr><td colspan="8">APS 头</td><td>APS 净荷</td></tr>
</table>

图 75 通用 APS 帧格式

7.3.2.2 帧控制字段

7.3.2.2.1 格式

帧控制字段长度为8位,包括定义帧类型,寻址字段和其他控制标志的信息。帧控制字段应按图76所示的格式编排。

位:0～1	2～3	4	5	6	7
帧类型	传递模式	Ack格式	安全	Ack请求	扩展头存在

图76 帧控制字段的格式

7.3.2.2.2 帧类型子字段

帧类型子字段长度为2位,应设置为表87所列的非保留值之一。

表87 帧类型子字段值

帧类型值 b_1b_0	帧类型名称
00	数据
01	命令
10	确认
11	请求确认

7.3.2.2.3 传递模式子字段

传递模式子字段长度为2位,应设置为表88所列的非保留值之一。

表88 传递模式子字段的值

传递模式值 b_1b_0	传递模式名称
00	正常单播传递
01	保留
10	广播
11	组寻址

如果值是0b00,帧将被投递到接收方上的一个给定的端点。

如果值是0b10,信息是广播的,在这种情况下,信息将传送到6.6.5中定义的选定广播地址的所有设备,目的端点字段设置为0x01～0xfe之间的一个值(对于广播到特定端点),或0xff(对于广播到所有活动端点)。

如果是0b11,那么使用的是组寻址,该帧将只投递到APS头组地址字段指定的组中表示组成员的设备端点。注意源设备的其他端点可能是输出帧要寻址的组的成员。该帧应被投递到组的任何成员,包括源设备上属于指定组的成员的其他端点。

nwkUseMulticast设置为TRUE的设备从不把输出帧的传递模式设置为0b11,在这种情况下,输出帧的传递模式应设置为0b10(广播),使用目的地址模式设置为组寻址的一个NLDE-DATA.

request 来发送该帧。

7.3.2.2.4 Ack 格式字段

这个位指示目的端点，群组标识符，Profile 标识符和源端点字段在确认帧中是否存在。它对于数据帧确认设置为 0，对于 APS 命令帧确认设置为 1。

7.3.2.2.5 安全子字段

由安全服务提供商管理安全子字段。

7.3.2.2.6 确认请求子字段

确认请求子字段长度为 1 位，规定帧的接收在接收该帧时，当前的传输时是否需要给发起方发送一个确认帧。如果该子字段设置为 1，接收方在确认该帧有效之后，给发起方构造并发送一个确认帧。如果该子字段设置为 0，接收方不给发起方发送一个确认帧。对于所有广播或多播，这个子字段设置为 0。

7.3.2.2.7 扩展头存在

扩展头存在子字段长度为 1 位，规定扩展头是否包含在此帧内。如果该子字段设置为 1，那么扩展头应包含在此帧内。否则，不应包含在此帧内。

7.3.2.3 目的端点字段

目的端点字段长度为 8 位，指明了最终接收该帧的端点，仅在帧控制字段的投递模式子字段设置为 0b00（正常单播投递），或 0b10（广播投递）时，帧中才包含该字段。在广播投递的情况下，帧将被投递到规定在 0x01～0xfe 范围内的目的端点，或如果规定为 0xff，将被传送到所有活动端点。

值为 0x00 的目的端点把帧送到设备对象，它驻留在每个设备上。值为 0x01～0xfe 的目的端点把帧送到运行在该端点上的一个应用程序。值为 0xff 的目的端点把帧送到除端点 0x00 外的所有活动端点。

7.3.2.4 组地址字段

组地址字段长度为 16 位，仅在帧控制字段的传递子字段值为 0b11 时才存在。在这种情况下，目的端点不存在，如果帧的 APS 头包含一个组地址字段，帧将传送到所有端点，其中设备的组表包含该端点和组地址字段指明的组之间的一个联系。

nwkUseMulticast 设置为 TRUE 的设备从不能设置外出帧的组地址字段。

7.3.2.5 Cluster 标识符字段

Cluster 标识符字段长度为 16 位，规定与该帧有关的 Cluster 标识符，以及在利用投递帧的每个设备哪个标识符用于对报文进行过滤和解释，这个字段仅对于数据帧或确认帧存在。

7.3.2.6 Profile 标识符字段

Profile 标识符长度为 2 个八位位组，规定帧意图针对的传感器网络 Profile 标识符，以及在利用投递帧的每个设备上的信息过滤报文期间使用的标识符，这个字段仅对于数据帧或确认帧存在。

7.3.2.7 源端点字段

源端点字段长度为 8 位，指明了帧的初始发起方所在的端点。源端点值 0x00 表示帧从驻留在每个设备上发出。源端点值 0x01～0xfe 表示帧从运行在该端点的一个应用程序发出。

7.3.2.8 APS 计数器

该字段长度为 8 位,按照 7.6.4.2 中所描述用来防止接收重复的帧。该值应在每次新的传输之后加一。

7.3.2.9 扩展头子帧

7.3.2.9.1 格式

扩展头子帧包含更多子帧,格式如图 77 所示。

八位位组:1	0/1	0/1
扩展帧控制	块数	ACKbitfield

图 77 扩展头子帧的格式

7.3.2.9.2 扩展帧控制字段

扩展帧控制字段 8 位长,包含定义使用分段的信息。扩展帧控制字段的格式如图 78 所示。

位:0~1	2~7
分段	保留

图 78 扩展帧控制字段的格式

分段子字段 2 位长,应设定为表 89 中列出的一个非保留值之一。

表 89 分段子字段的值

分段值 $b_1 b_0$	帧类型名称
00	传输不分段
01	帧是分段传输的第一段
10	帧是分段传输的部分但不是第一部分
11	保留

7.3.2.9.3 块数

块数字段为一个八位位组长,用于分段控制,说明如下:如果分段子字段设置为指示传输不分段,那么块数字段不包含在子帧内。如果分段子字段设置为 01,那么块数字段应包含在子帧内且应指示分段传输的块数。如果分段子字段设置为 10,那么块数字段应包含在子帧内且应指示当前帧传输哪个块的编号表示,第二段取值 0x01,第三段取值 0x02 等。

7.3.2.9.4 ACKbitfield 字段

ACKbitfield 字段为一个八位位组长,用于 7.6.4.5.3 中所述的 APS 确认,指示一个分段的 ASDU 的哪一块已经被成功接收。本字段只在帧类型子字段指示确认且分段子字段指示分段传输时才存在。

7.3.2.9.5 帧净荷字段

帧净荷字段长度可变,包含为单个帧类型所特定的信息。

7.3.3 单个帧类型的格式

7.3.3.1 数据帧格式

7.3.3.1.1 格式

数据帧应按图 79 所示的格式编排。

<table>
<tr><td>八位位组:1</td><td>0/1</td><td>0/2</td><td>2</td><td>2</td><td>1</td><td>1</td><td>0/可变</td><td>可变</td></tr>
<tr><td rowspan="2">帧控制</td><td>目的端点</td><td>组地址</td><td>Cluster 标识符</td><td>Profile 标识符</td><td>源端点</td><td rowspan="2">APS 计数器</td><td rowspan="2">扩展头</td><td rowspan="2">帧净荷</td></tr>
<tr><td colspan="5">寻址字段</td></tr>
<tr><td colspan="8">APS 头</td><td>APS 净荷</td></tr>
</table>

图 79 数据帧格式

数据帧字段的顺序应遵循图 75 所示的通用 APS 帧的顺序。

7.3.3.1.2 数据帧 APS 头字段

数据帧的 APS 头字段包含帧控制，Cluster 标识符、Profile 标识符、源端点和 APS 计数器字段。根据帧控制字段传送模式和扩展头存在子字段的值，目的端点、组地址和扩展头字段应包含在一个数据帧中。

在帧控制字段中，帧类型子字段应包含指明一个数据帧的值，如图 80 所示。所有其他子字段应根据数据帧的预定用途进行合适的设置。

7.3.3.1.3 数据字段

对于一个外出的数据帧，数据净荷字段应包含部分或所有邻近高层请求 APS 数据服务发送的八位位组序列。对于一个外入的数据帧，数据净荷字段应包含所有或部分 APS 数据服务已经接收的，以及要被传送到邻近高层的八位位组序列。

7.3.3.2 APS 命令帧格式

7.3.3.2.1 格式

APS 命令帧格式应按照图 80 所示的格式编排。

<table>
<tr><td>八位位组:1</td><td>1</td><td>1</td><td>可变</td></tr>
<tr><td>帧控制</td><td>APS 计数器</td><td>APS 命令标识符</td><td>APS 命令净荷</td></tr>
<tr><td colspan="2">APS 头</td><td colspan="2">APS 净荷</td></tr>
</table>

图 80 APS 命令帧格式

APS 命令帧字段的顺序应和图 75 所示的通用 APS 帧的顺序一致。

7.3.3.2.2 APS 命令帧的 APS 头字段

APS 命令帧的 APS 头字段应包含帧控制和 APS 计数器字段。在本部分中，APS 命令帧不能分段，且扩展头字段不存在。

在帧控制字段中，帧类型子字段应包含表明一个 APS 命令帧的值，如表 87 所示。APS 命令的净荷应根据 APS 命令帧的预定用途设置合适的值。

7.3.3.2.3 APS 命令标识符字段

APS 命令标识符字段表明正在使用 APS 命令。

7.3.3.2.4 APS 命令净荷字段

APS 命令帧的 APS 命令净荷字段应包含 APS 命令本身。

7.3.3.3 确认帧格式

确认帧格式应按照图 81 所示的格式编排。

八位位组:1	0/1	0/2	0/2	0/1	1	0/可变
帧控制	目的端点	Cluster 标识符	Profile 标识符	源端点	APS 计数器	扩展头
APS 头						

图 81 确认帧格式

确认帧字段的顺序应和图 75 所示的通用 APS 帧的顺序一致。

如果帧控制字段的 ack 格式字段没有设置，则目的端点、Cluster 标识符、Profile 标识符和源端点都应存在。对于数据帧确认是不设置的根据帧控制字段的扩展头存在子字段的值设置扩展头字段，应被包含在数据帧中。

在帧控制字段中，帧类型子字段应包含指明一个确认帧的值，如表 87 所示。扩展头存在字段包含和确认帧同样的值。所有其他子字段应根据确认帧的预定用途设置合适的值。

如果帧控制字段的 ack 格式字段被设置，该帧就是一个需确认的 APS 命令帧，且不能包含目的端点、Cluster 标识符、Profile 标识符和源端点字段。或者，如果一个 APS 数据帧被确认，源端点字段应映射为被确认的帧目的端点字段的值。同样，目的端点字段应映射为被确认的帧源端点字段的值。Cluster 标识符和 Profile 标识符字段也应当包含和确认的帧相同的值。

APS 计数器字段应包含和确认的帧同样的值。

如果扩展头字段存在，扩展帧控制字段的分段子字段应包含和确认的帧同样的值。如果该帧使用分段，那么块数和 ACKbitfield 字段应存在。在此情况下，如果这是分段传输的第一个帧，那么块数字段应包含确认的帧的值。如果使用分段，确认帧的发出应当和根据 7.6.4.5.3 中保持一致且不应当用于每一个接收帧，除非传输窗口的大小设置为请求确认每一帧请求确认帧格式。

7.3.3.4 请求确认帧格式

请求确认帧格式同确认帧格式，按照图 81 所示的格式编排。

请求确认帧用于分段传输时请求一个数据帧确认，因此帧控制字段的 ack 格式字段不设置，目的端点、Cluster 标识符、Profile 标识符和源端点都应存在，且包含和带有最低未确认块编号的帧相同的值。扩展头子帧也应存在。

在帧控制字段中，帧类型子字段应包含指明一个请求确认帧的值，如表 87 所示。确认请求子字段和扩展头存在都应设为有效。所有其他子字段应根据请求确认帧的预定用途设置合适的值。

APS 计数器字段应包含和带有最低未确认块编号的帧同样的值。

扩展头子帧的扩展帧控制字段的分段和块数应包含和带有最低未确认块编号的帧同样的值，不包含 ACKbitfield。

7.4 命令帧

本部分没有定义命令帧。

7.5 常量和 PIB 属性

7.5.1 APS 常量

APS 常量的定义与描述见表 90。

表 90 APS 常量

常量	描述	值
apscMaxDescriptorSize	一个非复杂的描述符包含的八位位组最大数	64
apscMaxFrameRetries	传输失败后允许重传的最大次数	3
apscAckWaitDuration	等待确认传输一帧的最大秒数	0.05×(2×nwkcMaxDepth)+(安全加密/解密延时),其中(安全加密/解密延时):0.1(假设每个加密周期和解密周期为 0.05)
apscMinDuplicateRejectionTableSize	APS 重复拒绝所需的最小值	1
apscMinHeaderOverhead	APSASDU 增加的最小八位位组数	0x0C

7.5.2 AIB 属性

APS 信息库包含管理设备的 APS 所要求的属性。AIB 属性如表 91 所示。

表 91 APSIB 属性

属性	标识符	类型	值字段	描述	默认值
apsBindingTable	0xc1	集合	可变	设备绑定表条目的当前集合(见 7.6.2.2)	空集
apsDesignatedCoordinator	0xc2	布尔	TRUE 或 FALSE	如果在启动时设备成为网络协调器,为 TRUE,否则为 FALSE	FALSE
apsChannelMask	0xc3	GB/T 15629.15—2010 信道掩码	对于 PHY 的任何有效掩码	用于这个设备网络操作的允许信道的掩码	所有信道
apsUseExtended-PANID	0xc4	64 位扩展地址	0x0000000000000000-0xfffffffffffffffe	形成或加入网络的 64 位地址	0x0000000000000000
apsGroupTable	0xc5	集合	可变	组表条目的当前集合(见表 92)	空集
apsNonmemberRadius	0xc6	整型	0x00～0x07	当使用 NWK 层多播时 NonmemberRadius 参数使用的值	2
apsPermissionsConfiguration	0xc7	见表 90	可变	允许配置项目的当前集合	空集
apsUseInsecureJoin	0xc8	布尔	TRUE 或 FALSE	在启动时控制不安全加入的一个标志	TRUE

表 91（续）

属性	标识符	类型	值字段	描述	默认值
apsInterframeDelay	0xc9	整型	0x00～0xff（可由栈 Profile 限制）	分段参数-以 ms 为单位,发送一个分段传输的 2 个块之间的标准延迟）(见 7.6.4.5)	由栈 Profile 设置
apsLastChannelEnergy	0xca	整型	0x00～0xff	信道改变之前,在先前的信道上执行的信道能量扫描的能量测量	空集
apsLastChannelFailur-eRate	0xcb	整型	0～100(十进制)	信道改变之前,之前信道传输网络传输失败的最新百分比(传输失败对总传输尝试次数的百分比)	空集
apsChannelTimer	0xcc	整型	1～24(十进制)	一个倒计时计时器(以小时记)指示下一个允许的频率捷变信道改变的时间。NULL 值指示频道以前未被改变	空集
apsMaxWindowSize	0xcd	见表 93	变量	活动端点及分段使用时它们的相对 apsMaxWindowSize(不支持分段的活动端点除外)	空集

表 92　组表条目格式

组 ID	端点清单
16 位组地址	属于该组成员的这个设备的端点清单

表 93　端点编号的 apsMaxWindowSize

端点编号	端点编号的 apsMaxWindowSize
0x01～0xff	1～8

7.6　功能描述

7.6.1　可持续数据

要求 APS 在可持续存储器中维护尽量少的数据。这组数据应能经受住断电、设备复位或其他处理事件。下面的数据应保存在 APS 可持续存储器中：

a) apsBindingTable(如果设备支持)；
b) apsDesignatedCoordinator(如果设备支持)；
c) apsChannelMask；
d) apsUseExtendedPANID；
e) apsUseInsecureJoin；
f) apsGroupTable(如果设备支持)；
g) 绑定表缓存；
h) 发现缓存；
i) 设备上每个活动端点的节点设备描述符,电源描述符以及简单描述符；

j） 网络管理地址。

这些数据成为可持续数据的方法不在本部分之内定义。

7.6.2 绑定

7.6.2.1 概述

APS可以维护一个绑定表，它允许传感器网络设备为来自给定源端点并带有一个给定的clusterID的帧，建立一个指定的目的地。每个指定的目的地应代表具体一个设备上的一个具体端点，或一个组地址。

7.6.2.2 绑定表执行

指定为包含绑定表的一个设备应能够支持一个执行相关的具体长度的绑定表。绑定表应执行以下映射：

$$(a_s, e_s, c_s) = \{(a_{d1} \mid, e_{d1}), (a_{d2} \mid, e_{d2} \mid) \cdots (a_{dn} \mid, e_{dn} \mid)\}$$

式中：

a_s——作为绑定连接源的设备地址；

e_s——作为绑定连接源的设备的端点标识符；

c_s——用于绑定连接的 Cluster 标识符；

a_{di}——与绑定连接有关的第 i 个目的地址或者目的组地址；

e_{di}——与绑定连接有关的第 i 个可选目的端点标识符。注意当是一个设备地址时，才能存在。

7.6.2.3 绑定

APSME-BIND.request 或 APSME-UNBIND.request 原语发起创建或去除一个绑定连接的。只有一个支持绑定表缓存的设备，或一个希望存储源绑定的设备，才可以发起该过程。如果这个过程由其他类型的设备发起，那么 APSME 发出状态参数设置为 ILLEGAL_REQUEST 的 APSME-BIND.confirm 或 APSME-UNBIND.confirm 原语。

当启动该过程时，APSME 应首先为绑定连接的源点和目的地取出地址和端点。如果 DstAddrMode 参数值指示组寻址为 0x01，那么只有源地址按照上面描述的处理。16 位组地址直接用作一个目的地址，且在这种情况下，不规定目的端点。有了这个信息，APSME 应根据绑定或取消绑定过程是否已启动分别来创建一个新的条目或从其绑定表中去除相应的条目。

如果请求一个绑定操作，APSME 应在绑定表中创建一个新的条目。如果绑定表有空间的话，设备应只在绑定表中创建一个新的条目。如果绑定表没有空间，APSME 就发出 Status 参数设置为 TABLE_FULL 的 APSME-BIND.confirm 原语。

如果请求一个取消绑定操作，APSME 应查询其绑定表，寻找与发起请求所含信息相匹配的一个现有绑定。如果找不到一个条目，APSME 应终止个过程，并通知 NHLE 该绑定无效。这通过发出 Status 参数设置为 INVALID_BINDING 的 APSME-UNBIND.confirm 原语来完成。如果找到了一个条目，APSME 应在绑定表中去除该条目。

如果绑定连接成功创建或移除，APSME 应通知 NHLE 绑定的结果以及过程的成功。这通过发出 APSME-BIND.confirm 或 APSME-UNBIND.confirm 原语完成，并带有绑定结果，且 Status 参数设置为 SUCCESS。

一个成功的直接绑定过程在图 82 所示的 MSC 中说明。

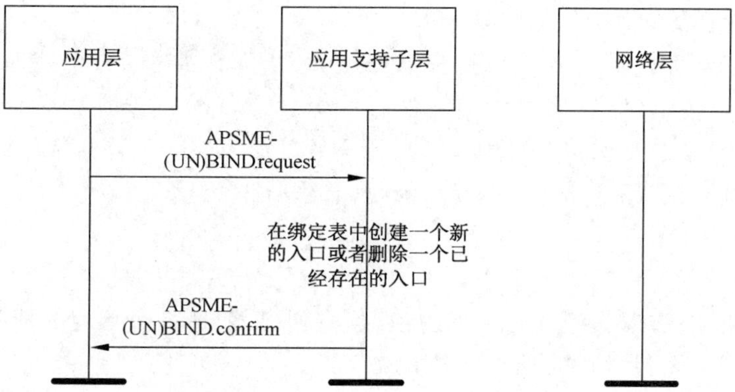

图 82 支持绑定表的设备上的绑定

7.6.3 组寻址

APS 应维护一个组表，它允许端点与组相关联，允许组寻址的帧有选择地投递到那些在表中与一个特定组相关联的端点。

APS 组表的组地址清单应和 NWK 层组表的组 ID 清单相一致，后者存储在 nwkGroupIDTable 属性中。

为了讨论起见，组表应被看作组和端点之间的一组联系，如下：

$$\{(g_1-ep_{11},ep_{12},\cdots,ep_{1n}),(g_2-ep_{21},ep_{22},\cdots,ep_{2m})\ldots(g_i-ep_{i1},ep_{i2},\cdots,ep_{ik}),\}$$

式中：

g_i ——表中列出的第 i 组；

ep_{ik}——与第 i 组相关的第 k 个端点。

只要能够表示上面描述的联系，本规范的执行者可以自由地以任何方便高效的方式执行组表。

7.6.4 传输、接收和确认

7.6.4.1 传输

只有当前网络的设备才能从 APS 发送帧。如果任何其他设备接收到一个发送帧的请求，它应丢弃该帧，并通知发起层这个错误。状态为 CHANNEL_ACCESS_FAILURE 的 APSDEDATA.confirm 原语表示由于信道忙而导致尝试传输帧失败。

APS 处理或产生的所有帧应根据 7.3.2 规定的通用帧格式构造，并使用网络层数据服务发送。

使用传送模式 0b00（正常单播）和 0b10（广播）的传输应包含源端点和目的端点字段。传送模式子字段值为 0b11 的组寻址传输，应包含一个源端点字段和组地址字段，但是没有目的端点字段。注意源设备的其他端点是合法的组成员和组寻址帧可能的目的设备。

对于和传输相关的所有设备，源设备的 APSDE 应确定绑定表条目是否包含一个单播目的设备地址或一个目的组地址，该传输是指存储在源设备的绑定表条目所指示的操作。在绑定表条目包含一个单播目的设备地址，且这个目的设备地址是源设备本身的情况下，APSDE 给邻近高层发出一个 APSDE-DATA.indication 原语，且不发送帧。否则，APSDE 把该帧传输给对应于绑定表条目指明的目的地址的 16 位 NWK 地址，且帧控制字段的传送模式子字段应设置为 0b00。在绑定表条目包含一个目的组地址，且 nwkUseMulticast 是 FALSE 的情况下，帧控制字段的传送模式子字段值应为 0b11，目的组地址应放在 APS 头中，且目的端点被忽略。然后使用 NLDE-DATA.request 原语广播该帧，并使用广播地址 0xfffd。在绑定表条目包含一个目的组地址，且 nwkUseMulticast 是 TRUE 的情况下，帧控制字段的传送模式子字段值应为 0b10，且目的端点值应为 0xff。然后使用 NLDE-DATA.request 原语单播该帧，并使用绑定表条目提供的组地址。

如果要求分段，且这个帧允许，那么该帧应该按照7.6.4.5中描述的进行处理。

当构造了帧并准备传输，它应该被传递给带有一个合适目的和源地址的NWK数据服务。另外，APS层应保证网络层的路由发现功能启用。通过给NWK层发出NLDE-DATA.request原语发起APDU传输，传输的结果通过NLDE-DATA.confirm原语返回。

7.6.4.2 接收和拒绝

APS应通过NWK层数据服务过滤到达的帧，且只列出NHLE感兴趣的那些帧。

如果APSDE收到一个包含目的端点字段的帧，那么APSDE应把它直接传递给目的端点提供的NHLE，除非它是一个不完整的分段传输的一部分，或它被确定为先前传递帧的重复。在同样不完整的分段传输和重复帧检测的情况下，如果目的端点设置为广播端点(0xff)，且收到的NLDE-DATA.inication原语的DstAddrMode参数不是0x01，那么APSDE也应把帧发布给NHLE所支持的全体非保留的端点(0x01～0xfe)。

如果设备的APSDE收到一个帧，其帧控制字段的传送模式子字段设置为0b11，表示组寻址，它应把该帧发给设备组表中与APS头的组地址字段所含的16位组地址相关联的每个端点。同样，如果设备的APSDE收到一个NLDE-DATA.request原语，且DstAddrMode参数值为0x01，也表示组寻址，它应该把该帧发给设备在组表中与DstAddress参数值给定的16位组地址相关联的每个端点。在这两种情况下，都会为与给定组地址相关联的每个端点查询组表，并给邻近高层发出NLDE-DATA.indication原语，且DstEndpoint参数值等于关联端点数。所有发出的原语中，NLDE-DATA.indication原语的所有其他参数应与所有发出原语中的参数保持不变。

APSDE应维护一个重复拒绝表，至少包含源地址，APS计数器和时间信息，这样根据本规范发送的帧多次接收被确定为重复，只投递给NHLE一次。该表的大小应至少是apscMinDuplicateRejectionTableSize参数的值。

7.6.4.3 确认的使用

7.6.4.3.1 概述

一个数据帧或APS命令帧发送时，应为该帧设置合适的确认请求子字段。一个确认帧发送时，总是把该帧的确认请求子字段设置为0。同样，任何广播或多播的帧发送时应该把该帧的确认请求子字段设置为0。

7.6.4.3.2 没有确认

一个帧被其预定接收方接收时，且确认请求(AR)子字段设置为0时，就不应被确认。发起方应假定该帧传输成功。图83展示了从发起方到接收方发送一个无确认请求的数据帧的情景。在这种情况下，发起方发送AR子字段等于0的数据帧。

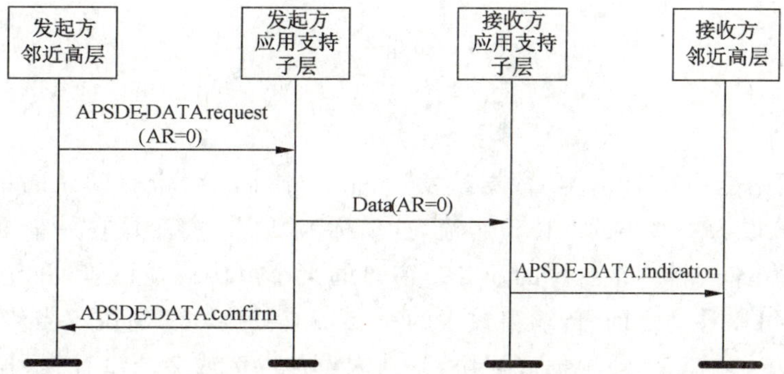

图 83 无确认的成功的数据传输

7.6.4.3.3 确认

一个帧被其预定接收方接收时,其确认请求(AR)子字段设置为 1 时,应被确认。如果预定接收方正确接收到该帧,它应产生并发送一个确认帧给待确认帧的发起方。

当 APS 确定帧是有效的,确认帧的传输就应该开始了。

图 84 展示了从发起方到接收方发送一个带有确认请求的数据帧的情景。在这种情况下,发起方发送 AR 子字段设置为 1 的数据帧,指示接收方它需要一个确认。

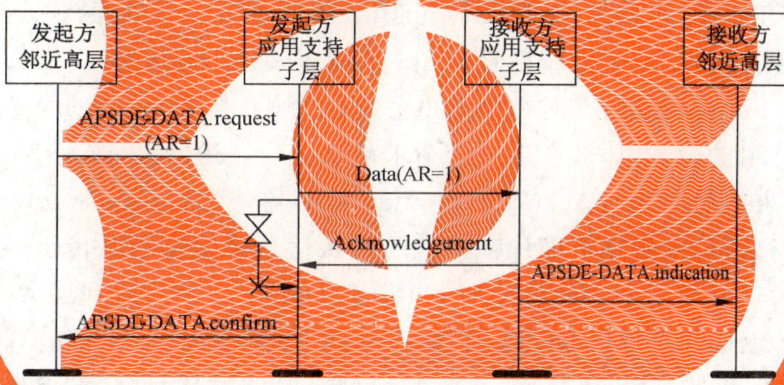

图 84 带确认的成功的数据传输

7.6.4.4 重传

一个设备发送确认请求子字段设置为 0 的帧,应假定传输成功被接收,并应不再执行重传规程。

一个设备发送确认请求子字段设置为 1 的帧,为了接收相应的确认帧,应该等待最多 apscAckWaitDuration 秒。

如果在 apscAckWaitDuration 秒内收到一个确认帧,它包含和原始帧相同的 Cluster 组标识符和 APS 计数器,且源端点等于原始帧要传输的目的端点,传输应视为成功,设备不再采取进一步行动。如果在 apscAckWaitDuration 秒内没有收到一个确认,或在 apscAckWaitDuration 秒内收到了确认,但是包含一个意外的 cluster 组标识符或 APS 计数器,或源端点不等于原始帧要传输到的目的端点,设备应断定一次传输尝试失败。

如果一次传输尝试失败,设备应重复帧的过程,并等待确认,直到达到最大重传次数 apscMaxFrameRetries。如果在 apscMaxFrameRetries 次重传后仍没有收到一个确认,APS 应假定传输失败并且通知邻近高层传输失败。

加密帧的重传应使用和原始帧相同的帧计数器。

7.6.4.5 分段传输

7.6.4.5.1 概述

当ASDU太大而不能用一个MAC数据帧发送，需要请求一个带有确认的单播传输，且该帧允许分段时，ASDU将被分段为一些小的八位位组流，这里称为“块”。每个块在一个单个帧中单独的传送。

一个“传输窗口”用来安排一个有序的业务。窗口的大小由协议栈设置，并允许最大设为8块。底层的协议安排在窗口可以移动之前，传输窗口中的所有块应被接收和确认。当传输窗口内的所有块被成功接收之后，就发送一个确认，或根据底层协议，请求重传一个或多个没有收到的块。

不使用APS确认的业务不能分段。多播和广播传输不允许使用分段。

7.6.4.5.2 传输

一个分段传输的所有块应该有同样的APS计数器值。扩展帧头子字段应包含在帧中。第一个分段块的扩展帧控制字段的分段子字段应设置为0b01，后续分段块的相应子字段应设置为0b10。第一块中的块数字段指示传输的总块数。第二块为0x01，后续块应依次递增。

应维护一个传输窗口，最初覆盖从块0到(apscMaxWindowSize－1)，或者如果总块数更少，直接覆盖到总块数。

如果需要安全，那么每个帧都应独立地处理。发送每个块后，APS应启动一个计时器。如果在当前传输窗口中有很多未确认的块要发送，那么在apsInterframeDelay毫秒的延误之后，下一个块应被传送到NWK层数据服务。否则，计时器应设置为apscAckWaitDuration秒。

应维护一个retryCounter参数，并对每个新事务复位为0。如果apscAckWaitDuration计时器溢出前没有收到对已发送分组的确认，那么产生一个请求确认帧后发送出去，或直接将已发送窗口内的最后一个分组发送出去，并再次启动apscAckWaitDuration计时器，然后retryCounter加1。若在再次启动的计时器溢出前收到确认帧，则根据该确认帧携带的确认信息确定是否重传上述已发送分组，否则，重传请求确认帧或发送窗口的最后一个分组。如果retryCounter的参数达到最大重传次数，那么认为该次事务失败，给NHLE返回一个APSDE-DATA.confirm原语，状态值为NO_ACK。

在收到一个确认帧，并且APS计数器、块数和地址字段的值都匹配，输出块就按照下节所述被确认。如果至少有一个之前未确认的块被确认，那么计时器暂停，retryCounter参数应复位。如果当前传输窗口的所有的块均被确认，那么传输窗口应增加apscMaxWindowSize个。如果所有的块都已经被发送和确认，那么该次事务完成，并给NHLE返回一个APSDE-DATA.confirm原语，状态值为SUCCESS。否则，产生一个请求确认帧或直接将已发送窗口内的最后一个分组传送给NWK层数据服务。

7.6.4.5.3 接收、拒绝和确认

如果使用分段传输所需的字段不存在，该帧应被拒绝。而且，所有参数超出协议范围的帧也应被拒绝。

如果一个外入的分段事务已经在处理中，但是其地址和计数器字段与接收的帧不匹配，那么收到的帧允许选择性被拒绝，或者作为另一个业务单独处理。

如果没有事务正在进行，且收到一个分段的帧，那么就应该尝试重组装。初始时接收窗口将从0到(apscMaxWindowSize－1)。

如果启动的事务与先前收到的事务的计数器和源地址字段的值相同，那么新事务可作为一次重复而被拒绝。

如果接收窗口在(apscAckWaitDuration＋ apscAckWaitDuration×MaxFrameRetries)时间内没有

向前移动,该事务应被视为失败。接收端会发送一个确认给发送端,确认中包含错过的一个或多个块。

如果当前接收窗口内的所有块均已被接收,而且收到一个块的编号大于当前接收窗口的一个块,那么当前接收窗口应增加 apscMaxWindowSize 块。

如果接收到一个事务中最后一个块,或者收到的一个块编号等于或高于窗口中之前未确认的块编号的最大值,那么应产生一个确认。

当事务中所有的块均被接收,APS 应发出一个包含重组装信息的 APSDE-DATA. indication 原语,且事务应被视为完成。为了便于最后确认的重传,尽量保持 apscAckWaitDuration 秒的持续时间。

当产生确认,确认帧的格式根据 7.3.3.3 中规定的确认帧的格式来编排。APS 计数器字段反映了被确认的帧的相应字段的值。块编号段应包含当前接收窗口中最小的块编号值,使用数值 0 作为第一个块的值。

如果当前窗口的第一个分段已经被正确接收,那么 ACKbitfield 的第一个位应设为 1,否则设为 0。和当前接收窗口的后续分段相对应的后续位应类似地设置,如果 apscMaxWindowSize 小于 8,那么剩余的各位均设为 1。

这个过程在图 85 中说明。在图 85 中,传输是即时成功的。(这些例子假定 aspcMaxWindowSize 取值为 3)。

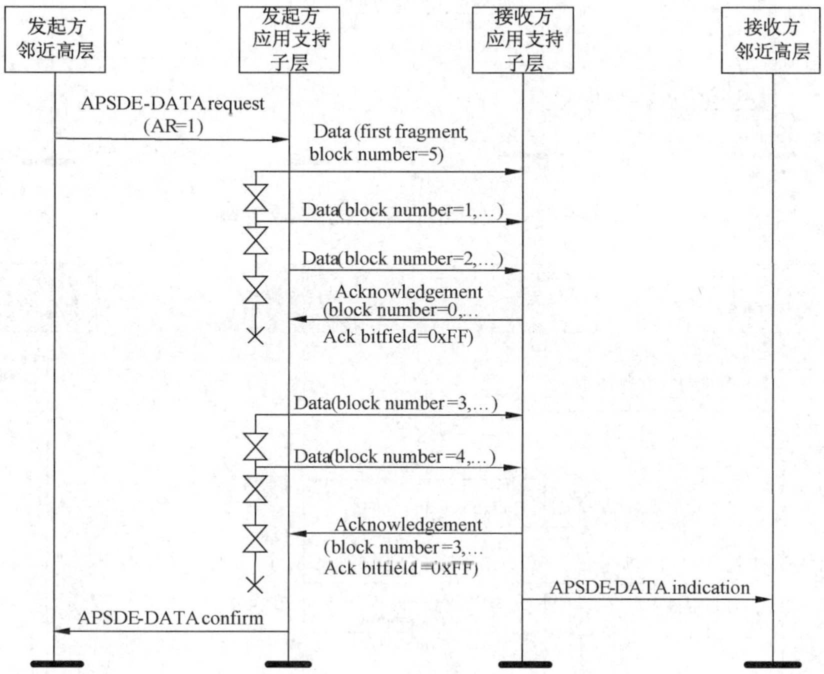

图 85 成功的分段数据传输

在图 86 中,通过网络发送的帧出现丢失,被重新发送。

在图 87 中,网络中丢失了多个帧,包括窗口内含有最大块编号的那个帧。在这种情况下需要稍多的业务量,但是源端后退给了网络一个恢复的机会,ASDU 被成功地投递。

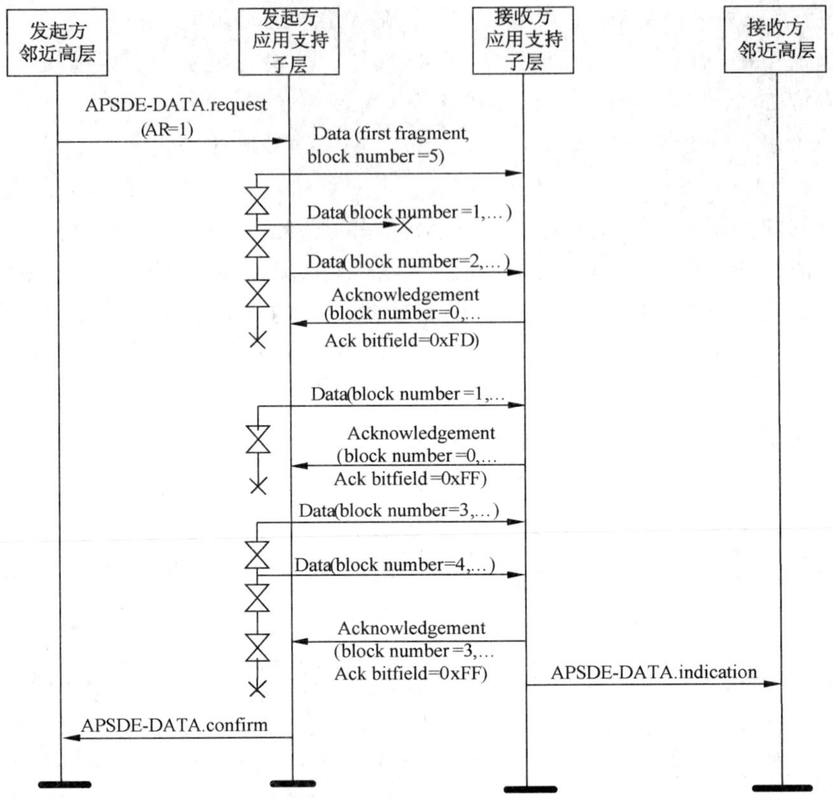

图 86 一次重传的分段数据传输

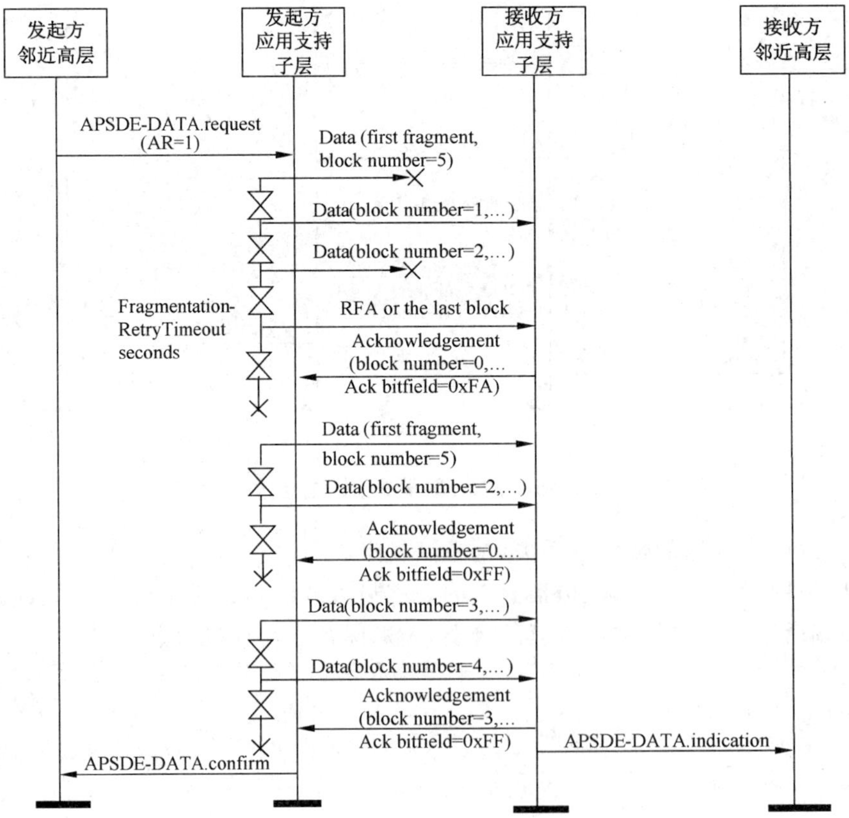

图 87 多次重传的分段数据传输

7.7 APS 状态值

APS 证实原语通常包括报告适用证实的请求状态的一个参数。表 94 给出了 APS 状态参数的值。

表 94 APS 状态值

名称	值	描述
SUCCESS	0x00	一个请求被成功执行
ASDU_TOO_LONG	0xa0	因为 ASDU 太大且不支持分段,一个发送请求失败
DEFRAG_DEFERRED	0xa1	一个收到的分段帧在当前不能重组
DEFRAG_UNSUPPORTED	0xa2	因为设备不支持分段,一个收到的分段帧不能重组装
ILLEGAL_REQUEST	0xa3	一个参数值超出范围
INVALID_BINDING	0xa4	因为请求的绑定连接不存在于绑定表中,APSME-UNBIND.request 失败
INVALID_GROUP	0xa5	发出了组标识符不存在于组表中的 APSME-REMOVE-GROUP.request
INVALID_PARAMETER	0xa6	一个参数值无效或超出范围
NO_ACK	0xa7	因为没有收到确认,请求被确认的 APSDE-DATA.request 传输失败
NO_BOUND_DEVICE	0xa8	因为没有设备绑定到这个设备,目的寻址模式设置为 0x00 的 APSDE-DATE.request 失败
NO_SHORT_ADDRESS	0xa9	因为地址映射表中没有找到相应的短地址,目的寻址模式设置为 0x03 的 APSDE-DATA.request 失败
NOT_SUPPORTED	0xaa	因为设备不支持绑定表,目的寻址模式设置为 0x00 的 APSDE-DATA.request 失败
SECURED_LINK_KEY	0xab	收到一个使用链路密钥加密的 ASDU
SECURED_NWK_KEY	0xac	收到一个使用网络密钥加密的 ASDU
SECURITY_FAIL	0xad	相应的安全处理期间,请求加密的 APSDE-DATA.request 导致一个错误
TABLE_FULL	0xae	当绑定表或组表分别为满时,发出 APSME-BIND.request 或 APSME-ADDGROUP.request
UNSECURED	0xaf	收到一个没有任何加密的 ASDU
UNSUPPORTED_ATTRIBUTE	0xb0	发出带有未知的属性标识符的一个 APSME-GET.request 或 APSMESET.request

ICS 35.110
L 79

中华人民共和国国家标准

GB/T 30269.501—2014

信息技术　传感器网络　第501部分：标识：传感节点标识符编制规则

Information technology—Sensor networks—
Part 501: Identification: Identifier encoding rules for sensor node

2014-12-05 发布　　2015-04-01 实施

中华人民共和国国家质量监督检验检疫总局
中国国家标准化管理委员会　发布

前　言

GB/T 30269《信息技术　传感器网络》拟分为以下几部分：

——第1部分：总则；

——第2部分：术语；

——第301部分：通信与信息交换：低速无线传感器网络网络层和应用支持子层规范；

——第302部分：通信与信息交换：高可靠性传感器网络媒体访问控制和物理层规范；

——第303部分：通信与信息交换：基于IPV6的网络层规范；

——第304部分：通信与信息交换：面向视频的媒体访问控制层和物理层规范；

——第401部分：协同信息处理：支撑服务及接口；

——第501部分：标识：传感节点标识符编制规则；

——第502部分：标识：传感节点标识符解析和管理规范；

——第503部分：标识：传感节点标识符注册规程；

——第601部分：信息安全：通用技术规范；

——第602部分：信息安全：网络传输安全技术规范；

——第701部分：传感器接口：信号接口；

——第702部分：传感器接口：数据接口；

——第801部分：测试：通用要求；

——第802部分：测试：低速无线传感器网络媒体访问控制和物理层；

——第803部分：测试：低速无线传感器网络网络层和应用支持子层；

——第901部分：网关：通用技术要求；

——第1001部分：中间件：节点数据交互规范；

……

本部分是GB/T 30269的第501部分。

本部分按照GB/T 1.1—2009给出的规则起草。

本部分由全国信息技术标准化技术委员会(SAC/TC 28)提出并归口。

本部分主要起草单位：中国电子技术标准化研究院、重庆邮电大学、杭州家和物联技术有限公司、合肥工大高科信息科技股份有限公司、无锡物联网产业研究院、中国物品编码中心、中国互联网络信息中心、江苏省电子信息产品质量监督检验研究院、大唐移动通信设备有限公司。

本部分主要起草人：罗志勇、徐冬梅、徐全平、沃吴昊、陆阳、邓瀚林、王毅、王妍、王平、董挺、吕凌、王琳。

信息技术　传感器网络　第501部分：标识：传感节点标识符编制规则

1　范围

GB/T 30269的本部分规定了传感器网络中传感节点标识符的结构和编制规则。

本部分适用于传感器网络中的传感节点管理与应用。

2　规范性引用文件

下列文件对于本文件的应用是必不可少的。凡是注日期的引用文件，仅注日期的版本适用于本文件。凡是不注日期的引用文件，其最新版本（包括所有的修改单）适用于本文件。

GB 3836.1—2010　爆炸性环境　第1部分：设备　通用要求

GB 4208—2008　外壳防护等级（IP代码）

GB/T 15629.15—2010　信息技术　系统间远程通信和信息交换　局域网和城域网　特定要求　第15部分：低速无线个域网（WPAN）媒体访问控制和物理层规范

GB/T 16263.1—2006　信息技术　ASN.1编码规则　第1部分：基本编码规则（BER）、正则编码规则（CER）和非典型编码规则（DER）规范

GB/T 30269.2—2013　信息技术　传感器网络　第2部分：术语

GB/T 30269.701—2014　信息技术　传感器网络　第701部分：接口：信号接口

ISO/IEC/IEEE 8802-15-4:2010　信息技术　系统间远程通信和信息交换　局域网和城域网　特定要求　第15-4部分：低速率无线个域网（WPAN）媒体访问控制（MAC）和物理层（PHY）规范[Information technology—Telecommunications and information exchange between systems—Local and metropolitan area networks—Specific requirements—Part 15-4: Wireless medium access control (MAC) and physical layer (PHY) specifications for low-rate wireless personal area networks (WPANs)]

国家无线电管理局.微功率（短距离）无线电设备的技术要求.信部无[2005]423[2005-09-05]号

3　术语和定义

GB/T 30269.2—2013界定的以及下列术语和定义适用于本文件。

3.1

身份标识符　ID identifier

用于全球范围内唯一、无歧义地标识传感节点身份的一系列连续字符。

3.2

应用属性标识符　application property identifier

用于描述传感节点应用属性的一系列字符。

4　缩略语

OID　对象/客体标识符（Object Identifier）

5 传感节点标识符

5.1 概述

传感节点标识符包括身份标识符和应用属性标识符，身份标识符用于唯一标识传感节点的身份，是必选项；应用属性标识符用于描述传感节点的应用属性，是可选项。身份标识符与应用属性标识符具有不同的数据结构，分别用两个独立连续数据区域进行存储。

5.2 传感节点身份标识符

5.2.1 身份标识符结构

传感节点身份标识符由管理机构标识符和产品身份标识符两部分组成。管理机构标识符长度为48位，编码结构为：管理机构代码，见表1。产品身份标识符长度为72位，编码结构为：版本号＋生产厂商代码＋产品代码，见表2。

表1 管理机构标识符结构

管理机构代码 位
48

表2 产品身份标识符结构

版本号 位	生产厂商代码 位	产品代码 位
8	24	40

5.2.2 身份标识符编码规则

5.2.2.1 管理机构代码

管理机构代码长度为48位，内容是国家传感器网络管理机构的对象标识符（OID）“2.16.156.101818”，按照GB/T 16263.1—2006中8.19规定的编码规则，二进制表示为：

“01100000 10000010 00011100 10000110 10011011 00111010”

上述编码算法见附录A。

5.2.2.2 版本号

版本号长度为8位，当前版本的二进制表示为“00000001”。其余的254个数值（“00000000”除外）预留，供版本号的未来扩展

5.2.2.3 生产厂商代码

生产厂商代码长度为24位，是由国家传感器网络标识符注册管理机构编制的，并分配给传感节点生产厂商的唯一编号，其二进制数值范围为“0000 0000 0000 0000 0000 0000”～“1111 1111 1111 1111 1111 1111”。

5.2.2.4 产品代码

产品代码长度为40位，是生产厂商自行为本厂每个传感节点产品分配的唯一编号，应包含传感节点的产品类别、序列号等产品信息，其二进制数值范围为"0000 0000 0000 0000 0000 0000 0000 0000 0000 0000"～"1111 1111 1111 1111 1111 1111 1111 1111 1111 1111"。

5.3 传感节点应用属性标识符

5.3.1 应用属性标识符结构

传感节点应用属性标识符由节点描述符和信号接口描述符两部分构成。信号接口描述符包括各个通道信号描述符。应用属性标识符的编码结构如表3所示。

表3 应用属性标识符结构

节点描述符 八位位组	通道1信号接口描述符 八位位组	……	通道 n 信号接口描述符 八位位组
2或8	3～255		3～255

信号接口的通道数量由节点描述符规定，分为简化版本或完整版本；信号接口的每个通道对应一个通道信号接口描述符，每个传感节点最多可以有255个信号接口通道。表3中 n 的最小取值为十进制数1，最大取值为十进制数255。

5.3.2 节点描述符

5.3.2.1 节点描述符结构

简化版本节点描述符描述节点的基本应用信息，包括描述符类型、版本号和信号接口通道数量。节点描述符长度为2个八位位组(16位)，见表4。

表4 简化版本的节点描述符结构

描述符类型 位	版本号 位	信号接口通道数量 位
4	4	8

完整版本的节点描述符描述节点的较为全面的应用信息，包括描述符类型、版本号、信号接口通道数量、供电方式、外壳防护等级、无线频段、防爆型式等内容。节点描述符长度为8个八位位组(64位)，见表5。

表5 完整版本的节点描述符结构

描述符类型 位	版本号 位	信号接口通道数量 位	供电方式 位	外壳防护等级 位	无线频段 位	防爆型式 位	保留1 位
4	4	8	16	8	8	4	12

表4和表5中：

a) 描述符类型：4位，固定为二进制编码"0000"，表示该描述符是"节点描述符"；

b) 版本号：简化版本的二进制表示为“0000”，节点描述符长度为 2 个八位位组（16 位）；完整版本的二进制表示为“0001”，节点描述符长度为 8 个八位位组（64 位）；

c) 信号接口通道数量：节点中具有的信号接口通道总数量，以 8 位二进制编码表示，范围为“0000 0001”～“1111 1111”；

d) 供电方式：16 位，见 5.3.2.2；

e) 外壳防护等级：8 位，见 5.3.2.3；

f) 无线频段：8 位，见 5.3.2.4；

g) 防爆型式：4 位，见 5.3.2.5；

h) 保留 1：12 位，固定为二进制编码“0000 0000 0000”。

5.3.2.2 供电方式

供电方式字段长度为 16 位，规定了节点的有效供电电源，见表 6。

表 6 供电方式编码

位 15	位 14～位 13	位 12	位 11	位 10	位 9～位 0
标志位	电池	总线供电	是否可以外部供电	外部供电直流/交流	用于扩展
0：位 14～位 0 有效； 1：位 14～位 0 无效	00：无电池； 01：不可充电电池； 10：可充电电池	0：非总线供电； 1：总线供电	0：不可外部供电； 1：外部可供电	0：外部直流供电； 1：外部交流供电	保留

5.3.2.3 外壳防护等级

外壳防护等级字段长度为 8 位。依据 GB 4208—2008 的规定，其中位 7～位 4 为防护等级编码，位 3～位 0 为防水等级编码，见表 7。

表 7 外壳防护等级编码

编码 （位 7～位 4）	防护等级	编码 （位 3～位 0）	防水等级
0000	0：没有保护	0000	0：没有保护
0001	1：≥Φ50 mm	0001	1：垂直滴水
0010	2：≥Φ12.5 mm	0010	2：15°滴水
0011	3：≥Φ2.5 mm	0011	3：淋水
0100	4：≥Φ1.0 mm	0100	4：溅水
0101	5：防尘	0101	5：喷水
0110	6：尘密	0110	6：猛力喷水
—	—	0111	7：短时间内浸水（1 m）
—	—	1000	8：于一定压力下长时间浸水
0111～1110	保留	1001～1110	保留
1111	该字段无效	1111	该字段无效

5.3.2.4 无线频段

无线频段字段长度为8位,描述了传感节点所支持的无线频段。GB/T 15629.15—2010规定了频段A:314 MHz~316 MHz、频段B:430 MHz~434 MHz、频段C:779 MHz~787 MHz三个频段;ISO/IEC/IEEE 8802-15-4:2010规定了频段D:2 400 MHz~2 483.5 MHz;《微功率(短距离)无线电设备的技术要求》规定了频段E:470 MHz~510 MHz。表8规定了对于支持的频段或频段组合的编码。

表8 无线频段编码分配

频段/频段组合编码	支持频段/频段组合	频段/频段组合编码	支持频段/频段组合
00000000	保留	00010000	A B C
00000001	A	00010001	A B D
00000010	B	00010010	A B E
00000011	C	00010011	A C D
00000100	D	00010100	A C E
00000101	E	00010101	A D E
00000110	A B	00010110	B C D
00000111	A C	00010111	B C E
00001000	A D	00011000	B D E
00001001	A E	00011001	C D E
00001010	B C	00011010	A B C D
00001011	B D	00011011	A B C E
00001100	B E	00011100	A B D E
00001101	C D	00011101	A C D E
00001110	C E	00011110	B C D E
00001111	D E	00011111	A B C D E
00100000~11111110	保留	11111111	该字段无效

5.3.2.5 防爆型式

防爆型式字段长度为4位。依据GB 3836.1—2010的规定,对隔爆型、增安型、本质安全型、正压型、油浸型、充砂型、浇封型等防爆型式进行了编码,见表9。

表9 防爆型式编码

防爆型式编码	防爆型式类型
0000	无防爆型
0001	隔爆型
0010	增安型
0011	本质安全型
0100	正压型

表 9（续）

防爆型式编码	防爆型式类型
0101	油浸型
0110	充砂型
0111	浇封型
1000～1110	保留
1111	该字段无效

5.3.3 信号接口描述符

信号接口描述符由各个通道信号接口描述符组成。

通道信号接口描述符用于描述传感节点相应的信号通道接口信息，其结构如表 10 所示。

表 10 通道信号接口描述符结构

描述符类型 位	保留 位	描述符长度 位	通道信号接口编号 位	通道信号接口描述数据 八位位组
4	4	8	8	0～252

表 10 中：

a) 描述符类型：4 位，固定为二进制编码“0010”，表示该描述符是“通道信号接口描述符”；

b) 保留：4 位，用于将来信号接口描述符的扩展；

c) 描述符长度：表示接口描述符总长度的八位位组数，以 8 位二进制编码表示，范围为“0000 0011”～“1111 1111”；

d) 通道信号接口编号：该描述符所描述的信号接口的编号，以 8 位二进制编码表示，范围为“0000 0001”～“1111 1111”；

e) 通道信号接口表述格式详见 GB/T 30269.701—2014 附录 C。

附 录 A
（规范性附录）
管理机构代码编码算法

管理机构代码编码算法步骤如下：

a) OID起始的顶级弧“2”与次级弧“16”按照如下方式编码：
计算 2×40+16 得 96，转化为二进制“1100000”，最前面1位补“0”，编码为8位“01100000”。

b) 三级弧“156”转化为二进制“10011100”，最前面6位补“0”转化为14位“0000001 0011100”，14位分为“0000001”和“0011100”两组，其中第一组最前面1位补“1”，第二组最前面1位补“0”，编码为16位“10000001 00011100”。

c) 四级弧“101818”转化为二进制“11000110110111010”，最前面4位补“0”转化为21位“0000110 0011011 0111010”，21位分为“0000110”、“0011011”和“0111010”三组，其中第一组和第二组最前面1位补“1”，第三组最前面1位补“0”，转化为24位编码“10000110 10011011 00111010”。

d) 将三段编码首尾相接，形成最终的编码序列“01100000 10000001 00011100 10000110 10011011 00111010”。

注：在国家OID编码体系下，其他机构编号范围为100000 ～15999999，其中“101818”分配给“国家传感器网络标识符注册管理机构”。2.16.156下OID资源分配情况见GB/T 26231—2010。

参 考 文 献

［1］ GB/T 26231—2010 信息技术 开放系统互连 OID的国家编号体系和注册规程

ICS 35.110
L 79

中华人民共和国国家标准

GB/T 30269.701—2014

信息技术 传感器网络 第701部分：传感器接口：信号接口

Information technology—Sensor network—Part 701: Sensor interface: Signal interface

2014-12-05 发布　　2015-04-01 实施

中华人民共和国国家质量监督检验检疫总局
中国国家标准化管理委员会
发布

前　言

GB/T 30269《信息技术 传感器网络》拟为以下几部分：

——第1部分：参考体系结构和通用技术要求；

——第2部分：术语；

——第301部分：通信与信息交换：低速无线传感器网络网络层和应用支持子层规范；

——第302部分：通信与信息交换：高可靠性传感器网络媒体访问控制和物理层规范；

——第303部分：通信与信息交换：基于IP的网络层规范；

——第304部分：通信与信息交换：面向视频的媒体访问控制层和物理层规范；

——第401部分：协同信息处理：支撑服务及接口；

——第501部分：标识：传感结点标识符编制规则；

——第502部分：标识：传感结点标识符解析和管理规范；

——第503部分：标识：传感结点标识符注册规程；

——第601部分：信息安全：通用技术规范；

——第602部分：信息安全：网络传输安全技术规范；

——第701部分：传感器接口：信号接口；

——第702部分：传感器接口：数据接口；

——第801部分：测试：通用要求；

——第802部分：测试：低速无线传感器网络媒体访问控制和物理层；

——第803部分：测试：低速无线传感器网络网络层和应用支持子层；

——第901部分：网关：通用技术要求；

——第1001部分：中间件：传感器网络结点数据交换规范；

……

本部分是GB/T 30269的第701部分。

本部分按照GB/T 1.1—2009给出的规则起草。

请注意本文件的某些内容可能涉及专利。本文件的发布机构不承担识别这些专利的责任。

本部分由全国信息技术标准化技术委员会(SAC/TC 28)提出并归口。

本部分起草单位：中国科学院合肥物质科学研究院、中国电子技术标准化研究院、合肥工大高科信息科技股份有限公司、安徽朗坤物联网有限公司、昆山双桥传感器测控技术有限公司、无锡物联网产业研究院、杭州家和物联技术有限公司、安徽大学、重庆大学、中国移动通信集团、大唐电信科技产业控股有限公司。

本部分主要起草人：吴仲城、陆阳、李云飞、李芳、杨宏、王文襄、任晓东、钟代笛、沃吴昊、李凤、胡艳军、曹红兵、魏臻、康坤、董挺。

信息技术　传感器网络
第701部分:传感器接口:信号接口

1 范围

GB/T 30269的本部分规定了传感器与传感器结点之间的信号类型、电气参数类型及表述格式。

本部分适用于传感器和传感结点的生产、测试、系统集成与应用开发。

2 规范性引用文件

下列文件对于本文件的应用是必不可少的。凡是注日期的引用文件,仅注日期的版本适用于本文件。凡是不注日期的引用文件,其最新版本(包括所有的修改单)适用于本文件。

GB 2312—1980　信息交换用汉字编码字符集　基本集

GB/T 6107—2000　使用串行二进制数据交换的数据终端设备和数据电路终接设备之间的接口

GB/T 30269.2—2013　信息技术　传感器网络　第2部分:术语

GJB 4955—2003　通用串行总线(USB)

ISO 11898(所有部分)　道路交通工具　控制器区域网络[Road vehicles—Controller area network (CAN)]

TIA/EIA 485-A　用于平衡多点系统的收发器电气特性(Electrical Characteristics of Generators and Receivers for use in balanced multipoint systems)

I2C总线规范(The I2C-Bus specification)

1-wire扩展网络标准(1-Wire Extended Network Standard)

3 术语、定义和缩略语

3.1 术语和定义

GB/T 30269.2—2013界定的以及下列术语和定义适用于本文件。为了便于使用,以下重复列出了GB/T 30269.2—2013中的相关术语和定义。

3.1.1

传感器　sensor

依照一定的规则,对物理世界中的客观现象、物理属性进行监测,并将监测结果转化为可以进一步处理的信号的设备。

注1:信号可以为电子的、化学的或者其他形式的传感器响应。

注2:信号可以表示为1维、2维、3维或更高维度的数据。

[GB/T 30269.2—2013,定义3.1.2]

3.1.2

传感(器)结点　sensor node

在传感器网络中,能够进行采集,并具有数据处理、组网和控制管理的功能单元。

[GB/T 30269.2—2013,定义3.1.3]

3.1.3

传感器接口　sensor interface

将传感器连接到传感器结点内其他功能模块所涉及的一套软件、硬件及协议规范，包括机械、电气和软件集成的内容。

[GB/T 30269.2—2013，定义 3.5.1]

3.1.4

传感器信号接口　sensor signal interface

规范传感器与传感器结点内其他功能模块之间的信号类型、电气参数类型及表述格式。

注：属于传感器接口的电气层面。

[GB/T 30269.2—2013，定义 3.5.2]

3.1.5

传感器数据接口　sensor data interface

传感器与传感器结点内其他模块之间的软件接口，包括数据格式和交互协议两个方面。

注：属于传感器接口的软件集成层面。

[GB/T 30269.2—2013，定义 3.5.3]

3.1.6

激励电源　excitation power supply

为满足某种电子元件的工作条件而提供的电源。

3.1.7

直流电压源电压允差等级　DC voltage source voltage deviation degree

按电压偏离其标称值的百分数分级。

注：电源电压变化包括负载变化引起的电源阻抗的影响。

3.1.8

直流电流源电流允差等级　DC current source current deviation degree

按电流偏离其标称值的百分数分级。

注：电源电流变化包括负载变化引起的电源阻抗的影响。

3.1.9

交流电压源电压偏差等级　AC voltage source voltage deviation degree

按电压偏离其标称值的百分数分级，交流电压按均方根计算。

注：电源电压变化包括负载变化引起的电源阻抗的影响。

3.1.10

交流电流源电流偏差等级　AC current source current deviation degree

按电流偏离其标称值的百分数分级，交流电流按均方根计算。

注：电源电流变化包括负载变化引起的电源阻抗的影响。

3.1.11

直流电压源电压纹波等级　DC voltage source voltage ripple level

按电源电压的总交流分量(峰-峰值)与电源电压平均值之比的百分数分级，在额定负载下测量。

3.1.12

直流电流源电流纹波等级　DC current source current ripple level

按电源电流的总交流分量(峰-峰值)与电源电流平均值之比的百分数分级，在额定负载下测量。

3.1.13

交流电源频率偏差等级　AC power frequency deviation degree

按频率偏离其标称值的百分数分级。

3.2　缩略语

下列缩略语适用于本文件。

TLV：类型长度值（Type-Length-Value）

XML：可扩展置标语言（eXtensible Markup Language）

4　信号类型

4.1　电压型

电压型传感器应以电压幅值变化反映被测量变化。

4.2　电流型

电流型传感器应以电流幅值变化反映被测量变化。

4.3　电阻器型

电阻器型传感器应以敏感元件的电阻器值变化反映被测量变化，一般需要转换成电信号形式进行传输。

4.4　频率型

频率型传感器应以单个周期时间长度或单位时间内周期个数表示被测量的变化，一般以周期性的波形输出。

4.5　脉冲型

脉冲型传感器应以出现的电压或电流幅值瞬间突变的个数表示被测量变化。

4.6　开关型

开关型传感器应以“开”和“关”两种状态信号的变化反映被测量的变化，其包括有源型和无源型。

有源型开关量信号分为电压型和电流型两种类型，其信号接口形式如图1所示。

a）　电压型开关量信号接口　　　b）　电流型开关量信号接口

图1　有源型开关量信号接口

无源型开关量信号一般为接点形式,其信号接口形式如图 2 所示,其中 K 既可以是机械触点,也可以是半导体式触点。

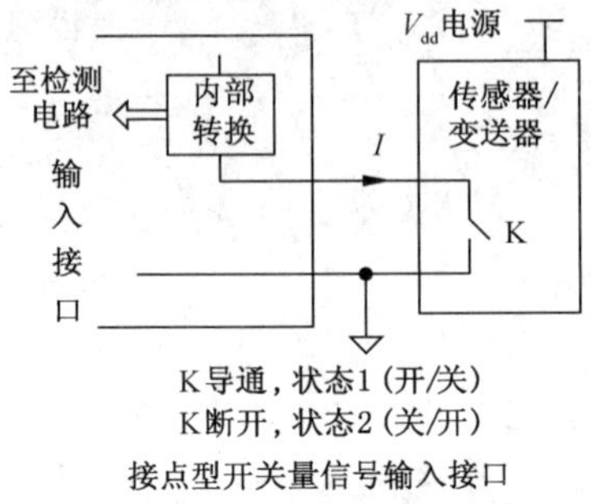

图 2 无源型开关量信号接口

4.7 数字通信型

数字通信型传感器应在一定的物理信号连接的基础上,按照某种规定的协议,以传输的数据反映被测量的变化。

4.8 其他类型

上述信号类型之外的其他类型信号。

5 电气参数

5.1 电压信号

5.1.1 电压范围

应明确给出电压信号的上限值和下限值,单位为毫伏(mV)或伏(V)。

5.1.2 阻抗匹配

应明确给出信号接口的参数,单位为欧(Ω)。传感器应给出输出阻抗;传感结点应给出输入阻抗。

5.1.3 测量方式

5.1.3.1 单端

5.1.3.1.1 参考单端

参考单端测量方式中,信号源负极性线与采集设备(如传感器结点)的参考地直接连接,图 3 从左至右分别给出了浮地信号源和接地信号源的参考单端测量方式的接线示意图。

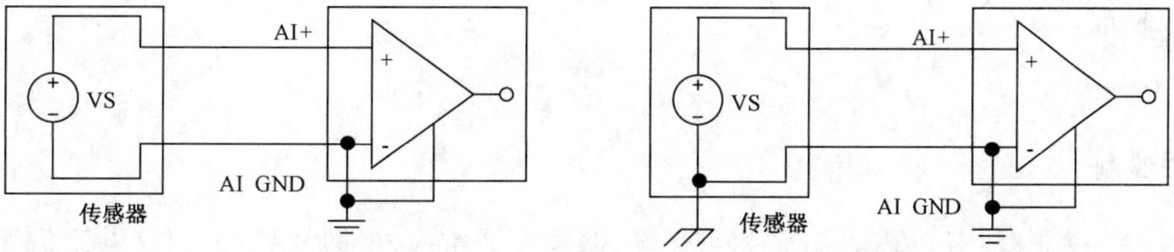

a） 浮地信号　　　　b） 接地信号

图 3　参考单端测量方式

5.1.3.1.2　非参考单端

非参考单端测量方式中，信号源负极没有直接连接到采集设备的参考地，图 4 从左至右分别给出了浮地信号源和接地信号源的非参考单端测量方式的接线示意图。

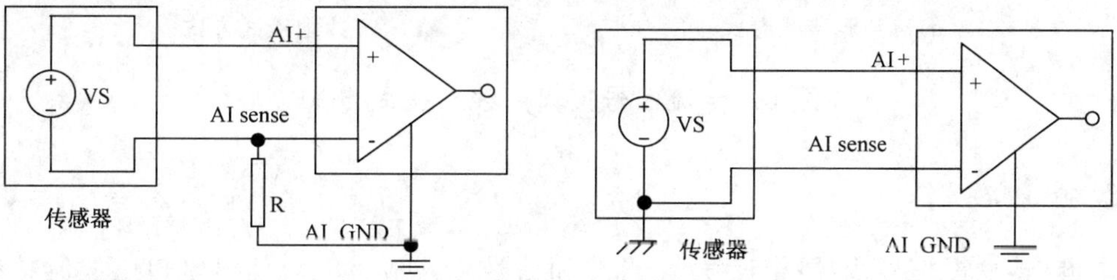

a） 浮地信号　　　　b） 接地信号

图 4　非参考单端测量方式

5.1.3.2　差分

差分测量方式中，信号源正、负极分别接到采集设备中差动放大器的正、负端，图 5 从左至右分别给出了浮地信号源和接地信号源的差分测量方式的接线示意图。

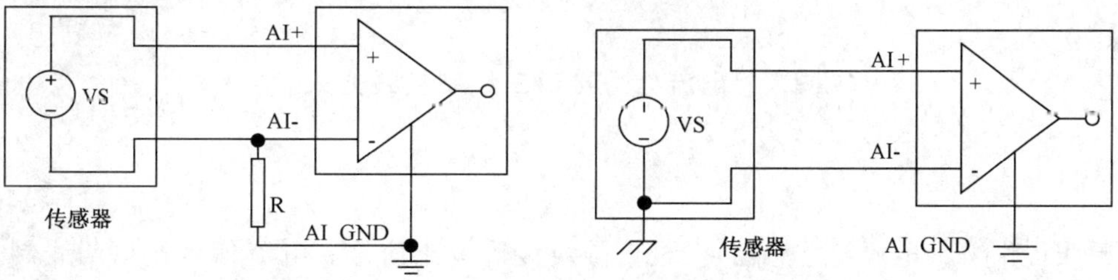

a） 浮地信号　　　　b） 接地信号

图 5　差分测量方式

5.2　电流信号

5.2.1　电流范围

电流信号应明确给出其上限值和下限值，单位为毫安(mA)。

5.2.2　阻抗匹配

电流信号应明确给出信号接口的阻抗匹配参数，单位为欧(Ω)。传感器应给出输出阻抗；传感结点应给出输入阻抗。

5.2.3 接线方式

5.2.3.1 二线制

传感器输出两根线，与传感结点、激励源串联；激励源通常由外部提供。两线制电流信号接口有共源和共地两种接线方式，如图6所示。

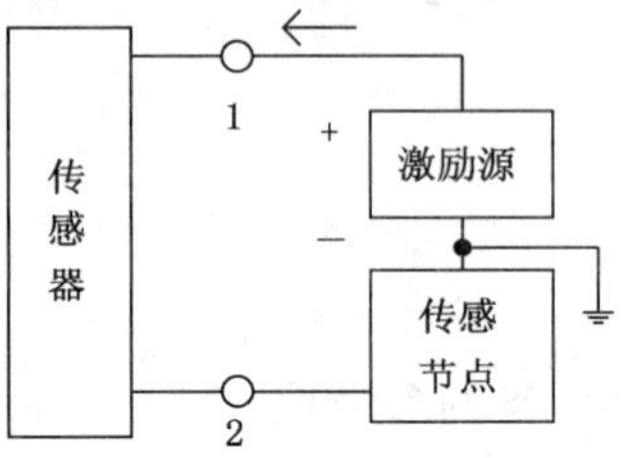

a） 共源接线方式

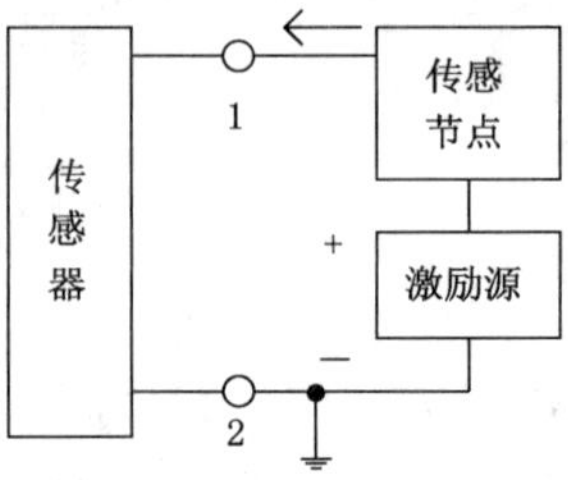

b） 共地接线方式

图6 电流信号接口两线制接线方式

5.2.3.2 三线制

一根正电源线，一根信号线，一根地线；电源线和信号线共地。电流信号接口三线制接线方式如图7所示。

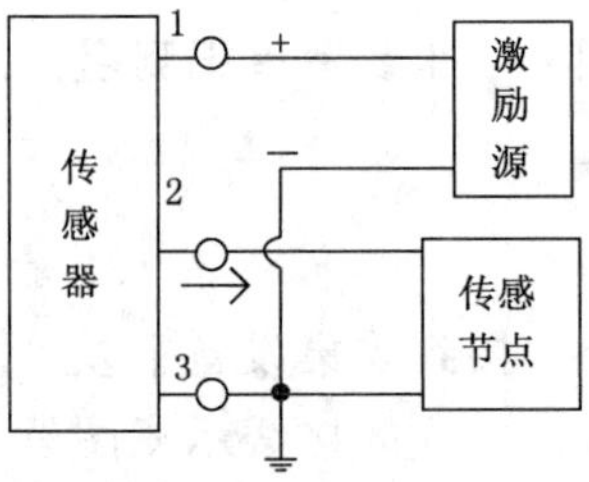

图7 电流信号接口三线制接线方式

5.2.3.3 四线制

两根电源线提供激励电源给传感器，两根信号线传输电流信号。电流信号接口四线制接线方式如图8所示。

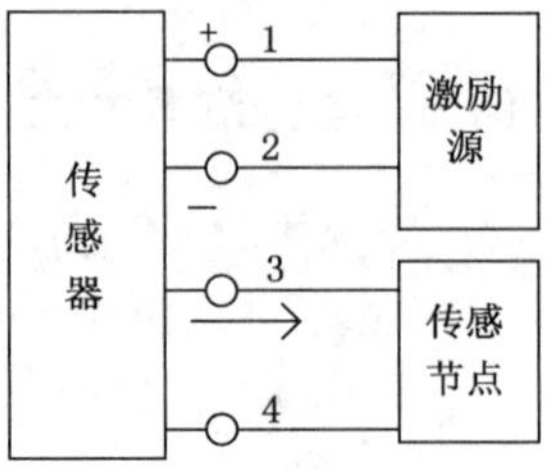

图8 电流信号接口线制

5.3 电阻器信号

5.3.1 电阻器类型

电阻器信号应明确给出电阻器类型，如应变电阻器、热(敏)电阻器、湿敏电阻器、气敏电阻器、光敏电阻器等。

5.3.2 阻值范围

电阻器类型应明确给出电阻器阻值的下限值和上限值，单位为毫欧(mΩ)或欧(Ω)。

5.3.3 电阻器温度系数

电阻器类型应明确给出电阻器温度系数，单位为万分之一每摄氏度(1×10^{-6}/℃)。电阻器温度系数表示电阻器在零功率条件下，其温度每变化 1 ℃所引起电阻器值的相对变化量。

5.3.4 功率参数

电阻器信号应明确给出了额定功率，单位为毫瓦(mW)或者瓦(W)。

5.3.5 接线方式

5.3.5.1 二线制

电阻器型信号接口二线制接线方式如图 9 所示。宜用于导线电阻器(R_L)相对于传感器电阻(R_T)影响较小的情况。

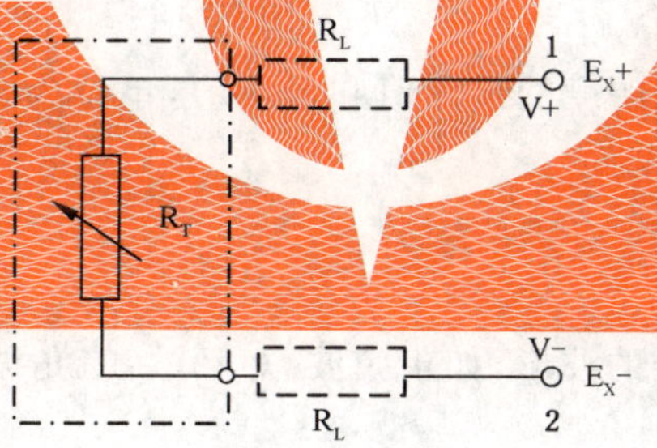

图 9　电阻器型信号二线制接线方式

5.3.5.2 三线制

电阻器型信号接口三线制接线方式如图 10 所示。宜用于导线电阻(R_L)相对于传感器电阻(R_T)影响较大的情况。

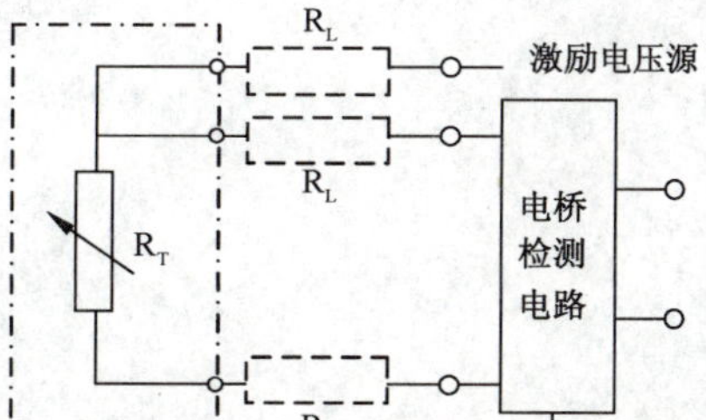

图 10　电阻器型信号接口三线制接线方式

5.3.5.3 四线制

电阻器型信号接口四线制接线方式如图 11 所示。宜用于导线电阻器(R_L)相对于传感器电阻器(R_T)影响较大且需要实现高精度测量的情况。

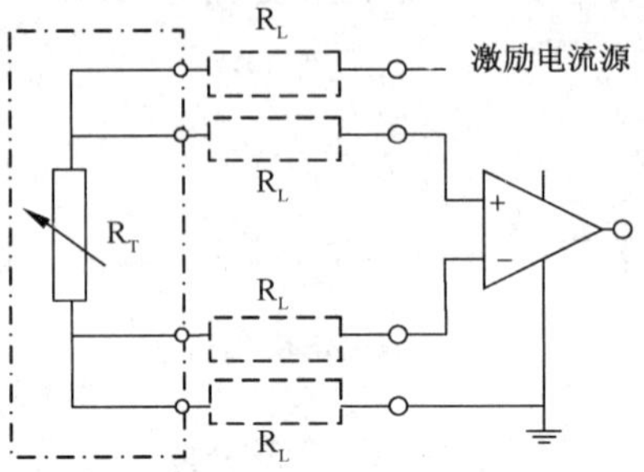

图 11 电阻器型信号接口四线制接线方式

5.4 频率信号

5.4.1 频率范围

频率信号应明确给出频率下限值与上限值确定的区间,单位为赫兹(Hz)、千赫(kHz)或者兆赫(MHz)。

5.4.2 幅度

频率信号应明确给出频率信号幅度的最大值和最小值,单位为毫伏(mV)、伏(V)、毫安(mA)或者安(A)。

5.4.3 波形

频率信号应明确给出频率信号的波形,如正弦波、矩形波、三角波、锯齿波或其他波形。

5.5 脉冲信号

5.5.1 单个脉冲持续时间

脉冲信号应明确给出单个脉冲的持续时间,单位为微秒(μs)、毫秒(ms)或秒(s)。

5.5.2 脉冲幅度

脉冲信号应明确给出脉冲信号幅度的最大值和最小值,单位为毫伏(mV),伏(V),毫安(mA)或安(A)。

5.6 开关量信号

5.6.1 有源型

5.6.1.1 电压型

应明确给出电压状态门限(图 1 中的 V_1 和 V_2),单位为毫伏(mV)或者伏(V)。

5.6.1.2 电流型

应明确给出电流状态门限(图 1 中的 I_1 和 I_2),单位为毫安(mA)或者安(A)。

5.6.2 无源型

5.6.2.1 接点型

应明确给出下列参数:

——触点类型:常开或常闭;

——等效导通电阻器:触点导通时的电阻器,单位为毫欧(mΩ)或者欧(Ω);

——触点电流:流经触点的额定电流,单位为毫安(mA)或者安(A);

——等效开路电阻器:触点断开时的电阻器,单位为欧(Ω)或者兆欧(MΩ);

——开路耐压:触点断开时能承受的最大电压,单位为伏(V)。

5.7 数字通信信号

数字通信信号应明确给出通信接口类型,如:

——RS 232(见 GB/T 6107—2000);

——USB(见 GJB 4955—2003);

——CAN[见 ISO 11898(所有部分)];

——RS 485(见 TIA/EIA 485-A);

——1-wire(见 1-wire 扩展网络标准);

——I2C(见 I2C 总线规范)。

5.8 激励电源条件

5.8.1 概述

激励电源条件为可选的信号接口表述内容,如果信号接口存在激励电源,应明确给出本条描述的参数信息。

5.8.2 直流电压源

直流电压源应明确给出以下参数:

——直流电压源标称值,单位为毫伏(mV)或伏(V);

——直流电压源电压偏差等级,分为下列四级:

- 1 级　　±0.5%;
- 2 级　　±1%;
- 3 级　　±5%;
- 4 级　　±10%。

——直流电压源电压纹波等级,分为下列四级:

- 1 级　　0.2%以内;
- 2 级　　1%以内;
- 3 级　　5%以内;
- 4 级　　10%以内。

5.8.3 直流电流源

直流电流源应明确给出以下参数：

——直流电流源标称值，单位为毫安(mA)或安(A)；

——直流电流源电流偏差等级，分为下列四级：

- 1级　±0.5%；
- 2级　±1%；
- 3级　±5%；
- 4级　±10%。

——直流电流源电流纹波等级，分为下列四级：

- 1级　0.2%以内；
- 2级　1%以内；
- 3级　5%以内；
- 4级　10%以内。

5.8.4 交流电压源

交流电压源应明确给出以下参数：

——交流电压源标称值，单位为毫伏(mV)或伏(V)。

——交流电压源电压偏差等级，分为下列四级：

- 1级　±0.5%；
- 2级　±1%；
- 3级　±5%；
- 4级　±10%。

——交流电压源频率偏差等级，分为下列三级：

- 1级　0.2%以内；
- 2级　1%以内；
- 3级　5%以内。

5.8.5 交流电流源

交流电流源应明确给出以下参数：

——交流电流源标称值，单位为毫安(mA)或安(A)；

——交流电流源电流偏差等级，分为下列四级：

- 1级　±0.5%；
- 2级　±1%；
- 3级　±5%；
- 4级　±10%。

——交流电流源频率偏差等级，分为下列三级：

- 1级　0.2%以内；
- 2级　1%以内；
- 3级　5%以内。

6 表述格式

6.1 信号接口表述文件实现方式

传感器和传感结点的生产厂商需提供信号接口的表述文件，以支持传感结点的应用系统集成。信号接口表述文件的实现方式分为 XML 和二进制两种。XML 方式的信号接口表述文件的表述格式应符合附录 A 的规定，电压信号接口 XML 方式表述实例参见附录 B。二进制方式的信号接口表述文件的表述格式见附录 C，电压信号接口二进制方式表述示例参见附录 D。

6.2 XML 格式

6.2.1 信号接口总体表述

图 12 给出 XML 格式的信号接口总体表述的数据模型视图，图中根结点为“信号接口表述格式”，其包含一个子结点“信号接口”，“信号描述”和“激励电源条件”为“信号接口”的两个子结点，其中的激励电源条件不属于信号描述的范畴，其不是所有传感器的必需参数，因此激励电源条件在信号接口描述的数据模型视图中是可选项，其在图 12 中用虚线框表示。图 12 的全部结点展开见图 A.1。

图 12 信号接口总体表述 XML 格式数据模型

6.2.2 信号描述

6.2.2.1 信号总体描述

图 13 给出了图 12 中节点元素“信号描述”的 XML 格式数据模型视图。

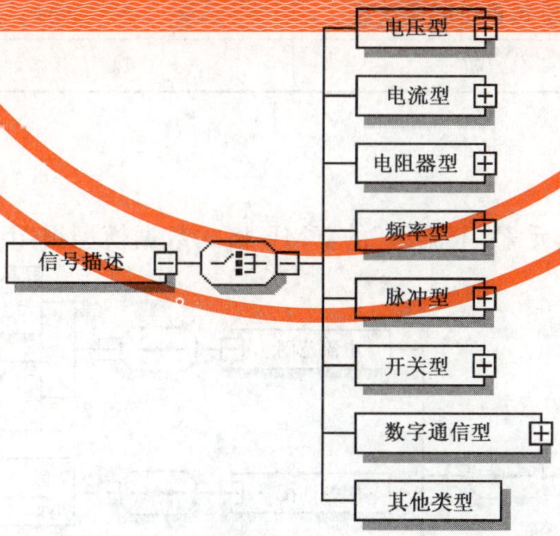

图 13 信号总体描述 XML 格式数据模型

6.2.2.2 电压型

图 14 给出了图 13 中节点元素“电压型”的 XML 格式数据模型视图。

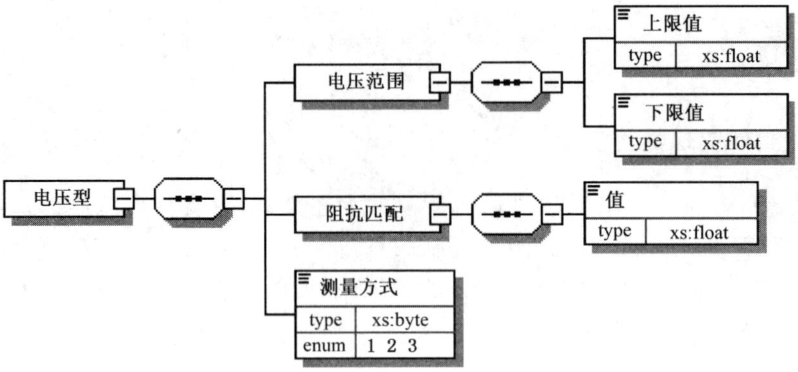

图 14 电压型信号接口 XML 格式数据模型

表 1 给出了图 14 中所有包含属性的节点元素的属性参数说明。

表 1 电压型节点元素属性说明表

元素名称	属性名称	属性值
电压范围	单位	mV 或 V
阻抗匹配	单位	Ω

表 2 给出了图 14 中所有叶子节点元素值的数据类型说明。

表 2 电压型叶子节点值的数据类型说明表

名称	数据类型	八位位组长度	说明
电压范围上限值	32 位单精度浮点数	4	
电压范围下限值	32 位单精度浮点数	4	
电压型阻抗匹配值	32 位单精度浮点数	4	
测量方式	枚举	1	取值见表 E.1

6.2.2.3 电流型

图 15 给出了图 13 中节点元素“电流型”的 XML 格式数据模型视图。

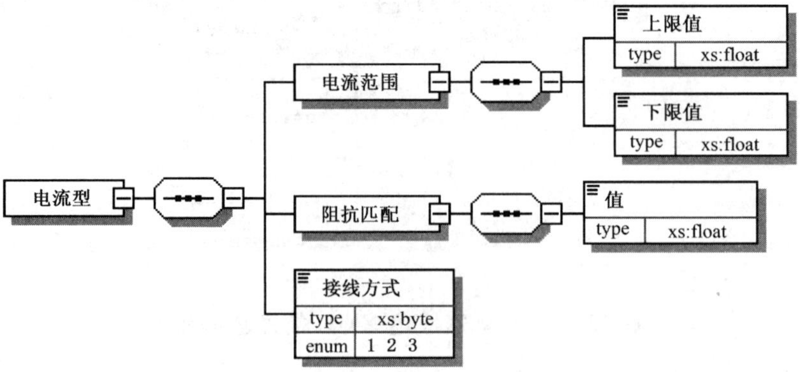

图 15 电流型信号接口 XML 格式数据模型

表 3 给出了图 15 中所有包含属性的节点元素的属性参数说明。表 4 给出了图 15 中所有叶子节点元素值的数据类型说明。

表 3　电流型节点元素属性说明表

元素名称	属性名称	属性值
电流范围	单位	mA 或者 A
阻抗匹配	单位	Ω

表 4　电流型叶子节点值的数据类型说明表

名称	数据类型	八位位组长度	说明
电流范围上限值	32 位单精度浮点数	4	
电流范围下限值	32 位单精度浮点数	4	
电流型阻抗匹配值	32 位单精度浮点数	4	
电流型接线方式	枚举	1	取值见表 E.3

6.2.2.4　电阻器型

图 16 给出了图 13 中节点元素“电阻器型”的 XML 格式数据模型视图。

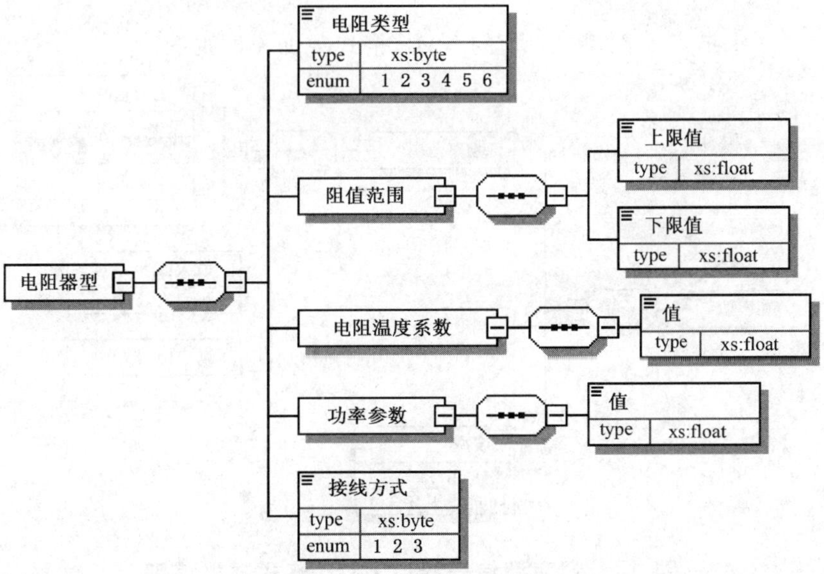

图 16　电阻器型信号接口 XML 格式数据模型

表 5 给出了图 16 中所有包含属性的节点元素的属性参数说明。表 6 给出了图 16 中所有叶子节点元素值的数据类型说明。

表 5　电阻器型节点元素属性说明表

元素名称	属性名称	属性值
阻值范围	单位	Ω 或者 mΩ
电阻器温度系数	单位	ppm/℃
功率参数	单位	W 或者 mW

表 6　电阻器型叶子节点值的数据类型说明表

名称	数据类型	八位位组长度	说明
电阻器类型	枚举	1	取值见表 E.4
阻值范围上限值	32 位单精度浮点数	4	
阻值范围下限值	32 位单精度浮点数	4	
电阻器温度系数值	32 位单精度浮点数	4	
功率参数值	32 位单精度浮点数	4	
电阻器型接线方式	枚举	1	取值见表 E.3

6.2.2.5　频率型

图 17 给出了图 13 中节点元素“频率型”的 XML 格式数据模型视图。

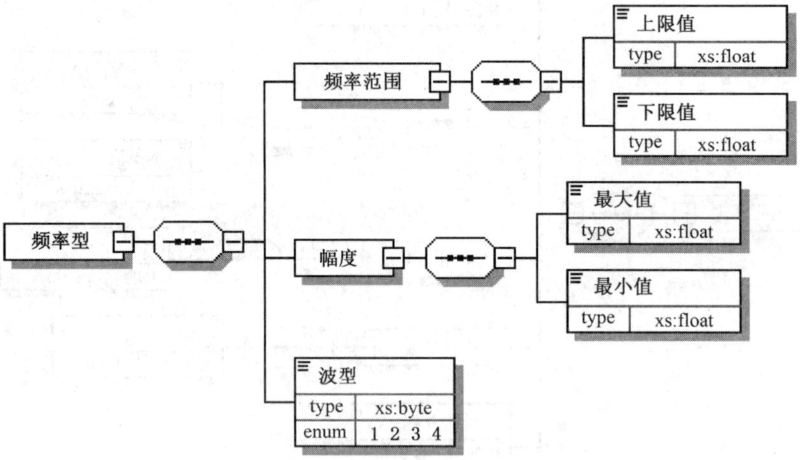

图 17　频率型信号接口 XML 格式数据模型

表 7 给出了图 17 中所有包含属性的节点元素的属性参数说明。表 8 给出了图 17 中所有叶子节点元素值的数据类型说明。

表 7　频率型节点元素属性说明表

元素名称	属性名称	属性值
频率范围	单位	Hz 或者 KHz 或者 MHz
幅度	单位	V 或者 mV 或者 A 或者 mA

表 8　频率型叶子节点值的数据类型说明表

名称	数据类型	八位位组长度	说明
频率范围上限值	32 位单精度浮点数	4	
频率范围下限值	32 位单精度浮点数	4	
频率幅度最大值	32 位单精度浮点数	4	
频率幅度最小值	32 位单精度浮点数	4	
波形	枚举	1	取值见表 E.5

6.2.2.6　脉冲型

图 18 给出了图 13 中节点元素"脉冲型"的 XML 格式数据模型视图。

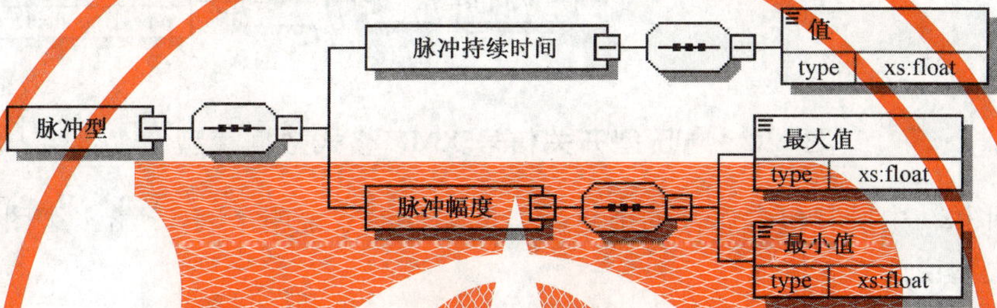

图 18　脉冲型信号接口 XML 格式数据模型

表 9 给出了图 18 中所有包含属性的节点元素的属性参数说明。表 10 给出了图 18 中所有叶子节点元素值的数据类型说明。

表 9　脉冲型节点元素属性说明表

元素名称	属性名称	属性值
脉冲持续时间	单位	μs 或者 ms 或者 s
脉冲幅度	单位	V 或者 mV 或者 A 或者 mA

表 10　脉冲型叶子节点值的数据类型说明表

名称	数据类型	八位位组长度	说明
单个脉冲持续时间值	32 位单精度浮点数	4	
脉冲幅度最大值	32 位单精度浮点数	4	
脉冲幅度最小值	32 位单精度浮点数	4	

6.2.2.7　开关型

6.2.2.7.1　开关型信号总体描述

图 19 给出了图 13 中节点元素"开关型"的 XML 格式数据模型视图。

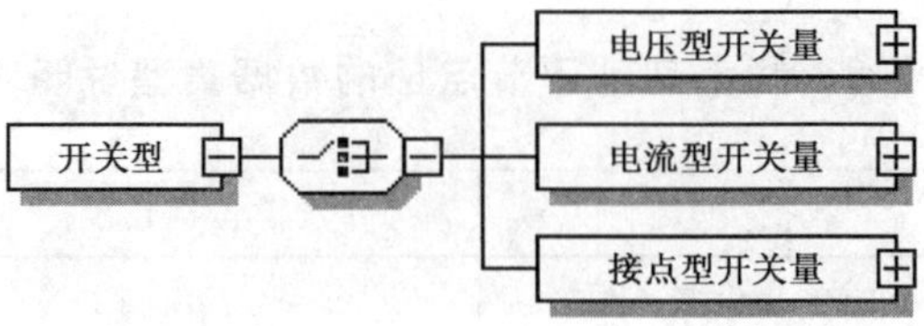

图 19 开关型信号 XML 格式数据模型

6.2.2.7.2 电压型开关信号

图 20 给出了图 19 中节点元素“电压型开关量”的 XML 格式数据模型视图。

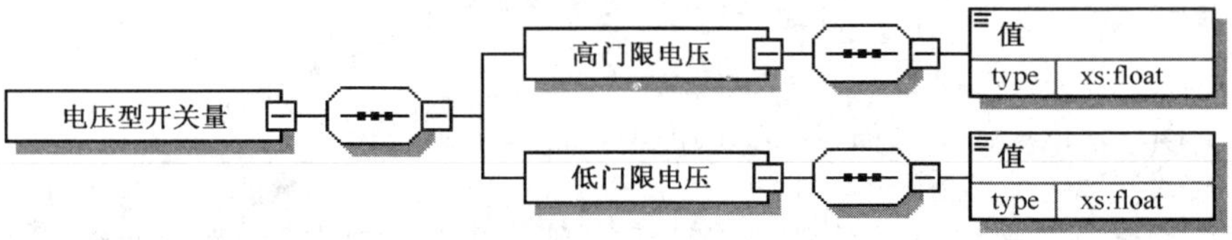

图 20 电压型开关信号 XML 格式数据模型

表 11 给出了图 20 中所有包含属性的节点元素的属性参数说明。表 12 给出了图 20 中所有叶子节点元素值的数据类型说明。

表 11 电压型开关信号节点元素属性说明表

元素名称	属性名称	属性值
高门限电压	单位	V 或者 mV
低门限电压	单位	V 或者 mV

表 12 电压型开关信号叶子节点值的数据类型说明表

名称	数据类型	八位位组长度	说明
高门限电压值	32 位单精度浮点数	4	
低门限电压值	32 位单精度浮点数	4	

6.2.2.7.3 电流型开关信号

图 21 给出了图 19 中节点元素“电流型开关量”的 XML 格式数据模型视图。

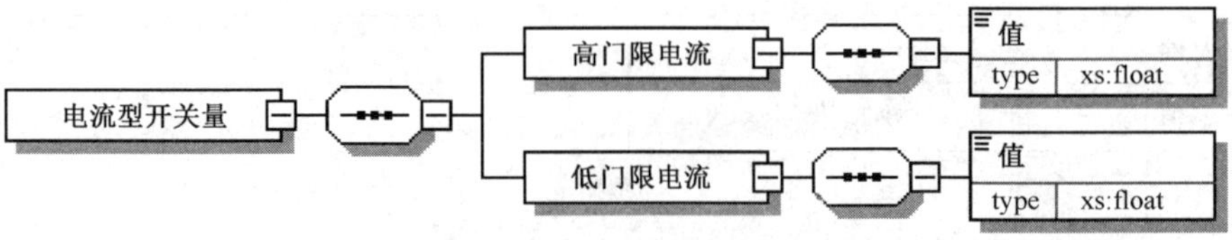

图 21 电流型开关量信号 XML 格式数据模型

表 13 给出了图 21 中所有包含属性的节点元素的属性参数说明。表 14 给出了图 21 中所有叶子节

点元素值的数据类型说明。

表 13　电流型开关信号节点元素属性说明表

元素名称	属性名称	属性值
高门限电流	单位	A 或者 mA
低门限电流	单位	A 或者 mA

表 14　电流型开关信号叶子节点值的数据类型说明表

名称	数据类型	八位位组长度	说明
高门限电流值	32 位单精度浮点数	4	
低门限电流值	32 位单精度浮点数	4	

6.2.2.7.4　接点型开关信号

图 22 给出了图 19 中节点元素“接点型开关量”的 XML 格式数据模型视图。

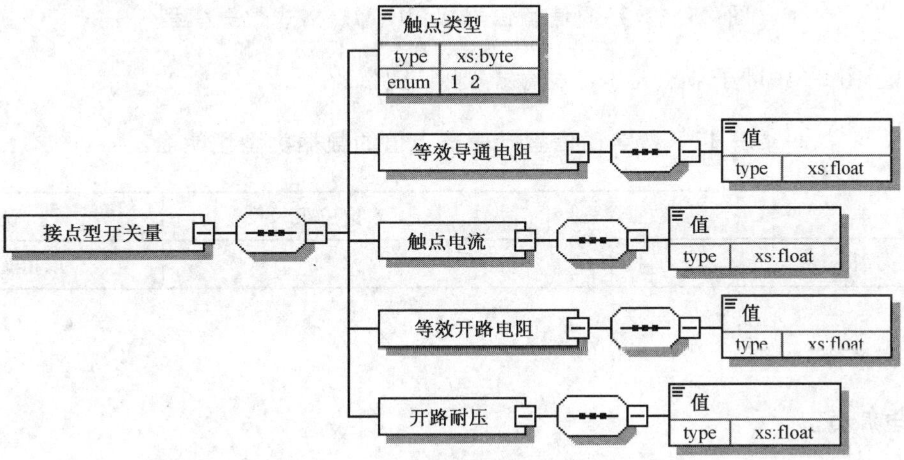

图 22　接点型开关量信号接口 XML 格式数据模型

表 15 给出了图 22 中所有包含属性的节点元素的属性参数说明。表 16 给出了图 22 中所有叶子节点元素值的数据类型说明。

表 15　开关型节点元素属性说明表

元素名称	属性名称	属性值
等效导通电阻器	单位	Ω 或者 mΩ
触点电流	单位	A 或者 mA
等效开路电阻器	单位	Ω 或者 MΩ
开路耐压	单位	V

表 16 开关型叶子节点值的数据类型说明表

名称	数据类型	八位位组长度	说明
触点类型	枚举	1	取值见表 E.6
等效导通电阻器值	32 位单精度浮点数	4	
触点电流值	32 位单精度浮点数	4	
等效开路电阻器值	32 位单精度浮点数	4	
开路耐压值	32 位单精度浮点数	4	

6.2.2.8 数字通信型

图 23 给出了图 13 中节点元素“数字通信型”的 XML 格式数据模型视图。

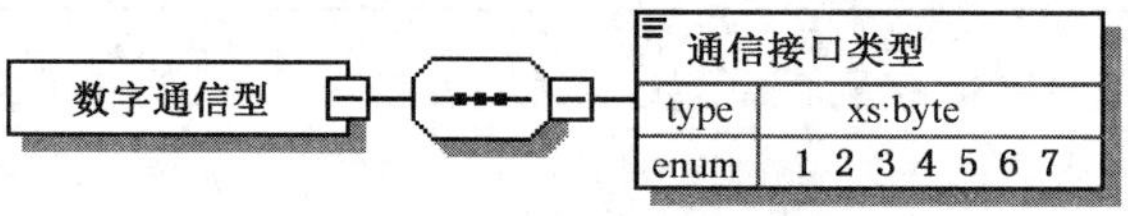

图 23 数字通信型信号接口 XML 格式数据模型

表 17 给出了图 23 中叶子节点元素值的数据类型说明。

表 17 数字通信型叶子节点值的数据类型说明表

名称	数据类型	八位位组长度	说明
通信接口类型	枚举	1	取值见表 E.7

6.2.3 激励电源条件

6.2.3.1 激励电源类型

图 24 给出了图 12 中节点元素“激励电源条件”的 XML 格式数据模型视图。

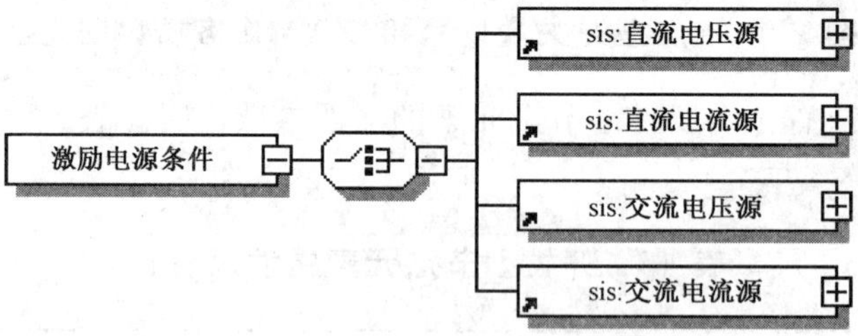

图 24 激励电源条件 XML 格式数据模型

6.2.3.2 直流电压源

图 25 给出了图 24 中节点元素“直流电压源”的 XML 格式数据模型视图。

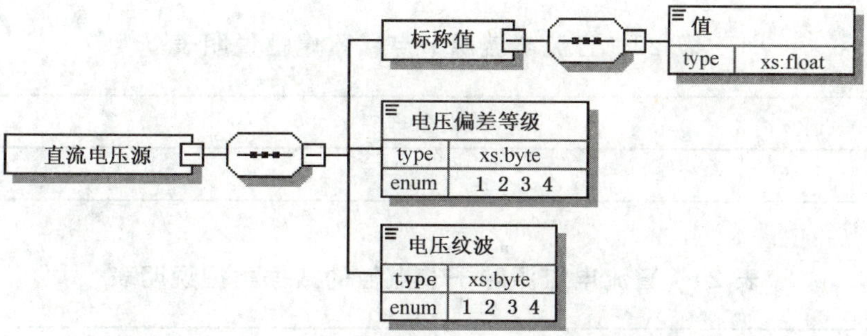

图 25 直流电压源 XML 格式数据模型

表 18 给出了图 25 中所有包含属性的节点元素的属性参数说明。表 19 给出了图 25 中所有叶子节点元素值的数据类型说明。

表 18 直流电压源节点元素属性说明表

元素名称	属性名称	属性值
标称值	单位	V 或者 mV

表 19 直流电压源叶子节点值的数据类型说明表

名称	数据类型	八位位组长度	说明
直流电压源标称值	32 位单精度浮点数	4	
直流电压源电压偏差等级	枚举	1	取值见表 E.8
直流电压源电压纹波等级	枚举	1	取值见表 E.9

6.2.3.3 直流电流源

图 26 给出了图 24 中节点元素“直流电流源”的 XML 格式数据模型视图。

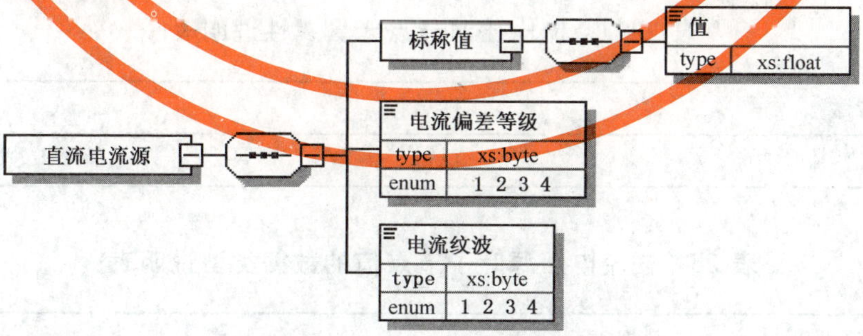

图 26 直流电流源 XML 格式数据模型

表 20 给出了图 26 中所有包含属性的节点元素的属性参数说明。表 21 给出了图 26 中所有叶子节点元素值的数据类型说明。

表 20　直流电流源节点元素属性说明表

元素名称	属性名称	属性值
标称值	单位	A 或者 mA

表 21　直流电流源叶子节点值的数据类型说明表

名称	数据类型	八位位组长度	说明
直流电流源标称值	32 位单精度浮点数	4	
直流电流源电流偏差等级	枚举	1	取值见表 E.8
直流电流源电流纹波等级	枚举	1	取值见表 E.9

6.2.3.4　交流电压源

图 27 给出了图 24 中节点元素“交流电压源”的 XML 格式数据模型视图。

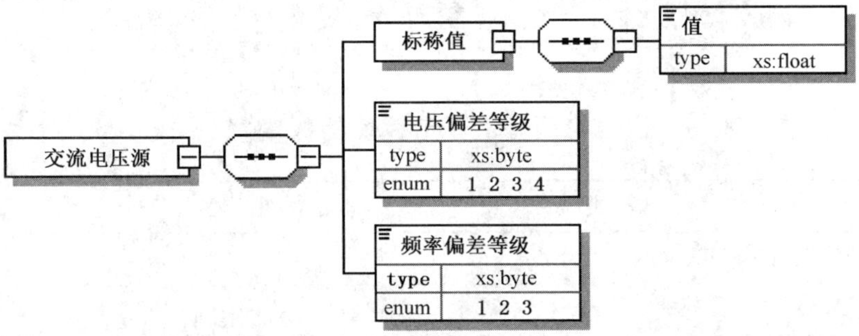

图 27　交流电压源 XML 格式数据模型

表 22 给出了图 27 中所有包含属性的节点元素的属性参数说明。表 23 给出了图 27 中所有叶子节点元素值的数据类型说明。

表 22　交流电压源节点元素属性说明表

元素名称	属性名称	属性值
标称值	单位	V 或者 mV

表 23　交流电压源叶子节点值的数据类型说明表

名称	数据类型	八位位组长度	说明
交流电压源标称值	32 位单精度浮点数	4	
交流电压源电压偏差等级	枚举	1	取值见表 E.8
交流电压源频率偏差等级	枚举	1	取值见表 E.10

6.2.3.5　交流电流源

图 28 给出了图 24 中节点元素“交流电流源”的 XML 格式数据模型视图。

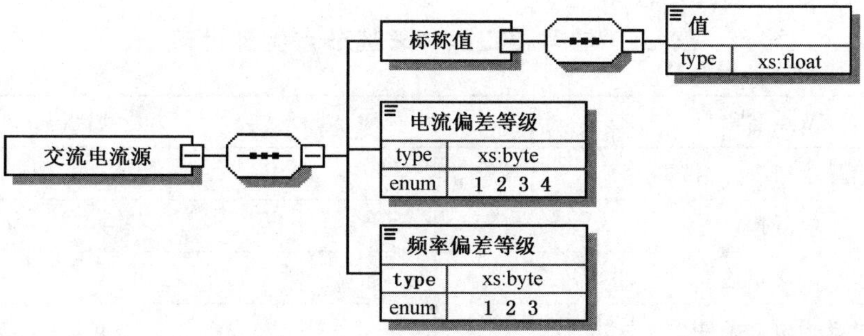

图 28 交流电流源 XML 格式数据模型

表 24 给出了图 28 中所有包含属性的节点元素的属性参数说明。表 25 给出了图 28 中所有叶子节点元素值的数据类型说明。

表 24 交流电流源节点元素属性说明表

元素名称	属性名称	属性值
标称值	单位	A 或者 mA

表 25 交流电流源叶子节点值的数据类型说明表

名称	数据类型	八位位组长度	说明
交流电流源标称值	32 位单精度浮点数	4	
交流电流源电流偏差等级	枚举	1	取值见表 E.8
交流电流源频率偏差等级	枚举	1	取值见表 E.10

6.3 二进制格式

6.3.1 信号接口总体表述

图 29 给出了二进制格式的信号接口总体表述的数据模型视图。图 29 中的激励电源条件不属于信号描述的范畴，其不是所有传感器的必需参数，因此激励电源条件在信号接口数据模型视图中为可选项，在图 29 中其用虚线框表示。关于信号接口二进制表述方法和思想见附录 C.1 相关内容，图 29 的全部节点展开见图 C.1。

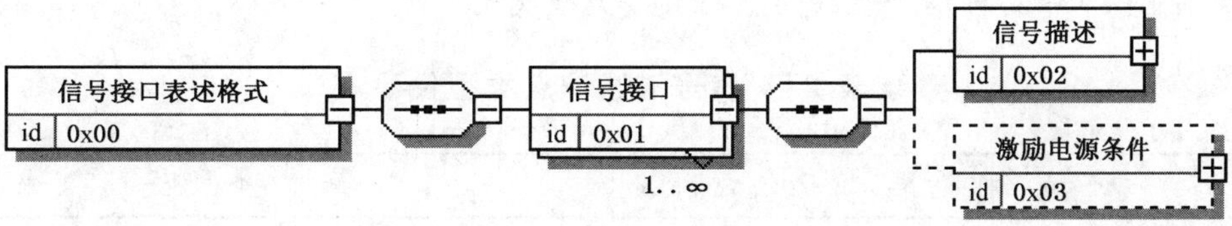

图 29 信号接口总体表述二进制树形图

表 26 给出了图 29 中的节点类型代码。

表 26 信号接口总体表述节点类型代码

节点名称	类型代码
信号接口表述格式	0x00
信号接口	0x01
信号描述	0x02
激励电源条件	0x03

6.3.2 信号描述

6.3.2.1 信号总体描述

图 30 给出了图 29 中节点元素“信号描述”的二进制格式数据模型视图。

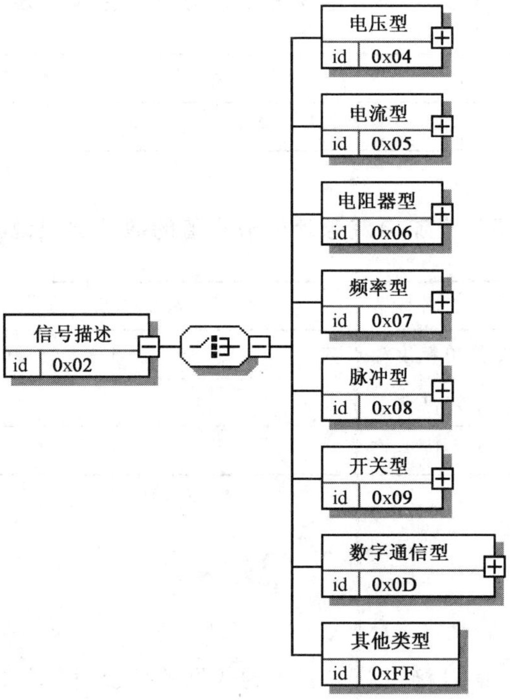

图 30 信号描述二进制树形图

表 27 给出了图 30 中各种信号接口类型的节点类型代码。

表 27 信号描述节点类型代码

节点名称	类型码
电压型	0x04
电流型	0x05
电阻器型	0x06
频率型	0x07
脉冲型	0x08

表 27（续）

节点名称	类型码
开关型	0x09
数字通信型	0x0A
其他类型	0xFF

6.3.2.2 电压型

图 31 给出了图 30 中的电压信号接口二进制表述格式树形图。

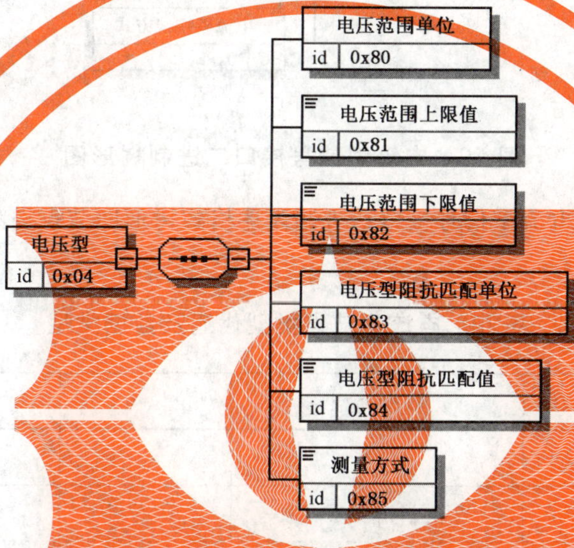

图 31 电压型二进制树形图

表 28 给出了图 31 中电压型信号接口二进制表述格式树形图节点类型代码及数据类型说明。

表 28 电压型节点类型代码及数据类型

节点名称	类型码	数据类型	八位位组长度	说明
电压范围单位	0x80	枚举	1	取值 5 或 6，见表 E.10
电压范围上限值	0x81	32 位单精度浮点数	4	
电压范围下限值	0x82	32 位单精度浮点数	4	
电压型阻抗匹配单位	0x83	枚举	1	取值 1，见表 E.10
电压型阻抗匹配值	0x84	32 位单精度浮点数	4	
测量方式	0x85	枚举	1	见表 E.1

6.3.2.3 电流型

图 32 给出了图 30 中电流型信号接口二进制表述格式树形图。

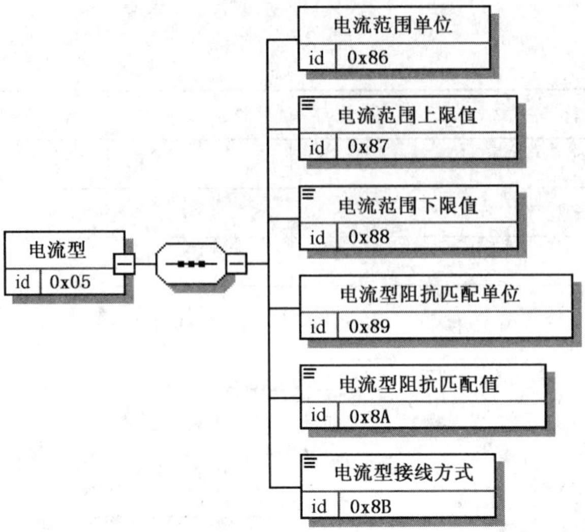

图 32 电流型信号接口二进制树形图

表 29 给出了图 32 中的电流型信号接口二进制表述格式树形图节点类型代码及数据类型说明。

表 29 电流型节点类型代码及数据类型

节点名称	类型码	数据类型	八位位组长度	说明
电流范围单位	0x86	枚举	1	取值 7,见表 E.10
电流范围上限值	0x87	32 位单精度浮点数	4	
电流范围下限值	0x88	32 位单精度浮点数	4	
电流型阻抗匹配单位	0x89	枚举	1	取值 1,见表 E.10
电流型阻抗匹配值	0x8A	32 位单精度浮点数	4	
电流型接线方式	0x8B	枚举	1	见表 E.3

6.3.2.4 电阻器型

图 33 给出了图 30 中的电阻器型信号接口二进制表述格式树形图。

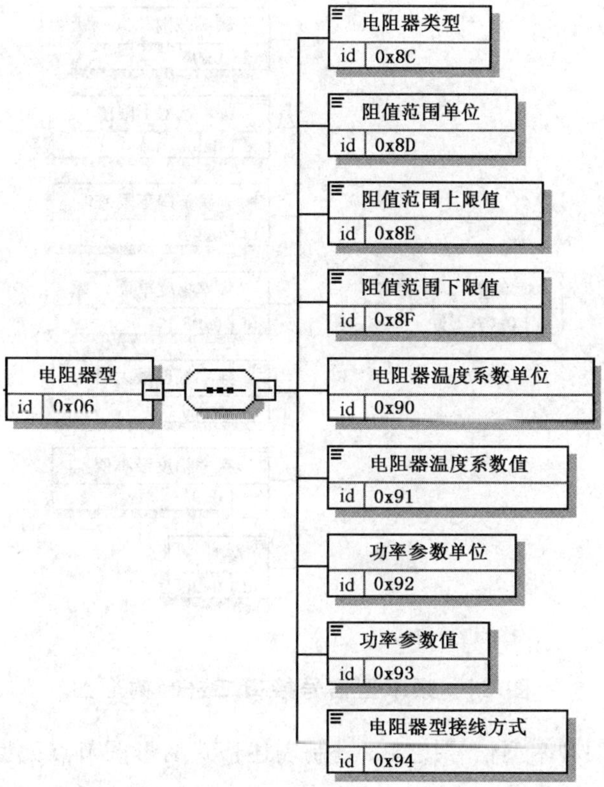

图 33　电阻器型信号接口二进制树形图

表 30 给出了图 33 中的电阻器型信号接口二进制表述格式树形图节点类型代码及数据类型说明。

表 30　电阻器型节点类型代码及数据类型

节点名称	类型码	数据类型	八位位组长度	说明
电阻器类型	0x8C	枚举	1	取值见表 E.4
阻值范围单位	0x8D	枚举	1	取值 1 或 15,见表 E.10
阻值范围上限值	0x8E	32 位单精度浮点数	4	
阻值范围下限值	0x8F	32 位单精度浮点数	4	
电阻器温度系数单位	0x90	枚举	1	取值 2,见表 E.10
电阻器温度系数值	0x91	32 位单精度浮点数	4	
功率参数单位	0x92	枚举	1	取值 3 或 4,见表 E.10
功率参数值	0x93	32 位单精度浮点数	4	
电阻器型接线方式	0x94	枚举	1	取值见表 E.3

6.3.2.5　频率型

图 34 给出了图 30 中的频率型信号接口二进制表述格式树形图。

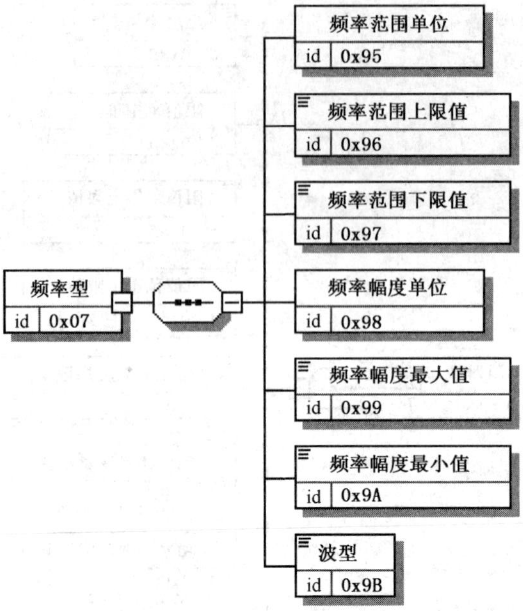

图 34 频率型信号接口二进制树形图

表 31 给出了图 34 中的频率型信号接口二进制表述格式树形图节点类型代码及数据类型说明。

表 31 频率型节点类型代码及数据类型

节点名称	类型码	数据类型	八位位组长度	说明
频率范围单位	0x95	枚举	1	取值 8、9 或 10，见表 E.10
频率范围上限值	0x96	32 位单精度浮点数	4	
频率范围下限值	0x97	32 位单精度浮点数	4	
频率幅度单位	0x98	枚举	1	取值 5、6、7 或 11，见表 E.10
频率幅度最大值	0x99	32 位单精度浮点数	4	
频率幅度最小值	0x9A	32 位单精度浮点数	4	
波形	0x9B	枚举	1	取值见表 E.5

6.3.2.6 脉冲型

图 35 给出了图 30 中的脉冲型信号接口二进制表述格式树形图。

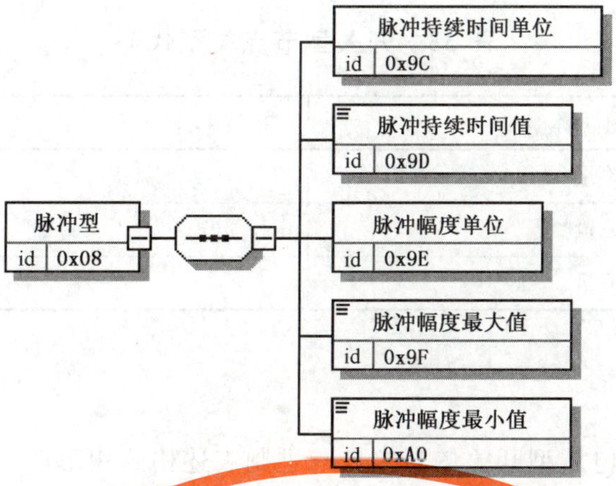

图 35　脉冲型信号接口二进制树形图

表 32 给出了图 35 中的脉冲型信号接口二进制表述格式树形图节点类型代码及数据类型说明。

表 32　脉冲型节点类型代码数据类型

节点名称	类型码	数据类型	八位位组长度	说明
脉冲持续时间单位	0x9C	枚举	1	取值 12、13 或 14，见表 E.10
脉冲持续时间值	0x9D	32 位单精度浮点数	4	
脉冲幅度单位	0x9E	枚举	1	取值 5、6、7 或 11，见表 E.10
脉冲幅度最大值	0x9F	32 位单精度浮点数	4	
脉冲幅度最小值	0xA0	32 位单精度浮点数	4	

6.3.2.7　开关型

6.3.2.7.1　开关型信号总体描述

图 36 给出了图 30 中的开关型信号接口二进制表述格式树形图。

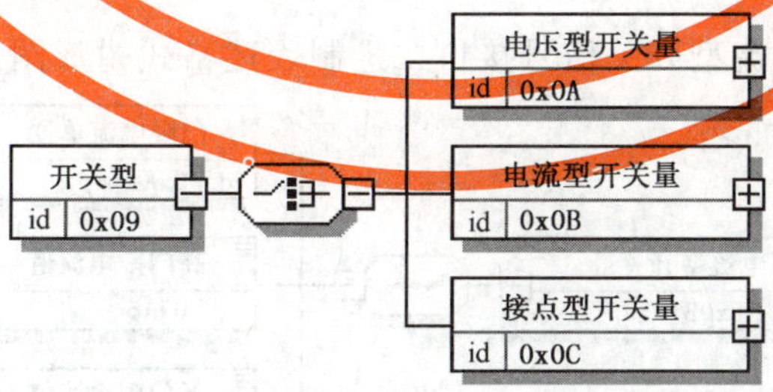

图 36　开关型信号接口二进制树形图

表 33 给出了图 36 中各种开关型信号类型的节点类型代码。

表 33　开关型节点类型代码

节点名称	类型码
电压型开关量	0x0A
电流型开关量	0x0B
接点型开关量	0x0C

6.3.2.7.2　电压型开关信号

图 37 给出了图 36 中的电压型开关信号接口二进制表述格式树形图。

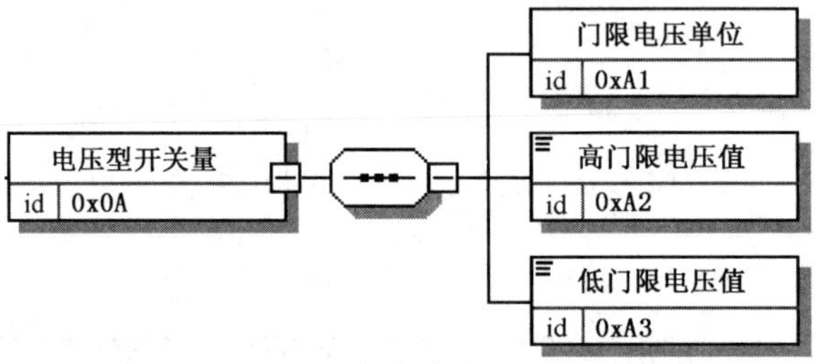

图 37　电压型开关信号二进制表述格式树形图

表 34 给出了图 37 所示电压型开关信号二进制表述格式树形图节点类型代码及数据类型说明。

表 34　电压型开关信号节点类型代码及数据类型

节点名称	类型码	数据类型	八位位组长度	说明
门限电压单位	0xA1	枚举	1	取值 5 或 6，见表 E.10
高门限电压值	0xA2	32 位单精度浮点数	4	
低门限电压值	0xA3	32 位单精度浮点数	4	

6.3.2.7.3　电流型开关信号

图 38 给出了图 36 中的电流型开关信号接口二进制表述格式树形图。

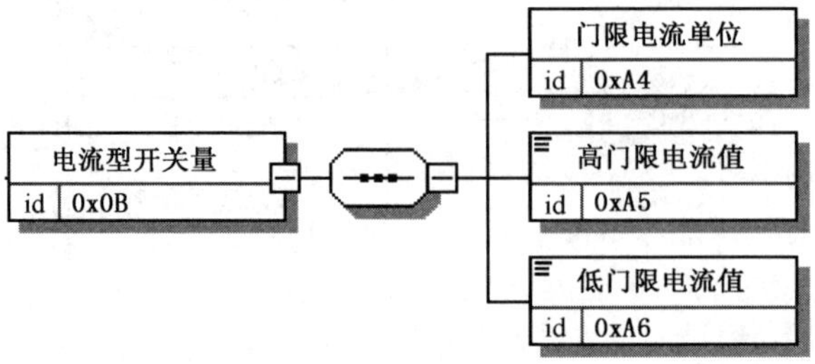

图 38　电流型开关信号二进制表述格式树形图

表 35 给出了图 38 所示电流型开关信号二进制表述格式树形图节点类型代码及数据类型说明。

表 35 电流型开关信号节点类型代码及数据类型

节点名称	类型码	数据类型	八位位组长度	说明
门限电流单位	0xA4	枚举	1	取值 7 或 11,见表 E.10
高门限电流值	0xA5	32 位单精度浮点数	4	
低门限电流值	0xA6	32 位单精度浮点数	4	

6.3.2.7.4 接点型开关信号

图 39 给出了图 36 中的接点型开关信号接口二进制表述格式树形图。

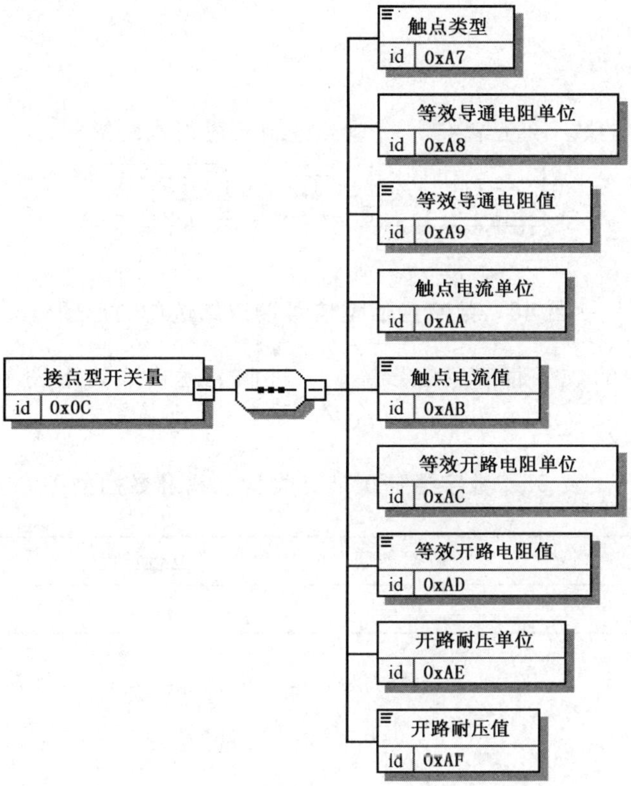

图 39 接点型开关信号接口二进制树形图

表 36 给出了图 39 所示的接点型开关信号接口二进制表述格式树形图节点类型代码及数据类型说明。

表 36 接点型开关信号节点类型代码及数据类型

节点名称	类型码	数据类型	八位位组长度	说明
触点类型	0xA7	枚举	1	取值见表 E.6
等效导通电阻器单位	0xA8	枚举	1	取值 1 或 15,见表 E.10
等效导通电阻器值	0xA9	32 位单精度浮点数	4	

表 36（续）

节点名称	类型码	数据类型	八位位组长度	说明
触点电流单位	0xAA	枚举	1	取值 7 或 11，见表 E.10
触点电流值	0xAB	32 位单精度浮点数	4	
等效开路电阻器单位	0xAC	枚举	1	取值 1 或 16，见表 E.10
等效开路电阻器值	0xAD	32 位单精度浮点数	4	
开路耐压单位	0xAE	枚举	1	取值 6，见表 E.10
开路耐压值	0xAF	32 位单精度浮点数	4	

6.3.2.8 数字通信型

图 40 给出了图 30 中的数字通信型信号接口二进制表述格式树形图。

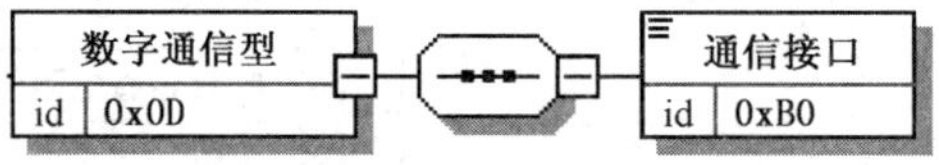

图 40 数字通信型信号接口二进制树形图

表 37 给出了图 40 中的数字通信型信号接口二进制表述格式树形图节点类型代码及数据类型说明。

表 37 数字通信型节点类型代码及数据类型

节点名称	类型码	数据类型	八位位组长度	说明
通信接口	0xB0	枚举	1	取值见表 E.7

6.3.3 激励电源条件

6.3.3.1 激励电源类型

图 41 给出了图 29 中节点元素“激励电源条件”的二进制格式数据模型视图。

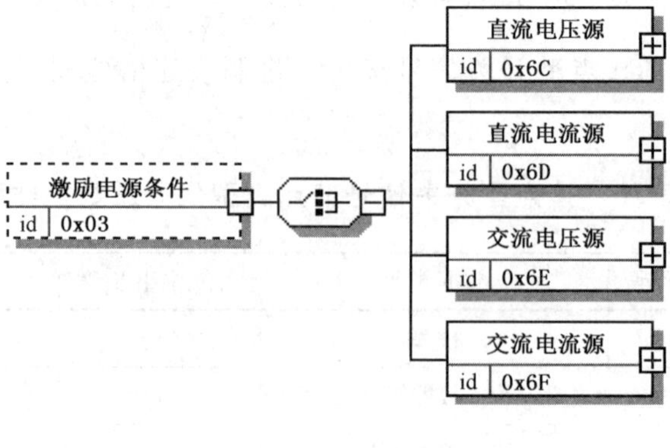

图 41 激励电源条件二进制树形图

表 38 给出了图 41 中各种激励电源类型代码。

表 38 激励电源条件节点类型代码

节点名称	类型码
直流电压源	0x6C
直流电流源	0x6D
交流电压源	0x6E
交流电流源	0x6F

6.3.3.2 直流电压源

图 42 给出了图 41 中节点元素“直流电压源”的二进制格式数据模型视图。

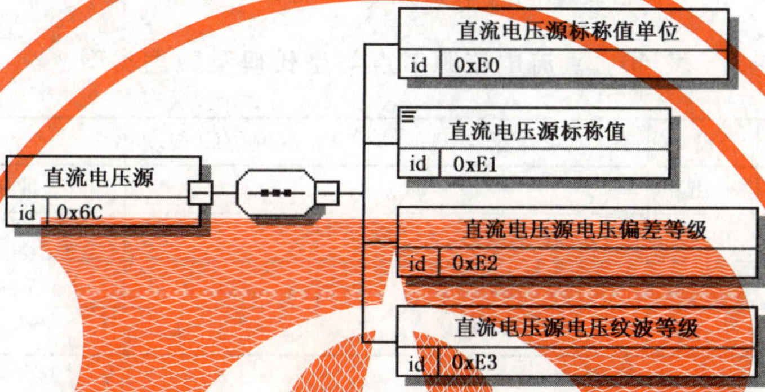

图 42 直流电压源二进制树形图

表 39 给出了图 42 中各种节点类型代码及数据类型说明。

表 39 直流电压源节点类型代码及数据类型

节点名称	类型码	数据类型	八位位组长度	说明
直流电压源标称值单位	0xE0	枚举	1	取值 5 或 6，见表 E.10
直流电压源标称值	0xE1	32 位单精度浮点数	4	
直流电压源电压偏差等级	0xE2	枚举	1	取值见表 E.8
直流电压源电压纹波等级	0xE3	枚举	1	取值见表 E.9

6.3.3.3 直流电流源

图 43 给出了图 41 中节点元素“直流电流源”的二进制格式数据模型视图。

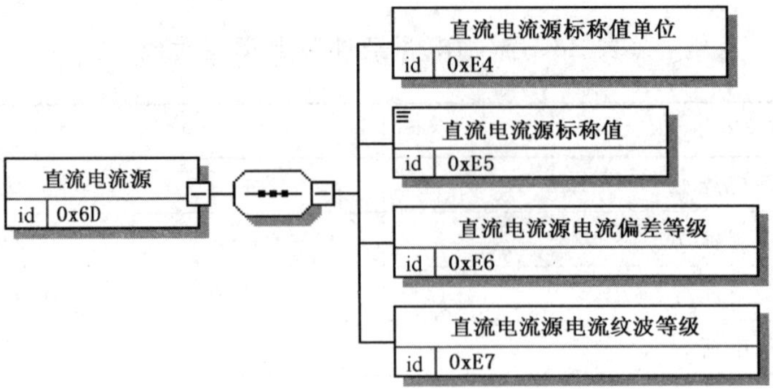

图 43　直流电流源二进制树形图

表 40 给出了图 43 中各种节点类型代码及数据类型说明。

表 40　直流电流源节点类型代码及数据类型

节点名称	类型码	数据类型	八位位组长度	说明
直流电流源标称值单位	0xE4	枚举	1	取值 7 或 11,见表 E.10
直流电流源标称值	0xE5	32 位单精度浮点数	4	
直流电流源电流偏差等级	0xE6	枚举	1	取值见表 E.8
直流电流源电流纹波等级	0xE7	枚举	1	取值见表 E.9

6.3.3.4　交流电压源

图 44 给出了图 41 中节点元素“交流电压源”的二进制格式数据模型视图。

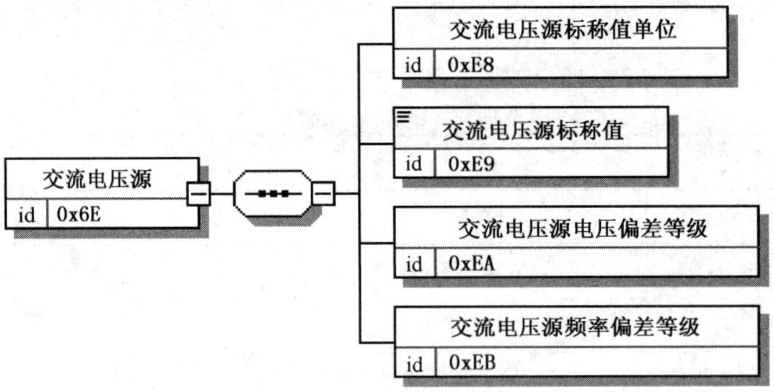

图 44　交流电压源二进制树形图

表 41 给出了图 44 中各种节点类型代码及数据类型说明。

表 41　交流电压源节点类型代码及数据类型

节点名称	类型码	数据类型	八位位组长度	说明
交流电压源标称值单位	0xE8	枚举	1	取值 5 或 6,见表 E.10
交流电压源标称值	0xE9	32 位单精度浮点数	4	
交流电压源电压偏差等级	0xEA	枚举	1	取值见表 E.8
交流电压源频率纹波等级	0xEB	枚举	1	取值见表 E.10

6.3.3.5 交流电流源

图 45 给出了图 41 中节点元素“交流电流源”的二进制格式数据模型视图。

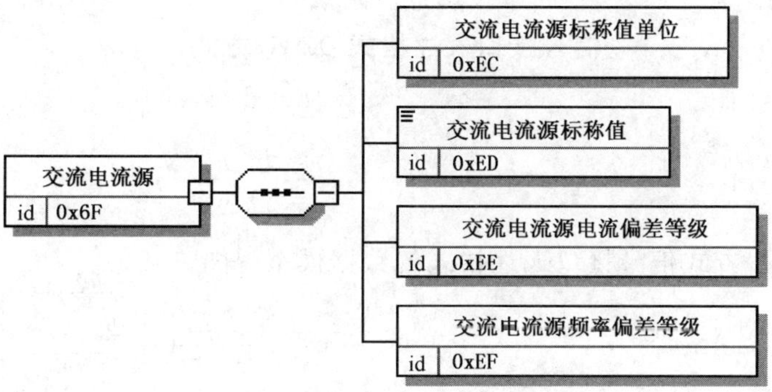

图 45 交流电流源二进制树形图

表 42 给出了图 45 中各种节点类型代码及数据类型说明。

表 42 交流电流源节点类型代码及数据类型

节点名称	类型码	数据类型	八位位组长度	说明
交流电流源标称值单位	0xEC	枚举	1	取值 7 或 11，见表 E.10
交流电流源标称值	0xED	32 位单精度浮点数	4	
交流电流源电流偏差等级	0xEE	枚举	1	取值见表 E.8
交流电流源频率纹波等级	0xEF	枚举	1	取值见表 E.10

附 录 A
（规范性附录）
信号接口表述格式(XML 方式)

A.1 数据模型视图

图 A.1 给出了 XML 方式信号接口表述格式的数据模型视图。

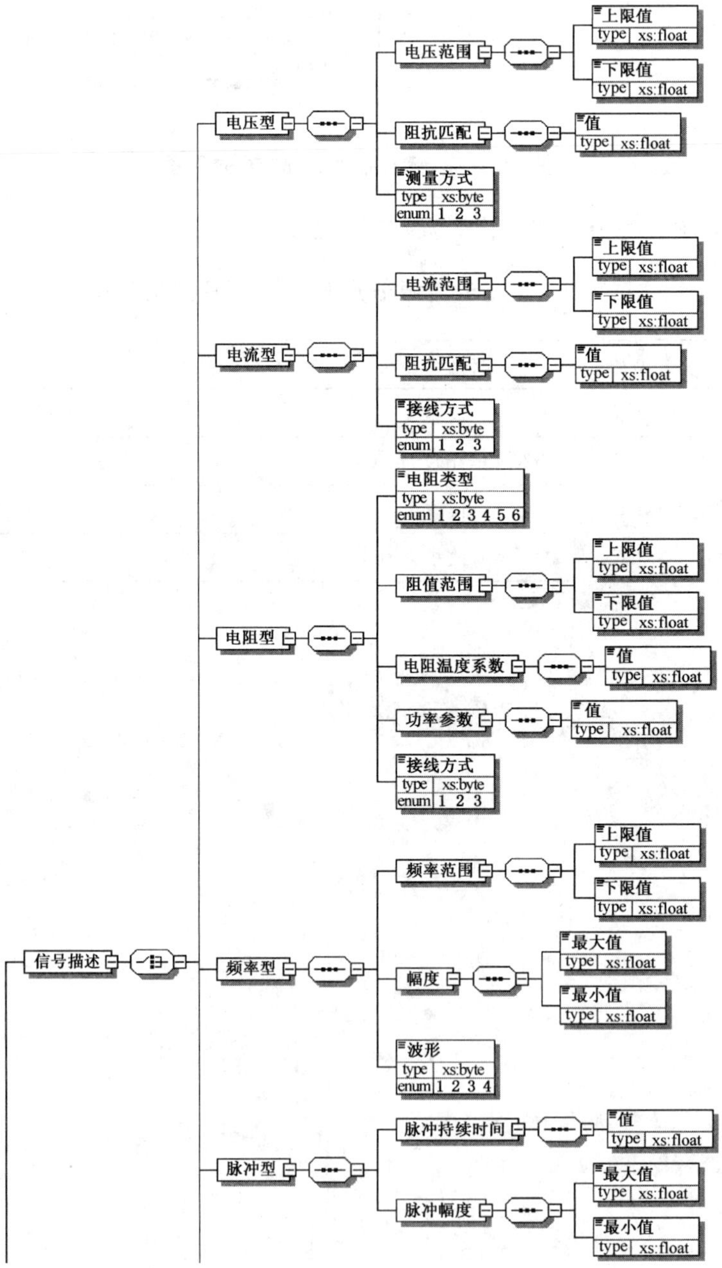

图 A.1 信号接口表述格式数据模型视图

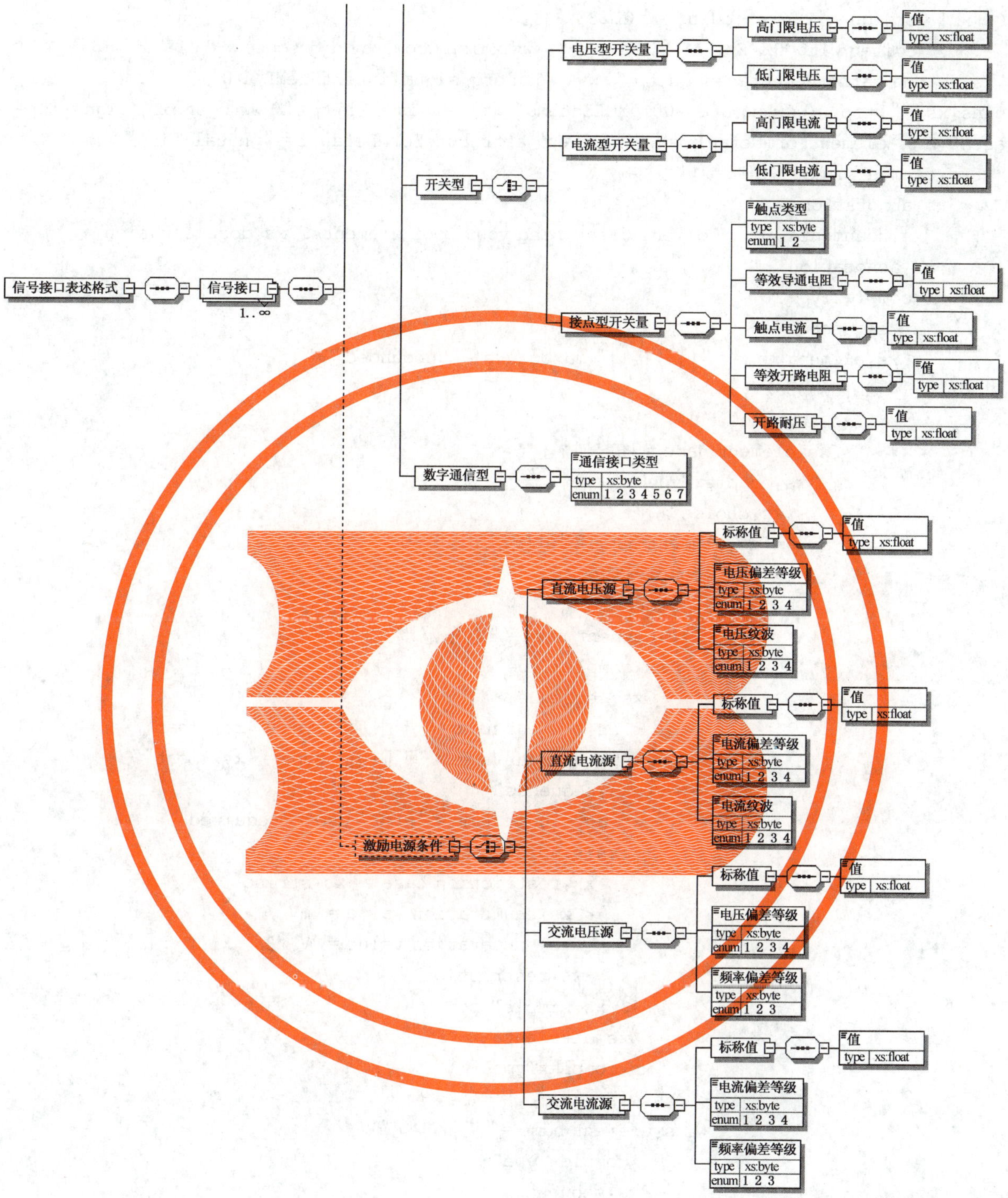

图 A.1(续)

A.2 XSD 文件结构

本章给出了信号接口 XML 表述格式所依据的 XSD 文件(signalinterfaceML.xsd)的结构,其字符编码格式应符合 GB 2312—1980 的规定。

```
<? xml version = "1.0" encoding = " GB2312"? >
<! - - edited with XML Spy v4.4 U (http://www.xmlspy.com) by djj (ccs) - - >
<xs:schema targetNamespace = "http://www.wgsn.org/signalinterfaceML/1.0"
xmlns:xs = "http://www.w3.org/2001/XMLSchema" xmlns:sis = "http://www.wgsn.org/signalinter-
faceML/1.0" elementFormDefault = "qualified" attributeFormDefault = "unqualified">
  <xs:element name = "信号接口表述格式">
    <xs:annotation>
      <xs:documentation>Comment describing your root element</xs:documentation>
    </xs:annotation>
    <xs:complexType>
      <xs:sequence>
        <xs:element name = "信号接口" maxOccurs = "unbounded">
          <xs:complexType>
            <xs:sequence>
              <xs:element name = "信号描述">
                <xs:complexType>
                  <xs:choice>
                    <xs:element name = "电压型">
                      <xs:complexType>
                        <xs:sequence>
                          <xs:element name = "电压范围">
                            <xs:complexType>
                              <xs:sequence>
                                <xs:element name = "上限值" type = "xs:float"/>
                                <xs:element name = "下限值" type = "xs:float"/>
                              </xs:sequence>
                              <xs:attribute name = "单位" use = "required">
                                <xs:simpleType>
                                  <xs:restriction base = "xs:string">
                                    <xs:enumeration value = "mV"/>
                                    <xs:enumeration value = "V"/>
                                  </xs:restriction>
                                </xs:simpleType>
                              </xs:attribute>
                            </xs:complexType>
                          </xs:element>
                          <xs:element name = "阻抗匹配">
                            <xs:complexType>
                              <xs:sequence>
                                <xs:element name = "值" type = "xs:float"/>
                              </xs:sequence>
                              <xs:attribute name = "单位" type = "xs:string" use = "required"
fixed = "Ω"/>
                            </xs:complexType>
                          </xs:element>
                          <xs:element name = "测量方式">
                            <xs:annotation>
                              <xs:documentation>1: 参考单端 2:非参考单端 3:差分
```

```
</xs:documentation>
                    </xs:annotation>
                    <xs:simpleType>
                      <xs:restriction base="xs:byte">
                        <xs:enumeration value="1"/>
                        <xs:enumeration value="2"/>
                        <xs:enumeration value="3"/>
                      </xs:restriction>
                    </xs:simpleType>
                  </xs:element>
                </xs:sequence>
              </xs:complexType>
            </xs:element>
            <xs:element name="电流型">
              <xs:complexType>
                <xs:sequence>
                  <xs:element name="电流范围">
                    <xs:complexType>
                      <xs:sequence>
                        <xs:element name="上限值" type="xs:float"/>
                        <xs:element name="下限值" type="xs:float"/>
                      </xs:sequence>
                      <xs:attribute name="单位" type="xs:string" use="required"
fixed="mA"/>
                    </xs:complexType>
                  </xs:element>
                  <xs:element name="阻抗匹配">
                    <xs:complexType>
                      <xs:sequence>
                        <xs:element name="值" type="xs:float"/>
                      </xs:sequence>
                      <xs:attribute name="单位" type="xs:string" use="required"
fixed="Ω"/>
                    </xs:complexType>
                  </xs:element>
                  <xs:element name="接线方式">
                    <xs:annotation>
                    <xs:documentation>1:二线制 2:三线制 3:四线制</xs:documen-
tation>
                    </xs:annotation>
                    <xs:simpleType>
                        <xs:restriction base="xs:byte">
                          <xs:enumeration value="1"/>
                          <xs:enumeration value="2"/>
                          <xs:enumeration value="3"/>
                      </xs:restriction>
                    </xs:simpleType>
                  </xs:element>
```

```
        </xs:sequence>
      </xs:complexType>
    </xs:element>
    <xs:element name="电阻器型">
      <xs:complexType>
        <xs:sequence>
          <xs:element name="电阻器类型">
            <xs:annotation>
                <xs:documentation>1:应变电阻器;2:热(敏)电阻器;3:湿敏
电阻器;4:气敏电阻器 5:光敏电阻器;255:其他。</xs:documentation>
            </xs:annotation>
            <xs:simpleType>
              <xs:restriction base="xs:byte">
                <xs:enumeration value="1"/>
                <xs:enumeration value="2"/>
                <xs:enumeration value="3"/>
                <xs:enumeration value="4"/>
                <xs:enumeration value="5"/>
                <xs:enumeration value="255"/>
              </xs:restriction>
            </xs:simpleType>
          </xs:element>
          <xs:element name="阻值范围">
            <xs:complexType>
              <xs:sequence>
                <xs:element name="上限值" type="xs:float"/>
                <xs:element name="下限值" type="xs:float"/>
              </xs:sequence>
              <xs:attribute name="单位" use="required">
                <xs:simpleType>
                  <xs:restriction base="xs:string">
                    <xs:enumeration value="Ω"/>
                    <xs:enumeration value="mΩ"/>
                  </xs:restriction>
                </xs:simpleType>
              </xs:attribute>
            </xs:complexType>
          </xs:element>
          <xs:element name="电阻器温度系数">
            <xs:complexType>
              <xs:sequence>
                <xs:element name="值" type="xs:float"/>
              </xs:sequence>
              <xs:attribute name="单位" type="xs:string"
use="required" fixed="ppm/℃"/>
            </xs:complexType>
          </xs:element>
          <xs:element name="功率参数">
```

```
                <xs:complexType>
                  <xs:sequence>
                    <xs:element name="值" type="xs:float"/>
                  </xs:sequence>
                  <xs:attribute name="单位" use="required">
                    <xs:simpleType>
                      <xs:restriction base="xs:string">
                        <xs:enumeration value="W"/>
                        <xs:enumeration value="mW"/>
                      </xs:restriction>
                    </xs:simpleType>
                  </xs:attribute>
                </xs:complexType>
              </xs:element>
              <xs:element name="接线方式">
                <xs:annotation>
                  <xs:documentation>1:二线制;2:三线制;3:四线制
</xs:documentation>
                </xs:annotation>
                <xs:simpleType>
                  <xs:restriction base="xs:byte">
                    <xs:enumeration value="1"/>
                    <xs:enumeration value="2"/>
                    <xs:enumeration value="3"/>
                  </xs:restriction>
                </xs:simpleType>
              </xs:element>
            </xs:sequence>
          </xs:complexType>
        </xs:element>
        <xs:element name="频率型">
          <xs:complexType>
            <xs:sequence>
              <xs:element name="频率范围">
                <xs:complexType>
                  <xs:sequence>
                    <xs:element name="上限值" type="xs:float"/>
                    <xs:element name="下限值" type="xs:float"/>
                  </xs:sequence>
                  <xs:attribute name="单位" use="required">
                    <xs:simpleType>
                      <xs:restriction base="xs:string">
                        <xs:enumeration value="Hz"/>
                        <xs:enumeration value="KHz"/>
                        <xs:enumeration value="MHz"/>
                      </xs:restriction>
                    </xs:simpleType>
                  </xs:attribute>
```

```
            </xs:complexType>
          </xs:element>
          <xs:element name="幅度">
            <xs:complexType>
              <xs:sequence>
                <xs:element name="最大值" type="xs:float"/>
                <xs:element name="最小值" type="xs:float"/>
              </xs:sequence>
              <xs:attribute name="单位" use="required">
                <xs:simpleType>
                  <xs:restriction base="xs:string">
                    <xs:enumeration value="mV"/>
                    <xs:enumeration value="V"/>
                    <xs:enumeration value="mA"/>
                    <xs:enumeration value="A"/>
                  </xs:restriction>
                </xs:simpleType>
              </xs:attribute>
            </xs:complexType>
          </xs:element>
          <xs:element name="波形">
            <xs:annotation>
              <xs:documentation>1:正弦波 2:矩形波 3:三角波 4:锯齿波 255:
其他</xs:documentation>
            </xs:annotation>
            <xs:simpleType>
              <xs:restriction base="xs:byte">
                <xs:enumeration value="1"/>
                <xs:enumeration value="2"/>
                <xs:enumeration value="3"/>
                <xs:enumeration value="4"/>
                <xs:enumeration value="255"/>
              </xs:restriction>
            </xs:simpleType>
          </xs:element>
        </xs:sequence>
      </xs:complexType>
    </xs:element>
    <xs:element name="脉冲型">
      <xs:complexType>
        <xs:sequence>
          <xs:element name="脉冲持续时间">
            <xs:complexType>
              <xs:sequence>
                <xs:element name="值" type="xs:float"/>
              </xs:sequence>
              <xs:attribute name="单位" use="required">
                <xs:simpleType>
```

```
              <xs:restriction base="xs:string">
                <xs:enumeration value="us"/>
                <xs:enumeration value="ms"/>
                <xs:enumeration value="s"/>
              </xs:restriction>
            </xs:simpleType>
          </xs:attribute>
        </xs:complexType>
      </xs:element>
      <xs:element name="脉冲幅度">
        <xs:complexType>
          <xs:sequence>
            <xs:element name="最大值" type="xs:float"/>
            <xs:element name="最小值" type="xs:float"/>
          </xs:sequence>
          <xs:attribute name="单位" use="required">
            <xs:simpleType>
              <xs:restriction base="xs:string">
                <xs:enumeration value="mV"/>
                <xs:enumeration value="V"/>
                <xs:enumeration value="mA"/>
                <xs:enumeration value="A"/>
              </xs:restriction>
            </xs:simpleType>
          </xs:attribute>
        </xs:complexType>
      </xs:element>
    </xs:sequence>
  </xs:complexType>
</xs:element>
<xs:element name="开关型">
  <xs:complexType>
    <xs:choice>
      <xs:element name="电压型">
        <xs:complexType>
          <xs:sequence>
            <xs:element name="高门限电压">
              <xs:complexType>
                <xs:sequence>
                  <xs:element name="值" type="xs:float"/>
                </xs:sequence>
                <xs:attribute name="单位" use="required">
                  <xs:simpleType>
                    <xs:restriction base="xs:string">
                      <xs:enumeration value="V"/>
                      <xs:enumeration value="mV"/>
                    </xs:restriction>
                  </xs:simpleType>
```

```
          </xs:attribute>
        </xs:complexType>
      </xs:element>
      <xs:element name="低门限电压">
        <xs:complexType>
          <xs:sequence>
            <xs:element name="值" type="xs:float"/>
          </xs:sequence>
          <xs:attribute name="单位" use="required">
            <xs:simpleType>
              <xs:restriction base="xs:string">
                <xs:enumeration value="V"/>
                <xs:enumeration value="mV"/>
              </xs:restriction>
            </xs:simpleType>
          </xs:attribute>
        </xs:complexType>
      </xs:element>
    </xs:sequence>
  </xs:complexType>
</xs:element>
<xs:element name="电流型">
  <xs:complexType>
    <xs:sequence>
      <xs:element name="高门限电流">
        <xs:complexType>
          <xs:sequence>
            <xs:element name="值" type="xs:float"/>
          </xs:sequence>
          <xs:attribute name="单位" use="required">
            <xs:simpleType>
              <xs:restriction base="xs:string">
                <xs:enumeration value="A"/>
                <xs:enumeration value="mA"/>
              </xs:restriction>
            </xs:simpleType>
          </xs:attribute>
        </xs:complexType>
      </xs:element>
      <xs:element name="低门限电流">
        <xs:complexType>
          <xs:sequence>
            <xs:element name="值" type="xs:float"/>
          </xs:sequence>
          <xs:attribute name="单位" use="required">
            <xs:simpleType>
              <xs:restriction base="xs:string">
                <xs:enumeration value="A"/>
```

```
                <xs:enumeration value="mA"/>
              </xs:restriction>
            </xs:simpleType>
          </xs:attribute>
        </xs:complexType>
      </xs:element>
    </xs:sequence>
  </xs:complexType>
</xs:element>
<xs:element name="接点型">
  <xs:complexType>
    <xs:sequence>
      <xs:element name="触点类型">
        <xs:annotation>
          <xs:documentation>1:常开型 2:常闭型
</xs:documentation>
        </xs:annotation>
        <xs:simpleType>
          <xs:restriction base="xs:byte">
            <xs:enumeration value="1"/>
            <xs:enumeration value="2"/>
          </xs:restriction>
        </xs:simpleType>
      </xs:element>
      <xs:element name="等效导通电阻器">
        <xs:complexType>
          <xs:sequence>
            <xs:element name="值" type="xs:float"/>
          </xs:sequence>
          <xs:attribute name="单位" use="required">
            <xs:simpleType>
              <xs:restriction base="xs:string">
                <xs:enumeration value="Ω"/>
                <xs:enumeration value="mΩ"/>
              </xs:restriction>
            </xs:simpleType>
          </xs:attribute>
        </xs:complexType>
      </xs:element>
      <xs:element name="触点电流">
        <xs:complexType>
          <xs:sequence>
            <xs:element name="值" type="xs:float"/>
          </xs:sequence>
          <xs:attribute name="单位" use="required">
            <xs:simpleType>
              <xs:restriction base="xs:string">
                <xs:enumeration value="A"/>
```

```
                                    <xs:enumeration value = "mA"/>
                                </xs:restriction>
                            </xs:simpleType>
                        </xs:attribute>
                    </xs:complexType>
                </xs:element>
                <xs:element name = "等效开路电阻器">
                    <xs:complexType>
                        <xs:sequence>
                            <xs:element name = "值" type = "xs:float"/>
                        </xs:sequence>
                        <xs:attribute name = "单位" use = "required">
                            <xs:simpleType>
                                <xs:restriction base = "xs:string">
                                    <xs:enumeration value = "MΩ"/>
                                    <xs:enumeration value = "Ω"/>
                                </xs:restriction>
                            </xs:simpleType>
                        </xs:attribute>
                    </xs:complexType>
                </xs:element>
                <xs:element name = "开路耐压">
                    <xs:complexType>
                        <xs:sequence>
                            <xs:element name = "值" type = "xs:float"/>
                        </xs:sequence>
                        <xs:attribute name = "单位" type = "xs:string"
fixed = "V"/>
                    </xs:complexType>
                </xs:element>
            </xs:sequence>
        </xs:complexType>
    </xs:element>
</xs:choice>
</xs:complexType>
</xs:element>
<xs:element name = "数字通信型">
    <xs:complexType>
        <xs:sequence>
            <xs:element name = "通信接口类型">
                <xs:annotation>
                    <xs:documentation>1:CAN 2:RS232 3:RS485 4:USB 5:1-Wire
6:I^2C 255:其他</xs:documentation>
                </xs:annotation>
                <xs:simpleType>
                    <xs:restriction base = "xs:byte">
                        <xs:enumeration value = "1"/>
                        <xs:enumeration value = "2"/>
```

```
                    <xs:enumeration value="3"/>
                    <xs:enumeration value="4"/>
                    <xs:enumeration value="5"/>
                    <xs:enumeration value="6"/>
                    <xs:enumeration value="255"/>
                  </xs:restriction>
                </xs:simpleType>
              </xs:element>
            </xs:sequence>
          </xs:complexType>
        </xs:element>
      </xs:choice>
    </xs:complexType>
  </xs:element>
  <xs:element name="激励电源条件" minOccurs="0">
    <xs:complexType>
      <xs:choice>
        <xs:element name="直流电压源">
          <xs:complexType>
            <xs:sequence>
              <xs:element name="标称值">
                <xs:complexType>
                  <xs:sequence>
                    <xs:element name="值" type="xs:float"/>
                  </xs:sequence>
                  <xs:attribute name="单位" use="required">
                    <xs:simpleType>
                      <xs:restriction base="xs:string">
                        <xs:enumeration value="V"/>
                        <xs:enumeration value="mV"/>
                      </xs:restriction>
                    </xs:simpleType>
                  </xs:attribute>
                </xs:complexType>
              </xs:element>
              <xs:element name="电压偏差等级">
                <xs:annotation>
                  <xs:documentation>1:1 级 2:2 级 3:3 级 4:4 级
</xs:documentation>
                </xs:annotation>
                <xs:simpleType>
                  <xs:restriction base="xs:byte">
                    <xs:enumeration value="1"/>
                    <xs:enumeration value="2"/>
                    <xs:enumeration value="3"/>
                    <xs:enumeration value="4"/>
                  </xs:restriction>
                </xs:simpleType>
```

```
                    </xs:element>
                    <xs:element name="电压纹波">
                      <xs:annotation>
                        <xs:documentation>1:1 级 2:2 级 3:3 级 4:4 级
</xs:documentation>
                      </xs:annotation>
                      <xs:simpleType>
                        <xs:restriction base="xs:byte">
                          <xs:enumeration value="1"/>
                          <xs:enumeration value="2"/>
                          <xs:enumeration value="3"/>
                          <xs:enumeration value="4"/>
                        </xs:restriction>
                      </xs:simpleType>
                    </xs:element>
                  </xs:sequence>
                </xs:complexType>
              </xs:element>
              <xs:element name="直流电流源">
                <xs:complexType>
                  <xs:sequence>
                    <xs:element name="标称值">
                      <xs:complexType>
                        <xs:sequence>
                          <xs:element name="值" type="xs:float"/>
                        </xs:sequence>
                        <xs:attribute name="单位" use="required">
                          <xs:simpleType>
                            <xs:restriction base="xs:string">
                              <xs:enumeration value="A"/>
                              <xs:enumeration value="mA"/>
                            </xs:restriction>
                          </xs:simpleType>
                        </xs:attribute>
                      </xs:complexType>
                    </xs:element>
                    <xs:element name="电流偏差等级">
                      <xs:annotation>
                        <xs:documentation>1:1 级 2:2 级 3:3 级 4:4 级
</xs:documentation>
                      </xs:annotation>
                      <xs:simpleType>
                        <xs:restriction base="xs:byte">
                          <xs:enumeration value="1"/>
                          <xs:enumeration value="2"/>
                          <xs:enumeration value="3"/>
                          <xs:enumeration value="4"/>
                        </xs:restriction>
```

```
          </xs:simpleType>
        </xs:element>
        <xs:element name="电流纹波">
          <xs:annotation>
            <xs:documentation>1:1 级 2:2 级 3:3 级 4:4 级
</xs:documentation>
          </xs:annotation>
          <xs:simpleType>
            <xs:restriction base="xs:byte">
              <xs:enumeration value="1"/>
              <xs:enumeration value="2"/>
              <xs:enumeration value="3"/>
              <xs:enumeration value="4"/>
            </xs:restriction>
          </xs:simpleType>
        </xs:element>
      </xs:sequence>
    </xs:complexType>
  </xs:element>
  <xs:element name="交流电压源">
    <xs:complexType>
      <xs:sequence>
        <xs:element name="标称值">
          <xs:complexType>
            <xs:sequence>
              <xs:element name="值" type="xs:float"/>
            </xs:sequence>
            <xs:attribute name="单位" use="required">
              <xs:simpleType>
                <xs:restriction base="xs:string">
                  <xs:enumeration value="V"/>
                  <xs:enumeration value="mV"/>
                </xs:restriction>
              </xs:simpleType>
            </xs:attribute>
          </xs:complexType>
        </xs:element>
        <xs:element name="电压偏差等级">
          <xs:annotation>
            <xs:documentation>1:1 级 2:2 级 3:3 级 4:4 级
</xs:documentation>
          </xs:annotation>
          <xs:simpleType>
            <xs:restriction base="xs:byte">
              <xs:enumeration value="1"/>
              <xs:enumeration value="2"/>
              <xs:enumeration value="3"/>
              <xs:enumeration value="4"/>
```

```
        </xs:restriction>
      </xs:simpleType>
    </xs:element>
    <xs:element name="频率偏差等级">
      <xs:annotation>
        <xs:documentation>1:1 级 2:2 级 3:3 级</xs:documentation>
      </xs:annotation>
      <xs:simpleType>
        <xs:restriction base="xs:byte">
          <xs:enumeration value="1"/>
          <xs:enumeration value="2"/>
          <xs:enumeration value="3"/>
        </xs:restriction>
      </xs:simpleType>
    </xs:element>
  </xs:sequence>
</xs:complexType>
</xs:element>
<xs:element name="交流电流源">
  <xs:complexType>
    <xs:sequence>
      <xs:element name="标称值">
        <xs:complexType>
          <xs:sequence>
            <xs:element name="值" type="xs:float"/>
          </xs:sequence>
          <xs:attribute name="单位" use="required">
            <xs:simpleType>
              <xs:restriction base="xs:string">
                <xs:enumeration value="A"/>
                <xs:enumeration value="mA"/>
              </xs:restriction>
            </xs:simpleType>
          </xs:attribute>
        </xs:complexType>
      </xs:element>
      <xs:element name="电流偏差等级">
        <xs:annotation>
          <xs:documentation>1:1 级 2:2 级 3:3 级 4:4 级</xs:documentation>
        </xs:annotation>
        <xs:simpleType>
          <xs:restriction base="xs:byte">
            <xs:enumeration value="1"/>
            <xs:enumeration value="2"/>
            <xs:enumeration value="3"/>
            <xs:enumeration value="4"/>
          </xs:restriction>
        </xs:simpleType>
```

```
          </xs:element>
          <xs:element name="频率偏差等级">
            <xs:annotation>
              <xs:documentation>1:1 级 2:2 级 3:3 级</xs:documentation>
            </xs:annotation>
            <xs:simpleType>
              <xs:restriction base="xs:byte">
                <xs:enumeration value="1"/>
                <xs:enumeration value="2"/>
                <xs:enumeration value="3"/>
              </xs:restriction>
            </xs:simpleType>
          </xs:element>
        </xs:sequence>
      </xs:complexType>
    </xs:element>
   </xs:choice>
  </xs:complexType>
 </xs:element>
</xs:sequence>
</xs:complexType>
</xs:element>
</xs:sequence>
</xs:complexType>
</xs:element>
</xs:schema>
```

附　录　B
（资料性附录）
电压信号接口表述示例(XML 方式)

```
<? xml version = "1.0" encoding = "UTF - 8"? >
<信号接口表述格式 xmlns = "http://www.wgsn.org/signalinterfaceML/1.0"
xmlns:xsi = "http://www.w3.org/2001/XMLSchema - instance"
xsi:schemaLocation = "http://www.wgsn.org/signalinterfaceML/1.0">
  <信号接口>
    <信号描述>
      <电压型>
        <电压范围 单位 = "V">
          <上限值>5</上限值>
          <下限值>0</下限值>
        </电压范围>
        <阻抗匹配 单位 = "Ω">
          <值>500</值>
        </阻抗匹配>
        <测量方式>1</测量方式>
      </电压型>
    </信号描述>
  </信号接口>
</信号接口表述格式>
```

附 录 C
（规范性附录）
信号接口表述格式（二进制）

C.1 设计原则（或要求）

信号接口表述的二进制格式采用TLV编码方式来描述图A.1中的节点。Type字段固定为1个八位位组，表示各节点的类型码；Length字段固定为1个八位位组，表示Value字段的八位位组长度；Value字段长度可变，表示各节点的实际值。对于非叶子节点，Value字段由其子节点的TLV结构组成。

在树形图中，非叶子节点类型码从0开始编码，最高可至127；叶子节点类型码从128开始编码，最高可至255。类型代码见表C.1。

信号接口的二进制表述应依据图C.1进行表述。

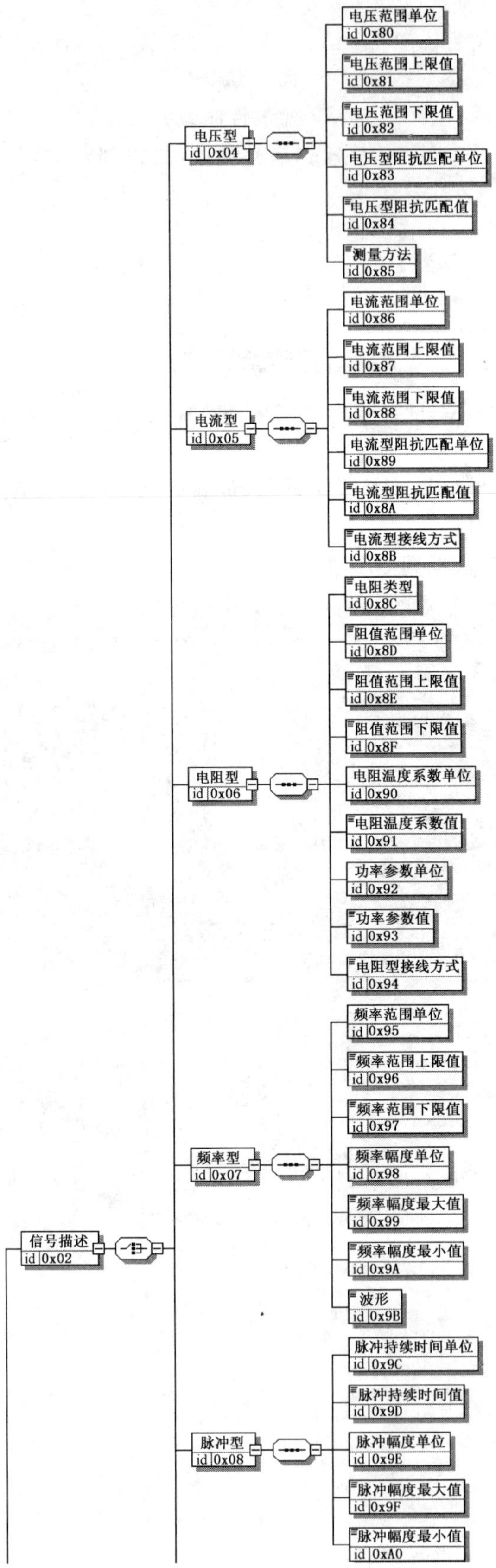

图 C.1　信号接口表述二进制树形图

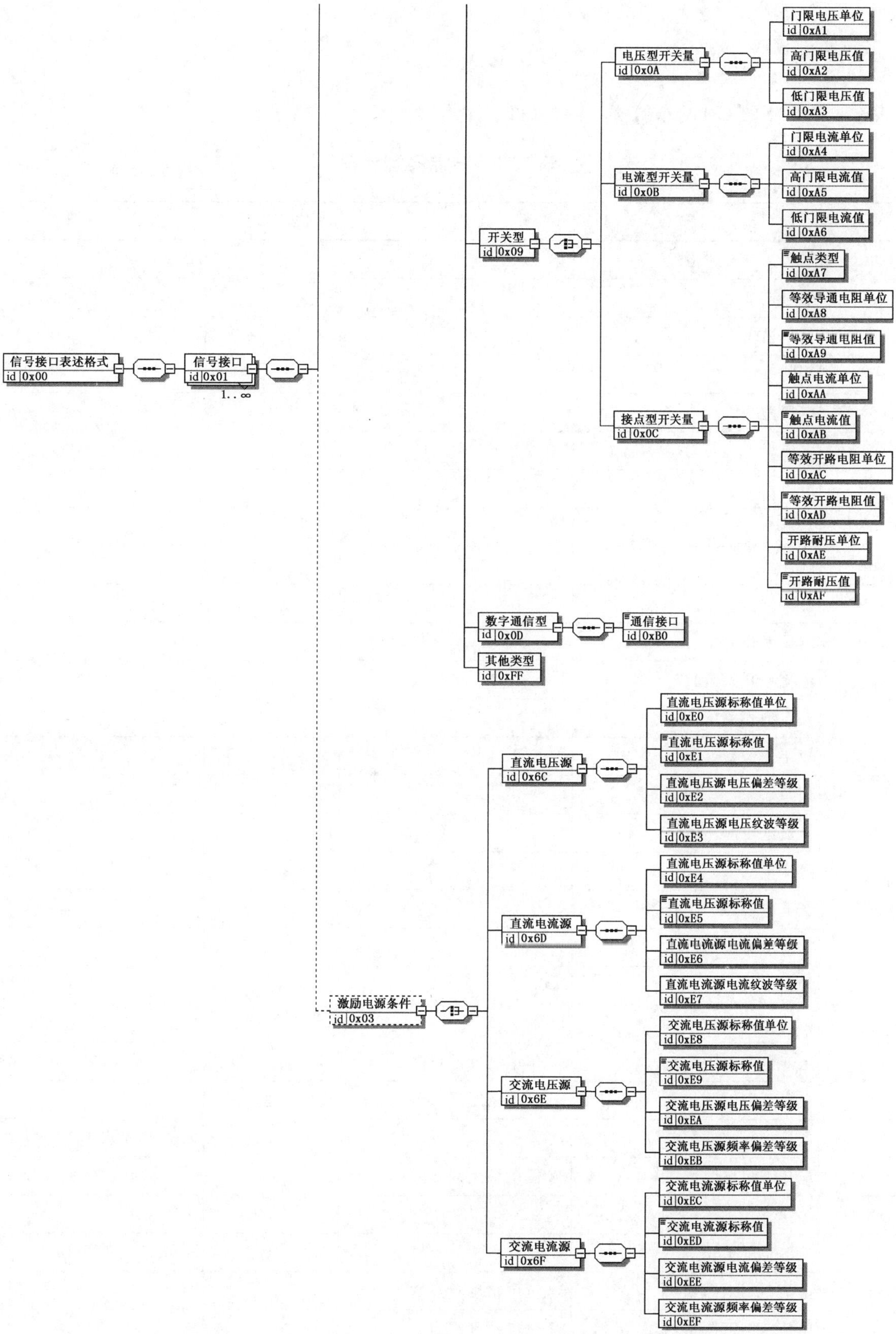
信号接口表述格式
id 0x00
信号接口
id 0x01
1..∞
开关型
id 0x09
电压型开关量
id 0x0A
门限电压单位
id 0xA1
高门限电压值
id 0xA2
低门限电压值
id 0xA3
电流型开关量
id 0x0B
门限电流单位
id 0xA4
高门限电流值
id 0xA5
低门限电流值
id 0xA6
接点型开关量
id 0x0C
触点类型
id 0xA7
等效导通电阻单位
id 0xA8
等效导通电阻值
id 0xA9
触点电流单位
id 0xAA
触点电流值
id 0xAB
等效开路电阻单位
id 0xAC
等效开路电阻值
id 0xAD
开路耐压单位
id 0xAE
开路耐压值
id 0xAF
数字通信型
id 0x0D
通信接口
id 0xB0
其他类型
id 0xFF
激励电源条件
id 0x03
直流电压源
id 0x6C
直流电压源标称值单位
id 0xE0
直流电压源标称值
id 0xE1
直流电压源电压偏差等级
id 0xE2
直流电压源电压纹波等级
id 0xE3
直流电流源
id 0x6D
直流电压源标称值单位
id 0xE4
直流电压源标称值
id 0xE5
直流电流源电流偏差等级
id 0xE6
直流电流源电流纹波等级
id 0xE7
交流电压源
id 0x6E
交流电压源标称值单位
id 0xE8
交流电压源标称值
id 0xE9
交流电压源电压偏差等级
id 0xEA
交流电压源频率偏差等级
id 0xEB
交流电流源
id 0x6F
交流电流源标称值单位
id 0xEC
交流电流源标称值
id 0xED
交流电流源电流偏差等级
id 0xEE
交流电流源频率偏差等级
id 0xEF

图 C.1（续）

C.2 节点类型代码

表 C.1 给出了图 C.1 中节点类型码的编码。

表 C.1 节点类型代码

类型码	名称	数据类型	八位位组长度	说明
0x00	信号接口表述格式			
0x01	信号接口			
0x02	信号描述			
0x03	激励电源条件			
0x04	电压型			
0x05	电流型			
0x06	电阻器型			
0x07	频率型			
0x08	脉冲型			
0x09	开关型			
0x0A	电压型开关量			
0x0B	电流型开关量			
0x0C	接点型开关量			
0x0D	数字通信型			
0x0E～0x6B	预留			
0x6C	直流电压源			
0x6D	直流电流源			
0x6E	交流电压源			
0x6F	交流电流源			
0x70～0x7F	预留			
0x80	电压范围单位	枚举	1	取值 5 或 6，见表 E.10
0x81	电压范围上限值	32 位单精度浮点数	4	
0x82	电压范围下限值	32 位单精度浮点数	4	
0x83	电压型阻抗匹配单位	枚举	1	取值 1，见表 E.10
0x84	电压型阻抗匹配值	32 位单精度浮点数	4	
0x85	测量方式	枚举	1	见表 E.1
0x86	电流范围单位	枚举	1	取值 7，见表 E.10
0x87	电流范围上限值	32 位单精度浮点数	4	
0x88	电流范围下限值	32 位单精度浮点数	4	
0x89	电流型阻抗匹配单位	枚举	1	取值 1，见表 E.10

表 C.1（续）

类型码	名称	数据类型	八位位组长度	说明
0x8A	电流型阻抗匹配值	32 位单精度浮点数	4	
0x8B	电流型接线方式	枚举	1	见表 E.3
0x8C	电阻器类型	枚举	1	取值见表 E.4
0x8D	阻值范围单位	枚举	1	取值 1 或 15，见表 E.10
0x8E	阻值范围上限值	32 位单精度浮点数	4	
0x8F	阻值范围下限值	32 位单精度浮点数	4	
0x90	电阻器温度系数单位	枚举	1	取值 2，见表 E.10
0x91	电阻器温度系数值	32 位单精度浮点数	4	
0x92	功率参数单位	枚举	1	取值 3 或 4，见表 E.10
0x93	功率参数值	32 位单精度浮点数	4	
0x94	电阻器型接线方式	枚举	1	取值见表 E.3
0x95	频率范围单位	枚举	1	取值 8、9 或 10，见表 E.10
0x96	频率范围上限值	32 位单精度浮点数	4	
0x97	频率范围下限值	32 位单精度浮点数	4	
0x98	频率幅度单位	枚举	1	取值 5、6、7 或 11，见表 E.10
0x99	频率幅度最大值	32 位单精度浮点数	4	
0x9A	频率幅度最小值	32 位单精度浮点数	4	
0x9B	波形	枚举	1	取值见表 E.5
0x9C	脉冲持续时间单位	枚举	1	取值 12、13 或 14，见表 E.10
0x9D	脉冲持续时间值	32 位单精度浮点数	4	
0x9E	脉冲幅度单位	枚举	1	取值 5、6、7 或 11，见表 E.10
0x9F	脉冲幅度最大值	32 位单精度浮点数	4	
0xA0	脉冲幅度最小值	32 位单精度浮点数	4	
0xA1	门限电压单位	枚举	1	取值 5 或 6，见表 E.10
0xA2	高门限电压值	32 位单精度浮点数	4	
0xA3	低门限电压值	32 位单精度浮点数	4	
0xA4	门限电流单位	枚举	1	取值 7 或 11，见表 E.10
0xA5	高门限电流值	32 位单精度浮点数	4	
0xA6	低门限电流值	32 位单精度浮点数	4	
0xA7	触点类型	枚举	1	取值见表 E.6
0xA8	等效导通电阻器单位	枚举	1	取值 1 或 15，见表 E.10
0xA9	等效导通电阻器值	32 位单精度浮点数	4	
0xAA	触点电流单位	枚举	1	取值 7 或 11，见表 E.10
0xAB	触点电流值	32 位单精度浮点数	4	

表 C.1（续）

类型码	名称	数据类型	八位位组长度	说明
0xAC	等效开路电阻器单位	枚举	1	取值 1 或 16，见表 E.10
0xAD	等效开路电阻器值	32 位单精度浮点数	4	
0xAE	开路耐压单位	枚举	1	取值 6，见表 E.10
0xAF	开路耐压值	32 位单精度浮点数	4	
0xB0	通信接口	枚举	1	取值见表 E.7
0xB1～0xDF	预留			
0xE0	直流电压源标称值单位	枚举	1	取值 5 或 6，见表 E.10
0xE1	直流电压源标称值	32 位单精度浮点数	4	
0xE2	直流电压源电压偏差等级	枚举	1	取值见表 E.8
0xE3	直流电压源电压纹波等级	枚举	1	取值见表 E.9
0xE4	直流电流源标称值单位	枚举	1	取值 7 或 11，见表 E.10
0xE5	直流电流源标称值	32 位单精度浮点数	4	
0xE6	直流电流源电流偏差等级	枚举	1	取值见表 E.8
0xE7	直流电流源电流纹波等级	枚举	1	取值见表 E.9
0xE8	交流电压源标称值单位	枚举	1	取值 5 或 6，见表 E.10
0xE9	交流电压源标称值	32 位单精度浮点数	4	
0xEA	交流电压源电压偏差等级	枚举	1	取值见表 E.8
0xEB	交流电压源频率纹波等级	枚举	1	取值见表 E.10
0xEC	交流电流源标称值单位	枚举	1	取值 7 或 11，见表 E.10
0xED	交流电流源标称值	32 位单精度浮点数	4	
0xEE	交流电流源电流偏差等级	枚举	1	取值见表 E.8
0xEF	交流电流源频率纹波等级	枚举	1	取值见表 E.10
0xF0～0xFE	预留			
0xFF	其他类型			

附 录 D
（资料性附录）
电压信号接口表述示例（二进制）

表 D.1 给出了电压信号接口二进制表述格式的示例。

表 D.1 电压信号接口二进制表示格式示例

1-Octet							
7	6	5	4	3	2	1	0
0x00 //Type:信号接口表述格式							
0x21 //Length							
0x01 //Type:信号接口							
0x1F //Length							
0x02 //Type:信号描述							
0x1D //Length							
0x04 // Type:电压型							
0x1B //Length							
0x80 // Type:电压范围单位							
0x01 //Length							
0x06							
0x81 // Type:电压范围上限值							
0x04 //Length							
0x40							
0x40							
0x00							
0x00							
0x82 // Type:电压范围下限值							
0x04 //Length							
0x00							
0x00							
0x00							
0x00							
0x83 // Type:电压型阻抗匹配单位							
0x01 //Length							
0x01							
0x84 // Type:电压型阻抗匹配值							
0x04 //Length							

表 D.1（续）

1-Octet							
7	6	5	4	3	2	1	0
0x43							
0xF9							
0x00							
0x00							
0x85 // Type:测量方式							
0x01 //Length							
0x01							

附　录　E
（规范性附录）
枚举值说明

表E.1～表E.10规定了信号接口表述所涉及的各种参数的枚举值，在对信号接口进行表述时，应按照表E.1～表E.10中枚举值对信号接口相关参数进行描述。

表E.1　电压型信号测量方式枚举值说明

值	说明
0x01	单端参考地接线
0x02	单端浮地接线
0x03	差分接线

表E.2　电流型、电阻器型接线方式枚举值说明

值	说明
0x01	二线制
0x02	三线制
0x03	四线制

表E.3　电阻器型枚举值说明

值	说明
0x01	应变电阻器
0x02	热（敏）电阻器
0x03	湿敏电阻器
0x04	气敏电阻器
0x05	光敏电阻器
0xFF	其他

表E.4　波形枚举值说明

值	说明
0x01	正弦波
0x02	矩形波
0x03	三角波
0x04	锯齿波
0xFF	其他

表 E.5 触点类型枚举值说明

值	说明
0x01	常开型
0x02	常闭型

表 E.6 通信接口枚举值说明

值	说明
0x01	CAN
0x02	RS232
0x03	RS485
0x04	USB
0x05	1-wire
0x06	I^2C
0xFF	其他

表 E.7 直流电压源电压偏差/直流电流源电流偏差等级枚举值说明

值	说明
0x01	1 级 ±0.5%以内
0x02	2 级 ±1%以内
0x03	3 级 ±5%以内
0x04	4 级 ±10%以内

表 E.8 直流电源纹波等级枚举值说明

值	说明
0x01	1 级 0.2%以内
0x02	2 级 1%以内
0x03	3 级 5%以内
0x04	4 级 10%以内

表 E.9 交流电源频率偏差等级枚举值说明

值	说明
0x01	1 级 0.2%以内
0x02	2 级 1%以内
0x03	3 级 5%以内

表 E.10 物理量单位枚举值说明

值	说明
0x01	欧(Ω)
0x02	ppm/℃
0x03	毫瓦(mW)
0x04	瓦(W)
0x05	毫伏(mV)
0x06	伏(V)
0x07	毫安(mA)
0x08	赫兹(Hz)
0x09	千赫(KHz)
0x0A	兆赫(MHz)
0x0B	安(A)
0x0C	微秒(μs)
0x0D	毫秒(ms)
0x0E	秒(s)
0x0F	毫欧(mΩ)
0x10	兆欧(MΩ)

参 考 文 献

[1] GB/T 2471—1995 电阻器和电容器优先数系
[2] GB/T 3100 国际单位制及其应用(ISO 1000)
[3] GB/T 3101 有关量、单位和符号的一般原则(ISO 31-0)
[4] GB/T 3102(所有部分) 量和单位[ISO 31(所有部分)]
[5] GB/T 3369.1—2008 过程控制系统用模拟信号 第1部分:直流电流信号(IEC 60381-1:1982)
[6] GB/T 3369.2—2008 过程控制系统用模拟信号 第2部分:直流电压信号(IEC 60381-2:1978)
[7] GB/T 4475—1995 敏感元器件术语
[8] GB/T 4728(所有部分) 电气简图用图形符号[IEC 60617(所有部分)]
[9] GB/T 5465(所有部分) 电气设备用图形符号[IEC 60417(所有部分),IDT]
[10] GB/T 7666—2005 传感器命名法及代码
[11] GB/T 7665—2005 传感器通用术语
[12] GB/T 9317—1998 脉冲信号发生器技术条件
[13] GB/T 13394 电工技术用字母 旋转电机量的符号(IEC 27-4)
[14] GB/T 16679 工业系统、装置与设备以及工业产品 信号代号(IEC 61175,IDT)
[15] GB/T 18806—2002 电阻器应变式压力传感器总规范
[16] GB/T 30269.501—2014 信息技术 传感器网络 第501部分:标识:传感节点标识符编制规则
[17] JB/T 7483—2005 半导体电阻器应变式力传感器
[18] JB/T 9237.2—1999 工业自动化仪表工作条件 动力
[19] JB/T 9476—1999 热敏电阻器通用技术条件
[20] JB/T 9474—1999 正温度系数热敏电阻器
[21] JB/T 9477.3—1999 直热式稳压型负温度系数热敏电阻器
[22] JB/T 9479—1999 光敏电阻器总技术条件
[23] SJ/T 10433—1993 组合型电阻器式湿敏元件
[24] IEC 60027(所有部分) 电工技术用文字符号

ICS 19.080;25.040.01
N 10

中华人民共和国国家标准

GB 30439.6—2014

工业自动化产品安全要求 第6部分:电磁阀的安全要求

Safety requirements for industry products—Part 6:Safety requirements for solenoid valve

2014-07-24 发布　　2015-02-01 实施

中华人民共和国国家质量监督检验检疫总局
中国国家标准化管理委员会　发布

前　言

GB 30439 的本部分的全部技术内容为强制性。

GB 30439《工业自动化产品安全要求》分为如下 18 个部分：

——第 1 部分：总则；
——第 2 部分：压力/差压变送器的安全要求；
——第 3 部分：温度变送器的安全要求；
——第 4 部分：控制阀的安全要求；
——第 5 部分：流量计的安全要求；
——第 6 部分：电磁阀的安全要求；
——第 7 部分：回路控制器的安全要求；
——第 8 部分：电动执行机构的安全要求；
——第 9 部分：数字显示仪表的安全要求；
——第 10 部分：记录仪表的安全要求；
——第 11 部分：可编程序控制器的安全要求；
——第 12 部分：回波测距（TOF）式物位计的安全要求；
——第 13 部分：磁致伸缩液位计的安全要求；
——第 14 部分：仪表电源的安全要求；
——第 15 部分：工业过程测量和控制用信号配电、隔离、转换、报警处理单元的安全要求；
——第 16 部分：差压流量计的安全要求；
——第 17 部分：超声流量计的安全要求；
——第 18 部分：压力仪表辅助装置的安全要求。

本部分为 GB 30439 的第 6 部分。

本部分按照 GB/T 1.1—2009 给出的规则起草。

本部分由中国机械工业联合会提出。

本部分由全国工业过程测量和控制标准化技术委员会（SAC/TC 124）归口、全国测量、控制和实验室电器设备安全标准化技术委员会（SAC/TC 338）归口。

本部分起草单位：鞍山电磁阀有限责任公司、浙江永久科技实业有限公司、机械工业仪器仪表综合技术经济研究所、绍兴市爱使仪表有限公司、浙江余姚市仪表四厂、江苏江阴市电磁阀厂、余姚市三力信电磁阀有限公司。

本部分主要起草人：董世财、孙丽丽、柳晓菁、胡之枫、刘冠军、夏鼎欣、顾国云、梅恪、王建华、郑旭。

工业自动化产品安全要求 第6部分:电磁阀的安全要求

1 范围

GB 30439的本部分规定了电磁阀的防电击、防机械危险、防火焰从设备内向外蔓延、防过高温、防流体和流体压力的影响的安全内容。

本部分不包括与安全无关的电磁阀的功能、性能或其他特性、运输包装的有效性、电磁兼容(EMC)要求、功能安全、对爆炸环境的防护措施、维修(修理)、维修(修理)人员的防护。

本部分适用于以清洁的液体、气体、蒸汽为工作介质,在管路中实现开闭控制功能的电磁阀。

2 规范性引用文件

下列文件对于本文件的应用是必不可少的。凡是注日期的引用文件,仅注日期的版本适用于本文件。凡是不注日期的引用文件,其最新版本(包括所有的修改单)适用于本文件。

GB/T 1633—2000 热塑性塑料维卡软化温度(VST)的测定(idt ISO 306:1994)

GB/T 2423.4 电工电子产品环境试验 第2部分:试验方法 试验Db交变湿热(12 h+12 h循环)(GB/T 2423.4—2008,IEC 60068-2-30:2005,IDT)

GB 4208—2008 外壳防护等级(IP代码)(IEC 60529:2001,IDT)

GB 4793.1—2007 测量、控制和实验室用电气设备的安全要求 第1部分:通用要求(IEC 61010-1:2001,IDT)

GB/T 5169.16—2008 电工电子产品着火危险试验 第16部分:试验火焰50 W水平与垂直火焰试验方法(IEC 60695-11-10:2003,IDT)

GB/T 5465.2—2008 电气设备用图形符号 第2部分:图形符号(IEC 60417 DB:2007,IDT)

GB/T 11021—2007 电气绝缘 耐热性分级(IEC 60085:2004,IDT)

GB/T 11918—2001 工业用插头插座和耦合器 第1部分:通用要求(IEC 60309-1:1999,IDT)

GB/T 11919—2001 工业用插头插座和耦合器 第2部分:带插销和插套的电器附件的尺寸互换性要求(IEC 60309-2:1999,IDT)

GB/T 12113—2003 接触电流和保护导体电流的测量法(IEC 60990-1:1999,IDT)

GB/T 16842—2008 外壳对人和设备的防护 检验用试具(IEC 61032-1:1997,IDT)

3 术语和定义

GB 4793.1界定的以及下列术语和定义适用于本文件。为了便于使用,以下重复列出GB 4793.1中某些术语和定义。

除另有规定外,“电压”值和“电流”值均指交流、直流,或者合成的电压或电流的有效值。

3.1 零部件和附件

3.1.1

端子 terminal

为使装置(设备)与外部导体相连而提供的一种元件。

注：端子可以含有一个或几个接触件，因此该术语也包括插座、连接器等。

[GB 4793.1—2007，定义 3.2.1]

3.1.2

保护导体端子　protective conductor terminal

为安全目的而与设备的导电零部件相连接的，而且预定还要与外部保护接地系统相连接的端子。

[GB 4793.1—2007，定义 3.2.3]

3.1.3

外壳　enclosure

防止设备受到某些外部影响和防止从任何方向直接接触而提供的零部件。

[GB 4793.1—2007，定义 3.2.4]

3.2　电气量值

3.2.1

额定(值)　rated(value)

通常由制造商针对元器件、装置或设备达到某一工作状态而给出的量值。

[GB 4793.1—2007，定义 3.3.1]

3.2.2

额定值　rating

一组额定值和工作条件。

[GB 4793.1—2007，定义 3.3.2]

3.2.3

工作电压　working voltage

当设备以额定电压供电时，在任何特定的绝缘上能出现的最大交流电压有效值或直流电压值。

注 1：瞬态值不考虑。

注 2：开路条件和正常工作条件均要考虑。

[GB 4793.1—2007，定义 3.3.3]

3.3　试验

3.3.1

型式试验　type test

针对特定的设计，为证明该设计和结构是否能满足本部分的一项或多项要求而对设备的一台或多台样品(或设备零部件)进行的试验。

注：这是对 IEV 151-04-15 定义的扩充，以便既包括设计要求又包括结构要求。

[GB 4793.1—2007，定义 3.4.1]

3.3.2

例行试验　routine test

在制造中或制造后为确定装置(设备)是否符合某个判据而对每一台单独的装置(设备)进行的试验(见附录 F)。

[GB 4793.1—2007，定义 3.4.2]

3.4　安全术语

3.4.1

(零部件的)可触及　accessible(of a part)

当按 6.2 的规定能用标准试验指或试验针触及到的。

[GB 4793.1—2007,定义 3.5.1]

3.4.2

危险 hazard

潜在的伤害源。

[GB 4793.1—2007,定义 3.5.2]

3.4.3

危险带电 hazardous live

在正常条件或单一故障条件下能使之发生电击或电灼伤。

注：对正常条件适用的数值见 6.3.1,对在单一故障条件下被认为是适用的更高的数值见 6.3.2。

[GB 4793.1—2007,定义 3.5.3]

3.4.4

电网电源 mains

设计成使有关设备需要与其连接的、为设备提供电力为目的的低压供电系统[其值大于 6.3.2a)的规定值]。

注：有些测量电路也可以与供测量目的用的电网电源相连。

[GB 4793.1—2007,定义 3.5.5]

3.4.5

电网电源电路 mains circuit

预定要与电网电源连接的、为设备提供电力的电路。

注：测量电路和利用感应原理从电网电源电路获得供电的电路不属于电网电源电路。

[GB 4793.1—2007,定义 3.5.6]

3.4.6

正常使用 normal use

按使用说明或按明显的预期用途的说明进行的操作,包括待机。

注：多数情况下,正常使用也指正常条件,因为使用说明书会警告用户不要在非正常条件下使用设备。

[GB 4793.1—2007,定义 3.5.9]

3.4.7

正常条件 normal condition

防止危险的所有防护措施均完好无损的条件。

[GB 4793.1—2007,定义 3.5.10]

3.4.8

单一故障条件 single fault condition

防止危险的一个防护措施发生失效的条件或可能引起某种危险而出现一个故障的条件。

注：如果某个单一故障条件会不可避免地引起另一个单一故障条件,则这样的两个故障被认为是一个单一故障条件。

[GB 4793.1—2007,定义 3.5.11]

3.4.9

操作人员 operator

按设备的预期用途来操作设备的人。

注：操作人员应当为这一目的而接受适当的培训。

[GB 4793.1—2007,定义 3.5.12]

3.4.10

责任者 responsible body

负责设备的使用或维护和确保操作人员得到足够培训的个人或组织。

[GB 4793.1—2007,定义 3.5.13]

3.4.11

潮湿场所　wet location

可能存在水或其他导电液体,而且由于人体与设备之间的潮湿接触或人体与环境之间的潮湿接触而可能使人体阻抗减小的场所。

[GB 4793.1—2007,定义 3.5.14]

3.5　绝缘

3.5.1

基本绝缘　basic insulation

其失效会引起电击危险的绝缘。

注:基本绝缘可用于功能绝缘的目的。

[GB 4793.1—2007,定义 3.6.1]

3.5.2

附加绝缘　supplementary insulation

除基本绝缘以外施加的独立的绝缘,用以保证在基本绝缘一旦失效时仍能防止电击。

[GB 4793.1—2007,定义 3.6.2]

3.5.3

双重绝缘　double insulation

由基本绝缘和附加绝缘构成的绝缘。

[GB 4793.1—2007,定义 3.6.3]

3.5.4

加强绝缘　reinforced insulation

其提供防电击能力不低于双重绝缘的绝缘,它可以由几层不能像附加绝缘或基本绝缘那样单独进行试验的绝缘构成。

[GB 4793.1—2007,定义 3.6.4]

3.5.5

污染　pollution

会导致介电强度或表面电阻率降低的固态、液态或气态(电离气体)的附加的外来物质。

[GB 4793.1—2007,定义 3.6.5]

3.5.6

污染等级　pollution degree

为了评价间隔距离而规定的下述微环境的污染等级。

[GB 4793.1—2007,定义 3.6.6]

3.5.6.1

污染等级 1　pollution degree 1

无污染或只有干燥的非导电性污染,该污染无不利影响。

[GB 4793.1—2007,定义 3.6.6.1]

3.5.6.2

污染等级 2　pollution degree 2

通常仅有非导电性污染,但偶尔也会由于凝聚作用而短时导电。

[GB 4793.1—2007,定义 3.6.6.2]

3.5.6.3

污染等级 3 pollution degree 3

导电污染或干燥的非导电污染由于凝聚作用而变成导电。

注：在这种条件下，设备通常要防止暴露于直射的日光、降雨、强烈的风压中，但不用控制温度或湿度。

[GB 4793.1—2007，定义 3.6.6.3]

3.5.7

电气间隙 clearance

两个导电零部件在空气中的最短距离。

[GB 4793.1—2007，定义 3.6.8]

3.5.8

爬电距离 creepage distance

两个导电零部件沿绝缘材料表面的最短距离。

[GB 4793.1—2007，定义 3.6.7]

3.6 与产品有关的定义

3.6.1

电磁阀 solenoid valve

利用线圈通电激磁产生的电磁力来驱动阀芯开关的阀。

3.6.2

电磁线圈 solenoid coil

通电后形成磁场产生电磁力的线绕部件。

3.6.3

动铁芯 plunger armature

受激磁线圈产生的电磁力吸动，使阀芯或先导阀动作的铁芯。

4 试验

4.1 概述

本部分中的所有试验均是在电磁阀或其分组件（或零部件）的样品上进行的型式试验。这些试验的唯一目的是要检验设计和结构是否能确保符合本部分要求。此外，制造商应当对所生产的、同时具有危险带电零部件和可触及导电零部件的电磁阀或分组件 100%的进行附录 F 规定的例行试验。

对满足本部分规定的相关标准要求且按这些要求使用的电磁阀的分组件，在整个电磁阀的型式试验期间不必再重复进行试验。

应当通过所有适用的试验来检验是否符合本部分要求，但如果对电磁阀的检查确能证明肯定能通过某项试验，则该项试验可以省略。试验在下面条件下进行：

——基准试验条件（见 4.3）；

——故障条件（见 4.4）。

注：如果在进行符合性试验时，某个所施加的或测得的量值（如电压）的实际值由于有误差而存在不确定性，则：

——制造商要确保施加的值至少是规定的试验值；

——试验部门要确保施加的值不大于规定的试验值。

4.2 试验顺序

除本部分另有规定外，试验顺序可以任选。在每项试验后应当仔细对受试电磁阀进行检查。如果对试验的结果有怀疑,怀疑如果试验顺序颠倒,任何前面的各项试验是否真能通过,则前面的这些试验应当重复进行。如果故障条件下的试验会损坏电磁阀,则这些试验可以放在基准试验条件下的试验之后。

4.3 基准试验条件

4.3.1 环境条件

除本部分另有规定外,试验场所应当具有下述环境条件:

a) 温度:15 ℃～35 ℃;

b) 相对湿度:不超过75%;

c) 大气压力:86 kPa～106 kPa;

d) 无霜冻、凝露、渗水、淋雨和日照等。

4.3.2 电磁阀状态

除另有规定外,每项试验应当在组装好的供正常使用的电磁阀上、且在4.3.2.1～4.3.2.6规定的最不利的组合条件下进行。

如果由于体积或质量原因不能对整台电磁阀进行某些试验,则允许对分组件进行试验,只要经过验证证明组装好的电磁阀能符合本部分的要求即可。

4.3.2.1 电磁阀位置

电磁阀处于正常使用时的任一位置(按产品使用说明书规定),且任何通风不受阻挡。

4.3.2.2 电网电源或供电电源

应当符合下面的要求:

供电电压应当在电磁阀能设置的任何额定供电电压的90%～110%之间,或者如果对电磁阀规定要适应更大的电压波动,则供电电压应当达到该波动范围内的任何电压;

交流供电频率为50 Hz或60 Hz;

使用直流电源的设备应当分别按正常极性连接和相反极性连接。

4.3.2.3 输入电压

输入电压应当将其调节到额定电压范围内的任何电压上。

4.3.2.4 接地端子

对保护接地端子,如果有,应当接到大地。功能接地端子应当接地或不接地。

4.3.2.5 工作周期

a) 长期工作制电磁阀应在额定电压(允差±1%)下连续工作,直到温升趋于稳定为止,一般不少于4 h;

b) 短时或间歇工作的电磁阀应在额定电压(允差±1%)下,按制造商使用说明书的规定,以最短时长的一段时间工作和以最短的一段时间恢复。

4.3.2.6 附件

由制造商建议的或提供的,与设备一起使用的附件应当连接或不连接。

4.4 单一故障条件下的试验

4.4.1 概述

应当按下面要求：

a) 检验电磁阀及其电路图，以确定有可能产生危害的故障条件。这些故障条件应在设备运行于最低限度的正常条件时施加；

b) 除了能证明某个特定的故障条件不可能引起危险外，各项故障试验均应当进行，或者选择检验符合性的规定的替换方法来代替故障试验[见 9b)和 9c)]；

c) 电磁阀应当在基准试验条件(见 4.3)的最不利的组合条件下工作，对不同的故障，这些组合条件可以有所不同，在进行每一个试验时应当记录这些组合条件。

4.4.2 故障条件的施加

故障条件应当包括 4.4.2.1～4.4.2.2 规定的故障条件。这些故障条件一次只能施加一个，并应当按任何方便的顺序依次施加，不能同时施加多个故障，除非这些故障是施加某故障后引发的结果。

在每一次施加故障条件后，电磁阀或零部件应当能通过 4.4.4 的适用的试验。

4.4.2.1 保护导体

保护导体应当断开，但对永久性连接式电磁阀或使用符合 GB/T 11918～GB/T 11919 的连接器的电磁阀除外。

4.4.2.2 电磁线圈

交流供电的电磁阀应当在完全被激励的情况下阻止动铁芯起动，动铁芯处在电磁阀工作起始位置。在一个试验中损坏的电磁线圈，允许修复或更换后再作下一个试验。

试验时，熔断器的动作电流为正常工作时额定电流 10 倍。

4.4.3 试验持续时间

4.4.3.1 概述

应当使电磁阀一直工作到由所施加的故障产生的结果不可能再有进一步的变化为止。每项试验一般限制在 1 h 以内，如果在 1 h 结束时有火灾、电击或人身伤害危险的征兆，则试验仍应继续进行直至上述任一种灾害确实发生或者最长持续时段达 4 h。

4.4.3.2 熔断器

如果因熔断器的断开而使某个故障中断，而且如果该熔断器不在约 1 s 内动作，则应当测量在有关故障条件下流过熔断器的电流。为了确定电流是否达到或超过熔断器的最小动作电流以及更长时间熔断器才动作，应当利用熔断器的预飞弧时间/电流特性来进行评定。通过熔断器的电流是会随时间而发生变化的。

如果在试验中电流未达到熔断器的最小动作电流，则应当使电源工作一段对应于最长的熔断时间，或者应当使电源连续工作 4.4.3.1 规定的时间。

4.4.4 施加故障条件后的符合性

4.4.4.1 防电击保护

在施加单一故障后，通过下面的测量来检验电击防护是否符合要求：

a) 通过进行 6.3.2 的测量来检验外壳是否变成危险带电；

b) 通过对双重绝缘或加强绝缘进行电压试验来检验绝缘是否还有一重保护，电压试验按 6.7 的规定（符合性预处理除外）用对应于基本绝缘的试验电压来进行；

c) 如果电气危险防护是通过双重绝缘或加强绝缘来实现的，则测量电磁线圈绕组的温度。其温度不得超过表 7 规定的温度。

4.4.4.2 温度

通过测量电磁阀外壳的外表面温度来检验温度防护是否符合要求。

在 40 ℃的环境温度下，易接触表面的温度在正常条件下不得超过 10.1 的规定值。

在最高额定环境温度下或在单一故障条件下，如果易接触表面温度超过 10.1 规定的温度值，则制造商应该在说明书中给出防止灼伤的警告说明（见 5.4.4），或者在相应位置标有表 1 的符号 6。

该温度是通过测量电磁阀线圈的温升加上 40 ℃，或者如果高于 40 ℃，则加上最高额定环境温度来确定。

4.4.4.3 火焰蔓延

通过将电磁阀放在白色薄棉纸包裹的软木材表面上，电磁阀包上纱布来检验着火蔓延的防护是否符合要求。熔融金属、燃烧的绝缘物、带火焰的颗粒等不得滴落到放置电磁阀的表面上，而且棉纸或纱布不得碳化、灼热或起火。如果不可能引发危险，则绝缘材料的熔化应当忽略不计。

4.4.4.4 其他危险防护

按第 7 章和第 8 章以及第 11 章和第 14 章的规定来检验其他危险防护要求是否合格。

5 标志

5.1 标志

5.1.1 概述

电磁阀上应当标有符合 5.1.2～5.2 规定的标志。除了内部零部件的标志外，这些标志应当从外部就能看见，或者如果盖子是预定要由操作人员来拆下或打开的，则在不用工具拆下盖子后，这些标志应当从外部就能看见。适用于整台电磁阀的标志不得标在操作者不用工具就能拆卸的零部件上。

量值和单位的文字符号应当符合 GB/T 5465.2 的规定，图形符号应当符合表 1 的规定。图形符号应当在文件中进行解释。

注：如果适用应当使用 IEC 和 ISO 规定的符号。

通过目视检查来检验是否合格。

5.1.2 标识

电磁阀应当至少标有下列内容：

a) 制造商或供应商的名称或商标；

b) 产品名称和型号，如果标有相同识别标志（型号）的电磁阀是在一个以上的生产场地制造的，则对每一个生产场地制造的电磁阀，其标志应当能识别出电磁阀的生产场地；

注：工厂地点的标志可以采用代码，而且不必标在电磁阀的外部。

c) 介质温度；

d) 工作介质；

e） 工作压力；

f） 制造年月；

g） 产品编号；

h） 阀体上应标有公称通径、公称压力等级和流动方向。

通过目视检查来检验是否合格。

5.1.3 电源

电磁阀应标出如下额定值信息：

a） 额定电压或额定电压范围（V）；

b） 额定频率（Hz）；

c） 供电系统的型式（AC、DC、或 AC/DC；或采用 GB/T 5465.2—2008 的符号 5032、5031 或 5033，见表 1 的符号 2、符号 1、符号 3）；

d） 最大额定电流（A）或最大额定输入功率（W 或 VA）。

通过目视检查，以及通过测量功率或输入电流来检验 d）规定的标志是否合格。测量应当在电流达到稳定状态后（通常 1 min 后）进行，以避免计入任何起始冲击电流。电磁阀应当处在消耗最大功率的状态。不考虑瞬态值，测得值大于标志值时，不得超过标志值的 10%。

注：5.1.2 标识与 5.1.3 电源为电磁阀产品铭牌上应包含的内容。

5.1.4 现场接线端子盒

如果在正常条件下，在环境温度为 40 ℃时，或在最高额定的环境温度（如果高于 40 ℃时）现场接线端子盒或接线箱的端子或外壳的温度超过 60 ℃，则应当标出要与该端子连接的电缆的最低额定温度。该标志应当在连接前或连接时就能看见，或者将该标志标在端子的近旁。

通过目视检查标志来检验是否合格。

5.1.5 保护导体端子标志

保护接地端子标志应具耐久性且易识别。

应采用标志 PE、或用于电气设备的图形符号或黄绿色来标识。

注：标志 PE 依据 IEC 60445 的 5.3。

见表 1 的符号 5。

通过目视检查来检验是否合格。

表 1 符号

序号	符号	标准	说明
1	⎓	GB/T 5465.2—2008(5031)	直流
2	～	GB/T 5465.2—2008(5032)	交流
3	⏦	GB/T 5465.2—2008(5033)	交直流
4	⏚	GB/T 5465.2—2008(5017)	接地端子

表 1（续）

序号	符号	标准	说明
5		GB/T 5465.2—2008(5019)	保护导体端子
6		GB/T 5465.2—2008(5041)	小心，烫伤
7		GB/T 5465.2—2008(5172)	全部由双重绝缘或加强绝缘保护的电磁阀
8			小心，电击危险
注：要求制造商说明在标有该符号的所有情况下都必须查阅文件，见 5.4.1。			

5.1.6 用双重绝缘或加强绝缘保护的电磁阀

全部用双重绝缘或加强绝缘保护的电磁阀应标上表 1 的符号 7，但装有保护接地端子的电磁阀除外。

只有局部用双重绝缘或加强绝缘保护的电磁阀不得标上表 1 的符号 7。

通过目视检查来检验是否合格。

5.2 警告标志

警告标志在电磁阀准备作正常使用时就能看见。如果某个警告标志适用于电磁阀的某个特定部分，则该标志应当标在该特定部分上或标在其附近。

警告标志的尺寸应当按如下规定：

a) 符号高度至少应当为 2.75 mm，文字高度至少应当为 1.8 mm，文字在颜色上应当与背景颜色形成反差；

b) 在材料上模注、模压或蚀刻的符号或文字的高度至少应当为 2.0 mm，如果不打算在颜色上形成反差，则这些符号或文字至少应当具有 0.5 mm 的凹陷深度或凸起高度。

通过目视检查来检验是否合格。

5.3 标志耐久性

符合 5.1.2～5.2 要求的标志应当在正常使用条件下保持清晰可辨，并能耐受由制造商规定的清洁剂的影响。

通过目视检查，以及通过对电磁阀外侧的标志进行下述耐久性试验来检验是否合格。用布沾上规定的清洁剂（或者如果没有规定，则沾上异丙醇），用手不加过分压力地擦拭 30 s。

在上述处理后，标志仍应当清晰可辨，粘贴标牌不得出现松脱或卷边。

5.4 文件

5.4.1 概述

为了安全目的，应当随同电磁阀提供含有下述内容的文件：

a) 电磁阀的预定用途；

b) 技术规范；

c) 使用说明；

d) 可从其获得技术帮助的制造商或供货商的名称和地址；

e) 5.4.2～5.4.5 规定的信息。

通过目视检查来检验是否合格。

5.4.2 电磁阀额定值

文件应当包含下列信息：

a) 电源电压或电压范围，频率或频率范围，以及功率或电流额定值；

b) 为电磁阀设计给定的环境条件范围的说明；

c) 如果电磁阀符合 GB 4208，给出设备防护等级的说明。

通过目视检查来检验是否合格。

5.4.3 电磁阀安装

文件应当包括安装和特定的交付使用的说明，以及如果对安全是必要的话，还应当包括在电磁阀安装和交付使用过程中可能发生的危险的警告。

a) 现场安装使用要求；

b) 如有必要，给出保护接地说明；

c) 与电源的连接；

d) 电源布线要求；

e) 给出任何外部开关或断路器(见 6.10)和外部过流保护装置(见 9.3)的要求，以及将这些开关或电路断路器设置在电磁阀近旁的建议；

通过目视检查来检验是否合格。

5.4.4 电磁阀的操作

使用说明应当包括：

a) 电磁阀使用操作注意事项；

b) 与附件和其他设备互连的说明；

c) 给出电磁阀工作制说明，例如，长期工作制(ED100%)、短时工作制、间歇工作制；

d) 在电磁阀上使用的与安全有关的符号的解释；

e) 易损件更换的说明；

f) 如有必要，应给出防灼伤的警告说明。

在说明书中应当说明，如果不按制造商规定的方法来使用电磁阀，则可能会损害电磁阀所提供的防护。

通过目视检查来检验是否合格。

5.4.5 电磁阀的维护

对责任者为安全目的而需要涉及的预防性维护和检查应当给出足够详细的说明。说明书要建议责任者为检验电磁阀是否仍处于安全状态而必需进行的任何试验。说明书还要给出警告，说明重复进行本部分的任何试验有可能损伤电磁阀和降低对危险的防护。

制造商应当规定出只能由制造商或其代理机构才能检查或提供的任何零部件。

通过目视检查来检验是否合格。

6 防电击

6.1 要求

电磁阀在正常条件(见6.4)和单一故障条件(见6.5)下均应当保持防电击,电磁阀的可触及零部件不得出现危险带电(见6.3)。

通过按6.2的规定来确定是否是可触及的零部件以及测量是否达到6.3规定的限值,然后通过6.4~6.9的试验来检验是否合格。

6.2 可触及零部件的判定

除能明显看出者外,判定零部件是否可触及应当按6.2.1~6.2.2的规定来进行。除有规定者外,对试验指(见附录B)和试验针不得施加作用力。如果用试验指或试验针能接触到这些零部件,则认为这些零部件是可触及的。

6.2.1 检查

在每一个可能的位置上施加铰接试验指(见图B.2)。如果通过加力零部件会成为可触及,则施加刚性试验指(见图B.1),同时施加10 N的力。施加的力要通过试验指的指尖施加,以避免出现楔入或撬开的动作。试验对所有的外部表面进行,包括底部。

6.2.2 危险带电零部件上方的开孔

将长100 mm、直径4 mm的金属试验针插入危险带电零部件上方的任何开孔。试验针应当自由悬挂,并允许进入达100 mm。零部件只是因为本试验是可触及的,因此不需要采取6.5单一故障条件下防护的附加安全措施。

本试验对端子不适用。

6.3 可触及零部件的允许限值

在可触及零部件与参考试验地之间,电压、电流不得超过6.3.1正常条件下的限值,也不得超过6.3.2单一故障条件下的限值。

6.3.1 正常条件下的限值

在正常条件下有关量值大于下列限值即被认为是危险带电。只有当电压值超过本条a)的限值时,才采用b)的限值。

a) 当电压限值为有效值33 V和峰值46.7 V,或者直流值70 V。对规定在潮湿场所使用的电磁阀,电压限值为有效值16 V和峰值22.6 V,或者直流值35 V。

b) 电流限值为:

   1) 当用图A.1的测量电路测量时,对正弦波电流为有效值0.5 mA,对非正弦波或混合频率电流为峰值0.7 mA,或者直流值2 mA。如果频率不超过100 Hz,可以用图A.2的测量电路。对规定在潮湿场所使用的电磁阀,用图A.4的测量电路。

   2) 当用图A.3的测量电路时,有效值70 mA,这一限值涉及较高频率下可能的灼伤。

6.3.2 单一故障条件下的限值

在单一故障条件下有关量值大于下列限值即被认为是危险带电。只要电压超过本条a)的限值,则还要采用b)的限值。

a) 电压限值为有效值 55 V 和峰值 78 V，或者直流 140 V；对规定在潮湿场所使用的电磁阀，电压限值为有效值 33 V 和峰值 46.7 V，或者直流 70 V。对瞬时电压，其限值为图 1 的规定值，在 50 kΩ 电阻器上测量。

b) 电流值为：

1) 当用图 A.1 测量电路测量时，对正弦波电流为有效值 3.5 mA，对非正弦波或混合频率电流为峰值 5 mA；或者直流 15 mA。如果频率不超过 100 Hz，可以用图 A.2 测量电路。对规定在潮湿场所使用的电磁阀，用图 A.4 的测量电路。

2) 当用图 A.3 的测量电路测量时，有效值 500 mA，这一限值涉及较高频率下可能的灼伤。

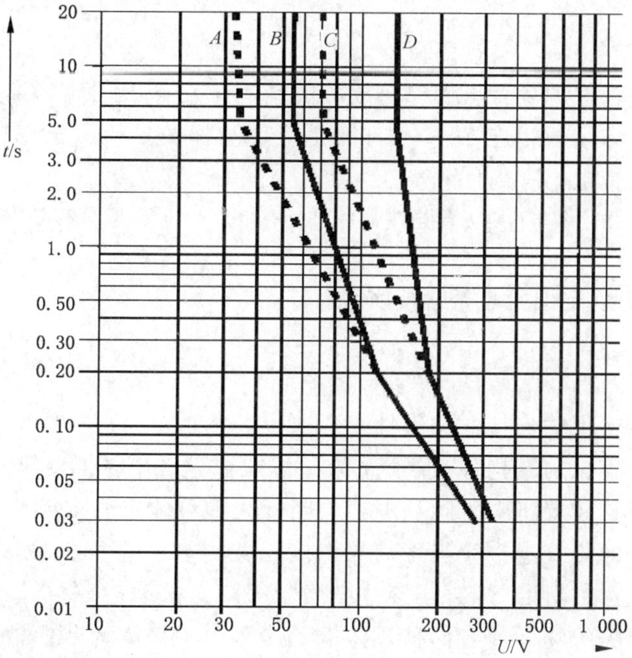

说明：

A —— 潮湿条件下的交流限值；

B —— 干燥条件下的交流限值；

C —— 潮湿条件下的直流限值；

D —— 干燥条件下的直流限值。

图 1 单一故障条件下瞬时可触及电压的短时最大持续时间[见 6.3.2a)]

6.4 正常条件下的防护

应当采用下面一个或一个以上的措施来防止可触及零部件成为危险带电：

a) 基本绝缘(见附录 D)；

b) 外壳。

外壳应当满足 8.1 的刚度要求。如果外壳用绝缘来提供防护，则它们应当满足基本绝缘的要求。

可触及零部件与危险带电零部件之间的电气间隙和爬电距离应当满足 6.6 的要求和基本绝缘适用的要求。

可触及零部件和危险带电零部件之间的固体绝缘应当能通过 6.7 对应基本绝缘的电压试验。

注：如果能通过 6.7 的介电强度试验，对固体绝缘无最小厚度要求。但是，在机械或热应力条件下，需要考虑第 8 章、第 9 章和第 10 章的要求。固体绝缘的局部放电试验在考虑中。

通过下面的测量和试验来检验是否合格：

a) 通过 6.2 的判定和 6.3.1 的测量，确定可触及零部件是否危险带电；

b) 按 6.6 的规定检查或测量电气间隙和爬电距离;

c) 6.7 的基本绝缘的介电强度试验;

d) 8.1 的外壳刚性试验。

6.5 单一故障条件下的防护

应当提供附加防护,以确保在单一故障条件下防止可触及零部件成为危险带电,该附加防护应当由 6.5.1～6.5.3 规定的一种或多种防护措施组成。

按 6.5.1～6.5.3 的规定检验是否合格。

6.5.1 保护连接

如果在 6.4 规定的初级保护装置出现单一故障的情况下可触及导电零部件会危险带电,则可触及导电零部件应当与保护导体端子相连,另一种方法是应用与保护导体端子相连的导电保护屏或挡板将这些可触及零部件与危险带电的零部件隔离。

注:如果用双重绝缘或加强绝缘将可触及导电零部件与所有危险带电零部件隔离,则可触及导电零部件不必与保护导体端子相连。

按 6.5.1.1～6.5.1.3 的规定检验是否合格。

6.5.1.1 保护连接的完整性

应当采用下列措施保证保护连接的完整性:

a) 保护连接应当由直接的结构件,或独立的导体或者这二者组成。保护连接应当能承受 9.3 规定之一的过流保护装置将电磁阀从电源上断开之前可能会经受到的所有热应力和电动应力;

b) 对承受机械应力的焊接连接应当采用与焊接无关的方法进行机械固定,这种连接不得用于其他目的,例如固定结构件。螺钉连接件应当紧固防止松动;

c) 电缆的外部金属编织物即使与保护导体端子连接也不得认为是保护连接;

d) 保护导体可以是裸导体也可以是绝缘导体,绝缘的颜色应当是黄绿色,但下列情况除外:

  1) 对接地编织线,可以是黄绿色的也可以是无色透明的;

  2) 对内部保护导体以及和组件中的保护导体端子连接的其他导体,例如带状电缆、汇流条、软印制导线等,如果不可能因保护导体无标识而引起危险,则可以使用任何颜色;黄绿双色组合只能用于识别保护导体,而不得用于其他目的;

e) 使用保护连接的电磁阀应当装有满足 6.5.1.2 要求的端子并应当能适用于保护导体的连接。

通过目视检查来检验是否合格。

6.5.1.2 保护导体端子

保护导体端子应当满足下列要求:

a) 接触表面应当为金属表面;

注:选择保护连接系统的材料要能使端子与保护导体之间或与端子接触的任何其他金属之间的电化学腐蚀减小到最低限度。

b) 器具输入插座的整体式保护导体连接端应当认为是保护导体端子;

c) 对装有可折线软线以及对永久连接式电磁阀,其保护导体端子应当位于电源电路端子的近旁;

d) 电源电路的保护导体端子其载流能力至少应当与电源供电端子的载流能力相当;

e) 组合有其他端子的以及预定要手动连接和断开的插入式保护导体端子,例如电源线的插头和器具耦合器或插入单元的连接器组件,其设计应当使保护导体连接相对于其他连接最先接通和最后断开;

f) 如果保护接地端子是一种连接螺钉，则该螺钉应当具有能与连接导体相应的尺寸，但不小于 4.0 mm，并至少应当能啮合 3 圈螺纹。保护连接所需的接触压力应当不会由于构成连接部分的材料的变形而减小。

通过目视检查来检验是否合格。还要通过下列试验来检验是否符合本条 f）的要求。对金属件上的螺钉或螺母，连同被固定的最不利的接地导体，以及任何配套的导线固定装置的组件，当用表 2 规定的拧紧力矩时，应当能承受 3 次装配和拆卸的操作而不发生机械失效。

表 2 螺钉组件的拧紧力矩

螺钉尺寸 mm	4.0	5.0	6.0	8.0	10.0
拧紧扭矩 N·m	1.2	2.0	3.0	6.0	10.0

6.5.1.3 电磁阀的保护连接阻抗

保护导体端子与规定要采用保护连接的每一个可触及零部件之间的阻抗不得超过 0.1 Ω，电源线的阻抗不构成规定的保护连接阻抗的一部分。

通过施加试验电流 1 min，电流大小为直流 25 A 或额定电源频率交流 25 A 有效值，然后计算阻抗来检验是否合格。

6.5.2 双重绝缘和加强绝缘

组成双重绝缘或加强绝缘（见附录 D）一部分的电气间隙和爬电距离应当满足 6.6 的适用的要求。

对组成加强绝缘一部分的固体绝缘用应当能通过 6.7 的加强绝缘的电压值电压试验。

按 6.6，6.7 的规定来检验是否合格。如果可能的话，双重绝缘的两个部分要分开进行试验，否则要作为加强绝缘来进行试验。安全所需的电气间隙和爬电距离可以通过测量来检验。

6.5.3 供绞合导体用的可触及端子

供绞合导体用的可触及端子其设置的位置或采用的防护应当确保在不同极性的危险带电零部件之间，或这种零部件与其他可触及零部件之间，即使绞合导体的一根脱离端子也不会存在偶然接触的危险，除非不会存在偶然接触的危险是显而易见的（显而易见是更为可取的），否则可触及端子应当标有标志，来表示它们是否能与可触及导电零部件相连。

先剥去 8 mm 长的绝缘，使绞合导线中的一根自由活动，然后在完全插入绞合导线后，通过目视检查来检验是否合格。绞合导线中的一根在不向后撕开绝缘，或在不围绕挡板锐弯的情况下，以任何可能的方向弯曲时，不得接触到不同极性的零部件或其他可能触及的零部件。

承载危险带电电压或电流的电路的可触及端子，其固定、安装或设计应当确保使这些端子在拧紧、松开时，或在进行连接时不会出现松动。

通过手动试验和目视检查来检验是否合格。

6.6 电气间隙和爬电距离

电气间隙和爬电距离应设计为符合本节的要求。

按 6.6.3 规定的电气间隙和爬电距离来检验是否合格。

6.6.1 电气间隙

电气间隙被规定成要承受可能在电路中出现的，由外部事件（例如雷击或开关过渡过程）引起的，或者由电磁阀运行引起的最大瞬态过电压。

电气间隙值取决于：

a) 绝缘类型(基本绝缘,加强绝缘等)；

b) 电气间隙的微环境污染等级。

在所有情况下,污染等级 2 的最小电气间隙为 0.2 mm,污染等级 3 的最小电气间隙为 0.8 mm。

如果电磁阀被规定成能在高于 2 000 m 的海拔高度上工作,则其电气间隙要乘以从表 3 查得的系数,该系数不适用于爬电距离,但是爬电距离始终应当至少等于电气间隙的规定值。

表 3 海拔 5 000 m 内的电气间隙倍增系数

额定工作海拔高度/m	倍增系数
≤2 000	1.00
2 001～3 000	1.14
3 001～4 000	1.29
4 001～5 000	1.48

6.6.2 爬电距离

对于两电路之间的爬电距离,要使用施加在两个电路之间的绝缘上的实际工作电压。爬电距离采用线性内插值是允许的。爬电距离始终应当至少等于电气间隙的规定值,如果计算所得的爬电距离小于电气间隙,则爬电距离应当加大到电气间隙的数值。

对加强绝缘,爬电距离应当是基本绝缘规定值的两倍。

就本条而言,材料按其 CTI(相比漏电起痕指数)值被分为四个组别,如下：

材料组别Ⅰ　600≤CTI

材料组别Ⅱ　400≤CTI<600

材料组别Ⅲa　175≤CTI<400

材料组别Ⅲb　100≤CTI<175

对玻璃、陶瓷或其他不产生漏电起痕的无机绝缘材料,爬电距离无需大于其相关的电气间隙。

附录 E 规定了能用于减小污染等级的方法。

爬电距离按附录 C 的规定测量。

6.6.3 电网电源电路

电气间隙和爬电距离应当满足表 4 的规定值。

表 4 电网电源电路的电气间隙和爬电距离

相线-中线电压交流有效值 V	电气间隙数值[a] mm	爬电距离数值/mm								
		污染等级 1		污染等级 2				污染等级 3		
		印制线路板 CTI≥100	所有材料组别 CTI≥100	印制线路板 CTI≥100	材料组别Ⅰ CTI≥600	材料组别Ⅱ CTI≥400	材料组别Ⅲ CTI≥100	材料组别Ⅰ CTI≥600	材料组别Ⅱ CTI≥400	材料组别Ⅲ CTI≥100
>50,且≤100	0.1	0.1	0.25	0.16	0.71	1.0	1.4	1.8	2.0	2.2
>100,且≤150	0.5	0.5	0.5	0.5	0.8	1.1	1.6	2.0	2.2	2.5

表 4（续）

相线-中线电压交流有效值 V	电气间隙数值[a] mm	爬电距离数值/mm								
		污染等级 1		污染等级 2			污染等级 3			
		印制线路板 CTI≥100	所有材料组别 CTI≥100	印制线路板 CTI≥100	材料组别Ⅰ CTI≥600	材料组别Ⅱ CTI≥400	材料组别Ⅲ CTI≥100	材料组别Ⅰ CTI≥600	材料组别Ⅱ CTI≥400	材料组别Ⅲ CTI≥100
＞150，且≤300	1.5	1.5	1.5	1.5	1.5	2.1	3.0	3.8	4.1	4.7
＞300，且≤600	3.0	3.0	3.0	3.0	3.0	4.3	6.0	7.5	8.3	9.4

[a] 不同污染等级的最小电气间隙数值是：

污染等级 2：0.2mm；

污染等级 3：0.8mm。

注：所规定的数值是针对基本绝缘或附加绝缘的，对加强绝缘的数值是两倍基本绝缘的数值。

6.7 介电强度试验程序

6.7.1 试验电压

在温度为 15 ℃～35 ℃，相对湿度不大于 85％的环境条件下，电磁阀线圈接线端与可触及危险带电零部件间应承受频率为 50 Hz 和试验电压按表 5 规定的正弦交流电压，历时 1 min 的介电强度试验，应不出现击穿和飞弧现象。

表 5　基本绝缘的试验电压

单位为伏特

额定电压 U	$U<60$	$60\leqslant U<250$	$250\leqslant U<650$
试验电压	500	1 500	2 200

注：双重绝缘或加强绝缘的试验电压是表 5 对基本绝缘值的 1.6 倍。

通过试验检查是否合格。

6.7.2 试验的实施

电磁阀不接通电源，线圈接线端短路，然后在输出功率不小于 0.25 kV 电源频率为 50 Hz 的高压试验装置上进行测定。试验时应使试验电压由零平稳地上升到规定值，并保持 1 min，应不出现击穿或飞弧，然后将试验电压平稳地下降到零，并切断电源。

在例行检验中，试验时间可缩短至于 1 s，但试验电压须升高压力 25％。

6.7.3 潮湿预处理

将在室温中放置不少于 6 h 的电磁阀置于湿热试验箱内，按 GB 2423.4 的规定要求，使试验箱的温度交变为 25 ℃±3 ℃～40 ℃±2 ℃和相对湿度为 93％±3％的两个周期的交变湿热试验，然后，将电磁阀在室温环境中放置 4 h 恢复后，介电强度满足 6.7.1 要求。

对于塑封线圈外壳，则要在完成潮湿预处理和恢复后包上金属箔进行介电强度试验。

6.8 防电击保护的结构要求

如果发生故障时可能会导致危险，则应当采取下列措施：

a) 电磁线圈应采取固定措施，以防止电磁线圈连接导线受力或产生摩擦，使绝缘层破坏。固定接线端子的结构件应防止转动，以避免连接导线裸露部分从端子内拔出，产生危险带电，对承受机械应力的导线连接的固定不得仅依靠焊接；

b) 对固定可拆卸的盖子的螺钉，若其长度已确定可触及导电零部件与危险带电零部件间的电气间隙或爬电距离，则该螺钉应当是不脱落的螺钉；

c) 塑封线圈外壳应当满足双重绝缘或加强绝缘的要求；

d) 导线、螺钉等的意外松动或脱落不得使可触及零部件成为危险带电。

下列材料不得用来作为安全目的的绝缘：

1) 容易受到损坏的材料（如漆、瓷釉、氧化层、阳极氧化膜）；

2) 未浸渍的吸湿性材料（如纸、纤维制品和纤维材料）。

通过目视检查和测量以及通过 6.7 的试验来检验是否合格。

6.9 与电网电源的连接和电磁阀零部件之间的连接

6.9.1 电源线

下列要求适用于随同电磁阀一起提供的电源线：

a) 电源线的额定值应当与电磁阀的最大电流相适应，且所用的缆线应当符合 GB 5023 或 GB 5013。经某个认可的检测机构认证或批准的电源线被认为符合这一要求；

b) 如果电源线有可能与电磁阀外部的发热零部件接触，则该电源线应当采用合适的耐热材料来制造；

c) 如果电源线是可拆卸的，则电源线和插座至少应当具有这两个部件之一的最高温度；

d) 与保护导体端子连接的只能使用具有黄绿双色外皮的导线。

通过目视检查，以及如有必要，通过测量来检验是否合格。

6.9.2 不可拆卸的电源线的安装

应当采取下面的措施之一来防止电源线在电线进线口处发生磨损和锐弯：

a) 采用具有光滑倒圆开孔的进线口和套管；

b) 采用由绝缘材料制成的能可靠固定的软线护套，护套伸出进线口处至少为能安装的最大截面积电线的外径的 5 倍。对于扁平软线，要取其外形截面的大尺寸作为软线的外径。

通过目视检查，以及如有必要，通过测量尺寸来检验是否合格。

软线固定装置应当能使电磁阀内连接软线处软线的导线免受应力，包括扭力，并应当能防止导线绝缘受到磨损。如果软线在其固定装置中脱落，则其保护接地导体，如果有的话，应当最后承受应力。

软线固定装置应当符合下列要求：

a) 不得用螺钉直接压在软线上来夹紧软线；

b) 不得采取在软线上打结；

c) 应当不可能将软线推入电磁阀内达到可能引起危险的程度；

d) 在具有金属零部件的软线固定装置内，软线绝缘的损坏不得使可触及导电零部件变成危险带电；

e) 紧缩套管不得作为软线固定装置来使用，除非紧缩套管具有能夹紧符合 6.9.1 要求的所有型号和尺寸的电源线，且适合与所提供的端子相连接，或者该套管以设计成能端接有护套的电源线；

f) 软线固定装置的设计应当保证软线的更换不会引起危险，且采用消除应力的方法应当是明显的。

通过目视检查和下述的推拉力试验来检验是否合格：手动将软线尽可能地推入电磁阀内，然后软线使承受表6规定的稳定拉力值25次，拉力沿最不利的方向施加，每次持续1 s。然后立即承受表6规定的力矩值持续1 min。

表6 电源线的物理试验

电磁阀质量/kg	拉力/N	力矩/N·m
≤1	30	0.10
>1，且≤4	60	0.25
>4	100	0.35

试验后：

a) 软线不得出现损伤；

b) 软线纵向位移不得超过2 mm；

c) 位于固定装置夹紧软线处不得有变形的痕迹；

d) 电气间隙和爬电距离不得减小到规定值以下；

e) 电源线应当能通过6.7的电压试验(但不进行潮湿预处理)。

6.10 供电电源的断开

对永久连接式电磁阀应当采用开关或断路器作为断开装置。如果开关不是作为电源的一部分，则电磁阀的安装文件应当规定：

a) 开关或断路器应当包含在建筑物的设施中；

b) 开关应当靠近电源，而且应当是在操作人员易于达到的地方；

c) 开关或断路器的标志应当标成是该电磁阀用的断开装置。

注：电磁阀断开装置按产品说明书要求，由使用方提供。

通过目视检查来检验是否合格。

7 防机械危险

在正常条件下或单一故障条件下操作不得导致机械危险。

电磁阀外壳上所有易于接触到的边缘、凸起物、拐角、开孔、挡板、把手、吊环等应当光滑圆润，避免在正常使用电磁阀时造成伤害。

通过目视检查来检验是否合格。

8 耐机械冲击和撞击

当电磁阀承受在正常使用时可能遇到的冲击和碰撞时不得引起危险。电磁阀应当具有足够的机械强度，元器件应当可靠地固定且电气连接应当是牢固的。

通过进行8.1和8.2的外壳刚性试验来检验是否合格。试验期间电磁阀不工作。对不构成外壳一部分的零部件不进行8.1和8.2的试验。

试验完成后，电磁阀应当能通过6.7的电压试验(但不进行潮湿预处理)，并且用目视检查来检验：

a） 外壳是否出现可能会引起危险的裂纹；

b） 是否出现可能会引起火焰蔓延的损坏；

c） 危险带电零部件是否变成可触及；

d） 电气间隙是否小于允许值，内部导线的绝缘是否受到损伤。

表面的损坏，不会使爬电距离或电气间隙减小到小于本部分规定值的小凹痕，以及对防电击或防潮不会带来不利影响的小缺口可忽略不计。对不构成外壳一部分的任何零部件的损坏可忽略不计。

8.1 外壳的静态刚性试验

电磁阀要牢固地固定在刚性支撑面上并承受30 N的力，力通过直径12 mm硬棒上的半球面端部来施加。该硬棒应当施加在当准备使用电磁阀时其可触及的以及其变形可能会引起危险的外壳的每一部分。

如果对非金属外壳在高温下是否能通过本试验有怀疑，则电磁阀要在40 ℃的温度下，或在最高额定温度下（如果该温度更高）工作，直至达到稳定状态后再进行本试验。在进行本试验前要先断开电磁阀的供电电源或其他供源。

8.2 外壳的动态刚性试验

电磁阀要牢固地固定在刚性支撑面上，试验要在正常使用时可能触及的以及如果损坏可能会引起危险的表面的任何位置进行。

对具有非金属外壳（塑封线圈）的电磁阀，如果额定最低环境温度低于2 ℃，则使电磁阀冷却到最低额定环境温度，然后在10 min内完成试验。

试验使用钢球，最多试验三个点。试验能量为5 J。

撞击元件为直径50 mm、质量500 g±25 g的钢球。

试验按图2所示进行。对5 J的能量，高度 X 为1 m。

试验后，外壳应当符合基本绝缘的要求。

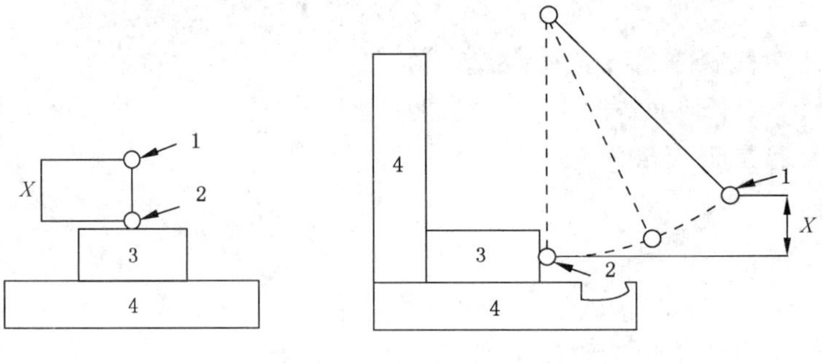

说明：

1——球的起始位置；

2——球的撞击位置；

3——试验样品；

4——刚性支撑面。

图2 使用钢球的撞击试验

9 防止火焰蔓延

在正常条件下或单一故障条件下，火焰不得蔓延到电磁阀的外面。图3是说明符合性检验方法的流程图。

至少采用下列的一种方法来检验是否合格：

a) 进行可能会导致火焰蔓延到电磁阀外面的单一故障条件(见4.4)下的试验。试验结果应当满足4.4.4.3的符合性判据;

b) 按9.1的规定检验是否消除或减少电磁阀内的引燃源;

c) 按9.2的规定检验能否在一旦出现着火,火焰被控制在电磁阀内。

这些供选择的方法可以全部在一台电磁阀上使用,也可以针对不同的危险源或针对电磁阀的不同部位在各台电磁阀上采用。

注:方法b)和c)是基于执行了规定的设计准则,相反,方法a)则是完全依靠单一故障条件下的试验。

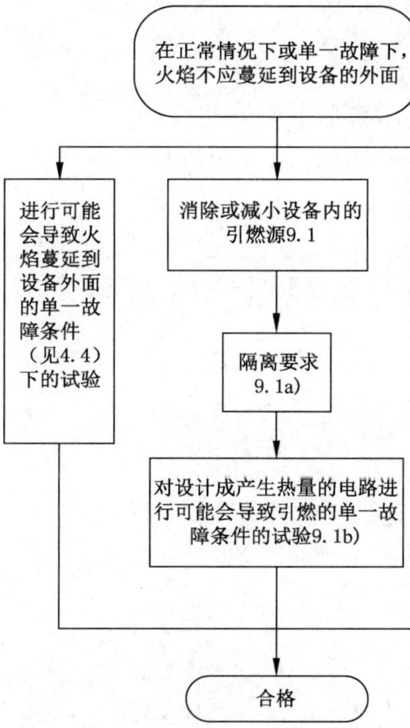

图3 说明防止火焰蔓延要求的流程图

9.1 消除或减少电磁阀内的引燃源

就每一个引燃源的引燃危险而言,如果满足下列要求,则认为引燃危险和着火出现率已被减小到允许的水平。

a) 不同电位的零部件之间的绝缘满足基本绝缘的要求,或能证明桥接绝缘不会导致引燃。

通过目视检查,如有怀疑,通过试验来检验是否合格。

b) 在设计成产生热量(电磁线圈产生)的电路中,当进行可能会导致引燃的任何单一故障条件(见4.4)下的试验未出现引燃。

通过进行4.4的相关试验,采用4.4.2的判据来检验是否合格。

9.2 一旦出现着火,将火焰控制在电磁阀内

如果电磁阀和电磁阀的外壳符合9.2.1的结构要求,则认为火焰蔓延到电磁阀外面的危险已被减小到允许的水平。

通过目视检查以及按9.2.1的规定来检验是否合格。

9.2.1 结构要求

应当符合下列结构要求:

a) 绝缘导线应当具有相当于GB/T 5169.16—2008规定的V-1级或更优的可燃性等级。连接器

和安装元器件的绝缘材料应当具有 GB/T 5169.16—2008 规定的Ⅴ-2 级或更优的可燃性等级。

通过检查有关材料的数据，或对相关零部件的三个样品进行 GB/T 5169.16—2008 规定的Ⅴ级试验，来检验是否合格。样品可以是下列规定的任何一种样品：

1) 整个零部件；
2) 零部件的截取部分，要包含有壁厚最薄的和有任何通风孔的部分；
3) 符合 GB/T 5169.16 的样品。

b) 外壳应当符合下列要求：
1) 外壳底部应当无开孔；
2) 外壳侧面包含在图 4 斜线 C 区域范围不得开孔；
3) 外壳应当用金属(镁除外)材料制成，或者用可燃性等级为 GB/T 5169.16—2008 规定的Ⅴ-1 或更优的非金属材料制成；
4) 外壳应当具有足够的刚性。

通过目视检查检验是否合格。如有怀疑，要求 b)中 3)的可燃性等级按照 a)中的要求进行检验。

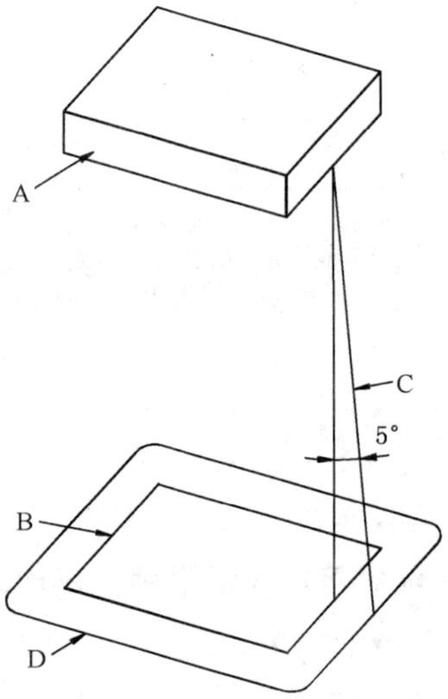

说明：

A——被认为是危险着火源的电磁阀的零部件和元器件。如果它是未另外防护的，或者是用其外壳进行局部防护的元器件的未防护部分，则该零部件和元器件包括电磁阀的整个零部件和元器件；

B——A 的轮廓线在水平面上的投影；

C——斜线，用来划出结构要符合 9.2.1b)中 1)和 9.2.1b)中 2)规定的外壳底部和侧面的最小区域。该斜线围绕 A 的周边的每一点，以及相对于垂线呈 5°夹角投射，其取向要确保能划出最大的面积；

D——结构要符合 9.2.1b)中 1)规定的底部的最小区域。

图 4 结构要符合 9.2.1b)中 1)规定的外壳底部的区域

9.3 过流保护

与电网电源连接的电磁阀应当用熔断器、断路器、热切断器等类似装置来进行保护，防止电磁阀出现故障时从电网获得过大的能量，这种防护是要限制故障的进一步发展以及着火和火焰蔓延的可能性。过流保护装置也能在故障情况下提供电击保护。如果不安装过流保护装置，则制造商应当在说明书中规定在建筑设施中要求过流保护装置。

通过目视检查来检验是否合格。

10 温度限值和耐热

10.1 对防灼伤的表面温度限值

在 40 ℃的环境温度或最高额定环境温度下(如果温度更高)测量表面温度。40 ℃的环境温度下,电磁阀在正常工作情况下外壳表面的温度不得大于表 7 的规定值,或最高额定环境温度(如果温度更高)下,电磁阀在正常工作情况下外壳最高表面温度不得超过 105 ℃。在单一故障条件下,外壳最高表面温度不得超过 105 ℃。如果由于过程温度的影响,导致温度超过温度限值,应增加相关的警告标志。

表 7 正常条件下的表面温度限值

外壳的外表面	限值/℃
金属的	70
非金属的	80
正常使用时不可能被接触的小区域	100

10.2 电磁线圈绕组温度

如果因温度过高可能会导致危险,则绕组绝缘材料的温度在正常条件下或单一故障条件下不得超过表 8 的规定值。

在正常使用条件下和在 4.4.2.3 的适用的单一故障条件下,以及在由于温度过高可能导致危险的任何其他单一故障条件下,通过测量来检验是否合格。

表 8 绕组的绝缘材料

绝缘等级 (见 GB/T 11021)	正常条件 ℃	单一故障条件 ℃
A	105	150
B	130	175
E	120	165
F	155	190
H	180	210

10.3 温度试验的实施

电磁阀应当在基准试验条件下进行试验。除了本部分规定的特殊的单一故障条件外,要遵守制造商说明书规定的有关通风、短时、间歇使用的限值等。

最高温度可以通过在基准试验条件下测量温升,然后将该温升值加上 40 ℃,或加上最高额定环境温度(如果温度更高)来确定。采用电阻法进行测量,也可以采用温度传感器来测量温度,温度传感器的选择和放置要使其对绕组温度的影响可忽略不计。如果绕组是不均匀的,或者测量电阻有困难,则要采用后者的测量方法。

温度要在达到稳定时测量。

10.4 耐热

10.4.1 电气间隙和爬电距离的完整性

当设备在环境温度 40 ℃或最高额定环境温度(如果温度更高)下工作时,其电气间隙和爬电距离应当符合 6.6 的要求。

如果对设备是否产生大量的热量有怀疑,则要使设备在 4.3 的基准试验条件下,但环境温度为 40 ℃或最高额定环境温度(如果温度更高),通过设备工作来进行检验。在本试验后,电气间隙和爬电距离不得减小到小于 6.6 的要求值。

如果外壳是非金属材料的,则要在上述为 10.4.2 的目的而进行试验时测量外壳零部件的温度。

10.4.2 非金属外壳

非金属材料的外壳应当能耐高温。

在经过下列之一的处理后,通过试验来检验是否合格:

a) 非工作处理。设备不通电,在 70 ℃±2 ℃或在比 10.2.1 的试验时测得的温度高 10 ℃±2 ℃的温度下(取其较高的温度)贮存 7 h。如果设备装有用这种处理方法可能会受到损坏的元件,则可以对空外壳进行处理,然后在处理结束时装好设备。

b) 工作处理。设备在 4.3 的基准试验条件下工作,但环境温度要比 40 ℃高 20 ℃±2 ℃,或比最高额定环境温度(如果高于 40℃)高 20 ℃±2 ℃。

在经过处理后,危险带电零部件不得成为可触及,设备应当能通过 8.1 和 8.2 的试验。如有怀疑,则再另外进行 6.7 的试验(但不进行潮湿预处理)。

10.4.3 绝缘材料

绝缘材料应当有适当的耐热能力。

a) 对用来支撑与电网电源连接的且用绝缘材料制成的零部件,应当采用设备内一旦发生短路而不会导致危险的绝缘材料制成。

b) 如果在正常使用时,端子承载电流超过 0.5 A,以及如果在不良接触的情况下散发大量的热量,则支撑这些端子的绝缘件应当采用其软化程度不会达到可能导致危险或进一步短路的材料来制成。

在有怀疑的情况下,通过检查材料的数据来检验是否合格。如果材料数据不能令人确信,则要进行下列之一的试验:

1) 采用至少 2.5 mm 厚的绝缘材料样品,用图 5 的试验装置来进行球压试验。试验在加热箱内进行,箱内温度为 125 ℃±2 ℃。对被试零部件的支撑要确保使其上表面呈水平状态,然后使试验装置的球面部分以 20 N 的力压在该表面上。1 h 后取下试验装置,并将样品浸入冷水中,使样品在 10 s 内冷却到接近室温。由球体引起的压痕的直径不得超过 2 mm。

注 1:如有必要,可以使用零部件的两个或多个截取部分来获得所要求的厚度。

注 2:对骨架,仅支撑或保持端子在位的那些部分才需要进行该试验。

2) GB/T 1633—2000 的方法 A 的维卡软化试验。维卡软化温度至少应当为 130 ℃。

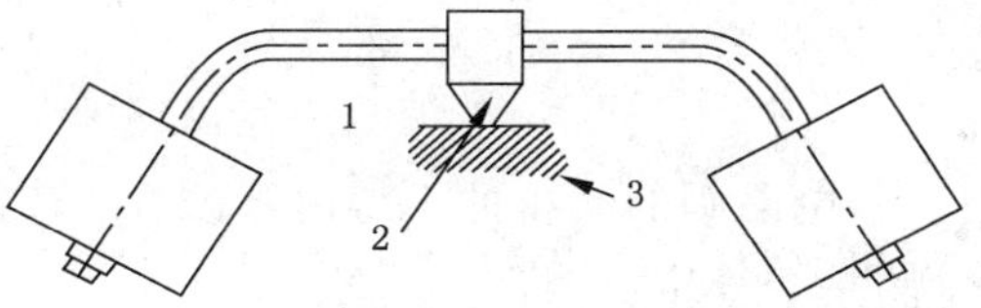

说明：

1——被试部分；

2——试验装置的球形部分；

3——支撑件。

图 5 球压试验装置

11 防流体危险

11.1 概述

由于电磁阀是用于对流体进行控制的设备，应当在设计上对操作人员或周围环境提供在正常使用时可能遇到的流体危险的防护。

注：可能会遇到的流体分为三类：

a) 连续接触的流体，如预定流过电磁阀的流体；

b) 偶然接触的流体，例如清洗液；

c) 无意中(不希望)接触的流体，制造商无法对类似情况采取措施。

可以不考虑诸如清洗液(但制造商规定的清洗液除外)和饮料之类的液体。

通过 11.2～11.3 的处理和试验来检查是否合格。

11.2 清洗

如果制造商规定了清洗处理，则该处理方法不得导致直接的危险、电气危险，或者因腐蚀原因或使保证安全的结构件强度降低的其他原因导致的危险。

按制造商说明书的规定，如果规定了清洗处理，则通过对设备清洗三次来检验是否合格。

对于电网电源供电的电磁阀，如果在该处理后，立即发现可能导致危险的零部件有受潮迹象，则电磁阀应当能通过 6.7 的电压试验(但不进行潮湿处理)，而且可触及零部件不得超过 6.3.1 的限值。

11.3 洒落

如果正常使用时液体可能会洒落到电磁阀中，则电磁阀在设计上应当确保不会发生危险，例如由于绝缘或危险带电的内部无绝缘的零部件受潮带来的危险。

应当通过目视检查来检验是否合格，如有怀疑，用 0.2 L 的水从 0.1 m 的高度以 15 s 的时间平稳地倒在液体有可能接触到电气零部件的每个部位上。在该处理后，电磁阀立即进行的 6.7 的电压试验(但不进行潮湿预处理)应能通过，而且可触及零部件不得超过 6.3.1 的限值。

11.4 特殊保护的电磁阀

如果制造商对电磁阀按符合 GB 4208 规定的防护等级来规定和标志，则电磁阀防进水应当达到规定的等级。

通过目视检查以及通过对电磁阀进行 GB 4208 规定的相应的处理来检验是否合格。在该处理后，电磁阀应当能通过 6.7 的电压试验(但不进行潮湿预处理)，而且可触及零部件不得超过 6.3.1 的限值。

11.5 高压渗漏和破裂

在正常使用或单一故障条件下,电磁阀的承压件不得由于破裂或渗漏而导致危险。

通过下列液压强度试验来检验是否合格:

试验压力为最大压力的1.5倍不得出现渗漏,试验压力为最大压力的2倍不得出现破裂、发生永久(塑性)变形。

压力逐渐升高到规定的试验值,然后保持该压力值不少于1 min。样品不得出现破裂、发生永久(塑性)变形或渗漏。

如果无标志的装有液体的零部件和管件不能进行液压试验,则要通过其他适用的试验,例如通过使用适当介质的气压试验,采用与液压试验相同的试验压力来检验其完整性。

作为上述要求的一个例外,装有液体的制冷系统的零部件要满足GB 4706。

12 防辐射(包括激光源)、声压力和超声压力

防辐射(包括激光源)、声压力和超声压力的要求不适用于本部分。

13 对释放的气体、爆炸和内爆的防护

对释放的气体、爆炸和内爆的防护要求不适用于本部分。

14 元器件

14.1 概述

如果涉及安全,则元器件应当按其规定的额定值使用,除非已作出特定的例外规定。元器件应当符合下列之一的要求:

a) 某个相关的国家标准或IEC标准的适用的安全要求,不要求符合该元器件标准的其他要求。如果对应用有必要,则元器件应当承受本部分的试验,但不需要再进行已在检验元器件标准符合性时完成的等同或等效的试验;

b) 本部分的要求,以及如果对应用有必要,相关的国家标准或IEC元器件标准任何附加的适用的安全要求;

c) 本部分的要求,如果无相关的国家标准或IEC标准;

d) 某个非国家标准或IEC标准的适用的安全要求。这些适用的安全要求至少要与相关的国家标准或IEC标准的适用的安全要求相当,只要该元器件已由经认可的检测机构按该非国家标准或IEC标准获得批准即可。

注:即使试验采用非国家标准或IEC标准,只要试验已由经认可的检测机构完成并确认符合适用的安全要求就无需重新进行试验。

图6是表示符合性检验方法的流程图。

通过目视检查,以及如有必要,通过试验来检验是否合格。

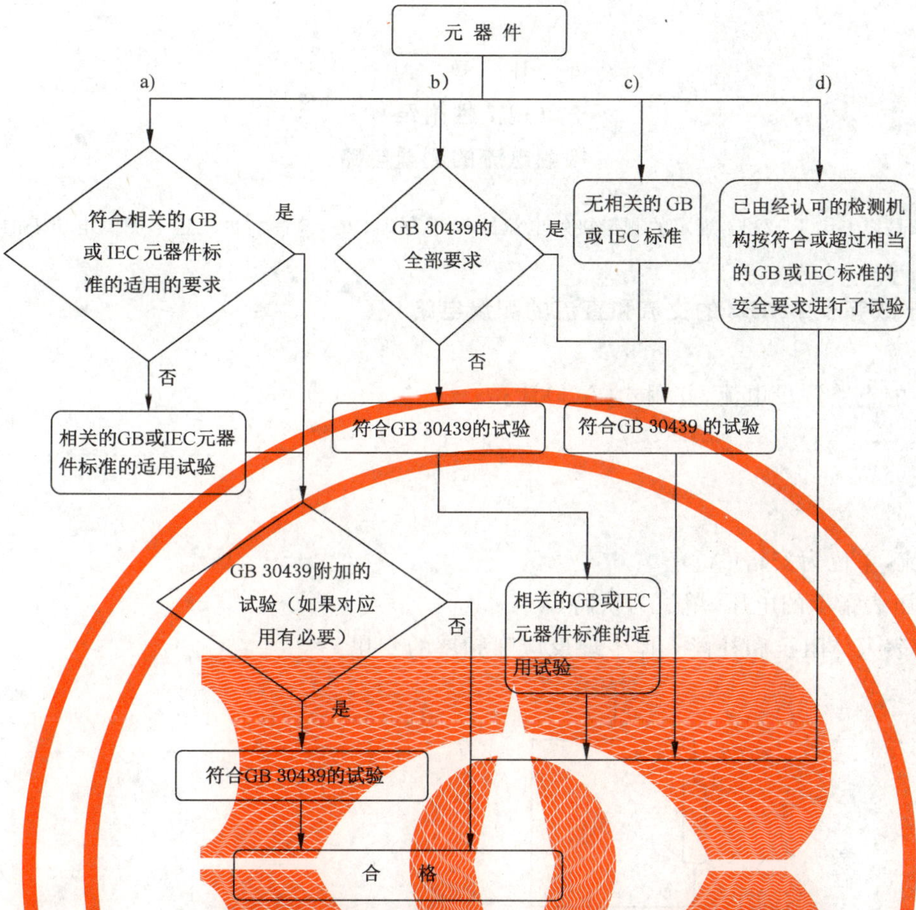

图 6 符合性选项 12.1a)、b)、c)和 d)的流程图

14.2 电磁线圈

电磁线圈骨架应当采用可燃性等级为 GB/T 5169.16—2008 的Ⅴ-1 级或更优的材料。

通过检查材料的数据来检验可燃性额定值是否合格。另一种可供选择的方法是，在三个相关零部件的样品上，通过进行 GB/T 5169.16—2008 规定的Ⅴ级试验来检验是否合格。

14.3 印制线路板

印制线路板应当采用可燃性等级为 GB/T 5169.16—2008 的Ⅴ-1 级或更优的材料。

通过检查材料的数据来检验可燃性额定值是否合格。另一种可供选择的方法是，在三个相关零部件的样品上，通过进行 GB/T 5169.16—2008 规定的Ⅴ级试验来检验是否合格。样品可以是下列规定的任一种样品：

a) 完整的零部件；

b) 零部件的截取部分；

c) 符合 GB/T 5169.16 规定的样品。

附 录 A
（规范性附录）
接触电流的测量电路

注：本附录是以 GB/T 12113 规定的测量接触电流的程序为基础的，该标准也规定了测试电压表的特性。

A.1 频率小于或等于 1 MHz 的交流和直流的测量电路

用图 A.1 的电路测量电流，并用式(A.1)计算：

$$I=\frac{U}{500} \qquad \cdots\cdots\cdots\cdots(\text{A.1})$$

式中：

I——电流，单位为安培(A)；

U——电压表指示的电压，单位为伏特(V)。

该电路代表人体阻抗和补偿人体生理反应随频率的变化。

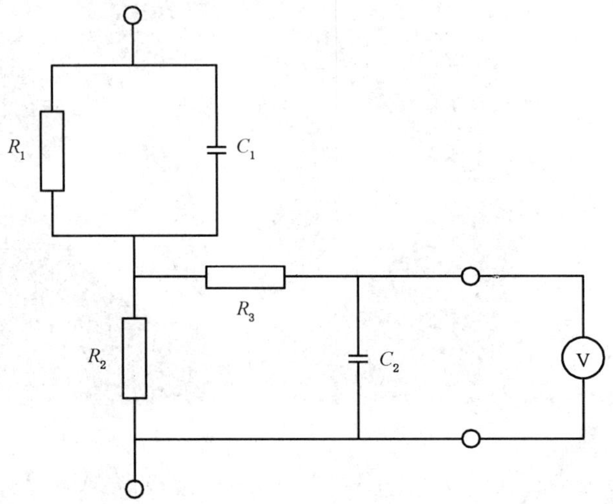

说明：

$R_1=1\ 500\ \Omega$；

$R_2=500\ \Omega$；

$R_3=10\ \text{k}\Omega$；

$C_1=0.22\ \mu\text{F}$；

$C_2=0.022\ \mu\text{F}$。

图 A.1 频率小于或等于 1 MHz 的交流和直流测量电路

A.2 频率小于或等于 100 Hz 的正弦交流和直流的测量电路

当频率不超过 100 Hz 时，用图 A.2 的任一电路测量电流，当用电压表时，电流由式(A.2)计算：

$$I=\frac{U}{2\ 000} \qquad \cdots\cdots\cdots\cdots(\text{A.2})$$

式中：

I——电流，单位为安培(A)；

U——电压表指示的电压，单位为伏特(V)。

该电路代表频率不超过 100 Hz 时的人体阻抗。

注：2 000 Ω 的阻值包括测量仪表的阻抗。

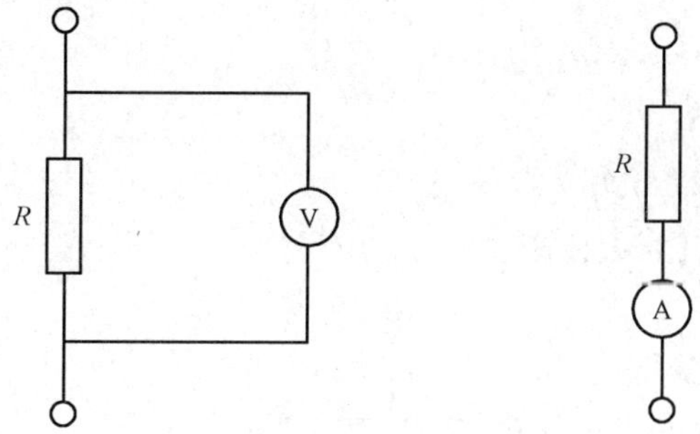

说明：

$R=2\ 000\ \Omega$。

图 A.2 频率小于或等于 100 Hz 的正弦交流和直流测量电路

A.3 高频电灼伤电流的测量电路

用图 A.3 的电路测量电流，并按式(A.3)计算：

$$I=\frac{U}{500} \qquad \cdots\cdots(\text{A.3})$$

式中：

I——电流，单位为安培(A)；

U——电压表指示的电压，单位为伏特(V)。

该电路补偿高频对人体生理反应的影响。

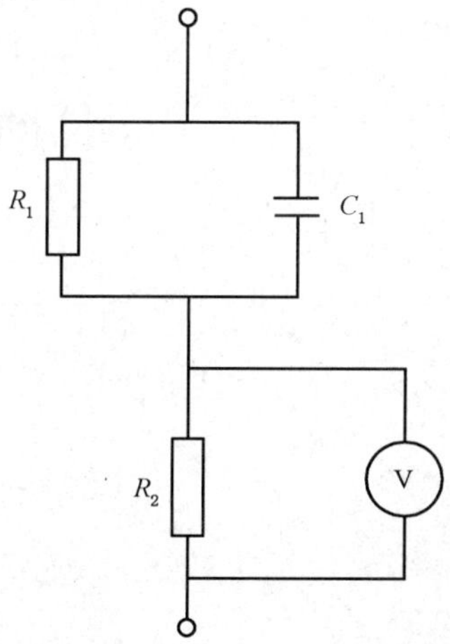

说明：

$R_1=1\ 500\ \Omega$；

$R_2=500\ \Omega$；

$C_1=0.22\ \mu F$。

图 A.3 电灼伤电流测量电路

A.4 潮湿接触电流的测量电路

用图 A.4 的电路测量潮湿接触电流，并按式(A.4)计算：

$$I=\frac{U}{500} \qquad \cdots\cdots (A.4)$$

式中：

I——电流，单位为安培(A)；

U——电压表指示的电压，单位为伏特(V)。

该电路代表无皮肤接触电阻的人体阻抗。

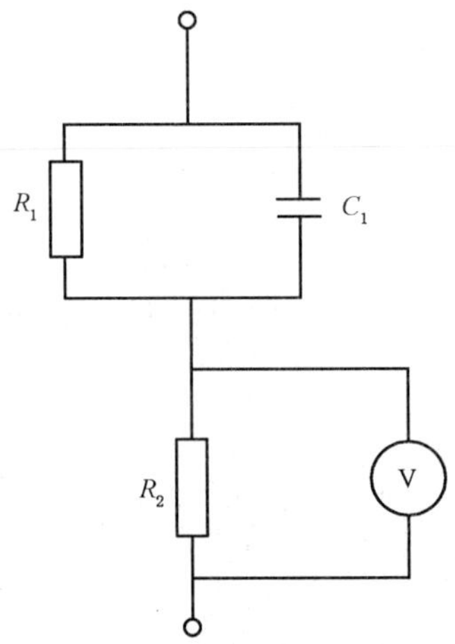

说明：

$R_1=375\ \Omega$；

$R_2=500\ \Omega$；

$C_1=0.22\ \mu F$。

图 A.4 潮湿接触电流测量电路

附 录 B
（规范性附录）
标准试验指

单位为毫米

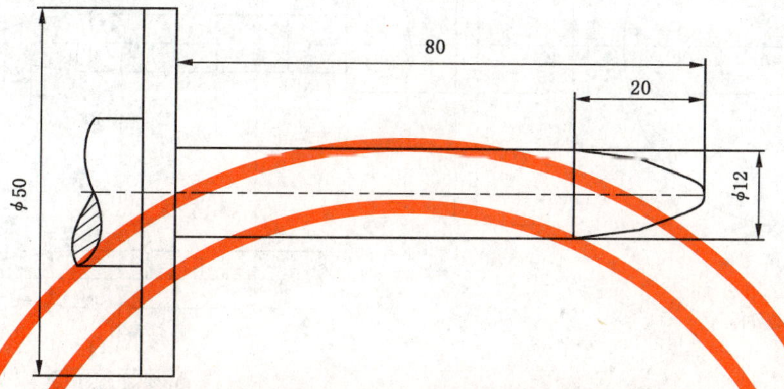

说明：
指尖的尺寸和公差见图 B.2。

图 B.1　刚性试验指(GB/T 16842—2008 的试具 11)

单位为毫米

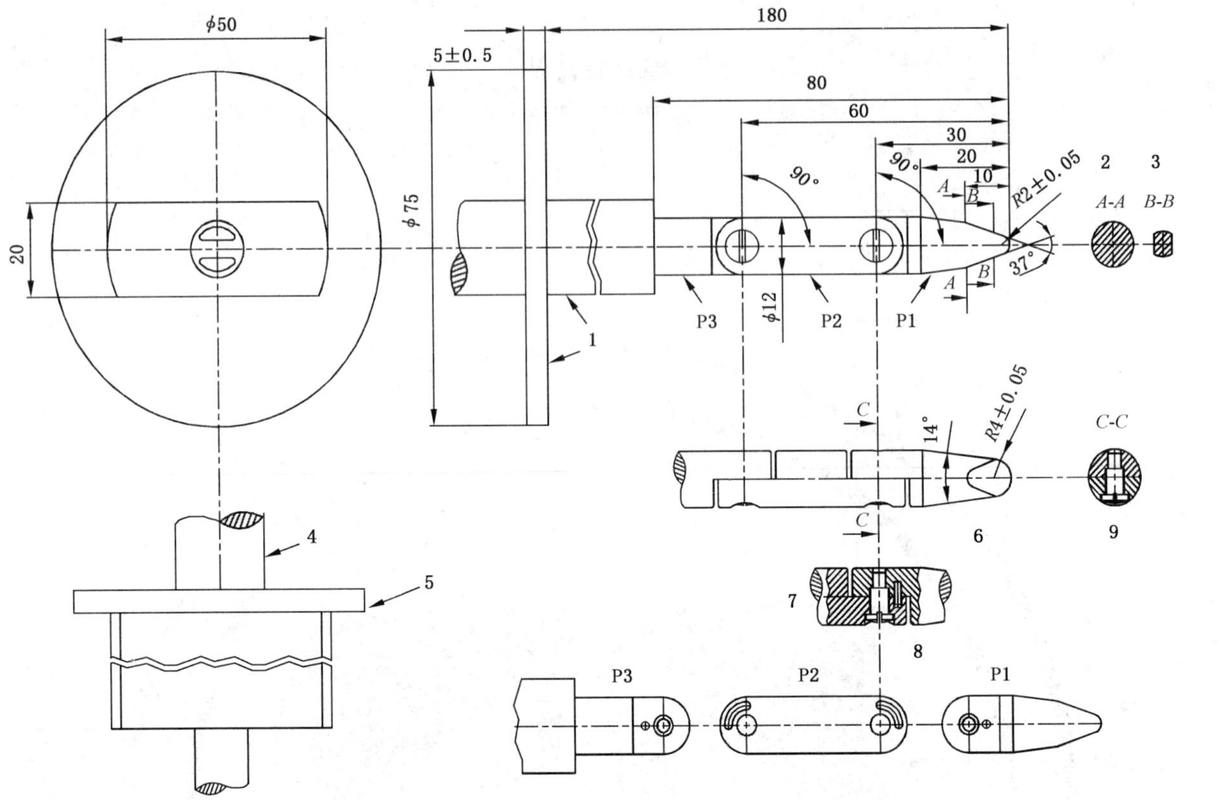

说明：

1——绝缘材料；

2——*AA* 剖面；

3——*BB* 剖面；

4——手柄；

5——挡板；

6——球形；

7——细节 *X*（示例）；

8——侧视图；

9——所有边缘倒角。

未规定公差的尺寸的公差为：

——对角度：$^{0}_{-10}$；

——对线性尺寸：

≤25mm 时，$^{0}_{-10}$，mm；

＞25mm 时，±0.2mm。

试验指材料：经过热处理的钢材等。

该试验指的两个关节可以弯曲（$90^{\circ}{}^{+10^{\circ}}_{0^{\circ}}$但是只可以在同一平面内弯曲。

为了使弯曲角度限制在 90°，采用销和槽的解决办法仅仅是各种可能解决的途径之一。由于这一原因，所以图中未给出这些细节的尺寸和公差。实际设计应当保证（$90^{\circ}{}^{+10^{\circ}}_{0^{\circ}}$）的弯曲角。

图 B.2　铰接式试验指（GB/T 16842—2008 的试具 B）

附 录 C
（规范性附录）
电气间隙与爬电距离的测量

例1～例11中规定的、适用于各种实例的沟槽宽度 X 按不同的污染等级规定如下。

下面的例子中规定的尺寸 X 有一个最小值，取决于表 C.1 给出的污染等级。

表 C.1 污染登记表

污染等级	尺寸 X 最小值/mm
1	0.25
2	1.0
3	1.5

如果所涉及的电气间隙小于3mm，则最小尺寸 X 可减小到该电气间隙的三分之一。

测量电气间隙和爬电距离的方法在下面例1～例11中说明。这些例子不区分裂缝和沟槽也不区分绝缘的类型。

需要做出以下一些假定：

a） 如果跨越沟槽的宽度大于或等于 X，爬电距离要沿沟槽的轮廓线进行测量(见例2)。

b） 假定任何凹槽桥接有一段长度等于 X 的绝缘连杆，而且桥接在最不利的位置(见例3)。

c） 在相互间能处于不同位置的零部件之间测量电气间隙和爬电距离时，要在这些零部件处于最不利的位置测量。

例1 所测量的路径包含一条任意深度，宽度小于 X、槽壁平行或收敛的沟槽。

直接跨沟槽测量爬电距离和电气间隙。

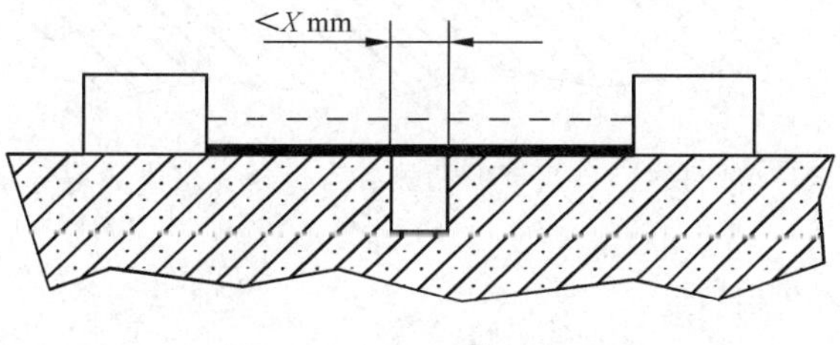

例2 所测量的路径包含一条任意深度，宽度等于或大于 X、槽壁平行的沟槽。

电气间隙就是“视线”距离。爬电距离是沿沟槽轮廓线伸展的通路。

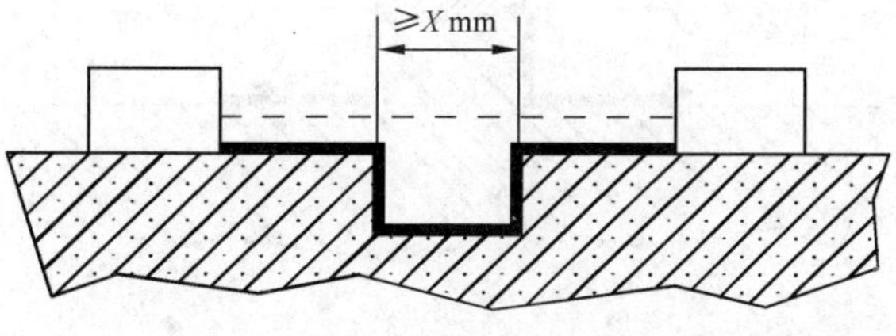

图 C.1 电气间隙和爬电距离测量方法的例子

例 3 所测量的路径包含一条宽度大于 X 的 V 形沟槽。

电气间隙就是"视线"距离。

爬电距离是沿沟槽轮廓线伸展的通路，但沟槽底部用长度为 X 的连杆"短接"。

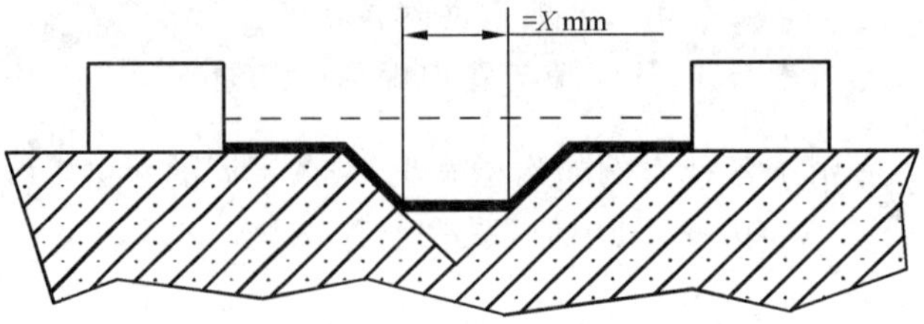

例 4 所测量的路径包含一根肋条。

电气间隙是越过肋条顶部最短直达空间通路。爬电距离是沿肋条轮廓线伸展的通路。

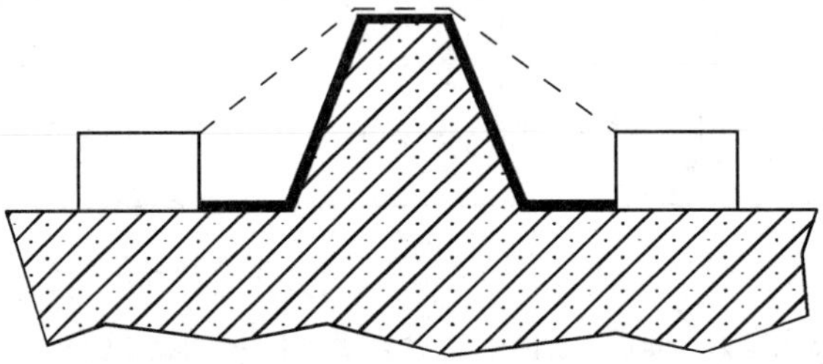

例 5 所测量的路径包含一条未粘合的接缝，该接缝的两侧各有一条宽度小于 X 的沟槽。

爬电距离和电气间隙是如图所示的"视线"的距离。

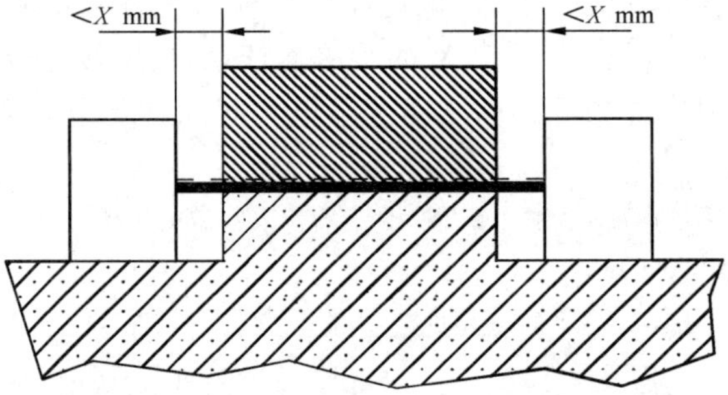

例 6 所测量的路径包含一条未粘合的接缝，该接缝的两侧各有一条宽度大于或等于 X 的沟槽。

电气间隙是"视线"的距离。

爬电距离是沿沟槽轮廓线伸展的通路。

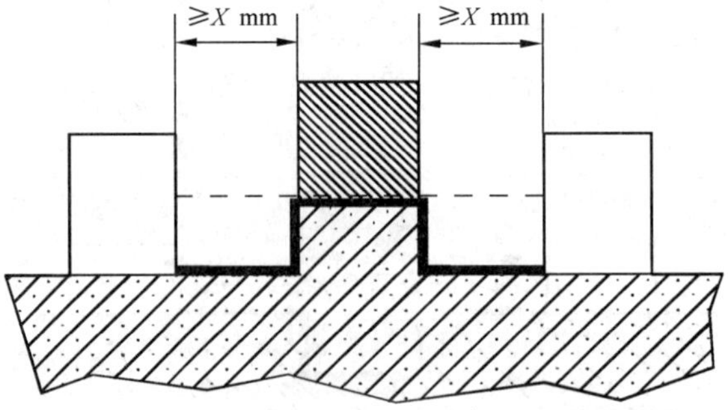

图 C.1（续）

例 7 所测量的路径包含一条未粘合的接缝，该接缝的一侧有一条宽度小于 X 的沟槽，另一侧有一条宽度等于或大于 X 的沟槽。

爬电距离和电气间隙如图所示。

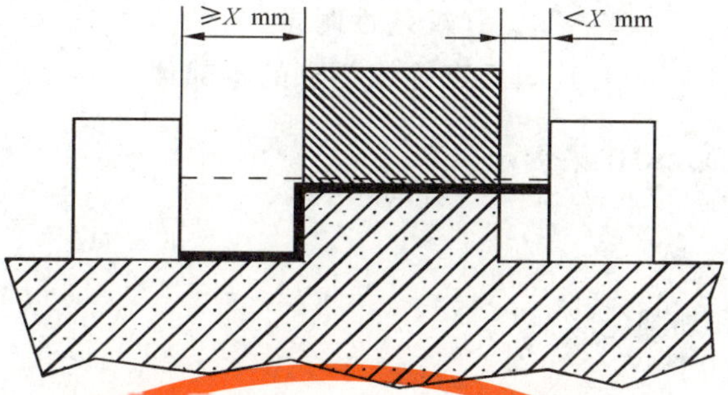

例 8 通过未粘合接缝的爬电距离小于越过挡板的爬电距离。

电气间隙是越过挡板顶部最短直达空间距离。

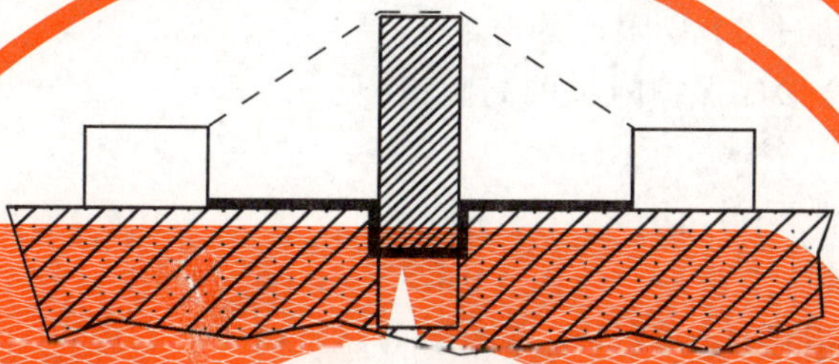

例 9 由于螺钉头与凹槽槽壁之间的空隙太窄，所以不必考虑该空隙。

例 10 由于螺钉头与凹槽槽壁之间的空隙足够宽，所以必须考虑该空隙。

当该空隙的距离等于 X 时，爬电距离的测量值就是从螺钉到槽壁的距离。

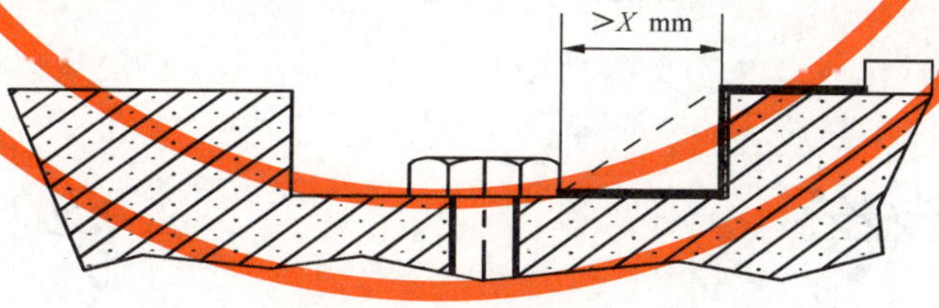

例 11C 为一浮地零部件。

电气间隙和爬电距离 $d+D$。

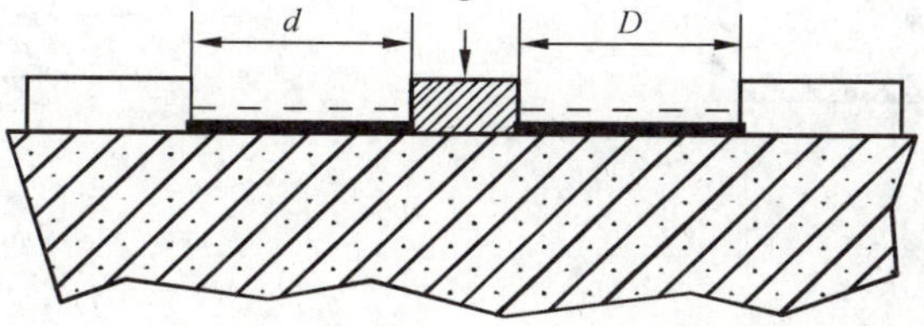

说明：

———爬电距离；

- - - - - 电气间隙。

图 C.1(续)

附　录　D
（规范性附录）
其间规定绝缘要求的零部件

下列符号在图 D.1～图 D.3 中用来表示：

a）要求：

B　要求基本绝缘；

D　要求双重绝缘和加强绝缘。

b）电路和零部件：

A　与保护导体端子不连接的可触及零部件；

H　正常条件下是危险带电的电路；

N　正常条件下不超过 6.3.2 限值的电路；

R　与基本绝缘组合形成保护阻抗的高阻抗[见 6.5.3c)]；

S　保护屏；

T　可触及的外部端子；

Z　次级电路的阻抗。

所给出的次级电路也可以被认为只是零部件。

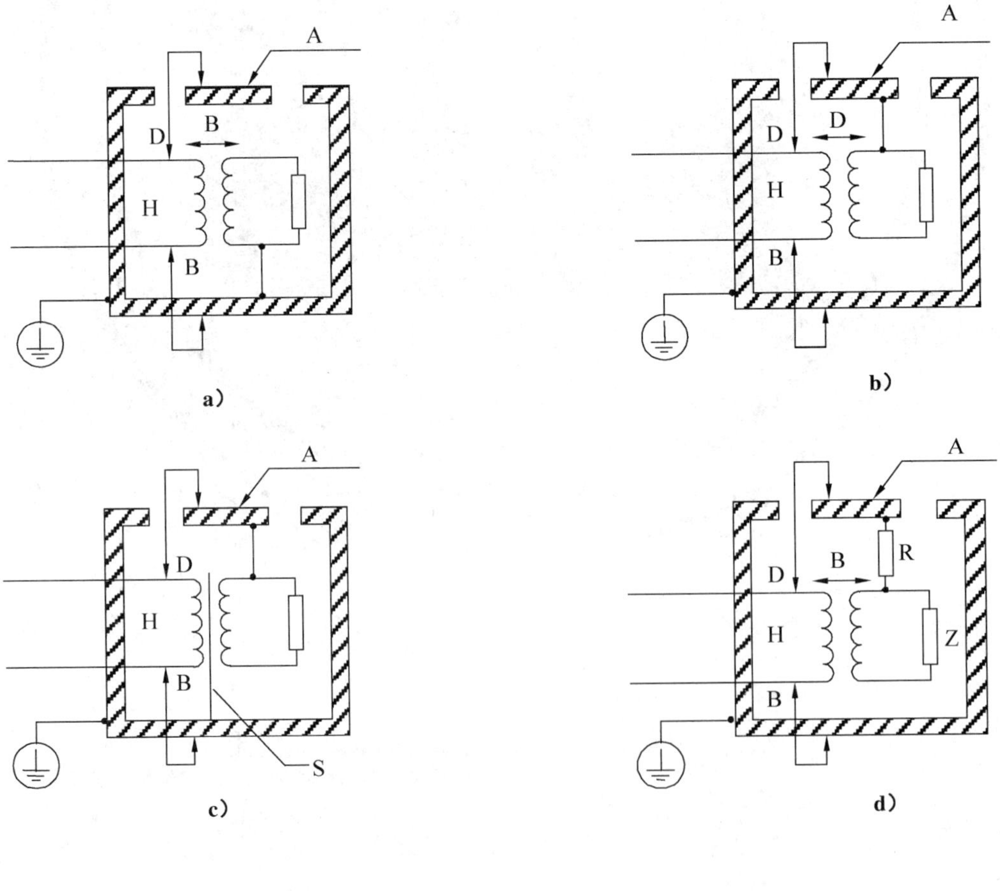

图 D.1a)～d)　危险带电电路与正常条件下不超过 6.3.2 限值且具有可触及零部件的外部端子的电路之间的防护

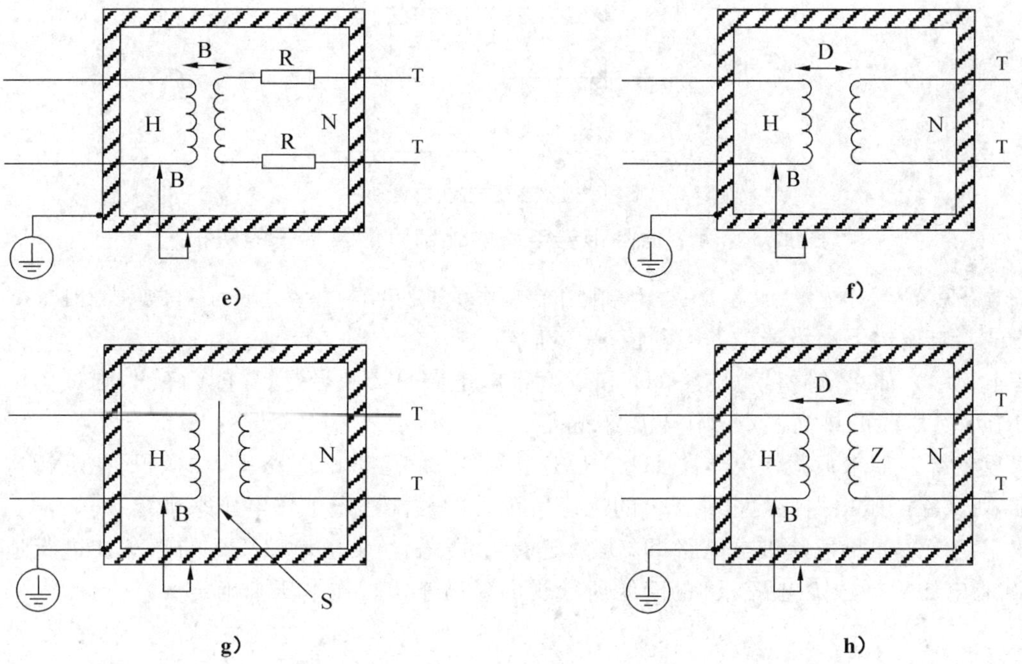

图 D.1e)～h) 危险带电电路与正常条件下不超过 6.3.2 限值且具有外部端子的其他电路之间的防护

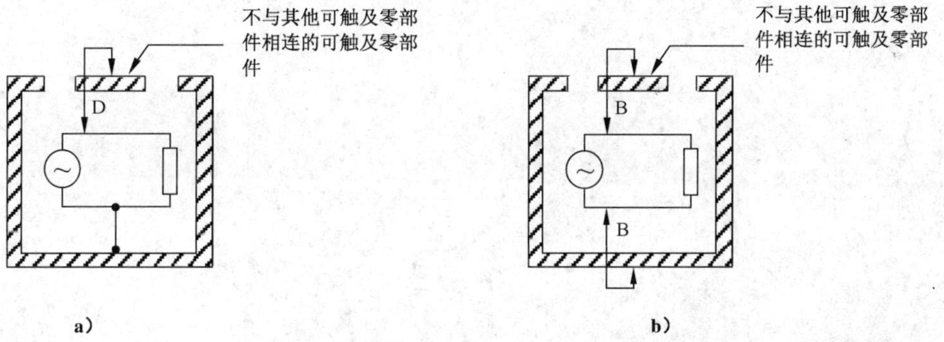

图 D.2a)和 b) 不与其他可触及零部件相连的可触及件对内部危险带电电路的防护

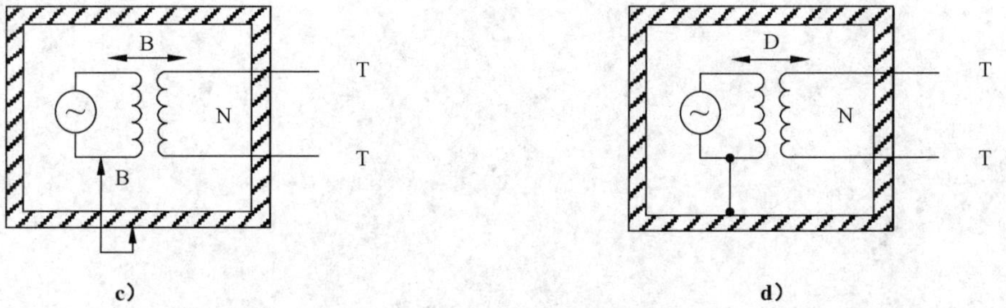

图 D.2c)和 d) 正常条件下不超过 6.3.2 限值的次级电路的可触及端子对初级危险带电电路的防护

注：图 D.2c)和 D.2d)所示的电路也可以有其他防护措施，例如保护屏、电路保护连接(见 6.5.1)和保护阻抗(见 6.5.3)。

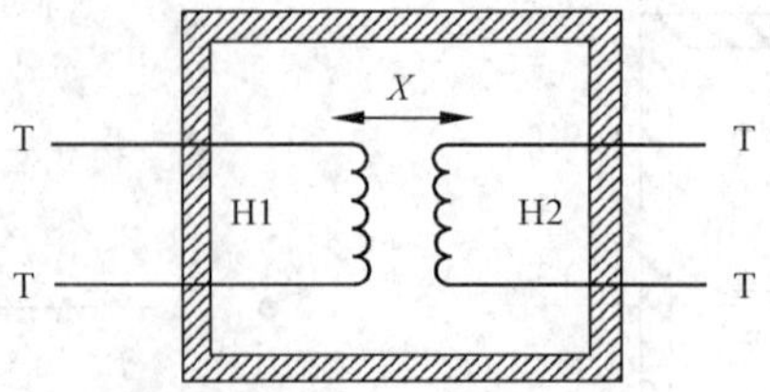

图 D.3 两个危险带电电路的外部可触及端子的防护

注：未与保护导体端子连接的可触及零部件和两个危险带电电路中任一电路之间的绝缘要求如图 D.1a)～d)所示。

X 的试验电压按下面最严酷的一种情况来确定：

B(基本绝缘)：如果危险带电电路 H1 和危险带电电路 H2 两者是已连接好的，则试验电压根据电路之间的绝缘所承受的最高额定工作电压来确定；

D(双重绝缘)：如果危险带电电路 H1 是已连接好的，危险带电电路 H2 的端子在进行连接时又是可触及的，则试验电压根据危险电路 H1 的绝缘所承受的最高额定工作电压来确定；

D(双重绝缘)：如果危险带电电路 H2 是已连接好的，危险带电电路 H1 的端子在进行连接时是可触及，则试验电压根据危险电路 H2 的绝缘所承受的最高额定工作电压来确定。

附 录 E
（规范性附录）
污染等级的降低

表 E.1 给出了通过采用附加防护使用内部环境污染等级的降低。

表 E.1 通过采用附加防护使内部环境污染等级的降低

附加防护	从外部环境污染等级 2 降至	从外部环境污染等级 3 降至
采用 GB 4208 的 IPX4 外壳	2	2
采用 GB 4208 的 IPX5 或 IPX6 外壳	2	2
采用 GB 4208 的 IPX7 或 IPX8 外壳	2[a]	2[a]
采用气密密封的外壳	1	1
采用连续加热	1	1
采用密封	1	1
采用使用涂层	1	2

[a] 如果电动执行机构制造时已确保其内部是低湿度的，且说明书又规定，在打开外壳后再次合上外壳时，必须在湿度受控的环境中进行或者必须使用干燥剂，则污染等级就能降至 1 级。

附 录 F
（规范性附录）
例行试验

在通过本部分规定的例行试验后，电磁阀无需进行 F.1～F.3 的重复试验。

除非能清楚地表明其试验结果在后续的制造阶段是有效的，否则应当使用完全组装好的电磁阀来进行试验。电磁阀在试验期间不得通电。

电磁阀不需要包上金属箔，也不需要进行潮湿预处理。

F.1 保护接地

电磁阀的保护导体端子与外壳之间，以及与保护导体端子相连的所有可触及导电零部件之间进行接地连续性试验，试验电流值不作规定。

F.2 电网电源电路

在一端为连接在一起的电网电源端子，以及另一端为连接在一起的所有可触及导电零部件之间，施加 6.7 规定的（但不进行潮湿预处理）对应于基本绝缘的试验电压。就本标准而言，预定要与其他设备的非带电的电路相连的任何输出端子的接触件被认为是可触及导电零部件。

试验电压应当在 2 s 内升至规定值，并至少保持 2 s。

不得出现击穿或重复的飞弧，不考虑电晕效应和类似现象。

F.3 其他电路

在一端为连接在一起的在正常工作时能成为危险带电的浮地输入电路的端子，以及另一端为连接在一起的可触及导电零部件之间施加试验电压。

还要在一端为连接在一起的在正常使用时能成为带电的浮地输出电路的端子，以及另一端为连接在一起的可触及导电零部件之间施加试验电压。

对每一种情况施加的电压值为工作电压的 1.5 倍。如果电压限制（箝位）装置在低于 1.5 倍的工作电压下动作，则施加的电压值为 0.9 倍的箝位电压，但不小于工作电压。

注：在具有与保护导体端子相连的可触及导电零部件的物位计中，可触及导电零部件是能与器具输入插座的接地插销或电源插头的接地插销相连的，在进行试验时，要将物位计与任何外部接地装置进行电气隔离。

不得出现击穿或重复的飞弧，不考虑电晕效应和类似现象。

ICS 19.080;25.040.01
N 10

中华人民共和国国家标准

GB 30439.7—2014

工业自动化产品安全要求 第7部分:回路调节器的安全要求

Safety requirements for industrial automation products—
Part 7: Safety requirements for loop regulator

2014-07-24 发布 2015-02-01 实施

中华人民共和国国家质量监督检验检疫总局
中国国家标准化管理委员会 发布

前言

GB 30439 的本部分的全部技术内容为强制性。

GB 30439《工业自动化产品安全要求》分为如下 18 个部分：

——第 1 部分：总则；

——第 2 部分：压力/差压变送器的安全要求；

——第 3 部分：温度变送器的安全要求；

——第 4 部分：控制阀的安全要求；

——第 5 部分：流量计的安全要求；

——第 6 部分：电磁阀的安全要求；

——第 7 部分：回路调节器的安全要求；

——第 8 部分：电动执行机构的安全要求；

——第 9 部分：数字显示仪表的安全要求；

——第 10 部分：记录仪表的安全要求；

——第 11 部分：可编程序控制器的安全要求；

——第 12 部分：雷达物位计和超声物位计的安全要求；

——第 13 部分：磁致伸缩液位计的安全要求；

——第 14 部分：仪表电源的安全要求；

——第 15 部分：工业过程测量和控制用信号配电、隔离、转换、报警处理单元的安全要求；

——第 16 部分：差压流量计的安全要求；

——第 17 部分：超声流量仪表的安全要求；

——第 18 部分：压力仪表辅助装置的安全要求。

本部分为 GB 30439 的第 7 部分。

本部分按照 GB/T 1.1—2009 给出的规则起草

本部分由中国机械工业联合会提出。

本部分由全国工业过程测量和控制标准化技术委员会(SAC/TC 124)、全国测量、控制和实验室电器设备安全标准化技术委员会(SAC/TC 338)归口。

本部分起草单位：福建上润精密仪器有限公司、北京金立石仪表科技有限公司、杭州盘古自动化系统有限公司、西南大学、重庆宇通系统软件有限公司、南京优倍电气有限公司、北京远东仪表有限公司、福州福光百特自动化设备有限公司、中山市东崎电气有限公司、福建澳泰自动化设备有限公司、福建顺昌虹润精密仪器有限公司、厦门宇电自动化科技有限公司、浙江伦特机电有限公司、厦门安东电子有限公司、安徽蓝德集团股份有限公司、北京维盛新仪科技有限公司。

本部分主要起草人：邹崇、戈剑、宫长勇、郭豪杰、刘枫、黄伟、赵亦欣、岳周、冯伟、董健、王悦、祁剑峰、周松明、倪晖、卞坚斌、周宇、曹炳养、吴加伦、肖国专、殷成楼、张宝春。

工业自动化产品安全要求 第7部分:回路调节器的安全要求

1 范围

GB 30439 的本部分规定了工业自动化产品中回路调节器的防电击和电灼伤、防机械危险、防火焰从回路调节器内向外蔓延、防过高温、防流体和流体压力的影响、爆炸和内爆的安全内容。

本部分不包括与安全无关的设备的功能、性能或其他特性、运输包装的有效性、电磁兼容(EMC)要求、功能安全、对爆炸环境的防护措施、维修(修理)、维修(修理)人员的防护。本部分规定的产品不适用于腐蚀性环境。

如果要将回路调节器产品用于其他环境(例如楼宇、医疗等),则回路调节器产品还必须满足适用于相应环境的特殊要求、标准及安装准则。

本部分适用于工业生产流程中,信号为电信号,在室内使用,电源电压 300 V 以下且有控制输出信号的调节仪表。

本部分不适用于与传感器一体、输入信号为物理量的设备(如,双金属温度控制器)。

2 规范性引用文件

下列文件对于本文件的应用是必不可少的。凡是注日期的引用文件,仅注日期的版本适用于本文件。凡是不注日期的引用文件,其最新版本(包括所有的修改单)适用于本文件。

GB/T 1633—2000 热塑性塑料维卡软化温度(VST)的测定(idt ISO 306:1994)

GB/T 3098.1—2010 紧固件机械性能 螺栓、螺钉和螺柱(ISO 898-1:2009,MOD)

GB/T 3098.3—2000 紧固件机械性能 紧定螺钉(idt ISO 898-5:1998)

GB/T 4207—2003 固体绝缘材料在潮湿条件下相比电痕化指数和耐电痕化指数的测定方法(IEC 60112:1979,IDT)

GB 4208—2008 外壳防护等级(IP 代码)(IEC 60529:2001,IDT)

GB 4793.1—2007 测量、控制和实验室用电气设备的安全要求 第1部分:通用要求(IEC 61010-1:2001,IDT)

GB/T 5465.2—2008 电气设备用图形符号 第2部分:图形符号(IEC 60417 DB:2007,IDT)

GB/T 7354—2003 局部放电测量(IEC 60270:2000,IDT)

GB 8898—2001 音频、视频及类似电子设备安全要求(eqv IEC 60065:1998)

GB 9364.1—1997 小型熔断器 第1部分:小型熔断器定义和小型熔断体通用要求(idt IEC 60127-1:1988)

GB 9364.2—1997 小型熔断器 第2部分:管状熔断体(idt IEC 60127-2:1989)

GB 9364.3—1997 小型熔断器 第3部分:超小型熔断体(idt IEC 60127-3:1988)

GB 9364.4—2006 小型熔断器 第4部分:通用模件熔断体(IEC 60127-4:1996,IDT)

GB 14048.1—2006 低压开关设备和控制设备 第1部分:总则(IEC 60947-1:2001,MOD)

GB 14048.3—2008 低压开关设备和控制设备 第3部分:开关、隔离器、隔离开关及熔断器组合电器(IEC 60947-3:2005,IDT)

GB/T 11020—2005 固体非金属材料暴露在火焰源时的燃烧性试验方法清单(IEC 60707:1999,IDT)

GB/T 11021—2007 电气绝缘 耐热性分级(IEC 60085:2004,IDT)

GB/T 12113—2003 接触电流和保护导体电流的测量方法(IEC 60990:1999,IDT)

GB/T 16273.1—2008 设备用图形符号 第1部分:通用符号(ISO 7000:2004, NEQ)

GB/T 16842—2008 外壳对人和设备的防护 检验用试具(IEC 61032:1997, IDT)

GB/T 16927(所有部分) 高电压试验技术[IEC 60060(所有部分)]

GB/T 16935.3—2005 低压系统内设备的绝缘配合 第3部分:利用涂层、罐封和模压进行防污保护(IEC 60664-3: 2003, IDT)

IEC 60027-3:2002 电工技术用文字符号 第3部分:对数和有关量及其单位(Letter symbols to be used in electrical technology - Part 3: logarithmic and related quantities, and their units)

3 术语和定义

GB 4793.1 界定的以及下列术语和定义适用于本文件。为了便于使用,以下重复列出了 GB 4793.1 中的某些术语和定义。

除另有规定外,"电压"值和"电流"值均指交流、直流,或者合成的电压或电流的有效值。

3.1 设备和设备的类别

3.1.1

固定式设备 fixed equipment

固定在支撑件上的或需另外固定在特定位置上的设备。

[GB 4793.1—2007,定义 3.1.1]

3.1.2

永久性连接式设备 permanently connected equipment

只有用工具才能断开的永久性连接方法与电源电气连接的设备。

3.2 零部件和附件

3.2.1

端子 terminal

为使装置(设备)与外部导体相连而提供的一种元件。[IEV 151-01-03,修订版]

注:端子可以含有一个或几个接触件,因此该术语也包括插座、连接器等。

3.2.2

功能接地端子 functional earth terminal

用来直接与测量电路或控制电路的某一点,或者直接与某个屏蔽部分进行电气连接的,而且预定还要用来为安全目的以外的任何功能目的接地的端子。

注:对测量设备,该端子常被称为测量接地端子。

3.2.3

保护导体端子 protective conductor terminal

为安全目的而与设备的导电零部件相连接的,而且预定还要与外部保护接地系统相连接的端子。

3.2.4

外壳 enclosure

防止设备受到某些外部影响和防止从任何方向直接接触而提供的零部件。

[GB 4793.1—2007,定义 3.2.4]

3.2.5

挡板 barrier

防止从任何正常接近的方向直接接触而提供的零部件。

注：外壳和挡板可以提供火焰蔓延的防护[见 9.2.1b)]。

[GB 4793.1—2007,定义 3.2.5]

3.3 电气量值

3.3.1

额定(值)　rated(value)

通常由制造厂针对元器件、装置或设备达到某一工作状态而给出的量值。

[GB 4793.1—2007,定义 3.3.1]

3.3.2

额定值　rating

一组额定值和工作条件。

[GB 4793.1—2007,定义 3.3.2]

3.3.3

工作电压　working voltage

当设备以额定电压供电时,在任何特定的绝缘上能出现的最大交流电压有效值或直流电压值。

注 1：瞬态值不考虑。

注 2：开路条件和正常工作条件均要考虑。

3.4 试验

3.4.1

型式试验　type test

针对特定的设计,为证明该设计和结构是否能满足本标准的一项或多项要求而对设备的一台或多台样品(或设备零部件)进行的试验。

[GB 4793.1—2007,定义 3.4.1]

注：这是对 IEV 151-04-15 定义的扩充,以便既包括设计要求又包括结构要求。

3.4.2

例行试验　routine test

在制造中或制造后为确定装置(设备)是否符合某个判据而对每一台单独的装置(设备)进行的试验(见附录 F)。

[GB 4793.1—2007,定义 3.4.2]

3.5 安全术语

3.5.1

(零部件的)可触及　acc essible(of a part)

当按 6.2 的规定能用标准试验指或试验针触及到的。

3.5.2

危险　hazard

潜在的伤害源。

3.5.3

危险带电　hazardous live

在正常条件或单一故障条件下能使之发生电击或电灼伤。

注：对正常条件适用的数值见 6.3.1,对在单一故障条件下被认为是适用的更高的数值见 6.3.2。

3.5.4

电网电源　mains

设计成使有关设备需要与其连接的、为设备提供电力为目的的低压供电系统。

注：有些测量电路也可以与供测量目的用的电网电源相连。

3.5.5

电源电路 mains circuit

预定要与电网电源连接的、为设备提供电力的电路。

注：测量电路和利用感应原理从电网电源电路获得供电的电路不属于电网电源电路。

3.5.6

保护阻抗 protective impedance

元器件、元器件的组件或者基本绝缘和限流或限压装置的组合，当其连接在可触及导电零部件与危 险带电零部件之间时，其阻抗、结构和可靠性在正常条件和单一故障条件下提供的防护程度达到本标准 的要求。

3.5.7

保护连接 protective bonding

为使可触及导电零部件或保护屏与供外部保护导体连接用的装置具有电气连续性而进行的电气连接。

3.5.8

正常使用 normal use

按使用说明或按明显的预期用途的说明进行的操作，包括待机。

注：多数情况下，正常使用也指正常条件，因为使用说明书会警告用户不要在非正常条件下使用设备。

3.5.9

正常条件 normal condition

防止危险的所有防护措施均完好无损的条件。

3.5.10

单一故障条件 single fault condition

防止危险的一个防护措施发生失效的条件或可能引起某种危险而出现一个故障的条件。

注：如果某个单一故障条件会不可避免地引起另一个单一故障条件，则这样的两个故障被认为是一个单一故障条件。

3.5.11

操作人员 operator

按设备的预期用途来操作设备的人。

注：操作人员应为这一目的而接受适当的培训。

3.5.12

责任者 responsible body

负责设备的使用或维护和确保操作人员得到足够培训的个人或组织。

3.5.13

瞬态过电压 transient overvoltage

持续时间仅几毫秒或更短时间的过电压，通常带有强阻尼的振荡或非震荡。

3.5.14

暂态过电压 temporary overvoltage

持续相对较长时间的工频过电压。

3.6 绝缘

3.6.1

基本绝缘 basic insulation

其失效会引起电击危险的绝缘。

注：基本绝缘可用于功能绝缘的目的。

[GB 4793.1—2007，定义 3.6.1]

3.6.2

附加绝缘 supplementary insulation

除基本绝缘以外施加的独立的绝缘，用以保证在基本绝缘一旦失效时仍能防止电击。

[GB 4793.1—2007,定义 3.6.2]

3.6.3

双重绝缘　double insulation

由基本绝缘和附加绝缘构成的绝缘。

[GB 4793.1—2007,定义 3.6.3]

3.6.4

加强绝缘　reinforced insulation

其提供防电击能力不低于双重绝缘的绝缘,它可以由几层不能像附加绝缘或基本绝缘那样单独进行试验的绝缘构成。

[GB 4793.1—2007,定义 3.6.4]

3.6.5

污染　pollution

会导致介电强度或表面电阻率降低的固态、液态或气态(电离气体)的附加的外来物质。

3.6.6

污染等级　pollution degree

为了评价间隔距离而规定的下述微环境的污染等级。

3.6.6.1

污染等级 1　pollution degree 1

无污染或只有干燥的非导电性污染,该污染无不利影响。

3.6.6.2

污染等级 2　pollution degree 2

通常仅有非导电性污染,但偶尔也会由于凝聚作用而短时导电。

3.6.6.3

污染等级 3　pollution degree 3

导电污染或干燥的非导电污染由于凝聚作用而变成导电。

注:在这种条件下,设备通常要防止暴露于直射的日光、降雨、强烈的风压中,但不用控制温度或湿度。

3.6.7

电气间隙　clearance

两个导电零部件在空气中的最短距离。

3.6.8

爬电距离　creepage distance

两个导电零部件沿绝缘材料表面的最短距离。

[GB 4793.1—2007,定义 3.6.8]

与产品有关的定义

3.6.9

回路调节器　loop regulater

用微处理器实现回路调节功能,将输入信号与设定值进行比较,经运算后输出一个电信号(电流、电压或频率),使被控对象达到预期要求的设备。

4　试验

4.1　概述

本部分中的所有试验均是在回路调节器或零部件的样品上进行的型式试验。这些试验的唯一目的是要检验设计和结构是否能确保符合标准要求。

4.2 试验顺序

除本部分另有规定外，试验顺序可以任选。在每项试验后应当仔细对受试回路调节器进行检查。如果对试验的结果有怀疑，怀疑如果试验顺序颠倒，任何前面的各项试验是否真能通过，则前面的这些试验应当重复进行。如果故障条件下的试验会损坏回路调节器，则这些试验可以放在基准试验条件下的试验之后。

4.3 基准试验条件

4.3.1 环境条件

除本部分另有规定外，试验场所应当具有下述环境条件：

a) 温度：15 ℃～35 ℃；

b) 相对湿度：不超过 75%；

c) 大气压力：75 kPa～106 kPa；

d) 无霜冻、凝露、渗水、淋雨和日照等。

4.3.2 回路调节器状态

除另有规定外，每项试验应当在组装好的供正常使用的回路调节器上、且在 4.3.2.1～4.3.2.8 规定的最不利的组合条件下进行。

回路调节器应当按制造厂商说明书的规定进行安装。

4.3.2.1 回路调节器位置

回路调节器处于正常使用时的任一位置，且任何通风不受阻挡。

4.3.2.2 附件

由制造厂建议的或提供的、与回路调节器一起使用的附件和操作人员可更换的零部件应当连接或不连接。

4.3.2.3 盖子和可拆除的零部件

不用工具就能拆除的盖子或零部件应当拆除或不拆除。

4.3.2.4 电网电源

应当符合下面的要求：

a) 供电电源应当在回路调节器能设置的任何额定供电电压的 90%～110%之间，或者如果对回路调节器规定出要适应更大的电压波动，则供电电压应当达到该波动范围内任何电压；

b) 频率应当为任何额定频率；

c) 交、直流两用回路调节器应当连接到交流或直流电源上；

d) 使用直流电源或单相电源的回路调节器应当分别按正常极性连接和相反极性连接；

e) 除了对回路调节器规定只用于不接地的电网电源外，基准试验电源的一个极应当处于地电位或接近地电位。

4.3.2.5 输入与输出电压

输入和输出电压，包括浮地电压但不包括电网电源电压在内，应当将其调节到额定电压范围内的任何电压上。

4.3.2.6 接地端子

对保护接地端子，如果有，应当接到大地。功能接地端子应当接地或不接地。

4.3.2.7 连接

回路调节器应当按其预定用途进行连接或不连接。

4.3.2.8 输出

对于提供电输出的回路调节器：

a) 回路调节器的工作状态应当能对额定负载提供额定输出功率；
b) 对任何输出，额定负载阻抗应当连接或不连接。

4.4 单一故障条件下的试验

4.4.1 概述

应当按下面要求：

a) 检查回路调节器及其电路图通常就能判断是否可能引起危险的和因此是否应当实施的故障条件；
b) 除了能证明某个特定的故障条件不可能引起危险外。各项故障试验均应当进行，或者选择检验符合性的规定的替换方法来代替故障试验见 9.1a)；
c) 回路调节器应在基准试验条件(见 4.3)的最不利的组合条件下工作，对不同的故障，这些组合条件可以有所不同，在进行每一个试验时应当记录这些组合条件。

4.4.2 故障条件的施加

故障条件应当包括 4.4.2.1～4.4.2.4 规定的故障条件。这些故障条件一次只能施加一个，并应当按任何方便的顺序依次施加，不能同时施加多个故障，除非这些故障是施加某故障后引发的结果。

在每一次施加故障条件后，回路调节器应当能够通过 4.4.4 适用的试验。

4.4.2.1 保护阻抗

保护阻抗分别：

a) 如果保护阻抗是由元器件的组合来组成的，则应当将每个元器件短路或开路，选择其中较为不利者。
b) 如果保护阻抗是由基本绝缘和限流或限压装置组合来组成的，则基本绝缘和限流或限压装置这两者均应当承受单一故障条件，一次施加一个故障条件。对基本绝缘应当进行短路，而对限流或限压装置应当进行短路或开路，选择其中较为不利者。

由高完善性元器件组成的保护阻抗的零部件不必将其短路或开路(见 6.5.3)。

c) 对保护接地端子，如果有，应当接到大地。功能接地端子应当接地或不接地。

4.4.2.2 电源变压器

4.4.2.2.1 概述

电源变压器的次级绕组应当按照 4.4.2.2.2 的规定将其短路，并按 4.4.2.2.3 的规定将其过载。

在一个试验中损坏的变压器，允许修复或更换后再做下一个试验。

4.4.2.2.2 短路

在正常使用时接负载的每一个不带抽头的输出绕组和带抽头输出绕组的每一部分应当依次进行试

验,一次试验一个输出绕组来模拟负载短路。试验中过流保护装置保持在位,所有其他绕组接负载或不接负载,选择正常使用的负载条件较为不利者。

4.4.2.2.3 过载

每一个不带抽头的输出绕组和带抽头输出绕组的每一部分应当依次进行过载试验,一次试验一个输出绕组。其他绕组接负载或者不接负载,选择正常使用的负载较为不利者。

在绕组上跨接一个可变电阻器来进行过载试验。电阻器尽可能快的进行调节,如有必要,在 1 min 后再次进行调节来保持该适用的过载。以后允许不再做进一步的调节。

在所有其他情况下,该过载是从变压器获得的最大输出功率。

4.4.2.3 输出

应当将各个输出端短路,一次短路一个输出端。

4.4.2.4 电路和零部件之间的绝缘

在电路和零部件之间,对低于针对基本绝缘规定的量值的绝缘应当将其短路,以检验是否能防止火焰的蔓延。

4.4.3 试验持续时间

4.4.3.1 概述

应当使回路调节器一直工作到所施加的故障产生的结果不可能再有进一步的变化为止。每项试验一般限制在 1 h 以内,因为单一故障条件引发的二次故障通常就在那段时间内显现出来。如果有迹象表明最终可能产生电击、火焰蔓延或人身伤害的危险,则试验应当一直继续到出现这些危险为止,或者最长时间为 4 h,除非在此之前出现危险。

4.4.3.2 限流装置

如果为限制能易于触及到的零部件的温度而装有在工作时能切断或限制电流的装置,则不论该装置是否动作,均应当测量回路调节器能达到的最高温度。

4.4.3.3 熔断器

如果因熔断器的断开而使某个故障中断,而且如果该熔断器不在约 1 s 内动作,则应当测量有关故障条件下流过熔断器的电流。为了确定电流是否达到或超过熔断器的最小动作电流以及更长时间熔断器才动作,应当利用熔断器的预飞弧时间/电流特性来进行评定。通过熔断器的电流是会随时间而发生变化的。

如果在试验中电流未达到熔断器的最小动作电流,则应当使回路调节器工作一段对应于最长的熔断时间,或者应当使回路调节器连续工作 4.4.3.1 规定的时间。

4.4.4 施加故障条件后的符合性

4.4.4.1 概述

在施加单一故障后,通过下面的测量来检验电击防护是否符合要求:

a) 通过进行 6.3.2 的测量来检验可触及导电零部件是否变成危险带电;
b) 通过对双重绝缘或加强绝缘进行电压试验来检验绝缘是否还有一重保护,电压试验按 6.8 的规定(符合性预处理除外)用对应于基本绝缘的试验电压来进行;
c) 如果电气危险防护是通过变压器内的双重绝缘或加强绝缘来实现的,则测量变压器绕组的温度。其温度不得超过表10规定的温度。

4.4.4.2 温度

通过测量外壳的外表面或能易于触及到的零部件外表面的温度来检验温度防护是否符合要求。

零部件的温度在环境温度为40 ℃时，或者如果环境温度更高，则在最高额定环境温度时，不得超过105 ℃。

该温度是通过测量表面或零部件的温升加上40 ℃，或者如果高于40 ℃，则加上最高额定环境温度来确定。

4.4.4.3 火焰蔓延

通过将回路调节器放在白色薄棉纸包裹的软木材表面上，回路调节器上包上纱布来检验看火蔓延的防护是否符合要求。熔融金属、燃烧的绝缘物、带火焰的颗粒等不得滴落到放置回路调节器的表面上，而且棉纸或纱布不得炭化、灼热或起火。如果不可能引发危险，则绝缘材料的熔化应当忽略不计。

4.4.4.4 其他危险

按第7章和第8章以及第11章～第13章的规定来检验其他危险防护要求是否合格。

5 标志和文件

5.1 标志

5.1.1 概述

回路调节器上应该标有符合5.1.2和5.2规定的标志

除了内部零部件的标志外，这些标志应当从外部就能看见或者如果盖子或门是预定要由操作人员来拆下来或打开的则在不用工具拆下盖子或打开门后这些标志应当从外部就能看见，适用于整台回路调节器的标志不得标在操作者不用工具就能拆卸的零部件上。

对机柜安装或面板安装的回路调节器，标志允许标在回路调节器从机柜或面板上卸下之后能看见的表面上。

量值和单位的文字符号应当符合IEC 60027-3:2002的规定，如果适用，图形符号应当符合表1的规定。符号无颜色要求。图形符号应当在文件中进行解释。

注1：如果适用应当使用IEC和ISO规定的符号。

注2：标志不得标在回路调节器的底部。

通过目视检查来检验是否合格。

5.1.2 产品标识

产品标识应包括的内容：

a) 制造厂或供应商的名称或商标；

b) 名称型号和规格。

如果标有相同识别标志(型号)的回路调节器是在一个以上的生产场地制造的，则对每一个生产场地制造的回路调节器，其标志应当能识别出回路调节器的生产场地。

注：工厂地点的标志可以采用代码，而且不必标在回路调节器的外部。

通过目视检查来检验是否合格。

表 1 符号

序号	符号	标准	说明
1		GB/T 5465.2—2008(5031)	直流
2		GB/T 5465.2—2008(5032)	交流
3		GB/T 5465.2—2008(5033)	交直流
4			三相交流
5	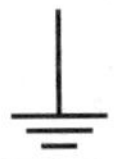	GB/T 5465.2—2008(5017)	接地端子
6		GB/T 5465.2—2008(5019)	保护导体端子
7		GB/T 5465.2—2008(5020)	机箱或机架端子
8		GB/T 5465.2—2008(5021)	等电位
9		GB/T 5465.2—2008(5007)	通(电源)
10	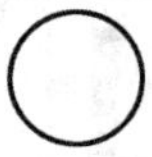	GB/T 5465.2—2008(5008)	断(电源)
11		GB/T 5465.2—2008(5172)	全部由双重绝缘或加强绝缘保护的单元
12			小心，电击危险
13		GB/T 5465.2—2008(5041)	小心，烫伤
14		GB/T 16273.1	小心，危险[a]
15		GB/T 5465.2—2008(5268)	双位按钮控制的“按入”状态
16	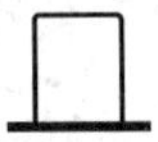	GB/T 5465.2—2008(5269)	双位按钮控制的“弹出”状态

[a] 要求制造厂说明在标有该符号的所有情况下应查阅文件，见 5.4.1。

5.1.3 电源

回路调节器应当标有以下信息：

a) 电源性质：

1) 交流：额定电网电源频率或频率范围；

2) 直流：表 1 的符号 1；

注：就提供信息而言，标出下列内容可能是有益的：

——预定用交流电的回路调节器用表 1 中的符号 2；

——适合交直流两用的回路调节器用表 1 中的符号 3。

b) 额定电源电压值或额定电源电压范围；

注：也可标出额定电压波动值。

c) 接上所有附件或插件模块的最大功率，单位 W(有功功率)或单位 VA(视在功率)，或者最大额定电流；

d) 对能插入标准电源插头的辅助电源插座，如果其供电与电网电源电压不同，则应当标出该供电电压。如果该插座仅供特定的设备使用，则该插座的标志应当能识别预定与其使用的设备，如果不标这种标志，则应当标出最大额定电流或功率，或者在插座旁标上表 1 的符号 14，并将全部细节在文件中作出说明。

通过目视检查，以及通过测量功率或输入电流来检验本条 c)规定的标志是否合格。

5.1.4 熔断器

对可由操作人员更换的任何熔断器应当在其熔断器座旁标上使操作人员能识别正确更换熔断器的标志。

通过目视检查来检验是否合格。

5.1.5 端子和连接件

如果对安全是有必要的话，则对端子和连接件应当给出其用途的指示。如果没有足够的空间，可以使用表 1 的符号 14。

注：对多针连接器的各个插针不必进行标志。

5.1.5.1 电源端子和连接件

与电网电源相连的端子应当是能识别的；

下列端子应当按下面规定进行标志：

a) 功能接地端子用表 1 的符号 5；

b) 保护接地端子用表 1 的符号 6。

5.1.6 开关和断路器

如果仪表本身不带有开关和断路器，则在仪表的安装说明中要求在仪表柜中安装安全开关和断路器。

5.1.7 双重绝缘或加强绝缘保护的回路调节器

全部用双重绝缘或加强绝缘保护的回路调节器应当标上表 1 的符号 11，但装有保护接地端子的回路调节器除外。只有局部用双重绝缘或加强绝缘保护的回路调节器不得标上表 1 的符号 11。

通过目视来检验是否合格。

5.2 警告标志

如果说明书说明，操作人员可以用工具接触在正常条件下可能是危险带电的零部件，则应当标有警告标志，说明在接触前必需使回路调节器与危险带电电压隔离或断开危险带电电压。

通过目视来检验是否合格。

5.3 标志的耐久性

回路调节器的标志在正常使用条件下应保持清晰可辨，并能耐受由制造厂规定的清洁剂的影响，粘贴标牌不得出现松脱或卷边。

通过目视检查，以及通过对回路调节器外侧的标志进行下述耐久性试验来检验是否合格。用布沾上规定的清洁剂(或者如果没有规定,则沾上异丙醇),用手不加过分压力地擦拭 30 s。

5.4 文件

5.4.1 概述

为了安全目的,应当随同回路调节器提供含有下述内容的文件:

a) 回路调节器的预定用途;

b) 技术规范;

c) 使用说明;

d) 可从其获得技术帮助的制造商或供货商的名称和地址;

e) 5.4.2～5.4.5 规定的信息。

通过目视检查来检验是否合格。

5.4.2 回路调节器额定值

文件应当包含下列信息:

a) 电源电压或电压范围,频率或频率范围,以及功率或电流额定值;

b) 所有输入和输出连接的说明;

c) 如果外部电路不可触及时,适用于单一故障条件的外部电路绝缘的额定值(见 6.6);

d) 为回路调节器设计给定的环境条件范围的说明;

e) 标明回路调节器防护等级的说明。

通过目视检查来检验是否合格。

5.4.3 回路调节器安装

文件应当包括安装和特定的交付使用的说明,以及如果对安全是必要的话,还应当包括在回路调节器安装和交付使用过程中可能发生的危险警告;

a) 装配、定位和安装要求;

b) 保护接地说明;

c) 与电源的连接;

d) 通风要求;

e) 对任何外部开关或断路器(见 6.10.3.1)和外部过流保护装置(见 9.4)的要求,以及将这些开关或电路断路器设置在回路调节器近旁的建议。

通过目视来检验是否合格。

5.4.4 回路调节器操作

如果适用,使用说明应当包括:

a) 操作控制件及其用于各种操作方式的标识;

b) 与回路调节器和其他附件相连的说明,包括指出适用的附件、可拆卸的零部件和任何专用的材料;

c) 在回路调节器上使用的与安全有关的符号的解释。

在说明书中应当说明,如果不按照制造厂规定的方法来使用回路调节器,则可能会损坏回路调节器所提供的防护。

通过目视来检验是否合格。

5.4.5 回路调节器维护及故障分析

对责任人为安全目的而需要涉及的预防性维护和检查应当在回路调节器的说明书中给出足够详细

的说明；

制造厂应当规定只能由制造厂或其代理机构才能检查或提供的任何零部件。

对可更换的熔断器的额定值和特性应当作出说明。

通过目视来检验是否合格。

6 防电击

6.1 概述

回路调节器在正常条件(见 6.4)和单一故障条件(见 6.5)下均应当保持防电击,回路调节器的可触及零部件不得出现危险带电(见 6.3)。

通过按 6.2 的规定来确定是否可触及零部件以及测量是否达到 6.3 规定的限值,然后通过 6.4～6.10的试验来检验是否合格。

本条不适用于依靠安全电压供电的回路调节器。

6.2 可触及零部件的判定

6.2.1 概述

除能明显看出者外,判定零部件是否可触及应当按 6.2.2 的规定来进行。除有规定者外,对试验指(见附录 B)和试验针不得施加作用力。如果用试验指或试验针能接触到这些零部件,或者如果打开不认为是提供适当绝缘(见 6.9.1)的盖子能接触到这些零部件,则认为这些零部件是可触及的。

如果在正常使用时操作人员预定会采取使零部件增加可触及性的任何操作(使用或不使用工具),则应当在 6.2.2 的检查前采取这样的操作。这样操作的例子包括：

a) 移开盖子；

b) 打开门；

c) 拆除零部件。

对机柜安装或面板安装的回路调节器,这种回路调节器在进行 6.2.2 检查前应当按制造厂说明书的规定安装好。对这样的回路调节器,要假定操作人员的位置处于面板的正面。

6.2.2 检查

在每一个可能的位置上施加铰接式试验指。如果通过加力零部件会成为可触及,则施加刚性试验指,同时施加 10 N 的力。施加的力要通过试验指的指尖施加,以避免出现楔入或撬开的动作。试验对所有的外部表面进行,包括底部。但是,对能接受插件式模块的回路调节器,铰接式试验指的指尖仅需插入到离回路调节器开口处 180 mm 的深度。

6.3 可触及零部件的允许限值

在可触及零部件与参考试验地之间,电压、电流、电荷不得超过 6.3.1 正常条件下的限值,也不得超过 6.3.2 单一故障条件下的限值。

6.3.1 正常条件下的限值

在正常条件下有关量值大于下列限值即被认为是危险带电。只有当电压值超过本条 a)的限值时,才采用 b)和 c)的限值：

a) 当电压限值为有效值 33 V 和峰值 46.7 V,或者直流值 70 V。对规定在潮湿场所使用的回路调节器,电压限值为有效值 16 V 和峰值 22.6 V,或者直流值 35 V。

b) 电流限值为：

1) 当用图 A.1 测量电路时，对正弦波电流为有效值 0.5 mA，对非正弦波或混合频率电流为峰值 0.7 mA，或者直流值 2 mA。如果频率不超过 100 Hz，可以用图 A.2 的测量电路。对规定在潮湿场所使用的回路调节器，用图 A.4 的测量电路。

2) 当用图 A.3 测量电路时，有效值 70 mA，这一限值涉及较高频率下可能的灼伤。

c) 电容的电荷限值为 45 μC。

6.3.2 单一故障条件下的限值

在单一故障条件下有关量值大于下列限值即被认为是危险带电。只要电压超过本条 a)的限值，则还要采用 b)和 c)的限值。

a) 电压限值为有效值 55 V 和峰值 78 V，或者直流 140 V；对规定在潮湿场所使用的回路调节器，电压限值为有效值 33 V 和峰值 46.7 V，或者直流 70 V。对瞬时电压，其限值为图 2 的规定值，在 50 kΩ 电阻器上测量。

b) 电流值为：

1) 当用图 A.1 测量电路时，对正弦波电流为有效值 3.5 mA，对非正弦波或混合频率电流为峰值 5 mA；或者直流 15 mA。如果频率不超过 100 Hz，可以用图 A.2 测量电路。对规定在潮湿场所使用的回路调节器，用图 A.4 的测量电路；

2) 当用图 A.3 测量电路时，有效值 500 mA，这一限值涉及较高频率下可能的灼伤。

c) 电容量限值见图 2 的规定值。

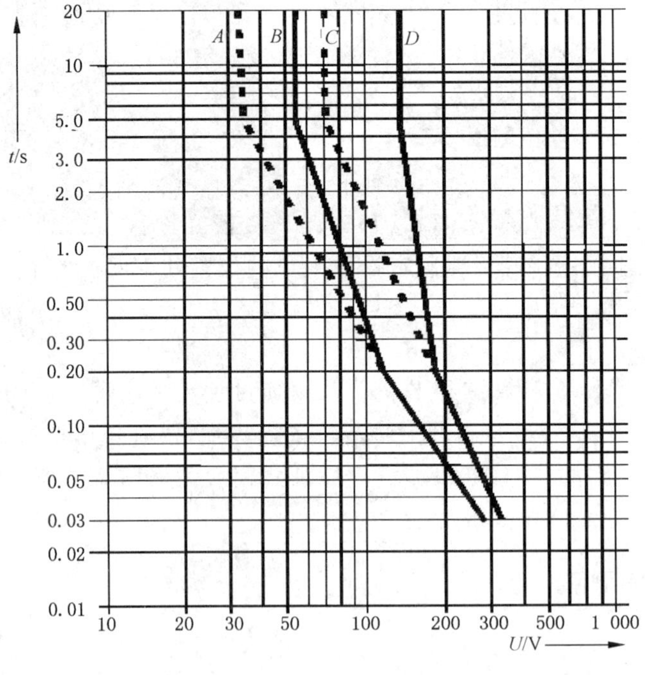

说明：

A——潮湿条件下的交流限值；

B——干燥条件下的交流限值；

C——潮湿条件下的直流限值；

D——干燥条件下的直流限值。

图 1 单一故障条件下瞬时可触及电压的短时最大持续时间［见 6.3.2a)］

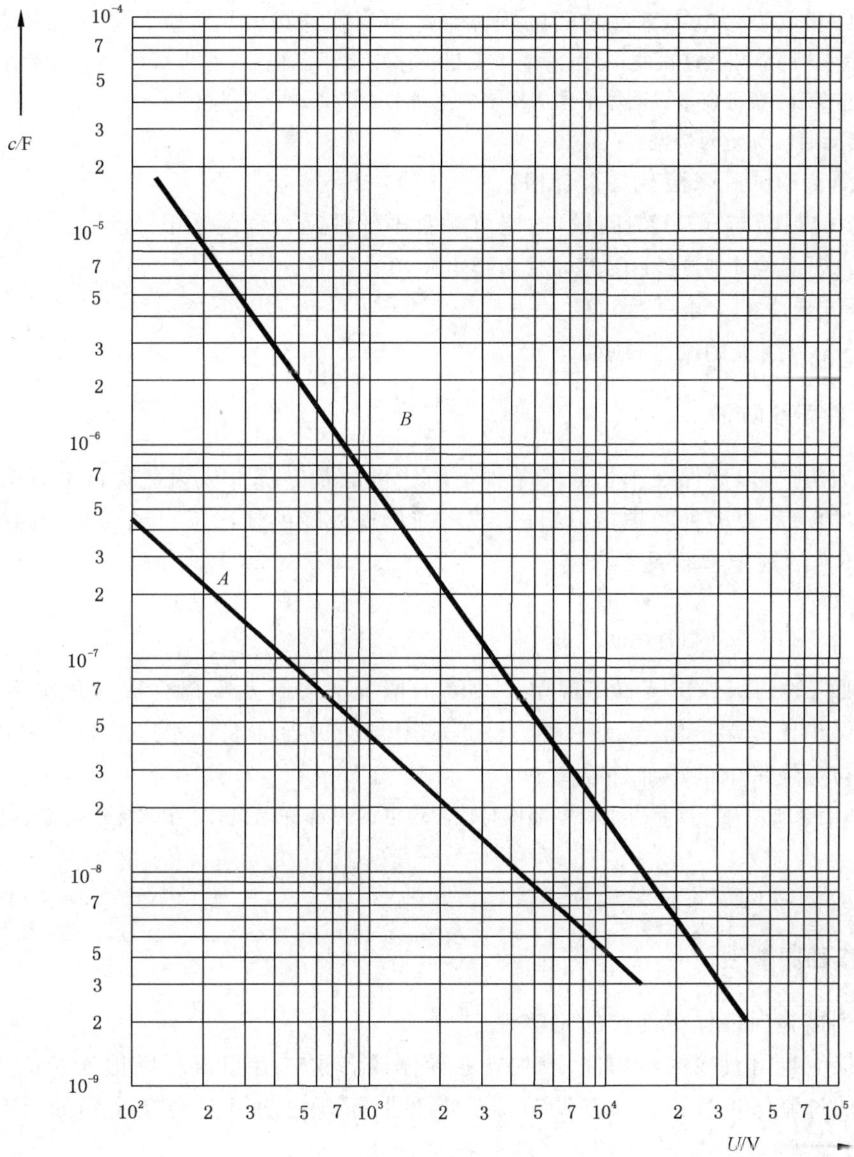

说明：

A——正常条件；

B——单一故障条件。

图 2　正常条件和单一故障条件下充电电容量限值

6.4　正常条件下的防护

应当采用下面一个或一个以上的措施来防止可触及零部件成为危险带电：

a）　基本绝缘(见附录 D)；

b）　外壳或挡板；

c）　阻抗。

外壳或挡板应当满足 8.1 的刚度要求。如果外壳或挡板用绝缘来提供防护，则它们应当满足基本绝缘的要求。

可触及零部件与危险带电零部件之间的电气间隙和爬电距离应当满足 6.7 的要求和基本绝缘适用

的要求。

可触及零部件和危险带电零部件之间的固体绝缘应当能通过6.8对应基本绝缘的电压试验。

注：如果能通过6.8的介电强度试验，对固体绝缘无最小厚度要求。但是，在机械或热应力条件下，需要考虑第8章、第9章和第10章的要求。固体绝缘的局部放电试验在考虑中。应当采用下面一个或一个以上的措施来防止可触及零部件成为危险带电：

通过下面的测量和试验来检验是否合格：

a) 通过6.2的判断与6.3.1的测量，确定可触及零部件是否危险带电；

b) 按6.7的规定检查或测量电气间隙和爬电距离；

c) 6.8的基本绝缘的介电强度试验；

d) 8.2的外壳和挡板的刚性试验。

6.5 单一故障条件下的防护

应当提供附加防护，以确保在单一故障条件下防止可触及零部件成为危险带电，该附加防护应当由6.5.1～6.5.3规定的一种或多种防护措施组成，或者在出现故障的情况下自动切断电源(见6.5.4)。

按6.5.1～6.5.4的规定检验是否合格。

6.5.1 保护连接

如果在6.4规定的初级保护装置出现单一故障的情况下可触及零部件成为危险带电，则可触及导电零部件应当与保护导体端子相连，另一种方法是应用与保护导体端子相连的导电保护屏或挡板将这些可触及零部件与危险带电的零部件隔离。

注：如果用双重绝缘或加强绝缘将可触及零部件与危险带电的零部件隔离，则可触及导电零部件不必与保护导体端子相连。

按6.5.1.1～6.5.1.3的规定检验是否合格。

6.5.1.1 保护连接的完整性

应当采用下列措施保证保护连接的完整性：

a) 保护连接应当由直接的结构件，或独立的导体或者这二者组成。保护连接应当能承受9.4规定之一的过流保护装置将回路调节器从电源上断开之前可能会经受到的所有热应力和电动应力。

b) 对承受机械应力的焊接连接应当采用与焊接无关的方法进行机械固定，这种连接不得用于其他目的，例如固定结构件。螺钉连接件应当紧固防止松动。

c) 如果回路调节器的某一部分可由操作人员来拆除，则不能使回路调节器剩余部分的保护连接断开(但当回路调节器的一部分带有对整个回路调节器的电源输入连接时除外)。

d) 可移动的导电的连接件，例如：铰接件、滑销件等，不得成为唯一的保护连接通路，除非将它们专门设计成供电气互连用，并满足6.5.1.3的要求。

e) 电缆的外部金属编织物即使与保护导体端子连接也不得认为是保护连接。

f) 如果由电网电源供电的电源通过回路调节器供其他回路调节器使用，则还应当采取措施，使保护导体通过该回路调节器来保护其他回路调节器。通过该回路调节器的保护导体通路的阻抗不得超过6.5.1.3的规定值。

g) 保护导体可以是裸导体也可以是绝缘导体，绝缘的颜色应当是黄绿色，但下列情况除外：

1) 对接地编织线，可以是黄绿色的也可以是无色透明的；

2) 对内部保护导体以及和组件中的保护导体端子连接的其他导体，例如带状电缆、汇流条、软印制导线等，如果不可能因保护导体无标识而引起危险，则可以使用任何颜色。黄绿双色组合只能用于识别保护导体，而不得用于其他目的。

注：在一些国家，使用绿色作为保护导体的颜色标识与黄绿双色组合是等效的。

h) 使用保护连接的回路调节器应当装有满足 6.5.1.2 要求的端子并应当能适用于保护导体的连接。

通过目视检查来检验是否合格。

6.5.1.2 保护导体端子

保护导体端子应当满足下列要求：

a) 接触表面应当为金属表面；

注：选择保护连接系统的材料要能使端子与保护导体之间或与端子接触的任何其他金属之间的电化学腐蚀减小到最低限度。

b) 器具输入插座的整体式保护导体连接端应当认为是保护导体端子；

c) 对装有可拆卸软线的回路调节器以及对永久连接式回路调节器，其保护导体端子应当位于电网电源端子的近旁；

d) 如果回路调节器不需要与电网电源相连，但仍然具有需要保护接地的电路或零部件，则保护导体端子应当位于需保护接地的该电路端子的附近。如果该电路有外部端子，则保护导体端子也应当位于外部；

e) 电网电源电路的保护导体端子其载流能力至少应当与电网电源供电端子的载流能力相当；

f) 组合有其他端子的以及预定要手动连接和断开的插入式保护导体端子，例如电源线的插头和器具耦合器或插入单元的连接器组件，其设计应当使保护导体连接相对于其他连接最先接通和最后断开；

g) 如果保护导体端子还要用于其他连接目的，则应当首先用于连接保护导体，而且固定保护导体应当与其他连接无关，保护导体的连接方式应当确保不可能由于进行不涉及保护导体的维修而将保护导体拆除，或者应当标有警告标志(见 5.2)，说明拆除后需要更换保护导体；

h) 如果保护接地端子是一种连接螺钉，则该螺钉应当具有能与连接导体相应的尺寸，但不小于 3.0 mm，并至少应当能啮合 3 圈螺纹。保护连接所需的接触压力应当不会由于构成连接部分的材料的变形而减小。

通过目视检查来检验是否合格。还要通过下列试验来检验是否符合 h)的要求。对金属件上的螺钉或螺母，连同被固定的最不利的接地导体，以及任何配套的导线固定装置的组件，当用表 2 规定的拧紧力矩时，应当能承受 3 次装配和拆卸的操作而不发生机械失效。

表 2 螺钉组件的拧紧扭矩

螺钉尺寸 mm	3.0	4.0	5.0	6.0	8.0	10.0
拧紧扭矩 N·m	0.25/0.5	1.2	2.0	3.0	6.0	10.0
注：螺钉尺寸 3.0 mm 的拧紧扭矩依据为紧定螺钉的材料和机械性能国家标准 GB/T 3098.1—2000 及 GB/T 3098.3—2000。						

6.5.1.3 保护连接阻抗

保护导体端子与规定要采用保护连接的每一个可触及零部件之间的阻抗不得超过 0.1 Ω，电源线的阻抗不构成规定的保护连接阻抗的一部分。

通过施加试验电流 1 min，然后计算阻抗来检验是否合格，电流取下列电流值的较大者：

a) 直流 25 A 或额定电源频率交流 25 A 有效值；

b) 等于回路调节器额定电流 2 倍的电流。

如果回路调节器在电源的所有极上装有过流保护装置，以及如果在单一故障条件下过流保护装置电源一侧的导线不可能变成与可触及导电零部件相连，则试验电流不必大于内部过流保护装置额定电流的 2 倍。

6.5.2 双重绝缘和加强绝缘

组成双重绝缘或加强绝缘（见附录 D）一部分的电气间隙和爬电距离应当满足 6.7 的适用的要求见附录 D，外壳应当满足 6.9.2 的要求。

对组成加强绝缘一部分的固体绝缘用应当能通过 6.8 的加强绝缘的电压值电压试验。

按 6.7，6.8 和 6.9.2 的规定来检验是否合格。如果可能的话，双重绝缘的两个部分要分开进行试验，否则要作为加强绝缘来进行试验。安全所需的电气间隙和爬电距离可以通过测量来检验。

6.5.3 保护阻抗

为确保在单一故障条件下可触及导电零部件不会成为危险带电，保护阻抗应当是下列规定的一种或一种以上的类型：

a) 一种合适的高完善性单一元器件（见 14.2）；

b) 元器件的组合；

c) 基本绝缘和电流或电压限制装置的组合。

元器件、导线和连接件的额定值应当与正常条件和单一故障条件这两者相适应。

通过目视检查，以及在单一故障条件下（见 4.4），通过 6.3 的测量来检验是否合格。

6.5.4 电源的自动断开

如果电源的自动断开被用作单一故障条件下的保护，则该自动断开装置应当满足下列所有要求：

a) 自动断开装置应当随同回路调节器一起提供或者安装说明书应当规定自动断开要作为设施的一部分来进行安装；

b) 自动断开装置的额定特性应当规定成能在图 1 规定的时间范围内断开负载；

c) 自动断开装置的额定值应当与回路调节器的最大额定负载条件相适应。

通过目视检查自动断开装置的规范，以及如果适用检查安装说明书来检验是否合格。在有怀疑的情况下，通过对自动断开装置进行试验来检验其是否在要求的时间范围内断开电源。

6.6 与外部电路的连接

与外部电路的连接应当不会：

a) 在正常条件和单一故障条件下使外部电路的可触及零部件变成为危险带电；

b) 或者在正常条件和单一故障条件下使回路调节器的可触及零部件变成为危险带电。

应当通过对电路的隔离来实现保护，除非将电路的隔离短路不可能产生危险。

为达到上述的要求，制造商的说明书或回路调节器的标志应当按适用的情况对每个外部端子给出以下信息：

1) 端子已设计成能保持安全工作的额定条件（最大额定输入/输出电压、连接器特定的型号、已设计的用途等）；

2) 为符合正常条件和单一故障条件下端子连接时的电击防护要求，对外部电路要求的绝缘额定值。

按下列方法来检验是否合格：

i. 通过目视检查；

ii. 通过 6.2 的判定；

iii. 通过 6.3 和 6.7 的测量；

iv. 通过 6.8 介电强度试验(但潮湿预处理除外)。

通过目视检查和按 6.2 的规定对可触及零部件的判定来检验是否合格。

6.7 电气间隙和爬电距离

电气间隙和爬电距离在 6.7.1.1～6.7.1.2 中作出规定，以使能承受在回路调节器预定要接入的系统上出现的过电压。对电气间隙和爬电距离也考虑了额定环境条件和回路调节器中安装的或制造商说明书中要求的保护装置。

对内部无空隙的模制零部件，包括对多层印制电路板的内部各层，没有电气间隙和爬电距离的要求。

通过目视检查和测量来检验是否合格。在确定可触及零部件的电气间隙和爬电距离时，绝缘外壳的可触及表面被认为如同在能用标准试验指(见附录 B)触及到的该可触及表面任何地方包有金属箔那样是导电的。

6.7.1 一般要求

6.7.1.1 电气间隙

电气间隙被规定成要承受可能在电路中出现的，由外部事件(例如雷击或开关过渡过程)引起的，或者由回路调节器运行引起的最大瞬态过电压。如果瞬态过电压不可能发生，则电气间隙按最大工作电压来规定。

电气间隙值取决于：

a) 绝缘类型(基本绝缘，加强绝缘等)；

b) 电气间隙的微环境污染等级。

在所有情况下，污染等级 2 的最小电气间隙为 0.2 mm。

6.7.1.2 爬电距离

对于两电路之间的爬电距离，要使用施加在两个电路之间的绝缘上的实际工作电压。爬电距离采用线性内插值是允许的。爬电距离始终应当至少等于电气间隙的规定值，如果计算所得的爬电距离小于电气间隙，则爬电距离应当加大到电气间隙的数值。

对其涂层满足 GB/T 16935.3 的 A 类涂层要求的印制线路板，使用污染等级 1 的数值。

对加强绝缘，爬电距离应当是基本绝缘规定值的两倍。就本条而言，材料按其 CTI(相比漏电起痕指数)值被分为四个组别，如下：

材料组别Ⅰ　600≤CTI；

材料组别Ⅱ　400≤CTI＜600；

材料组别Ⅲa　175≤CTI＜400；

材料组别Ⅲb　100≤CTI＜175。

上面的 CTI 值是指按 GB/T 4207—2003 的规定，在为此目的专门制备的样品上，用溶液 A 来试验所获得的数值。

对玻璃、陶瓷或其他不产生漏电起痕的无机绝缘材料，爬电距离无需大于其相关的电气间隙。

附录 E 规定了能用于减小污染等级的方法。

爬电距离按附录 C 的规定测量。

电网电源电路的电气间隙和爬电距离应满足表 3 的规定。

对由电网电源供电的电路电气间隙应符合表 4 的规定。

表 3　电网电源电路的电气间隙和爬电距离

相线-中线电压（交流有效值或直流值）V	电气间隙数值[a] mm	爬电距离数值/mm								
		污染等级 1		污染等级 2				污染等级 3		
		印制线路板 CTI≥100 mm	所有材料组别 CTI≥100 mm	印制线路板 CTI≥100 mm	材料组别Ⅰ CTI≥600 mm	材料组别Ⅱ CTI≥400 mm	材料组别Ⅲ CTI≥100 mm	材料组别Ⅰ CTI≥600 mm	材料组别Ⅱ CTI≥400 mm	材料组别Ⅲ CTI≥100 mm
＞50～≤100	0.1	0.1	0.25	0.16	0.71	1.0	1.4	1.8	2.0	2.2
＞100～≤150	0.5	0.5	0.5	0.5	0.8	1.1	1.6	2.0	2.2	2.5
＞150～≤300	1.5	1.5	1.5	1.5	1.5	2.1	3.0	3.8	4.1	4.7
[a] 所规定的数值是针对基本绝缘或附加绝缘的，对加强绝缘的数值是两倍基本绝缘的数值。										

6.7.1.3　测量电路

测量电路在测量或测试期间承受工作电压和来自与其相连接的电路的瞬态应力。当测量电路用来测量电网电源时，瞬态应力可以通过在其进行测量时位于设施范围中的位置来估计。当测量电路用来测量任何其他电信号时，用户必须考虑瞬态应力，以确保瞬态应力不超过该测量设备的能力。在本标准中，将电路划分为下述测量类别：

a）　测量类别Ⅳ为适用于在低压设施的源端处进行的测量。

注 1：例如电表、在初级过流保护装置上和纹波控制单元上的测量。

b）　测量类别Ⅲ为适用于在建筑物设施中进行的测量。

注 2：例如在配电板上、断路器上、布线上包括电缆、汇流条上、接线盒上、开关上、固定设施的输出插座上、工业用设备上以及其他设备上，例如与固定设施永久连接的驻立式电动机上的测量。

c）　测量类别Ⅱ为适用于在直接与低压设施连接的电路上进行的测量。

注 3：例如在家用电器上、便携式工具上和类似设备上的测量。

6.8　介电强度试验程序

6.8.1　参考试验地

参考试验地是电压试验的参考点，它是下面的一个或一个以上的零部件，如果是一个以上的零部件则要将他们连接在一起：

a）　任何保护导体端子或功能接地端子；

b）　任何可触及导电零部件，但对因未超过 6.3.1 的规定值而允许触及的任何带电零部件除外。这种带电零部件要连接在一起，但不构成参考试验地的一部分；

c）　外壳的任何可触及绝缘部分，在除端子以外的每一个地方要包上金属箔。从金属箔到端子的距离要不大于 20 mm，该距离要达到能防止飞弧的最小值。

表 4　由电网电源供电的电路的电气间隙

工作电压/V	电气间隙/mm			
交流有效值 或直流值	电网电源电压 $U\leqslant 100$ V 额定脉冲电压 500 V	电网电源电压 100 V$<U\leqslant$150 V 额定脉冲电压 800 V	电网电源电压 150 V$<U\leqslant$300 V 额定脉冲电压 1 500 V	电网电源电压 300 V$<U\leqslant$600 V 额定脉冲电压 2 500V
50	0.05	0.12	0.53	1.51
100	0.07	0.13	0.61	1.57
150	0.10	0.16	0.69	1.64
300	0.24	0.39	0.94	1.83
600	0.79	1.01	1.61	2.41
1 000	1.66	1.92	2.52	3.45
1 250	2.23	2.50	3.16	4.16
1 600	3.08	3.39	4.11	5.21
2 000	4.17	4.49	5.30	6.48
2 500	5.64	6.02	6.91	8.05
3 200	7.98	8.37	9.16	10.2
4 000	10.6	10.9	11.6	12.8
5 000	13.7	14.0	14.9	16.1
6 300	17.8	18.2	19.1	20.3
8 000	23.5	23.9	24.7	26.0
10 000	30.3	30.7	31.6	32.9
12 500	39.1	39.6	40.5	41.9
16 000	52.0	52.5	53.5	54.9
20 000	67.4	67.9	68.9	70.5
25 000	87.4	87.9	89.0	90.6
32 000	117	117	118	120
40 000	151	151	153	154
50 000	196	196	198	199
63 000	258	258	260	261

6.8.2　潮湿预处理

为确保回路调节器不会产生危险，在 6.8.4 的电压试验前，回路调节器要进行潮湿预处理，在预处理期间回路调节器不工作。

如果 6.8.1 要求包上金属箔，则要在完成潮湿预处理和恢复后包上金属箔。

能手动拆除的电气元器件、盖子及其他零部件要拆除，并与主机一起进行潮湿预处理。

预处理要在潮湿箱中进行，箱内空气相对湿度为 92.5%±2.5%。箱内空气温度保持在 40 ℃±2 ℃。

在加湿之前，回路调节器要处在 42 ℃±2 ℃环境中。通常在进行潮湿预处理前，将其保持在该温度下至少 4 h。

箱内的空气要搅动，且箱子的设计要使得凝露不致滴落在设备上。

回路调节器在箱内保持 48 h，取出回路调节器后使其在 4.3.1 规定的环境条件下恢复 2 h，非通风设备的盖子要打开。

6.8.3 试验的实施

6.8.4 规定的试验要在潮湿处理后恢复时间结束时的 1 h 内进行并完成。试验期间回路调节器不工作。

如果在两个电路之间或某个电路与可触及导电零部件之间彼此是连接在一起的，或彼此是不隔离的，则在它们之间不进行电压试验。

与被试绝缘并联的保护阻抗和限压装置要断开。

在组合使用两个或两个以上保护装置的情况下(见 6.5 和 6.6)，对双重绝缘和加强绝缘所规定的电压就可能会加在不必承受这些电压的电路零部件上。为了避免出现这种情况，这样的零部件在试验期间可以断开，或者对要求双重绝缘或加强绝缘的电路零部件可以分开进行试验。

6.8.4 电压试验

进行电压试验要采用表 5 的规定值，不得出现击穿或重复飞弧。电晕效应和类似现象可忽略不计。

对固体绝缘，交流试验和直流试验是可任选其一的试验方法。绝缘只要通过这两种试验之一即可。在进行试验时，电压要在 5 s 或 5 s 以内逐渐升高到规定值，使电压不出现明显的跳变，然后保持 5 s。

脉冲试验是 GB/T 16927 规定 1.2/50 μs 的试验，每一极性至少 3 个脉冲，间隔时间至少 1 s，如果是选择交流试验或直流试验，则对交流试验的持续时间至少应当为 3 个周期，或者对直流试验，则应当为每一极性 10 ms 持续时间的 3 倍。

双重绝缘或加强绝缘的试验值是表 5 中对基本绝缘试验值的 1.6 倍。

注 1：在对电路进行试验时，可能难以将电气间隙的试验和对固体绝缘的试验分开进行。

注 2：试验回路调节器的最大试验电流通常要加以限制，以避免由于试验而发生危险以及由于试验不合格而损坏回路调节器。

注 3：设法观察绝缘材料内部的局部放电也许是有用的(见 GB/T 7354—2003)。

注 4：试验后要注意释放储存的能量。

表 5 基本绝缘的试验电压

电气间隙 mm	脉冲试验的 峰值电压 V	交流电压有效值 (50 Hz 或 60 Hz) V	交流电压峰值 (50 Hz 或 60 Hz)或直流电压 V
0.010	330	230	330
0.025	440	310	440
0.040	520	370	520
0.063	600	420	600
0.1	806	500	700
0.2	1 140	620	880
0.3	1 310	710	1 010
0.5	1 550	840	1 200
1.0	1 950	1 060	1 500
1.4	2 440	1 330	1 880
2.0	3 100	1 690	2 400
2.5	3 600	1 960	2 770
3.0	4 070	2 210	3 130
3.5	4 510	2 450	3 470
4.0	4 930	2 680	3 790
注：允许采用线性电压的内插值法。			

6.9 防电击保护的结构要求

6.9.1 概述

如果发生故障时可能会导致危险，则应当采取下列措施：

a) 对承受机械应力的导线连接的固定不得仅依靠焊接；

b) 对固定可拆卸的盖子的螺丝，若其长度已确定可触及导电零部件与危险带电零部件间的电气间隙或爬电距离，则该螺钉应当是不脱落的螺钉；

c) 导线、螺钉等的意外松动或脱落不得使可触及零部件成为危险带电。

下列材料不得用来作为安全目的的绝缘：

1) 容易受到损坏的材料(如漆、氧化层、阳极氧化膜)；

2) 未浸渍的吸湿性材料(如纸、纤维制品和纤维材料)。

通过目视检查来检验是否合格。

6.9.2 双重绝缘或加强绝缘回路调节器的外壳

确保外壳与危险带电零部件之间的电气间隙和爬电距离不会因为零部件或导线的松脱而减小到小于对基本绝缘的规定值。

6.9.3 超出量程的指示

如果危险是由于操作人员信赖回路调节器的显示值(如电压)而引起的，则不论指示值是大于设定的仪表量程的正向最大值、还是小于设定的仪表量程的负向最小值，仪表的显示均应当给出不会使人误解的指示。

6.9.4 插头和连接器

a) 将回路调节器连接到电网电源上的插头和连接器，包括用来连接可拆卸的电源的器具耦合器，均应当符合插头、插座和连接器的相关规范；

b) 如果回路调节器是设计成在正常条件或单一故障条件下仅由低于6.3.2a)规定值的电压供电，或者是用一个电源单独为其供电，则电源线的插头应当不能插入其电压高于设备额定电源电压的电源系统的插座中，电网电源类型的插头和插座不得作为连接电网电源以外的其他用途；

c) 如果软线连接的回路调节器，其插头的插销从内部电容器接收电荷，则在断开电源后5 s，插销不得危险带电；

d) 在装有辅助电源插座的设备上：

1) 如果该插座能插入标准电源插头，则应当标有符合5.1.3d)规定的标志；

2) 如果该插座上具有供保护接地导体用的端子接触件，则回路调节器的输入电源的连接应当包括与保护导体端子连接的保护接地保护。

通过目视检查来检验是否合格。对从内部电容器接收电荷的插头，要进行6.3规定的测量，以此来确定是否超过6.3.1c)的规定值。

6.10 供电电源的断开

6.10.1 概述

除6.10.1.1的规定外，不论在回路调节器的内部还是外部，应当装有使回路调节器能从每一个供给能量的电源上断开的断开装置。断开装置应当断开所有载流导体。

注：回路调节器也可以装有用于功能目的的开关或其他断开装置。

6.10.1.1 例外

如果短路或过载不会引起危险，则不需要断开装置。不需要断开装置的例子有：

a） 预定仅连接到有阻抗保护的电源上的设备，这种电源是其阻抗值能确保一旦回路调节器出现过载或短路，回路调节器的供电条件不会超过其额定供电条件且设备不会发生危险的一种电源；

b） 构成阻抗保护负载的回路调节器，这种负载是非分立的过流或热保护的元器件，而是其阻抗能确保一旦该元器件所在的电路出现过载或短路，电路不会超过其额定值的一种元器件。

通过目视检查来检验是否合格，如有怀疑，则设置短路或过载来检验是否会发生危险。

6.10.2 按回路调节器的类型规定的要求

回路调节器应当采用开关或断路器作为断开装置。

如果开关不是回路调节器的一部分，则回路调节器的安装文件应当规定：

a） 开关或断路器应当包含在建筑物的设施中；

b） 开关应当靠近回路调节器，而且应当是在操作人员易于达到的地方；

c） 开关或断路器的标志应当标成是该回路调节器用的断开装置。

通过目视检查来检验是否合格。

6.10.3 断开装置

如果断开装置是作为回路调节器的一部分，则断开装置在电路上应当尽可能靠近电源。对产生功耗的元器件在电路上不得置于电源和断开装置之间。

对电磁干扰抑制电路允许置于断开装置的电源侧。

通过目视检查来检验是否合格。

6.10.3.1 开关和断路器

用作断开装置的开关或断路器应当符合 GB 14048.1—2006 和 GB 14048.3—2008 的有关要求，并应该能适用于其适用场合。

如果开关或断路器用作断开装置，则其标志应当能表示出这种功能。如果仅有一个装置（一个开关或一个断路器），则用表 1 的符号 9 和符号 10 即可。

开关不得装在电源线上。

开关或断路器不得断开保护接地导体。

具有作断开用的触点和具有作其他目的用的触点的开关或断路器应当符合 6.6 和 6.7 对电路之间的隔离的要求。

通过目视检查来检验是否合格。

7 防机械危险

7.1 概述

在正常条件下或单一故障条件下操作不得导致机械危险。

注：回路调节器外壳上所有易于接触到的边缘、凸起物、拐角、开孔、挡板、把手等应当光滑圆润，避免在正常使用设备时造成伤害。

对应墙壁安装的回路调节器，按 7.2 的规定来检验是否合格。

7.2 墙壁安装

对预定要安装在墙上或天花板上的回路调节器，其支架应当能承受设备重量4倍的力。

按制造厂说明书的规定，用规定的紧固件和墙用结构将设备安装好后来检验是否合格。对可调节的支架，要将其调节到离开墙面的伸出距离达到最大的位置。

如果墙的结构未作规定，则使用10 mm±2 mm厚的石膏板（无浆砌墙）作为支撑表面，石膏板置于标称50×100 mm±10 mm的支柱上，支柱中心距为400 mm±10 mm。紧固件按说明书的规定施加，单如果说明书未作规定，紧固件施加在位于支柱之间的石膏板上。

使安装支架承受设备重量，再通过设备重心加3倍设备重量的实验重量。实验重量缓慢增加，并且在5 s～10 s内从零加至满载，并持续1 min。

试验后，支架或安装表面不得出现损坏。

8 耐机械冲击和撞击

8.1 概述

当回路调节器承受在正常使用时可能遇到的冲击和碰撞时不得引起危险。回路调节器应当具有足够的机械强度，元器件应当可靠地固定且电气连接应当是牢固的。

通过进行8.2的试验来检验是否合格。试验期间回路调节器不工作。对不构成外壳一部分的零部件不进行8.2的试验。

试验完成后，回路调节器应当能通过6.8的电压试验（但不进行潮湿预处理），并且用目视来检验：

a） 危险带电零部件是否变成可触及；

b） 外壳是否出现可能会引起危险的裂纹；

c） 电气间隙是否小于允许值，内部导线的绝缘是否受到损伤；

d） 是否出现可能会引起火焰蔓延的损坏。

饰面的损坏，不会使爬电距离或电气间隙减小到小于本部分规定值的小凹痕，以及对防电击或防潮不会带来不利影响的小缺口可忽略不计。对不构成外壳一部分的任何零部件的损坏可忽略不计。

8.2 外壳的刚性试验

8.2.1 静态试验

回路调节器要牢固地固定在刚性支撑面上并承受30 N的力，力通过直径12 mm硬棒上的半球面端部来施加。该硬棒应当施加在当准备使用回路调节器时其可触及的以及其变形可能会引起危险的外壳的每一部分。

如果对非金属外壳在高温下是否能通过本试验有怀疑，则回路调节器要在40 ℃的温度下，或在最高额定温度下（如果该温度更高）工作，直至达到稳定状态后再进行本试验。在进行本试验前要先断开回路调节器的供电电源。

8.2.2 动态试验

预定要由操作人员来拆除和更换的底座、盖子等要用在正常使用时可能施加的力矩将其固定螺钉拧紧。回路调节器要牢固地固定在刚性支撑面上，试验要在正常使用时可能触及的以及如果损坏可能会引起危险的表面的任何位置进行。

对具有非金属外壳的回路调节器，如果额定最低环境温度低于2 ℃，则使回路调节器冷却到最低额定环境温度，然后在10 min内完成试验。

试验使用钢球，最多试验三个点，其中至少一个点选在回路调节器的外壳上。试验能量为 5 J。

撞击元件为直径 50 mm、质量 500 g±25 g 的钢球。

试验按图 3 所示进行。对 5 J 的能量，高度 X 为 1 m。

另一种可供选择的方法是，回路调节器可以固定在相对于其正常位置 90°的位置上，用撞击元件来进行试验。

下列零部件不进行本试验：

a) 回路调节器的显示窗口；

b) 不构成外壳一部分的零部件。

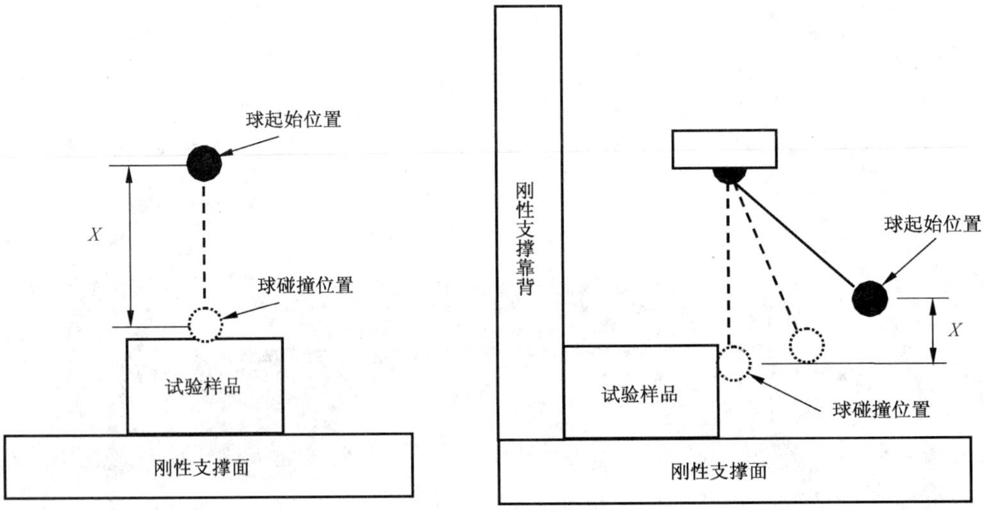

注：X=1 000 mm。对于球摆动碰撞试验，当绳索处于如图所示的垂直位置时，钢球应接触到试验样品。

图 3 使用钢球的撞击试验

9 防止火焰蔓延

9.1 概述

在正常条件下或单一故障条件下，火焰不得蔓延到回路调节器的外面。图 4 是说明符合性检验方法的流程图。

至少采用下列的一种方法来检验是否合格：

a) 进行可能会导致火焰蔓延到回路调节器外面的单一故障条件(见 4.4)下的试验。试验结果应当满足 4.4.4 的符合性判据；

b) 按 9.2 的规定检验是否消除或减少回路调节器内的引燃源；

c) 按 9.3 的规定检验能否在一旦出现着火，火焰被控制在回路调节器内。

注：方法 b)是基于执行了规定的设计准则，相反，方法 a)则是完全依靠单一故障条件下的试验。

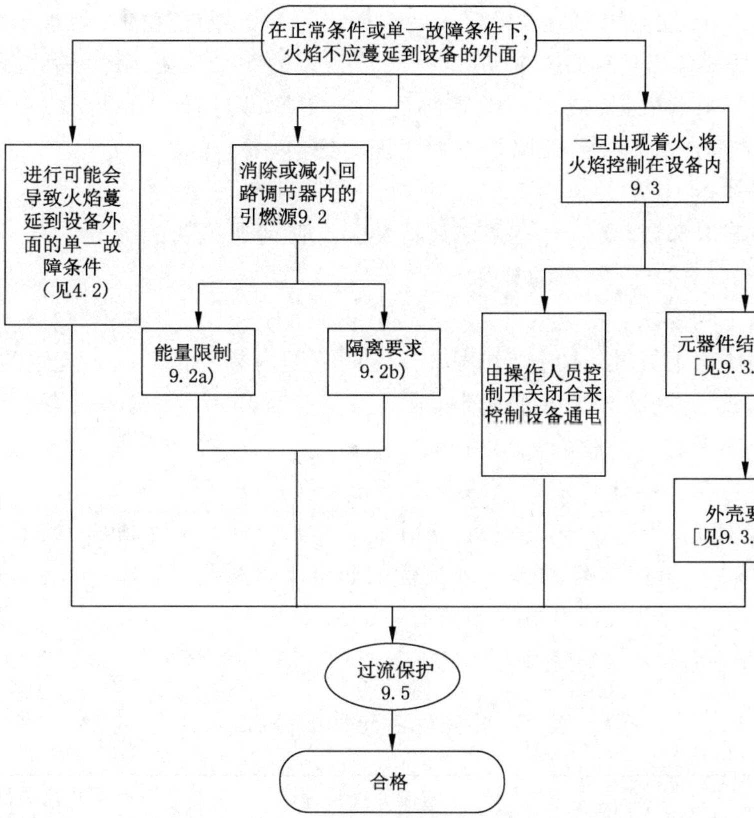

图 4　说明防止火焰蔓延要求的流程图

9.2　消除或减少回路调节器内的引燃源

注：对回路调节器中不能被划分成限能电路（见 9.4）的所有电路被认为是着火的引燃源，在这种情况下采用 9.1a)方法或 9.1c)方法。

就每一个引燃源的引燃危险而言，如果满足 a)或者 b)的要求，则认为引燃危险和着火出现率已被减小到允许的水平。

a)　按 9.4 的规定，限制设备的电路或零部件可获得的电压、电流和功率。

按 9.4 的规定，通过测量受限制的能量值来检验是否合格。

b)　不同电位的零部件之间的绝缘满足基本绝缘的要求，或能证明桥接绝缘不会导致引燃。

通过目视检查，如有怀疑，通过试验来检验是否合格。

9.3　一旦出现着火，将火焰控制在回路调节器内

9.3.1　概述

如果回路调节器满足下列的结构要求，则认为火焰蔓延到回路调节器外面的危险已被减小到允许的水平。

回路调节器和回路调节器的外壳符合 9.3.2 的结构要求。

通过目视检查以及按 9.3.2 的规定来检验是否合格。

9.3.2　结构要求

应当符合下列结构要求。

a) 绝缘导线应当具有相当于 GB/T 11020—2005 规定的 V-1 或更优的可燃性等级。连接器和安装元器件的绝缘材料应当具有 GB/T 11020—2005 规定的 V-2 或更优的可燃性等级(又见 14.3)。
通过检查有关材料的数据,或对相关零部件的三个样品进行 GB/T 11020—2005 规定的 FV 试验,来检验是否合格。样品可以是下列规定的任何一种样品:
   1) 整个零部件;
   2) 零部件的截取部分,要包含有壁厚最薄的和有任何通风孔的部分;
   3) 符合 GB/T 11020—2005 的样品。

b) 外壳应当符合下列要求:
   1) 外壳底部应当无开孔,或应当在图 6 规定的范围内装有符合图 5 规定的挡板,或应当用金属材料制成,开孔符合表 6 的规定,或应当是金属隔离网,其网眼中心距不超过 2 mm×2 mm,金属丝直径至少为 0.45 mm;
   2) 外壳侧面包含在图 6 斜线 C 区域范围不得开孔;
   3) 外壳以及任何挡板或挡火板应当用金属(镁除外)材料制成,或者用可燃性等级为 GB/T 11020—2005规定的 V-1 或更优的非金属材料制成;
   4) 外壳以及任何挡板或挡火板应当具有足够的刚性。

通过目视检查检验是否合格。如有怀疑,要求 9.3.2b)3)的可燃性等级按照 9.3.2a)中的要求进行检验。

表 6 外壳底部允许的开孔

最小厚度 mm	开孔的最大直径 mm	开孔的最小中心距 mm
0.66	1.14	1.70(233 个孔/645 mm^2)
0.66	1.19	2.36
0.76	1.15	1.70
0.76	1.19	2.36
0.81	1.91	3.18(72 个孔/645 mm^2)
0.89	1.90	3.18
0.91	1.60	2.77
0.91	1.98	3.18
1.00	1.60	2.77
1.00	2.00	3.00

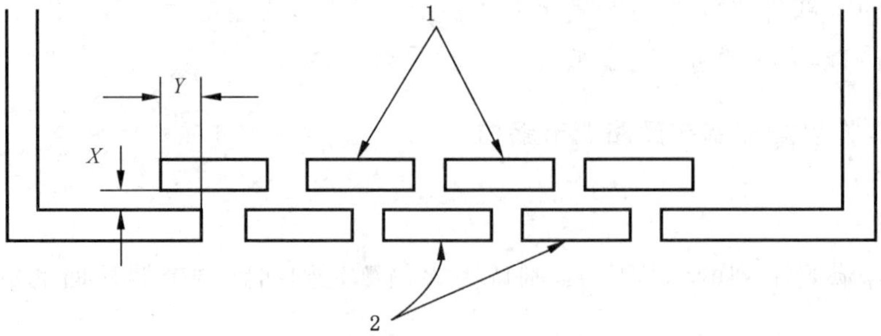

说明:
$Y=2X$ 但不小于 25 mm;
1——挡板(可以位于外壳底部的下面);
2——外壳底部。

图 5 挡板

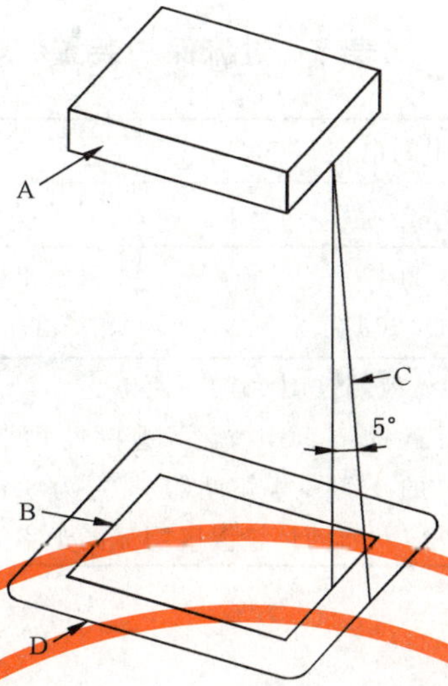

说明：

A——被认为是危险着火源的回路调节器的零部件和元器件。如果它是未加另外防护的，或者是用其外壳进行局部防护的元器件的未防护部分，则该零部件和元器件包括回路调节器的整个零部件和元器件。

B——A的轮廓线在水平面上的投影。

C——斜线，用来划出结构要符合9.3.2b)1)和9.3.2b)2)规定的外壳底部和侧面的最小区域。该斜线围绕A的周边的每一点，以及相对于垂线呈5°夹角投射，其取向要确保能划出最大的面积。

D——结构要符合9.3.2b)1)规定的底部的最小区域。

图6 结构要符合9.3.2b)1)规定的外壳底部的区域

9.4 限能电路

限能电路是符合下列所有判据的电路：

a) 出现在电路中的电位不大于30 V有效值和42.4 V峰值，或者直流60 V。

b) 用下列之一的方法来限制能出现在电路中的电流：

1) 由自身限制或用阻抗限制最大可获得电流，使其不会超过表7的相关规定值；

2) 用符合表8规定的过流保护装置限制电流；

3) 用调节网络限制最大可获得电流，使其在正常条件下或在调节网络中出现的单一故障条件下不会超过表7的相关规定值。

c) 至少采用基本绝缘与会产生超过上述判据a)和b)的能量值的其他电路隔离。

如果使用过流保护装置，则该过流保护装置应当是某种熔断器或某种不可调的非自复位机电装置。

通过目视检查，以及在下列条件下，通过测量出现在电路中的电位、最大可获得电流来检验是否合格：

1) 在使电压达到最大的负载条件下测量出现在电路中的电位；

2) 加上能产生最大电流值的阻性负载(包括短路)，在工作60 s后测量输出电流。

表7 最大可获得电流值的限值

开路输出电压 U/V			最大可获得电流/A
AC有效值	DC	峰值[a]	
$U \leqslant 20$	$U \leqslant 20$	$U \leqslant 28.3$	8
$20 < U \leqslant 30$	$20 < U \leqslant 30$	$28.3 < U \leqslant 42.4$	8
	$30 < U \leqslant 60$		$150/U$

[a] 峰值适用于非正弦波形的交流电和纹波超过10%的直流电。

表 8 过流保护装置

出现在电路中的电位 U/V			过流保护装置在不大于 120 s 后断开的电流/A[b,c]
AC 有效值	DC	峰值[a]	
$U \leqslant 20$	$U \leqslant 20$	$U \leqslant 28.3$	10
$20 < U \leqslant 30$	$20 < U \leqslant 60$	$28.3 < U \leqslant 42.4$	$200/U$

[a] 峰值适用于非正弦波形的交流电和纹波超过 10% 的直流电。

[b] 该评估值是基于所规定的保护装置的时间-电流分断特性(例如 GB 9364.1—1997、GB 9364.2—1997、GB 9364.3—1997、GB 9364.4—2006 的 T 型 4 A 熔断器,规定为 8.4 A 和 8.4 A 以下在 120 s 熔断)。

[c] 熔断器的分断电流与温度有关,如果熔断器的环境温度明显高于室温,则温度的影响就必须加以考虑。

9.5 过流保护

预定要由电网电源供电的或要与电网电源连接的回路调节器应当用熔断器、断路器、热切断器、阻抗限制电路或类似装置来进行保护,防止回路调节器出现故障时从电网获得过大的能量。这种保护是要限制故障的进一步发展以及着火和火焰蔓延的可能性。过流保护装置也能在故障情况下提供防电击保护。

过流保护装置不得装在保护导线上,熔断器或单极断路器不得装在多相设备的中线上。

注 1:过流保护装置(例如熔断器)最好要装在所有供电导线上。如果使用多个熔断器作过流保护装置,则熔断器座应当彼此靠近安装,这些熔断器应当具有相同的额定值和特性。过流保护装置,包括电源开关最好要装在回路调节器中的电网电源电路的供电一侧。

注 2:在某些回路调节器中,可能需要对过流保护装置的动作进行检测和指示。

回路调节器中的过流保护装置是可以任选的,如果不安装过流保护装置,则制造厂说明书应当规定在回路调节器预期使用的装置中要求提供过流保护装置。

通过目视检查来检验是否合格。

10 回路调节器的温度限值和耐热

10.1 对防灼伤的表面温度限值

在 40 ℃的环境温度或最高额定环境温度下(如果温度更高),易接触表面的温度在正常条件下不得超过表 9 的规定值,或在单一故障条件下不得超过 105 ℃。

表 9 正常条件下的表面温度限值

零部件	限值/℃
1.外壳的外表面:	
a) 金属的;	70
b) 非金属的;	80
c) 正常使用是不可能被接触的小区域。	100
2. 旋钮和手柄:	
a) 金属的;	55
b) 非金属的;	70
c) 在正常使用时仅被短时间抓握的非金属零部件	85

在正常使用条件下和在4.4的适用的单一条件下，以及在由于温度过高可能导致危险的任何其他单一故障条件下，按10.4的规定通过测量，以及通过目视检查防护装置是否能防止意外接触表面，温度是否超过表9的规定值和是否不用工具就不能拆除来检验是否合格。

10.2 绕组的温度

如果因温度过高可能导致危险，则绕组绝缘材料的温度在正常条件下或单一故障条件下不得超过表10的规定值。

表10　绕组绝缘材料的温度

绝缘等级(见GB/T 11021—2007)	正常条件下的温度 ℃	单一故障条件下的温度 ℃
A	105	150
B	130	175
E	120	165
F	155	190
H	180	210

10.3 其他温度的测量

就其他条而言，如果适用，则要进行下列其他温度的测量。除另有规定者外，试验要在正常条件下进行。

a) 在进行10.5.1的试验时，测量非金属外壳的温度(建立供10.5.2的试验用的基础温度)；

b) 用来支撑与电网电源连接的，且用绝缘材料制成的零部件的温度(建立供10.5.3的试验用的温度)。

10.4 温度试验的实施

回路调节器应当在基准试验条件下进行试验。除了另行规定特殊的单一故障条件下外，要遵守制造厂说明书有关通风的规定。

最高温度可以通过在基准试验条件下测量温升，然后将该温度升值加上40 ℃，或者加上最高额定环境温度(如果温度更高)来确定。

绕组绝缘材料的温度通过测量绕组线的温度和与绝缘材料接触的铁心片的温度来确定。可以采用电阻法来测量温度，也可以采用温度传感器来测量温度，温度传感器的选择和放置要使其对绕组温度的影响可忽略不计。如果绕组是不均匀的，或者测量电阻有困难，则要采用后者的测量方法。

温度要在达到稳定时测量。

试验时，回路调节器要使用涂上无光黑色涂料的胶合板，按安装说明书的规定进行安装，当回路调节器是要在机柜的板壁上安装时，胶合板厚度约10 mm。

10.5 耐热

10.5.1 电气间隙和爬电距离的完整性

当回路调节器在环境温度40 ℃或最高额定环境温度(如果温度更高)下工作时，其电气间隙和爬电距离应当符合6.7的要求。

如果对回路调节器是否产生大量的热量有怀疑，则要使回路调节器在4.3的基准试验条件下，但环境温度为40 ℃或最高额定环境温度(如果温度更高)，通过回路调节器工作来进行检验。在本试验后，电气间隙和爬电距离不得减小到小于6.7的要求值。

如果外壳是非金属材料的，则要在上述为10.5.2的目的而进行试验时测量外壳零部件的温度。

10.5.2 非金属外壳

非金属材料的外壳应当能耐高温。

在经过下列之一的处理后，通过试验来检验是否合格。

a) 非工作处理。回路调节器不通电，在70 ℃±2 ℃或在比10.5.1的试验时测得的温度高10 ℃±2 ℃的温度下(取其较高的温度)贮存7h。如果回路调节器装有用这种处理方法可能会受到损坏的元件，则可以对空外壳进行处理，然后在处理结束时装好回路调节器。

b) 工作处理。回路调节器在4.3的试验条件下工作，但环境温度要比40 ℃高20 ℃±2 ℃，或比最高额定环境温度(如果高于40 ℃)高20 ℃±2 ℃。

在经过处理后，危险带电零部件不得成为可触及，回路调节器应当能通过8.2的试验，以及如有怀疑，则再另外进行6.8的试验(但不进行潮湿预处理)。

10.5.3 绝缘材料

绝缘材料应当有适当的耐热能力。

对用来支撑与电网电源连接的且用绝缘材料制成的零部件，应当采用回路调节器内一旦发生短路而不会导致危险的绝缘材料制成。

在有怀疑的情况下，通过检查材料的数据来检验是否合格。如果材料数据不能令人确信，则要进行下列之一的试验：

a) 采用至少2.5 mm厚的绝缘材料样品，用图7的试验装置来进行球压试验。试验在加热箱内进行，箱内温度为按10.3a)或10.3b)的规定测得的温度±2 ℃，或125 ℃±2 ℃，取其较高的温度。对被试零部件的支撑要确保使其上表面呈水平状态，然后使试验装置的球面部分以20 N的力压在该表面上。1 h后取下试验装置，并将样品浸入冷水中，使样品在10 s内冷却到接近室温。由球体引起的压痕的直径不得超过2 mm。

注1：如有必要，可以使用零部件的两个或多个截取部分来获得所要求的厚度。

注2：对骨架，仅支撑或保持端子在位的那些部分才需要进行该试验。

b) GB/T 1633—2000的方法A的维卡软化试验。维卡软化温度至少应当为130 ℃。

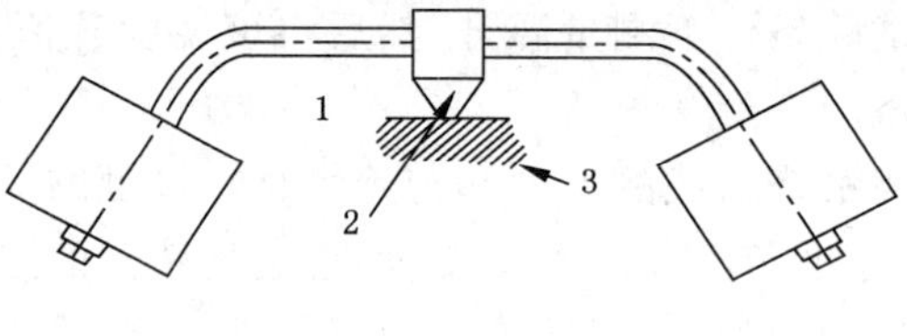

说明：

1——被试部分；

2——试验装置的球形部分；

3——支撑件。

图7 球压试验装置

11 防流体危险

11.1 概述

用于对流体加工过程进行测量的回路调节器，应当在设计上对操作人员或周围环境提供在正常使用时遇到的流体危险的防护。

注：可能会遇到的流体分为 3 类：

a） 连续接触的流体，如预定盛流体的容器中的流体；

b） 偶然接触的流体，例如清洗液；

c） 无意中（不希望）接触的流体，制造厂无法对此类情况采取防护措施。

11.2 电池电解液

电池的安装应当确保使电池电解液的泄漏不会损害安全。

通过目视检查检验是否合格。

12 防辐射（包括激光源）、声压力和超声压力

防辐射（包括激光源）、声压力和超声压力的要求不适用于本部分。

13 对释放的气体、爆炸和内爆的防护

13.1 电池和电池的充电

电池不得由于电池安装时极性不正确而引起爆炸或着火危险。如果有必要，回路调节器中应当提供防护，除非制造厂的说明书规定，该回路调节器应该使用具有内部保护的电池。

如果由于装上错误型号的电池（例如，如果规定要装具有内部保护的电池）可能会引起爆炸或着火危险，则应当在电池舱、安装支架上或在其近旁标上警告标记，而且还应当在制造厂说明书中给出警告语句。可接受的标志是表 1 的符号 14。

为了避免充电电池可能有氢气产生，会发生爆炸的危险，所以，不推荐使用充电电池。

为确定某一元器件失效不会导致爆炸或着火危险，通过目视检查，包括检查电池数据来检验是否合格。如有必要，在其失效有可能导致这种危险的任何一个元器件上（电池本身除外）进行短路或开路实验。

对预定要由操作人员来更换的电池，试着反极性安装一块电池，应当无危险发生。

14 元器件

14.1 概述

如果涉及安全，则元器件应当按其规定的额定值使用，除非已做出特定的例外规定。元器件应当符合下列之一的要求：

a） 某个相关的国家标准或 IEC 标准的适用的安全要求，不要求符合该元器件标准的其他要求。如果对应用有必要，则元器件应当承受本部分的试验，但不需要再进行已在检验元器件标准符合性时完成的等同或等效的试验。

b） 本部分的要求，以及如果对应用有必要，相关的国家标准或 IEC 元器件标准任何附加的适用的安全要求。

c） 本部分的要求，如果无相关的国家标准或 IEC 标准。

d） 某个非国家标准或 IEC 标准的适用的安全要求。这些适用的安全要求至少要与相关的国家标准或 IEC 标准的适用的安全要求相当，只要该元器件已由经认可的检测机构按该非国家标准或 IEC 标准获得批准即可。

注：即使试验采用非国家标准或 IEC 标准，只要试验已由经认可的检测机构完成并确认符合适用的安全要求就无需重新进行试验。

14.2 高完善性元器件

如果在单一故障条件下，某个元器件的短路或开路可能会引起危险，例如回路调节器中连接到供电网络，并且对回路调节器供电的主回路中的元器件（如电容、电阻、熔断器等）则应该使用高完善性元器件。高完善性元器件的结构、尺寸和试验均应当符合适用的GB或IEC标准，以确保预期应用的安全和可靠。就本部分的安全要求而言，高完善性元器件可以认为是无故障的元器件。

注：这样的要求和试验的例子有：

a) 进行适用于双重绝缘和加强绝缘的介电强度试验；

b) 按至少两倍耗散功率选取尺寸（电阻器）；

c) 进行气候试验和耐久性试验以确保回路调节器预期寿命期间的可靠性；

d) 对电阻器进行浪涌试验，见GB 8898—2001。

利用在真空、气体或半导体中电子传导的单个电子装置不认为是高完善性元器件。

通过进行相关的试验来检验是否合格。

14.3 印制线路板

印制线路板应当采用可燃性等级为GB/T 11020的V-1或更优的材料。

14.4 用作瞬态过压限制装置的电路和元器件

如果在回路调节器内采取对瞬态过压进行抑制的措施，则任何过压限制元器件或电路应当承受表11中适用的脉冲承受电压，10个正极性脉冲和10个负极性脉冲，脉冲间隔时间最长为1 min，脉冲由1.2/50 μs脉冲发生器（见GB/T 16927）产生。该脉冲发生器应当产生1.2/50 μs的开路电压波形和8/20 μs的短路电流波形，且输出阻抗（峰值开路电压除以峰值短路电流）应当符合表12的规定。

表11 脉冲承受电压

电网电源标称相线-中线电压/V（交流或直流）	规定的脉冲承受电压/V		
	测量类别		
	Ⅱ	Ⅲ	Ⅳ
50	500	800	1 500
100	800	1 500	2 500
150	1 500	2 500	4 000
300	2 500	4 000	6 000
600	4 000	6 000	8 000
1 000	6 000	8 000	12 000

表12 脉冲发生器的输出阻抗

测量类别	输出阻抗/Ω
Ⅲ和Ⅳ	2
Ⅱ	12 [a]

[a] 可以在较低阻抗的发生器上串联电阻，使阻抗增加到该相应的数值。

14.5 电源变压器

如果电源变压器在设备外部进行试验（见4.4.2.2）可能会影响试验结果，则应当在和设备内存在的相同的条件下来进行试验。

通过4.4.2.2规定的短路和过载试验,然后通过4.4.4.1b)和c)的试验来检验是否合格。如果对变压器安装在设备内能否通过4.4.4和10.2的其他试验有任何怀疑,则要重新对安装在设备内部的变压器进行试验。

14.6 熔断器座

对装有预定要由操作人员来更换熔断器的熔断器座,在更换熔断器时应当不能触及到危险带电零部件。

通过用铰接式试验指(见图B.2)在不施加力的情况下进行试验来检验是否合格。

附 录 A
（规范性附录）
接触电流的测量电路
（见 6.3）

注：本附录是以 GB/T 12113—2003 规定的测量接触电流的程序为基础的，该标准也规定了测试电压表的特性。

A.1 频率小于或等于 1 MHz 的交流和直流的测量电路

用图 A.1 的电路测量电流，并按式（A.1）计算：

$$I=\frac{U}{500} \qquad \cdots\cdots(A.1)$$

式中：

I——电流，单位为安培（A）；

U——电压表指示的电压，单位为伏特（V）。

该电路代表人体阻抗和补偿人体生理反应随频率的变化。

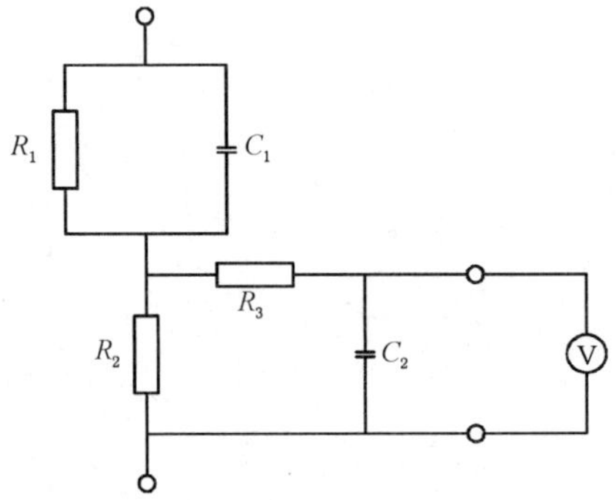

说明：

R_1=1 500 Ω；

R_2=500 Ω；

R_3=10 kΩ；

C_1=0.22 μF；

C_2=0.022 μF。

图 A.1 频率小于或等于 1 MHz 的交流和直流测量电路

A.2 频率小于或等于 100 Hz 的正弦交流和直流的测量电路

当频率不超过 100 Hz 时，用图 A.2 的任一电路测量电流，当用电压表时，电流由式（A.2）计算：

$$I=\frac{U}{2\ 000} \qquad \cdots\cdots(A.2)$$

式中：

I——电流，单位为安培（A）；

U——电压表指示的电压，单位为伏特（V）。

该电路代表频率不超过 100 Hz 时的人体阻抗。

注：2 000 Ω 的阻值包括测量仪表的阻抗。

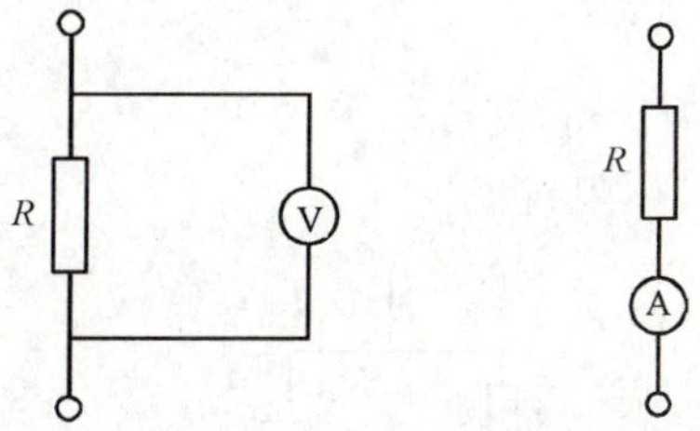

说明：

R=2 000 Ω。

图 A.2　频率小于或等于 100 Hz 的正弦交流和直流测量电路

A.3　高频电灼伤电流的测量电路

用图 A.3 的电路测量电流，并按式(A.3)计算：

$$I=\frac{U}{500} \qquad \cdots\cdots(\text{A.3})$$

式中：

I——电流，单位为安培(A)；

U——电压表指示的电压，单位为伏特(V)。

该电路补偿高频对人体生理反应的影响。

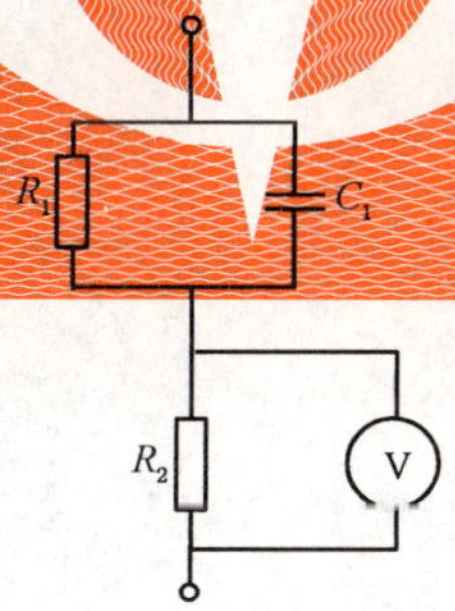

说明：

R_1=1 500 Ω；

R_2=500 Ω；

C_1=0.22 μF。

图 A.3　电灼伤电流测量电路

A.4　潮湿接触电流的测量电路

用图 A.4 的电路测量潮湿接触电流，并按式(A.4)计算：

$$I=\frac{U}{500} \qquad \cdots\cdots(\text{A.4})$$

式中：

I——电流，单位为安培(A)；

U——电压表指示的电压，单位为伏特(V)。

该电路代表无皮肤接触电阻的人体阻抗。

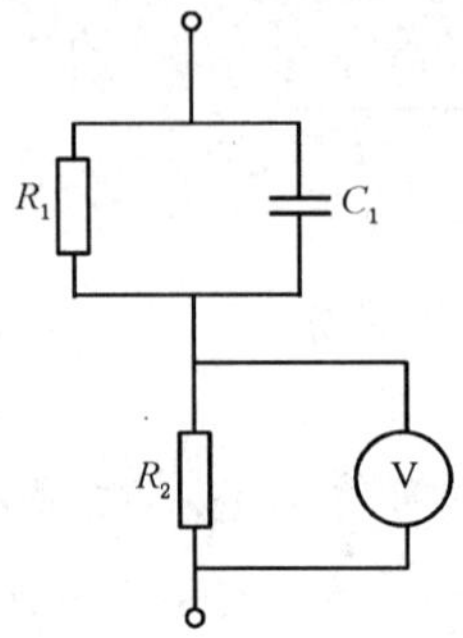

说明：

$R_1=375\ \Omega$；

$R_2=500\ \Omega$；

$C_1=0.22\ \mu F$。

图 A.4 潮湿接触电流的测量电路

附 录 B
（规范性附录）
标准试验指
（见 6.2）

单位为毫米

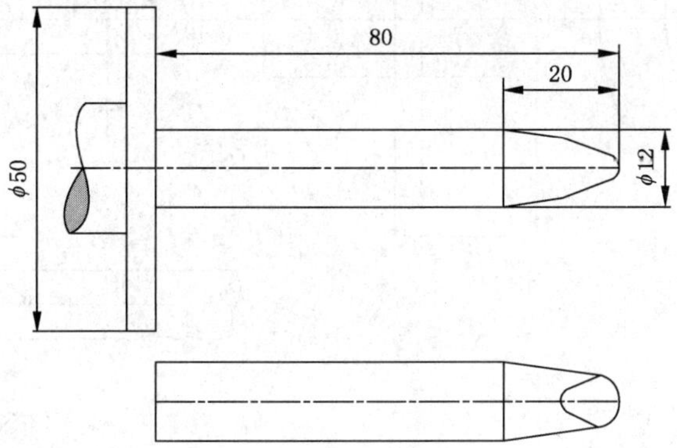

说明：
指尖的尺寸和公差见图 B.2。

图 B.1 刚性试验指(GB/T 16842—2008 的试具 11)

单位为毫米

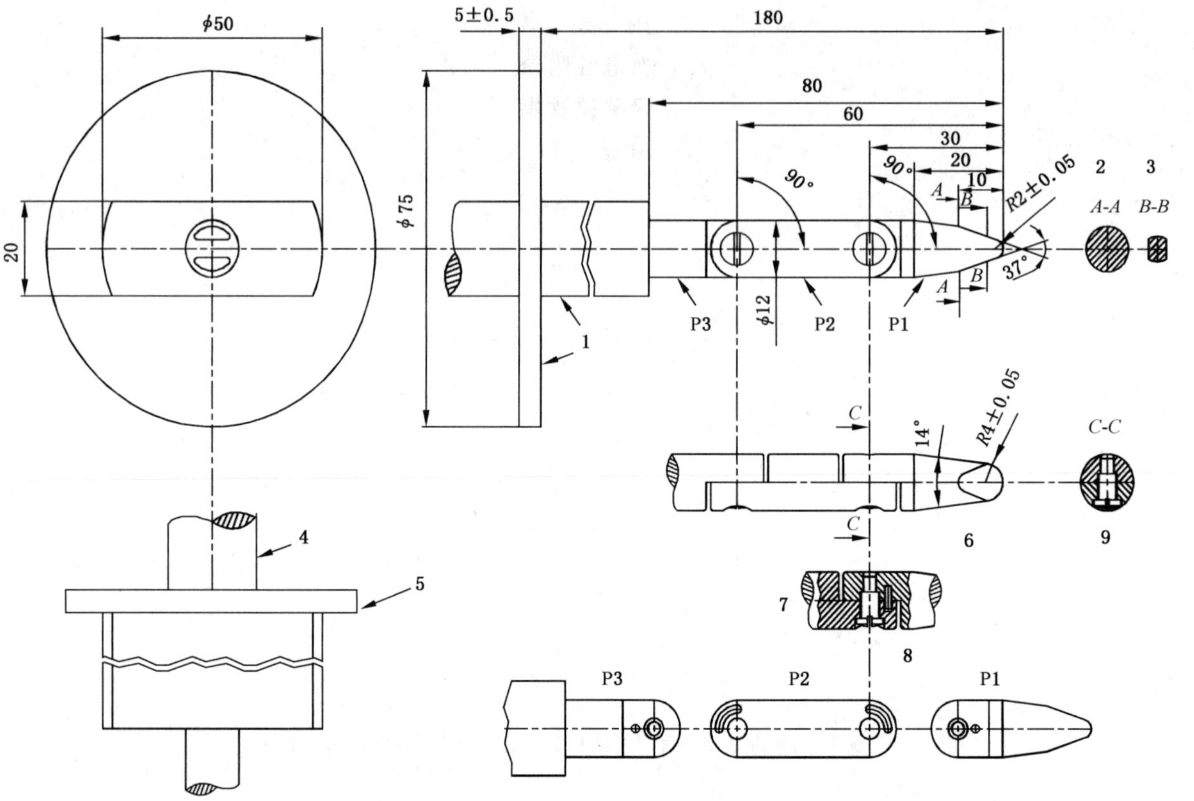

说明：

1——绝缘材料；

2——*A-A* 剖面；

3——*B-B* 剖面；

4——手柄；

5——挡板；

6——球形；

7——细节×(示例)；

8——侧视图；

9——所有边缘倒角。

未规定公差的尺寸的公差为：

——对角度：$_{-10'}^{0}$

——对线性尺寸：

≤25 mm 时，$_{-0.05}^{0}$ mm；

＞25 mm 时，±0.2 mm。

试验指材料为经过热处理的钢材等。

该试验指的两个关节可以弯曲（$90^{\circ}{}^{+10^{\circ}}_{0^{\circ}}$）但是只可以在同一平面内弯曲。

为了使弯曲角度限制在 90°，采用销和槽的解决办法仅仅是各种可能解决的途径之一。由于这一原因，所以图中未给出这些细节的尺寸和公差。实际设计应当保证（$90^{\circ}{}^{+10^{\circ}}_{0^{\circ}}$）的弯曲角。

图 B.2　铰接式试验指(GB/T 16842—2008 的试具 B)

附 录 C
（规范性附录）
电气间隙和爬电距离的测量

例1～例11中规定的、适用于各种实例的沟槽宽度 X 按不同的污染等级规定如下。

下面的例子中规定的尺寸 X 有一个最小值，取决于表C.1给出的污染等级。

表 C.1 污染登记表

污染等级	尺寸 X 最小值/mm
1	0.25
2	1.0
3	1.5

如果涉及的电气间隙小于3 mm，则最小尺寸 X 可减小到该电气间隙的三分之一。

测量电气间隙和爬电距离的方法在下面例1～例11中说明。这些例子不区分裂缝和沟槽也不区分绝缘的类型。

需要做出以下一些假定：

a) 如果跨越沟槽的宽度大于或等于 X，爬电距离要沿沟槽的轮廓线进行测量（见例2）；

b) 假定任何凹槽桥接有一段长度等于 X 的绝缘连杆，而且桥接在最不利的位置（见例3）；

c) 在相互间能处于不同位置的零部件之间测量电气间隙和爬电距离时，要在这些零部件处于最不利的位置测量。

例1 所测量的路径包含一条任意深度，宽度小于 X、槽壁平行或收敛的沟槽。

直接跨沟槽测量爬电距离和电气间隙。

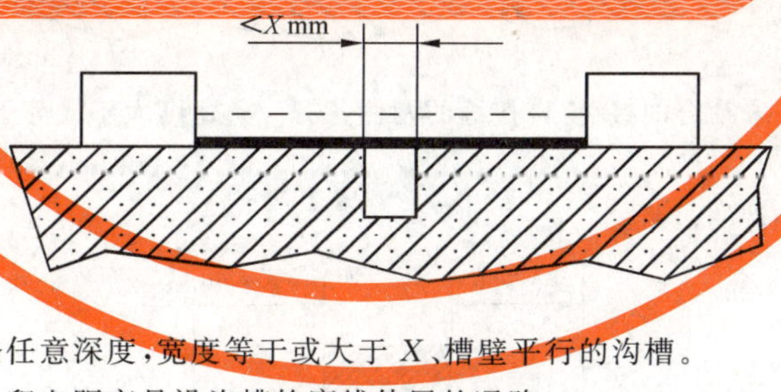

例2 所测量的路径包含一条任意深度，宽度等于或大于 X、槽壁平行的沟槽。

电气间隙就是"视线"距离。爬电距离是沿沟槽轮廓线伸展的通路。

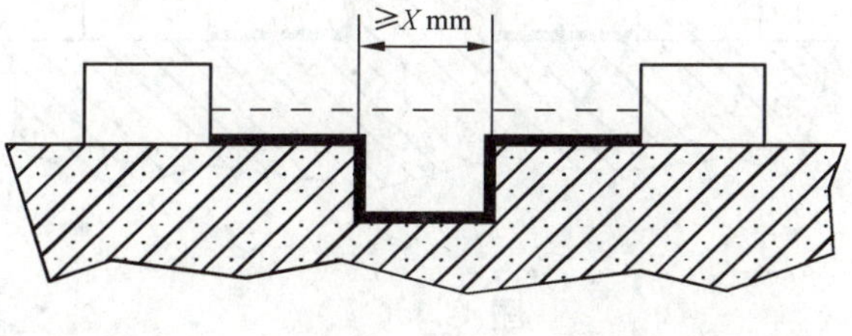

图 C.1 电气间隙和爬电距离测量方法的例子

例 3 所测量的路径包含一条宽度大于 X 的 V 形沟槽。

电气间隙就是“视线”距离。

爬电距离是沿沟槽轮廓线伸展的通路，但沟槽底部用长度为 X 的连杆“短接”。

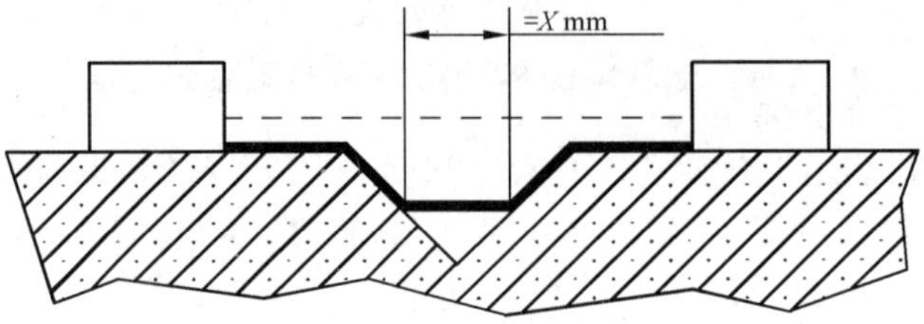

例 4 所测量的路径包含一根肋条。

电气间隙是越过肋条顶部最短直达空间通路。爬电距离是沿肋条轮廓线伸展的通路。

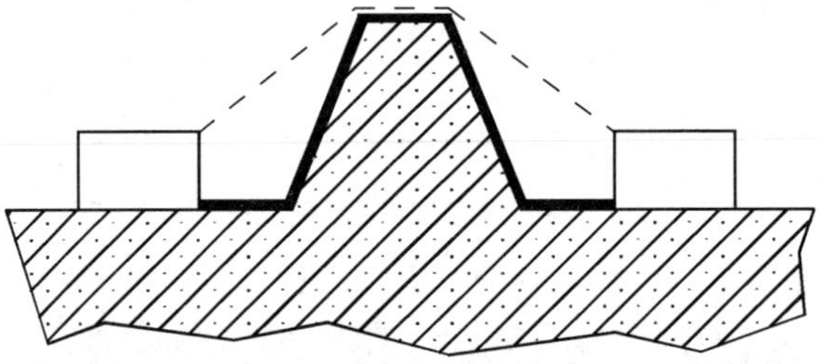

例 5 所测量的路径包含一条未黏合的接缝，该接缝的两侧各有一条宽度小于 X 的沟槽。

爬电距离和电气间隙是如图所示的“视线”的距离。

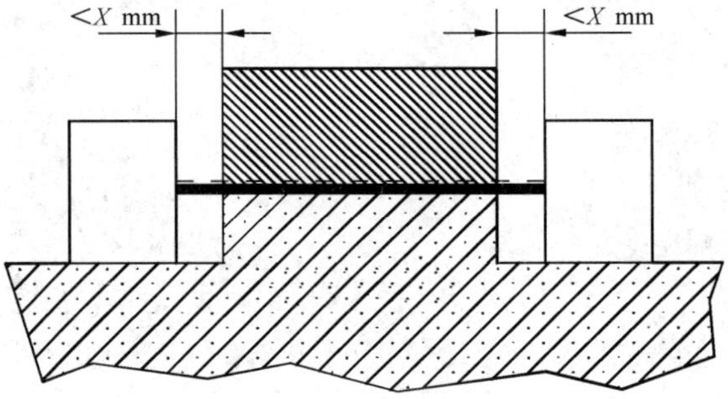

例 6 所测量的路径包含一条未粘合的接缝，该接缝的两侧各有一条宽度大于或等于 X 的沟槽。

电气间隙是“视线”的距离。

爬电距离是沿沟槽轮廓线伸展的通路。

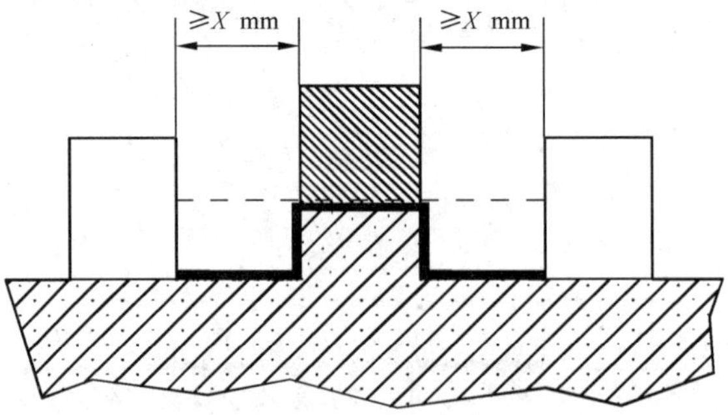

图 C.1（续）

例 7 所测量的路径包含一条未粘合的接缝，该接缝的一侧有一条宽度小于 X 的沟槽，另一侧有一条宽度等于或大于 X 的沟槽。

爬电距离和电气间隙如图所示。

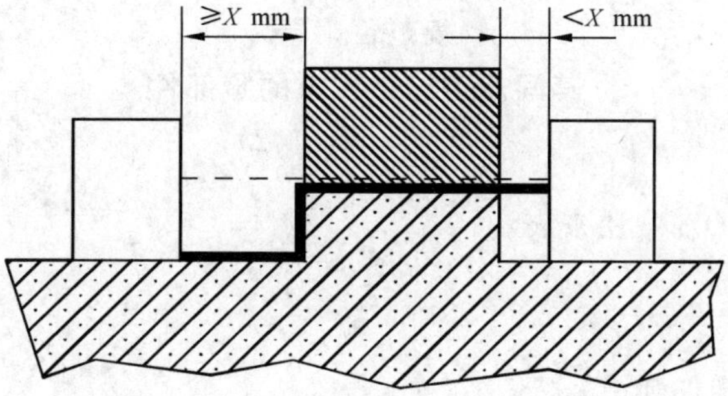

例 8 通过未黏合接缝的爬电距离小于越过挡板的爬电距离。

电气间隙是越过挡板顶部最短直达空间距离。

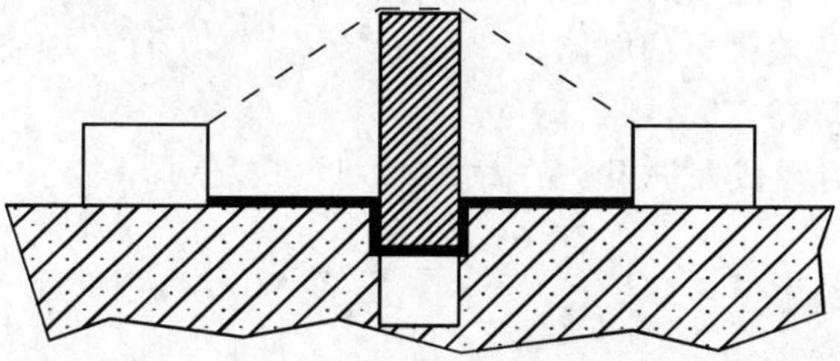

例 9 由于螺钉头与凹槽槽壁之间的空隙太窄，所以不必考虑该空隙。

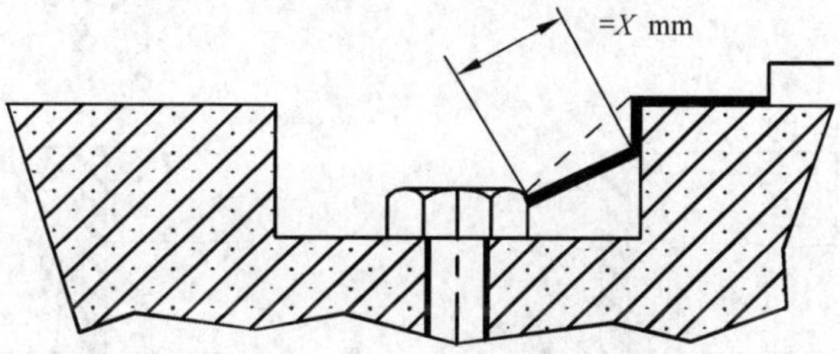

例 10 由于螺钉头与凹槽槽壁之间的空隙足够宽，所以必须考虑该空隙。

当该空隙的距离等于 X 时，爬电距离的测量值就是从螺钉到槽壁的距离。

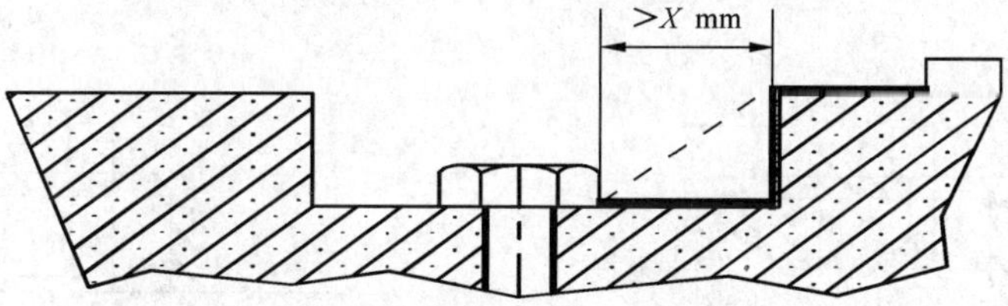

例 11C 为一浮地零部件。

电气间隙和爬电距离 $d+D$。

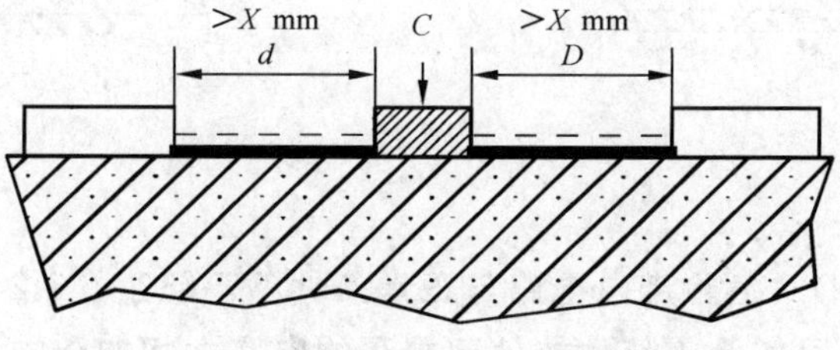

说明：

——— 爬电距离；

- - - - 电气间隙。

图 C.1（续）

附 录 D
（规范性附录）
其间规定绝缘要求的零部件
（见 6.4 和 6.5.2）

下列符号在图 D.1～图 D.3 中用来表示：

a） 要求：

B 要求基本绝缘；

D 要求双重绝缘和加强绝缘。

b） 电路和零部件：

A 与保护导体端子不连接的可触及零部件；

H 正常条件下是危险带电的电路；

N 正常条件下不超过 6.3.2 限值的电路；

R 与基本绝缘组合形成保护阻抗的高阻抗[见 6.5.3c)]；

S 保护屏；

T 可触及的外部端子；

Z 次级电路的阻抗。

所给出的次级电路也可以被认为只是零部件。

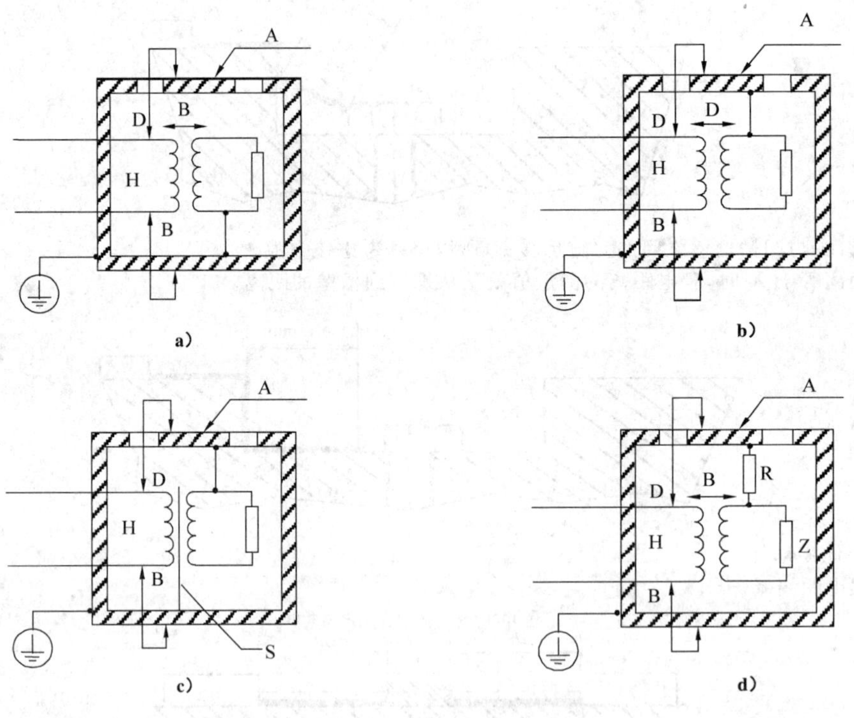

图 D.1a）～d） 危险带电电路与正常条件下不超过 6.3.2 限值且具有可触及零部件的外部端子的电路之间的防护

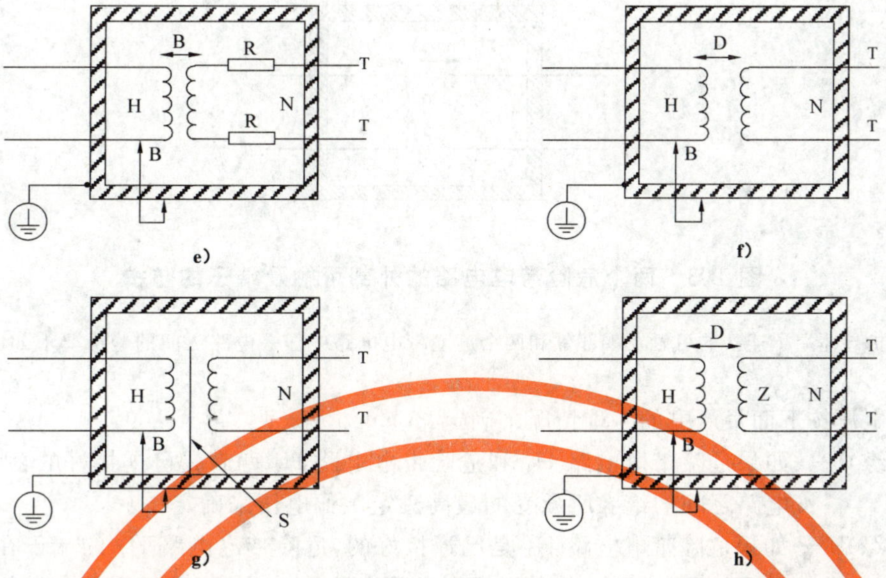

图 D.1e)～h) 危险带电电路与正常条件下不超过 6.3.2 限值且具有外部端子的其他电路之间的防护

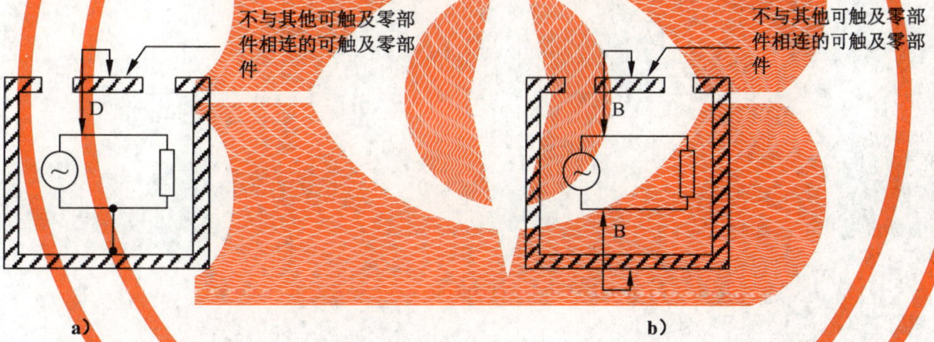

图 D.2a)和 b) 不与其他可触及零部件相连的可触及件对内部危险带电电路的防护

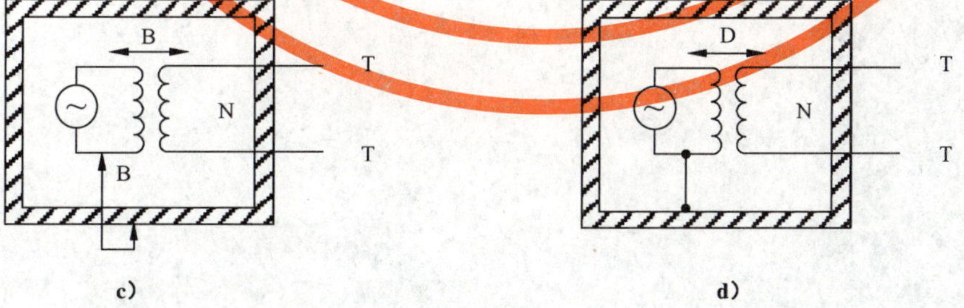

图 D.2c)和 d) 正常条件下不超过 6.3.2 限值的次级电路的可触及端子对初级危险带电电路的防护

注：图 D.2c)和图 D.2d)所示的电路也可以有其他防护措施，例如保护屏、电路保护连接(见 6.5.1)和保护阻抗(见 6.5.3)。

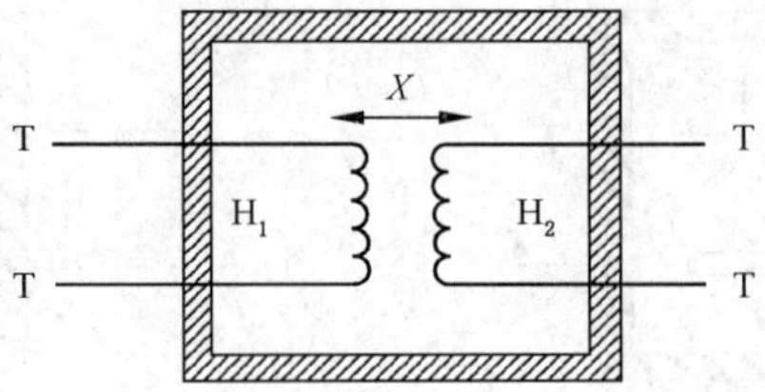

图 D.3　两个危险带电电路的外部可触及端子的防护

注：未与保护导体端子连接的可触及零部件和两个危险带电电路中任一电路之间的绝缘要求如图 D.1a)～D.1d)所示。

X 的试验电压按下面最严酷的一种情况来确定：

B(基本绝缘)——如果危险带电电路 H_1 和危险带电电路 H_2 两者是已连接好的，则试验电压根据电路之间的绝缘所承受的最高额定工作电压来确定；

D(双重绝缘)——如果危险带电电路 H_1 是已连接好的，危险带电电路 H_2 的端子在进行连接时又是可触及的，则试验电压根据危险电路 H_1 的绝缘所承受的最高额定工作电压来确定；

D(双重绝缘)——如果危险带电电路 H_2 是已连接好的，危险带电电路 H_1 的端子在进行连接时是可触及，则试验电压根据危险电路 H_2 的绝缘所承受的最高额定工作电压来确定。

附 录 E
（规范性附录）
污染等级的降低

表 E.1 给出了通过采用附加防护使内部环境污染等级的降低。

表 E.1 通过采用附加防护使内部环境污染等级的降低

附加防护	从外部环境污染等级 2 降至	从外部环境污染等级 3 降至
采用 GB 4208—2008 的 IPX4 外壳	2	2
采用 GB 4208—2008 的 IPX5 或 IPX6 外壳	2	2
采用 GB 4208—2008 的 IPX7 或 IPX8 外壳	2[a]	2[a]
采用气密密封的外壳	1	1
采用连续加热	1	1
采用密封	1	1
采用使用涂层	1	2

[a] 如果设备制造时已确保其内部是低湿度的，且说明书又规定，在打开外壳后再次合上外壳时，必须在湿度受控的环境中进行或者必须使用干燥剂，则污染等级就能降至 1 级。

附 录 F
（规范性附录）
例行试验

制造厂商对其生产的带有危险带电零部件和可触及导电零部件的设备应当100％进行F.1～F.3的试验。

除非能清楚地表明其试验结果在后续的制造阶段是有效的，否则应当使用完全组装好的设备来进行试验。进行试验时不得拆掉设备电线、改装或拆开设备，但是如果扣式盖子和摩擦紧固的旋钮对试验有影响，则应当将其拆下。设备在试验期间不得通电，但其电源开关应当置于通位。

设备不需要包上金属箔，也不需要进行潮湿预处理。

F.1 保护接地

在一端为器具输入插座的接地插销或插头连接式设备的电源插头的接地插销，或者永久性连接式设备的保护导体端子，以及另一端为6.5.1要求与保护导体端子相连的所有可触及导电零部件之间进行接地连续性试验。

注：对试验电流值不作规定。

F.2 电网电源电路

在一端为连接在一起的电网电源端子，以及另一端为连接在一起的所有可触及导电零部件之间，施加6.8规定的（进行潮湿预处理）对应于基本绝缘的试验电压。就本标准而言，预定要与其他设备的非带电的电路相连的任何输出端子的接触件被认为是可触及导电零部件。

试验电压应当在2 s内升至规定值，并至少保持2 s。

不得出现击穿或重复的飞弧，不考虑电晕效应和类似现象。

F.3 其他电路

在一端为连接在一起的在正常工作时能成为危险带电的浮地输入电路的端子，以及另一端为连接在一起的可触及导电零部件之间施加试验电压。

还要在一端为连接在一起的在正常使用时能成为带电的浮地输出电路的端子，以及另一端为连接在一起的可触及导电零部件之间施加试验电压。

对每一种情况施加的电压值为工作电压的1.5倍。如果电压限制（箝位）装置在低于1.5倍的工作电压下动作，则施加的电压值为0.9倍的箝位电压，但不小于工作电压。

注：在具有与保护导体端子相连的可触及导电零部件的设备中，可触及导电零部件是能与器具输入插座的接地插销或电源插头的接地插销相连的，在进行试验时，要将设备与任何外部接地装置进行电气隔离。

不得出现击穿或重复的飞弧，不考虑电晕效应和类似现象。

ICS 19.080;25.040.01
N 10

中华人民共和国国家标准

GB 30439.8—2014

工业自动化产品安全要求 第8部分:电动执行机构的安全要求

Safety requirements for industrial automation products—
Part 8: Safety requirements for electrical actuator

2014-07-24 发布 2015-02-01 实施

中华人民共和国国家质量监督检验检疫总局
中国国家标准化管理委员会 发布

前 言

GB 30439 的本部分的全部技术内容为强制性。

GB 30439《工业自动化产品安全要求》分为如下 18 个部分：

——第 1 部分：总则；

——第 2 部分：压力/差压变送器的安全要求；

——第 3 部分：温度变送器的安全要求；

——第 4 部分：控制阀的安全要求；

——第 5 部分：流量计的安全要求；

——第 6 部分：电磁阀的安全要求；

——第 7 部分：控制仪表的安全要求；

——第 8 部分：电动执行机构的安全要求；

——第 9 部分：数字显示仪表的安全要求；

——第 10 部分：记录仪表的安全要求；

——第 11 部分：可编程序控制器的安全要求；

——第 12 部分：回波测距(TOF)式物位计的安全要求；

——第 13 部分：磁致伸缩液位计的安全要求；

——第 14 部分：仪表电源的安全要求；

——第 15 部分：工业过程测量和控制用信号配电、隔离、转换单元的安全要求；

——第 16 部分：差压流量计的安全要求；

——第 17 部分：超声流量仪表的安全要求；

——第 18 部分：压力仪表辅助装置的安全要求。

本部分为 GB 30439 的第 8 部分。

本部分按照 GB/T 1.1—2009 给出的规则起草。

本部分由中国机械工业联合会提出。

本部分由全国工业过程测量和控制标准化技术委员会(SAC/TC 124)，全国测量、控制和实验室电器设备安全标准化技术委员会(SAC/TC 338)归口。

本部分起草单位：中环天仪股份有限公司、机械工业仪器仪表综合技术经济研究所、上海自仪股份有限公司、宁夏银星能源股份吴忠仪表公司、上海工业自动化仪表研究所、重庆自动化仪表所、扬州电力设备修造厂、北京华控技术有限责任公司、重庆川仪总厂有限公司、上海威尔泰工业自动化股份有限公司、福建上润精密仪器有限公司。

本部分主要起草人：李云翱、包伟华、丁戍卫、李明华、王玉敏、马煜峰、王勇、陆孝孟、蔡冰询、朱乐尧、费向军、刘仲刚、戈剑、梅恪、王建华、柳晓菁、郑旭。

工业自动化产品安全要求 第8部分:电动执行机构的安全要求

1 范围

GB 30439的本部分规定了电动执行机构的防电击、机械危险、火焰从设备内向外蔓延、过高温、流体和流体压力的影响、爆炸和内爆的安全要求。

本部分不包括与安全无关的电动执行机构的可靠功能、性能或其他特性,运输包装的有效性,电磁兼容(EMC)要求,对爆炸环境的防护措施,安装、调试、维修(修理),安装、调试、维修(修理)人员的防护。

本部分适用于电动执行机构。

2 规范性引用文件

下列文件对于本文件的应用是必不可少的。凡是注日期的引用文件,仅注日期的版本适用于本文件。凡是不注日期的引用文件,其最新版本(包括所有的修改单)适用于本文件。

GB/T 1633—2000 热塑性塑料维卡软化温度(VST)的测定(idt ISO 306:1994)

GB/T 4207—2003 固体绝缘材料在潮湿条件下相比电痕化指数和耐电痕化指数的测定方法(IEC 60112:1979,IDT)

GB 4208—2008 外壳防护等级(IP代码)(IEC 60529:2001,IDT)

GB 4793.1—2007 测量、控制和实验室用电气设备的安全要求 第1部分:通用要求(IEC 61010-1:2001,IDT)

GB/T 5169.16—2008 电工电子产品着火危险试验 第16部分:试验火焰50 W水平与垂直火焰试验方法(IEC 60695-11-10:2003,IDT)

GB/T 5465.2—2008 电气设备用图形符号 第2部分:图形符号(IEC 60417 DB:2007,IDT)

GB/T 7354—2003 局部放电测量(IEC 60270:2000,IDT)

GB/T 11021—2007 电气绝缘 耐热性分级(IEC 60085:2004,IDT)

GB/T 11918—2001 工业用插头插座和耦合器 第1部分:通用要求(idt IEC 60309-1:1999)

GB/T 11919—2001 工业用插头插座和耦合器 第2部分:带插销和插套的电器附件的尺寸互换性要求(idt IEC 60309-2:1999)

GB/T 12113—2003 接触电流和保护导体电流的测量方法(IEC 60990:1999,IDT)

GB/T 16842—2008 外壳对人和设备的防护 检验用试具(IEC 61032-1:1997,IDT)

GB/T 16927(所有部分) 高电压试验技术[IEC 60060(所有部分)]

GB/T 16935.3—2005 低压系统内设备的绝缘配合 第3部分:利用涂层、罐封和模压进行防污保护(IEC 60664-3:2003,IDT)

3 术语和定义

GB 4793.1界定的以及下列术语和定义适用于本文件。为了便于使用,以下重复列出了GB 4793.1中的某些术语和定义。

3.1 设备和设备的类别

工具 tool

为帮助人来执行某种机械功能而使用的，包括钥匙和硬币在内的外部装置。

［GB 4793.1—2007，定义 3.1.5］

3.2 零部件和附件

3.2.1

端子 terminal

为使装置（设备）与外部导体相连而提供的一种元件。

注：端子可以含有一个或几个接触件，因此该术语也包括插座、连接器等。

［GB 4793.1—2007，定义 3.2.1］

3.2.2

功能接地端子 functional earth terminal

用来直接与测量电路或控制电路的某一点，或者直接与某个屏蔽部分进行电气连接的，而且预定还要用来为安全目的以外的任何功能目的接地的端子。

注：对测量设备，该端子常被称为测量接地端子。

［GB 4793.1—2007，定义 3.2.2］

3.2.3

保护导体端子 protective conductor terminal

为安全目的而与设备的导电零部件相连接的，而且预定还要与外部保护接地系统相连接的端子。

［GB 4793.1—2007，定义 3.2.3］

3.2.4

外壳 enclosure

防止设备受到某些外部影响和防止从任何方向直接接触而提供的零部件。

［GB 4793.1—2007，定义 3.2.4］

3.2.5

挡板 barrier

防止从任何正常接近的方向直接接触而提供的零部件。

注：外壳和挡板可以提供火焰蔓延的防护［见 9.2.1b)］。

［GB 4793.1—2007，定义 3.2.5］

3.3 电气量值

3.3.1

额定（值） rated（value）

通常由制造厂针对元器件、装置或设备达到某一工作状态而给出的量值。

［GB 4793.1—2007，定义 3.3.1］

3.3.2

额定值 rating

一组额定值和工作条件。

［GB 4793.1—2007，定义 3.3.2］

3.3.3

工作电压 working voltage

当电动执行机构以额定电压供电时，在任何特定的绝缘上能出现的最大交流电压有效值或直流电压值。

注 1：瞬态值不考虑。

注 2：开路条件和正常工作条件均要考虑。

[GB 4793.1—2007，定义 3.3.3]

3.4 试验

3.4.1

型式试验 type test

针对特定的设计，为证明该设计和结构是否能满足本标准的一项或多项要求而对设备的一台或多台样品（或设备零部件）进行的试验。

注：这是对 IEV 151-04-15 定义的扩充，以便既包括设计要求又包括结构要求。

[GB 4793.1—2007，定义 3.4.1]

3.4.2

例行试验 routine test

在制造中或制造后为确定装置（设备）是否符合某个判据而对每一台单独的装置（设备）进行的试验（见附录 F）。

[GB 4793.1—2007，定义 3.4.2]

3.5 安全术语

3.5.1

（零部件的）可触及 accessible（of apart）

当按 6.2 的规定能用标准试验指或试验针触及到的。

[GB 4793.1—2007，定义 3.5.1]

3.5.2

危险 hazard

潜在的伤害源。

[GB 4793.1—2007，定义 3.5.2]

3.5.3

危险带电 hazardous live

在正常条件或单一故障条件下能使之发生电击或电灼伤。

注：对正常条件适用的数值见 6.3.1，对在单一故障条件下被认为是适用的更高的数值见 6.3.2。

[GB 4793.1—2007，定义 3.5.3]

3.5.4

电网电源 mains

设计成使有关设备需要与其连接的、为设备提供电力为目的的低压供电系统[其值大于 6.3.2a）的规定值]。

注：有些测量电路也可以与供测量目的用的电网电源相连。

3.5.5

电源电路 mains circuit

预定要与电网电源连接的、为电动执行机构提供电力的电路。

注：测量电路和利用感应原理从电网电源电路获得供电的电路不属于电网电源电路。

3.5.6

保护阻抗 protective impedance

元器件、元器件的组件或者基本绝缘和限流或限压装置的组合，当其连接在可触及导电零部件与危险带电零部件之间时，其阻抗、结构和可靠性在正常条件和单一故障条件下提供的防护程度达到本标准的要求。

[GB 4793.1—2007，定义 3.5.7]

3.5.7

保护连接　protective bonding

为使可触及导电零部件或保护屏与供外部保护导体连接用的装置具有电气连续性而进行的电气连接。

[GB 4793.1—2007，定义 3.5.8]

3.5.8

正常使用　normal use

按使用说明或按明显的预期用途的说明进行的操作，包括待机。

注：多数情况下，正常使用也指正常条件，因为使用说明书会警告用户不要在非正常条件下使用设备。

[GB 4793.1—2007，定义 3.5.9]

3.5.9

正常条件　normal condition

防止危险的所有防护措施均完好无损的条件。

[GB 4793.1—2007，定义 3.5.10]

3.5.10

单一故障条件　single fault condition

防止危险的一个防护措施发生失效的条件或可能引起某种危险而出现一个故障的条件。

注：如果某个单一故障条件会不可避免地引起另一个单一故障条件，则这样的两个故障被认为是一个单一故障条件。

[GB 4793.1—2007，定义 3.5.11]

3.5.11

操作人员　operator

按设备的预期用途来操作设备的人。

注：操作人员应当为这一目的而接受适当的培训。

[GB 4793.1—2007，定义 3.5.12]

3.5.12

责任者　responsible body

负责设备的使用或维护和确保操作人员得到足够培训的个人或组织。

[GB 4793.1—2007，定义 3.5.13]

3.5.13

潮湿场所　wet location

可能存在水或其他导电液体，而且由于人体与设备之间的潮湿接触或人体与环境之间的潮湿接触而可能使人体阻抗减小的场所。

[GB 4793.1—2007，定义 3.5.14]

3.6　绝缘

3.6.1

基本绝缘　basic insulation

其失效会引起电击危险的绝缘。

注：基本绝缘可用于功能绝缘的目的。

[GB 4793.1—2007,定义 3.6.1]

3.6.2

附加绝缘 supplementary insulation

除基本绝缘以外施加的独立的绝缘,用以保证在基本绝缘一旦失效时仍能防止电击。

[GB 4793.1—2007,定义 3.6.2]

3.6.3

双重绝缘 double insulation

由基本绝缘和附加绝缘构成的绝缘。

[GB 4793.1—2007,定义 3.6.3]

3.6.4

加强绝缘 reinforced insulation

其提供防电击能力不低于双重绝缘的绝缘,它可以由几层不能像附加绝缘或基本绝缘那样单独进行试验的绝缘构成。

[GB 4793.1—2007,定义 3.6.4]

3.6.5

污染 pollution

会导致介电强度或表面电阻率降低的固态、液态或气态(电离气体)的附加的外来物质。

[GB 4793.1—2007,定义 3.6.5]

3.6.6

污染等级 pollution degree

为了评价间隔距离而规定的下述微环境的污染等级。

注 1:外部物质和水分的积聚会引起被污染的绝缘体导电。

注 2:对污染等级 2 和污染等级 3 给出的最小电气间隙是基于经验而不是原始数据。

[GB 4793.1—2007,定义 3.6.6]

3.6.6.1

污染等级 1 pollution degree 1

无污染或只有干燥的非导电性污染,该污染无不利影响。

[GB 4793.1—2007,定义 3.6.6.1]

3.6.6.2

污染等级 2 pollution degree 2

通常仅有非导电性污染,但偶尔也会由于凝聚作用而短时导电。

[GB 4793.1—2007,定义 3.6.6.2]

3.6.6.3

污染等级 3 pollution degree 3

导电污染或干燥的非导电污染由于凝聚作用而变成导电。

注:在这种条件下,设备通常要防止暴露于直射的日光、降雨、强烈的风压中,但不用控制温度或湿度。

[GB 4793.1—2007,定义 3.6.6.3]

3.6.7

电气间隙 clearance

两个导电零部件在空气中的最短距离。

[GB 4793.1—2007,定义 3.6.7]

3.6.8

爬电距离 creepage distance

两个导电零部件沿绝缘材料表面的最短距离。

[GB 4793.1—2007,定义 3.6.8]

3.7 与产品有关的定义

3.7.1

执行机构　actuator

将控制信号转换成相应的动作以控制阀内截流件的位置或其他调节机构的装置。信号或驱动力可为气动、电动、液动的或此三者的任意组合。

3.7.2

电动执行机构　electrical actuator

利用电作为动力源的执行机构。

4 试验

4.1 概述

本部分中的所有试验均是在电动执行机构或其零部件的样品上进行的型式试验。这些试验的唯一目的是要检验设计和结构是否能确保符合标准要求。此外,制造厂应当对所生产的、同时具有危险带电零部件和可触及导电零部件的电动执行机构100%的进行附录F的例行试验。

对满足本部分规定的相关标准要求且按这些要求使用的电动执行机构的分组件,在整个电动执行机构的型式试验期间不必再重复进行试验。

应当通过所有适用的试验来检验是否符合本部分要求,但如果对电动执行机构的检查确能证明肯定能通过某项试验,则该项试验可以省略。试验在下面条件下进行:

——基准试验条件(见4.3);

——故障条件(见4.4)。

注:如果在进行符合性试验时,某个所施加的或测得的量值(如电压)的实际值由于有误差而存在不确定性,则:

——制造厂要确保施加的值至少是规定的试验值;

——试验部门要确保施加的值不大于规定的试验值。

4.2 试验顺序

除本部分另有规定者外,试验顺序可以任选。在每项试验后应当仔细对受试电动执行机构进行检查。如果对试验的结果有怀疑,怀疑如果试验顺序颠倒,任何前面的各项试验是否真能通过,则前面的这些试验应当重复进行。如果故障条件下的试验会损坏电动执行机构,则这些试验可以放在基准试验条件下的试验之后。

4.3 基准试验条件

4.3.1 环境条件

除本部分另有规定者外,试验场所应当具有下述环境条件:

a) 温度:15 ℃～35 ℃;

b) 相对湿度:不超过75%;

c) 大气压力:86 kPa～106 kPa;

d) 无霜冻、凝露、渗水、淋雨和日照等。

4.3.2 电动执行机构状态

除另有规定者外,每项试验应当在组装好的供正常使用的电动执行机构上、且在4.3.2.1～4.3.2.9

规定的最不利的组合条件下进行。

如果由于体积或质量原因不能对整台电动执行机构进行某些试验，则允许对分组件进行试验，只要经过验证证明组装好的电动执行机构能符合本部分的要求即可。

4.3.2.1 电动执行机构位置

电动执行机构处于正常使用时的任一位置，且任何通风不受阻挡。

4.3.2.2 附件

由制造厂建议的或提供的、与电动执行机构一起使用的附件和操作人员可更换的零部件应当连接或不连接。

4.3.2.3 盖子和可拆除的零部件

不用工具就能拆除的盖子或零部件应当拆除或不拆除。

4.3.2.4 电网电源

应当符合下面的要求：

a) 供电电压应当在电动执行机构能设置的任何额定供电电压的 90%～110%之间，或者如果对电动执行机构规定出要适应更大的电压波动，则供电电压应当达到该波动范围内的任何电压；
b) 频率应当为任何额定频率；
c) 使用交流单相电源的电动执行机构应当分别按正常极性连接或相反极性连接。

4.3.2.5 输入和输出电压

输入和输出电压，包括浮地电压但不包括电网电源电压在内，应当将其调节到额定电压范围内的任何电压上。

4.3.2.6 接地端子

对保护接地端子，如果有，应当接到大地。功能接地端子应当接地或不接地。

4.3.2.7 控制件

操作人员在不使用工具的情况下，能手动调节的控制件应当设置在任何位置上，但下列情况除外：

a) 电网电源选择装置应当设置在正确值的位置上；
b) 如果标在电动执行机构上的制造厂的标志禁止组合设置，则不得进行组合设置。

4.3.2.8 输出

对于提供电输出的电动执行机构：

a) 电动执行机构的工作状态应当能对额定负载提供额定输出功率；
b) 对任何输出，额定负载阻抗应当连接或不连接。

4.3.2.9 工作周期

短时或间歇工作的电动执行机构应当按制造厂使用说明书的规定，以最长的一段时间工作和以最短的一段时间恢复。

4.4 单一故障条件下的试验

4.4.1 概述

应当按下面要求：

a) 检查电动执行机构及其电路图通常就能判断是否有可能引起危险的和因此是否应当施加的故障条件；

b) 除了能证明某个特定的故障条件不可能引起危险外，各项故障试验均应当进行，或者选择检验符合性的规定的替换方法来代替故障试验[见 9b)和 9c)]；

c) 电动执行机构应当在基准试验条件(见 4.3)的最不利的组合条件下工作，对不同的故障，这些组合条件可以有所不同，在进行每一个试验时应当记录这些组合条件。

4.4.2 故障条件的施加

故障条件应当包括 4.4.2.1～4.4.2.7 规定的故障条件。这些故障条件一次只能施加一个，并应当按任何方便的顺序依次施加，不能同时施加多个故障，除非这些故障是施加某故障后引发的结果。

在每一次施加故障条件后，电动执行机构或零部件应当能通过 4.4.4 的适用的试验。

4.4.2.1 保护导体

保护导体应当断开，但对永久性连接式电动执行机构或使用符合 GB/T 11918～11919 的连接器的电动执行机构除外。

4.4.2.2 短时或间歇工作的电动执行机构或零部件

如果单一故障条件下可能导致这些电动执行机构或零部件连续工作，则应当使其连续工作。各个单独的零部件包括电动机、继电器和其他电磁装置。

4.4.2.3 电动机

电动机应当在完全被激励的情况下使其停转或阻止其启动，选择其中较为不利者。

4.4.2.4 电容器

电动机辅助绕组电路中的电容器(自愈式电容器除外)应当将其短路。

4.4.2.5 电源变压器

电源变压器的次级绕组应当按 4.4.2.5.1 的规定将其短路，并按 4.4.2.5.2 的规定使其过载。在一个试验中损坏的变压器，允许修复或更换后再作下一个试验。

4.4.2.5.1 短路

在正常使用时接负载的每一个不带抽头的输出绕组和带抽头输出绕组的每一部分应当依次进行试验，一次试验一个来模拟负载短路。试验中过流保护装置保持在位，所有其他绕组接负载或不接负载，选择正常使用的负载条件中较为不利者。

4.4.2.5.2 过载

每一个不带抽头的输出绕组和带抽头的输出绕组的每一部分应当依次进行过载试验，一次试验一个。其他绕组接负载或不接负载，选择正常使用的负载中较为不利者。如果在 4.4 的故障条件试验时出现任何过载,则各次级绕组应当承受那些过载。

在绕组上跨接一个可变电阻器来进行过载试验。电阻器尽可能快地进行调节,如有必要,在 1 min 后再次进行调节来保持该适用的过载。以后允许不再作进一步的调节。

如果用电流断路装置来提供保护,则过载试验电流为过流保护装置刚好能导通 1 h 的最大电流。试验前,保护装置用可以忽略阻抗的连接来代替。如果该试验电流值不能从保护装置的规范中获得,则要通过试验来确定。

对设计成当达到规定的过载时输出电压即消失的电动执行机构,过载要缓慢地增加,达到刚好在引起输出电压消失的该过载点靠前的一个过载点。

在所有的其他情况下,该过载是从变压器能获得的最大输出功率。

4.4.2.6 输出

应当将各个输出短路,一次短路一个。

4.4.2.7 电路和零部件之间的绝缘

在电路和零部件之间,对低于针对基本绝缘规定的量值的绝缘应当将其短路,以检验是否能防止火焰的蔓延。

注:检验防止火焰蔓延的替换方法见 9a)和 9b)。

4.4.3 试验持续时间

4.4.3.1 概述

应当使电动执行机构一直工作到由所施加的故障产生的结果不可能再有进一步的变化为止。每项试验一般限制在 1 h 以内,因为单一故障条件引发的二次故障通常就在那段时间内显现出来。如果有迹象表明最终可能产生电击、火焰蔓延或人身伤害的危险,则试验应当一直继续到出现这些危险为止,或者最长时间为 4 h,除非在此之前出现危险。

4.4.3.2 限流装置

如果为限制能易于触及到的零部件的温度而装有在工作时能切断或限制电流的装置,则不论该装置是否动作,均应当测量电动执行机构能达到的最高温度。

4.4.3.3 熔断器

如果因熔断器的断开而使某个故障中断,而且如果该熔断器不在约 1 s 内动作,则应当测量有关故障条件下流过熔断器的电流。为了确定电流是否达到或超过熔断器的最小动作电流以及更长时间熔断器才动作,应当利用熔断器的预飞弧时间/电流特性来进行评定。通过熔断器的电流是会随时间而发生变化的。

如果在试验中电流未达到熔断器的最小动作电流,则应当使电动执行机构工作一段对应于最长的熔断时间,或者应当使电动执行机构连续工作 4.4.3.1 规定的时间。

4.4.4 施加故障条件后的符合性

4.4.4.1 防电击保护

在施加单一故障后,通过下面的测量来检验电击防护是否符合要求:

a) 通过进行 6.3.2 的测量来检验可触及导电零部件是否变成危险带电;

b) 通过对双重绝缘或加强绝缘进行电压试验来检验绝缘是否还有一重保护,电压试验按 6.8 的

规定(潮湿预处理除外)用对应于基本绝缘的试验电压来进行;

c) 如果电气危险防护是通过变压器内的双重绝缘或加强绝缘来实现的,则测量变压器绕组的温度。其温度不得超过表9规定的温度。

4.4.4.2 温度

通过测量电动执行机构外壳的外表面或能易于触及到的零部件外表面的温度来检验温度防护是否符合要求。

在40 ℃的环境温度下,易接触表面的温度在正常条件下不得超过表8的规定值。

在最高额定环境温度下或在单一故障条件下,如果易接触表面温度超过表9规定的温度值,则制造厂应该在说明书中给出防止灼伤的警告说明(见5.4.4),或者在相应位置标有表1中符号13。

该温度是通过测量电动执行机构外表面或零部件的温升加上40 ℃,或者如果高于40 ℃,则加上最高额定环境温度来确定。

4.4.4.3 火焰蔓延

通过将电动执行机构放在白色薄棉纸包裹的软木材表面上,电动执行机构包上纱布来检验着火蔓延的防护是否符合要求。熔融金属、燃烧的绝缘物、带火焰的颗粒等不得滴落到放置电动执行机构的表面上,而且棉纸或纱布不得碳化、灼热或起火。如果不可能引发危险,则绝缘材料的熔化应当忽略不计。

4.4.4.4 其他危险防护

按第7章和第8章以及第11章～第13章的规定来检验其他危险防护要求是否合格。

5 标志和文件

5.1 标志

5.1.1 概述

电动执行机构上应当标有符合5.1.2～5.2规定的标志。除了内部零部件的标志外,这些标志应当从外部就能看见,或者如果盖子是预定要由操作人员来拆下或打开的,则在不用工具拆下盖子后,这些标志应当从外部就能看见。适用于整台电动执行机构的标志不得标在操作者不用工具就能拆卸的零部件上。

量值和单位的文字符号应当符合GB/T 5465.2的规定,图形符号应当符合表1的规定。图形符号应当在文件中进行解释。

通过目视检查来检验是否合格。

5.1.2 标识

电动执行机构应当至少标有下列内容:

a) 制造厂或供应商的名称或商标;

b) 型号、名称或能识别电动执行机构的其他方法。如果标有相同识别标志(型号)的电动执行机构是在一个以上的生产场地制造的,则对每一个生产场地制造的电动执行机构,其标志应当能识别出电动执行机构的生产场地。

注:工厂地点的标志可以采用代码,而且不必标在电动执行机构的外部。

c) 制造年月和编号,或类似表述;

d) 电动执行机构的行程和力矩,或类似表述。

通过目视检查来检验是否合格。

5.1.3 电源

电动执行机构应当标有以下信息：

a) 电源性质：

  1) 额定电网电源频率或频率范围；

  2) 单相或三相交流电源；

  注：就提供信息而言，标出下列内容可能是有益的：

  ——用单相交流电源的电动执行机构用表1中符号2；

  ——用三相交流电源的电动执行机构用表1中符号4。

b) 额定电源电压值或额定电源电压范围；

c) 最大额定功率，单位W(有功功率)或单位VA(视在功率)，或者最大额定输入电流。

通过目视检查，以及通过测量功率或输入电流来检验c)规定的标志是否合格。测量应当在电流达到稳定状态后(通常1 min后)进行，以避免计入任何起始冲击电流。电动执行机构应当处在消耗最大功率的状态。不考虑瞬态值，测得值大于标志值时，不得超过标志值的10%。

表1 符号

序号	符号	标准	说明
1		GB/T 5465.2(5031)	直流
2		GB/T 5465.2(5032)	交流
3		GB/T 5465.2(5033)	交直流
4			三相交流
5		GB/T 5465.2(5017)	接地端子
6		GB/T 5465.2(5019)	保护导体端子
7	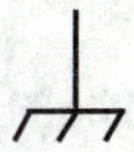	GB/T 5465.2(5020)	机箱或机架端子
8		GB/T 5465.2(5021)	等电位
9		GB/T 5465.2(5007)	通(电源)
10		GB/T 5465.2(5008)	断(电源)

表 1（续）

序号	符号	标准	说明
11		GB/T 5465.2(5172)	全部由双重绝缘或加强绝缘保护的电动执行机构
12			小心，电击危险
13		GB/T 5465.2(5041)	小心，烫伤
14		ISO 7000	小心，危险[a]
15		GB/T 5465.2(5268)	双位按钮控制的“按入”状态
16	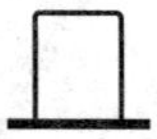	GB/T 5465.2(5269)	双位按钮控制的“弹出”状态
[a] 要求制造厂说明在标有该符号的所有情况下都必须查阅文件，见 5.4.1。			

5.1.4 端子、连接件和操作装置

如果对安全是有必要的话，则对端子、连接器、控制件以及指示器，应当给出其用途的指示。如果没有足够的空间，可以使用表 1 中符号 14。

注： 对多针连接器的各个插针不必进行标志。

与电网电源相连的端子应当是能识别的：

下列端子应当按下面规定进行标志：

a) 功能接地端子用表 1 中符号 5；

b) 保护导体端子用表 1 中符号 6，但当保护导体端子是经认可的电网电源器具输入插座的一部分时除外。该符号应当标在靠近端子处或标在端子上；

c) 对 6.6.3 允许与可触及导电零部件相连的控制和测量电路端子，如果该端子的这种连接不是显而易见的，则用表 1 中符号 7；

注：该符号也可以被看作是用来表示不得将危险电压接到该端子上的警告符号。如果有可能发生操作人员会无意中进行这样的连接，则也要使用该符号。

d) 与可触及导电零部件相连的可触及功能接地端子，应当标上这种连接情况的指示，除非这种连接是显而易见的。对这种标志可用表 1 中符号 8。

通过目视检查来检验是否合格。

5.2 警告标志

警告标志在电动执行机构准备作正常使用时就能看见。如果某个警告标志适用于电动执行机构的某个特定部分，则该标志应当标在该特定部分上或标在其附近。

警告标志的尺寸应当按如下规定：

a) 符号高度至少应当为 2.75 mm，文字高度至少应当为 1.8 mm，文字在颜色上应当与背景颜色形成反差。

b） 在材料上模注、模压或蚀刻的符号或文字的高度至少应当为 2.0 mm，如果不打算在颜色上形成反差，则这些符号或文字至少应当具有 0.5 mm 的凹陷深度或凸起高度。

如果为了保持电动执行机构提供的防护而需要责任者或操作人员去查阅说明书，则电动执行机构应当标有表 1 的符号 14。符号 14 不需要与在说明书中作出的解释的符号一起使用。

如果说明书说明，操作人员可以用工具接触在正常条件下可能是危险带电的零部件，则应当标有警告标志，说明在接触前必须使电动执行机构与危险带电电压隔离或断开危险带电电压。

警告标志在 5.1.4c）、6.5.2f）、6.6.2 、10.1、12.2 中规定。

通过目视检查来检验是否合格。

5.3 标志耐久性

符合 5.1.2～5.2 要求的标志应当在正常使用条件下保持清晰可辨，并能耐受由制造厂规定的清洁剂的影响。

通过目视检查，以及通过对电动执行机构外侧的标志进行下述耐久性试验来检验是否合格。用布沾上规定的清洁剂（或者如果没有规定，则沾上异丙醇），用手不加过分压力地擦拭 30 s。

在上述处理后，标志仍应当清晰可辨，粘贴标牌不得出现松脱或卷边。

5.4 文件

5.4.1 概述

为了安全目的，应当随同电动执行机构提供含有下述内容的文件：

a） 电动执行机构的预定用途；

b） 技术规范；

c） 使用说明；

d） 可从其获得技术帮助的制造商或供货商的名称和地址；

e） 5.4.2～5.4.5 规定的信息；

如果适用，警告语句和对标在电动执行机构上的警告符号所做的清楚的解释应当在说明书中给出，或者将其永久、清晰地标在电动执行机构上。特别是应当给出一段叙述，说明在标有表 1 符号 14 的所有的情况下均需要查阅文件，以便弄清潜在危险的性质以及必须采取的任何应对措施。

注：如果正常使用涉及对危险材料的处理，则要给出正确使用和安全措施的说明。如果电动执行机构制造厂规定或提供任何危险材料，则还要给出该危险材料的成分和正确处理的程序。

通过目视检查来检验是否合格。

5.4.2 电动执行机构额定值

文件应当包含下列信息：

a） 电源电压或电压范围、频率或频率范围，以及功率或电流额定值；

b） 所有输入和输出连接的说明；

c） 为电动执行机构设计给定的环境条件范围的说明（见第 1 章）；

d） 如果电动执行机构符合 GB 4208—2008，给出设备防护等级的说明。

通过目视检查来检验是否合格。

5.4.3 电动执行机构安装

文件应当包括安装和特定的交付使用的说明，以及如果对安全是必要的话，还应当包括在电动执行机构安装和交付使用过程中可能发生的危险的警告。如：

a） 装配、定位和安装要求；

b) 保护接地说明；

c) 与电源的连接；

d) 电源布线要求；

e) 特殊维护要求。

通过目视检查来检验是否合格。

5.4.4 电动执行机构的操作

使用说明应当包括：

a) 操作控制件及其用于各种操作方式的标识；

b) 不要将电动执行机构放在难以操作控制件的位置的说明；

c) 与附件和其他设备互连的说明，包括指出适用的附件、可拆卸的零部件和任何专用的材料；

d) 间歇工作限值的规范；

e) 在电动执行机构上使用的与安全有关的符号的解释；

f) 消耗材料更换的说明；

g) 如有必要，应给出防灼伤的警告说明。

在说明书中应当说明，如果不按制造厂规定的方法来使用电动执行机构，则可能会损害电动执行机构所提供的防护。

通过目视检查来检验是否合格。

5.4.5 电动执行机构的维护

对责任者为安全目的而需要涉及的预防性维护和检查应当给出足够详细的说明。说明书要建议责任者为检验电动执行机构是否仍处于安全状态而必需进行的任何试验。说明书还要给出警告，说明重复进行本部分的任何试验有可能损伤电动执行机构和降低对危险的防护。

对于使用可更换电池的电动执行机构，应当说明该特定电池的型号。

制造厂应当规定出只能由制造厂或其代理机构才能检查或提供的任何零部件。

对可更换的熔断器的额定值和特性应当作出说明。

通过目视检查来检验是否合格。

6 防电击

6.1 要求

电动执行机构在正常条件(见 6.4)和单一故障条件(见 6.5)下均应当保持防电击，电动执行机构的可触及零部件不得出现危险带电(见 6.3)。

通过按 6.2 的规定来确定是否是可触及的零部件以及测量是否达到 6.3 规定的限值，然后通过 6.4～6.9 的试验来检验是否合格。

6.2 可触及零部件的判定

除能明显看出者外，判定零部件是否可触及应当按 6.2.1～6.2.3 的规定来进行。除有规定者外，对试验指(见附录 B)和试验针不得施加作用力。如果用试验指或试验针能接触到这些零部件，或者如果打开不认为是提供适当绝缘(见 6.9)的盖子能接触到这些零部件，则认为这些零部件是可触及的。

如果在正常使用时操作人员预定会采取使零部件增加可触及性的任何操作，例如，调节控制件，则该操作应当在 6.2.1～6.2.3 的检查前进行。

6.2.1 检查

在每一个可能的位置上施加铰接试验指(见图 B.2)。如果通过加力零部件会成为可触及,则施加刚性试验指(见图 B.1),同时施加 10 N 的力。施加的力要通过试验指的指尖施加,以避免出现楔入或撬开的动作。试验对所有的外部表面进行,包括底部。

6.2.2 危险带电零部件上方的开孔

将长 100 mm、直径 4 mm 的金属试验针插入危险带电零部件上方的任何开孔。试验针应当自由悬挂,并允许进入达 100 mm。零部件只是因为本试验是可触及的,因此不需要采取 6.5 单一故障条件下防护的附加安全措施。

本试验对端子不适用。

6.2.3 预调控制件的开孔

将直径 3 mm 的金属试验针插入预定需要用改锥或其他工具来接触预调控制件的孔。试验针以每一个可能的方向插入预调控制件的孔。插入深度不得超过从外壳表面到控制轴距离的 3 倍或 100 mm,取其较小者。

6.3 可触及零部件的允许限值

在可触及零部件与参考试验地之间,电压、电流不得超过 6.3.1 正常条件下的限值,也不得超过 6.3.2 单一故障条件下的限值。

6.3.1 正常条件下的值

在正常条件下有关量值大于下列限值即被认为是危险带电。只有当电压值超过 a)的限值时,才采用 b)和 c)的限值。

a) 当电压限值为有效值 33 V 和峰值 46.7 V,或者直流值 70 V。对规定在潮湿场所使用的电动执行机构,电压限值为有效值 16 V 和峰值 22.6 V,或者直流值 35 V。

b) 电流限值为:

1) 当用图 A.1 的测量电路测量时,对正弦波电流为有效值 0.5 mA,对非正弦波或混合频率电流为峰值 0.7 mA,或者直流值 2 mA。如果频率不超过 100 Hz,可以用图 A.2 的测量电路。对规定在潮湿场所使用的电动执行机构,用图 A.4 的测量电路。

2) 当用图 A.3 的测量电路时,有效值 70 mA,这一限值涉及较高频率下可能的灼伤。

6.3.2 单一故障条件下的限值

在单一故障条件下有关量值大于下列限值即被认为是危险带电。只要电压超过 a)的限值,则还要采用 b)和 c)的限值。

a) 电压限值为有效值 55 V 和峰值 78 V,或者直流 140 V;对规定在潮湿场所使用的电动执行机构,电压限值为有效值 33 V 和峰值 46.7 V,或者直流 70 V。对瞬时电压,其限值为图 1 的规定值,在 50 kΩ 电阻器上测量。

b) 电流值为:

1) 当用图 A.1 测量电路测量时,对正弦波电流为有效值 3.5 mA,对非正弦波或混合频率电流为峰值 5 mA;或者直流 15 mA。如果频率不超过 100 Hz,可以用图 A.2 测量电路。对规定在潮湿场所使用的电动执行机构,用图 A.4 的测量电路;

2) 当用图 A.3 的测量电路测量时,有效值 500 mA,这一限值涉及较高频率下可能的灼伤。

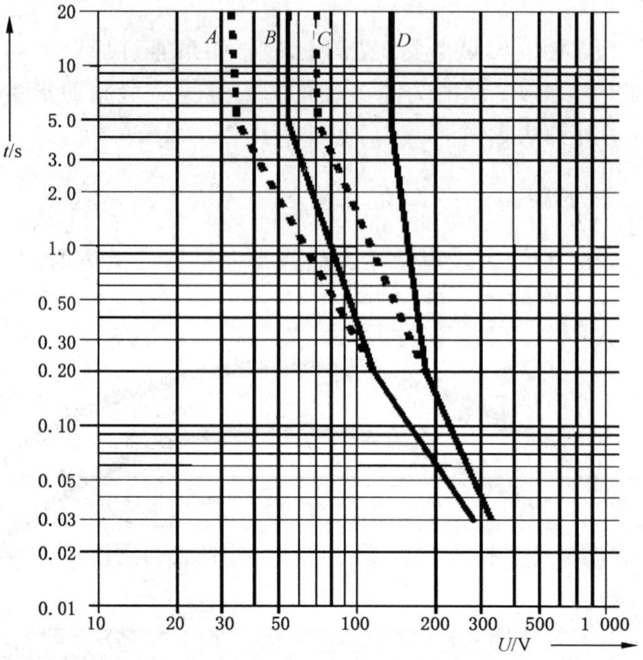

说明：

A——潮湿条件下的交流限值；

B——干燥条件下的交流限值；

C——潮湿条件下的直流限值；

D——干燥条件下的直流限值。

图 1　单一故障条件下瞬时可触及电压的短时最大持续时间[见 6.3.2a)]

6.4　正常条件下的防护

应当采用下面一个或一个以上的措施来防止可触及零部件成为危险带电：

a)　基本绝缘(见附录 D)；

b)　外壳。

外壳应当满足 8.1 的刚度要求。如果外壳用绝缘来提供防护，则它们应当满足基本绝缘的要求。

可触及零部件与危险带电零部件之间的电气间隙和爬电距离应当满足 6.7 的要求和基本绝缘适用的要求。

可触及零部件和危险带电零部件之间的固体绝缘应当能通过 6.8 对应基本绝缘的电压试验。

注：如果能通过 6.8 的介电强度试验，对固体绝缘无最小厚度要求。但是，在机械或热应力条件下，需要考虑第 8 章、第 9 章和第 10 章的要求。固体绝缘的局部放电试验在考虑中。

通过下面的测量和试验来检验是否合格：

a)　通过 6.2 的判定和 6.3.1 的测量，确定可触及零部件是否危险带电；

b)　按 6.7 的规定检查或测量电气间隙和爬电距离；

c)　6.8 的基本绝缘的介电强度试验；

d)　8.1 的外壳刚性试验。

6.5 单一故障条件下的防护

如果在6.4规定的初级保护装置出现单一故障情况下可触及导电零部件会危险带电，则可触及导电零部件应当与保护导体端子相连，另一种方法是应用与保护导体端子相连的导电保护屏或挡板将这些可触及零部件与危险带电的零部件隔离。

按6.5.1～6.5.3的规定检验是否合格。

6.5.1 保护连接的完整性

应当采用下列措施保证保护连接的完整性：

a) 保护连接应当由直接的结构件，或独立的导体或者这二者组成。保护连接应当能承受9.3规定之一的过流保护装置将电动执行机构从电源上断开之前可能会经受到的所有热应力和电动应力。
b) 对承受机械应力的焊接连接应当采用与焊接无关的方法进行机械固定，这种连接不得用于其他目的，例如固定结构件。螺钉连接件应当紧固防止松动。
c) 可移动的导电的连接件，例如，铰接件、滑销件等，不得成为唯一的保护连接通路，除非将它们专门设计成供电气互连用，并满足6.5.3的要求。
d) 电缆的外部金属编织物即使与保护导体端子连接也不得认为是保护连接。
e) 保护导体可以是裸导体也可以是绝缘导体，绝缘的颜色应当是黄绿色，但下列情况除外：
    1) 对接地编织线，可以是黄绿色的也可以是无色透明的；
    2) 对内部保护导体以及和组件中的保护导体端子连接的其他导体，例如带状电缆、汇流条、软印制导线等，如果不可能因保护导体无标识而引起危险，则可以使用任何颜色。黄绿双色组合只能用于识别保护导体，而不得用于其他目的。

注：在一些国家，使用绿色作为保护导体的颜色标识与黄绿双色组合是等效的。

f) 使用保护连接的电动执行机构应当装有满足6.5.2要求的端子并应当能适用于保护导体的连接。

通过目视检查来检验是否合格。

6.5.2 保护导体端子

保护导体端子应当满足下列要求：

a) 接触表面应当为金属表面。

注：选择保护连接系统的材料要能使端子与保护导体之间或与端子接触的任何其他金属之间的电化学腐蚀减小到最低限度。

b) 器具输入插座的整体式保护导体连接端应当认为是保护导体端子。
c) 对装有可拆卸软线的电动执行机构以及对永久连接式电动执行机构，其保护导体端子应当位于电源电路端子的近旁。
d) 电源电路的保护导体端子其载流能力至少应当与电源供电端子的载流能力相当。
e) 组合有其他端子的以及预定要手动连接和断开的插入式保护导体端子，例如电源线的插头和器具耦合器或插入单元的连接器组件，其设计应当使保护导体连接相对于其他连接最先接通和最后断开。
f) 如果保护导体端子还要用于其他连接目的，则应当首先用于连接保护导体，而且固定保护导体应当与其他连接无关，保护导体的连接方式应当确保不可能由于进行不涉及保护导体的维修而将保护导体拆除，或者应当标有警告标志(见5.2)，说明拆除后需要更换保护导体。

g) 功能接地端子，如果有的话，应当提供独立于保护导体连接的连接。

h) 如果保护接地端子是一种连接螺钉，则该螺钉应当具有能与连接导体相应的尺寸，但不小于4.0 mm，并至少应当能啮合3圈螺纹。保护连接所需的接触压力应当不会由于构成连接部分的材料的变形而减小。

通过目视检查来检验是否合格。还要通过下列试验来检验是否符合h)的要求。对金属件上的螺钉或螺母，连同被固定的最不利的接地导体，以及任何配套的导线固定装置的组件，当用表2规定的拧紧扭矩时，应当能承受3次装配和拆卸的操作而不发生机械失效。

表2　螺钉组件的拧紧扭矩

螺钉尺寸 mm	4.0	5.0	6.0	8.0	10.0
拧紧扭矩 N·m	1.2	2.0	3.0	6.0	10.0

6.5.3 电动执行机构的保护连接阻抗

保护导体端子与规定要采用保护连接的每一个可触及零部件之间的阻抗不得超过0.1 Ω，电源线的阻抗不构成规定的保护连接阻抗的一部分。

通过施加试验电流1 min，电流大小为直流25 A或额定电源频率交流25 A有效值，然后计算阻抗来检验是否合格。

6.6 与外部电路的连接

6.6.1 概述

与外部电路的连接应当不会：

a) 在正常条件和单一故障条件下使外部电路的可触及零部件变成为危险带电；

b) 或者在正常条件和单一故障条件下使设备的可触及零部件变成为危险带电。

应当通过对电路的隔离来实现保护，除非将电路的隔离短路不可能产生危险。

为达到上述的要求，制造商的说明书或设备的标志应当按适用的情况对每个外部端子给出以下信息：

1) 端子已设计成的能保持安全工作的额定条件(最大额定输入/输出电压、连接器特定的型号、已设计的用途等)；

2) 为符合正常条件和单一故障条件下端子连接时的电击防护要求，对外部电路要求的绝缘额定值。

对端子的可触及性，见6.6.2。

按下列方法来检验是否合格：

ⅰ) 通过目视检查；

ⅱ) 通过6.2的判定；

ⅲ) 通过6.3和6.7的测量；

ⅳ) 通过6.8介电强度试验(但潮湿预处理除外)。

6.6.2 外部电路的端子

在断开电源后 10 s，从内部电容器接收电荷的端子不得危险带电。

由内部获得供电的、且危险带电电压超过有效值 1 kV 或直流 1.5 kV，或者浮地电压超过有效值 1 kV 或直流 1.5 kV 的端子应当是不可触及的。且有这种端子的设备其设计应当使连接器在未插合好时危险带电电压就不会出现，或者应当标有表 1 中符号 12(见 5.2)，以警告操作人员可能存在可触及危险电压。

当最大额定电压施加到未插合好的端子时，该端子是危险带电的，则该端子心当是不可触及的。

通过目视检查和按 6.2 的规定对可触及零部件的判定来检验是否合格。

6.6.3 具有危险带电端子的电路

这些电路不得连到可触及导电零部件，但非电网电源的电路，以及设计成要与一个处于低电位的端子接触件一起工作的电路除外。在这种情况下，可触及导电零部件不得危险带电。

如果这种电路也设计成要与一个处于非危险带电的电压、浮地的可触及接触件(信号低端)一起工作，则该端子接触件允许连到公共功能地端子或系统(例如同轴屏蔽系统)。该公共功能地端子或系统也允许连到其他的可触及导电零部件。

通过目视检查来检验是否合格。

6.6.4 供绞合导体用的可触及端子

供绞合导体用的可触及端子其设置的位置或采用的防护应当确保在不同极性的危险带电零部件之间，或这种零部件与其他可触及零部件之间，即使绞合导体的一根脱离端子也不会存在偶然接触的危险。除非不会存在偶然接触的危险是显而易见的(显而易见是更为可取的)。否则可触及端子应当标有标志，来表示它们是否能与可触及导电零部件相连[见 5.1.4c)]。

先剥去 8 mm 长的绝缘，使绞合导线中的一根自由活动，然后在完全插入绞合导线后，通过目视检查来检验是否合格。绞合导线中的一根在不向后撕开绝缘，或在不围绕挡板锐弯的情况下，以任何可能的方向弯曲时，不得接触到不同极性的零部件或其他可能触及零部件。

承载危险带电电压或电流的电路的可触及端子，其固定、安装或设计应当确保使这些端子在拧紧、松开时，或在进行连接时不会出现松动。

通过手动试验和目视检查来检验是否合格。

6.7 电气间隙和爬电距离

电气间隙和爬电距离在 6.7.1～6.7.3 中作出规定，以使能承受在电动执行机构预定要接入的系统上出现的过电压。对电气间隙和爬电距离也考虑了额定环境条件和电动执行机构中安装的或制造商说明书中要求的保护装置。

对内部无空隙的模制零部件，包括对多层印制电路板的内部各层，没有电气间隙和爬电距离的要求。

通过目视检查和测量来检验是否合格。在确定可触及零部件的电气间隙和爬电距离时，绝缘外壳的可触及表面被认为如同在能用标准试验指(见附录 B)触及到的该可触及表面任何地方包有金属箔那样是导电的。

6.7.1 一般要求

6.7.1.1 电气间隙

电气间隙被规定成要承受可能在电路中出现的，由外部事件(例如雷击或开关过渡过程)引起的，或者由电动执行机构运行引起的最大瞬态过电压。

电气间隙值取决于：

a) 绝缘类型(基本绝缘、加强绝缘等)；

b) 电气间隙的微环境污染等级。

在所有情况下，污染等级 2 的最小电气间隙为 0.2 mm，污染等级 3 的最小电气间隙为 0.8 mm。

如果电动执行机构被规定成能在高于 2 000 m 的海拔高度上工作，则其电气间隙要乘以从表 3 查得的系数，该系数不适用于爬电距离，但是爬电距离始终应当至少等于电气间隙的规定值。

表 3 海拔 5 000 m 内的电气间隙倍增系数

额定工作海拔高度 m	倍增系数
≤2 000	1.00
2 001～3 000	1.14
3 001～4 000	1.29
4 001～5 000	1.48

6.7.1.2 爬电距离

对于两电路之间的爬电距离，要使用施加在两个电路之间的绝缘上的实际工作电压。爬电距离采用线性内插值是允许的。爬电距离始终应当至少等于电气间隙的规定值，如果计算所得的爬电距离小于电气间隙，则爬电距离应当加大到电气间隙的数值。

对其涂层满足 GB/T 16935.3—2005 的 A 类涂层要求的印制线路板，使用污染等级 1 的数值。

对加强绝缘，爬电距离应当是基本绝缘规定值的两倍。

就本条而言，材料按其 CTI(相比漏电起痕指数)值被分为四个组别，如下：

材料组别Ⅰ　600≤CTI；

材料组别Ⅱ　400≤CTI＜600；

材料组别Ⅲa　175≤CTI＜400；

材料组别Ⅲb　100≤CTI＜175。

上面的 CTI 值是指按 GB/T 4207 的规定，在为此目的专门制备的样品上，用溶液 A 来试验所获得的数值。

对玻璃、陶瓷或其他不产生漏电起痕的无机绝缘材料，爬电距离无需大于其相关的电气间隙。

附录 E 规定了能用于减小污染等级的方法。

爬电距离按附录 C 的规定测量。

6.7.2 电源电路

电气间隙和爬电距离应当满足表 4 的规定值。

表 4 电源电路的电气间隙和爬电距离

相线-中线电压（交流有效值）V	电气间隙数值[a] mm	爬电距离数值/mm								
		污染等级 1		污染等级 2				污染等级 3		
		印制线路板 CTI≥100	所有材料组别 CTI≥100	印制线路板 CTI≥100	材料组别Ⅰ CTI≥600	材料组别Ⅱ CTI≥400	材料组别Ⅲ CTI≥100	材料组别Ⅰ CTI≥600	材料组别Ⅱ CTI≥400	材料组别Ⅲ CTI≥100
＞50，且≤100	0.1	0.1	0.25	0.16	0.71	1.0	1.4	1.8	2.0	2.2
＞100，且≤150	0.5	0.5	0.5	0.5	0.8	1.1	1.6	2.0	2.2	2.5
＞150，且≤300	1.5	1.5	1.5	1.5	1.5	2.1	3.0	3.8	4.1	4.7
＞300，且≤600	3.0	3.0	3.0	3.0	3.0	4.3	6.0	7.5	8.3	9.4

注：所规定的数值是针对基本绝缘或附加绝缘的，对加强绝缘的数值是两倍的基本绝缘的数值。

[a] 污染等级 2 的最小电气间隙数值为 0.2 mm；污染等级 3 的最小电气间隙数值为 0.8 mm。

6.7.3 由电源电路供电的电路

6.7.3.1 电气间隙

对由电源电路供电的电路，其电气间隙应当符合表 5 规定的数值。

表 5 由电源电路供电的电路的电气间隙

工作电压（交流有效值或直流值）V	电气间隙/mm			
	电网电源电压 U≤100 V 额定脉冲电压 500 V	电网电源电压 100 V＜U≤150 V 额定脉冲电压 800 V	电网电源电压 150 V＜U≤300 V 额定脉冲电压 1 500 V	电网电源电压 300 V＜U≤600 V 额定脉冲电压 2 500 V
50	0.05	0.12	0.53	1.51
100	0.07	0.13	0.61	1.57
150	0.10	0.16	0.69	1.64
300	0.24	0.39	0.94	1.83
600	0.79	1.01	1.61	2.41
1 000	1.66	1.92	2.52	3.45
1 250	2.23	2.50	3.16	4.16
1 600	3.08	3.39	4.11	5.21
2 000	4.17	4.49	5.30	6.48
2 500	5.64	6.02	6.91	8.05

6.7.3.2 爬电距离

对由电源电路供电的电路，其爬电距离与工作电压有关，应当符合表 6 规定的数值。

表 6 由电源电路供电的电路的爬电距离

工作电压（交流有效值或直流）V	基本绝缘或附加绝缘								
	印制线路板上		其他电路						
	污染等级		污染等级						
	1	2	1	2			3		
	材料组别			材料组别			材料组别		
	Ⅲb mm	Ⅲa mm	mm	Ⅰ mm	Ⅱ mm	Ⅲa、Ⅲb mm	Ⅰ mm	Ⅱ mm	Ⅲa[a]、Ⅲb[a] mm
10	0.025	0.04	0.08	0.40	0.40	0.40	1.00	1.00	1.00
12.5	0.025	0.04	0.09	0.42	0.42	0.42	1.05	1.05	1.05
16	0.025	0.04	0.10	0.45	0.45	0.45	1.10	1.10	1.10
20	0.025	0.04	0.11	0.48	0.48	0.48	1.20	1.20	1.20
25	0.025	0.04	0.125	0.50	0.50	0.50	1.25	1.25	1.25
32	0.025	0.04	0.14	0.53	0.53	0.53	1.3	1.3	1.3
40	0.025	0.04	0.16	0.56	0.80	1.10	1.4	1.6	1.8
50	0.025	0.04	0.18	0.60	0.85	1.20	1.5	1.7	1.9
63	0.040	0.063	0.20	0.63	0.90	1.25	1.6	1.8	2.0
80	0.063	0.10	0.22	0.67	0.95	1.3	1.7	1.9	2.1
100	0.10	0.16	0.25	0.71	1.00	1.4	1.8	2.0	2.2
125	0.16	0.25	0.28	0.75	1.05	1.5	1.9	2.1	2.4
160	0.25	0.40	0.32	0.80	1.1	1.6	2.0	2.2	2.5
200	0.40	0.63	0.42	1.00	1.4	2.0	2.5	2.8	3.2
250	0.56	1.0	0.56	1.25	1.8	2.5	3.2	3.6	4.0
320	0.75	1.6	0.75	1.60	2.2	3.2	4.0	4.5	5.0
400	1.0	2.0	1.0	2.0	2.8	4.0	5.0	5.6	6.3
500	1.3	2.5	1.3	2.5	3.6	5.0	6.3	7.1	8.0
630	1.8	3.2	1.8	3.2	4.5	6.3	8.0	9.0	10.0
800	2.4	4.0	2.4	4.0	5.6	8.0	10.0	11	12.5
1 000	3.2	5.0	3.2	5.0	7.1	10.0	12.5	14	16
1 250	4.2	6.3	4.2	6.3	9.0	12.5	16	18	20
1 600	5.6	8.0	5.6	8.0	11	16	20	22	25
2 000	7.5	10.0	7.5	10.0	14	20	25	28	32
2 500	10.0	12.5	10.0	12.5	18	25	32	36	40

[a] 对高于 630V 污染等级 3 的应用场合不推荐材料组别 Ⅲb。允许使用爬电距离的内插值。

6.8 介电强度试验程序

6.8.1 参考试验地

参考试验地是电压试验的参考点，它是下面的一个或一个以上的零部件，如果是一个以上的零部件则要将它们连接在一起：

a) 任何保护导体端子或功能接地端子；

b) 任何可触及导电零部件，但对因未超过 6.3.1 的规定值而允许触及的任何带电零部件除外。

这种带电零部件要连接在一起,但不构成参考试验地的一部分。外壳的任何可触及绝缘部分,在除端子以外的每一个地方要包上金属箔,金属箔到端子的距离要不大于 20 mm。

c) 外壳的任何可触及绝缘部分,在除端子以外的每一个地方要包上金属箔。对试验电压小于或等于交流峰值 10 kV 或直流 10 kV 时,从金属箔到端子的距离要不大于 20 mm,对于更高的电压,该距离要达到能防止飞弧的最小值。

6.8.2 潮湿预处理

为确保电动执行机构在潮湿条件下不会产生危险,在 6.8.4 的电压试验前,电动执行机构要进行潮湿预处理,在预处理期间电动执行机构不工作。

如果按 6.8.1 要求包上金属箔,则要在完成潮湿预处理和恢复后包上金属箔。

能手动拆除的盖子要拆除,并与主机一起进行潮湿预处理。

预处理要在潮湿箱中进行,箱内空气相对湿度为 92.5%±2.5%。箱内空气温度保持在 40 ℃±2 ℃。

在加湿之前,电动执行机构应处在 42 ℃±2 ℃环境中。通常在进行潮湿预处理前,将其保持在该温度下至少 4 h。

箱内的空气要搅动,且箱子的设计应使得凝露不致滴落在电动执行机构上。

电动执行机构在箱内保持 48 h,取出电动执行机构后打开其盖子,在 4.3.1 规定的环境条件下恢复 2 h。

6.8.3 试验的实施

6.8.4 规定的试验要在潮湿处理后恢复时间结束时的 1 h 内进行和完成。试验期间电动执行机构不工作。

如果在两个电路之间或某个电路与某个可触及导电零部件之间彼此是连接在一起的,或彼此是不隔离的,则在它们之间不进行电压试验。

与被试绝缘并联的保护阻抗和限压装置要断开。

在组合使用两个或两个以上保护装置的情况下(见 6.5 和 6.6.1),对双重绝缘和加强绝缘所规定的电压就可能会加在不必承受这些电压的电路零部件上。为了避免出现这种情况,这样的零部件在试验期间可以断开,或者对要求双重绝缘或加强绝缘的电路零部件可以分开进行试验。

6.8.4 电压试验

进行电压试验要采用表 7 的规定值,不得出现击穿或重复飞弧。电晕效应和类似现象可忽略不计。

对固体绝缘,交流试验和直流试验是可任选其一的试验方法。绝缘只要通过这两种试验之一即可。在进行试验时,电压要在 5 s 或 5 s 以内逐渐升高到规定值,使电压不出现明显的跳变,然后保持 5 s。

脉冲试验是 GB/T 16927 规定的 1.2/50 μs 的试验,每一极性至少 3 个脉冲,间隔时间至少 1 s。如果是选择交流试验或直流试验,则对交流试验,试验的持续时间至少应当为 3 个周期,或者对直流试验,则应当为每一极性 10 ms 持续时间的 3 倍。

双重绝缘或加强绝缘的试验值是表 7 中对基本绝缘试验值的 1.6 倍。

注 1:在对电路进行试验时,可能难以将电气间隙的试验和对固体绝缘的试验分开进行。

注 2:试验电动执行机构的最大试验电流通常要加以限制,以避免由于试验而发生危险以及由于试验不合格而损坏电动执行机构。

注 3:设法观察绝缘材料内部的局部放电也许是有用的(见 GB/T 7354—2003)。

注 4:试验后要注意释放储存的能量。

表 7　基本绝缘的试验电压

电气间隙 mm	脉冲试验的峰值电压 1.2/50 μs V	交流电压有效值 (50 Hz 或 60 Hz) V	交流电压峰值 (50 Hz 或 60 Hz) 或直流电压 V	电气间隙 mm	脉冲试验的峰值电压 1.2/50 μs V	交流电压有效值 (50 Hz 或 60 Hz) V	交流电压峰值 (50 Hz 或 60 Hz) 或直流电压 V
0.010	330	230	330	16.5	14 000	7 600	10 700
0.025	440	310	440	17.0	14 300	7 800	11 000
0.040	520	370	520	17.5	14 700	8 000	11 300
0.063	600	420	600	18.0	15 000	8 200	11 600
0.1	806	500	700	19	15 800	8 600	12 100
0.2	1 140	620	880	20	16 400	9 000	12 700
0.3	1 310	710	1 010	25	19 900	10 800	15 300
0.5	1 550	840	1 200	30	23 300	12 600	17 900
1.0	1 950	1 060	1 500	35	26 500	14 400	20 400
1.4	2 440	1 330	1 880	40	29 700	16 200	22 900
2.0	3 100	1 690	2 400	45	32 900	17 900	25 300
2.5	3 600	1 960	2 770	50	36 000	19 600	27 700
3.0	4 070	2 210	3 130	55	39 000	21 200	30 000
3.5	4 510	2 450	3 470	60	42 000	22 900	32 300
4.0	4 930	2 680	3 790	65	45 000	24 500	34 600
4.5	5 330	2 900	4 100	70	47 900	26 100	36 900
5.0	5 720	3 110	4 400	75	50 900	27 700	39 100
5.5	6 100	3 320	4 690	80	53 700	29 200	41 300
6.0	6 500	3 520	4 970	85	56 610	30 800	43 500
6.5	6 800	3 710	5 250	90	59 400	32 300	45 700
7.0	7 200	3 900	5 510	95	62 200	33 800	47 900
7.5	7 500	4 080	5 780	100	65 000	35 400	50 000
8.0	7 800	4 300	6 030	110	70 500	38 400	54 200
8.5	8 200	4 400	6 300	120	76 000	41 300	58 400
9.0	8 500	4 600	6 500	130	81 300	44 200	62 600
9.5	8 800	4 800	6 800	140	86 600	47 100	66 700
10.0	9 100	4 950	7 000	150	91 900	50 000	70 700
10.5	9 500	5 200	7 300	160	97 100	52 800	74 700
11.0	9 900	5 400	7 600	170	102 300	55 600	78 700
11.5	10 300	5 600	7 900	180	107 400	58 400	82 600
12.0	10 600	5 800	8 200	190	112 500	61 200	86 500
12.5	11 000	6 000	8 500	200	117 500	63 900	90 400
13.0	11 400	6 200	8 800	210	122 500	66 600	94 200
13.5	11 800	6 400	9 000	220	127 500	69 300	98 000
14.0	12 100	6 600	9 300	230	132 500	72 000	102 000
14.5	12 500	6 800	9 600	240	137 300	74 700	106 000
15.0	12 900	7 000	9 900	250	142 200	77 300	109 000
15.5	13 200	7 200	10 200	264	149 000	81 100	115 000
16.0	13 600	7 400	10 500				

注：允许采用试验电压的内插值法。

6.9 防电击保护的结构要求

如果发生故障时可能会导致危险，则应当采取下列措施：

a) 对承受机械应力的导线连接的固定不得仅依靠焊接；

b) 对固定可拆卸的盖子的螺钉，若其长度已确定可触及导电零部件与危险带电零部件间的电气间隙或爬电距离，则该螺钉应当是不脱落的螺钉；

c) 导线、螺钉等的意外松动或脱落不得使可触及零部件成为危险带电。

下列材料不得用来作为安全目的的绝缘：

1) 容易受到损坏的材料(如漆、瓷釉、氧化层、阳极氧化膜)；

2) 未浸渍的吸湿性材料(如纸、纤维制品和纤维材料)。

通过目视检查来检验是否合格。

7 防机械危险

7.1 概述

在正常条件下或单一故障条件下操作不得导致机械危险。

注：电动执行机构外壳上所有易于接触到的边缘、凸起物、拐角、开孔、挡板、把手等应当光滑圆润，避免在正常使用电动执行机构时造成伤害。

按7.2～7.3的规定来检验是否合格。

7.2 运动零部件

在正常条件下或单一故障条件下，电动执行机构运动零部件应当不会挤破、划破或刺破可能接触它们的操作人员的身体的各个部位，也不得严重夹伤操作人员的皮肤。

通过目视检查来检验是否合格。如有怀疑，通过施加试验检验是否合格。

7.3 飞散零部件

如果一旦零部件损坏飞散开来，则控制阀应当能控制或限制可能会引起危险的零部件的能量。

对飞散的零部件所采用的防护装置应当是不借助工具就不能拆除的。

在施加4.4规定的相关故障条件后，通过目视检查来检验是否合格。

8 耐机械冲击和撞击

当电动执行机构承受在正常使用时可能遇到的冲击和碰撞时不得引起危险。电动执行机构应当具有足够的机械强度，元器件应当可靠地固定且电气连接应当是牢固的。

通过进行8.1和8.2的外壳刚性试验来检验是否合格。试验期间电动执行机构不工作。对不构成外壳一部分的零部件不进行8.1和8.2的试验。

试验完成后，电动执行机构应当能通过6.8的电压试验(但不进行潮湿预处理)，并且用目视检查来检验：

a) 危险带电零部件是否变成可触及；

b) 外壳是否出现可能会引起危险的裂纹；

c) 电气间隙是否小于允许值，内部导线的绝缘是否受到损伤；

d) 是否出现可能会引起火焰蔓延的损坏。

饰面的损坏，不会使爬电距离或电气间隙减小到小于本部分规定值的小凹痕，以及对防电击或防潮不会带来不利影响的小缺口可忽略不计。对不构成外壳一部分的任何零部件的损坏可忽略不计。

8.1 外壳的静态刚性试验

电动执行机构要牢固地固定在刚性支撑面上并承受 30 N 的力，力通过直径为 12 mm 硬棒上的半球面端部来施加。该硬棒应当施加在当准备使用电动执行机构时其可触及的以及其变形可能会引起危险的外壳的每一部分。

如果对非金属外壳在高温下是否能通过本试验有怀疑，则电动执行机构要在 40 ℃的温度下，或在最高额定温度下(如果该温度更高)工作，直至达到稳定状态后再进行本试验。在进行本试验前要先断开电动执行机构的供电电源。

8.2 外壳的动态刚性试验

预定要由操作人员来拆除和更换的底座、盖子等要用在正常使用时可能施加的力矩将其固定螺钉拧紧。电动执行机构要牢固地固定在刚性支撑面上，试验要在正常使用时可能触及的以及如果损坏可能会引起危险的表面的任何位置进行。

对具有非金属外壳的电动执行机构，如果额定最低环境温度低于 2 ℃，则使电动执行机构冷却到最低额定环境温度，然后在 10 min 内完成试验。

试验使用钢球，最多试验三个点。试验能量为 5 J。

撞击元件为直径 50 mm、质量 500 g±25 g 的钢球。

试验按图 2 所示进行。对 5 J 的能量，高度 X 为 1 m。

试验后，外壳应当符合基本绝缘的要求。

电动执行机构的下列零部件不进行本试验：

a） 操作面板；

b） 显示窗；

c） 不构成外壳一部分的零部件。

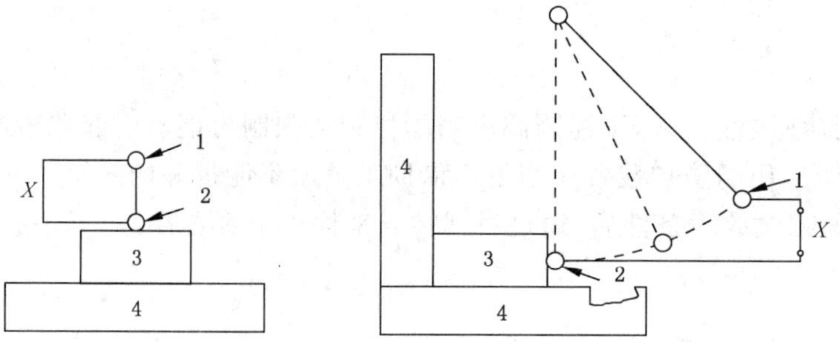

说明：

1——球的起始位置；

2——球的撞击位置；

3——试验样品；

4——刚性支撑面。

图 2 使用钢球的撞击试验

9 防止火焰蔓延

在正常条件下或单一故障条件下，火焰不得蔓延到电动执行机构的外面。图 3 是说明符合性检验方法的流程图。

至少采用下列的一种方法来检验是否合格：

a) 进行可能会导致火焰蔓延到电动执行机构外面的单一故障条件下(见 4.4)的试验。试验结果应当满足 4.4.4.3 的符合性判据。

b) 按 9.1 的规定检验是否消除或减少电动执行机构内的引燃源。

c) 按 9.2 的规定检验能否在一旦出现着火，火焰被控制在电动执行机构内。

这些供选择的方法可以全部在一台电动执行机构上使用，也可以针对不同的危险源或针对电动执行机构的不同部位在各台电动执行机构上采用。

注 1：方法 b)和 c)是基于执行了规定的设计准则；相反，方法 a)则是完全依靠单一故障条件下的试验。

注 2：关于防电池引起的着火见 12.2。

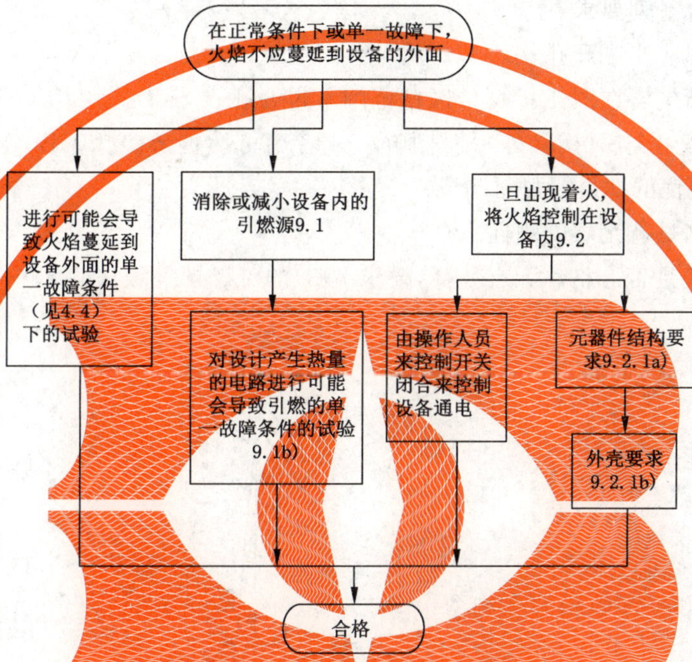

图 3 说明防止火焰蔓延要求的流程

9.1 消除或减少电动执行机构内的引燃源

就每一个引燃源的引燃危险而言，如果满足下列要求，则认为引燃危险和着火出现率已被减小到允许的水平。

a) 不同电位的零部件之间的绝缘满足基本绝缘的要求，或能证明桥接绝缘不会导致引燃。

通过目视检查，如有怀疑，通过试验来检验是否合格。

b) 在设计成产生热量的电路中，当进行可能会导致引燃的任何单一故障条件下(见 4.4)的试验未出现引燃。

通过进行 4.4 的相关试验，采用 4.4.4.3 的判据来检验是否合格。

9.2 一旦出现着火，将火焰控制在电动执行机构内

如果电动执行机构和电动执行机构的外壳符合 9.2.1 的结构要求，则认为火焰蔓延到电动执行机构外面的危险已被减小到允许的水平。

通过目视检查以及按 9.2.1 的规定来检验是否合格。

9.2.1 结构要求

应当符合下列结构要求：

a) 绝缘导线应当具有相当于 GB/T 5169.16—2008 规定的 V-1 或更优的可燃性等级。连接器和安装元器件的绝缘材料应当具有 GB/T 5169.16—2008 规定的 V-2 或更优的可燃性等级(见13.4)。

通过检查有关材料的数据,或对相关零部件的三个样品进行 GB/T 5169.16—2008 规定的 V 试验,来检验是否合格。样品可以是下列规定的任何一种样品:

1) 整个零部件;
2) 零部件的截取部分,要包含有壁厚最薄的和有任何通风孔的部分;
3) 符合 GB/T 5169.16—2008 的样品;

b) 外壳应当符合下列要求:

1) 外壳底部应当无开孔;
2) 外壳侧面包含在图 4 斜线 C 区域范围不得开孔;
3) 外壳应当用金属(镁除外)材料制成,或者用可燃性等级为 GB/T 5169.16—2008 规定的 V-1 或更优的非金属材料制成;
4) 外壳应当具有足够的刚性。

通过目视检查检验是否合格。如有怀疑,要求 b)3)的可燃性等级按照 a)中的要求进行检验。

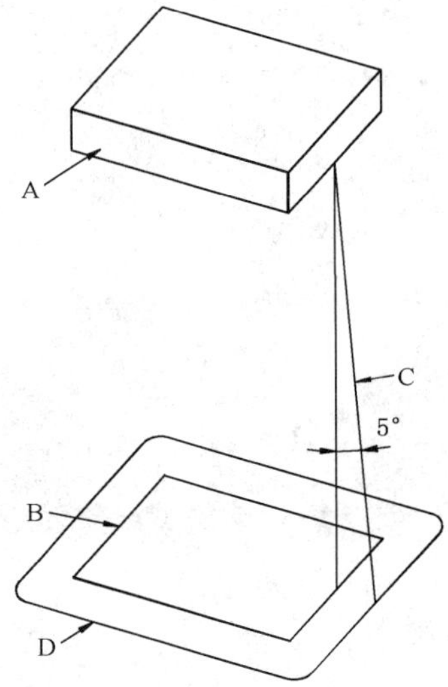

说明:

A——被认为是危险着火源的电动执行机构的零部件和元器件。如果它是未另外防护的,或者是用其外壳进行局部防护的元器件的未防护部分,则该零部件和元器件包括电动执行机构的整个零部件和元器件。

B——A 的轮廓线在水平面上的投影。

C——斜线,用来划出结构要符合 9.2.1b)1)和 9.2.1b)2)规定的外壳底部和侧面的最小区域。该斜线围绕 A 的周边的每一点,以及相对于垂线呈 5°夹角投射,其取向要确保能划出最大的面积。

D——结构要符合 9.2.1b)1)规定的底部的最小区域。

图 4 结构要符合 9.2.1b)1)规定的外壳底部区域

9.3 过流保护

与电网电源连接的电动执行机构应当用熔断器、断路器、热切断器、阻抗限制电路或类似装置来进行保护,防止电动执行机构出现故障时从电网获得过大的能量。这种保护是要限制故障的进一步发展以及着火和火焰蔓延的可能性。过流保护装置也能在故障情况下提供防电击保护。

过流保护装置不得装在保护导线上，熔断器或单极断路器不得装在多相电动执行机构的中线上。

注 1：过流保护装置（例如熔断器）最好要装在所有供电导线上。如果使用多个熔断器作过流保护装置，则熔断器座应当彼此靠近安装，这些熔断器应当具有相同的额定值和特性。过流保护装置，包括电源开关最好要装在电动执行机构中的电网电源电路的供电一侧。已认识到，在产生高频的电动执行机构中，还需要在电网电源与过流保护装置之间装上干扰抑制元件。

电动执行机构中的过流保护装置是可以任选的，如果不安装过流保护装置，则制造厂说明书应当规定在外部设施中要求过流保护装置。

通过目视检查来检验是否合格。

10 设备的温度限值和耐热

10.1 对防灼伤的表面温度限值

在 40 ℃的环境温度下，易接触表面的温度在正常条件下不得超过表 8 的规定值。

在最高额定环境温度下或在单一故障条件下，如果易接触表面温度超过表 8 规定的温度值，则制造厂应该在说明书中给出防止灼伤的警告说明（见 5.4.4），或者在相应位置标有表 1 中符号 13。

用防护装置来防护的，防止受到意外接触的表面不认为是易接触表面，只要该防护装置不用工具就不能被拆除即可。

表 8 正常条件下的表面温度限值

零部件	限值/℃
1.外壳的外表面：	
a） 金属的；	70
b） 非金属的；	80
c） 正常使用是不可能被接触的小区域。	100
2.旋钮和手柄：	
a） 金属的；	55
b） 非金属的；	70
c） 在正常使用时仅被短时间抓握的非金属零部件	85

按 10.4 的规定通过测量，以及通过目视检查防护装置是否能防止意外接触表面，温度是否超过表 8 的规定值和是否不用工具就不能拆除来检验是否合格。

10.2 绕组温度

如果因温度过高可能会导致危险，则绕组绝缘材料的温度在正常条件下或单一故障条件下不得超过表 9 的规定值。

在正常使用条件下和在 4.4.2.3 的适用的单一故障条件下，以及在由于温度过高可能导致危险的任何其他单一故障条件下，按 10.4 的规定，通过测量来检验是否合格。

表 9 绕组的绝缘材料

绝缘等级 （见 GB/T 11021）	正常条件下温度 ℃	单一故障条件下温度 ℃
A	105	150
B	130	175
E	120	165
F	155	190
H	180	210

10.3 其他温度的测量

就其他条款而言，如果适用，则要进行下列其他温度的测量。除另有规定外，试验要在正常条件下进行。

a) 在进行 10.5.1 的试验时，测量非金属外壳的温度（建立供 10.5.2 试验用的基础温度）。

b) 用来支撑与电网电源连接的，且用绝缘材料制成的零部件的温度（建立供 10.5.3a）试验用的温度）。

c) 电流超过 0.5 A 的，以及如果在接触不良的情况下会散发大量热量的载流零部件的温度（建立供 10.5.3a）试验用的温度）。

10.4 温度试验的实施

电动执行机构应当在基准试验条件下进行试验。除了另行规定特殊的单一故障条件外，要遵守制造厂说明书有关通风、间歇使用的限值等规定。

最高温度可以通过在基准试验条件下测量温升，然后将该温升值加上 40 ℃，或加上最高额定环境温度（如果温度更高）来确定。

10.5 耐热

10.5.1 电气间隙和爬电距离的完整性

当电动执行机构在环境温度 40 ℃或最高额定环境温度（如果温度更高）下工作时，其电气间隙和爬电距离应当符合 6.7 的要求。

如果对电动执行机构是否产生大量的热量有怀疑，则要使电动执行机构在 4.3 的基准试验条件下，但环境温度为 40 ℃或最高额定环境温度（如果温度更高），通过电动执行机构工作来进行检验。在本试验后，电气间隙和爬电距离不得减小到小于 6.7 的要求值。

如果外壳是非金属材料的，则要在上述为 10.5.2 的目的而进行试验时测量外壳零部件的温度。

10.5.2 非金属外壳

非金属材料的外壳应当能耐高温。

在经过下列之一的处理后，通过试验来检验是否合格。

a) 非工作处理。电动执行机构不通电，在 70 ℃±2 ℃或在比 10.5.1 的试验时测得的温度高 10 ℃±2 ℃的温度下（取其较高的温度）贮存 7 h。如果电动执行机构装有用这种处理方法可能会受到损坏的元件，则可以对空外壳进行处理，然后在处理结束时装好电动执行机构。

b） 工作处理。电动执行机构在4.3的基准试验条件下工作，但环境温度要比40 ℃高20 ℃±2 ℃，或比最高额定环境温度（如果高于40 ℃）高20℃±2℃。

在经过处理后，危险带电零部件不得成为可触及，电动执行机构应当能通过8.1和8.2的试验，以及如有怀疑，则再另外进行6.8的试验（但不进行潮湿预处理）。

10.5.3 绝缘材料

绝缘材料应当有适当的耐热能力。

a） 对用来支撑与电网电源连接的且用绝缘材料制成的零部件，应当采用电动执行机构内一旦发生短路而不会导致危险的绝缘材料制成。

b） 如果在正常使用时，端子承载电流超过0.5 A，以及如果在不良接触的情况下散发大量的热量，则支撑这些端子的绝缘件应当采用其软化程度不会达到可能导致危险或进一步短路的材料来制成。

在有怀疑的情况下，通过检查材料的数据来检验是否合格。如果材料数据不能令人确信，则要进行下列之一的试验：

1） 采用至少2.5 mm厚的绝缘材料样品，用图5的试验装置来进行球压试验。试验在加热箱内进行，箱内温度为按10.3b）或10.3c）的规定测得的温度±2 ℃，或125 ℃±2 ℃，取其较高的温度。对被试零部件的支撑要确保使其上表面呈水平状态，然后使试验装置的球面部分以20 N的力压在该表面上。1 h后取下试验装置，并将样品浸入冷水中，使样品在10 s内冷却到接近室温。由球体引起的压痕的直径不得超过2 mm。

注1：如有必要，可以使用零部件的两个或多个截取部分来获得所要求的厚度。

注2：对骨架，仅支撑或保持端子在位的那些部分才需要进行该试验。

2） GB/T 1633—2000的方法A的维卡软化试验。维卡软化温度至少应当为130 ℃。

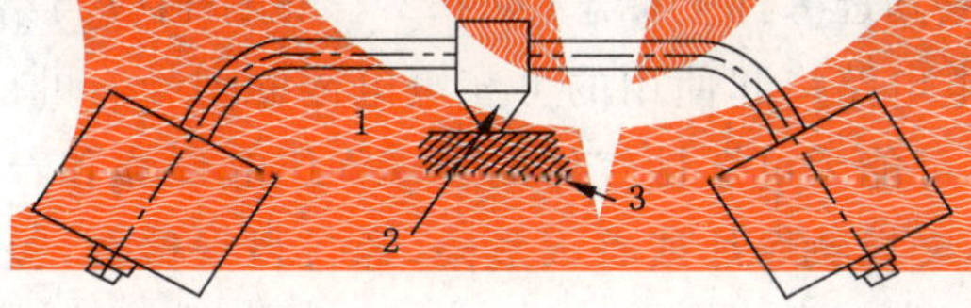

说明：

1——被试部分；

2——试验装置的球形部分；

3——支撑件。

图5 球压试验装置

11 防液体危险

11.1 电池电解液

电池的安装应当确保使电池电解液的泄漏不会损害安全。

通过目视检查来检验是否合格。

11.2 特殊保护的设备

如果制造厂对电动执行机构按符合GB 4208—2008规定的防护等级来规定和标志，则电动执行机构防进水应当达到规定的等级。

通过目视检查以及通过对设备进行 GB 4208—2008 规定的相应的处理来检验是否合格。在该处理后，电动执行机构应当能通过 6.8 的电压试验(但不进行潮湿预处理)，而且可触及零部件不得超过 6.3.1 的限值。

12 爆炸和内爆

12.1 元器件

如果电动执行机构及其分组件内安装了因过热或过载易于引起爆炸的元器件，未装有压力释放装置，电动执行机构外壳的强度应能确保不会对操作人员造成危险(见 7.3)。

压力释放装置的位置应当确保在卸荷时不会给操作人员造成危险。其结构应当确保任何压力释放装置不会被阻塞。

12.2 电池和电池的充电

电池不得由于过度充电、放电或由于电池安装时极性不正确而引起爆炸或出现着火危险。如果有必要，电动执行机构中应当提供防护，除非制造厂的说明书规定，该电动执行机构只能使用具有内部保护的电池。

如果由于装上错误型号的电池(例如，如果规定要装具有内部保护的电池)可能会引起爆炸或着火危险，则应当在电池舱、安装支架上或在其近旁标上警告标记，而且还应当在制造厂说明书中给出警告语句。可接受的标志是表 1 中符号 14。

如果电动执行机构具有能对可充电电池充电的装置，且如果不可充电电池有可能被安装和连接在电池舱内，则应当在电池仓内或其近旁标上标志(见 5.2)。该标志应当给出警告，防止对不可充电电池充电，同时还应当标出能与充电电路一起使用的可充电电池的型号。可接受的标志是表 1 中符号 14。

电池舱的设计应当做到不可能因可燃性气体的积聚而引起爆炸和着火。

为确认某一元器件失效不会导致爆炸或着火危险，通过目视检查，包括检查电池数据来检验是否合格。如有必要，在其失效有可能导致这种危险的任何一个元器件上(电池本身除外)进行短路或开路试验。

对预定要由操作人员来更换的电池，试着反极性安装一块电池，应当无危险发生。

13 元器件

13.1 概述

如果涉及安全，则元器件应当按其规定的额定值使用，除非已作出特定的例外规定。元器件应当符合下列之一的要求：

a) 某个相关的国家标准或 IEC 标准的适用的安全要求，不要求符合该元器件标准的其他要求。如果对应用有必要，则元器件应当承受本部分的试验，但不需要再进行已在检验元器件标准符合性时完成的等同或等效的试验；

b) 本部分的要求，以及如果对应用有必要，相关的国家标准或 IEC 元器件标准任何附加的适用的安全要求；

c) 本部分的要求，如果无相关的国家标准或 IEC 标准；

d) 某个非国家标准或 IEC 标准的适用的安全要求。这些适用的安全要求至少要与相关的国家标准或 IEC 标准的适用的安全要求相当，只要该元器件已由经认可的检测机构按该非国家标准或 IEC 标准获得批准即可。

注：即使试验采用非国家标准或 IEC 标准，只要试验已由经认可的检测机构完成并确认符合适用的安全要求就无需重新进行试验。

图 6 是表示符合性检验方法的流程图。

通过目视检查，以及如有必要，通过试验来检验是否合格。对电动机和变压器，如已经通过 4.4.2.3、4.4.2.5和 13.2 适用的试验，则无需再进一步试验。

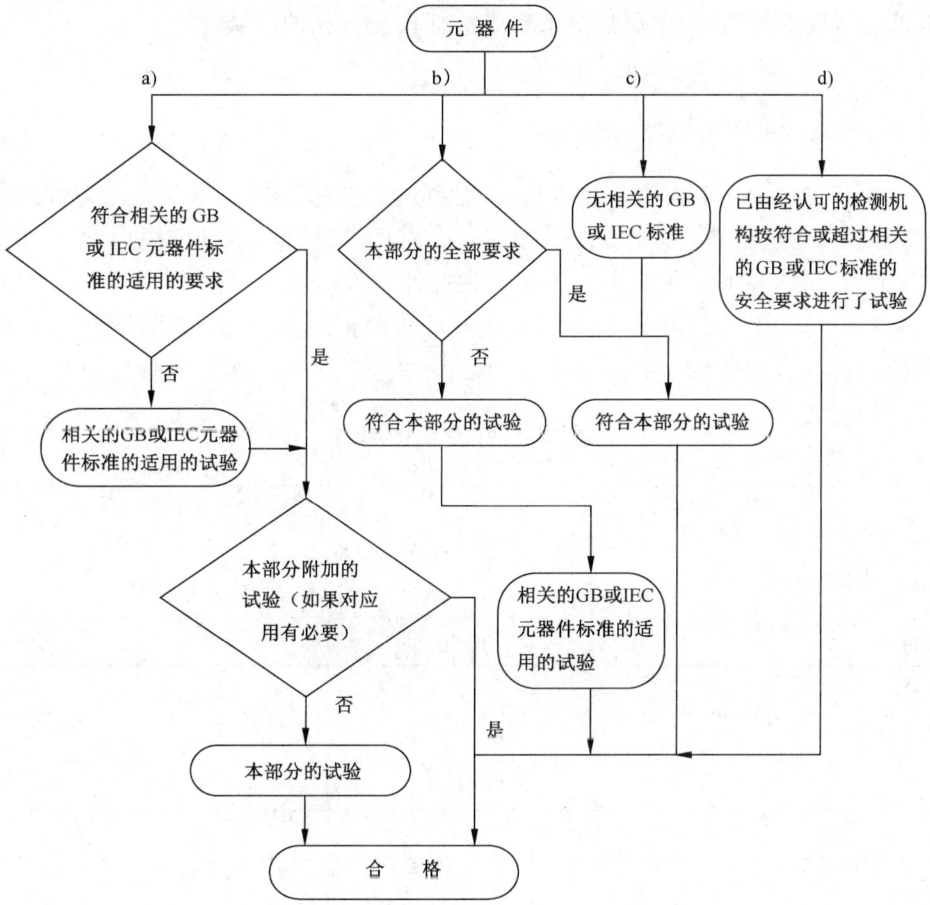

图 6 符合性选项 13.1a)、b)、c)和 d)的流程图

13.2 电动机

在单一故障条件下，电动机绕组的温度不超过表 9 所示值。

在 4.4.2.3 的故障条件下，按 10.2 的规定，测量单一故障条件下的温度来检验是否合格。

13.3 在电动执行机构外部试验的电源变压器

如果电源变压器在电动执行机构外部进行试验（见 4.4.2.5）可能会影响试验结果，则应当在与电动执行机构内相同的环境条件下进行试验。

通过 4.4.2.5 规定的短路和过载试验，然后通过 4.4.4.1 b)和 c)的试验来检验是否合格。如果对变压器安装在电动执行机构内能否通过 4.4.4 和 10.2 的其他试验有任何怀疑，则要重新对安装在电动执行机构内部的变压器进行试验。

13.4 印制线路板

印制线路板应当采用可燃性等级为 GB/T 5169.16—2008 的 V-1 或更优的材料。

通过检查材料的数据来检验可燃性额定值是否合格。另一种可供选择的方法是，在三个相关零部件的样品上，通过进行 GB/T 5169.16—2008 规定的 V 试验来检验是否合格。样品可以是下列规定的任一种样品：

a) 完整的零部件；

b) 零部件的截取部分，包括壁厚最薄的和带有任何通风孔的区域；

c) 符合 GB/T 5169.16—2008 规定的样品。

13.5 用作瞬态过压限制装置的电路和元器件

如果在电动执行机构内采取对瞬态过压进行抑制的措施，则任何过压限制元器件或电路应当承受表 10 中适用的脉冲承受电压，10 个正极性脉冲和 10 个负极性脉冲，脉冲间隔时间最长为 1 min，脉冲由 1.2/50 μs 脉冲发生器(见 GB/T 16927)产生。该脉冲发生器应当产生 1.2/50 μs 的开路电压波形和 8/20 μs 的短路电流波形，且输出阻抗(峰值开路电压除以峰值短路电流)应当符合表 11 的规定。

对测量电路，试验电压在表 10 中作出规定。对其他电路，试验电压与测量类别Ⅱ的规定值相同。

表 10 脉冲承受电压

电网电源标称相线-中线电压 (交流或直流) V	规定的脉冲承受电压 V		
	测量类别		
	Ⅱ	Ⅲ	Ⅳ
50	500	800	1 500
100	800	1 500	2 500
150	1 500	2 500	4 000
300	2 500	4 000	6 000
600	4 000	6 000	8 000
1 000	6 000	8 000	12 000

表 11 脉冲发生器的输出阻抗

测量类别	输出阻抗 Ω
Ⅲ和 IV	2
Ⅱ	12[a]
[a] 可以在较低阻抗的发生器上串联电阻，使阻抗增加到该相应的数值。	

通过上面的试验来检验是否合格，试验后应当没有过载迹象，或者不得出现元器件性能的劣变。

附 录 A
（规范性附录）
接触电流的测量电路

[（见 6.3）]

注： 本附录以 GB/T 12113—2003 规定的测量接触电流的程序为基础，该标准也规定了测试电压表的特性。

A.1 频率小于或等于 1 MHz 的交流和直流的测量电路

用图 A.1 的电路测量电流，并按式(A.1)计算：

$$I=\frac{U}{500} \qquad \cdots\cdots\cdots\cdots (A.1)$$

式中：

I——电流，单位为安培(A)；

U——电压表指示的电压，单位为伏特(V)。

该电路代表人体阻抗和补偿人体生理反应随频率的变化。

说明：

$R_1=1\ 500\ \Omega$；

$R_2=500\ \Omega$；

$R_3=10\ k\Omega$；

$C_1=0.22\ \mu F$；

$C_2=0.022\ \mu F$。

图 A.1 频率小于或等于 1 MHz 的交流和直流测量电路

A.2 频率小于或等于 100 Hz 的正弦交流和直流的测量电路

当频率不超过 100 Hz 时，用图 A.2 的任一电路测量电流，当用电压表时，电流由式(A.2)计算：

$$I=\frac{U}{2\ 000} \qquad \cdots\cdots\cdots\cdots(\text{A.2})$$

式中：

I——电流，单位为安培(A)；

U——电压表指示的电压，单位为伏特(V)。

该电路代表频率不超过 100 Hz 时的人体阻抗。

注：2 000 Ω 的阻值包括测量仪表的阻抗。

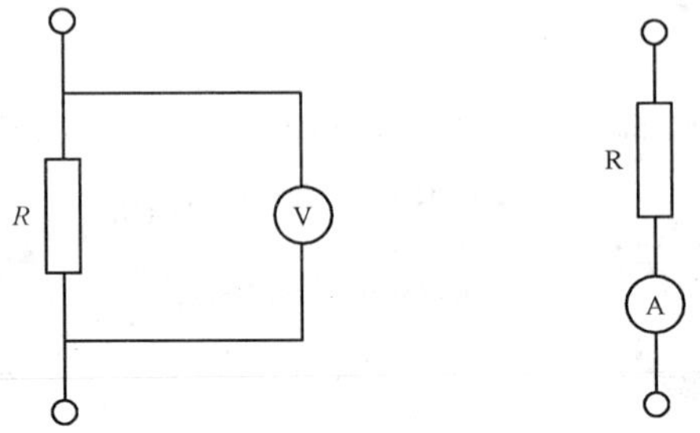

说明：

R=2 000 Ω。

图 A.2　频率小于或等于 100 Hz 的正弦交流和直流测量电路

A.3　高频电灼伤电流的测量电路

用图 A.3 的电路测量电流，并按式(A.3)计算：

$$I=\frac{U}{500} \qquad \cdots\cdots\cdots\cdots(\text{A.3})$$

式中：

I——电流，单位为安培(A)；

U——电压表指示的电压，单位为伏特(V)。

该电路补偿高频对人体生理反应的影响。

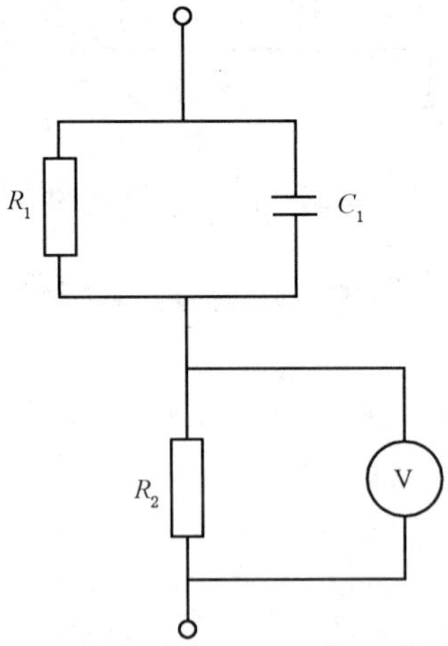

说明：

R_1=1 500 Ω；

R_2=500 Ω；

C_1=0.22 μF。

图 A.3　电灼伤电流测量电路

A.4 潮湿接触电流的测量电路

用图 A.4 的电路测量潮湿接触电流，并按式(A.4)计算：

$$I=\frac{U}{500} \qquad \cdots\cdots(A.4)$$

式中：

I——电流，单位为安培(A)；

U——电压表指示的电压，单位为伏特(V)。

该电路代表无皮肤接触电阻的人体阻抗。

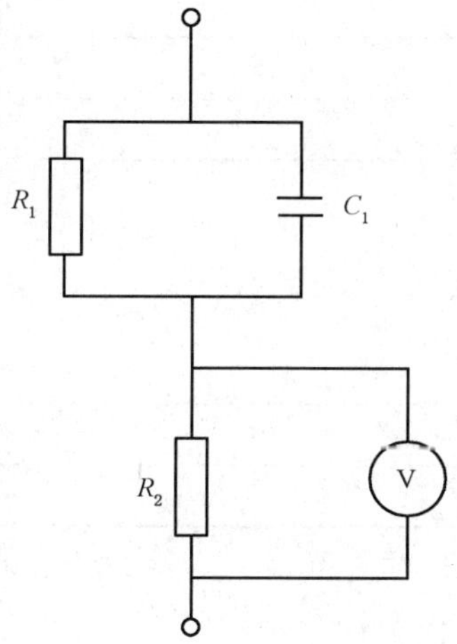

说明：

$R_1=375\ \Omega$；

$R_2=500\ \Omega$；

$C_1=0.22\ \mu F$。

图 A.4 潮湿接触电流测量电路

附　录　B
（规范性附录）
标准试验指

［（见 6.2）］

单位为毫米

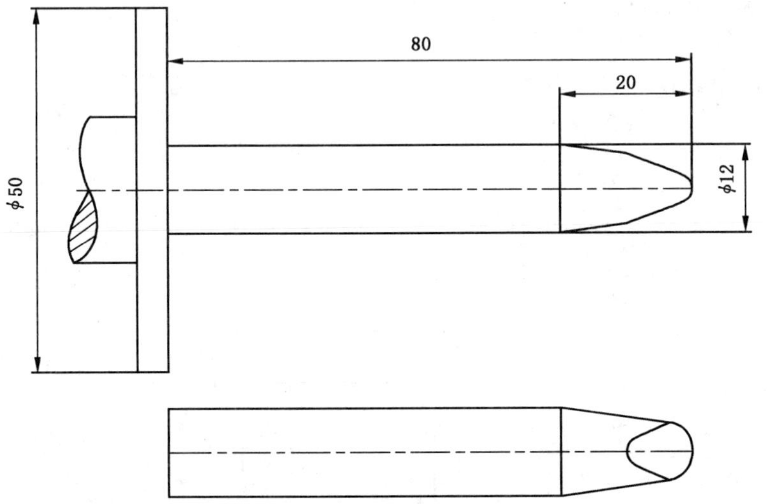

说明：
指尖的尺寸和公差见图 B.2。

图 B.1　刚性试验指（GB/T 16842—2008 的试具 11）

单位为毫米

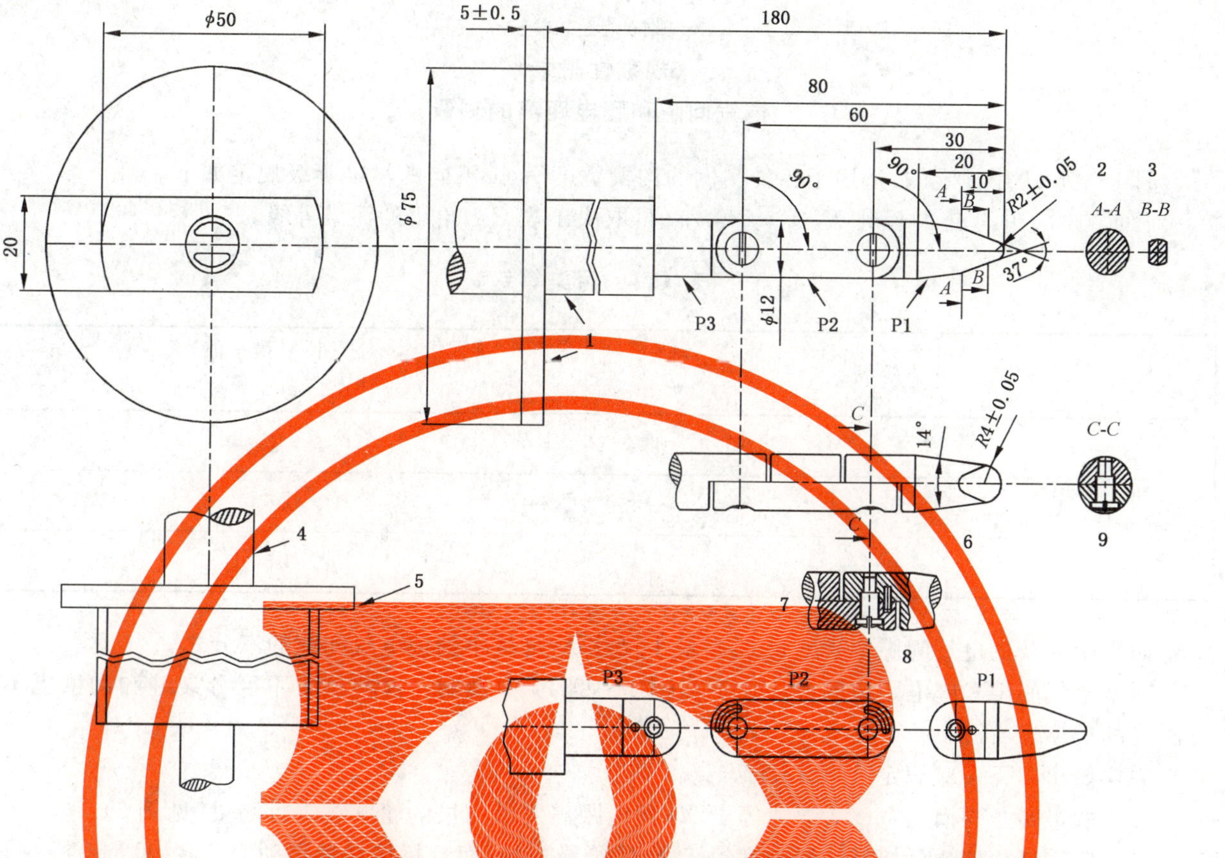

说明：

1——绝缘材料；

2——AA 剖面；

3——BB 剖面；

4——手柄；

5——挡板；

6——球形；

7——细节 X(示例)；

8——侧视图；

9——所有边缘倒角。

未规定公差的尺寸的公差为：

——对角度：$_{-10'}^{0}$

——对线性尺寸：

≤25mm 时：$_{-0.05}^{0}$mm；

＞25mm 时：±0.2mm。

试验指材料：经过热处理的钢材等。

该试验指的两个关节可以弯曲（$90^{\circ}{}^{+10^{\circ}}_{0^{\circ}}$）但是只可以在同一平面内弯曲。

为了使弯曲角度限制在 90°，采用销和槽的解决办法仅仅是各种可能解决的途径之一。由于这一原因，所以图中未给出这些细节的尺寸和公差。实际设计应当保证（$90^{\circ}{}^{+10^{\circ}}_{0^{\circ}}$）的弯曲角。

图 B.2　铰接式试验指（GB/T 16842—2008 的试具 B）

附　录　C
（规范性附录）
电气间隙和爬电距离的测量

例 1～例 11 中规定的、适用于各种实例的沟槽宽度 X 按不同的污染等级规定如下。

下面的例子中规定的尺寸 X 有一个最小值，取决于表 C.1 给出的污染等级。

表 C.1　污染等级

污染等级	尺寸 X 最小值 mm
1	0.25
2	1.0
3	1.5

如果所涉及的电气间隙小于 3 mm，则最小尺寸 X 可减小到该电气间隙的三分之一。

测量电气间隙和爬电距离的方法在下面例 1～例 11 中说明。这些例子不区分裂缝和沟槽也不区分绝缘的类型。

需要做出以下一些假定：

a)　如果跨越沟槽的宽度大于或等于 X，爬电距离要沿沟槽的轮廓线进行测量(见例 2)。

b)　假定任何凹槽桥接有一段长度等于 X 的绝缘连杆，而且桥接在最不利的位置(见例 3)。

c)　在相互间能处于不同位置的零部件之间测量电气间隙和爬电距离时，要在这些零部件处于最不利的位置测量。

例 1 所测量的路径包含一条任意深度，宽度小于 X、槽壁平行或收敛的沟槽。

直接跨沟槽测量爬电距离和电气间隙。

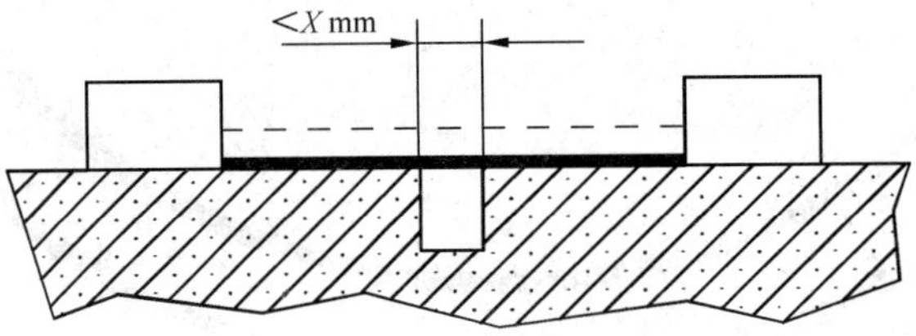

例 2 所测量的路径包含一条任意深度，宽度等于或大于 X、槽壁平行的沟槽。

电气间隙就是“视线”距离。爬电距离是沿沟槽轮廓线伸展的通路。

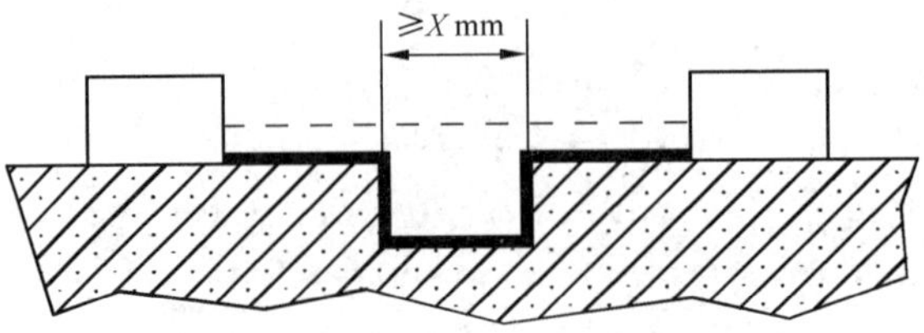

图 C.1　电气间隙和爬电距离测量方法的例子

例 3 所测量的路径包含一条宽度大于 X 的 V 形沟槽。

电气间隙就是“视线”距离。

爬电距离是沿沟槽轮廓线伸展的通路，但沟槽底部用长度为 X 的连杆“短接”。

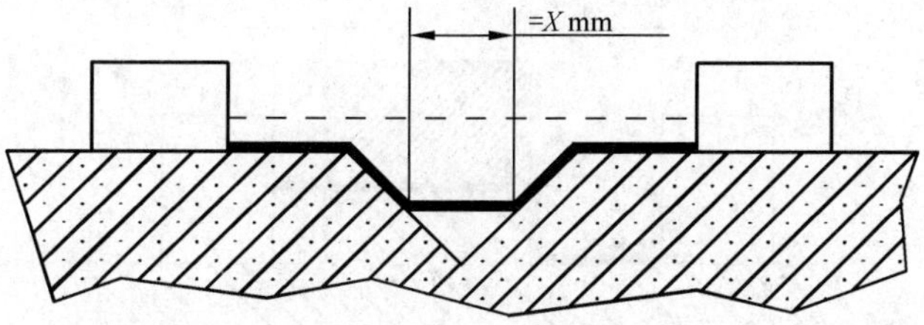

例 4 所测量的路径包含一根肋条。

电气间隙是越过肋条顶部最短直达空间通路。爬电距离是沿肋条轮廓线伸展的通路。

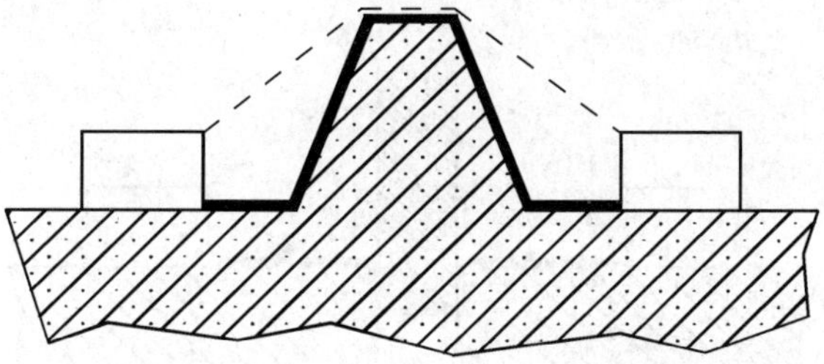

例 5 所测量的路径包含一条未黏合的接缝，该接缝的两侧各有一条宽度小于 X 的沟槽。

爬电距离和电气间隙是如图所示的“视线”的距离。

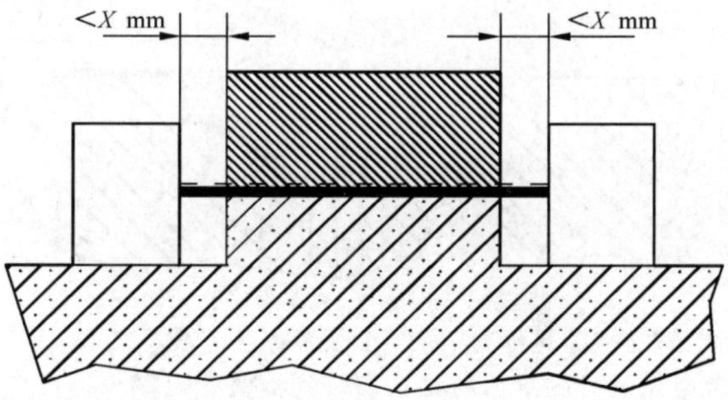

例 6 所测量的路径包含一条未黏合的接缝，该接缝的两侧各有一条宽度大于或等于 X 的沟槽。

电气间隙是“视线”的距离。

爬电距离是沿沟槽轮廓线伸展的通路。

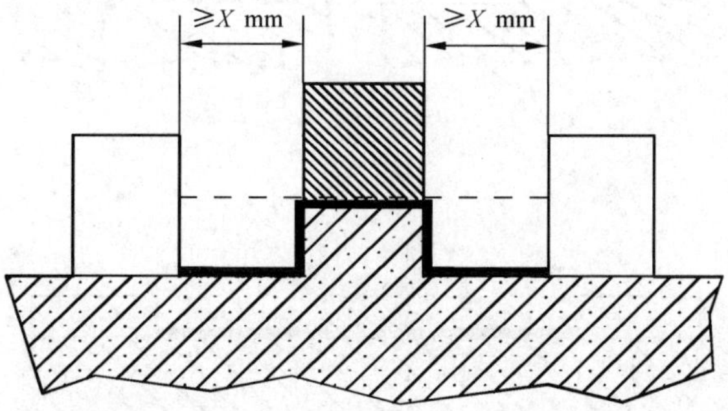

图 C.1（续）

例 7 所测量的路径包含一条未黏合的接缝，该接缝的一侧有一条宽度小于 X 的沟槽，另一侧有一条宽度等于或大于 X 的沟槽。

爬电距离和电气间隙如图所示。

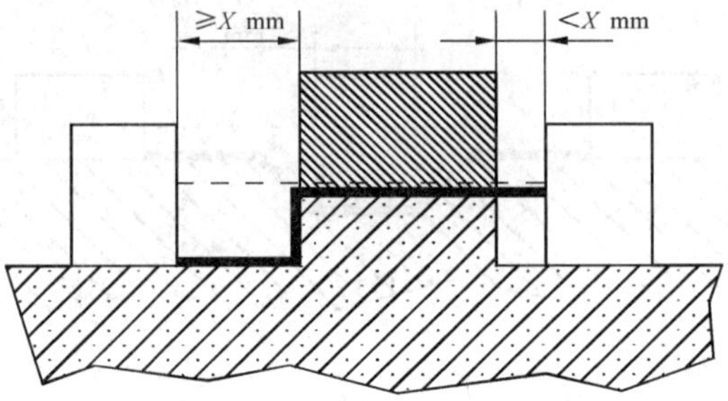

例 8 通过未黏合接缝的爬电距离小于越过挡板的爬电距离。

电气间隙是越过挡板顶部最短直达空间距离。

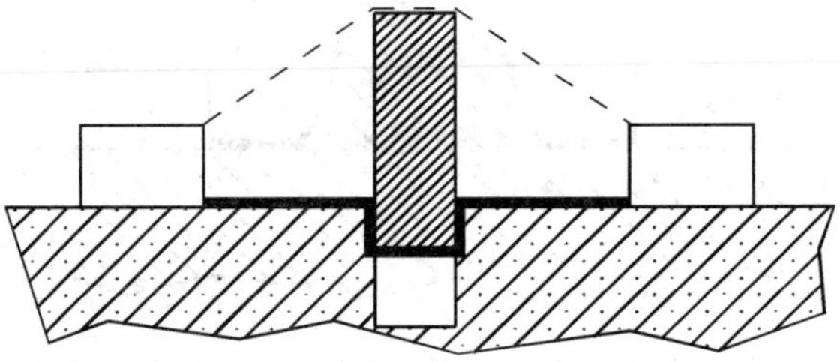

例 9 由于螺钉头与凹槽槽壁之间的空隙太窄，所以不必考虑该空隙。

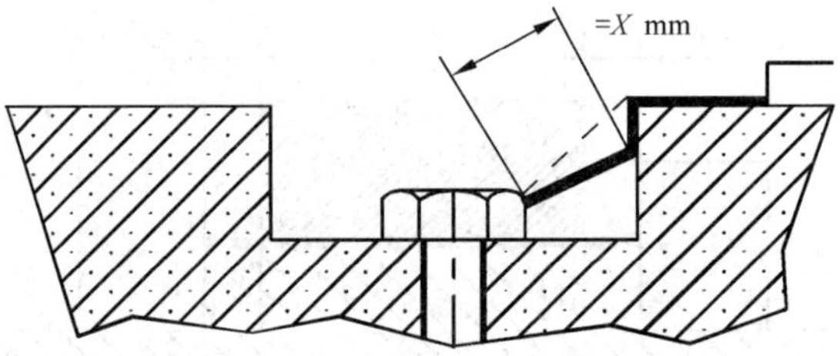

例 10 由于螺钉头与凹槽槽壁之间的空隙足够宽，所以必须考虑该空隙。

当该空隙的距离等于 X 时，爬电距离的测量值就是从螺钉到槽壁的距离。

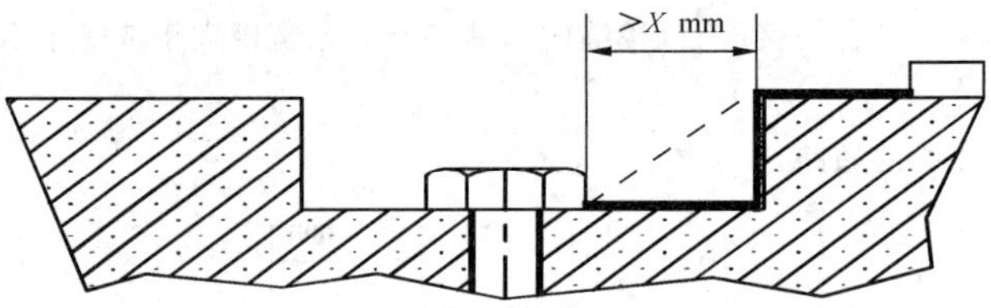

例 11C 为一浮地零部件。

电气间隙和爬电距离 $d+D$。

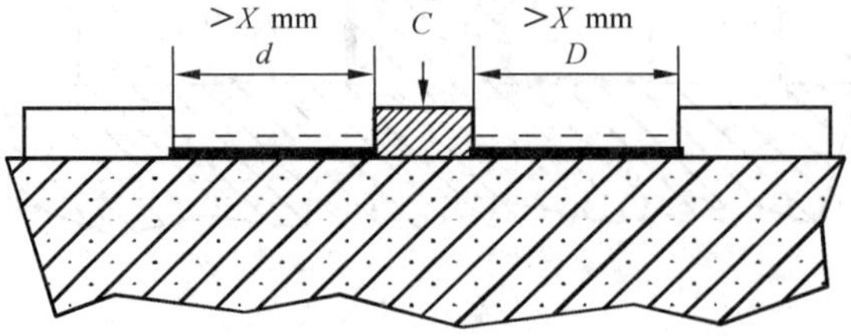

说明：

━━━━━━━━爬电距离；

－－－－－－电气间隙。

图 C.1（续）

附 录 D
(规范性附录)
其间规定绝缘要求的零部件

[(见 6.4 和 6.5.2)]

下列符号在图 D.1～图 D.3 中用来表示：

a) 要求：
   - B 要求基本绝缘；
   - D 要求双重绝缘和加强绝缘。

b) 电路和零部件：
   - A 与保护导体端子不连接的可触及零部件；
   - H 正常条件下是危险带电的电路；
   - N 正常条件下不超过 6.3.2 限值的电路；
   - R 与基本绝缘组合形成保护阻抗的高阻抗[见 6.5.3c)]；
   - S 保护屏；
   - T 可触及的外部端子；
   - Z 次级电路的阻抗。

所给出的次级电路也可以被认为只是零部件。

图 D.1a)～d) 危险带电电路与正常条件下不超过 6.3.2 限值且具有可触及零部件的外部端子的电路之间的防护

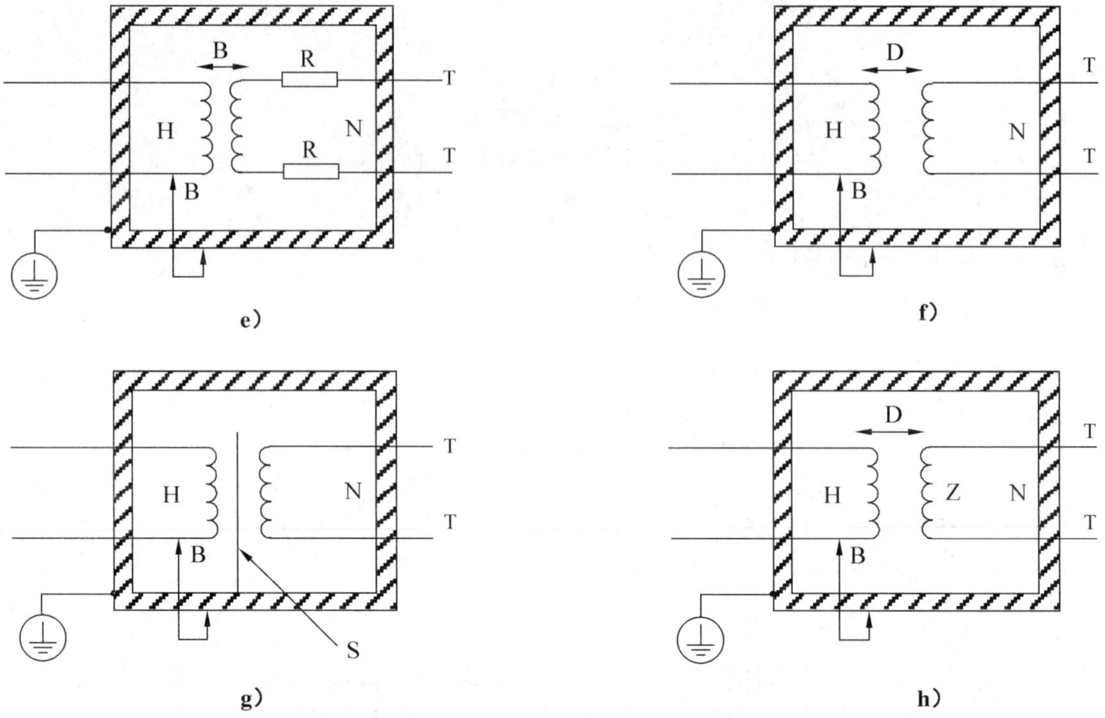

图 D.1e)～h) 危险带电电路与正常条件下不超过 6.3.2 限值且具有外部端子的其他电路之间的防护

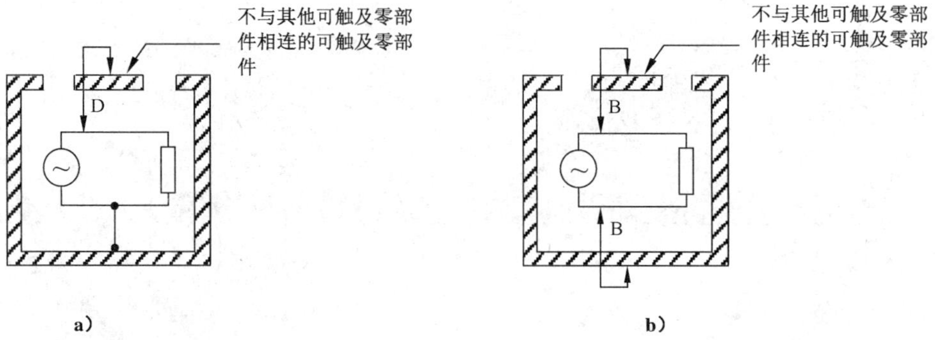

图 D.2a)和 b) 不与其他可触及零部件相连的可触及件对内部危险带电电路的防护

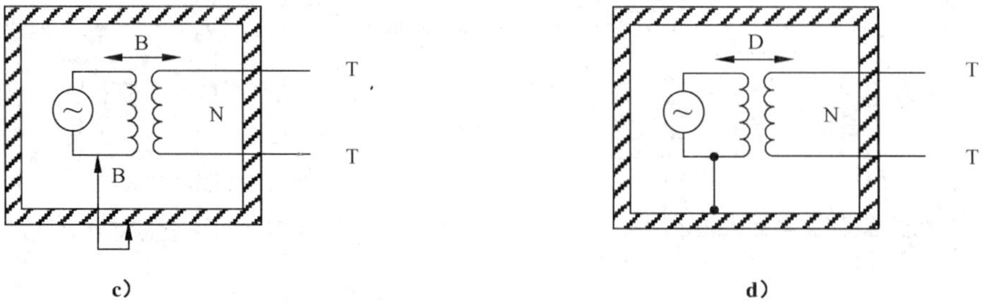

图 D.2c)和 d) 正常条件下不超过 6.3.2 限值的次级电路的可触及端子对初级危险带电电路的防护

注：图 D.2c)和 D.2d)所示的电路也可以有其他防护措施，例如保护屏、电路保护连接(见 6.5.1)和保护阻抗(见 6.5.3)。

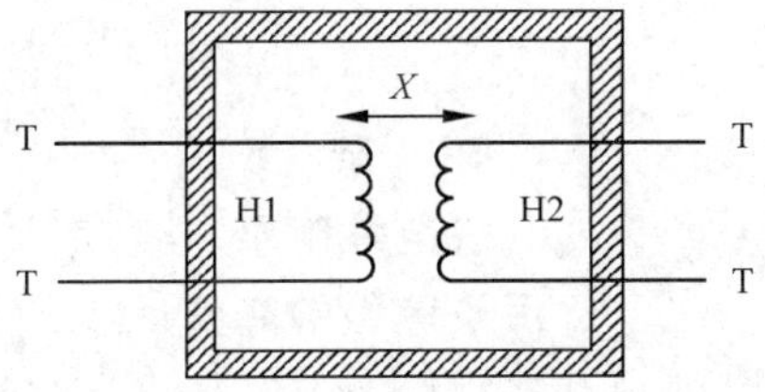

图 D.3　两个危险带电电路的外部可触及端子的防护

注：未与保护导体端子连接的可触及零部件和两个危险带电电路中任一电路之间的绝缘要求如图 D.1a)～d)所示。

X 的试验电压按下面最严酷的一种情况来确定：

B(基本绝缘)——如果危险带电电路 H1 和危险带电电路 H2 两者是已连接好的，则试验电压根据电路之间的绝缘所承受的最高额定工作电压来确定；

D(双重绝缘)——如果危险带电电路 H1 是已连接好的，危险带电电路 H2 的端子在进行连接时又是可触及的，则试验电压根据危险电路 H1 的绝缘所承受的最高额定工作电压来确定；

D(双重绝缘)——如果危险带电电路 H2 是已连接好的，危险带电电路 H1 的端子在进行连接时是可触及，则试验电压根据危险电路 H2 的绝缘所承受的最高额定工作电压来确定。

附 录 E
（规范性附录）
污染等级的降低

表 E.1 给出了通过采用附加防护使内部环境污染等级的降低。

表 E.1 通过采用附加防护使内部环境污染等级的降低

附加防护	从外部环境污染等级 2 降至	从外部环境污染等级 3 降至
采用 GB 4208 的 IPX4 外壳	2	2
采用 GB 4208 的 IPX5 或 IPX6 外壳	2	2
采用 GB 4208 的 IPX7 或 IPX8 外壳	2[a]	2[a]
采用气密密封的外壳	1	1
采用连续加热	1	1
采用密封	1	1
采用使用涂层	1	2

[a] 如果电动执行机构制造时已确保其内部是低湿度的，且说明书又规定，在打开外壳后再次合上外壳时，必须在湿度受控的环境中进行或者必须使用干燥剂，则污染等级就能降至 1 级。

附 录 F
（规范性附录）
例行试验

制造厂商对其生产的带有危险带电零部件和可触及导电零部件的电动执行机构应当100%的进行F.1～F.3的试验。

除非能清楚地表明其试验结果在后续的制造阶段是有效的，否则应当使用完全组装好的电动执行机构来进行试验。进行试验时不得拆掉电动执行机构电线、改装或拆开电动执行机构，但是如果接线罩盖对试验有影响，则应当将其拆下。电动执行机构在试验期间不得通电。

电动执行机构不需要包上金属箔，也不需要进行潮湿预处理。

F.1 保护接地

电动执行机构的保护导体端子与外壳之间，以及与保护导体端子相连的所有可触及导电零部件之间进行接地连续性试验，试验电流值不作规定。

F.2 电网电源电路

在一端为连接在一起的电网电源端子，以及另一端为连接在一起的所有可触及导电零部件之间，施加6.8规定的(但不进行潮湿预处理)对应于基本绝缘的试验电压。就本标准而言，预定要与其他设备的非带电的电路相连的任何输出端子的接触件被认为是可触及导电零部件。

试验电压应当在2 s内升至规定值，并至少保持2 s。

不得出现击穿或重复的飞弧，不考虑电晕效应和类似现象。

F.3 其他电路

电动执行机构的输入/输出端子与可触及导电零部件之间施加试验电压，施加的电压值为工作电压的1.5倍。如果电压限制(箝位)装置在低于1.5倍的工作电压下动作，则施加的电压值为0.9倍的箝位电压，但不小于工作电压。

不得出现击穿或重复的飞弧，不考虑电晕效应和类似现象。

ICS 19.080;25.040.01
N 10

中华人民共和国国家标准

GB 30439.9—2014

工业自动化产品安全要求 第9部分:数字显示仪表的安全要求

Safety requirements for industrial automation products—
Part 9: Safety requirements for digit display instrument

2014-07-24 发布

2015-02-01 实施

中华人民共和国国家质量监督检验检疫总局
中国国家标准化管理委员会 发布

前　言

GB 30439 的本部分的全部技术内容为强制性。

GB 30439《工业自动化产品安全要求》分为如下 18 个部分：

——第 1 部分：总则；

——第 2 部分：压力/差压变送器的安全要求；

——第 3 部分：温度变送器的安全要求；

——第 4 部分：控制阀的安全要求；

——第 5 部分：流量计的安全要求；

——第 6 部分：电磁阀的安全要求；

——第 7 部分：回路调节器的安全要求；

——第 8 部分：电动执行机构的安全要求；

——第 9 部分：数字显示仪表的安全要求；

——第 10 部分：记录仪表的安全要求；

——第 11 部分：可编程序控制器的安全要求；

——第 12 部分：回波测距(TOF)式物位计的安全要求；

——第 13 部分：磁致伸缩液位计的安全要求；

——第 14 部分：仪表电源的安全要求；

——第 15 部分：工业过程测量和控制用信号配电、隔离、转换、报警处理单元的安全要求；

——第 16 部分：差压流量计的安全要求；

——第 17 部分：超声流量计的安全要求；

——第 18 部分：压力仪表辅助装置的安全要求。

本部分为 GB 30439 的第 9 部分。

本部分按照 GB/T 1.1—2009 给出的规则起草。

本部分由中国机械工业联合会提出。

本部分由全国工业过程测量和控制标准化技术委员会(SAC/TC 124)、全国测量、控制和实验室电器设备安全标准化技术委员会(SAC/TC 338)归口。

本部分起草单位：福建上润精密仪器有限公司、浙江中控自动化仪表有限公司、西南大学、机械工业仪器仪表综合技术经济研究所、南京菲尼克斯电气有限公司、中山市中大自动化有限公司、上海自动化仪表研究所、宁夏银星能源股份吴忠仪表公司、上海自动化仪表股份有限公司、厦门宇电自动化科技有限公司、福建上润精密仪器有限公司。

本部分主要起草人：戈剑、丁云、周雪莲、郑旭、王德忠、闫艳、张宝春、周松明、李佳嘉、王勇、李伟、王竹平、周婷、周宇、戈剑、梅恪、王建华、柳晓菁、王玉敏。

工业自动化产品安全要求
第9部分:数字显示仪表的安全要求

1 范围

GB 30439 的本部分规定了盘装式数字显示仪表的防电击、防机械危险、耐机械冲击和撞击、防止火焰蔓延、设备的温度限值和耐热的安全要求。

本部分不包括与安全无关的设备的功能、性能或其他特性、运输包装的有效性、电磁兼容(EMC)要求、功能安全、对爆炸环境的防护措施、维修(修理)、维修(修理)人员的防护。

本部分适用于工业过程信号盘装式数字显示仪表(以下简称数显表)。

2 规范性引用文件

下列文件对于本文件的应用是必不可少的。凡是注日期的引用文件,仅注日期的版本适用于本文件。凡是不注日期的引用文件,其最新版本(包括所有的修改单)适用于本文件。

GB/T 1633—2000 热塑性塑料维卡软化温度(VST)的测定(idt ISO 306:1994)

GB/T 3098.1—2010 紧固件机械性能 螺栓、螺钉和螺柱(ISO 898-1:2009,MOD)

GB/T 3098.3—2000 紧固件机械性能 紧定螺钉(idt ISO 898-5:1998)

GB/T 4207—2003 固体绝缘材料在潮湿条件下相比电痕化指数和耐电痕化指数的测定方法(IEC 60112:1979,IDT)

GB 4208—2008 外壳防护等级(IP 代码)(IEC 60529:2001,IDT)

GB 4793.1—2007 测量、控制和实验室用电气设备的安全要求 第1部分:通用要求(IEC 61010-1:2001,IDT)

GB/T 5465.2—2008 电气设备用图形符号 第2部分:图形符号(IEC 60417 DB :2007,IDT)

GB/T 7354—2003 局部放电测量(IEC 60270:2000,IDT)

GB 8898—2001 音频、视频及类似电子设备安全要求(IEC 60065:1998,EQV)

GB/T 11020—2005 固体非金属材料暴露在火焰源时的燃烧性试验方法清单(IEC 60707:1999,IDT)

GB/T 11021—2007 电气绝缘 耐热性分级(IEC 60085:2004,IDT)

GB/T 12113—2003 接触电流和保护导体电流的测量法(IEC 60990-1:1999,IDT)

GB 14048.1—2006 低压开关设备和控制设备 第1部分:总则(IEC 60947-1:2001,MOD)

GB 14048.3—2008 低压开关设备和控制设备 第3部分:开关、隔离器、隔离开关以及熔断器组合电气(IEC 60947-3:2005,IDT)

GB/T 16842—2008 外壳对人和设备的防护 检验用试具(IEC 61032-1:1997,IDT)

GB/T 16927(所有部分) 高电压试验技术[IEC 60060(所有部分)]

GB/T 16935.3—2005 低压系统内设备的绝缘配合 第3部分:利用涂层、罐封和模压进行防污保护(IEC 60664-3:2003,IDT)

IEC 60027(所有部分) 电工技术用文字符号(Letter symbols to be used in electrical technology)

3 术语和定义

GB 4793.1—2007 以及下列界定的术语和定义适用于本文件。为了便于使用，以下重复列出了 GB 4793.1—2007 中的某些术语和定义。

除另有规定外，“电压”值和“电流”值均指交流、直流，或者合成的电压或电流的有效值。

3.1 设备和设备的类别

3.1.1

固定式设备 fixed equipment

固定在支撑件上的或需另外固定在特定位置上的设备。

[GB 4793.1—2007，定义 3.1.1]

3.1.2

永久性连接式设备 permanently connected equipment

只有用工具才能断开的永久性连接方法与电源电气连接的设备。

3.2 零部件和附件

3.2.1

端子 terminal

为使装置(设备)与外部导体相连而提供的一种元件。

[GB 4793.1—2007，定义 3.2.1]

注：端子可以含有一个或几个接触件，因此该术语也包括插座、连接器等。

3.2.2

功能接地端子 functional earth terminal

用来直接与测量电路或控制电路的某一点，或者直接与某个屏蔽部分进行电气连接的，而且预定还要用来为安全目的以外的任何功能目的接地的端子。

注：对测量设备，该端子常被称为测量接地端子。

3.2.3

保护导体端子 protective conductor terminal

为安全目的而与设备的导电零部件相连接的，而且预定还要与外部保护接地系统相连接的端子。

3.2.4

外壳 enclosure

防止设备受到某些外部影响和防止从任何方向直接接触而提供的零部件。

[GB 4793.1—2007，定义 3.2.4]

3.2.5

挡板 barrier

防止从任何正常接近的方向直接接触而提供的零部件。

[GB 4793.1—2007，定义 3.2.5]

注：外壳和挡板可以提供火焰蔓延的防护[见 9.2.1b)]。

3.3 电气量值

3.3.1

额定(值) rated(value)

通常由制造厂针对元器件、装置或设备达到某一工作状态而给出的量值。[IEV 151-04-03]

3.3.2

额定值 rating

一组额定值和工作条件。

[GB 4793.1--2007,定义 3.3.2]

3.3.3

工作电压 working voltage

当设备以额定电压供电时,在任何特定的绝缘上能出现的最大交流电压有效值或直流电压值。

注 1:瞬态值不考虑。

注 2:开路条件和正常工作条件均要考虑。

3.4 试验

3.4.1

型式试验 type test

针对特定的设计,为证明该设计和结构是否能满足本标准的一项或多项要求而对设备的一台或多台样品(或设备零部件)进行的试验。

注:这是对 IEV 151-04-15 定义的扩充,以便既包括设计要求又包括结构要求。

[GB 4793.1—2007,定义 3.4.1]

3.4.2

例行试验 routine test

在制造中或制造后为确定装置(设备)是否符合某个判据而对每一台单独的装置(设备)进行的试验(见附录 F)。

[GB 4793.1—2007,定义 3.4.2]

3.5 安全术语

3.5.1

(零部件的)可触及 accessi ble(of a part)

当按 6.2 的规定能用标准试验指或试验针触及到的。

3.5.2

危险 hazard

潜在的伤害源。

3.5.3

危险带电 hazardous live

在正常条件或单一故障条件下能使之发生电击或电灼伤。

注:对正常条件适用的数值见 6.3.1,对在单一故障条件下被认为是适用的更高的数值见 6.3.2。

3.5.4

电网电源 mains

设计成使有关设备需要与其连接的、为设备提供电力为目的的低压供电系统。

注:有些测量电路也可以与供测量目的用的电网电源相连。

3.5.5

电源电路 mains circuit

预定要与电网电源连接的、为设备提供电力的电路。

注:测量电路和利用感应原理从电网电源电路获得供电的电路不属于电网电源电路。

3.5.6

保护阻抗 protective impedance

元器件、元器件的组件或者基本绝缘和限流或限压装置的组合，当其连接在可触及导电零部件与危险带电零部件之间时，其阻抗、结构和可靠性在正常条件和单一故障条件下提供的防护程度达到本标准的要求。

3.5.7

保护连接 protective bonding

为使可触及导电零部件或保护屏与供外部保护导体连接用的装置具有电气连续性而进行的电气连接。

3.5.8

正常使用 normal use

按使用说明或按明显的预期用途的说明进行的操作，包括待机。

注：多数情况下，正常使用也指正常条件，因为使用说明书会警告用户不要在非正常条件下使用设备。

3.5.9

正常条件 normal condition

防止危险的所有防护措施均完好无损的条件。

3.5.10

单一故障条件 single fault condition

防止危险的一个防护措施发生失效的条件或可能引起某种危险而出现一个故障的条件。

注：如果某个单一故障条件会不可避免地引起另一个单一故障条件，则这样的两个故障被认为是一个单一故障条件。

3.5.11

操作人员 operator

按设备的预期用途来操作设备的人。

注：操作人员应为这一目的而接受适当的培训。

3.5.12

责任者 responsible body

负责设备的使用或维护和确保操作人员得到足够培训的个人或组织。

3.5.13

瞬态过电压 transient overvoltage

持续时间仅几毫秒或更短时间的过电压，通常带有强阻尼的振荡或非震荡。

3.5.14

暂态过电压 temporary overvoltage

持续相对较长时间的工频过电压。

3.6 绝缘

3.6.1

基本绝缘 basic insulation

其失效会引起电击危险的绝缘。

[GB 4793.1—2007，定义 3.6.1]

注：基本绝缘可用于功能绝缘的目的。

3.6.2

附加绝缘 supplementary insulation

除基本绝缘以外施加的独立绝缘，用以保证在基本绝缘一旦失效时仍能防止电击。

[GB 4793.1—2007,定义 3.6.2]

3.6.3

双重绝缘 double insulation

由基本绝缘和附加绝缘构成的绝缘。

[GB 4793.1—2007,定义 3.6.3]

3.6.4

加强绝缘 reinforced insulation

其提供防电击能力不低于双重绝缘的绝缘,它可以由几层不能像附加绝缘或基本绝缘那样单独进行试验的绝缘构成。

[GB 4793.1—2007,定义 3.6.4]

3.6.5

污染 pollution

会导致介电强度或表面电阻率降低的固态、液态或气态(电离气体)的附加的外来物质。

3.6.6

污染等级 pollution degree

为了评价间隔距离而规定的下述微环境的污染等级。

3.6.6.1

污染等级 1 pollution degree 1

无污染或只有干燥的非导电性污染,该污染无不利影响。

3.6.6.2

污染等级 2 pollution degree 2

通常仅有非导电性污染,但偶尔也会由于凝聚作用而短时导电。

3.6.6.3

污染等级 3 pollution degree 3

导电污染或干燥的非导电污染由于凝聚作用而变成导电。

注:在这种条件下,设备通常要防止暴露于直射的日光、降雨、强烈的风压中,但不用控制温度或湿度。

3.6.6.4

污染等级 4 pollution degree 4

由导电性灰尘、雨水或其他潮湿条件引起的持续性导电。

3.6.7

电气间隙 clearance

两个导电零部件在空气中的最短距离。

3.6.8

爬电距离 creepage distance

两个导电零部件沿绝缘材料表面的最短距离。

[GB 4793.1—2007,定义 3.6.8]

3.7 产品有关的定义

3.7.1

盘装仪表

固定安装在仪表盘或平面上使用的仪表。

4 试验

4.1 概述

本部分中的所有试验均是在控制仪表或零部件的样品上进行的型式试验。这些试验的唯一目的是要检验设计和结构是否能确保符合标准要求。

4.2 试验顺序

除本部分另有规定外，试验顺序可以任选。在每项试验后应当仔细地对受试数显表进行检查。如果对试验的结果有怀疑，怀疑如果试验顺序颠倒，任何前面的各项试验是否真能通过，则前面的这些试验应当重复进行。如果故障条件下的试验会损坏数显表，则这些试验可以放在基准试验条件下的试验之后。

4.3 基准试验条件

4.3.1 环境条件

除本部分另有规定外，试验场所应当具有下述环境条件：

a) 温度：15 ℃～35 ℃；

b) 相对湿度：不超过 75%；

c) 大气压力：86 kPa～106 kPa；

d) 无霜冻、凝露、渗水、淋雨和日照等。

4.3.2 数显表状态

除另有规定外，每项试验应当在组装好的供正常使用的数显表上、且在 4.3.2.1～4.3.2.8 规定的最不利的组合条件下进行。

数显表应当按制造厂商说明书的规定进行安装。

4.3.2.1 数显表位置

数显表处于正常使用时的任一位置，且任何通风不受阻挡。

4.3.2.2 附件

由制造厂建议或提供的、与数显表一起使用的附件和操作人员可更换的零部件应当连接或不连接。

4.3.2.3 盖子和可拆除的零部件

不用工具就能拆除的盖子或零部件应当拆除或不拆除。

4.3.2.4 电网电源

应当符合下面的要求：

a) 供电电源应当在数显表能设置的任何额定供电电压的 90%～110%之间，或者如果对数显表规定出要适应更大的电压波动，则供电电压应当达到该波动范围内任何电压；

b) 频率应当为任何额定频率；

c) 交、直流两用数显表应当连接到交流或直流电源上；

d) 使用直流电源或单相电源的数显表应当分别按正常极性连接和相反极性连接；

e) 除了对数显表规定只用于不接地的电网电源外，基准试验电源的一个极应当处于地电位或接近地电位。

4.3.2.5 输入与输出电压

输入和输出电压，包括浮地电压但不包括电网电源电压在内，应当将其调节到额定电压范围内的任何电压上。

4.3.2.6 接地端子

对保护接地端子，如果有，应当接到大地。功能接地端子应当接地或不接地。

4.3.2.7 连接

数显表应当按其预定用途进行连接或不连接。

4.3.2.8 输出

对于提供电输出的数显表：

a) 数显表的工作状态应当能对额定负载提供额定输出功率；

b) 对任何输出，额定负载阻抗应当连接或不连接。

4.4 单一故障条件下的试验

4.4.1 概述

应当按下面要求：

a) 检查数显表及其电路图通常就能判断是否可能引起危险的和因此是否应当实施的故障条件；

b) 除了能证明某个特定的故障条件不可能引起危险外，各项故障试验均应当进行，或者选择检验符合性的规定的替换方法来代替故障试验[见 9.1b)和 c)]；

c) 数显表应在基准试验条件(见 4.3)的最不利的组合条件下工作，对不同的故障，这些组合条件可以有所不同，在进行每一个试验时应当记录这些组合条件。

4.4.2 故障条件的施加

故障条件应当包括 4.4.2.1～4.4.2.2 规定的故障条件。这些故障条件一次只能施加一个，并应当按任何方便的顺序依次施加，不能同时施加多个故障，除非这些故障是施加某故障后引发的结果。

在每一次施加故障条件后，数显表应当能够通过 4.4.4 适用的试验。

4.4.2.1 保护阻抗

a) 如果保护阻抗是由元器件的组合来组成的，则应当将每个元器件短路或开路，选择其中较为不利者。

b) 如果保护阻抗是由基本绝缘和限流或限压装置组合来组成的，则基本绝缘和限流或限压装置这两者均应当承受单一故障条件，一次施加一个故障条件。对基本绝缘应当进行短路，而对限流或限压装置应当进行短路或开路，选择其中较为不利者。

c) 对保护接地端子，如果有，应当接到大地。功能接地端子应当接地或不接地。

由高完善性元器件组成的保护阻抗的零部件不必将其短路或开路(见 6.5.3 和 14.2)。

4.4.2.2 电源变压器

电源变压器的次级绕组应当按照 4.4.2.2.1 的规定将其短路，并按 4.4.2.2.2 的规定将其过载。

在一个试验中损坏的变压器，允许修复或更换后再做下一个试验。

4.4.2.2.1 短路

在正常使用时接负载的每一个不带抽头的输出绕组和带抽头输出绕组的每一部分应当依次进行试验，一次试验一个来模拟负载短路。试验中过流保护装置在位，所有其他绕组接负载或不接负载，选择正常使用的负载条件较为不利者。

4.4.2.2.2 过载

每一个不带抽头的输出绕组和带抽头输出绕组的每一部分应当依次进行过载试验，一次试验一个。其他绕组接负载或者不接负载，选择正常使用的负载较为不利者。

在绕组上跨接一个可变电阻器来进行过载试验。电阻器尽可能快的进行调节，如有必要，在 1 min 后再次进行调节来保持该适用的过载。以后允许不再做进一步的调节。

在所有其他情况下，该过载是从变压器获得的最大输出功率。

4.4.2.3 输出

应当将各个输出短路，一次短路一个。

4.4.2.4 电路和零部件之间的绝缘

在电路和零部件之间，对低于针对基本绝缘规定的量值的绝缘应当将其短路，以检验是否能防止火焰的蔓延。

4.4.3 试验持续时间

4.4.3.1 概述

应当使数显表一直工作到所施加的故障产生的结果不可能再有进一步的变化为止。每项试验一般限制在 1 h 以内，因为单一故障条件引发的二次故障通常就在那段时间内显现出来。如果有迹象表明最终可能产生电击、或人身伤害的危险，则试验应当一直继续到出现这些危险为止，或者最长时间为 4 h，除非在此之前出现危险。

4.4.3.2 限流装置

如果为限制能易于触及到的零部件的温度而装有在工作时能切断或限制电流的装置，则不论该装置是否动作，均应当测量数显表能达到的最高温度。

4.4.3.3 熔断器

如果因熔断器的断开而使某个故障中断，而且如果该熔断器不在约 1 s 内动作，则应当测量有关故障条件下流过熔断器的电流。为了确定电流是否达到或超过熔断器的最小动作电流以及更长时间熔断器才动作，应当利用熔断器的预飞弧时间/电流特性进行评定。通过熔断器的电流是会随时间而发生变化的。

如果在试验中电流未达到熔断器的最小动作电流，则应当使数显表工作一段对应于最长的熔断时间，或者应当使数显表连续工作 4.4.3.1 规定的时间。

4.4.4 施加故障条件后的符合性

4.4.4.1 概述

在施加单一故障后，通过下面的测量来检验电击防护是否符合要求：

a) 通过进行 6.3.2 的测量来检验可触及导电零部件是否变成危险带电；

b) 通过对双重绝缘或加强绝缘进行电压试验来检验绝缘是否还有一重保护，电压试验按 6.8 的规定(符合性预处理除外)用对应于基本绝缘的试验电压来进行；

c) 如果电气危险防护是通过变压器内的双重绝缘或加强绝缘来实现的，则测量变压器绕组的温度。其温度不得超过表 10 规定的温度。

4.4.4.2 温度

通过测量外壳的外表面或能易于触及到的零部件外表面的温度来检验温度防护是否符合要求。

零部件的温度在环境温度为 40 ℃时，或者如果环境温度更高，则在最高额定环境温度时，不得超过 105 ℃。

该温度是通过测量表面或零部件的温升加上 40 ℃，或者如果高于 40 ℃，则加上最高额定环境温度来确定。

4.4.4.3 火焰蔓延

通过将数显表放在白色薄棉纸包裹的软木材表面上，数显表上包上纱布来检验着火蔓延的防护是否符合要求。熔融金属、燃烧的绝缘物、带火焰的颗粒等不得滴落到放置数显表的表面上，而且棉纸或纱布不得碳化、灼热或起火。如果不可能引发危险，则绝缘材料的熔化应当忽略不计。

4.4.4.4 其他危险

按第 7 章～第 10 章的规定检验其他危险防护要求是否合格。

5 标志和文件

5.1 标志

5.1.1 概述

数显表上应该标有符合 5.1.2～5.2 规定的标志。

除了内部零部件的标志外，这些标志应当从外部就能看见，或者如果盖子或门是预定要由操作人员来拆下或打开的，则在不用工具拆下盖子或打开门后，这些标志应当从外部就能看见。适用于整台数显表的标志不得标在操作者不用工具就能拆卸的零部件上。

对机柜安装或面板安装的数显表，标志允许标在数显表从机柜或面板上卸下之后能看见的表面上。

量值和单位的文字符号应当符合 IEC 60027 的规定，如果适用，图形符号应当符合表 1 的规定。符号无颜色要求。图形符号应当在文件中进行解释。

注 1：如果适用应当使用 IEC 和 ISO 规定的符号。

注 2：标志不得标在数显表的底部。

通过目视检查来检验是否合格。

5.1.2 产品标识

产品标志应包括的内容：

a) 制造厂或供应商的名称或商标；

b) 名称型号和规格。

如果标有相同识别标志(型号)的数显表是在一个以上的生产场地制造的，则对每一个生产场地制造的数显表，其标志应当能识别出数显表的生产场地。

注：工厂地点的标志可以采用代码，而且不必标在数显表的外部。

通过目视检查来检验是否合格。

表 1 符号

序号	符号	标准	说　明
1		GB/T 5465.2(5031)	直流
2		GB/T 5465.2(5032)	交流
3	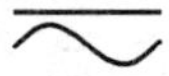	GB/T 5465.2(5033)	交直流
4			三相交流
5		GB/T 5465.2(5017)	接地端子
6		GB/T 5465.2(5019)	保护导体端子
7		GB/T 5465.2(5020)	机箱或机架端子
8		GB/T 5465.2(5021)	等电位
9		GB/T 5465.2(5007)	通(电源)
10	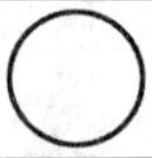	GB/T 5465.2(5008)	断(电源)
11		GB/T 5465.2(5172)	全部由双重绝缘或加强绝缘保护的单元
12			小心,电击危险
13		GB/T 5465.2(5041)	小心,烫伤
14		ISO 7000	小心,危险(见注)
15		GB/T 5465.2(5268)	双位按钮控制的“按入”状态
16	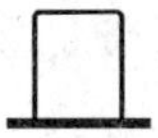	GB/T 5465.2(5269)	双位按钮控制的“弹出”状态
注：要求制造商说明在标有该符号的所有情况下应查阅文件,见 5.4.1。			

5.1.3 电源

数显表应当标有以下信息：

a) 电源性质：

1) 交流:额定电网电源频率或频率范围；

2) 直流:表 1 的符号 1；

注：就提供信息而言,标出下列内容可能是有益的：

——预定用交流电的数显表用表 1 中的符号 2；

——适合交直流两用的数显表用表 1 中的符号 3。

b) 额定电源电压值或额定电源电压范围；

注：也可标出额定电压波动值。

c) 接上所有附件或插件模块的最大功率,单位 W(有功功率)或单位 VA(视在功率),或者最大额定电流。

通过目视检查,以及通过测量功率或输入电流来检验 c)规定的标志是否合格。

5.1.4 熔断器

对可由操作人员更换的任何熔断器应当在其熔断器座旁标上使操作人员能识别正确更换熔断器的标志。

通过目视检查来检验是否合格。

5.1.5 端子和连接件

如果对安全是有必要的话,则对端子和连接件应当给出其用途的指示。如果没有足够的空间,可以使用表 1 的符号 14。

注 1:对附加信息见 IEC 60445 和 IEC 60447。

注 2:对多针连接器的各个插针不必进行标志。

5.1.5.1 电源端子和连接件

与电网电源相连的端子应当是能识别的;

下列端子应当按下面规定进行标志:

a) 功能接地端子用表 1 的符号 5;

b) 保护接地端子用表 1 的符号 6。

5.1.6 开关和断路器

如果仪表本身不带有开关和断路器,则在仪表的安装说明中要求在仪表柜中安装安全开关和断路器。

5.1.7 用双重绝缘或加强绝缘保护的数显仪表

全部用双重绝缘或加强绝缘保护的数显表应当标上表 1 的符号 11,但装有保护接地端子的数显表除外。只有局部用双重绝缘或加强绝缘保护的数显表不得标上表 1 的符号 11。

通过目视来检验是否合格。

5.2 警告标志

如果说明书说明,操作人员可以用工具接触在正常条件下可能是危险带电的零部件,则应当标有警告标志,说明在接触前必需使数显表与危险带电电压隔离或断开危险带电电压。

通过目视来检验是否合格。

5.3 标志的耐久性

数显表的标志在正常使用条件下应保持清晰可辩,并能耐受由制造厂规定的清洁剂的影响,粘贴标牌不得出现松脱或卷边。

通过目视检查,以及通过对数显表外侧的标志进行下述耐久性试验来检验是否合格。用布沾上规定的清洁剂(或者如果没有规定,则沾上异丙醇),用手不加过分压力地擦拭 30 s。

5.4 文件

5.4.1 概述

为了安全目的,应当随同数显表提供含有下述内容的文件:

a) 数显表的预定用途;

b) 技术规范;

c) 使用说明；

d) 可从其获得技术帮助的制造商或供货商的名称和地址；

e) 5.4.2～5.4.5 规定的信息。

通过目视检查来检验是否合格。

5.4.2 数显表额定值

文件应当包含下列信息：

a) 电源电压或电压范围，频率或频率范围，以及功率或电流额定值；

b) 所有输入和输出连接的说明；

c) 如果外部电路不可触及时，适用于单一故障条件的外部电路绝缘的额定值（见 6.6.2）；

d) 为数显表设计给定的环境条件范围的说明（见第 1 章）；

e) 如果标定了数显表符号 GB 4208 时，数显表防护等级的说明。

通过目视检查来检验是否合格。

5.4.3 数显表安装

文件应当包括安装和特定的交付使用的说明，以及如果对安全是必要的话，还应当包括在数显表安装和交付使用过程中可能发生的危险警告：

a) 装配、定位和安装要求；

b) 保护接地说明；

c) 与电源的连接；

d) 通风要求；

e) 对任何外部开关或断路器（见 6.10.3.1）和外部过流保护装置（见 9.5）的要求，以及将这些开关或电路断路器设置在数显表近旁的建议。

通过目视来检验是否合格。

5.4.4 数显表操作

如果适用，使用说明应当包括：

a) 操作控制件及其用于各种操作方式的标识；

b) 与数显表和其他附件相连的说明，包括指出适用的附件、可拆卸的零部件和任何专用的材料；

c) 在数显表上使用的与安全有关的符号的解释。

在说明书中应当说明，如果不按照制造厂规定的方法来使用数显表，则可能会损坏数显表所提供的防护。

通过目视来检验是否合格。

5.4.5 数显表维护及故障分析

对责任人为安全目的而需要涉及的预防性维护和检查应当在数显表的说明书中给出足够详细的说明。

制造厂应当规定只能由制造厂或其代理机构才能检查或提供的任何零部件。

对可更换的熔断器的额定值和特性应当作出说明。

通过目视来检验是否合格。

6 防电击

6.1 概述

数显表在正常条件（见 6.4）和单一故障条件（见 6.5）下均应当保持防电击，数显表的可触及零部件不得出现危险带电(见 6.3)。

通过按 6.2 的规定来确定是否可触及零部件以及测量是否达到 6.3 规定的限值,然后通过 6.4～6.11的试验来检验是否合格。

6.2 可触及零部件的判定

6.2.1 概述

除能明显看出者外,判定零部件是否可触及应当按 6.2.2 的规定来进行。除有规定者外,对试验指(见附录 B)和试验针不得施加作用力。如果用试验指或试验针能接触到这些零部件,或者如果打开不认为是提供适当绝缘(见 6.9.1)的盖子能接触到这些零部件,则认为这些零部件是可触及的。

如果在正常使用时操作人员预定会采取使零部件增加可触及性的任何操作(使用或不使用工具),则应当在 6.3.1～6.3.2 的检查前采取这样的操作。这样操作的例子包括:

a) 移开盖子;

b) 打开门;

c) 拆除零部件。

对机柜安装或面板安装的数显表,这种数显表在进行 6.2.2 检查前应当按制造厂说明书的安装好。对这样的数显表,要假定操作人员的位置处于面板的正面。

6.2.2 检查

在每一个可能的位置上施加铰接式试验指。如果通过加力零部件会成为可触及,则施加刚性试验指,同时施加 10 N 的力。施加的力要通过试验指的指尖施加,以避免出现楔入或撬开的动作。试验对所有的外部表面进行,包括底部。但是,对能接受插件式模块的数显表,铰接式试验指的指尖仅需插入到离数显表开口处 180 mm 的深度。

6.3 可触及零部件的允许限值

在可触及零部件与参考试验地之间,电压、电流、电荷不得超过 6.3.1 正常条件下的限值,也不得超过 6.3.2 单一故障条件下的限值。

6.3.1 正常条件下的值

在正常条件下有关量值大于下列限值即被认为是危险带电。只有当电压值超过 a)的限值时,才采用 b)的限值。

a) 当电压限值为有效值 33 V 和峰值 46.7 V,或者直流值 70 V。对规定在潮湿场所使用的控制仪表,电压限值为有效值 16 V 和峰值 22.6 V,或者直流值 35 V。

b) 电流限值为:

   1) 当用图 A.1 的测量电路测量时,对正弦波电流为有效值 0.5 mA,对非正弦波或混合频率电流为峰值 0.7 mA,或者直流值 2 mA。如果频率不超过 100 Hz,可以用图 A.2 的测量电路。对规定在潮湿场所使用的控制仪表,用图 A.4 的测量电路;

   2) 当用图 A.3 的测量电路时,有效值 70 mA,这一限值涉及较高频率下可能的灼伤。

c) 电容的电荷限值为 45 μC。

6.3.2 单一故障条件下的限值

在单一故障条件下有关量值大于下列限值即被认为是危险带电。只要电压超过 a)的限值,则还要采用 b)和 c)的限值。

a) 电压限值为有效值 55 V 和峰值 78 V,或者直流 140 V;对瞬时电压,其限值为图 2 的规定值,在 50 kΩ 电阻器上测量。

b) 电流值为：

1) 当用图 A.1 测量电路测量时，对正弦波电流为有效值 3.5 mA，对非正弦波或混合频率电流为峰值 5 mA；或者直流 15 mA。如果频率不超过 100 Hz，可以用图 A.2 测量电路；

2) 当用图 A.3 测量电路测量时，有效值 500 mA，这一限值涉及较高频率下可能的灼伤。

c) 电容量限值见图 1 的规定值。

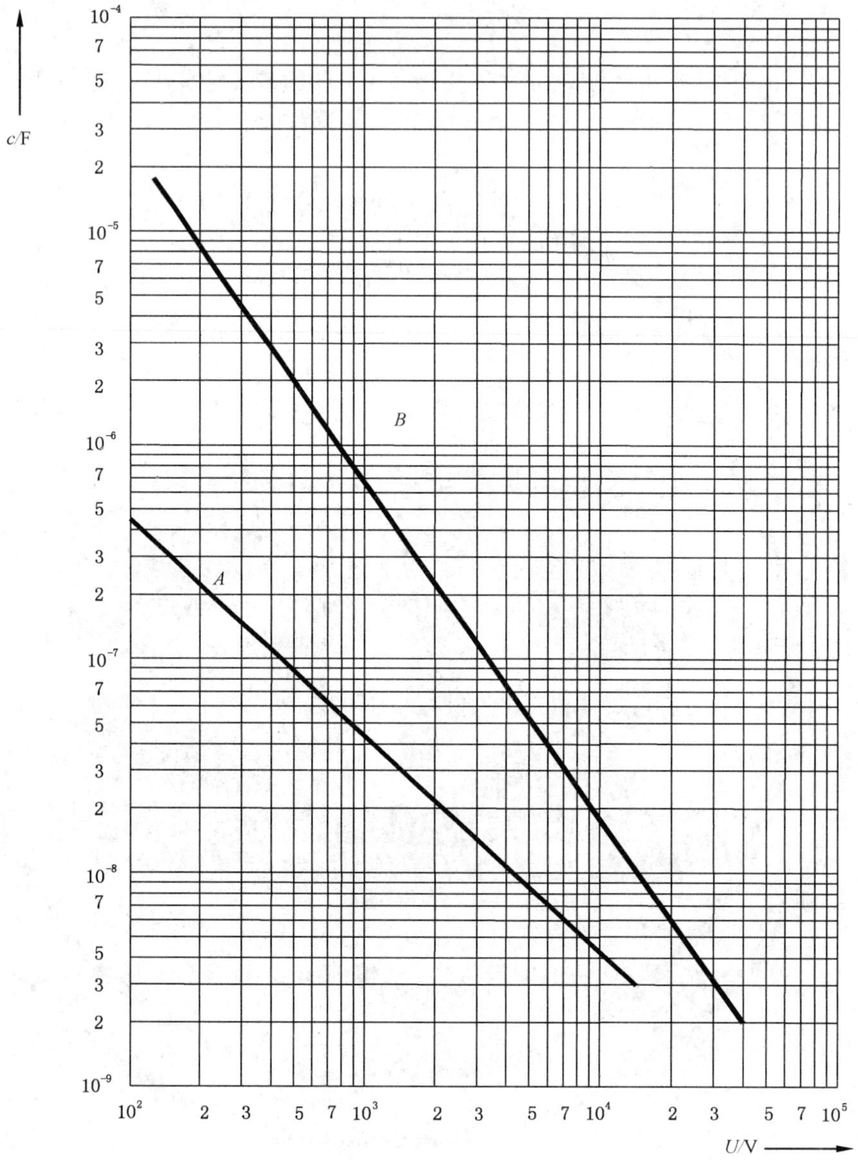

说明：

A——正常条件；

B——单一故障条件。

图 1 正常条件和单一故障条件下充电电容量限值

6.4 正常条件下的防护

应当采用下面一个或一个以上的措施来防止可触及零部件成为危险带电：

a) 基本绝缘(见附录 D)；

b) 外壳或挡板；

c) 阻抗。

外壳或挡板应当满足 8.2 的刚度要求。如果外壳或挡板用绝缘来提供防护，则它们应当满足基本绝缘的要求。

可触及零部件与危险带电零部件之间的电气间隙和爬电距离应当满足 6.7 的要求和基本绝缘适用的要求。

可触及零部件和危险带电零部件之间的固体绝缘应当能通过 6.8 对应基本绝缘的电压试验。

注：如果能通过 6.8 的介电强度试验，对固体绝缘无最小厚度要求。但是，在机械或热应力条件下，需要考虑第 8 章、第 9 章和第 10 章的要求。固体绝缘的局部放电试验在考虑中。应当采用下面一个或一个以上的措施来防止可触及零部件成为危险带电。

通过下面的测量和试验来检验是否合格：

1） 通过 6.2 的判断与 6.3.1 的测量，确定可触及零部件是否危险带电；

2） 按 6.7 的规定检查或测量电气间隙和爬电距离；

3） 6.8 的基本绝缘的介电强度试验；

4） 8.2 的外壳和挡板的刚性试验。

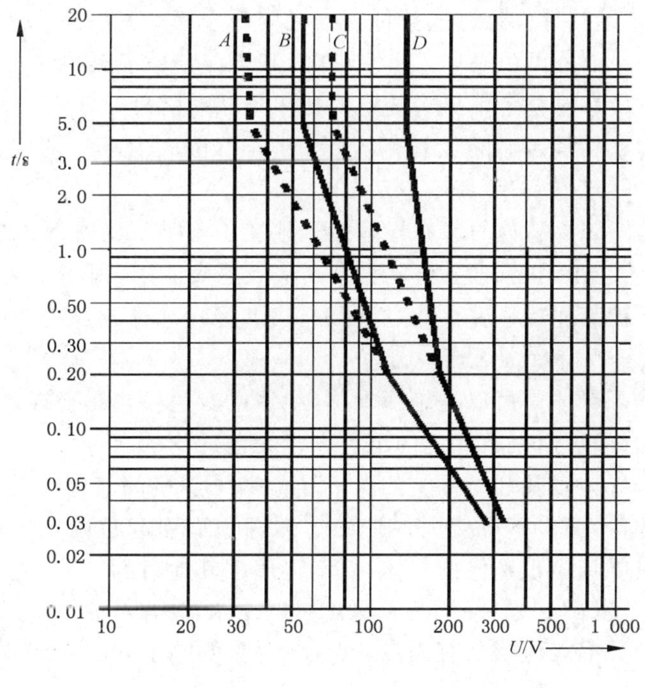

说明：

A——潮湿条件下的交流限值；

B——干燥条件下的交流限值；

C——潮湿条件下的直流限值；

D——干燥条件下的直流限值。

图 2 单一故障条件下瞬时可触及电压的短时最大持续时间[见 6.3.2a)]

6.5 单一故障条件下的防护

应当提供附加防护，以确保在单一故障条件下防止可触及零部件成为危险带电，该附加防护应当由 6.5.1～6.5.3 规定的一种或多种防护措施组成，或者在出现故障的情况下自动切断电源(见 6.5.4)。

按 6.5.1～6.5.4 的规定检验是否合格。

6.5.1 保护连接

如果在6.4规定的初级保护装置出现单一故障的情况下可触及零部件成为危险带电，则可触及导电零部件应当与保护导体端子相连，另一种方法是应用与保护导体端子相连的导电保护屏或挡板将这些可触及零部件与危险带电的零部件隔离。

注：如果用双重绝缘或加强绝缘将可触及零部件与危险带电的零部件隔离，则可触及导电零部件不必与保护导体端子相连。

按6.5.1.1～6.5.1.3的规定检验是否合格。

6.5.1.1 保护连接的完整性

应当采用下列措施保证保护连接的完整性：

a) 保护连接应当由直接的结构件，或独立的导体或者这二者组成。保护连接应当能承受9.5规定之一的过流保护装置将数显表从电源上断开之前可能会经受到的所有热应力和电动应力。

b) 对承受机械应力的焊接连接应当采用与焊接无关的方法进行机械固定，这种连接不得用于其他目的，例如固定结构件。螺钉连接件应当紧固防止松动。

c) 如果数显表的某一部分可由操作人员来拆除，则不能使数显表剩余部分的保护连接断开(但当数显表的一部分带有对整个数显表的电源输入连接时除外)。

d) 可移动的导电的连接件，例如，铰接件、滑销件等不得成为唯一的保护连接通路，除非将它们专门设计成供电气互连用，并满足6.5.1.3的要求。

e) 电缆的外部金属编织物即使与保护导体端子连接也不得认为是保护连接。

f) 如果由电网电源供电的电源通过数显表供其他数显表使用，则还应当采取措施，使保护导体通过该数显表来保护其他数显表。通过该数显表的保护导体通路的阻抗不得超过6.5.1.3的规定值。

g) 保护导体可以是裸导体也可以是绝缘导体，绝缘的颜色应当是黄绿色，但下列情况除外：

   1) 对接地编织线，可以是黄绿色的也可以是无色透明的；

   2) 对内部保护导体以及和组件中的保护导体端子连接的其他导体，例如带状电缆、汇流条、软印制导线等，如果不可能因保护导体无标识而引起危险，则可以使用任何颜色。黄绿双色组合只能用于识别保护导体，而不得用于其他目的。

注：在一些国家，使用绿色作为保护导体的颜色标识与黄绿双色组合是等效的。

h) 使用保护连接的数显表应当装有满足6.5.1.2要求的端子并应当能适用于保护导体的连接。

通过目视检查来检验是否合格。

6.5.1.2 保护导体端子

保护导体端子应当满足下列要求。

a) 接触表面应当为金属表面；

注：选择保护连接系统的材料要能使端子与保护导体之间或与端子接触的任何其他金属之间的电化学腐蚀减小到最低限度。

b) 器具输入插座的整体式保护导体连接端应当认为是保护导体端子；

c) 对装有可拆线软线的数显表以及对永久连接式数显表，其保护导体端子应当位于电网电源端子的近旁；

d) 如果数显表不需要与电网电源相连，但仍然具有需要保护接地的电路或零部件，则保护导体端子应当位于需保护接地的该电路端子的附近。如果该电路有外部端子，则保护导体端子也应当位于外部；

e) 电网电源电路的保护导体端子其载流能力至少应当与电网电源供电端子的载流能力相当；

f) 组合有其他端子的以及预定要手动连接和断开的插入式保护导体端子，例如电源线的插头和器具耦合器或插入单元的连接器组件，其设计应当使保护导体连接相对于其他连接最先接通和最后断开；

g) 如果保护导体端子还要用于其他连接目的，则应当首先用于连接保护导体，而且固定保护导体应当与其他连接无关，保护导体的连接方式应当确保不可能由于进行不涉及保护导体的维修而将保护导体拆除，或者应当标有警告标志(见 5.2)，说明拆除后需要更换保护导体；

h) 如果保护接地端子是一种连接螺钉，则该螺钉应当具有能与连接导体相应的尺寸，但不小于 3.0 mm，并至少应当能啮合 3 圈螺纹。保护连接所需的接触压力应当不会由于构成连接部分的材料的变形而减小。

通过目视检查来检验是否合格。还要通过下列试验来检验是否符合 6.5.1.2h)的要求。对金属件上的螺钉或螺母，连同被固定的最不利的接地导体，以及任何配套的导线固定装置的组件，当用表 2 规定的拧紧力矩时，应当能承受 3 次装配和拆卸的操作而不发生机械失效。

表 2 螺钉组件的拧紧扭矩

螺钉尺寸 mm	3.0	4.0	5.0	6.0	8.0	10.0
拧紧扭矩 N·m	0.25/0.5	1.2	2.0	3.0	6.0	10.0
注：螺钉尺寸 3.0 mm 的拧紧扭矩依据 GB/T 3098.1—2000 及 GB/T 3098.3—2000。						

6.5.1.3 保护连接阻抗

保护导体端子与规定要采用保护连接的每一个可触及零部件之间的阻抗不得超过 0.1 Ω，电源线的阻抗不构成规定的保护连接阻抗的一部分。

通过施加试验电流 1 min，然后计算阻抗来检验是否合格，电流取下列电流值的较大者：

a) 直流 25 A 或额定电源频率交流 25 A 有效值；

b) 等于数显表额定电流二倍的电流。

如果数显表在电源的所有极上装有过流保护装置，以及如果在单一故障条件下过流保护装置电源一侧的导线不可能变成与可触及导电零部件相连，则试验电流不必大于内部过流保护装置额定电流的二倍。

6.5.2 双重绝缘和加强绝缘

组成双重绝缘或加强绝缘(见附录 D)一部分的电气间隙和爬电距离应当满足 6.7 的适用的要求见附录 D，外壳应当满足 6.9.2 的要求。

对组成加强绝缘一部分的固体绝缘用应当能通过 6.8 的加强绝缘的电压值电压试验。

按 6.7、6.8 和 6.9.2 的规定来检验是否合格。如果可能的话，双重绝缘的两个部分要分开进行试验，否则要作为加强绝缘来进行试验。安全所需的电气间隙和爬电距离可以通过测量来检验。

6.5.3 保护阻抗

为确保在单一故障条件下可触及导电零部件不会成为危险带电，保护阻抗应当是下列规定的一种或一种以上的类型：

a) 一种合适的高完善性单一元器件(见 14.2)；

b) 元器件的组合；

c) 基本绝缘和电流或电压限制装置的组合。

元器件、导线和连接件的额定值应当与正常条件和单一故障条件这两者相适应。

通过目视检查，以及在单一故障条件下（见 4.4.2），通过 6.3 的测量来检验是否合格。

6.5.4 电源的自动断开

如果电源的自动断开被用作单一故障条件下的保护，则该自动断开装置应当满足下列所有要求：

a) 自动断开装置应当随同数显表一起提供或者安装说明书应当规定自动断开要作为设施的一部分来进行安装；

b) 自动断开装置的额定特性应当规定成能在图 2 规定的时间范围内断开负载；

c) 自动断开装置的额定值应当与数显表的最大额定负载条件相适应。

通过目视检查自动断开装置的规范，以及如果适用检查安装说明书来检验是否合格。在有怀疑的情况下，通过对自动断开装置进行试验来检验其是否在要求的时间范围内断开电源。

6.6 与外部电路的连接

6.6.1 概述

与外部电路的连接应当不会：

a) 在正常条件和单一故障条件下使外部电路的可触及零部件变成为危险带电；

b) 或者在正常条件和单一故障条件下使数显表的可触及零部件变成为危险带电。

应当通过对电路的隔离来实现保护，除非将电路的隔离短路不可能产生危险。

为达到上述的要求，制造商的说明书或数显表的标志应当按适用的情况对每个外部端子给出以下信息：

a) 端子已设计成能保持安全工作的额定条件（最大额定输入/输出电压，连接器特定的型号，已设计的用途等）；

b) 为符合正常条件和单一故障条件下端子连接时的电击防护要求，对外部电路要求的绝缘额定值。

按下列方法来检验是否合格：

a) 通过目视检查；

b) 通过 6.2 的判定；

c) 通过 6.3 和 6.7 的测量；

d) 通过 6.8 介强电度试验（但潮湿预处理除外）。

通过目视检查和按 6.2 的规定对可触及零部件的判定来检验是否合格。

6.7 电气间隙和爬电距离

电气间隙和爬电距离在 6.7.1 中作出规定，以使能承受在数显表预定要接入的系统上出现的过电压。对电气间隙和爬电距离也考虑了额定环境条件和数显表中安装的或制造商说明书中要求的保护装置。

对内部无空隙的模制零部件，包括对多层印制电路板的内部各层，没有电气间隙和爬电距离的要求。

通过目视检查和测量来检验是否合格。在确定可触及零部件的电气间隙和爬电距离时，绝缘外壳的可触及表面被认为如同在能用标准试验指（见附录 B）触及到的该可触及表面任何地方包有金属箔那样是导电的。

6.7.1 一般要求

6.7.1.1 电气间隙

电气间隙被规定成要承受可能在电路中出现的，由外部事件（例如雷击或开关过渡过程）引起的，或者由数显仪运行引起的最大瞬态过电压。如果瞬态过电压不可能发生，则电气间隙按最大工作电压来规定。

电气间隙值取决于：

a） 绝缘类型（基本绝缘、加强绝缘等）；

b） 电气间隙的微环境污染等级。

在所有情况下，污染等级 2 的最小电气间隙为 0.2 mm。

6.7.1.2 爬电距离

对于两电路之间的爬电距离，要使用施加在两个电路之间的绝缘上的实际工作电压。爬电距离采用线性内插值是允许的。爬电距离始终应当至少等于电气间隙的规定值，如果计算所得的爬行距离小于电气间隙，则爬电距离应当加大到电气间隙的数值。

对其涂层满足 GB/T 16935.3—2005 的 A 类涂层要求的印制线路板，使用污染等级 1 的数值。

对加强绝缘，爬电距离应当是基本绝缘规定值的两倍。就本条而言，材料按其 CTI（相比漏电起痕指数）值分为四个组别，如下：

材料组别Ⅰ　　600≤CTI；

材料组别Ⅱ　　400≤CTI＜600；

材料组别Ⅲa　　175≤CTI＜400；

材料组别Ⅲb　　100≤CTI＜175。

上面的 CTI 值是指按 GB/T 4207 的规定，在为此目的专门制备的样品上，用溶液 A 来试验所获得的数值。

对玻璃、陶瓷或其他不产生漏电起痕的无机绝缘材料，爬电距离无需大于其相关的电气间隙。

附录 E 规定了能用于减小污染等级的方法。

爬电距离按附录 C 的规定测量。

电网电源电路的电气间隙和爬电距离应满足表 3 的规定。

对由电网电源供电电路的电气间隙应符合表 4 的规定。

表 3　电网电源电路的电气间隙和爬电距离

相线-中线电压（交流有效值或直流值）V	电气间隙数值[a] mm	爬电距离数值/mm								
		污染等级 1		污染等级 2			污染等级 3			
		印制线路板 CTI≥100	所有材料组别 CTI≥100	印制线路板 CTI≥100	材料组别Ⅰ CTI≥600	材料组别Ⅱ CTI≥400	材料组别Ⅲ CTI≥100	材料组别Ⅰ CTI≥600	材料组别Ⅱ CTI≥400	材料组别Ⅲ CTI≥100
＞50，且≤100	0.1	0.1	0.25	0.16	0.71	1.0	1.4	1.8	2.0	2.2
＞100，且≤150	0.5	0.5	0.5	0.5	0.8	1.1	1.6	2.0	2.2	2.5
＞150，且≤300	1.5	1.5	1.5	1.5	1.5	2.1	3.0	3.8	4.1	4.7

[a] 所规定的数值是针对基本绝缘或附加绝缘的，对加强绝缘的数值是两倍基本绝缘的数值。

6.8 介电强度试验程序

6.8.1 参考试验地

参考试验地是电压试验的参考点，它是下面的一个或一个以上的零部件，如果是一个以上的零部件则要将他们连接在一起：

a) 任何保护导体端子或功能接地端子；

b) 任何可触及导电零部件，但对因未超过 6.3.1 的规定值而允许触及的任何带电零部件除外。这种带电零部件要连接在一起，但不构成参考试验地的一部分；

c) 外壳的任何可触及绝缘部分，在除端子以外的每一个地方要包上金属箔。从金属箔到端子的距离要不大于 20 mm，该距离要达到能防止飞弧的最小值。

表 4 由电网电源供电的电路的电气间隙

工作电压/V	电气间隙/mm			
交流有效值或直流值	电网电源电压 $U\leqslant 100$ V 额定脉冲电压 500 V	电网电源电压 100 V$<U\leqslant$150 V 额定脉冲电压 800 V	电网电源电压 150 V$<U\leqslant$300 V 额定脉冲电压 1 500 V	电网电源电压 300 V$<U\leqslant$600 V 额定脉冲电压 2 500 V
50	0.05	0.12	0.53	1.51
100	0.07	0.13	0.61	1.57
150	0.10	0.16	0.69	1.64
300	0.24	0.39	0.94	1.83
600	0.79	1.01	1.61	2.41
1 000	1.66	1.92	2.52	3.45
1 250	2.23	2.50	3.16	4.16
1 600	3.08	3.39	4.11	5.21
2 000	4.17	4.49	5.30	6.48
2 500	5.64	6.02	6.91	8.05
3 200	7.98	8.37	9.16	10.2
4 000	10.6	10.9	11.6	12.8
5 000	13.7	14.0	14.9	16.1
6 300	17.8	18.2	19.1	20.3
8 000	23.5	23.9	24.7	26.0
10 000	30.3	30.7	31.6	32.9
12 500	39.1	39.6	40.5	41.9
16 000	52.0	52.5	53.5	54.9
20 000	67.4	67.9	68.9	70.5
25 000	87.4	87.9	89.0	90.6
32 000	117	117	118	120
40 000	151	151	153	154
50 000	196	196	198	199
63 000	258	258	260	261

6.8.2 潮湿预处理

为确保设备在潮湿条件下不会产生危险，在 6.8.4 的电压试验前，设备要进行潮湿预处理，在预理期间设备不工作。

如果6.8.1要求包上金属箔,则要在完成潮湿预处理和恢复后包上金属箔。

能手动拆除的电气元器件、盖子及其他零部件要拆除,并与主机一起进行潮湿预处理。

预处理要在潮湿箱中进行,箱内空气相对湿度为92.5%±2.5%。箱内空气温度保持在40 ℃±2 ℃。

在加湿之前,设备要处在42 ℃±2 ℃环境中。通常在进行潮湿预处理前,将其保持在该温度下至少4 h。

箱内的空气要搅动,且箱子的设计要使得凝露不致滴落在设备上。

设备在箱内保持48 h,取出设备后使其在4.3.1规定的环境条件下恢复2 h,非通风设备的盖子要打开。

6.8.3 试验的实施

规定的试验要在潮湿处理后恢复时间结束时的1 h内进行并完成。试验期间数显表不工作。

如果在两个电路之间或某个电路与可触及导电零部件之间彼此是连接在一起的,或彼此是不隔离的,则在它们之间不进行电压试验。

与被试绝缘并联的保护阻抗和限压装置要断开。

在组合使用两个或两个以上保护装置的情况下(见6.5和6.6.1),对双重绝缘和加强绝缘所规定的电压就可能会加在不必承受这些电压的电路零部件上。为了避免出现这种情况,这样的零部件在试验期间可以断开,或者对要求双重绝缘或加强绝缘的电路零部件可以分开进行试验。

表5 爬电距离

工作电压(有效值或直流) V	基本绝缘或附加绝缘								
	印制线路板上		其他电路						
	污染等级		污染等级						
	1	2	1	2			3		
	材料组别			材料组别			材料组别		
	Ⅲb	Ⅲa		Ⅰ	Ⅱ	Ⅲa、Ⅲb	Ⅰ	Ⅱ	Ⅲa[a]、Ⅲb[a]
10	0.025	0.04	0.08	0.40	0.40	0.40	1.00	1.00	1.00
12.5	0.025	0.04	0.09	0.42	0.42	0.42	1.05	1.05	1.05
16	0.025	0.04	0.10	0.45	0.45	0.45	1.10	1.10	1.10
20	0.025	0.04	0.11	0.48	0.48	0.48	1.20	1.20	1.20
25	0.025	0.04	0.125	0.50	0.50	0.50	1.25	1.25	1.25
32	0.025	0.04	0.14	0.53	0.53	0.53	1.3	1.3	1.3
40	0.025	0.04	0.16	0.56	0.80	1.10	1.4	1.6	1.8
50	0.025	0.04	0.18	0.60	0.85	1.20	1.5	1.7	1.9
63	0.040	0.063	0.20	0.63	0.90	1.25	1.6	1.8	2.0
80	0.063	0.10	0.22	0.67	0.95	1.3	1.7	1.9	2.1
100	0.10	0.16	0.25	0.71	1.00	1.4	1.8	2.0	2.2
125	0.16	0.25	0.28	0.75	1.05	1.5	1.9	2.1	2.4
160	0.25	0.40	0.32	0.80	1.1	1.6	2.0	2.2	2.5
200	0.40	0.63	0.42	1.00	1.4	2.0	2.5	2.8	3.2
250	0.56	1.0	0.56	1.25	1.8	2.5	3.2	3.6	4.0
320	0.75	1.6	0.75	1.60	2.2	3.2	4.0	4.5	5.0

表 5（续）

工作电压（有效值或直流）V	基本绝缘或附加绝缘								
	印制线路板上		其他电路						
	污染等级		污染等级						
	1	2	1	2			3		
	材料组别			材料组别			材料组别		
	Ⅲ b	Ⅲ a		Ⅰ	Ⅱ	Ⅲ a、Ⅲ b	Ⅰ	Ⅱ	Ⅲ a[a]、Ⅲ b[a]
400	1.0	2.0	1.0	2.0	2.8	4.0	5.0	5.6	6.3
500	1.3	2.5	1.3	2.5	3.6	5.0	6.3	7.1	8.0
630	1.8	3.2	1.8	3.2	4.5	6.3	8.0	9.0	10.0
800	2.4	4.0	2.4	4.0	5.6	8.0	10.0	11	12.5
1 000	3.2	5.0	3.2	5.0	7.1	10.0	12.5	14	16
1 250	4.2	6.3	4.2	6.3	9.0	12.5	16	18	20
1 600	5.6	8.0	5.6	8.0	11	16	20	22	25
2 000	7.5	10.0	7.5	10.0	14	20	25	28	32
2 500	10.0	12.5	10.0	12.5	18	25	32	36	40
3 200	12.5	16	12.5	16	22	32	40	45	50
4 000	16	20	16	20	28	40	50	56	63
5 000	20	25	20	25	36	50	63	71	80
6 300	25	32	25	32	45	63	80	90	100
8 000	32	40	32	40	56	80	100	110	125

[a] 对高于 630 V 污染等级 3 的应用场合不推荐材料组别 Ⅲb。允许使用爬电距离的内插值。

6.8.4 电压试验

进行电压试验要采用表 6 的规定值，不得出现击穿或重复飞弧。电晕效应和类似现象可忽略不计。

对固体绝缘，交流试验和直流试验是可任选其一的试验方法。绝缘只要通过这两种试验之一即可。在进行试验时，电压要在 5 s 或 5 s 以内逐渐升高到规定值，使电压不出现明显的跳变，然后保持 5 s。

脉冲试验是 GB/T 16927 规定 1.2/50 μs 的试验，每一极性至少三个脉冲，间隔时间至少 1 s，如果是选择交流试验或直流试验，则对交流试验，试验的持续时间至少应当为三个周期，或者对直流试验，则应当为每一极性 10 ms 持续时间的 3 倍。

双重绝缘或加强绝缘的试验值是表 6 中对基本绝缘试验值的 1.6 倍。

注 1：在对电路进行试验时，可能难以将电气间隙的试验和对固体绝缘的试验分开进行。

注 2：试验设备的最大试验电流通常要加以限制，以避免由于试验而发生危险以及由于试验不合格而损坏数显表。

注 3：设法观察绝缘材料内部的局部放电也许是有用的(见 GB/T 7354—2003)。

注 4：试验后要注意释放储存的能量。

表 6 基本绝缘的试验电压

电气间隙	脉冲试验的峰值电压	交流电压有效值(50 Hz 或 60 Hz)	交流电压峰值(50 Hz 或 60 Hz)或直流电压
mm	V	V	V
0.010	330	230	330
0.025	440	310	440
0.040	520	370	520
0.063	600	420	600
0.1	806	500	700
0.2	1 140	620	880
0.3	1 310	710	1 010
0.5	1 550	840	1 200
1.0	1 950	1 060	1 500
1.4	2 440	1 330	1 880
2.0	3 100	1 690	2 400
2.5	3 600	1 960	2 770
3.0	4 070	2 210	3 130
3.5	4 510	2 450	3 470
4.0	4 930	2 680	3 790

6.9 防电击保护的结构要求

6.9.1 概述

如果发生故障时可能会导致危险，则应当采取下列措施：

a) 对承受机械应力的导线连接的固定不得仅依靠焊接；

b) 对固定可拆卸的盖子的螺丝，若其长度已确定可触及导电零部件与危险带电零部件间的电气间隙或爬电距离，则该螺钉应当是不脱落的螺钉；

c) 导线、螺钉等的意外松动或脱落不得使可触及零部件成为危险带电。

下列材料不得用来作为安全目的的绝缘：

1) 容易受到损坏的材料(如漆、氧化层、阳极氧化膜)；

2) 未浸渍的吸湿性材料(如纸、纤维制品和纤维材料)。

通过目视检查来检验是否合格。

6.9.2 双重绝缘或加强绝缘数显表的外壳

确保外壳与危险带电零部件之间的电气间隙和爬电距离不会因为零部件或导线的松脱而减小到小于对基本绝缘的规定值。

6.9.3 超出量程的指示

如果危险是由于操作人员信赖数显表的显示值(如电压)而引起的，则不论指示值是大于设定的仪表量程的正向最大值、还是小于设定的仪表量程的负向最小值。仪表的显示均应当给出不会使人误解的指示。

6.9.4 插头和连接器

a) 将设备连接到电网电源上的插头和连接器,包括用来连接可拆卸的电源的器具耦合器,均应当符合插头、插座和连接器的相关规范。

b) 如果设备是设计成在正常条件或单一故障条件下仅由低于 6.3.2a)规定值的电压供电,或者是用一个电源单独为其供电,则电源线的插头应当不能插入其电压高于设备额定电源电压的电源系统的插座中,电网电源类型的插头和插座不得作为连接电网电源以外的其他用途。

c) 如果软线连接的设备,其插头的插销从内部电容器接收电荷,则在断开电源后5 s,插销不得危险带电。

通过目视检查来检验是否合格。对从内部电容器接收电荷的插头,要进行 6.3 规定的测量,以此来确定是否超过 6.3.1c)的规定值。

6.10 供电电源的断开

6.10.1 概述

除 6.10.1.1 的规定外,不论在数显表的内部还是外部,应当装有使数显表能从每一个供给能量的电源上断开的断开装置。断开装置应当断开所有载流导体。

注:数显表也可以装有用于功能目的的开关或其他断开装置。

6.10.1.1 例外

如果短路或过载不会引起危险,则不需要断接装置。不需要断开装置的例子有:

a) 预定仅连接到有阻抗保护的电源上的设备,这种电源是其阻抗值能确保一旦设备出现过载或短路,设备的供电条件不会超过其额定供电条件且设备不会发生危险的一种电源;

b) 构成阻抗保护负载的设备,这种负载是非分立的过流或热保护的元器件,而是其阻抗能确保一旦该元器件所在的电路出现过载或短路,电路不会超过其额定值的一种元器件。

通过目视检查来检验是否合格,如有怀疑,则设置短路或过载来检验是否会发生危险。

6.10.2 按数显表的类型规定的要求

数显表应当采用开关或断路器作为断开装置。

如果开关不是数显表的一部分,则数显表的安装文件应当规定;

a) 开关或断路器应当包含在建筑物的设施中;

b) 开关应当靠近数显表,而且应当是在操作人员易于达到的地方;

c) 开关或断路器的标志应当标成是该数显表用的断开装置。

通过目视检查来检验是否合格。

6.10.3 断开装置

如果断开装置是作为数显表的一部分,则断开装置在电路上应当尽可能靠近电源。对产生功耗的元器件在电路上不得置于电源和断开装置之间。

对电磁干扰抑制电路允许置于断开装置的电源侧。

通过目视检查来检验是否合格。

6.10.3.1 开关和断路器

用作断开装置的开关或断路器应当符合 GB 14048.1 和 GB 14048.3 的有关要求,并应该能适用于其适用场合。

如果开关或断路器用作断开装置，则其标志应当能表示出这种功能。如果仅有一个装置(一个开关或一个断路器)，则用表1的符号9和符号10即可。

开关不得装在电源线上。

开关或断路器不得断开保护接地导体。

具有作断开用的触点和具有作其他目的用的触点的开关或断路器应当符合6.6和6.7对电路之间的隔离的要求。

通过目视检查来检验是否合格。

7 防机械危险

在正常条件下或单一故障条件下操作不得导致机械危险。

数显表外壳上所有易于接触到的边缘、凸起物、拐角、开孔、挡板、把手等应当光滑圆润，避免在正常使用数显表时造成伤害。

8 耐机械冲击和撞击

8.1 概述

当数显表承受在正常使用时可能遇到的冲击和碰撞时不得引起危险。数显表应当具有足够的机械强度，元器件应当可靠地固定且电气连接应当是牢固的。

通过进行8.2的试验来检验是否合格。试验期间数显表不工作。对不构成外壳一部分的零部件不进行8.2的试验。

试验完成后，数显表应当能通过6.8的电压试验(但不进行潮湿预处理)，并且用目视来检验：

a) 危险带电零部件是否变成可触及；

b) 外壳是否出现可能会引起危险的裂纹；

c) 电气间隙是否小于允许值，内部导线的绝缘是否受到损伤；

d) 是否出现可能会引起火焰蔓延的损坏。

饰面的损坏，不会使爬电距离或电气间隙减小到小于本部分规定值的小凹痕，以及对防电击或防潮不会带来不利影响的小缺口可忽略不计。对不构成外壳一部分的任何零部件的损坏可忽略不计。

8.2 外壳的刚性试验

数显表要牢固地固定在刚性支撑面上并承受30 N的力，力通过直径12 mm硬棒上的半球面端部来施加。该硬棒应当施加在当准备使用数显表时其可触及的以及其变形可能会引起危险的外壳的每一部分。

如果对非金属外壳在高温下是否能通过本试验有怀疑，则数显表要在40 ℃的温度下，或在最高额定温度下(如果该温度更高)工作，直至达到稳定状态后在进行本试验。在进行本试验前要先断开数显表的供电电源。

9 防止火焰蔓延

9.1 概述

在正常条件下或单一故障条件下，火焰不得蔓延到数显表的外面。图3是说明符合性检验方法的流程图。

至少采用下列的一种方法来检验是否合格。

a） 进行可能会导致火焰蔓延到数显表外面的单一故障条件（见 4.4）下的试验。试验结果应当满足 4.4.4 的符合性判据；

b） 按 9.2 的规定检验是否消除或减少数显表内的引燃源；

c） 按 9.3 的规定检验能否在一旦出现着火，火焰被控制在数显表内。

注：方法 b）和 c）是基于执行了规定的设计准则，相反，方法 a）则是完全依靠单一故障条件下的试验。

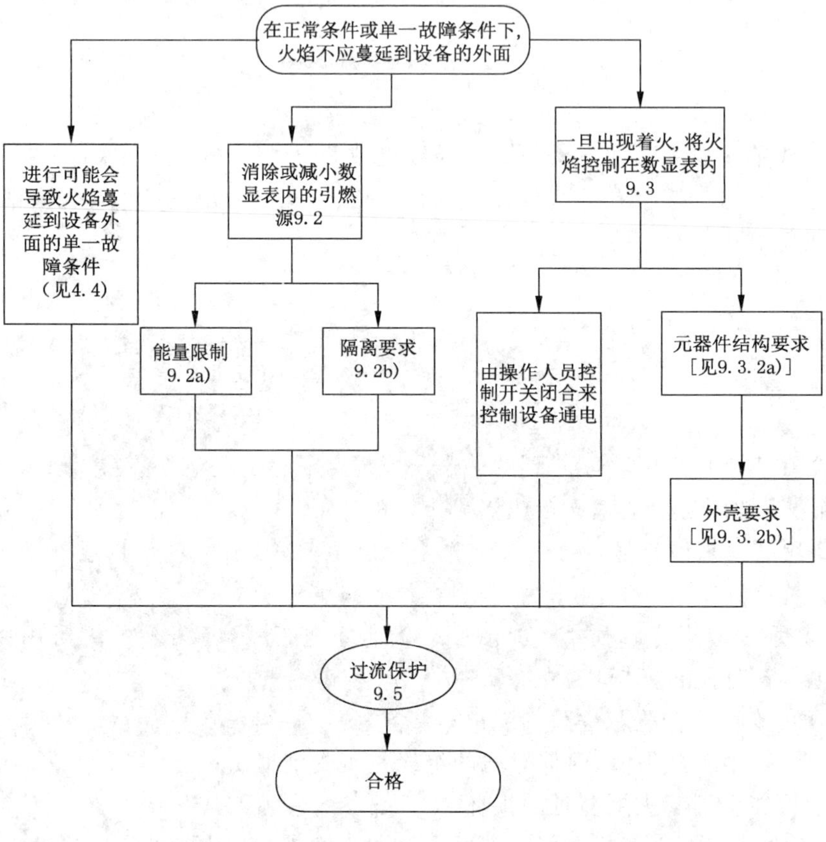

图 3 说明防止火焰蔓延要求的流程图

9.2 消除或减少数显表内的引燃源

注：对数显表中不能被划分成限能电路（见 9.4）的所有电路被认为是着火的引燃源，在这种情况下采用 9.1a）方法或 9.1c）方法。

就每一个引燃源的引燃危险而言，如果满足 a）或者 b）的要求，则认为引燃危险和着火出现率已被减小到允许的水平。

a） 按 9.4 的规定，限制设备的电路或零部件可获得的电压、电流和功率。

按 9.4 的规定，通过测量受限制的能量值来检验是否合格。

b） 不同电位的零部件之间的绝缘满足基本绝缘的要求，或能证明桥接绝缘不会导致引燃。

通过目视检查，如有怀疑，通过试验来检验是否合格。

9.3 一旦出现着火，将火焰控制在数显表内

9.3.1 概述

如果数显表满足下列的结构要求，则认为火焰蔓延到数显表外面的危险已被减小到允许的水平。

数显表和数显表的外壳符合 9.3.2 的结构要求。

通过目视检查以及按 9.3.2 的规定来检验是否合格。

9.3.2 结构要求

应当符合下列结构要求。

a) 绝缘导线应当具有相当于 GB/T 11020—2005 规定的 V-1 或更优的可燃性等级。连接器和安装元器件的绝缘材料应当具有 GB/T 11020—2005 规定的 V-2 或更优的可燃性等级。

通过检查有关材料的数据，或对相关零部件的三个样品进行 GB/T 11020—2005 规定的 FV 试验来检验是否合格。样品可以是下列规定的任何一种样品：

1) 整个零部件；
2) 零部件的截取部分，要包含有壁厚最薄的和有任何通风孔的部分；
3) 符合 GB/T 11020 的样品。

b) 外壳应当符合下列要求：

1) 外壳底部应当无开孔，或应当在图 5 规定的范围内装有符合图 4 规定的挡板，或应当用金属材料制成，开孔符合表 7 的规定，或应当是金属隔离网，其网眼中心距不超过 2 mm×2 mm，金属丝直径至少为 0.45 mm；
2) 外壳侧面包含在图 5 斜线 C 区域范围不得开孔；
3) 外壳以及任何挡板或挡火板应当用金属（镁除外）材料制成，或者用可燃性等级为 GB/T 11020规定的 V-1 或更优的非金属材料制成；
4) 外壳以及任何挡板或挡火板应当具有足够的刚性。

通过目视检查检验是否合格。如有怀疑，要求 9.3.2b)3)的可燃性等级按照 9.3.2a)中的要求进行检验。

表 7 外壳底部允许的开孔

最小厚度 mm	开孔的最大直径 mm	开孔的最小中心距 mm
0.66	1.14	1.70(233 个孔/645 mm^2)
0.66	1.19	2.36
0.76	1.15	1.70
0.76	1.19	2.36
0.81	1.91	3.18(72 个孔/645 mm^2)
0.89	1.90	3.18
0.91	1.60	2.77
0.91	1.98	3.18
1.00	1.60	2.77
1.00	2.00	3.00

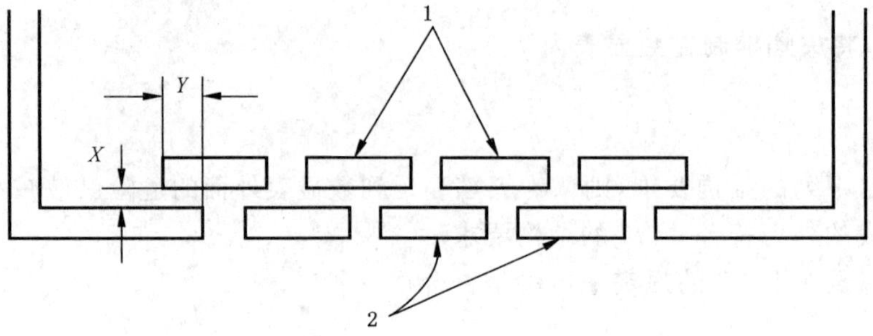

说明：

$Y=2X$ 但不小于 25 mm；

1——挡板(可以位于外壳底部的下面)；

2——外壳底部。

图 4 挡板

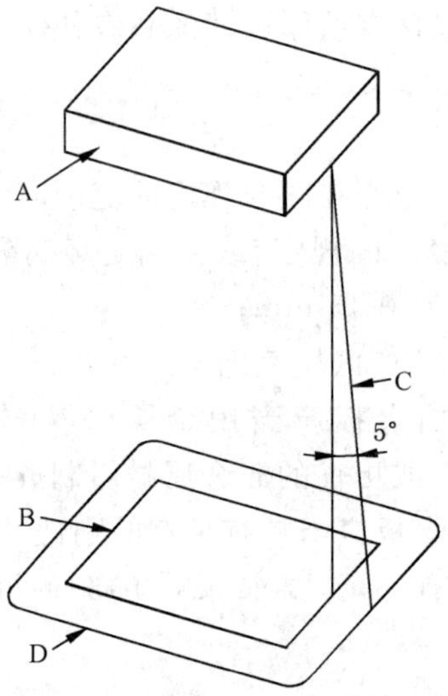

说明：

A——被认为是危险着火源的数显表的零部件和元器件。如果它是未另外防护的，或者是用其外壳进行局部防护的元器件的未防护部分，则该零部件和元器件包括数显表的整个零部件和元器件；

B——A 的轮廓线在水平面上的投影；

C——斜线，用来划出结构要符合 9.3.2b)1)和 9.3.2b)2)规定的外壳底部和侧面的最小区域。该斜线围绕 A 的周边的每一点，以及相对于垂线呈 5°夹角投射，其取向要确保能划出最大的面积。

D——结构要符合 9.3.2b)1)规定的底部的最小区域。

图 5 结构要符合 9.3.2b)1)规定的外壳底部的区域

9.4 限能电路

限能电路是符合下列所有判据的电路：

a) 出现在电路中的电位不大于 30 V 有效值和 42.4 V 峰值，或者直流 60 V；

b) 用下列之一的方法来限制能出现在电路中的电流：

1) 由自身限制或用阻抗限制最大可获得电流，使其不会超过表 8 的相关规定值；

2) 用符合表 9 规定的过流保护装置限制电流；

3） 用调节网络限制最大可获得电流，使其在正常条件下或在调节网络中出现的单一故障条件下不会超过表 8 的相关规定值。

c） 至少采用基本绝缘与会产生超过上述判据 a)和 b)的能量值的其他电路隔离。

如果使用过流保护装置，则该过流保护装置应当是某种熔断器或某种不可调的非自复位机电装置。

通过目视检查，以及在下列条件下，通过测量出现在电路中的电位、最大可获得电流来检验是否合格：

1） 在使电压达到最大的负载条件下测量出现在电路中的电位；

2） 加上能产生最大电流值的阻性负载(包括短路)，在工作 60 s 后测量输出电流。

表 8 最大可获得电流值的限值

开路输出电压 U/V			最大可获得电流/A
AC 有效值	DC	峰值[a]	
$U \leqslant 20$	$U \leqslant 20$	$U \leqslant 28.3$	8
$20 < U \leqslant 30$	$20 < U \leqslant 30$	$28.3 < U \leqslant 42.4$	8
	$30 < U \leqslant 60$		$150/U$

[a] 峰值适用于非正弦波形的交流电和纹波超过 10％的直流电。

表 9 过流保护装置

出现在电路中的电位 U/V			过流保护装置在不大于 120 s 后断开的电流/A[b,c]
AC 有效值	DC	峰值[a]	
$U \leqslant 20$	$U \leqslant 20$	$U \leqslant 28.3$	10
$20 < U \leqslant 30$	$20 < U \leqslant 60$	$28.3 < U \leqslant 42.4$	$200/U$

[a] 峰值适用于非正弦波形的交流电和纹波超过 10％的直流电。

[b] 该评估值是基于所规定的保护装置的时间-电流分断特性，与额定分断电流是有区别的(例如 ANSI /UL 248-14 的 5 A 熔断器，规定为 10 A 和 10 A 以下在 120 s 熔断，而 GB 9364 的 T 型 4 A 熔断器，规定为 8.4 A 和 8.4 A以下在 120 s 熔断)。

[c] 熔断器的分断电流与温度有关，如果熔断器的环境温度明显高于室温，则温度的影响就必须加以考虑。

9.5 过流保护

预定要由电网电源供电的或要与电网电源连接的数显表应当用熔断器、断路器、热切断器、阻抗限制电路或类似装置来进行保护，防止数显表出现故障时从电网获得过大的能量。这种保护是要限制故障的进一步发展以及着火和火焰蔓延的可能性。过流保护装置也能在故障情况下提供防电击保护。

过流保护装置不得装在保护导线上，熔断器或单极断路器不得装在多相设备的中线上。

注 1：过流保护装置(例如熔断器)最好要装在所有供电导线上。如果使用多个熔断器作过流保护装置，则熔断器座应当彼此靠近安装，这些熔断器应当具有相同的额定值和特性。过流保护装置，包括电源开关最好要装在数显表中的电网电源电路的供电一侧。

注 2：在某些数显表中，可能需要对过流保护装置的动作进行检测和指示。

数显表中的过流保护装置是可以任选的，如果不安装过流保护装置，则制造商说明书应当规定在数显表预期使用的装置中要求提供过流保护装置。

通过目视检查来检验是否合格。

10 设备的温度限值和耐热

10.1 对防灼伤的表面温度限值

在40 ℃的环境温度或最高额定环境温度下(如果温度更高),易接触表面的温度在正常条件下不得超过表10的规定值,或在单一故障条件下不得超过105 ℃。

表10 正常条件下的表面温度限值

零部件	限值/℃
1.外壳的外表面:	
a) 金属的;	70
b) 非金属的;	80
c) 正常使用是不可能被接触的小区域。	100
2. 旋钮和手柄:	
a) 金属的;	55
b) 非金属的;	70
c) 在正常使用时仅被短时间抓握的非金属零部件	85

在正常使用条件下和在4.2.2适用的单一故障条件下,以及在由于温度过高可能导致危险的任何其他单一故障条件下,按10.4的规定通过测量,以及通过目视检查防护装置是否能防止意外接触表面,温度是否超过表10的规定值和是否不用工具就不能拆除来检验是否合格。

10.2 绕组的温度

如果因温度过高可能导致危险,则绕组绝缘材料的温度在正常条件下或单一故障条件下不得超过表11的规定值。

表11 绕组的绝缘材料

绝缘等级(见GB/T 11021—2007)	正常条件下的温度 ℃	单一故障条件下的温度 ℃
A	105	150
B	130	175
E	120	165
F	155	190
H	180	210

10.3 其他温度的测量

就其他条款而言,如果适用,则要进行下列其他温度的测量。除另有规定外,试验要在正常条件下进行。

a) 在进行10.5.1的试验时,测量非金属外壳的温度(建立供10.5.2的试验用的基础温度)。

b) 用来支撑与电网电源连接的,且用绝缘材料制成的零部件的温度(建立供10.5.3的试验a)用的温度)。

10.4 温度试验的实施

数显表应当在基准试验条件下进行试验。除另行规定特殊的单一故障条件下外，要遵守制造厂说明书有关通风的规定。

最高温度可以通过在基准试验条件下测量温升，然后将该温度升值加上 40 ℃，或者加上最高额定环境温度(如果温度更高)来确定。

绕组绝缘材料的温度通过测量绕组线的温度和与绝缘材料接触的铁心片的温度来确定。可以采用电阻法来测量温度，也可以采用温度传感器来测量温度，温度传感器的选择和放置要使其对绕组温度的影响可忽略不计。如果绕组是不均匀的，或者测量电阻有困难，则要采用后者的测量方法。

温度要在达到稳定时测量。

试验时，数显表要使用涂上无光黑色涂料的胶合板，按安装说明书的规定进行安装，当设备是要在机柜的板壁上安装时，胶合板厚度约 10 mm。

10.5 耐热

10.5.1 电气间隙和爬电距离的完整性

当数显表在环境温度 40 ℃或最高额定环境温度(如果温度更高)下工作时，其电气间隙和爬电距离应当符合 6.7 的要求。

如果对数显表是否产生大量的热量有怀疑，则要使数显表在 4.3 的基准试验条件下，但环境温度为 40 ℃或最高额定环境温度(如果温度更高)，通过数显表工作来进行检验。在本试验后，电气间隙和爬电距离不得减小到小于 6.7 的要求值。

如果外壳是非金属材料的，则要在上述为 10.4 的目的而进行试验时测量外壳零部件的温度。

10.5.2 非金属外壳

非金属材料的外壳应当能耐高温。

在经过下列之一的处理后，通过试验来检验是否合格：

a) 非工作处理。数显表不通电，在 70 ℃±2 ℃或在比 10.5.1 的试验时测得的温度高 10 ℃±2 ℃的温度下(取其较高的温度)贮存 7 h。如果数显表装有用这种处理方法可能会受到损坏的元件，则可以对空外壳进行处理，然后在处理结束时装好数显表。

b) 工作处理。数显表在 4.3 的试验条件下工作，但环境温度要比 40 ℃高 20 ℃±2 ℃，或比最高额定环境温度(如果高于 40 ℃)高 20 ℃±2 ℃。

在经过处理后，危险带电零部件不得成为可触及，数显表应当能通过 8.1 的试验，以及如有怀疑，则再另外进行 6.8 的试验(但不进行潮湿预处理)。

10.5.3 绝缘材料

绝缘材料应当有适当的耐热能力。

对用来支撑与电网电源连接的且用绝缘材料制成的零部件，应当采用数显表内一旦发生短路而不会导致危险的绝缘材料制成。

在有怀疑的情况下，通过检查材料的数据来检验是否合格。如果材料数据不能令人确信，则要进行下列之一的试验：

a) 采用至少 2.5 mm 厚的绝缘材料样品，用图 6 的试验装置来进行球压试验。试验在加热箱内进行，箱内温度为按 10.3a)或 10.3b)的规定测得的温度±2 ℃，或 125 ℃±2 ℃，取其较高的温度。对被试零部件的支撑要确保使其上表面呈水平状态，然后使试验装置的球面部分以 20 N

的力压在该表面上。1 h后取下试验装置，并将样品浸入冷水中，使样品在10 s内冷却到接近室温。由球体引起的压痕的直径不得超过2 mm。

注1：如有必要，可以使用零部件的两个或多个截取部分来获得所要求的厚度。

注2：对骨架，仅支撑或保持端子在位的那些部分才需要进行该试验。

b) GB/T 1633—2000的方法A的维卡软化试验。维卡软化温度至少应当为130 ℃。

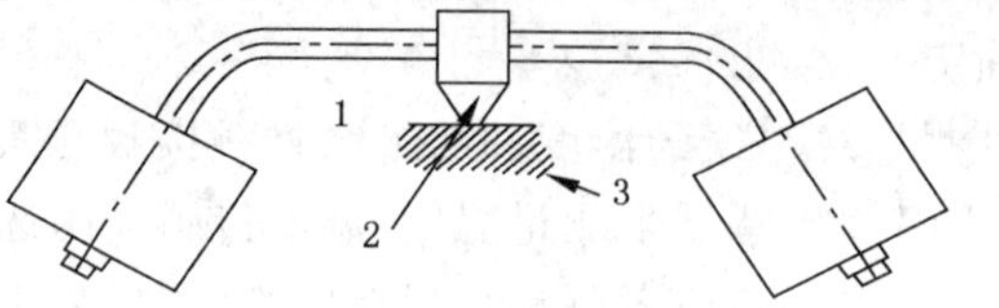

说明：

1——被试部分；

2——试验装置的球形部分；

3——支撑件。

图6 球压试验装置

11 防液体危险

防液体危险的要求不适用于本部分。

12 防辐射(包括激光源)、声压力和超声压力

防辐射(包括激光源)、声压力和超声压力的要求不适用于本部分。

13 对释放的气体、爆炸和内爆的防护

对释放的气体、爆炸和内爆的防护的要求不适用于本部分。

14 元器件

14.1 概述

如果涉及安全，则元器件应当按其规定的额定值使用，除非已作出特定的例外规定。元器件应当符合下列之一的要求：

a) 某个相关的国家标准或IEC标准的适用的安全要求，不要求符合该元器件标准的其他要求。如果对应用有必要，则元器件应当承受本部分的试验，但不需要再进行已在检验元器件标准符合性时完成的等同或等效的试验。

b) 本部分的要求，以及如果对应用有必要，相关的国家标准或IEC元器件标准任何附加的适用的安全要求。

c) 本部分的要求，如果无相关的国家标准或IEC标准。

d) 某个非国家标准或IEC标准的适用的安全要求。这些适用的安全要求至少要与相关的国家标准或IEC标准的适用的安全要求相当，只要该元器件已由经认可的检测机构按该非国家标准或IEC标准获得批准即可。

注：即使试验采用非国家标准或IEC标准，只要试验已由经认可的检测机构完成并确认符合适用的安全要求就无

需重新进行试验。

14.2 高完善性元器件

如果在单一故障条件下，某个元器件的短路或开路可能会引起危险，例如数显表中连接到供电网络，并且对数显表供电的主回路中的元器件（如电容、电阻、熔断器等）则应该使用高完善性元器件。高完善性元器件的结构、尺寸和试验均应当符合适用的国家标准或 IEC 标准，以确保预期应用的安全和可靠。就本部分的安全要求而言，高完善性元器件可以认为是无故障的元器件。

注：这样的要求和试验的例子有：

a) 进行适用于双重绝缘和加强绝缘的介电强度试验；

b) 按至少两倍耗散功率选取尺寸（电阻器）；

c) 进行气候试验和耐久性试验以确保数显表预期寿命期间的可靠性；

d) 对电阻器进行浪涌试验，见 GB 8898；

e) 利用在真空、气体或半导体中电子传导的单个电子装置不认为是高完善性元器件。

通过进行相关的试验来检验是否合格。

14.3 印制线路板

印制线路板应当采用可燃性等级为 GB/T 11020—2005 的 V-1 或更优的材料。

14.4 用作瞬态过压限制装置的电路和元器件

如果在数显表内采取对瞬态过压进行抑制的措施，则任何过压限制元器件或电路应当承受表 12 中适用的脉冲承受电压，10 个正极性脉冲和 10 个负极性脉冲，脉冲间隔时间最长为 1 min，脉冲由 1.2/50 μs脉冲发生器（见 GB/T 16927）产生。该脉冲发生器应当产生 1.2/50 μs 的开路电压波形和 8/20 μs的短路电流波形，且输出阻抗（峰值开路电压除以峰值短路电流）应当符合表 13 的规定。

表 12 脉冲承受电压

电网电源标称相线-中线电压/V（交流或直流）	规定的脉冲承受电压/V		
	测量类别		
	Ⅱ	Ⅲ	Ⅳ
50	500	800	1 500
100	800	1 500	2 500
150	1 500	2 500	4 000
300	2 500	4 000	6 000
600	4 000	6 000	8 000
1 000	6 000	8 000	12 000

表 13 脉冲发生器的输出阻抗

测量类别	输出阻抗/Ω
Ⅲ和 Ⅳ	2
Ⅱ	12[a]

[a] 可以在较低阻抗的发生器上串联电阻，使阻抗增加到该相应的数值。

14.5 电源变压器

电源变压器的次级绕组应当按 a)短路的规定将其短路，并按 b)过载的规定使其过载。在一个试验中损坏的变压器，允许修复或更换后再作下一个试验。

a) 短路

在正常使用时接负载的每一个不带抽头的输出绕组和带抽头输出绕组的每一部分应当依次进行试验，一次试验一个来模拟负载短路。试验中过流保护装置保持在位，所有其他绕组接负载或不接负载，选择正常使用的负载条件中较为不利者。

b) 过载

每一个不带抽头的输出绕组和带抽头的输出绕组的每一部分应当依次进行过载试验，一次试验一个。其他绕组接负载或不接负载，选择正常使用的负载中较为不利者。如果在 4.4 的故障条件试验时出现任何过载，则各次级绕组应当承受那些过载。

在绕组上跨接一个可变电阻器来进行过载试验。电阻器尽可能快地进行调节，如有必要，在 1 min 后再次进行调节来保持该适用的过载。以后允许不再作进一步的调节。

如果用电流断路装置来提供保护，则过载试验电流为过流保护装置刚好能导通 1 h 的最大电流。试验前，保护装置用可以忽略阻抗的连接来代替。如果该试验电流值不能从保护装置的规范中获得，则要通过试验来确定。

对设计成当达到规定的过载时输出电压即消失的数显表，过载要缓慢地增加，达到刚好在引起输出电压消失的该过载点靠前的一个过载点。

在所有的其他情况下，该过载是从变压器能获得的最大输出功率。

14.6 熔断器座

对装有预定要由操作人员来更换熔断器的熔断器座，在更换熔断器时应当不能触及到危险带电零部件。

通过用铰接式试验指(见图 B.2)在不施加力的情况下进行试验来检验是否合格。

附 录 A
（规范性附录）
接触电流的测量电路
（见 6.3）

注：本附录是以 GB/T 12113 规定的测量接触电流的程序为基础的，该标准也规定了测试电压表的特性。

A.1 频率小于或等于 1 MHz 的交流和直流的测量电路

用图 A.1 的电路测量电流，并按式（A.1）计算：

$$I=\frac{U}{500} \qquad \cdots\cdots(A.1)$$

式中：

I ——电流，单位为安培（A）；

U ——电压表指示的电压，单位为伏特（V）。

该电路代表人体阻抗和补偿人体生理反应随频率的变化。

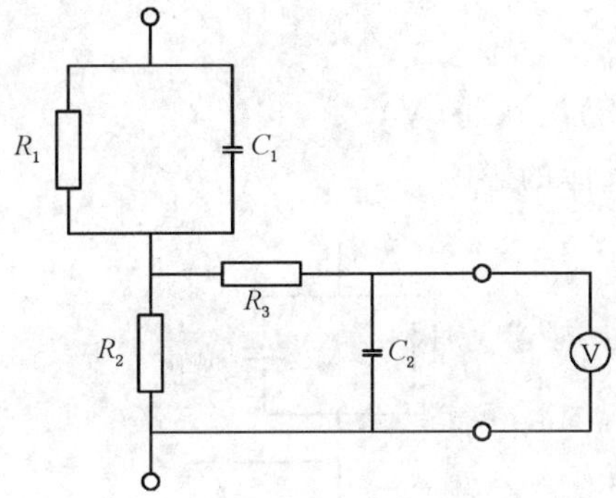

说明：

$R_1=1\ 500\ \Omega$；

$R_2=500\ \Omega$；

$R_3=10\ k\Omega$；

$C_1=0.22\ \mu F$；

$C_2=0.022\ \mu F$。

图 A.1 频率小于或等于 1 MHz 的交流和直流测量电路

A.2 频率小于或等于 100 Hz 的正弦交流和直流的测量电路

当频率不超过 100 Hz 时，用图 A.2 的任一电路测量电流，当用电压表时，电流由式（A.2）计算：

$$I=\frac{U}{2\ 000} \qquad \cdots\cdots(A.2)$$

式中：

I ——电流，单位为安培（A）；

U ——电压表指示的电压，单位为伏特（V）。

该电路代表频率不超过 100 Hz 时的人体阻抗。

注：2 000 Ω 的阻值包括测量仪表的阻抗。

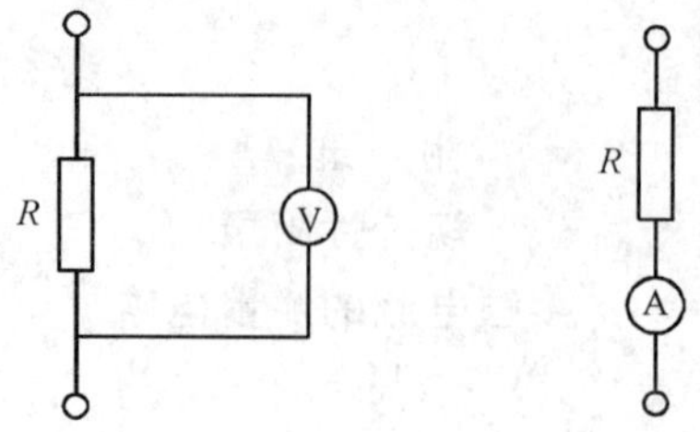

说明：

$R=2\ 000\ \Omega$。

图 A.2 频率小于或等于 100 Hz 的正弦交流和直流测量电路

A.3 高频电灼伤电流的测量电路

用图 A.3 的电路测量电流，并按式(A.3)计算：

$$I=\frac{U}{500} \qquad \text{(A.3)}$$

式中：

I ——电流，单位为安培(A)；

U ——电压表指示的电压，单位为伏特(V)。

该电路补偿高频对人体生理反应的影响。

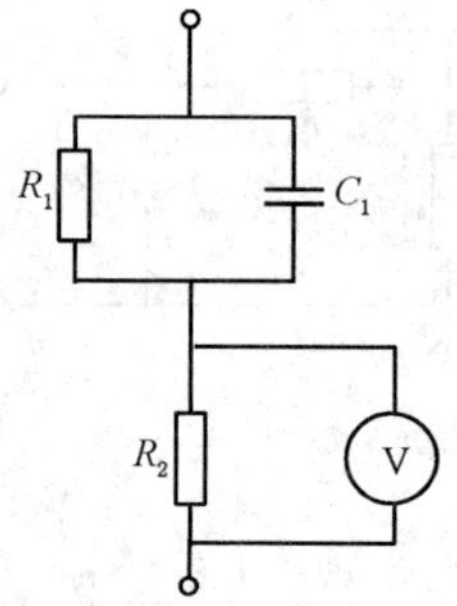

说明：

$R_1=1\ 500\ \Omega$；

$R_2=500\ \Omega$；

$C_1=0.22\ \mu F$。

图 A.3 电灼伤电流测量电路

A.4 潮湿接触电流的测量电路

用图 A4 的电路测量潮湿接触电流，并按式(A.4)计算：

$$I=\frac{U}{500} \qquad \text{(A.4)}$$

式中：

I ——电流，单位为安培(A)；

U ——电压表指示的电压，单位为伏特(V)。

该电路代表无皮肤接触电阻的人体阻抗。

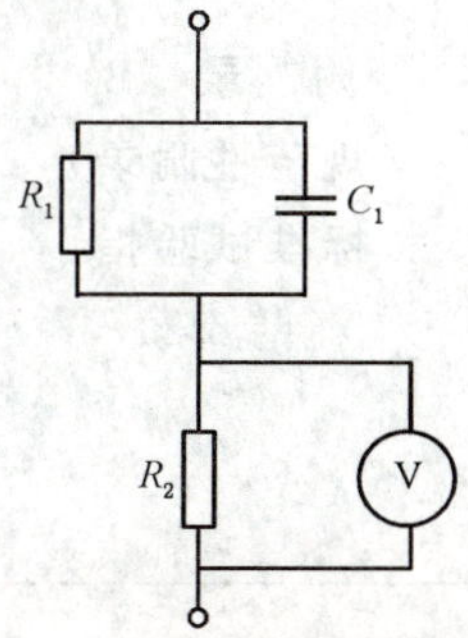

说明：

R_1 = 375 Ω；

R_2 = 500 Ω；

C_1 = 0.22 μF。

图 A.4　潮湿接触电流的测量电路

附　录　B
（规范性附录）
标准试验指
（见 6.2）

单位为毫米

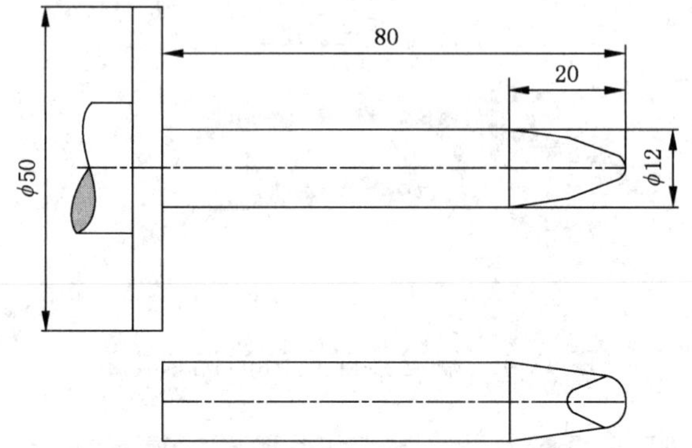

说明：
指尖的尺寸和公差见图 B.2。

图 B.1　刚性试验指（GB/T 16842—2008 的试具 11）

单位为毫米

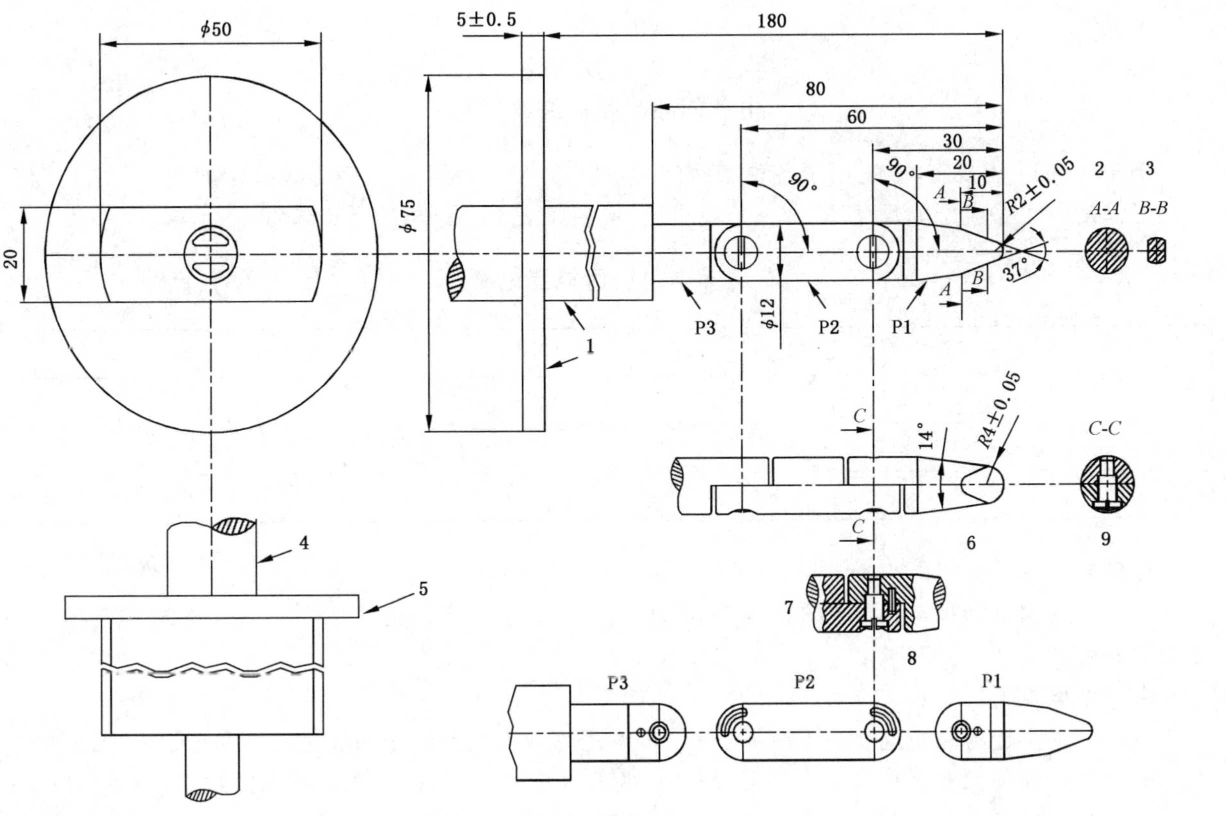

说明：

1——绝缘材料；

2——*A-A* 剖面；

3——*B-B* 剖面；

4——手柄；

5——挡板；

6　　球形；

7——细节×(示例)；

8——侧视图；

9——所有边缘倒角。

未规定公差尺寸的公差为：

——对角度：$_{-10'}^{0}$

——对线性尺寸：

≤25 mm 时，$_{-0.05}^{0}$ mm；

＞25 mm 时，±0.2 mm。

试验指材料为经过热处理的钢材等。

该试验指的两个关节可以弯曲 ($90°{}^{+10°}_{0°}$)但是只可以在同一平面内弯曲。

为了使弯曲角度限制在90°，采用销和槽的解决办法仅仅是各种可能解决的途径之一。由于这一原因，图中未给出这些细节的尺寸和公差。实际设计应当保证($90°{}^{+10°}_{0°}$)的弯曲角。

图 B.2　铰接式试验指(GB/T 16842—2008 的试具 B)

附 录 C
（规范性附录）
电气间隙和爬电距离的测量

例 1～例 11 中规定的、适用于各种实例的沟槽宽度 X 按不同的污染等级规定如下。

下面的例子中规定的尺寸 X 有一个最小值，取决于表 C.1 给出的污染等级。

表 C.1 污染登记表

污染等级	尺寸 X 最小值/mm
1	0.25
2	1.0
3	1.5

如果涉及的电气间隙小于 3 mm，则最小尺寸 X 可减小到该电气间隙的⅓。

测量电气间隙和爬电距离的方法在下面例 1～例 11 中说明。这些例子不区分裂缝和沟槽也不区分绝缘的类型。

需要做出以下一些假定：

a） 如果跨越沟槽的宽度大于或等于 X，爬电距离要沿沟槽的轮廓线进行测量（见例 2）。

b） 假定任何凹槽桥接有一段长度等于 X 的绝缘连杆，而且桥接在最不利的位置（见例 3）。

c） 在相互间能处于不同位置的零部件之间测量电气间隙和爬电距离时，要在这些零部件处于最不利的位置测量。

例 1 所测量的路径包含一条任意深度，宽度小于 X、槽壁平行或收敛的沟槽。

直接跨沟槽测量爬电距离和电气间隙。

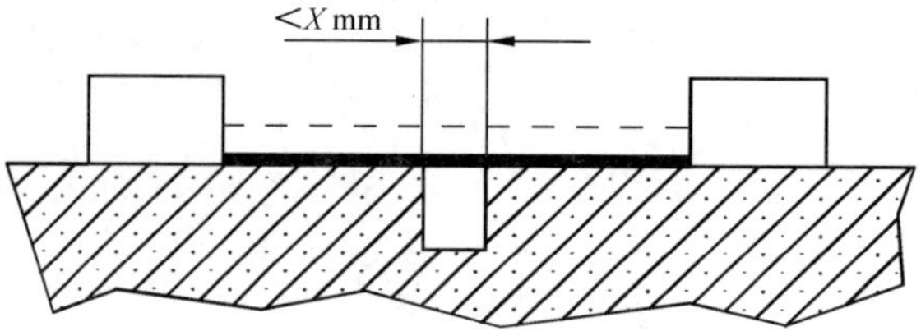

例 2 所测量的路径包含一条任意深度，宽度等于或大于 X、槽壁平行的沟槽。

电气间隙就是“视线”距离。爬电距离是沿沟槽轮廓线伸展的通路。

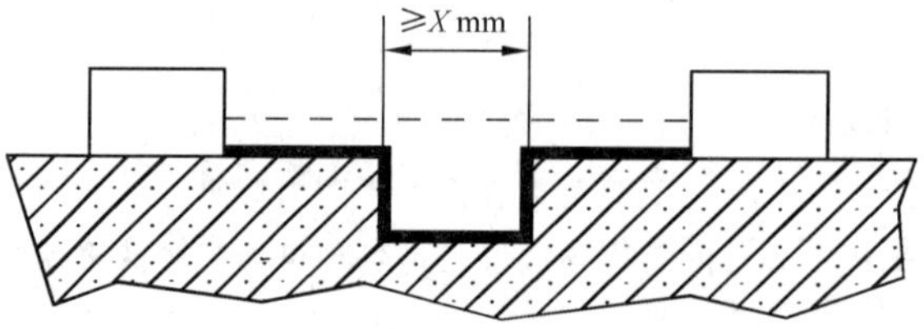

图 C.1 电气间隙和爬电距离测量方法的例子

例 3 所测量的路径包含一条宽度大于 X 的 V 形沟槽。

电气间隙就是"视线"距离。

爬电距离是沿沟槽轮廓线伸展的通路，但沟槽底部用长度为 X 的连杆"短接"。

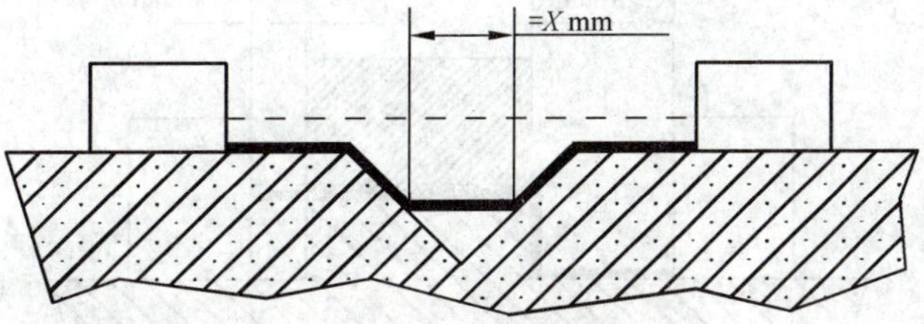

例 4 所测量的路径包含一根肋条。

电气间隙是越过肋条顶部最短直达空间通路。爬电距离是沿肋条轮廓线伸展的通路。

例 5 所测量的路径包含一条未黏合的接缝，该接缝的两侧各有一条宽度小于 X 的沟槽。

爬电距离和电气间隙是如图所示的"视线"的距离。

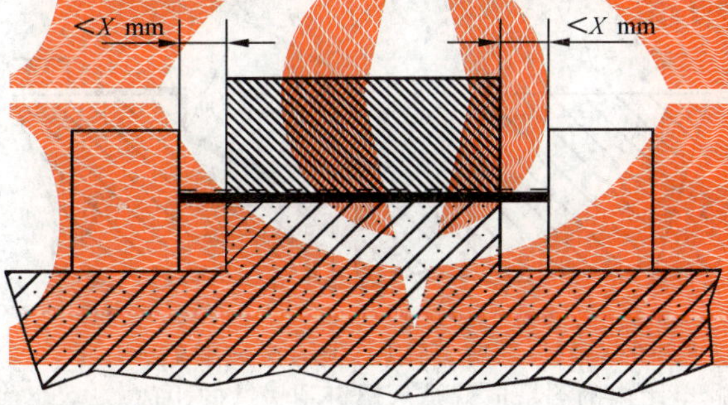

例 6 所测量的路径包含一条未黏合的接缝，该接缝的两侧各有一条宽度大于或等于 X 的沟槽。

电气间隙是"视线"的距离。

爬电距离是沿沟槽轮廓线伸展的通路。

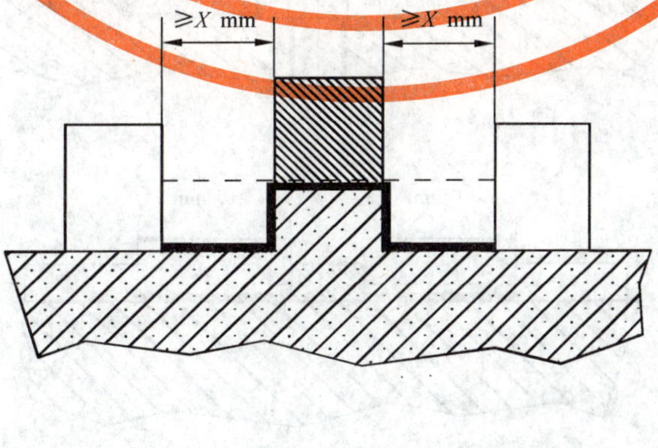

图 C.1（续）

例 7 所测量的路径包含一条未黏合的接缝，该接缝的一侧有一条宽度小于 X 的沟槽，另一侧有一条宽度等于或大于 X 的沟槽。

爬电距离和电气间隙如图所示。

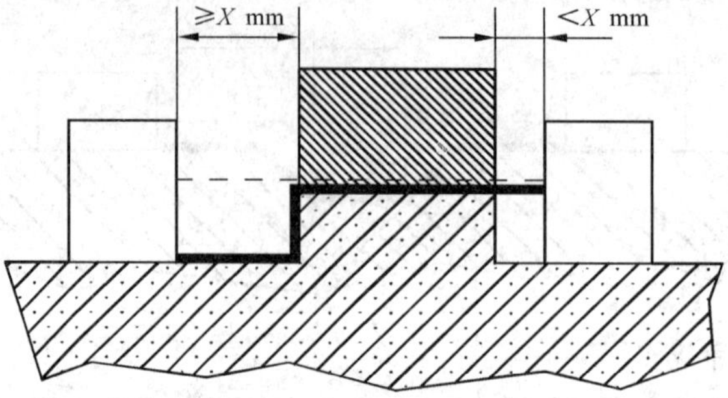

例 8 通过未黏合接缝的爬电距离小于越过挡板的爬电距离。

电气间隙是越过挡板顶部最短直达空间距离。

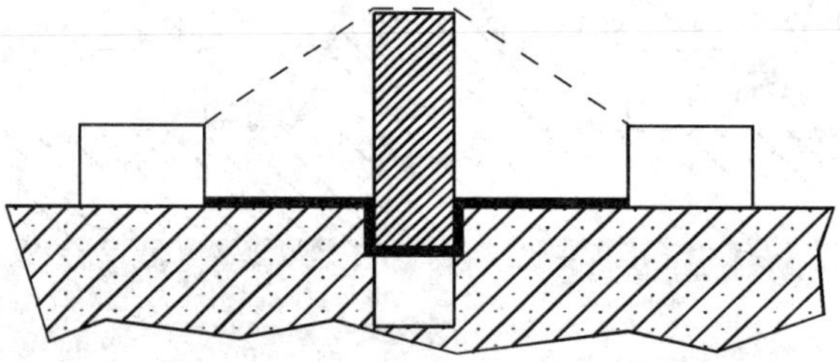

例 9 由于螺钉头与凹槽槽壁之间的空隙太窄，所以不必考虑该空隙。

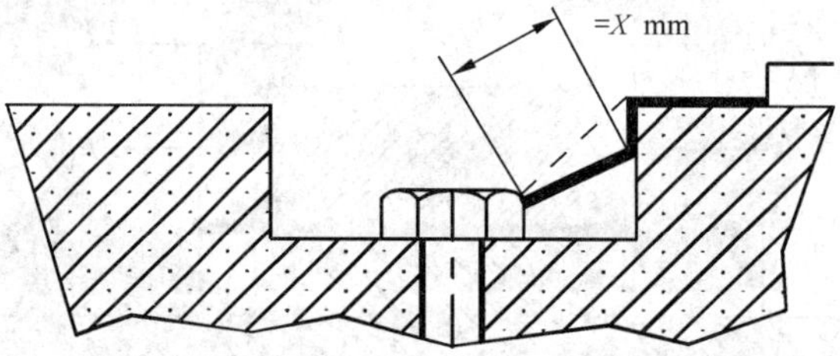

例 10 由于螺钉头与凹槽槽壁之间的空隙足够宽，所以必须考虑该空隙。

当该空隙的距离等于 X 时，爬电距离的测量值就是从螺钉到槽壁的距离。

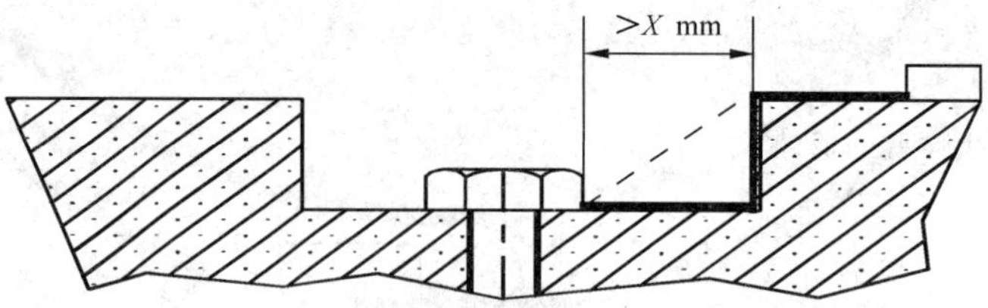

例 11 C 为一浮地零部件。

电气间隙和爬电距离 $d+D$。

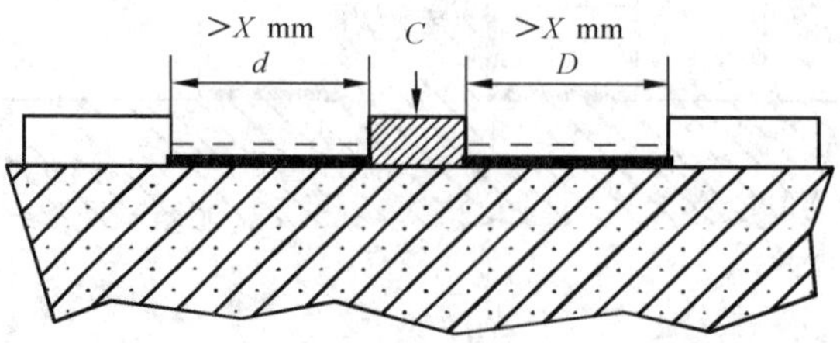

说明：

━━━━ 爬电距离；

－－－－ 电气间隙。

图 C.1（续）

附　录　D
（规范性附录）
其间规定绝缘要求的零部件
（见 6.4 和 6.5.2）

下列符号在图 D.1～图 D.3 中用来表示：

a)　要求：

　B　要求基本绝缘；

　D　要求双重绝缘和加强绝缘。

b)　电路和零部件：

　A　与保护导体端子不连接的可触及零部件；

　H　正常条件下是危险带电的电路；

　N　正常条件下不超过 6.3.2 限值的电路；

　R　与基本绝缘组合形成保护阻抗的高阻抗[见 6.5.3b)]；

　S　保护屏；

　T　可触及的外部端子；

　Z　次级电路的阻抗。

所给出的次级电路也可以被认为只是零部件。

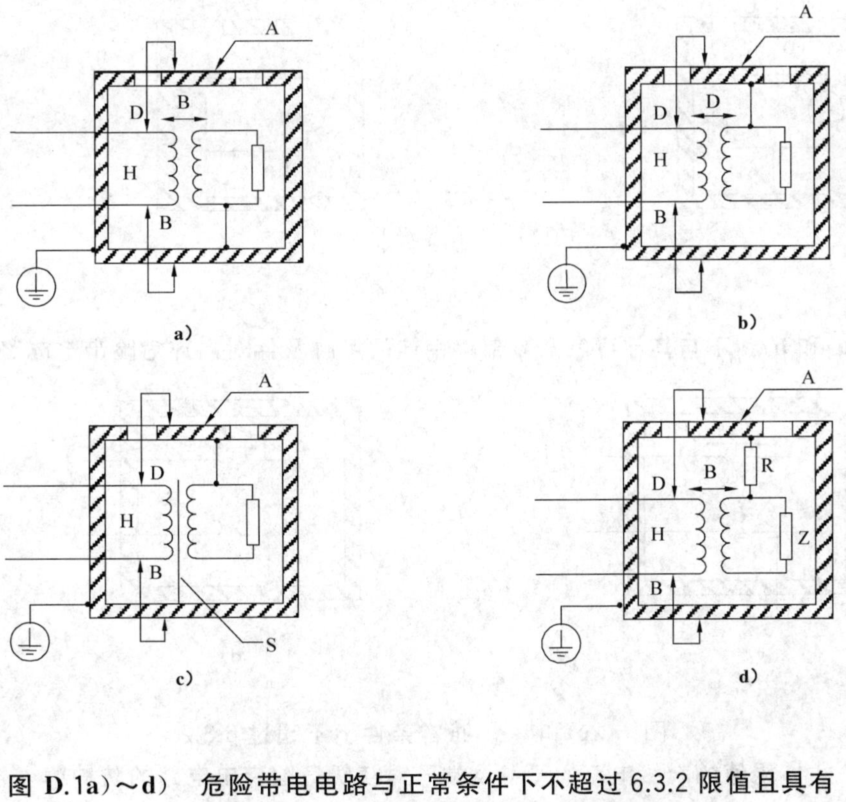

图 D.1a)～d)　危险带电电路与正常条件下不超过 6.3.2 限值且具有可触及零部件的外部端子的电路之间的防护

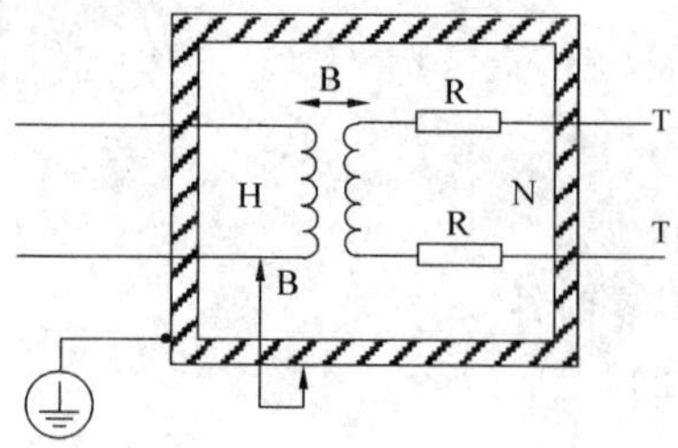

e)

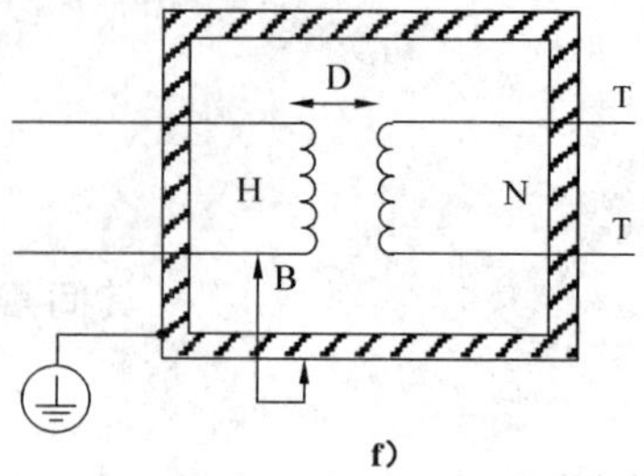

f)

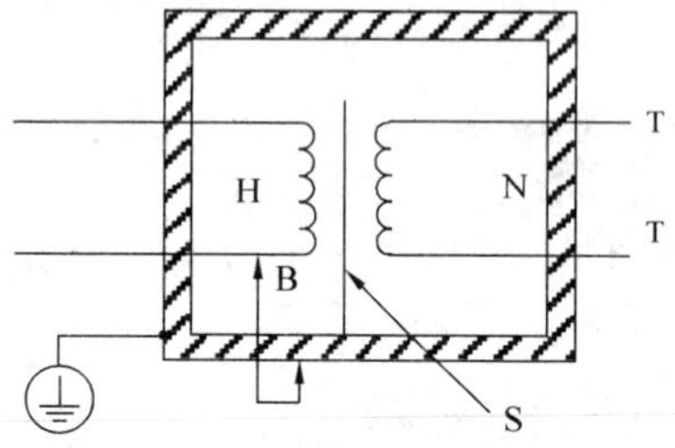

g)

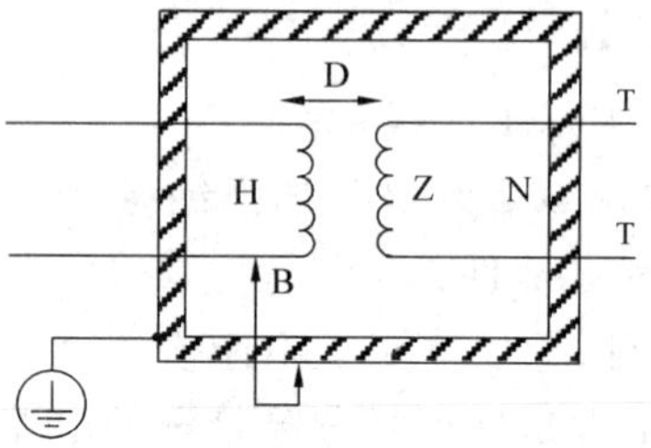

h)

图 D.1e)～h) 危险带电电路与正常条件下不超过 6.3.2 限值且具有外部端子的其他电路之间的防护

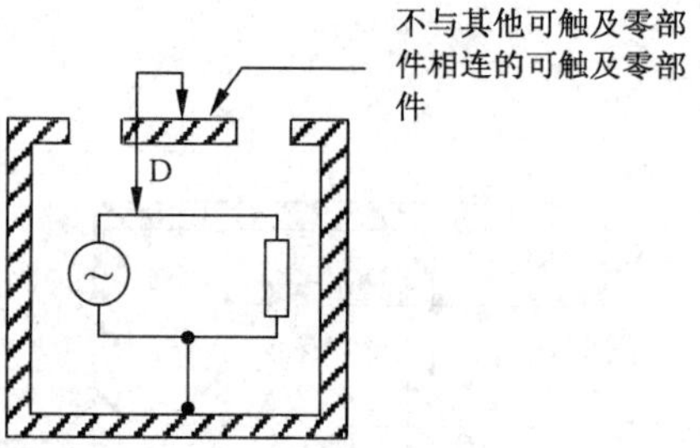

a)

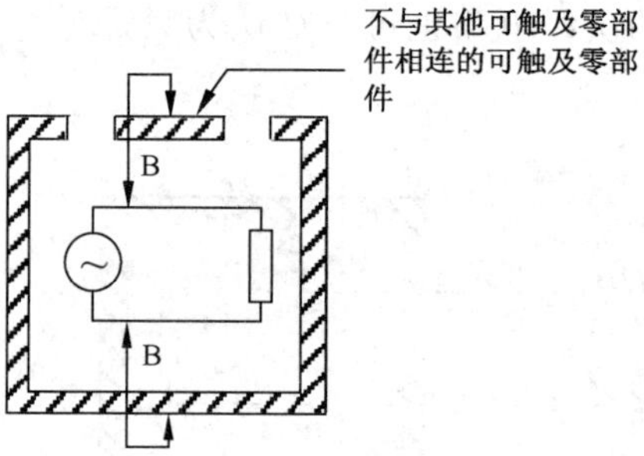

b)

图 D.2a)和 b) 不与其他可触及零部件相连的可触及件对内部危险带电电路的防护

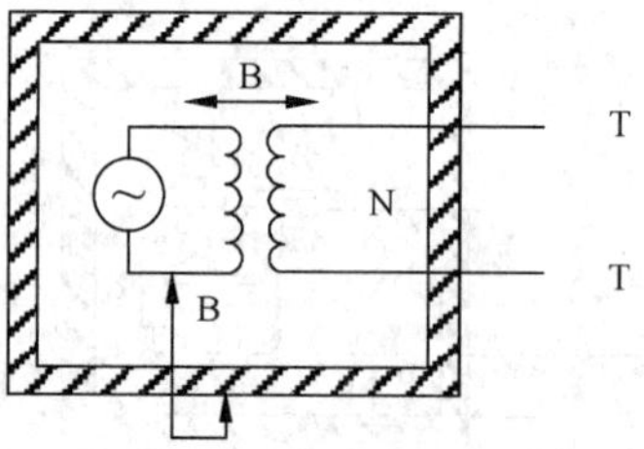

c)

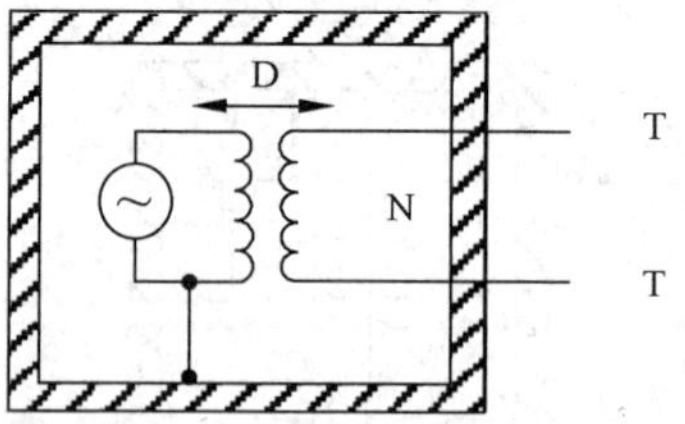

d)

图 D.2c)和 d) 正常条件下不超过 6.3.2 限值的次级电路的可触及端子对初级危险带电电路的防护

注：图 D.2c)和图 D.2d)所示的电路也可以有其他防护措施，例如保护屏、电路保护连接(见 6.5.1)和保护阻抗(见 6.5.3)。

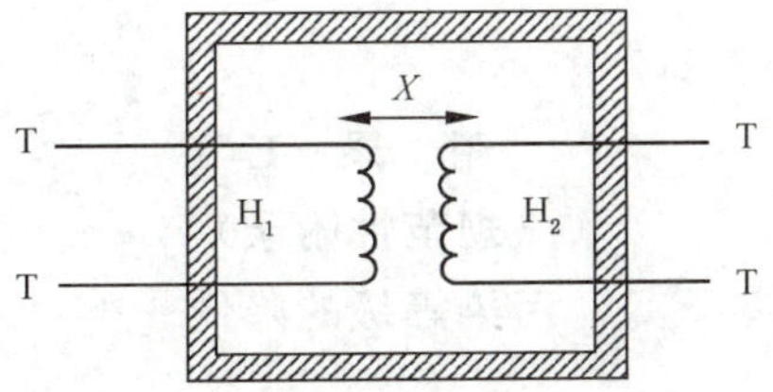

图 D.3 两个危险带电电路的外部可触及端子的防护

注：未与保护导体端子连接的可触及零部件和两个危险带电电路中任一电路之间的绝缘要求如图 D.1a)～d)所示。

X 的试验电压按下面最严酷的一种情况来确定：

B(基本绝缘)——如果危险带电电路 H_1 和危险带电电路 H_2 两者是已连接好的，则试验电压根据电路之间的绝缘所承受的最高额定工作电压来确定；

D(双重绝缘)——如果危险带电电路 H_1 是已连接好的，危险带电电路 H_2 的端子在进行连接时又是可触及的，则试验电压根据危险电路 H_1 的绝缘所承受的最高额定工作电压来确定；

D(双重绝缘)——如果危险带电电路 H_2 是已连接好的，危险带电电路 H_1 的端子在进行连接时是可触及，则试验电压根据危险电路 H_2 的绝缘所承受的最高额定工作电压来确定。

附 录 E
（规范性附录）
污染等级的降低

表 E.1 给出了通过采用附加防护使内部环境污染等级的降低。

表 E.1 通过采用附加防护使内部环境污染等级的降低

附加防护	从外部环境污染等级 2 降至	从外部环境污染等级 3 降至
采用 GB 4208 的 IPX4 外壳	2	2
采用 GB 4208 的 IPX5 或 IPX6 外壳	2	2
采用 GB 4208 的 IPX7 或 IPX8 外壳	2[a]	2[a]
[a]采用气密密封的外壳	1	1
采用连续加热	1	1
采用密封	1	1
采用使用涂层	1	2

[a] 如果设备制造时已确保其内部是低湿度的，且说明书又规定，在打开外壳后再次合上外壳时，必须在湿度受控的环境中进行或者必须使用干燥剂，则污染等级就能降至 1 级。

附 录 F
（规范性附录）
例行试验

制造商对其生产的带有危险带电零部件和可触及导电零部件的设备应当100%的进行F.1～F.3的试验。

除非能清楚地表明其试验结果在后续的制造阶段是有效的，否则应当使用完全组装好的设备来进行试验。进行试验时不得拆掉设备电线、改装或拆开设备，但是如果扣式盖子和摩擦紧固的旋钮对试验有影响，则应当将其拆下。设备在试验期间不得通电，但其电源丌关应当置于通位。

设备不需要包上金属箔，也不需要进行潮湿预处理。

F.1 保护接地

在一端为器具输入插座的接地插销或插头连接式设备的电源插头的接地插销、或者永久性连接式设备的保护导体端子，以及另一端为6.5.1要求与保护导体端子相连的所有可触及导电零部件之间进行接地连续性试验。

注：对试验电流值不作规定。

F.2 电网电源电路

在一端为连接在一起的电网电源端子，以及另一端为连接在一起的所有可触及导电零部件之间，施加6.8规定的（进行潮湿预处理）对应于基本绝缘的试验电压。就本标准而言，预定要与其他设备的非带电的电路相连的任何输出端子的接触件被认为是可触及导电零部件。

试验电压应当在2 s内升至规定值，并至少保持2 s。

不得出现击穿或重复的飞弧，不考虑电晕效应和类似现象。

F.3 其他电路

在一端为连接在一起的在正常工作时能成为危险带电的浮地输入电路的端子，以及另一端为连接在一起的可触及导电零部件之间施加试验电压。

还要在一端为连接在一起的在正常使用时能成为带电的浮地输出电路的端子，以及另一端为连接在一起的可触及导电零部件之间施加试验电压。

对每一种情况施加的电压值为工作电压的1.5倍。如果电压限制（箝位）装置在低于1.5倍的工作电压下动作，则施加的电压值为0.9倍的箝位电压，但不小于工作电压。

注：在具有与保护导体端子相连的可触及导电零部件的设备中，可触及导电零部件是能与器具输入插座的接地插销或电源插头的接地插销相连的，在进行试验时，要将设备与任何外部接地装置进行电气隔离。

不得出现击穿或重复的飞弧，不考虑电晕效应和类似现象。

ICS 19.080;25.040.01
N 10

GB

中华人民共和国国家标准

GB 30439.10—2014

工业自动化产品安全要求 第10部分:记录仪表的安全要求

Safety requirements for industrial automation products—
Part 10: Safety requirements for record instrument

2014-07-24 发布　　2015-02-01 实施

中华人民共和国国家质量监督检验检疫总局
中国国家标准化管理委员会　发布

前 言

GB 30439 的本部分的全部技术内容为强制性。

GB 30439《工业自动化产品安全要求》分为如下 18 个部分：

——第 1 部分：总则；

——第 2 部分：压力/差压变送器的安全要求；

——第 3 部分：温度变送器的安全要求；

——第 4 部分：控制阀的安全要求；

——第 5 部分：流量计的安全要求；

——第 6 部分：电磁阀的安全要求；

——第 7 部分：回路调节器的安全要求；

——第 8 部分：电动执行机构的安全要求；

——第 9 部分：数字显示仪表的安全要求；

——第 10 部分：记录仪表的安全要求；

——第 11 部分：可编程序控制器的安全要求；

——第 12 部分：雷达物位计和超声物位计的安全要求；

——第 13 部分：磁致伸缩液位计的安全要求；

——第 14 部分：仪表电源的安全要求；

——第 15 部分：工业过程测量和控制用信号配电、隔离、转换、报警处理单元的安全要求；

——第 16 部分：差压流量计的安全要求；

——第 17 部分：超声流量仪表的安全要求；

——第 18 部分：压力仪表辅助装置的安全要求。

本部分为 GB 30439 的第 10 部分。

本部分按照 GB/T 1.1—2009 给出的规则起草。

本部分由中国机械工业联合会提出。

本部分由全国工业过程测量和控制标准化技术委员会(SAC/TC 124)、全国测量、控制和实验室电器设备安全标准化技术委员会(SAC/TC 338)归口。

本部分起草单位：浙江中控自动化仪表有限公司、横河电机(北京)研发中心、福建顺昌虹润精密仪器有限公司、杭州盟控仪表技术有限公司、轻工业自动化研究所、浙江大学、北京燕山石化公司研究院、上海工业自动化仪表研究院。

本部分主要起草人：丁云、段钢、陈志杨、王凯、王亚卡、冯冬芹、范忠琪、李佳嘉、王为民、乔靖玉。

工业自动化产品安全要求
第 10 部分:记录仪表的安全要求

1 范围

GB 30439 的本部分规定了记录仪表的防电击、防机械危险、耐机械冲击和撞击、防止火焰蔓延、设备的温度限值和耐热的安全内容。

本部分不包括与安全无关的设备的功能、性能或其他特性、运输包装的有效性、电磁兼容(EMC)要求、功能安全、对爆炸环境的防护措施、维修(修理)、维修(修理)人员的防护。

如果要将记录仪表用于其他环境(例如医疗、食品、核电、船舶等),则记录仪表还必须满足适用于相应环境的特殊要求、标准及安装准则。

本部分适用于工业产品制造或加工过程中,自动采集和记录过程信号的记录仪表,其额定电压不超过 300 V、电源连接方式为导线连接。本部分还适用于预定与自动化产品一起使用的附件(如仪表的检定装置)。

2 规范性引用文件

下列文件对于本文件的应用是必不可少的。凡是注日期的引用文件,仅注日期的版本适用于本文件。凡是不注日期的引用文件,其最新版本(包括所有的修改单)适用于本文件。

GB/T 3098.1—2010 紧固件机械性能 螺栓、螺钉和螺柱(ISO 898-1:2009,MOD)

GB/T 3098.3—2000 紧固件机械性能 紧定螺钉(idt ISO 898-5:1998)

GB/T 4026—2010 人机界面标志标识的基本方法和安全规则 设备端子和导体终端的标识(IEC 60445:2006,IDT)

GB/T 4205—2010 人机界面标志标识的基本和安全规则 操作规则(IEC 60447:2004,IDT)

GB 4208—2008 外壳防护等级(IP 代码)(IEC 60529:2001,IDT)

GB 4793.1—2007 测量、控制和实验室用电气设备的安全要求 第 1 部分:通用要求(IEC 61010-1:2001,IDT)

GB/T 5465.2—2008 电气设备用图形符号 第 2 部分:图形符号(IEC 60417 DB:2007,IDT)

GB/T 7354—2003 局部放电测量(IEC 60270:2000,IDT)

GB 8898—2001 音频、视频及类似电子设备安全要求(eqv IEC 60065:1998)

GB/T 11020—2005 固体非金属材料暴露在火焰源时的燃烧性 试验方法清单(IEC 60707:1999,IDT)

GB/T 11918—2001 工业用插头插座和耦合器 第 1 部分:通用要求(idt IEC 60309-1:1999)

GB/T 11919—2001 工业用插头插座和耦合器 第 2 部分:带插销和插套的电器附件的尺寸互换性要求(idt IEC 60309-2:1999)

GB 14048.1—2006 低压开关设备和控制设备 第 1 部分:总则(IEC 60947-1:2001,MOD)

GB 14048.3—2008 低压开关设备和控制设备 第 3 部分:开关、隔离器、隔离开关以及熔断器组合电器(IEC 60947-3:2005,IDT)

GB/T 16927(所有部分) 高电压试验技术[IEC 60060(所有部分)]

IEC 60027-3:2002 电工技术用文字符号 第 3 部分:对数和有关量及其单位(Letter symbols to be used in electrical technology—Part3: logarithmic and related quantities, and their units)

3 术语和定义

GB 4793.1 界定的以及下列术语和定义适用于本文件。为了便于使用,以下重复列出了 GB 4793.1 中的某些术语和定义。

除另有规定外,“电压”值和“电流”值均指交流、直流,或者合成的电压或电流的有效值。

3.1 设备和设备的类别

3.1.1

固定式设备 fixed equipment

固定在支撑件上的或需另外固定在特定位置上的设备。

[GB 4793.1—2007,定义 3.1.1]

3.1.2

永久性连接式设备 permanently connected equipment

预定要用螺钉接线端子或其他可靠方法与建筑物安装配线连接的设备。

[GB 4793.1—2007,定义 3.1.2]

3.2 零部件和附件

3.2.1

端子 terminal

为使装置(设备)与外部导体相连而提供的一种元件。

[GB 4793.1—2007,定义 3.2.1]

注:端子可以含有一个或几个接触件,因此该术语也包括插座、连接器等。

3.2.2

功能接地端子 functional earth terminal

用来直接与测量电路或控制电路的某一点,或者直接与某个屏蔽部分进行电气连接的,而且预定还要用来为安全目的以外的任何功能目的接地的端子。

注:对测量设备,该端子常被称为测量接地端子。

3.2.3

保护导体端子 protective conductor terminal

为安全目的而与设备的导电零部件相连接的,而且预定还要与外部保护接地系统相连接的端子。

3.2.4

外壳 enclosure

防止设备受到某些外部影响和防止从任何方向直接接触而提供的零部件。

[GB 4793.1—2007,定义 3.2.4]

3.2.5

挡板 barrier

防止从任何正常接近的方向直接接触而提供的零部件。

[GB 4793.1—2007,定义 3.2.5]

注:外壳和挡板可以提供火焰蔓延的防护[见 9.2.1b)]。

3.3 电气量值

3.3.1

额定(值) rated(value)

通常由制造厂针对元器件、装置或设备达到某一工作状态而给出的量值。

[GB 4793.1—2007,定义 3.3.1]

3.3.2

额定值 rating

一组额定值和工作条件。

[GB 4793.1—2007,定义 3.3.2]

3.3.3

工作电压 working voltage

当设备以额定电压供电时,在任何特定的绝缘上能出现的最大交流电压有效值或直流电压值。

注 1:瞬态值不考虑。

注 2:开路条件和正常工作条件均要考虑。

3.4 试验

3.4.1

型式试验 type test

针对特定的设计,为证明该设计和结构是否能满足本标准的一项或多项要求而对设备的一台或多台样品(或设备零部件)进行的试验。

[GB 4793.1—2007,定义 3.4.1]

注:这是对 IEV 151-04-15 定义的扩充,以便既包括设计要求又包括结构要求。

3.4.2

例行试验 routine test

在制造中或制造后为确定装置(设备)是否符合某个判据而对每一台单独的装置(设备)进行的试验(见附录 F)。

[GB 4793.1—2007,定义 3.4.2]

3.5 安全术语

3.5.1

(零部件的)可触及 accessible(of a part)

当按 6.2 的规定能用标准试验指或试验针触及到的。

3.5.2

危险 hazard

潜在的伤害源。

3.5.3

危险带电 hazardous live

在正常条件或单一故障条件下能使之发生电击或电灼伤。

注:对正常条件适用的数值见 6.3.1,对在单一故障条件下被认为是适用的更高的数值见 6.3.2。

3.5.4

电网电源 mains

设计成使有关设备需要与其连接的、为设备提供电力为目的的低压供电系统。

注:有些测量电路也可以与供测量目的用的电网电源相连。

3.5.5

电源电路　mains circuit

预定要与电网电源连接的、为设备提供电力的电路。

注：测量电路和利用感应原理从电网电源电路获得供电的电路不属于电网电源电路。

3.5.6

保护阻抗　protective impedance

元器件、元器件的组件或者基本绝缘和限流或限压装置的组合，当其连接在可触及导电零部件与危险带电零部件之间时，其阻抗、结构和可靠性在正常条件和单一故障条件下提供的防护程度达到本标准的要求。

3.5.7

保护连接　protective bonding

为使可触及导电零部件或保护屏与供外部保护导体连接用的装置具有电气连续性而进行的电气连接。

3.5.8

正常使用　normal use

按使用说明或按明显的预期用途的说明进行的操作，包括待机。

注：多数情况下，正常使用也指正常条件，因为使用说明书会警告用户不要在非正常条件下使用设备。

3.5.9

正常条件　normal condition

防止危险的所有防护措施均完好无损的条件。

3.5.10

单一故障条件　single fault condition

防止危险的一个防护措施发生失效的条件或可能引起某种危险而出现一个故障的条件。

注：如果某个单一故障条件会不可避免地引起另一个单一故障条件，则这样的两个故障被认为是一个单一故障条件。

3.5.11

操作人员　operator

按设备的预期用途来操作设备的人。

注：操作人员应为这一目的而接受适当的培训。

3.5.12

责任者　responsible body

负责设备的使用或维护和确保操作人员得到足够培训的个人或组织。

3.5.13

瞬态过电压　transient overvoltage

持续时间仅几毫秒或更短时间的过电压，通常带有强阻尼的振荡或非震荡。

3.5.14

暂态过电压　temporary overvoltage

持续相对较长时间的工频过电压。

3.6　绝缘

3.6.1

基本绝缘　basic insulation

其失效会引起电击危险的绝缘。

[GB 4793.1—2007,定义 3.6.1]

注:基本绝缘可用于功能绝缘的目的。

3.6.2

附加绝缘　supplementary insulation

除基本绝缘以外施加的独立的绝缘,用以保证在基本绝缘一旦失效时仍能防止电击。

[GB 4793.1—2007,定义 3.6.2]

3.6.3

双重绝缘　double insulation

由基本绝缘和附加绝缘构成的绝缘。

[GB 4793.1—2007,定义 3.6.3]

3.6.4

加强绝缘　reinforced insulation

其提供防电击能力不低于双重绝缘的绝缘,它可以由几层不能像附加绝缘或基本绝缘那样单独进行试验的绝缘构成。

[GB 4793.1—2007,定义 3.6.4]

3.6.5

污染　pollution

会导致介电强度或表面电阻率降低的固态、液态或气态(电离气体)的附加的外来物质。

3.6.6

污染等级　pollution degree

为了评价间隔距离而规定的下述微环境的污染等级。

3.6.6.1

污染等级 1　pollution degree 1

无污染或只有干燥的非导电性污染,该污染无不利影响。

3.6.6.2

污染等级 2　pollution degree 2

通常仅有非导电性污染,但偶尔也会由于凝聚作用而短时导电。

3.6.6.3

污染等级 3　pollution dcgrcc 3

导电污染或干燥的非导电污染由于凝聚作用而变成导电。

注:在这种条件下,设备通常要防止暴露于直射的日光、降雨、强烈的风压中,但不用控制温度或湿度。

3.6.7

电气间隙　clearance

两个导电零部件在空气中的最短距离。

3.6.8

爬电距离　creepage distance

两个导电零部件沿绝缘材料表面的最短距离。

[GB 4793.1—2007,定义 3.6.8]

3.7　与产品有关的定义

记录仪表　record instrument

对工业产品制造或加工过程中的过程信号进行自动采集和记录,或(和)储存在纸张、磁盘、存储器等介质上的仪表,部分记录仪表包含 LED、LCD 等显示功能。

记录仪表也可称为记录仪。

4 试验

4.1 概述

本部分中的所有试验均是在记录仪表或零部件的样品上进行的型式试验。这些试验的唯一目的是要检验设计和结构是否能确保符合标准要求。

对满足本部分规定的相关标准要求且按这些要求使用的记录仪表的分组件，在整个记录仪表的型式试验期间不必再重复试验。

应当通过所有适用的试验来检验是否符合本部分要求，但如果对记录仪表的检查能证明肯定能通过某项试验，则该试验可以省略。试验在下面条件下进行：

——基准实验条件(见 4.3)；

——故障条件(见 4.4)。

注：如果在进行符合性试验时，某个所施加的或测得的量值(如电压)的实际值由于有误差而存在不确定性，则：

——制造厂要确保施加的值至少是规定的试验值；

——试验部门要确保施加的值不大于规定的试验值。

4.2 试验顺序

除本部分另有规定者外，试验顺序可以任选。在每项试验后应当仔细对受试验记录仪表进行检查。如果对试验的结果有怀疑，怀疑如果试验顺序颠倒，任何前面的各项试验是否真能通过，则前面的这些试验应当重复进行。如果故障条件下的试验会损坏记录仪表，则这些试验可以放在基准试验条件下的试验之后。

4.3 基准试验条件

4.3.1 环境条件

除本部分另有规定外，试验场所应当具有下述环境条件：

a) 温度：15 ℃～35 ℃；

b) 相对湿度：不超过 75％；

c) 大气压力：86 kPa～106 kPa；

d) 无霜冻、凝露、渗水、淋雨和日照等。

4.3.2 记录仪表状态

除另有规定外，每项试验应当在组装好的供正常使用的记录仪表上、且在 4.3.2.1～4.3.2.10 规定的最不利的组合条件下进行。

记录仪表应当按制造厂商说明书的规定进行安装。

4.3.2.1 记录仪表位置

记录仪表处于正常使用时的任一位置，且任何通风不受阻挡。

4.3.2.2 附件

由制造厂建议的或提供的、与记录仪表一起使用的附件和操作人员可更换的零部件应当连接或不连接。

4.3.2.3 盖子和可拆除的零部件

不用工具就能拆除的盖子或零部件应当拆除或不拆除。

4.3.2.4 电网电源

应当符合下面的要求：

a) 供电电源应当在记录仪表能设置的任何额定供电电压的90%～110%之间，或者如果对记录仪表规定出要适应更大的电压波动，则供电电压应当达到该波动范围内任何电压；

b) 频率应当为任何额定频率；

c) 交、直流两用记录仪表应当连接到交流或直流电源上；

d) 使用直流电源或单相电源的记录仪表应当分别按正常极性连接和相反极性连接；

e) 除了对记录仪表规定只用于不接地的电网电源外，基准试验电源的一个极应当处于地电位或接近地电位；

f) 对电池供电的记录仪表，如果其连接装置允许反接，则应当分别按正常极性和相反极性连接。

4.3.2.5 输入与输出电压

输入和输出电压，包括浮地电压但不包括电网电源电压在内，应当将其调节到额定电压范围内的任何电压上。

4.3.2.6 接地端子

对保护导体端子，如果有，应当接到大地。功能接地端子应当接地或不接地。

4.3.2.7 控制件

操作人员能手动调节的控制件应当设置在任何位置上，但下列情况除外：

a) 电源电网选择装置应该设置在正确的位置上；

b) 如果标在记录仪表上的制造厂的标志禁止组合设置，则不能进行组合设置。

注：控制件一般指操作人员在正常使用情况下可进行调整的部件，如按钮、门、遥控器等。

4.3.2.8 连接

记录仪表应当按其预定用途进行连接或不连接。

4.3.2.9 电动机负载

记录仪表电动机驱动的零部件的负载条件应当符合预定用途的规定。

4.3.2.10 输出

对于提供电输出的记录仪表：

a) 记录仪表的工作状态应当能对额定负载提供额定输出功率；

b) 对任何输出，额定负载阻抗应当连接或不连接。

4.4 单一故障条件下的试验

4.4.1 概述

应当按下面要求：

a) 检查记录仪表及其电路图通常就能判断是否可能引起危险的和因此是否应当实施的故障条件。

b) 除了能证明某个特定的故障条件不可能引起危险外。各项故障试验均应当进行，或者选择检验符合性的规定的替换方法来代替故障试验[见9 b)和9 c)]。

c) 记录仪表应当在基准试验条件(见4.3)的最不利的组合条件下工作，对不同的故障，这些组合条件可以有所不同,在进行每一个试验时应当记录这些组合条件。

4.4.2 故障条件的施加

故障条件应当包括4.4.2.1~4.4.2.6规定的故障条件。这些故障条件一次只能施加一个,并应当按任何方便的顺序依次施加,不能同时施加多个故障,除非这些故障是施加某故障后引发的结果。

在每一次施加故障条件后,记录仪表应当能够通过4.4.4适用的试验。

4.4.2.1 保护阻抗

a) 如果保护阻抗是由元器件的组合来组成的,则应当将每个元器件短路或开路,选择其中较为不利者;
b) 如果保护阻抗是由基本绝缘和限流或限压装置组合来组成的,则基本绝缘和限流或限压装置这两者均应当承受单一故障条件,一次施加一个故障条件。对基本绝缘应当进行短路,而对限流或限压装置应当进行短路或开路,选择其中较为不利者。
c) 由高完善性元器件组成的保护阻抗的零部件不必将其短路或开路(见6.5.3和11.2)。

4.4.2.2 保护导体

保护导体应断开,但对永久性连接式记录仪表或使用GB/T 11918、GB/T 11919的连接器的记录仪表除外。

4.4.2.3 电源变压器

4.4.2.3.1 概述

电源变压器的次级绕组应当按照4.4.2.3.2的规定将其短路,并按4.4.2.3.3的规定将其过载。

在一个试验中损坏的变压器,允许修复或更换后再做下一个试验。

4.4.2.3.2 短路

在正常使用时接负载的每一个不带抽头的输出绕组和带抽头输出绕组的每一部分应当依次进行试验,一次试验一个来模拟负载短路。试验中过流保护装置保持在位,所有其他绕组接负载或不接负载,选择正常使用的负载条件中较为不利者。

4.4.2.3.3 过载

每一个不带抽头的输出绕组和带抽头输出绕组的每一部分应当依次进行过载试验,一次试验一个。其他绕组接负载或者不接负载,选择正常使用的负载较为不利者。如果在4.4的故障条件试验时出现任何过载,则各次级绕组应承受那些过载。

在绕组上跨接一个可变电阻器来进行过载试验。电阻器尽可能快的进行调节,如有必要,在1 min后再次进行调节来保持该适用的过载。以后允许不再做进一步的调节。

如果用电流断路装置来提供保护,则过载试验电流为过流保护装置刚好能导通1 h的最大电流。实验前,保护装置用可以忽略阻抗的连接来替代。如果该试验电流值不能从保护装置的规范中获得,则要通过试验来确定。

对设计成当达到规定的过载时输出电压即消失的记录仪表,过载要缓慢地增加,达到刚刚在引起输出电压消失的该过载点靠前的一个过载点。

在所有其他情况下,该过载是从变压器获得的最大输出功率。

4.4.2.4 输出

应当将各个输出短路,一次短路一个。

4.4.2.5 一种以上类型的电源供电

设计成可由一种以上类型的电源供电的记录仪表应同时和这些电源相连，除非在结构上能够阻止这样的连接。

4.4.2.6 电路和零部件之间的绝缘

在电路和零部件之间，对低于针对基本绝缘规定的量值的绝缘应当将其短路，以检验是否能防止火焰的蔓延。

4.4.3 试验持续时间

4.4.3.1 概述

应当使记录仪表一直工作到所施加的故障产生的结果不可能再有进一步的变化为止。每项试验一般限制在 1 h 以内，因为单一故障条件引发的二次故障通常就在那段时间内显现出来。如果有迹象表明最终可能产生电击、火焰蔓延或人身伤害的危险，则试验应当一直继续到出现这些危险为止，或者最长时间为 4 h，除非在此之前出现危险。

4.4.3.2 限流装置

如果为限制能易于触及到的零部件的温度而装有在工作时能切断或限制电流的装置，则不论该装置是否动作，均应当测量记录仪表能达到的最高温度。

4.4.3.3 熔断器

如果因熔断器的断开而使某个故障中断，而且如果该熔断器不在约 1 s 内动作，则应当测量有关故障条件下流过熔断器的电流。为了确定电流是否达到或超过熔断器的最小动作电流以及更长时间熔断器才动作，应当利用熔断器的预飞弧时间/电流特性来进行评定。通过熔断器的电流是会随时间而发生变化的。

如果在试验中电流未达到熔断器的最小动作电流，则应当使记录仪表工作一段对应于最长的熔断时间，或者应当使记录仪表连续工作 4.4.3.1 规定的时间。

4.4.4 施加故障条件后的符合性

4.4.4.1 概述

在施加单一故障后，通过下面的测量来检验电击防护是否符合要求：

a) 通过进行 6.3.2 的测量来检验可触及导电零部件是否变成危险带电；

b) 通过对双重绝缘或加强绝缘进行电压试验来检验绝缘是否还有一重保护，电压试验按 6.8 的规定(潮湿预处理除外)用对应于基本绝缘的试验电压来进行；

c) 如果电气危险防护是通过变压器内的双重绝缘或加强绝缘来实现的，则测量变压器绕组的温度。其温度不得超过表 12 规定的温度。

4.4.4.2 温度

通过测量外壳的外表面或能易于触及到的零部件外表面的温度来检验温度防护是否符合要求。

零部件的温度在环境温度为 40 ℃时，或者如果环境温度更高，则在最高额定环境温度时，不得超过 105 ℃。

该温度是通过测量表面或零部件的温升加上 40 ℃，或者如果高于 40 ℃，则加上最高额定环境温度来确定。

4.4.4.3 火焰蔓延

通过将记录仪表放在白色薄棉纸包裹的软木材表面上，记录仪表上包上纱布来检验着火蔓延的防护是否符合要求。熔融金属、燃烧的绝缘物、带火焰的颗粒等不得滴落到放置记录仪表的表面上，而且棉纸或纱布不得碳化、灼热或起火。如果不可能引发危险，则绝缘材料的熔化应当忽略不计。

4.4.4.4 其他危险

按第 7 章～第 8 章的规定来检验其他危险防护要求是否合格。

5 标志和文件

5.1 标志

5.1.1 概述

记录仪表上应该标有符合 5.1.2～5.2 规定的标志。除了内部零部件的标志外，这些标志应当从外部就能看见，或者如果盖子或门是预定要由操作人员来拆下来或打开的，则在不用工具拆下盖子或打开门后，这些标志应当从外部就能看见。适用于整台记录仪表的标志不得标在操作者不用工具就能拆卸的零部件上。

对机柜安装或面板安装的记录仪表，标志允许标在记录仪表从机柜或面板上卸下之后能看见的表面上。

量值和单位的文字符号应当符合 IEC 60027 的规定，如果适用，图形符号应当符合表 1 的规定。符号无颜色要求。图形符号应当在文件中进行解释。

注 1：如果适用，应当使用国家标准、IEC 和 ISO 规定的符号。

注 2：标志不得标在记录仪表的底部。

通过目视检查来检验是否合格。

表 1 符号

序号	符号	标准	说明
1		GB/T 5465.2—2008(5031)	直流
2		GB/T 5465.2—2008(5032)	交流
3		GB/T 5465.2—2008(5033)	交直流
4	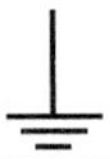	GB/T 5465.2—2008(5017)	接地端子
5		GB/T 5465.2—2008(5019)	保护导体端子
6	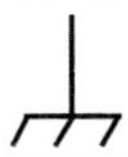	GB/T 5465.2—2008(5020)	机箱或机架端子
7		GB/T 5465.2—2008(5021)	等电位
8		GB/T 5465.2—2008(5007)	通(电源)
9	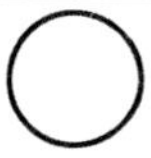	GB/T 5465.2—2008(5008)	断(电源)

表 1（续）

序号	符号	标准	说明
10		GB/T 5465.2—2008(5172)	全部由双重绝缘或加强绝缘保护的单元
11			小心，电击危险
12		GB/T 5465.2—2008(5041)	小心，烫伤
13		ISO 7000	小心，危险[a]
14		GB/T 5465.2—2008(5268)	双位按钮控制的“按入”状态
15		GB/T 5465.2—2008(5269)	双位按钮控制的“弹出”状态
[a] 要求制造厂说明在标有该符号的所有情况下都必须查阅文件，见 5.4.1。			

5.1.2 产品标识

产品标志应当至少标有以下内容：

a) 制造厂或供应商的名称或商标；

b) 名称型号和规格。如果标有相同识别标志(型号)记录仪表是在一个以上的生产场地制造的，则对每一个生产场地制造记录仪表，其标志应当能识别记录仪表的生产场地。

注：工厂地点的标志可以采用代码，而且不必标在记录仪表的外部。

通过目视检查来检验是否合格。

5.1.3 电源

记录仪表应当标有以下信息：

a) 电源性质：

1) 交流：额定电网电源频率或频率范围；

2) 直流：表 1 的符号 1。

注 1：就提供信息而言，标出下列内容可能是有益的：

——预定用交流电的记录仪表用表 1 中的符号 2；

——适合交直流两用的记录仪表用表 1 中的符号 3。

b) 额定电源电压值或额定电源电压范围；

注 2：也可标出额定电压波动值。

c) 接上所有附件或插件模块时的最大额定功率，单位 W(有功功率)或单位 VA(视在功率)，或者最大额定电流。如果记录仪表可以使用一个以上的电压范围，则应当对每个电压范围分别标出，除非最大值与最小值不大于平均值的 20%；

d) 对操作者能够设置成使用不同额定电源电压的设备，应当装有设置设备电压的指示装置。对于便携式记录仪表，该电压指示应当从外部可见。

通过目视检查，以及通过测量功率或输入电流来检验 c)规定的标志是否合格。

5.1.4 端子和连接件

如果对安全是有必要的话，则对端子、连接件和控制件应当给出其用途的指示。如果没有足够的空间，可以使用表 1 的符号 13。

注 1：对附加信息见 GB/T 4026 和 GB/T 4205。

注 2：对多针连接器的各个插针不必进行标志。

5.1.4.1 电源端子和连接件

与电网电源相连的端子应当是能识别的；

下列端子应当按下面规定进行标志：

a) 功能接地端子用表 1 的符号 4；

b) 保护导体端子用表 1 的符号 5。

5.1.5 开关

如果仪表本身不带有开关，则在仪表的安装说明中要求在仪表柜中安装安全开关。

5.1.6 用双重绝缘或加强绝缘保护的记录仪表

全部用双重绝缘或加强绝缘保护的记录仪表应当标上表 1 的符号 10，但装有保护导体端子的记录仪表除外。只有局部用双重绝缘或加强绝缘保护的记录仪表不得标上表 1 的符号 10。

通过目视来检验是否合格。

5.2 警告标志

如果说明书说明，操作人员可以用工具接触在正常条件下可能是危险带电的零部件，则应当标有警告标志，说明在接触前必需将记录仪表与危险带电电压隔离或断开。

警告标志的尺寸应当按如下规定：

a) 符号高度至少应为 2.75 mm，文字高度至少应为 1.8 mm，文字在颜色上应与背景颜色形成反差；

b) 在材料上模注、模压或蚀刻的符号或文字的高度至少应当为 2.0 mm；如果不打算在颜色上形成反差，则这些符号和文字至少应当具有 0.5 mm 的凹陷深度和凸起高度；

如果为了保持设备提供的防护而需要责任者或操作人员去查阅说明书，则设备上应当标有表 1 的符号 13。符号 13 不需要与在说明书中作出的解释的符号一起使用。

如果说明书说明，操作人员可以用工具接触在正常使用条件下可能是危险带电的零部件，则应当标有警告标志，说明在接触前必须使设备与危险带电电压隔离或断开危险带电电压。

通过目视来检验是否合格。

5.3 标志的耐久性

记录仪表的标志在正常使用条件下应保持清晰可辩，并能耐受由制造厂规定的清洁剂的影响，粘贴标牌不得出现松脱或卷边。

通过目视检查，以及通过记录仪表外侧的标志进行下述耐久性试验来检验是否合格。用布沾上规定的清洁剂（或者如果没有规定，则沾上异丙醇），用手不加过分压力地擦拭 30 s。

5.4 文件

5.4.1 概述

为了安全目的，应当随记录仪表提供含有下述内容的文件，该文件的描写应使用规范中文：

a) 记录仪表的预定用途；

b) 技术规范；

c) 使用说明；

d） 可从其获得技术帮助的制造商或供货商的名称和地址；

e） 5.4.2～5.4.5 规定的信息。

如果适用，警告语句和对标在记录仪表上的警告符号所做的清楚的解释应当在说明书中给出，或者将其永久、清晰地标在记录仪表上。特别是应当给出一段描述，说明在标有表 1 符号 13 的所有的情况下均需要查阅文件，以便弄清潜在的危险的性质以及必须采取的任何应对措施。

通过目视检查来检验是否合格。

5.4.2 记录仪表额定值

文件应当包含下列信息：

a） 电源电压或电压范围、频率或频率范围，以及功率或电流额定值；

b） 所有输入和输出连接的说明；

c） 如果外部电路不可触及时，适用于单一故障条件的外部电路绝缘的额定值；

d） 记录仪表设计给定的环境条件范围的说明；

e） 如果标定了记录仪表符合 GB 4208 时，记录仪表防护等级的说明；

f） 特殊的维护要求。

通过目视检查来检验是否合格。

5.4.3 记录仪表安装

文件应当包括安装和特定的交付使用的说明，以及如果对安全是必要的话，还应当包括记录仪表安装和交付使用过程中可能发生的危险的警告。

a） 装配、定位和安装要求；

b） 保护接地说明；

c） 与电源的连接；

d） 对永久性连接的记录仪表：

1） 电源线缆规格和布线要求；

2） 对任何外部开关或断路器和外部过流保护装置的要求，以及将这些开关或电路断路器设置在近旁的建议；

3） 对继电器的输出信号，任何外部开关或断路器和外部过流保护装置的要求；

e） 通风要求。

通过目视检查来检验是否合格。

5.4.4 记录仪表操作

如果适用，使用说明应当包括：

a） 操作控制件及其用于各种操作方式的标识；

b） 记录仪表和附件相连的说明，包括指出适用的附件、可拆卸的零部件和任何专用的材料；

c） 记录仪表上使用的与安全有关的符号的解释。

在说明书中应当说明，如果不按照制造厂规定的方法来使用记录仪表，则可能会损坏记录仪表所提供的防护。

通过目视检查来检验是否合格。

5.4.5 记录仪表的维护

对责任人为安全目的而需要涉及的预防性维护和检查，应当在记录仪表的说明书中给出足够详细的说明；

对于使用可更换电池的设备，应当说明该特定电池的型号。

制造厂应当规定只能由制造厂或其代理机构才能检查或提供的任何零部件。

对可更换的额定值和特性应当作出说明。

通过目视检查来检验是否合格。

6 防电击

6.1 概述

记录仪表在正常条件(见 6.4)和单一故障条件(见 6.5)下均应当保持防电击,记录仪表的可触及零部件不得出现危险带电(见 6.3)

通过按 6.2 的规定来确定是否是可触及零部件以及测量是否达到 6.3 规定的限值,然后通过6.4～6.11 的试验来检验是否合格。

6.2 可触及零部件的判定

6.2.1 概述

除能明显看出者外,判定零部件是否可触及应当按 6.2.2～6.2.4 的规定来进行。除有规定者外,对试验指(见附录 B)和试验针不得施加作用力。如果用试验指或试验针能接触到这些零部件,或者如果打开不认为是提供适当绝缘(见 6.9.1)的盖子能接触到这些零部件,则认为这些零部件是可触及的。

如果在正常使用时操作人员预定会采取使零部件增加可触及性的任何操作(使用或不使用工具),则应当在 6.3.2～6.3.4 的检查前采取这样的操作。这样操作的例子包括:

a) 移开盖子;

b) 打开门;

c) 拆除零部件。

对面板安装方式的记录仪表,记录仪表在进行 6.3.2～6.3.4 检查前应当按制造厂说明书的规定安装好。对这样的记录仪表,要假定操作人员的位置处于面板的正面。

6.2.2 检查

在每一个可能的位置上施加铰接式试验指。如果通过加力零部件会成为可触及,则施加刚性试验指,同时施加 10 N 的力。施加的力要通过试验指的指尖施加,以避免出现楔入或撬开的动作。试验对所有的外部表面进行,包括底部。但是,对能接受插件式模块记录仪表,铰接式试验指的指尖仅需插入到记录仪表开口处 180 mm 的深度。

6.2.3 危险带电零部件上方的开孔

将长 100 mm、直径 4 mm 的金属试验针插入危险带电零部件上方的任何开孔。试验针应当自由悬挂,并允许进入达 100 mm。零部件只是因为本试验是可触及的,因此不需要采取 6.5 单一故障条件的防护的附加安全措施。

本试验对端子不适用。

6.2.4 预调控制件的开孔

将直径 3 mm 的金属试验针插入预定需要用螺丝刀或其他工具来接触预调控制件的孔。试验针以每一个可能的方向插入预调控制件的孔。插入深度不得超过从外壳表面到控制轴距离的 3 倍或 100 mm,取其较小值。

6.3 可触及零部件的允许限值

在可触及零部件与参考试验地之间,电压、电流、电荷不得超过 6.3.1 正常条件下的限值,也不得超过 6.3.2 单一故障条件下的限值。

6.3.1 正常条件下的限值

在正常条件下有关量值大于下列限值即被认为是危险带电。只有当电压值超过 a)的限值时，才采用 b)和 c)的限值。

a) 当电压限值为有效值 33 V 和峰值 46.7 V，或者直流值 70 V；

b) 电流限值为：

1) 当用图 A.1 的测量电路测量时，对正弦波电流为有效值 0.5 mA，对非正弦波或混合频率电流为峰值 0.7 mA，或者直流值 2 mA。如果频率不超过 100 Hz，可以用图 A.2 的测量电路；

2) 当用图 A.3 的测量电路时，有效值 70 mA，这一限值涉及较高频率下可能的灼伤；

c) 电容的电荷限值为 45 μC。

6.3.2 单一故障条件下的限值

在单一故障条件下有关量值大于下列限值即被认为是危险带电。只要电压超过 a)的限值，则还要采用 b)和 c)的限值。

a) 电压限值为有效值 55 V 和峰值 78 V，或者直流 140 V；对瞬时电压，其限值为图 1 的规定值，在 50 kΩ 电阻器上测量；

b) 电流值为：

1) 当用图 A.1 测量电路测量时，对正弦波电流为有效值 3.5 mA，对非正弦波或混合频率电流为峰值 5 mA；或者直流 15 mA。如果频率不超过 100 Hz，可以用图 A.2 测量电路；

2) 当用图 A.3 的测量电路测量时，有效值 500 mA，这一限值涉及较高频率下可能的灼伤；

c) 电容量限值见图 2 的规定值。

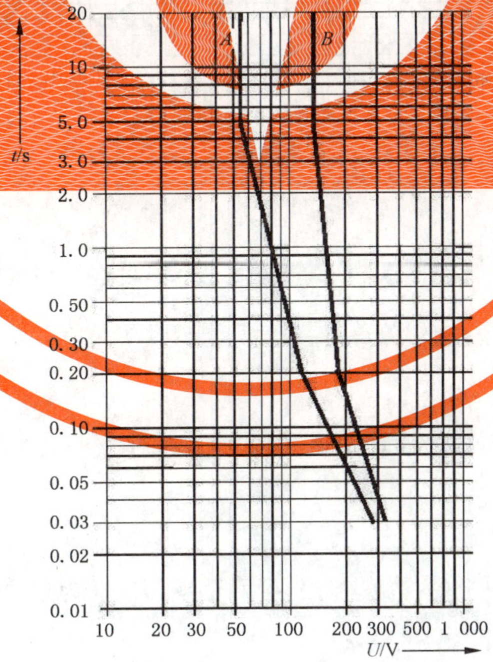

说明：

A——干燥条件下的交流限值；

B——干燥条件下的直流限值。

图 1 单一故障条件下瞬时可触及电压的短时最大持续时间[见 6.3.2a)]

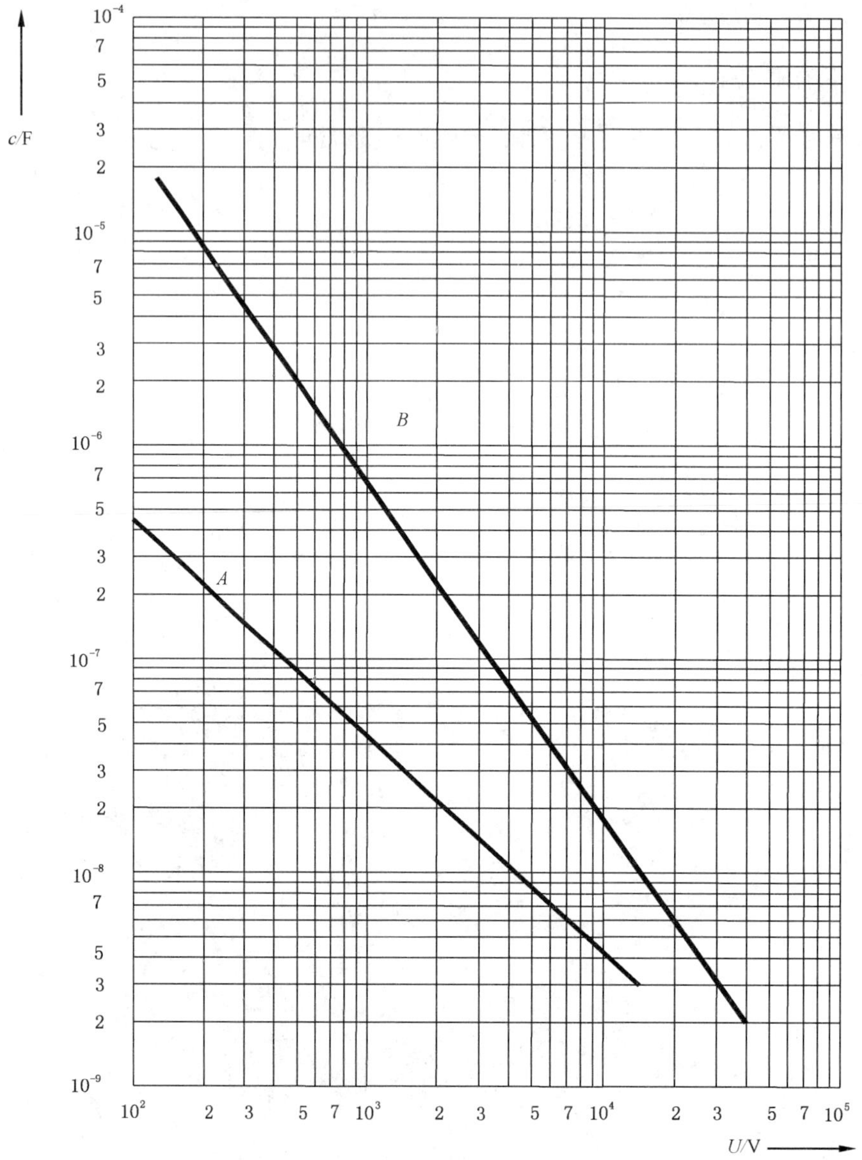

说明：

A——正常条件；

B——单一故障条件。

图 2　正常条件和单一故障条件下充电电容量限值［见 6.3.1c）和 6.3.2c）］

6.4　正常条件下的防护

应当采用下面一个或一个以上的措施来防止可触及零部件成为危险带电：

a）　基本绝缘（见附录 D）；

b）　外壳或挡板；

c）　阻抗。

外壳或挡板应当满足 8.2 的刚度要求。如果外壳或挡板用绝缘来提供防护，则它们应当满足基本绝缘的要求。

可触及零部件与危险带电零部件之间的电气间隙和爬电距离应当满足 6.7 的要求和基本绝缘适用的要求。

可触及零部件和危险带电零部件之间的固体绝缘应当能通过6.8对应基本绝缘的电压试验。

注：如果能通过6.8的介电强度试验，对固体绝缘无最小厚度要求。但是，在机械或热应力条件下，需要考虑第8章、第9章和第10章的要求。固体绝缘的局部放电试验在考虑中。

通过下面的测量和试验来检验是否合格：

1） 通过6.2的判定与6.3.1的测量，确定可触及零部件是否危险带电；

2） 按6.7的规定检查或测量电气间隙和爬电距离；

3） 6.8的基本绝缘的介电强度试验；

4） 8.2的外壳和挡板的刚性试验。

6.5 单一故障条件下的防护

应当提供附加防护，以确保在单一故障条件下防止可触及零部件成为危险带电，该附加防护应当由6.5.1～6.5.3规定的一种或多种防护措施组成，或者在出现故障的情况下自动切断电源（见6.5.4）。

按6.5.1～6.5.4的规定检验是否合格。

6.5.1 保护连接

如果在6.4规定的初级保护装置出现单一故障的情况下可触及零部件成为危险带电，则可触及导电零部件应当与保护导体端子相连，另一种方法是应用与保护导体端子相连的导电保护屏或挡板将这些可触及零部件与危险带电的零部件隔离。

注：如果用双重绝缘或加强绝缘将可触及零部件与危险带电的零部件隔离，则可触及导电零部件不必与保护导体端子相连。

按6.5.1.1～6.5.1.3的规定检验是否合格。

6.5.1.1 保护连接的完整性

应当采用下列措施保证保护连接的完整性：

a） 保护连接应当由直接的结构件，或独立的导体或者这二者组成。保护连接应当能承受9.4规定之一的过流保护装置将记录仪表从电源上断开之前可能会经受到的所有热应力和电动应力；

b） 对承受机械应力的焊接连接应当采用与焊接无关的方法进行机械固定，这种连接不得用于其他目的，例如固定结构件。螺钉连接件应当紧固防止松动；

c） 如记录仪表的某一部分可由操作人员来拆除，则不能使记录仪表剩余部分的保护连接断开（但当记录仪表的一部分带有对整个记录仪表的电源输入连接时除外）；

d） 可移动的导电的连接件，例如，铰接件、滑销件等，不得成为唯一的保护连接通路，除非将它们专门设计成供电气互连用，并满足6.5.1.3的要求；

e） 电缆的外部金属编织物即使与保护导体端子连接也不得认为是保护连接；

f） 如果由电网电源供电的电源通过记录仪表供其他设备供电，则还应当采取措施，使保护导体通过记录仪表来保护其他设备。通过记录仪表的保护导体通路的阻抗不得超过6.5.1.3的规定值；

g） 保护导体可以是裸导体也可以是绝缘导体，绝缘的颜色应当是黄绿色，但下列情况除外：

  1） 对接地编织线，可以是黄绿色的也可以是无色透明的；

  2） 对内部保护导体以及和组件中的保护导体端子连接的其他导体，例如带状电缆、汇流条、软印制导线等，如果不可能因保护导体无标识而引起危险，则可以使用任何颜色。黄绿双色组合只能用于识别保护导体，而不得用于其他目的；

h） 使用保护连接的记录仪表应当装有满足6.5.1.2要求的端子，并应当能适用于保护导体的连接。

通过目视检查来检验是否合格。

6.5.1.2 保护导体端子

保护导体端子应当满足下列要求：

a) 接触表面应当为金属表面；

注 1：选择保护连接系统的材料要能使端子与保护导体之间或与端子接触的任何其他金属之间的电化学腐蚀减小到最低限度。

b) 器具输入插座的整体式保护导体连接端应当认为是保护导体端子；

c) 对装有可拆线软线记录仪表以及对永久连接记录仪表，其保护导体端子应当位于电网电源端子的近旁；

d) 如记录仪表不需要与电网电源相连，但仍然具有需要保护接地的电路或零部件，则保护导体端子应当位于需保护接地的该电路端子的附近。如果该电路有外部端子，则保护导体端子也应当位于外部；

e) 电网电源电路的保护导体端子其载流能力至少应当与电网电源供电端子的载流能力相当；

f) 组合有其他端子的以及预定要手动连接和断开的插入式保护导体端子，例如电源线的插头和器具耦合器或插入单元的连接器组件，其设计应当使保护导体连接相对于其他连接最先接通和最后断开；

g) 如果保护导体端子还要用于其他连接目的，则应当首先用于连接保护导体，而且固定保护导体应当与其他连接无关，保护导体的连接方式应当确保不可能由于进行不涉及保护导体的维修而将保护导体拆除，或者应当标有警告标志(见 5.2)，说明拆除后需要更换保护导体；

h) 如果保护导体端子是一种连接螺钉，则该螺钉应当具有能与连接导体相应的尺寸，但不小于 3.0 mm，并至少应当能啮合 3 圈螺纹。保护连接所需的接触压力应当不会由于构成连接部分的材料的变形而减小。

通过目视检查来检验是否合格。还要通过下列试验来检验是否符合 h)的要求。对金属件上的螺钉或螺母，连同被固定的最不利的接地导体，以及任何配套的导线固定装置的组件，当用表 2 规定的拧紧力矩时，应当能承受 3 次装配和拆卸的操作而不发生机械失效。

表 2 螺钉组件的拧紧扭矩

螺钉尺寸 mm	3.0	4.0	5.0	6.0	8.0	10.0
拧紧扭矩 N·m	0.25/0.5	1.2	2.0	3.0	6.0	10.0
注：螺钉尺寸 3.0 mm 的拧紧扭矩依据 GB/T 3098.1—2000 及GB/T 3098.3—2000。						

6.5.1.3 保护连接阻抗

保护导体端子与规定要采用保护连接的每一个可触及零部件之间的阻抗不得超过 0.1 Ω，电源线的阻抗不构成规定的保护连接阻抗的一部分。

通过施加试验电流 1 min，然后计算阻抗来检验是否合格，电流取下列电流值的较大者：

a) 直流 25 A 或额定电源频率交流 25 A 有效值；

b) 等于记录仪表额定电流 2 倍的电流。

如果记录仪表在电源的所有极上装有过流保护装置，以及如果在单一故障条件下过流保护装置电源一侧的导线不可能变成与可触及导电零部件相连，则试验电流不必大于内部过流保护装置额定电流的2倍。

6.5.2 双重绝缘和加强绝缘

组成双重绝缘或加强绝缘(见附录D)一部分的电气间隙和爬电距离应当满足6.7的适用的要求见附录D，外壳应当满足6.9.2的要求。

对组成加强绝缘一部分的固体绝缘用应当能通过6.8的加强绝缘的电压值电压试验。

按6.7，6.8和6.9.2的规定来检验是否合格。如果可能的话，双重绝缘的两个部分要分开进行试验，否则要作为加强绝缘来进行试验。安全所需的电气间隙和爬电距离可以通过测量来检验。

6.5.3 保护阻抗

为确保在单一故障条件下可触及导电零部件不会成为危险带电，保护阻抗应当是下列规定的一种或一种以上的类型：

a) 一种合适的高完善性单一元器件(见11.2)；

b) 元器件的组合；

c) 基本绝缘和电流或电压限制装置的组合。

元器件、导线和连接件的额定值应当与正常条件和单一故障条件这两者相适应。

通过目视检查，以及在单一故障条件下(见4.4.2.1)，通过6.3的测量来检验是否合格。

6.5.4 电源的自动断开

如果电源的自动断开被用作单一故障条件下的保护，则该自动断开装置应当满足下列所有要求：

a) 自动断开装置应当随同记录仪表一起提供或者安装说明书应当规定自动断开要作为设施的一部分来进行安装；

b) 自动断开装置的额定特性应当规定成能在图1规定的时间范围内断开负载；

c) 自动断开装置的额定值应当与记录仪表的最大额定负载条件相适应。

通过目视检查自动断开装置的规范，以及如果适用检查安装说明书来检验是否合格。在有怀疑的情况下，通过对自动断开装置进行试验来检验其是否在要求的时间范围内断开电源。

6.6 与外部电路的连接

6.6.1 概述

与外部电路的连接应当不会：

a) 在正常条件和单一故障条件下使外部电路的可触及零部件变成为危险带电；

b) 或者在正常条件和单一故障条件下记录仪表的可触及零部件变成为危险带电。

应当通过对电路的隔离来实现保护，除非将电路的隔离短路不可能产生危险。

为达到上述的要求，制造商的说明书或记录仪表的标志应当按适用的情况对每个外部端子给出以下信息：

1) 端子已设计成的能保持安全工作的额定条件(最大额定输入/输出电压，连接器特定的型号，已设计的用途等)；

2) 为符合正常条件和单一故障条件下端子连接时的电击防护要求，对外部电路要求的绝缘额定值。

按下列方法来检验是否合格：

1. 通过目视检查；

2. 通过 6.2 的判定；

3. 通过 6.3 和 6.7 的测量；

4. 通过 6.8 介电强度试验(但潮湿预处理除外)。

6.6.2 电源端子

电源端子应具备独立的端子进行连接，如果没有独立端子和其他端子应有明显的区分，如外形、位置、尺寸、颜色等；

通过目视检查检验是否合格。

6.7 电气间隙和爬电距离

电气间隙和爬电距离在 6.7.1～6.7.3 中作出规定，以使能承受记录仪表预定要接入的系统上出现的过电压。对电气间隙和爬电距离也考虑了额定环境条件和记录仪表中安装的或制造商说明书中要求的保护装置。

对内部无空隙的模制零部件，包括对多层印制电路板的内部各层，没有电气间隙和爬电距离的要求。

通过目视检查和测量来检验是否合格。在确定可触及零部件的电气间隙和爬电距离时，绝缘外壳的可触及表面被认为如同在能用标准试验指(见附录 B)触及到的该可触及表面任何地方包有金属箔那样是导电的。

6.7.1 一般要求

6.7.1.1 电气间隙

电气间隙被规定成要承受可能在电路中出现的，由外部事件(例如雷击或开关过渡过程)引起的，或者由记录仪表运行引起的最大瞬态过电压。如果瞬态过电压不可能发生，则电气间隙按最大工作电压规定。

电气间隙值取决于：

a) 绝缘类型(基本绝缘，加强绝缘等)；

b) 电气间隙的微环境污染等级。

在所有情况下，污染等级 2 的最小电气间隙为 0.2 mm。污染等级 3 的最小电气间隙为 0.8 mm。

如果记录仪表被规定成能在高于 2 000 m 的海拔高度上工作，则其电气间隙要乘以从表 3 查得的系数，该系数不适用于爬电距离，但是爬电距离始终应当至少等于电气间隙的规定值。

表 3 海拔 5 000 m 内的电气间隙倍增系数

额定工作海拔高度/m	倍增系数
≤2 000	1.00
2 001～3 000	1.14
3 001～4 000	1.29
4 001～5 000	1.48

6.7.1.2 爬电距离

对于两电路之间的爬电距离，要使用施加在两个电路之间的绝缘上的实际工作电压。爬电距离采用线性内插值是允许的。爬电距离始终应当至少等于电气间隙的规定值，如果计算所得的爬行距离小于电气间隙，则爬电距离应当加大到电气间隙的数值。

对其涂层满足 IEC 60664-3 的 A 类涂层要求的印制线路板，使用污染等级 1 的数值。

对加强绝缘，爬电距离应当是基本绝缘规定值的两倍。就本条而言，材料按其 CTI（相比漏电起痕指数）值被分为四个组别，如下：

材料组别Ⅰ　　600≤CTI；

材料组别Ⅱ　　400≤CTI<600；

材料组别Ⅲa　　175≤CTI<400；

材料组别Ⅲb　　100≤CTI<175。

上面的 CTI 值是指按 GB/T 4207 的规定，在为此目的专门制备的样品上，用溶液 A 来试验所获得的数值。

对玻璃、陶瓷或其他不产生漏电起痕的无机绝缘材料，爬电距离无需大于其相关的电气间隙。

附录 E 规定了能用于减小污染等级的方法。

爬电距离按附录 C 的规定测量

6.7.1.3 测量电路

测量电路在测量或测试期间承受工作电压和来自与其相连接的电路的瞬态应力。当测量电路用来测量电网电源时，瞬态应力可以通过在其进行测量时位于设施范围中的位置来估计。当测量电路用来测量任何其他电信号时，用户必须考虑瞬态应力，以确保瞬态应力不超过该测量设备的能力。在本标准中，将电路划分为下述测量类别：

测量类别Ⅳ为适用于在低压设施的源端处进行的测量。

注 1：例如电表、在初级过流保护装置上和纹波控制单元上的测量。

测量类别Ⅲ为适用于在建筑物设施中进行的测量。

注 2：例如在配电板上、断路器上、布线上，包括电缆、汇流条上、接线盒上、开关上、固定设施的输出插座上、工业用设备上以及其他设备上，例如与固定设施永久连接的驻立式电动机上的测量。

测量类别Ⅱ为适用于在直接与低压设施连接的电路上进行的测量。

注 3：例如在家用电器上、便携式工具上和类似设备上的测量。

6.7.2 电网电源电路

电气间隙和爬电距离应当满足表 4 的规定值：

表 4　电网电源电路的电气间隙和爬电距离

相线-中线电压（交流有效值或直流值）V	电气间隙数值[a] mm	爬电距离数值/mm								
		污染等级 1		污染等级 2				污染等级 3		
		印制线路板 CTI≥100	所有材料组别 CTI≥100	印制线路板 CTI≥100	材料组别Ⅰ CTI≥600	材料组别Ⅱ CTI≥400	材料组别Ⅲ CTI≥100	材料组别Ⅰ CTI≥600	材料组别Ⅱ CTI≥400	材料组别Ⅲ CTI≥100
50<U≤100	0.1	0.1	0.25	0.16	0.71	1.0	1.4	1.8	2.0	2.2
100<U≤150	0.5	0.5	0.5	0.5	0.8	1.1	1.6	2.0	2.2	2.5
150<U≤300	1.5	1.5	1.5	1.5	1.5	2.1	3.0	3.8	4.1	4.7

[a] 所规定的数值是针对基本绝缘或附加绝缘的，对加强绝缘的数值是两倍基本绝缘的数值。

6.7.3 除电网电源电路以外的电路

6.7.3.1 电气间隙数值——一般要求

对除电网电源电路供电的电路，其电气间隙应当符合表5规定的数值。

表5 由电网电源供电的电路的电气间隙

工作电压(交流有效值或直流值) V	电气间隙/mm		
	电网电源电压 $U \leqslant 100$ V 额定脉冲电压 500 V	电网电源电压 100 V$<U\leqslant$150 V 额定脉冲电压 800 V	电网电源电压 150 V$<U\leqslant$300 V 额定脉冲电压 1 500 V
50	0.05	0.12	0.53
100	0.07	0.13	0.61
150	0.10	0.16	0.69
300	0.24	0.39	0.94
600	0.79	1.01	1.61
1 000	1.66	1.92	2.52

表6给出与工作电压有关的爬电距离值。

表6 爬电距离

工作电压(有效值或直流) V	基本绝缘或附加绝缘								
	印制线路板上		其他电路						
	污染等级[c]		污染等级						
	1	2	1	2			3		
	材料组别			材料组别			材料组别		
	Ⅲb mm	Ⅲa mm	mm	Ⅰ mm	Ⅱ mm	Ⅲa、Ⅲb mm	Ⅰ mm	Ⅱ mm	Ⅲa、Ⅲb mm
10	0.025	0.04	0.08	0.40	0.40	0.40	1.00	1.00	1.00
12.5	0.025	0.04	0.09	0.42	0.42	0.42	1.05	1.05	1.05
16	0.025	0.04	0.10	0.45	0.45	0.45	1.10	1.10	1.10
20	0.025	0.04	0.11	0.48	0.48	0.48	1.20	1.20	1.20
25	0.025	0.04	0.125	0.50	0.50	0.50	1.25	1.25	1.25
32	0.025	0.04	0.14	0.53	0.53	0.53	1.3	1.3	1.3
40	0.025	0.04	0.16	0.56	0.80	1.10	1.4	1.6	1.8
50	0.025	0.04	0.18	0.60	0.85	1.20	1.5	1.7	1.9
63	0.040	0.063	0.20	0.63	0.90	1.25	1.6	1.8	2.0
80	0.063	0.10	0.22	0.67	0.95	1.3	1.7	1.9	2.1
100	0.10	0.16	0.25	0.71	1.00	1.4	1.8	2.0	2.2
125	0.16	0.25	0.28	0.75	1.05	1.5	1.9	2.1	2.4
160	0.25	0.40	0.32	0.80	1.1	1.6	2.0	2.2	2.5
200	0.40	0.63	0.42	1.00	1.4	2.0	2.5	2.8	3.2
250	0.56	1.0	0.56	1.25	1.8	2.5	3.2	3.6	4.0
320	0.75	1.6	0.75	1.60	2.2	3.2	4.0	4.5	5.0
注：允许采用线性电压的内插值法。									

6.8 介电强度试验程序

6.8.1 参考试验地

参考试验地是电压试验的参考点，它是下面的一个或一个以上的零部件，如果是一个以上的零部件则要将它们连接在一起：

a) 任何保护导体端子或功能接地端子；

b) 任何可触及导电零部件，但对因未超过 6.3.1 的规定值而允许触及的任何带电零部件除外。这种带电零部件要连接在一起，但不构成参考试验地的一部分。

c) 外壳的任何可触及绝缘部分，在除端子以外的每一个地方要包上金属箔。从金属箔到端子的距离要不大于 20 mm，该距离要达到能防止飞弧的最小值；

6.8.2 潮湿预处理

为确保设备在潮湿条件下不会产生危险，在 6.8.4 的电压试验前，记录仪表要进行潮湿预处理，在预处理期间记录仪表不工作。

如果 6.8.1 要求包上金属箔，则要在完成潮湿预处理和恢复后包上金属箔。

能手动拆除的电气元器件、盖子及其他零部件要拆除，并与主机一起进行潮湿预处理。

预处理要在潮湿箱中进行，箱内空气相对湿度为 92.5%±2.5%。箱内空气温度保持在 40 ℃±2 ℃。

在加湿之前，记录仪表要处在 42 ℃±2 ℃环境中。通常在进行潮湿预处理前，将其保持在该温度下至少 4 h。

箱内的空气要搅动，且箱子的设计要使得凝露不致滴落在记录仪表上。

记录仪表在箱内保持 48 h，取出记录仪表后使其在 4.3.1 规定的环境条件下保持 2 h，非通风记录仪表的盖子要打开。

6.8.3 试验的实施

规定的试验要在潮湿处理后恢复时间结束时的 1 h 内进行并完成。试验期间记录仪表不工作。

如果在两个电路之间或某个电路与可触及导电零部件之间彼此是连接在一起的，或彼此是不隔离的，则在它们之间不进行电压试验。

与被试绝缘并联的保护阻抗和限压装置要断开。

在组合使用两个或两个以上保护装置的情况下（见 6.5 和 6.6.1），对双重绝缘和加强绝缘所规定的电压就可能会加在不必承受这些电压的电路零部件上。为了避免出现这种情况，这样的零部件在试验期间可以断开，或者对要求双重绝缘或加强绝缘的电路零部件可以分开进行试验。

6.8.4 电压试验

进行电压试验要采用表 7 的规定值，不得出现击穿或重复飞弧。电晕效应和类似现象可忽略不计。

对固体绝缘，交流试验和直流试验是可任选其一的试验方法。绝缘只要通过这两种试验之一即可。在进行试验时，电压要在 5 s 或 5 s 以内逐渐升高到规定值，使电压不出现明显的跳变，然后保持 5 s。

脉冲试验是 GB/T 16927 规定 1.2/50 μs 的试验，每一极性至少 3 个脉冲，间隔时间至少 1 s。如果是选择交流试验或直流试验，则对交流试验，试验的持续时间至少应当为 3 个周期，或者对直流试验，则应当为每一极性 10 ms 持续时间的 3 倍。

双重绝缘或加强绝缘的试验值是表 7 中对基本绝缘试验值的 1.6 倍。

注 1：在对电路进行试验时，可能难以将电气间隙的试验和固体绝缘的试验分开进行。

注 2：试验记录仪表的最大试验电流通常要加以限制，以避免由于试验而发生危险以及由于试验不合格而损坏记录仪表。

注 3：设法观察绝缘材料内部的局部放电也许是有用的(见 GB/T 7354)。

注 4：试验后要注意释放储存的能量。

表 7　基本绝缘的试验电压

电气间隙 mm	脉冲试验的 峰值电压 V	交流电压有效值 (50 Hz 或 60 Hz) V	交流电压峰值 (50 Hz 或 60 Hz)或直流电压 V
0.010	330	230	330
0.025	440	310	440
0.040	520	370	520
0.063	600	420	600
0.1	806	500	700
0.2	1 140	620	880
0.3	1 310	710	1 010
0.5	1 550	840	1 200
1.0	1 950	1 060	1 500
1.4	2 440	1 330	1 880
2.0	3 100	1 690	2 400
2.5	3 600	1 960	2 770
3.0	4 070	2 210	3 130
3.5	4 510	2 450	3 470
4.0	4 930	2 680	3 790
注：允许采用线性电压的内插值法。			

6.9　防电击保护的结构要求

6.9.1　概述

如果发生故障时可能会导致危险，则应当采取下列措施：

a)　对承受机械应力的导线连接的固定不得仅依靠焊接；

b)　对固定可拆卸的盖子的螺丝，若其长度已确定可触及导电零部件与危险带电零部件间的电气间隙或爬电距离，则该螺钉应当是不脱落的螺钉；

c)　导线、螺钉等的意外松动或脱落不得使可触及零部件成为危险带电。

下列材料不得用来作为安全目的的绝缘：

1)　容易受到损坏的材料(如漆、氧化层、阳极氧化膜)；

2)　未浸渍的吸湿性材料(如纸、纤维制品和纤维材料)。

通过目视检查来检验是否合格。

6.9.2　双重绝缘或加强绝缘的记录仪表的外壳

全部用双重绝缘或加强绝缘防护的记录仪表应当有一个包围所有金属零部件的外壳，如果诸如铭牌、螺钉或柳钉之类的小金属零件已用加强绝缘或等效方法与危险带电零部件隔离，则这一要求不适用。

由绝缘材料制成的外壳或外壳零部件应当满足双重绝缘或加强绝缘的要求。

由金属制成的外壳或外壳零部件，除使用了保护阻抗的零部件外，应当对其采用下述的措施之一：

a） 在外壳的内侧提供绝缘涂层或挡板，该涂层或挡板应当包围所有的金属零部件，以及包围当危险带电零部件松脱可能会使其接触到外壳的金属零部件的所有空间；

b） 确保外壳与危险带电零部件之间的电气间隙和爬电距离不会因为零部件或导线的松脱而减小到小于对基本绝缘的规定值。

对具有锁紧垫圈的螺钉或螺母不认为是易于发生松动的，对用机械方法进行固定的而不只是单独用焊接方法固定的导线也不认为是易于发生松动的。

通过目视检查和测量以及通过 6.8 的试验来检验是否合格。

6.9.3 超出量程的指示

如果危险是由于操作人员信赖记录仪表的显示值（如电压）而引起的，则不论指示值是大于设定的仪表量程的正向最大值、还是小于设定的仪表量程的负向最小值。仪表的显示均应当给出不会使人误解的指示。

通过目视检查，以及如有怀疑，通过产生一个超量程的量值来检验是否合格。

6.10 插头和连接器

a） 将记录仪表连接到电网电源上的插头和连接器，包括用来连接可拆卸的电源的器具耦合器，均应当符合插头、插座和连接器的相关规范。

b） 如果记录仪表是设计成在正常条件或单一故障条件下仅由低于 6.3.2a）规定值的电压供电，或者是用一个电源单独为其供电，则电源线的插头应当不能插入其电压高于记录仪表额定电源电压的电源系统的插座中，电网电源类型的插头和插座不得作为连接电网电源以外的其他用途。

c） 如果软线连接的记录仪表，其插头的插销从内部电容器接收电荷，则在断开电源后 5 s，插销不得危险带电。

通过目视检查来检验是否合格。对从内部电容器接收电荷的插头，要进行 6.3 规定的测量，以此来确定是否超过 6.3.1c）的规定值。

6.11 供电电源的断开

6.11.1 概述

除 6.11.1.1 的规定外，不论记录仪表的内部还是外部，应当装有记录仪表能从每一个供给能量的电源上断开的断开装置。断开装置应当断开所有载流导体。

注：记录仪表也可以装有用于功能目的的开关或其他断开装置。

按 6.11.1.1～6.11.3.1 的规定来检验是否合格。

6.11.1.1 例外

如果短路或过载不会引起危险，则不需要断接装置。不需要断开装置的例子有：

a） 预定仅连接到有阻抗保护的电源上的设备。这种电源是其阻抗值能确保一旦设备出现过载或短路，设备的供电条件不会超过其额定供电条件且设备不会发生危险的一种电源；

b） 构成阻抗保护负载的设备。这种负载是非分立的过流或热保护的元器件，而是其阻抗能确保一旦该元器件所在的电路出现过载或短路，电路不会超过其额定值的一种元器件。

通过目视检查来检验是否合格，如有怀疑，则设置短路或过载来检验是否会发生危险。

6.11.2 按记录仪表的类型规定的要求

记录仪表应当采用开关或断路器作为断开装置。

如果开关不是记录仪表的一部分，记录仪表的安装文件应当规定：

a） 开关或断路器应当包含在建筑物的设施中；

b） 开关应当靠近记录仪表，而且应当是在操作人员易于达到的地方；

c） 开关或断路器的标志应当标成是记录仪表用的断开装置。

通过目视检查来检验是否合格。

6.11.3 断开装置

如果断开装置是作为记录仪表的一部分，则断开装置在电路上应当尽可能靠近电源。对产生功耗的元器件在电路上不得置于电源和断开装置之间。

对电磁干扰抑制电路允许置于断开装置的电源侧。

通过目视检查来检验是否合格。

6.11.3.1 开关和断路器

用作断开装置的开关或断路器应当符合 GB 14048.1 和 GB 14048.3 的有关要求，并应该能适用于其适用场合。

如果开关或断路器用作断开装置，则其标志应当能表示出这种功能。如果仅有一个装置（一个开关或一个断路器），则用表 1 的符号 8 和符号 9 即可。

开关不得装在电源线上。

开关或断路器不得断开保护接地导体。

具有作断开用的触点和具有作其他目的用的触点的开关或断路器应当符合 6.6 和 6.7 对电路之间的隔离的要求。

通过目视检查来检验是否合格。

7 防机械危险

在正常条件下或单一故障条件下操作不得导致机械危险。记录仪表外壳上所有易于接触到的边缘、凸起物、拐角、开孔、挡板、把手等应当光滑圆润，避免在正常使用记录仪表时造成伤害。

7.1 运动零部件

运动零部件应当不会挤破、划破或刺破可能接触它们的操作人员的身体的各个部位，也不得严重夹伤操作人员的皮肤。

除正常使用外，在进行日常维护时，如果由于技术上无法避免的原因，操作人员不得不去接触可能会引起危险的运动零部件才能完成的操作，例如调节，则如果采取了下列的所有措施、接触零部件是允许的。

a） 不用工具就不可能接触到运动零部件；

b） 责任者给出的说明要包含一项声明，即操作人员必须经过培训才能允许进行带有危险性的操作；

c） 再接触运动零部件之前必须先行拆除的任何盖子或零部件上要有警告标志（5.2），标明操作人员未经培训禁止接触。

通过目视检查来检验是否合格。

7.2 提起和搬运用装置

如果供搬运用的提手或把手是装在记录仪表上或随记录仪表一起提供的，则它们应当能承受设备重量 4 倍的力。

通过目视检查以及通过下面的试验来检验是否合格。

在提手或把手中部 70 mm 宽的范围均匀加力。力要平稳的增加，以便使力在 10 s 后达到试验值并保持 1 min。

提手或把手不得从记录仪表上断开，而且不得出现永久性变形、开裂或其他损坏的迹象。

7.3 管道安装

对预定在要安装在管道上的记录仪表设备，其支架应当能够承受记录仪表 4 倍的力。

按制造厂的使用说明的规定，用规定的紧固件将记录仪表安装好后来检验是否合格。

使安装支架承受记录仪表重量，再通过记录仪表中心加 3 倍记录仪表重量的试验重量。试验重量缓慢增加，并在 5 s～10 s 内从零加至满载，并持续 1 min。

试验后，支架和安装表面不得出现损坏。

8 耐机械冲击和撞击

8.1 概述

记录仪表承受在正常使用时可能遇到的冲击和碰撞时不得引起危险，记录仪表应当具有足够的机械强度，元器件应当可靠地固定且电气连接应当是牢固的。

通过进行 8.2 的试验来检验是否合格，以及除固定式记录仪表外，通过 8.3 的使用的试验来检验是否合格。试验期间记录仪表不工作。对不构成外壳一部分的零部件不进行 8.2 的试验。

试验完成后记录仪表应当能通过 6.8 的电压试验(但不进行潮湿预处理)，并且用目视来检验：

a) 危险带电零部件是否变成可触及；

b) 外壳是否出现可能会引起危险的裂纹；

c) 电气间隙是否小于允许值，内部导线的绝缘是否受到损伤；

d) 是否出现可能会引起火焰蔓延的损坏；

e) 除 7.2 允许外，是否露出运动零部件；

f) 是否可能出现引起火焰蔓延的损坏。

饰面的损坏，不会使爬电距离或电气间隙减小到小于本部分规定值的小凹痕，以及对防电击或防潮不会带来不利影响的小缺口可忽略不计。对不构成外壳一部分的任何零部件的损坏可忽略不计。

8.2 外壳的刚性试验

8.2.1 静态试验

记录仪表要牢固地固定在刚性支撑面上并承受 30 N 的力，力通过直径 12 mm 硬棒上的半球面端部来施加。该硬棒应当施加在当准备使用记录仪表时其可触及的以及其变形可能会引起危险的外壳的每一部分。

如果对非金属外壳在高温下是否能通过本试验有怀疑，记录仪表要在 40 ℃的温度下，或在最高额定温度下(如果该温度更高)工作，直至达到稳定状态后在进行本试验。在进行本试验前要先断开记录仪表的供电电源。

8.2.2 动态试验

预定要由操作人员来拆除和更换的底座、盖子等要用在正常使用时可能施加的力矩将其固定螺钉拧紧。记录仪表要牢固的固定在刚性的支撑面上，试验要在正常使用时可能触及的以及如果损坏可能引起危险的表面的任何位置进行。

对具有非金属外壳的记录仪表，如果额定最低环境温度低于 2 ℃，则使设备冷却到最低额定环境温度，然后在 10 min 内完成试验。

试验使用钢球，最多试验三个点。试验能量为 5J。

撞击元件为直径 50 mm、质量 500 g±25 g 的钢球。

试验按照图 3 所示进行，对 5J 的能量，高度 X 为 1 m。

另一种可供选择的方法是，记录仪表可以固定在相对于其正常位置 90°的位置上，用撞击元件来试验。

试验后，在已明显损坏的窗口或显示屏后面的危险带电部件不得变为可触及，而且外壳的其他部分应当符合基本绝缘的要求。

下列记录仪表和零部件不进行本实验：

a) 面板仪表不进行本试验；

b) 手持式记录仪表。

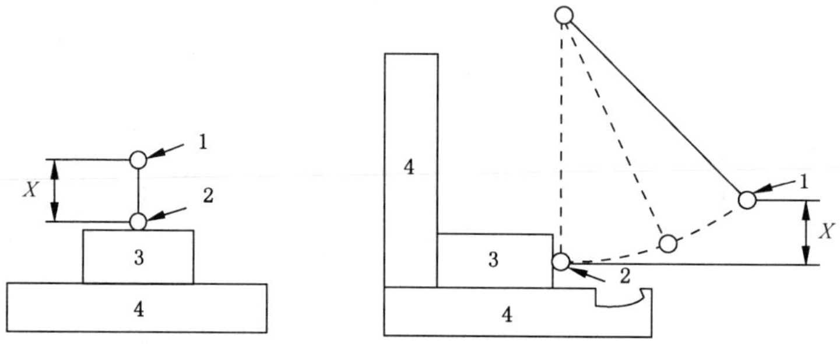

说明：

1——球的起始位置；

2——球的撞击位置；

3——试验样品；

4——刚性支撑面。

图 3 使用钢球的撞击试验跌落试验

8.3 跌落试验

记录仪表按 8.3.1 进行角跌落试验。

试验的方法不得使仪表倾倒在相邻的面上，而是应当使仪表向后倾倒在规定的实验面上，也不得使仪表绕相邻的边缘滚动。

8.3.1 角跌落试验

将仪表以其正常使用的位置放置在混凝土或钢材制成的光滑、坚硬的刚性表面上。在试验表面的上方抬高设备，在一个底角下放置一根高度 10 mm 的木柱，在相邻的一个底角下放置一根 20 mm 的木柱。然后，在试验表面的上方，围绕支撑在两个木柱上的底边转动抬高仪表，直至与 10 mm 高的木柱相邻的另一个底角升高 100 mm±10 mm，或使仪表与试验表面形成的夹角为 30°，取其较为严酷的情况。然后使仪表自由跌落在试验表面上，要沿底面 4 个边缘依次进行试验，使仪表在每一个底角上跌落一次。

8.3.2 手持式设备

手持式记录仪表应当从 1 m 的高度跌落到 50 mm 厚的坚实木板上，跌落一次，木板的密度应当大于 700 kg/m³，木板平放在刚性基座上，例如放在混凝土构件上。记录仪表跌落时使其落地位置为可预见的最不利情况。

对于有非金属外壳的记录仪表，如果额定最低环境温度低于 2 ℃，则使记录仪表冷却到最低额定环境温度，然后在 10 min 内完成实验。

9 防止火焰蔓延

9.1 概述

在正常条件下或单一故障条件下，火焰不得蔓延记录仪表的外面。图 4 是说明符合性检验方法的流程图。

至少采用下列的一种方法来检验是否合格。

a) 进行可能会导致火焰蔓延记录仪表外面的单一故障条件（见 4.4）下的试验。试验结果应当满足 4.4.4.3 的符合性判据；

b) 按 9.2 的规定检验是否消除或减少记录仪表内的引燃源；

c) 按 9.3 的规定检验能否在一旦出现着火，火焰被控制在记录仪表内。

注：方法 b）和 c）是基于执行了规定的设计准则，相反，方法 a）则是完全依靠单一故障条件下的试验。

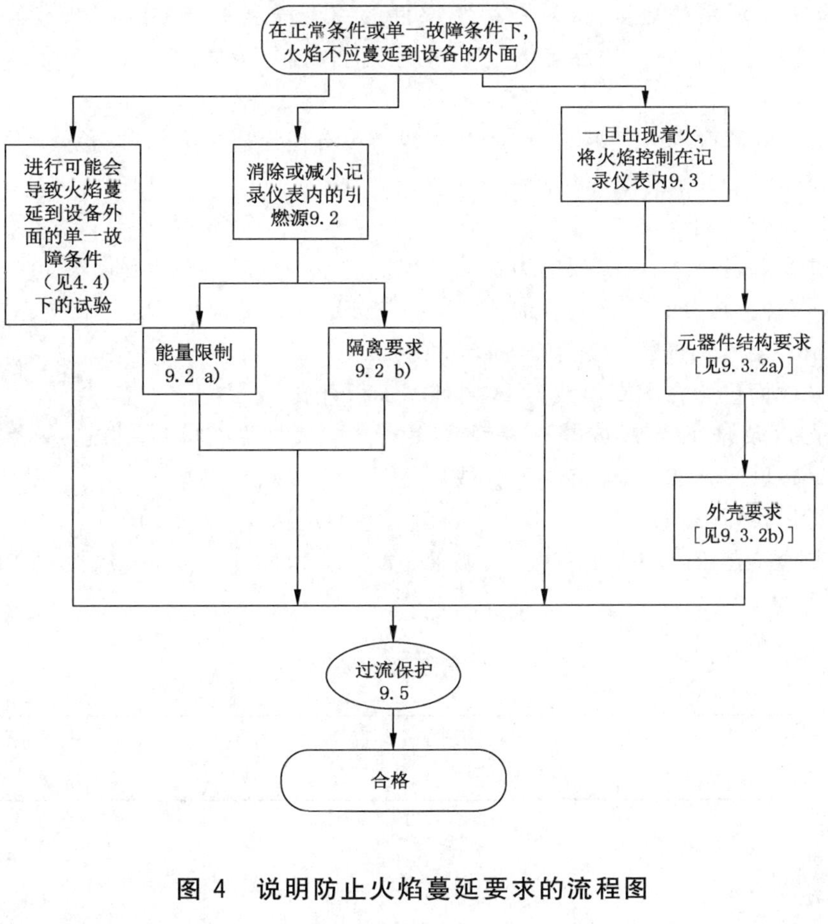

图 4 说明防止火焰蔓延要求的流程图

9.2 消除或减少记录仪表内的引燃源

就每一个引燃源的引燃危险而言，如果满足 a）或 b）的要求，则认为引燃危险和着火出现率已被减小到允许的水平。

a) 按 9.4 的规定，限制设备的电路或零部件可获得的电压、电流和功率；

按 9.4 的规定，通过测量受限制的能量值来检验是否合格；

b) 不同电位的零部件之间的绝缘满足基本绝缘的要求，或能证明桥接绝缘不会导致引燃。

通过目视检查，如有怀疑，通过试验来检验是否合格。

9.3 一旦出现着火，将火焰控制在记录仪表内

9.3.1 概述

如记录仪表满足下列的结构要求，则认为火焰蔓延记录仪表外面的危险已被减小到允许的水平。记录仪表的外壳符合 9.3.1 的结构要求。

通过目视检查以及按 9.3.1 的规定来检验是否合格。

9.3.2 结构要求

应当符合下列结构要求：

a） 绝缘导线应当具有相当于 GB/T 11020—2005 规定的 FV-1 或更优的可燃性等级。连接器和安装元器件的绝缘材料应当具有 GB/T 11020—2005 规定的 FV-2 或更优的可燃性等级（又见 11.3 印制板的要求）。

通过检查有关材料的数据，或对相关零部件的三个样品进行 GB/T 11020—2005 规定的 FV 试验，来检验是否合格。样品可以是下列规定的任何一种样品：

1） 整个零部件；

2） 零部件的截取部分，要包含有壁厚最薄的和有任何通风孔的部分；

3） 符合 GB/T 11020 的样品。

b） 外壳应当符合下列要求：

1） 外壳底部应当无开孔，或应当在图 6 规定的范围内装有符合图 5 规定的挡板，或应当用金属材料制成，开孔符合表 8 的规定，或应当是金属隔离网，其网眼中心距不超过 2 mm×2 mm，金属丝直径至少为 0.45 mm；

2） 外壳侧面包含在图 6 斜线 C 区域范围不得开孔；

3） 外壳以及任何挡板或挡火板应当用金属（镁除外）材料制成，或者用可燃性等级为 GB/T 11020—2005规定的 V-1 或更优的非金属材料制成；

4） 外壳以及任何挡板或挡火板应当具有足够的刚性。

通过目视检查检验是否合格。如有怀疑，要求 9.3.2 的 b)3)的可燃性等级按照 9.3.2 的 a)中的要求进行检验。

表 8 外壳底部允许的开孔

最小厚度 mm	开孔的最大直径 mm	开孔的最小中心距 mm
0.66	1.14	1.70（233 个孔/645 mm^2）
0.66	1.19	2.36
0.76	1.15	1.70
0.76	1.19	2.36
0.81	1.91	3.18（72 个孔/645 mm^2）
0.89	1.90	3.18
0.91	1.60	2.77
0.91	1.98	3.18
1.00	1.60	2.77
1.00	2.00	3.00

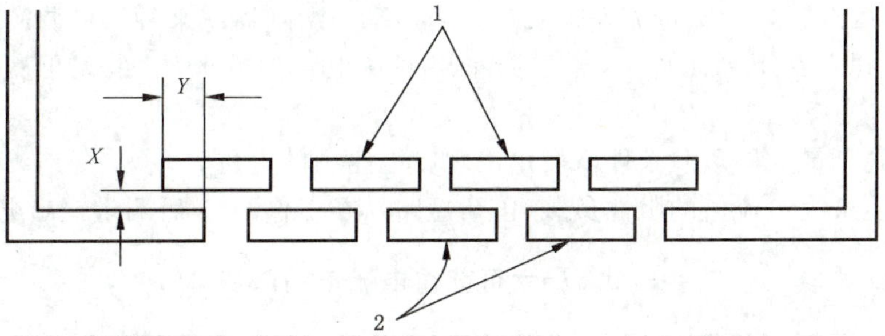

说明：
Y=2X 但不小于 25 mm；
1——挡板(可以位于外壳底部的下面)；
2——外壳底部。

图 5 挡板

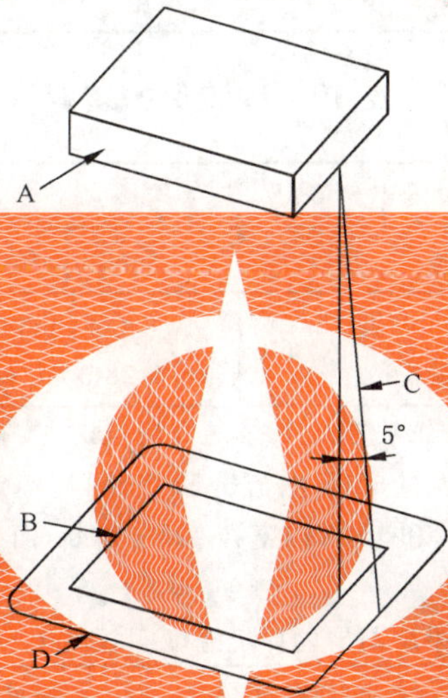

说明：
A——被认为是危险着火源记录仪表的零部件和元器件。如果它是未另外防护的，或者是用其外壳进行局部防护的元器件的未防护部分，则该零部件和元器件包记录仪表的整个零部件和元器件。
B——A 的轮廓线在水平面上的投影。
C——斜线，用来划出结构要符合 9.3.2 b) 1)和 9.3.2 b) 2)规定的外壳底部和侧面的最小区域。该斜线围绕 A 的周边的每一点，以及相对于垂线呈 5°夹角投射，其取向要确保能划出最大的面积。
D——结构要符合 9.3.2b)1)规定的底部的最小区域。

图 6 结构要符合 9.3.2b)1)规定的外壳底部的区域

9.4 限能电路

限能电路是符合下列所有判据的电路：

a) 出现在电路中的电位不大于 30 V 有效值和 42.4 V 峰值，或者直流 60 V。
b) 用下列之一的方法来限制能出现在电路中的电流：
   1) 由自身限制或用阻抗限制最大可获得电流，使其不会超过表 9 的相关规定值；
   2) 用符合表 10 规定的过流保护装置限制电流；
   3) 用调节网络限制最大可获得电流，使其在正常条件下或在调节网络中出现的单一故障条件下不会超过表 9 的相关规定值。
c) 至少采用基本绝缘与会产生超过上述判据 a)和 b)的能量值的其他电路隔离。

如果使用过流保护装置，则该过流保护装置应当是某种熔断器或某种不可调的非自复位机电装置。

通过目视检查，以及在下列条件下，通过测量出现在电路中的电位、最大可获得电流来检验是否合格：

1） 在使电压达到最大的负载条件下测量出现在电路中的电位；

2） 加上能产生最大电流值的阻性负载（包括短路），在工作 60 s 后测量输出电流。

表 9 最大可获得电流值的限值

开路输出电压 U/V			最大可获得电流/A
AC 有效值	DC	峰值[a]	
$U \leqslant 20$	$U \leqslant 20$	$U \leqslant 28.3$	8
$20 < U \leqslant 30$	$20 < U \leqslant 30$	$28.3 < U \leqslant 42.4$	8
—	$30 < U \leqslant 60$	—	$150/U$

[a] 峰值适用于非正弦波形的交流电和纹波超过 10% 的直流电。

表 10 过流保护装置

出现在电路中的电位 U/V			过流保护装置在不大于 120 s 后断开的电流/A[b,c]
AC 有效值	DC	峰值[a]	
$U \leqslant 20$	$U \leqslant 20$	$U \leqslant 28.3$	10
$20 < U \leqslant 30$	$20 < U \leqslant 60$	$28.3 < U \leqslant 42.4$	$200/U$

[a] 峰值适用于非正弦波形的交流电和纹波超过 10% 的直流电。

[b] 该评估值是基于所规定的保护装置的时间-电流分断特性，与额定分断电流是有区别的（例如 ANSⅠ/UL 248-14 的 5 A 熔断器，规定为 10 A 和 10 A 以下在 120 s 熔断，而 GB 9364 的 T 型 4 A 熔断器，规定为 8.4 A 和 8.4 A 以下在 120 s 熔断）。

[c] 熔断器的分断电流与温度有关，如果熔断器的环境温度明显高于室温，则温度的影响就必须加以考虑。

9.5 过流保护

预定要由电网电源供电的或要与电网电源连接记录仪表应当用熔断器、断路器、热切断器、阻抗限制电路或类似装置来进行保护，防止记录仪表出现故障时从电网获得过大的能量。这种保护是要限制故障的进一步发展以及着火和火焰蔓延的可能性。过流保护装置也能在故障情况下提供防电击保护。

过流保护装置不得装在保护导线上，熔断器或单极断路器不得装在多相设备的中线上。

注 1：过流保护装置（例如熔断器）最好要装在所有供电导线上。如果使用多个熔断器作过流保护装置，则熔断器座应当彼此靠近安装，这些熔断器应当具有相同的额定值和特性。过流保护装置，包括电源开关最好要装在记录仪表中的电网电源电路的供电一侧。

注 2：在某些记录仪表中，可能需要对过流保护装置的动作进行检测和指示。

记录仪表中的过流保护装置是可以任选的，如果不安装过流保护装置，则制造厂说明书应当规定在记录仪表预期使用的装置中要求提供过流保护装置。

通过目视检查来检验是否合格。

10 设备的温度限值和耐热

10.1 对防灼伤的表面温度限值

在 40 ℃的环境温度或最高额定环境温度下（如果温度更高），易接触表面的温度在正常条件下不得超过表 11 的规定值,或在单一故障条件下不得超过 105 ℃。

表 11　正常条件下的表面温度限值

零部件	限值/℃
1.外壳的外表面:	
a)　金属的;	70
b)　非金属的;	80
c)　正常使用是不可能被接触的小区域。	100
2. 旋钮和手柄:	
a)　金属的;	55
b)　非金属的;	70
c)　在正常使用时仅被短时间抓握的非金属零部件	85

10.2　绕组的温度

如果因温度过高可能导致危险,则绕组绝缘材料的温度在正常条件下或单一故障条件下不得超过表 12 的规定值。

在正常使用条件下和在 4.4 适用的单一故障条件下,以及在由于温度过高可能导致危险的任何其他单一故障条件下,按 10.4 的规定,通过测量来检验是否合格。

表 12　绕组的绝缘材料

绝缘等级(见 GB/T 11021—2007)	正常条件下的温度 ℃	单一故障条件下的温度 ℃
A	105	150
B	130	175
E	120	165
F	155	190
H	180	210

10.3　其他温度的测量

就其他条款而言,如果适用,则要进行下列其他温度的测量。除另有规定者外,试验要在正常条件下进行。

a)　在进行 10.5.1 的试验时,测量非金属外壳的温度(建立供 10.5.2 的试验用的基础温度)。

b)　用来支撑与电网电源连接的,且用绝缘材料制成的零部件的温度(建立供 10.5.3 的试验 a)用的温度)。

c)　电流超过 0.5 A 的,以及如果在接触不良的情况下会散发大量热量的载流零部件的温度(建立供 10.5.3 的试验 a)用的温度)。

10.4　温度试验的实施

记录仪表应当在基准试验条件下进行试验。除了另行规定特殊的单一故障条件下外,要遵守制造厂说明书有关通风的规定。

最高温度可以通过在基准试验条件下测量温升,然后将该温度升值加上 40 ℃,或者加上最高额定环境温度(如果温度更高)来确定。

绕组绝缘材料的温度通过测量绕组线的温度和与绝缘材料接触的铁心片的温度来确定。可以采用电阻法来测量温度，也可以采用温度传感器来测量温度，温度传感器的选择和放置要使其对绕组温度的影响可忽略不计。如果绕组是不均匀的，或者测量电阻有困难，则要采用后者的测量方法。

温度要在达到稳定时测量。

10.4.1 发热温度的测量

记录仪表要放在试验角中进行测量。

试验角由相互垂直的墙板、地板、以及天花板(如有必要)组成，它们全部采用约 20 mm 厚的胶合板并涂上无光黑色涂漆。试验角的直线尺寸至少应当大于被试验记录仪表的 15%。设备的安装离墙板、天花板或地板的距离要按制造厂家的规定。如果这些距离未作规定，则按下列规定：

对正常情况下是放在桌子上使用的记录仪表要尽可能靠近两块墙板放置。

10.4.2 预定装在机柜中的记录仪表

记录仪表要涂上无光黑色涂料的胶合板，按安装说明书的规定进行安装，当记录仪表是要在机柜的板壁上安装时，胶合板厚度约 10 mm。

10.5 耐热

10.5.1 电气间隙和爬电距离的完整性

记录仪表在环境温度 40 ℃或最高额定环境温度(如果温度更高)下工作时，其电气间隙和爬电距离应当符合 6.7 的要求。

如果对记录仪表是否产生大量的热量有怀疑，则要使记录仪表在 4.3 的基准试验条件下，但环境温度为 40 ℃或最高额定环境温度(如果温度更高)，通过记录仪表工作来进行检验。在本试验后，电气间隙和爬电距离不得减小到小于 6.7 的要求值。

如果外壳是非金属材料的，则要在上述为 10.5.2 的目的而进行试验时测量外壳零部件的温度。

10.5.2 非金属外壳

非金属材料的外壳应当能耐高温。

在经过下列之一的处理后，通过试验来检验是否合格：

a) 非工作处理。记录仪表不通电，在 70 ℃±2 ℃或在比 10.5.1 的试验时测得的温度高 10 ℃±2 ℃的温度下(取其较高的温度)贮存 7 h。如记录仪表装有用这种处理方法可能会受到损坏的元件，则可以对空外壳进行处理，然后在处理结束时装记录仪表。
b) 工作处理。记录仪表在 4.3 的试验条件下工作，但环境温度要比 40 ℃高 20 ℃±2 ℃，或比最高额定环境温度(如果高于 40 ℃)高 20 ℃±2 ℃。

在经过处理后，危险带电零部件不得成为可触及，记录仪表应当能通过 8.2 和 8.3 的试验，以及如有怀疑，则再另外进行 6.8 的试验(但不进行潮湿预处理)。

10.5.3 绝缘材料

绝缘材料应当有适当的耐热能力。

对用来支撑与电网电源连接的且用绝缘材料制成的零部件，应当采用记录仪表内一旦发生短路而不会导致危险的绝缘材料制成。

在有怀疑的情况下，通过检查材料的数据来检验是否合格。如果材料数据不能令人确信，则要进行下列之一的试验。

a) 用至少 2.5 mm 厚的绝缘材料样品，用图 7 的试验装置来进行球压试验。试验在加热箱内进行，箱内温度为按 10.3b)或 10.3c)的规定测得的温度±2 ℃，或 125 ℃±2 ℃，取其较高的温度。对被试零部件的支撑要确保使其上表面呈水平状态，然后使试验装置的球面部分以 20 N 的力压在该表面上。1 h 后取下试验装置，并将样品浸入冷水中，使样品在 10 s 内冷却到接近室温。由球体引起的压痕的直径不得超过 2 mm。

注 1：如有必要，可以使用零部件的两个或多个截取部分来获得所要求的厚度。

注 2：对骨架，仅支撑或保持端子在位的那些部分才需要进行该试验。

b) GB/T 1633 的方法 A 的维卡软化试验。维卡软化温度至少应当为 130 ℃。

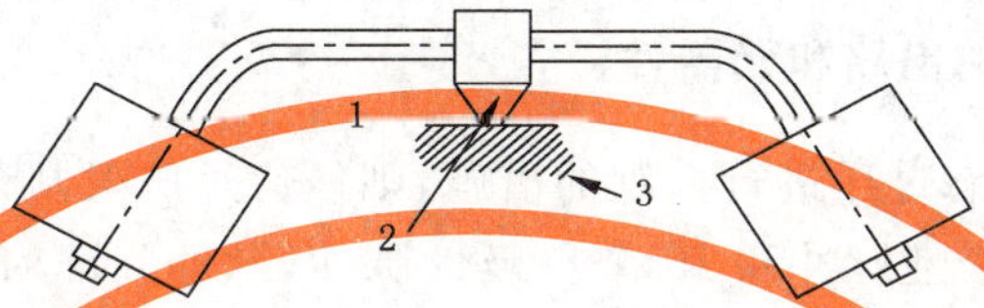

说明：

1——被试部分；

2——试验装置的球形部分；

3——支撑件。

图 7 球压试验装置

11 元器件

11.1 概述

如果涉及安全，则元器件应当按其规定的额定值使用，除非已作出特定的例外规定。元器件应当符合下列之一的要求：

a) 某个相关的国家标准或 IEC 标准的适用的安全要求，不要求符合该元器件标准的其他要求。如果对应用有必要，则元器件应当承受本部分的试验，但不需要再进行已在检验元器件标准符合性时完成的等同或等效的试验。

b) 本部分的要求，以及如果对应用有必要，相关的国家标准或 IEC 元器件标准任何附加的适用的安全要求。

c) 本部分的要求，如果无相关的国家标准或 IEC 标准。

d) 某个非国家标准或 IEC 标准的适用的安全要求。这些适用的安全要求至少要与相关的国家标准或 IEC 标准的适用的安全要求相当，只要该元器件已由经认可的检测机构按该非国家标准或 IEC 标准获得批准即可。

注：即使试验采用非国家标准或 IEC 标准，只要试验已由经认可的检测机构完成并确认符合适用的安全要求就无需重新进行试验。

11.2 高完善性元器件

如果在单一故障条件下，某个元器件的短路或开路可能会引起危险，例如：记录仪表中连接到供电网络，并且供电主回路中的元器件(如电容、电阻、熔断器等)，信号输出继电器等，应该使用高完善性元器件。高完善性元器件的结构、尺寸和试验均应当符合适用的国家标准或 IEC 标准，以确保预期应用的安全和可靠。就本部分的安全要求而言，高完善性元器件可以认为是无故障的元器件。

注：这样的要求和试验的例子有：

a) 进行适用于双重绝缘和加强绝缘的介电强度试验；

b) 按至少两倍耗散功率选取尺寸(电阻器);

c) 进行气候试验和耐久性试验以确保记录仪表预期寿命期间的可靠性;

d) 对电阻器进行浪涌试验,见 GB 8898;

e) 利用在真空、气体或半导体中电子传导的单个电子装置不认为是高完善性元器件。

通过进行相关的试验来检验是否合格。

11.3 印制线路板

印制线路板应当采用可燃性等级为 GB/T 11020 的 V-1 或更优的材料。

11.4 用作瞬态过压限制装置的电路和元器件

如果记录仪表内采取对瞬态过压进行抑制的措施,则任何过压限制元器件或电路应当承受表 13 中适用的脉冲承受电压,10 个正极性脉冲和 10 个负极性脉冲,脉冲间隔时间为 1 min,脉冲由 1.2/50 μs 脉冲发生器(见 GB/T 16927)产生。该脉冲发生器应当产生 1.2/50 μs 的开路电压波形和 8/20 μs 的短路电流波形,且输出阻抗(峰值开路电压除以峰值短路电流)应当符合表 14 的规定。

表 13 脉冲承受电压

电网电源标称相线-中线电压/V(交流或直流)	规定的脉冲承受电压/V		
	测量类别		
	Ⅱ	Ⅲ	Ⅳ
50	500	800	1 500
100	800	1 500	2 500
150	1 500	2 500	4 000
300	2 500	4 000	6 000
600	4 000	6 000	8 000
1 000	6 000	8 000	12 000

表 14 脉冲发生器的输出阻抗

测量类别	输出阻抗/Ω
Ⅲ和 Ⅳ	2
Ⅱ	12
注:可以在较低阻抗的发生器上串联电阻,使阻抗增加到该相应的数值。	

11.5 电源变压器

电源变压器的次级绕组应当按 4.4.2.3.2 短路的规定将其短路,并按 4.4.2.3.3 过载的规定使其过载。在一个试验中损坏的变压器,允许修复或更换后再作下一个试验。

试验方法见 4.4.2.3.1～4.4.2.3.3。

11.6 熔断器座

对装有预定要由操作人员来更换熔断器的熔断器座,在更换熔断器时应当不能触及到危险带电零部件。

通过用铰接式试验指(见图 B.2)在不施加力的情况下进行试验来检验是否合格。

11.7 电池

电池的安全应当确保使电池电解液的泄露不会损坏安全。

电池应按 GB 4793.1—2007 中 13.2.2 检验。

11.8 墨水

有纸记录仪使用的墨水不得含有对人体有害的成分。

通过检查制造厂的文件来检验是否合格。

11.9 继电器

对信号输出用继电器,其输出触点的额定值应符合记录仪表说明书中规定的工作电压值和电流值。

通过目视检查来检验是否合格。

附 录 A
(规范性附录)
接触电流的测量电路
(见6.3)

注:本附录是以 GB/T 12113 规定的测量接触电流的程序为基础的,该标准也规定了测试电压表的特性。

A.1 频率小于或等于 1 MHz 的交流和直流的测量电路

用图 A.1 的电路测量电流,并按式(A.1)计算:

$$I = \frac{U}{500} \quad \cdots\cdots (A.1)$$

式中:

I ——电流,单位为安培(A);

U ——电压表指示的电压,单位为伏特(V)。

该电路代表人体阻抗和补偿人体生理反应随频率的变化。

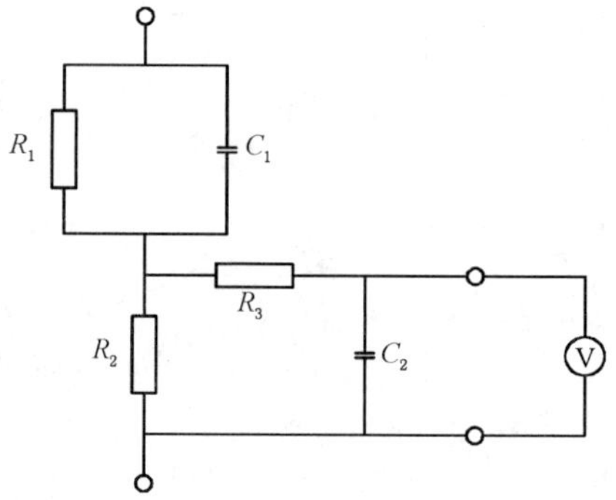

说明:

R_1=1 500 Ω;

R_2=500 Ω;

R_3=10 kΩ;

C_1=0.22 μF;

C_2=0.022 μF。

图 A.1 频率小于或等于 1 MHz 的交流和直流测量电路

A.2 频率小于或等于 100 Hz 的正弦交流和直流的测量电路

当频率不超过 100 Hz 时,用图 A.2 的任一电路测量电流,当用电压表时,电流由式(A.2)计算:

$$I = \frac{U}{2\ 000} \quad \cdots\cdots (A.2)$$

式中:

I ——电流,单位为安培(A);

U ——电压表指示的电压,单位为伏特(V)。

该电路代表频率不超过 100 Hz 时的人体阻抗。

注：2 000 Ω 的阻值包括测量仪表的阻抗。

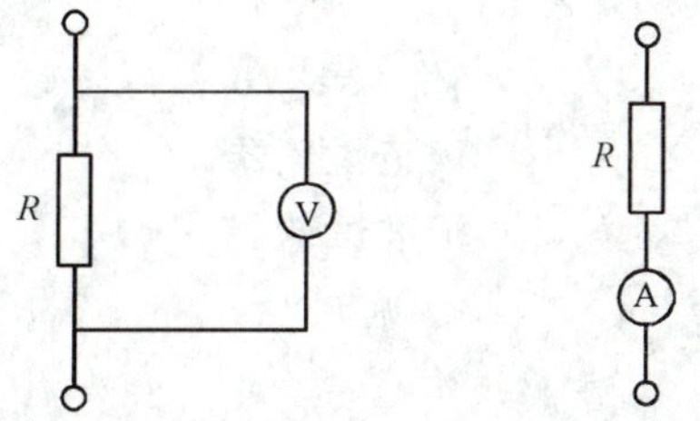

说明：

R＝2 000 Ω。

图 A.2 频率小于或等于 100 Hz 的正弦交流和直流测量电路

A.3 高频电灼伤电流的测量电路

用图 A.3 的电路测量电流，并按式(A.3)计算：

$$I = \frac{U}{500} \quad \cdots\cdots\cdots\cdots\cdots (A.3)$$

式中：

I ——电流，单位为安培(A)；

U ——电压表指示的电压，单位为伏特(V)。

该电路补偿高频对人体生理反应的影响。

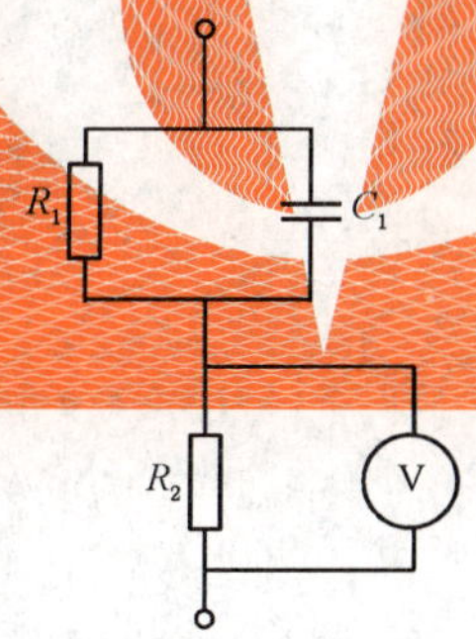

说明：

R_1＝1 500 Ω；

R_2＝500 Ω；

C_1＝0.22 μF。

图 A.3 电灼伤电流测量电路

附　录　B
（规范性附录）
标准试验指
（见 6.2）

单位为毫米

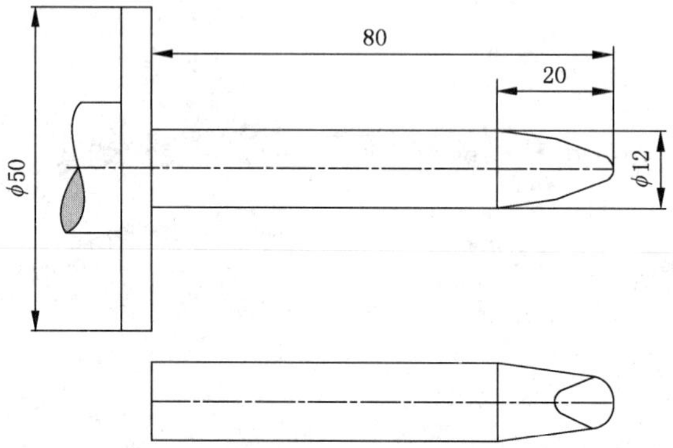

说明：
指尖的尺寸和公差见图 B.2。

图 B.1　刚性试验指(GB/T 16842—2008 的试具 11)

单位为毫米

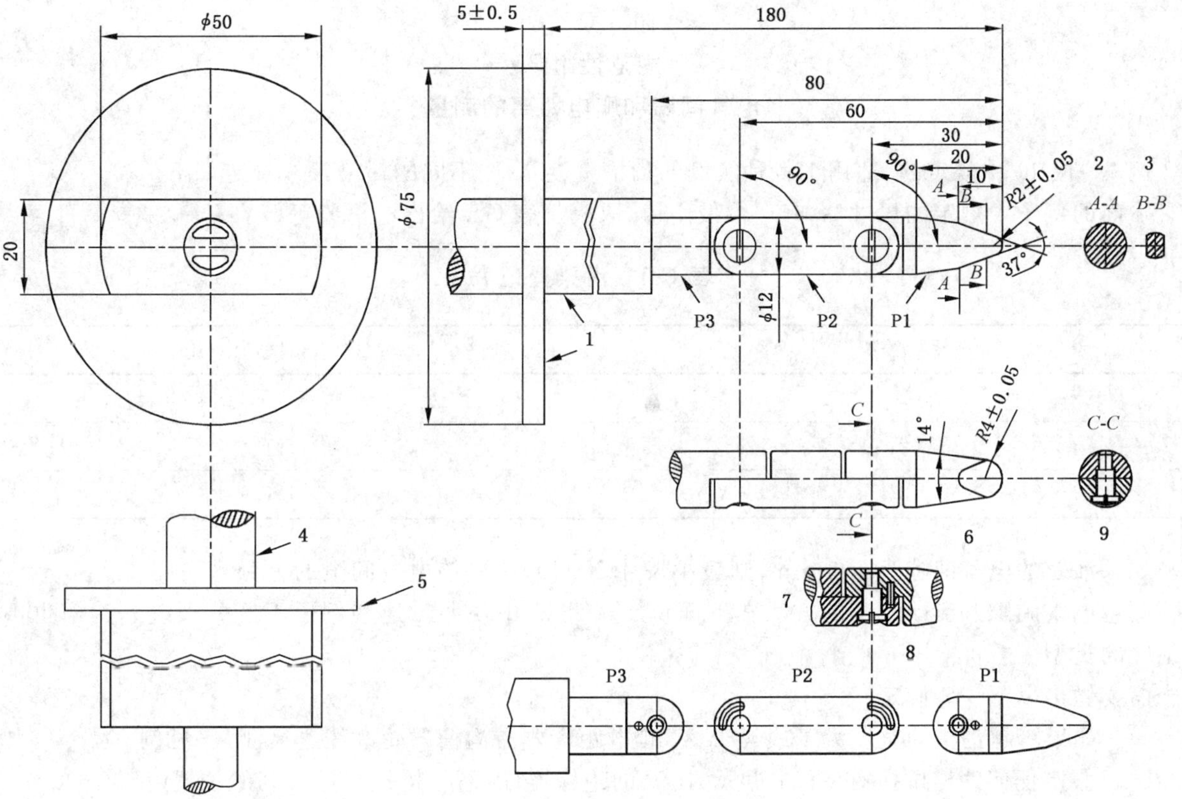

说明：

1——绝缘材料；

2——*A-A* 剖面；

3——*B-B* 剖面；

4——手柄；

5——挡板；

6——球形；

7——细节×(示例)；

8——侧视图；

9——所有边缘倒角。

未规定公差的尺寸的公差为：

——对角度：$_{-10'}^{0}$；

——对线性尺寸：

$\leqslant$25 mm 时，$_{-0.05}^{0}$ mm；

$>$25 mm 时，±0.2 mm。

试验指材料：经过热处理的钢材等。

该试验指的两个关节可以弯曲（$90^{\circ}{}^{+10^{\circ}}_{0^{\circ}}$）但是只可以在同一平面内弯曲。

为了使弯曲角度限制在 90°，采用销和槽的解决办法仅仅是各种可能解决的途径之一。由于这一原因，所以图中未给出这些细节的尺寸和公差。实际设计应当保证（$90^{\circ}{}^{+10^{\circ}}_{0^{\circ}}$）的弯曲角。

图 B.2　铰接式试验指（GB/T 16842—2008 的试具 B）

附 录 C
（规范性附录）
电气间隙和爬电距离的测量

例 1～例 11 中规定的、适用于各种实例的沟槽宽度 X 按不同的污染等级规定如下。

下面的例子中规定的尺寸 X 有一个最小值，取决于表 C.1 给出的污染等级。

表 C.1 污染登记表

污染等级	尺寸 X 最小值/mm
1	0.25
2	1.0
3	1.5

如果涉及的电气间隙小于 3 mm，则最小尺寸 X 可减小到该电气间隙的三分之一。

测量电气间隙和爬电距离的方法在下面例 1～例 11 中说明。这些例子不区分裂缝和沟槽也不区分绝缘的类型。

需要做出以下一些假定：

a） 如果跨越沟槽的宽度大于或等于 X，爬电距离要沿沟槽的轮廓线进行测量（见例 2）。

b） 假定任何凹槽桥接有一段长度等于 X 的绝缘连杆，而且桥接在最不利的位置（见例 3）。

c） 在相互间能处于不同位置的零部件之间测量电气间隙和爬电距离时，要在这些零部件处于最不利的位置测量。

例 1 所测量的路径包含一条任意深度，宽度小于 X、槽壁平行或收敛的沟槽。

直接跨沟槽测量爬电距离和电气间隙。

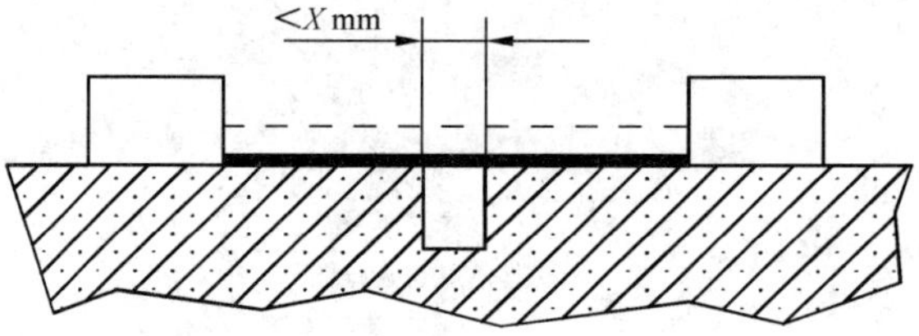

例 2 所测量的路径包含一条任意深度，宽度等于或大于 X、槽壁平行的沟槽。

电气间隙就是“视线”距离。爬电距离是沿沟槽轮廓线伸展的通路。

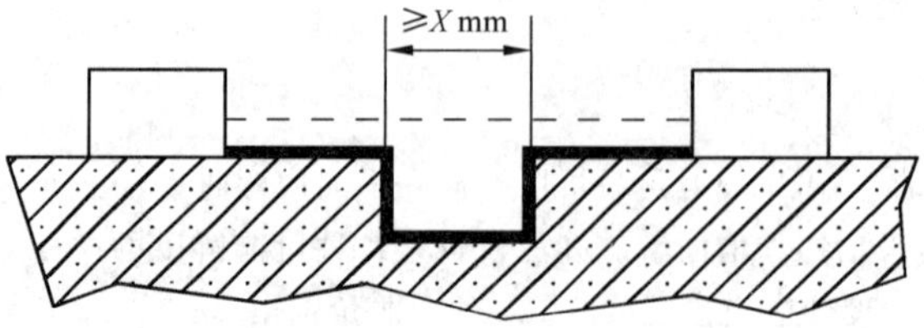

图 C.1 电气间隙和爬电距离测量方法的例子

例 3 所测量的路径包含一条宽度大于 X 的 V 形沟槽。

电气间隙就是“视线”距离。

爬电距离是沿沟槽轮廓线伸展的通路，但沟槽底部用长度为 X 的连杆“短接”。

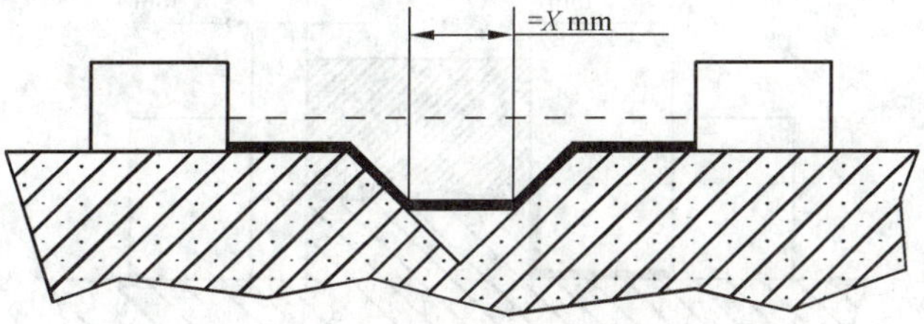

例 4 所测量的路径包含一根肋条。

电气间隙是越过肋条顶部最短直达空间通路。爬电距离是沿肋条轮廓线伸展的通路。

例 5 所测量的路径包含一条未黏合的接缝，该接缝的两侧各有一条宽度小于 X 的沟槽。

爬电距离和电气间隙是如图所示的“视线”的距离。

例 6 所测量的路径包含一条未黏合的接缝，该接缝的两侧各有一条宽度大于或等于 X 的沟槽。

电气间隙是“视线”的距离。

爬电距离是沿沟槽轮廓线伸展的通路。

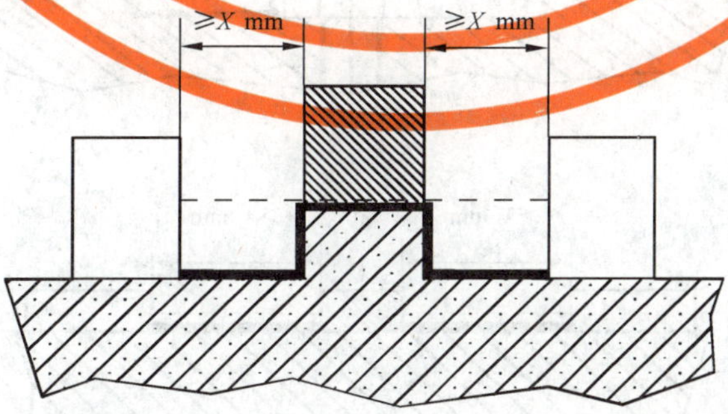

图 C.1（续）

例 7 所测量的路径包含一条未黏合的接缝，该接缝的一侧有一条宽度小于 X 的沟槽，另一侧有一条宽度等于或大于 X 的沟槽。

爬电距离和电气间隙如图所示。

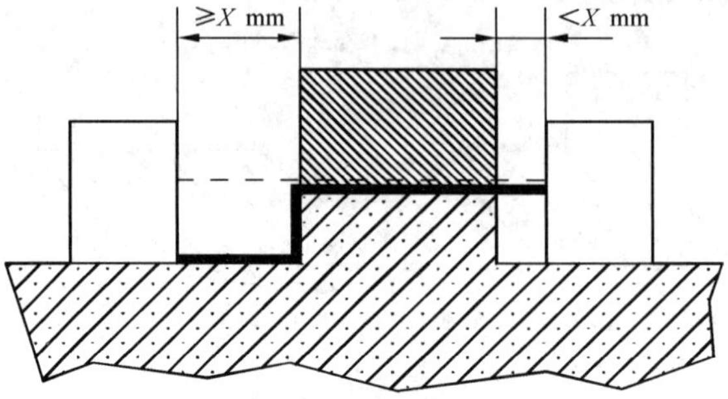

例 8 通过未粘合接缝的爬电距离小于越过挡板的爬电距离。

电气间隙是越过挡板顶部最短直达空间距离。

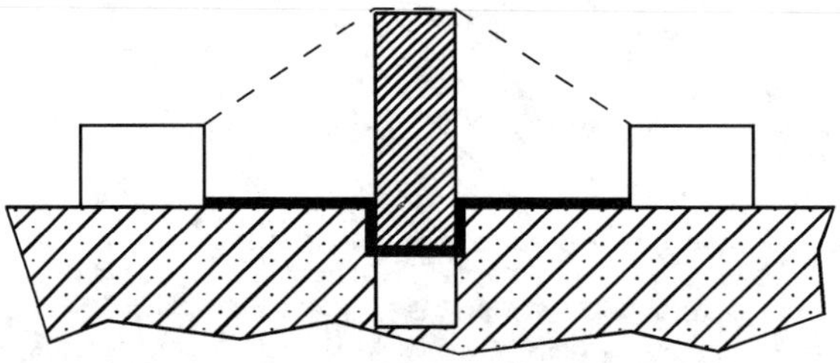

例 9 由于螺钉头与凹槽槽壁之间的空隙太窄，所以不必考虑该空隙。

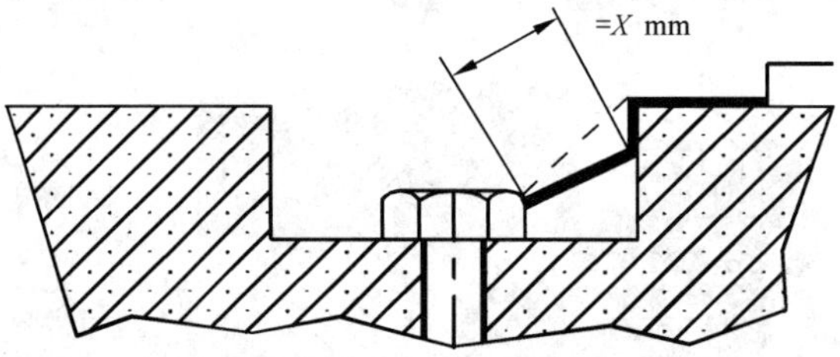

例 10 由于螺钉头与凹槽槽壁之间的空隙足够宽，所以必须考虑该空隙。

当该空隙的距离等于 X 时，爬电距离的测量值就是从螺钉到槽壁的距离。

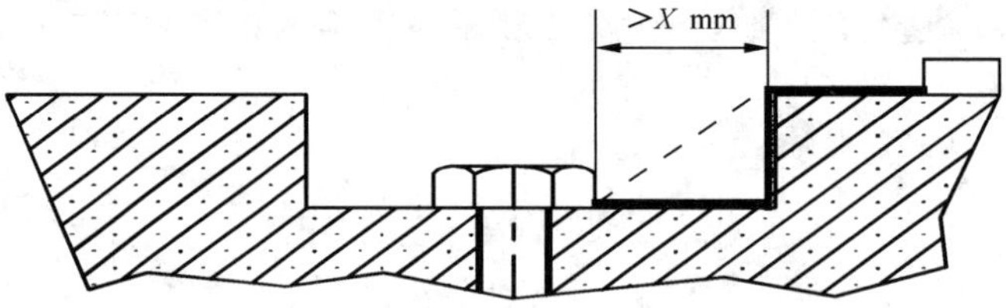

例 11 C 为一浮地零部件。

电气间隙和爬电距离 $d+D$。

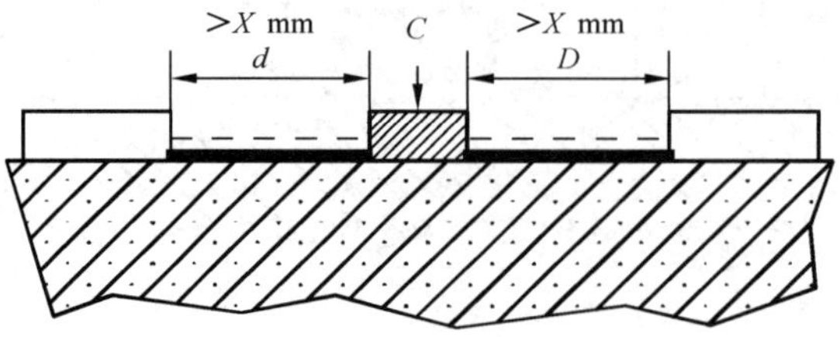

说明：

—— 爬电距离；

- - - 电气间隙。

图 C.1（续）

附　录　D
（规范性附录）
其间规定绝缘要求的零部件
（见 6.4 和 6.5.2）

下列符号在图 D.1～图 D.3 中用来表示：

a）　要求：

　　B　要求基本绝缘；

　　D　要求双重绝缘和加强绝缘。

b）　电路和零部件：

　　A　与保护导体端子不连接的可触及零部件；

　　H　正常条件下是危险带电的电路；

　　N　正常条件下不超过 6.3.2 限值的电路；

　　R　与基本绝缘组合形成保护阻抗的高阻抗[见 6.5.3c)]；

　　S　保护屏；

　　T　可触及的外部端子；

　　Z　次级电路的阻抗。

所给出的次级电路也可以被认为只是零部件。

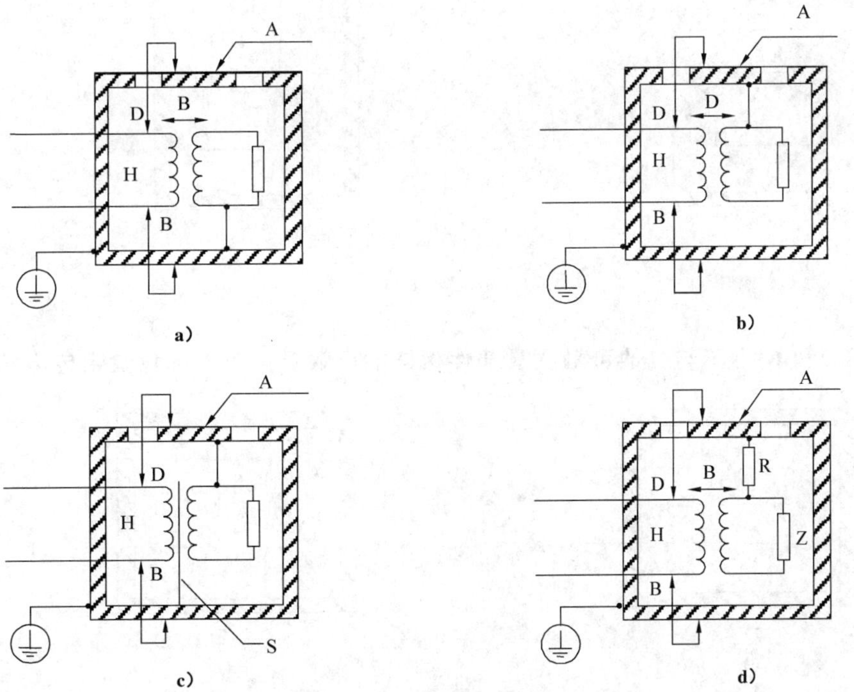

图 D.1a)～d)　危险带电电路与正常条件下不超过 6.3.2 限值且具有可触及零部件的外部端子的电路之间的防护

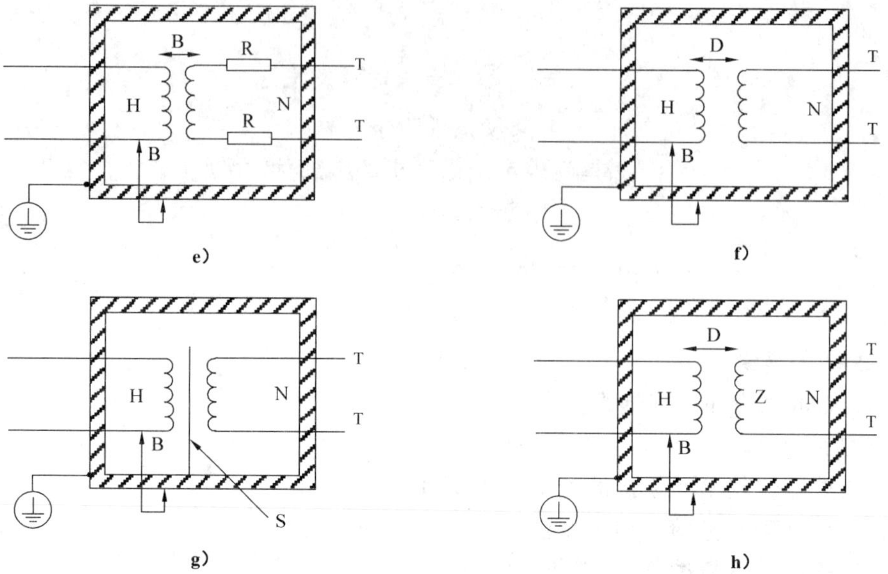

图 D.1e)～h) 危险带电电路与正常条件下不超过 6.3.2 限值且具有外部端子的其他电路之间的防护

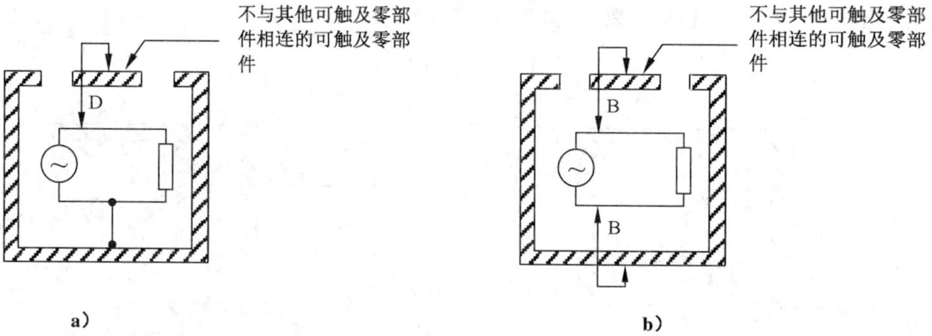

图 D.2a)和 b) 不与其他可触及零部件相连的可触及件对内部危险带电电路的防护

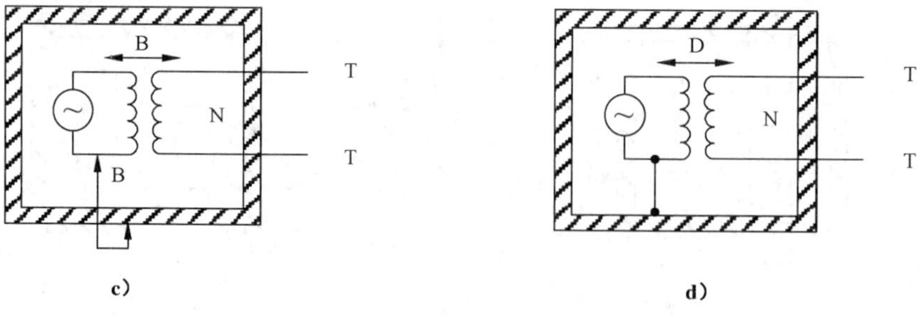

图 D.2c)和 d) 正常条件下不超过 6.3.2 限值的次级电路的可触及端子对初级危险带电电路的防护

注：图 D.2c)和图 D.2d)所示的电路也可以有其他防护措施，例如保护屏、电路保护连接(见 6.5.1)和保护阻抗(见 6.5.3)。

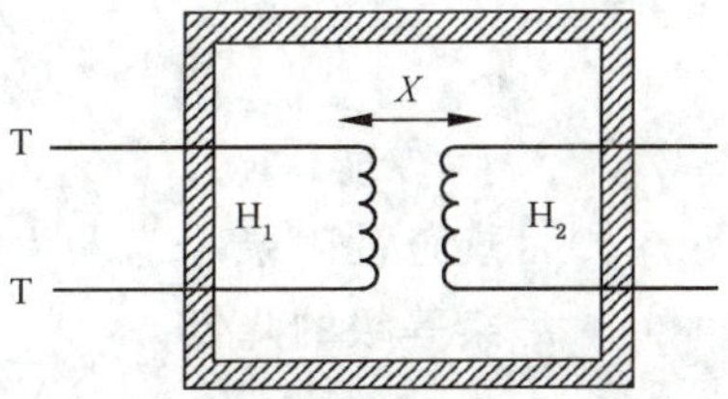

图 D.3 两个危险带电电路的外部可触及端子的防护

注：未与保护导体端子连接的可触及零部件和两个危险带电电路中任一电路之间的绝缘要求如图 D.1a)～D.1d)所示。

X 的试验电压按下面最严酷的一种情况来确定：

B(基本绝缘)：如果危险带电电路 H_1 和危险带电电路 H_2 两者是已连接好的，则试验电压根据电路之间的绝缘所承受的最高额定工作电压来确定；

D(双重绝缘)：如果危险带电电路 H_1 是已连接好的，危险带电电路 H_2 的端子在进行连接时又是可触及的，则试验电压根据危险电路 H_1 的绝缘所承受的最高额定工作电压来确定；

D(双重绝缘)：如果危险带电电路 H_2 是已连接好的，危险带电电路 H_1 的端子在进行连接时是可触及，则试验电压根据危险电路 H_2 的绝缘所承受的最高额定工作电压来确定。

附 录 E
（规范性附录）
污染等级的降低

表 E.1 给出了通过采用附加防护使内部环境污染等级的降低。

表 E.1 通过采用附加防护使内部环境污染等级的降低

附加防护	从外部环境污染等级 2 降至	从外部环境污染等级 3 降至
采用 GB 4208 的 IPX4 外壳	2	2
采用 GB 4208 的 IPX5 或 IPX6 外壳	2	2
采用 GB 4208 的 IPX7 或 IPX8 外壳	2[a]	2[a]
采用气密密封的外壳	1	1
采用连续加热	1	1
采用密封	1	1
采用使用涂层	1	2

[a] 如果设备制造时已确保其内部是低湿度的，且说明书又规定，在打开外壳后再次合上外壳时，必须在湿度受控的环境中进行或者必须使用干燥剂，则污染等级就能降至 1 级。

附 录 F
（规范性附录）
例行试验

制造厂商对其生产的带有危险带电零部件和可触及导电零部件的设备应当100％的进行F.1～F.3的试验。

除非能清楚地表明其试验结果在后续的制造阶段是有效的，否则应当使用完全组装好的设备来进行试验。进行试验时不得拆掉设备电线、改装或拆开设备，但是如果扣式盖子和摩擦紧固的旋钮对试验有影响，则应当将其拆下。设备在试验期间不得通电，但其电源开关应当置于通位。

设备不需要包上金属箔，也不需要进行潮湿预处理。

F.1 保护接地

在一端为器具输入插座的接地插销或插头连接式设备的电源插头的接地插销、或者永久性连接式设备的保护导体端子，以及另一端为6.5.1要求与保护导体端子相连的所有可触及导电零部件之间进行接地连续性试验。

注：对试验电流值不作规定。

F.2 电网电源电路

在一端为连接在一起的电网电源端子，以及另一端为连接在一起的所有可触及导电零部件之间，施加6.8规定的（进行潮湿预处理）对应于基本绝缘的试验电压。就本标准而言，预定要与其他设备的非带电的电路相连的任何输出端子的接触件被认为是可触及导电零部件。

试验电压应当在2 s内升至规定值，并至少保持2 s。

不得出现击穿或重复的飞弧，不考虑电晕效应和类似现象。

F.3 其他电路

在一端为连接在一起的在正常工作时能成为危险带电的浮地输入电路的端子，以及另一端为连接在一起的可触及导电零部件之间施加试验电压。

还要在一端为连接在一起的在正常使用时能成为带电的浮地输出电路的端子，以及另一端为连接在一起的可触及导电零部件之间施加试验电压。

对每一种情况施加的电压值为工作电压的1.5倍。如果电压限制（箝位）装置在低于1.5倍的工作电压下动作，则施加的电压值为0.9倍的箝位电压，但不小于工作电压。

注：在具有与保护导体端子相连的可触及导电零部件的设备中，可触及导电零部件是能与器具输入插座的接地插销或电源插头的接地插销相连的，在进行试验时，要将设备与任何外部接地装置进行电气隔离。

不得出现击穿或重复的飞弧，不考虑电晕效应和类似现象。